U0372638

編委會

國家古籍整理出版專項經費資助項目

礦學冶金卷

第壹分冊

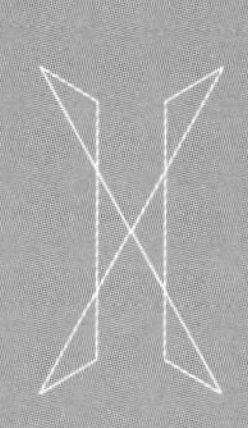

主編　馮立昇　鄧　亮

中國科學技術大學出版社

圖書在版編目(CIP)數據

江南製造局科技譯著集成.礦學冶金卷.第壹分册/馮立昇,鄧亮主編.—合肥:中國科學技術大學出版社,2017.3

ISBN 978-7-312-04161-7

Ⅰ.江… Ⅱ.①馮… ②鄧… Ⅲ.①自然科學—文集 ②礦山開採—文集 ③冶金—文集 Ⅳ.①N53 ②TD8-53 ③TF-53

中國版本圖書館CIP數據核字(2017)第037551號

出版 中國科學技術大學出版社
安徽省合肥市金寨路96號,230026
http://press.ustc.edu.cn
https://zgkxjsdxcbs.tmall.com

印刷 安徽聯衆印刷有限公司

發行 中國科學技術大學出版社

經銷 全國新華書店

開本 787 mm×1092 mm 1/16

印張 35.75

字數 915千

版次 2017年3月第1版

印次 2017年3月第1次印刷

定價 458.00圓

前言

明清時期之西學東漸，大約可分爲明清之際與晚清時期兩個大的階段。無論是哪個階段，翻譯西書均是其中重要的基礎工作，正如徐光啟所言：『欲求超勝，必須會通，會通之前，先須翻譯。』明清之際耶穌會士與中國學者合作翻譯西書，這些西書主要介紹西方的天文數學知識、地理發現，以及水利技術、機械、自鳴鐘、火礮等方面的科技知識。晚清時期，外國傳教士爲了傳播宗教和西方文化，在中國創辦了一些新的出版機構，翻譯出版西書、發行報刊。傳教士與中國學者共同翻譯了多種高水平的科技著作，重開了合作翻譯的風氣，使西方科技第二次傳入中國。清政府也設立了一些譯書出版機構，這些機構與民間出現的譯印西書的機構，使翻譯西書和學習科技成爲當時的一種時尚。明清之際第一次傳入中國的西方科技著作，以介紹西方古典和近代早期的科學知識爲主，而晚清時期翻譯的西方科技著作，更多地介紹了牛頓力學建立以來至19世紀中葉的近代科技知識。晚清時期翻譯西書之範圍與數量也遠超明清之際，涵蓋了當時絕大部分學科門類的知識，使近代科學較爲系統地引進到中國。在當時的翻譯機構中，成就最著者當屬江南製造局翻譯館。江南製造局（全稱江南機器製造總局）於清同治四年（1865年）在上海成立，是晚清洋務運動中成立的近代軍工企業。由於在槍械機器的製造過程中，需要學習西方的先進科學技術，因此同治七年（1868年），在徐壽、華蘅芳等建議下，江南製造局附設翻譯館，延聘西人，翻譯和引進西方的科技類書籍，又自設印書處負責譯書的刊印。至1913年停辦，翻譯館翻譯出版了大量書籍，培養了大批人才，對中國科學技術的近代化起了重要作用。

江南製造局翻譯館翻譯西書，最初採用的主要方式是西方譯員口譯、中國譯員筆述。西方口譯人員中，貢獻最大者爲傅蘭雅（John Fryer,1839–1928）。傅蘭雅，英國人，清咸豐十一年（1861年）來華，同治七年（1868年）成爲江南製造局翻譯館譯員，譯書前後長達28年，單獨翻譯或與人合譯西方書籍百餘部，是在華西人中翻譯西方書籍最多的人，清政府曾授其三品官銜和勳章。偉烈亞力（Alexander Wylie, 1815–1887）、瑪高温（Daniel Jerome MacGowan, 1814–1893）、林樂知（Young John Allen, 1836–1907）和金楷理（Carl Traugott Kreyer, 1839–1914）也是最早一批著名的譯員。偉烈亞力，英國人，倫敦會傳教士，曾主持墨海書館印刷事務，同治七年（1868年）入館，僅短暫從事譯書工作，翻譯出版了《汽機發軔》《談天》等。瑪高温，美國人，美國浸禮會傳教士醫師，同治七年（1868年）入館，但從事翻譯工作時間較短，翻譯出版了《金石識別》《地學淺釋》等。林樂知，美國人，同治八年（1869年）入館，共譯書8部，多爲史志類、外交類著作。金楷理，美國人，同治九年（1870年）入館，共譯書17部，多爲兵學類、船政類著作。此外，尚有衛理（Edward Thomas William, 1854–1944）、秀耀春（F. Huberty James, 1856–1900）和羅亨利（Henry Brougham Loch, 1827–1900）等西人於光緒二十四年（1898年）前後入館。除了西方譯員外，稍後也聘請了部分中國口譯人員，如吳宗濂（1856–1933）、鳳儀、舒高第（1844–1919）等，其中舒高第是最主要的一位。舒高第，字德卿，慈谿人，出身於貧苦農民家庭，曾就讀於教會學校。咸豐九年（1859年）以Vung Pian Suvoong名在美國留學，先後學習醫學、神學，同治九年（1870年）入哥倫比亞大學內外科學院學習，同治十二年（1873年）獲得醫學博士學位。舒高第學成後回到上海，光緒三年（1877年）被聘爲廣方言館英文教習，幾乎同一時間成爲江南製造局翻譯館譯員，任職34年，翻譯了二十餘部著作。中方譯員參與筆述、校對工作者五十餘人，其中最重要者當屬籌劃江南製造局翻譯館的創建并親自參與譯書工作的徐壽（1818–1884）、華蘅芳（1833–1902）和徐建寅（1845–1901）。徐壽，字生元，號雪村，無錫人。清咸豐十一年（1861年）十一月，徐壽和華蘅芳入曾國藩幕府；同治元年（1862年）三月，徐壽、華蘅芳、徐建寅到曾國藩創辦的安慶內軍械所工作，建造中國第一艘自造輪船『黃鵠』號；同治四年（1865年），徐壽參與江南製造局籌建工作；同治五年（1866年），徐壽由金陵軍械所轉入江南製造局任職，被委爲『總理局務』『襄辦局務』，主持技術方面的工作；同治七年（1868年），江南製造局附設之翻譯館成立，徐壽主持館務，并親自參加翻譯工作，共譯介了西方科技書籍17部，包括《汽機發軔》《化學鑒原》《化學考質》《化學求數》等。華蘅芳，字畹香，號若汀，江蘇金匱（今屬無錫）人，清同治四年（1865年）參與江南製造局籌建工作，是最主要的中方翻譯人員之一，前後從事譯書工作十餘年，所譯書籍主要爲數學類著作，如《代數術》《微積溯源》《三角數理》《決疑數學》等，也有其他科技著作，如《金石識別》《地學淺釋》等。徐建寅，字仲虎，徐壽的次子。受父親影響，徐建寅從小對科技有濃厚興趣，18歲時就在安慶協助徐壽研製蒸汽機和火輪船。翻譯館成立後，他與西人合譯二十餘部西方科技著作，如《汽機新制》《汽機必以》《化學分原》《聲學》《電學》《運規約指》等。同治十三年（1874年）後，徐建寅先後在龍華火藥廠、天津製造局、山東機器局工作，并出使歐洲，遊歷各國工廠，考察艦船兵工，訂造戰船。光緒二十七年（1901年），徐建寅在漢陽試製無煙火藥，因實驗室爆炸，不幸罹難。此外，鄭昌棪、趙元益（1840–1902）、李鳳苞（1834–1887）、賈步緯（1840–1903）、鍾天緯（1840–1900）等也是著名的中方譯員。

關於江南製造局翻譯館之譯書，國內尚有多家圖書館藏有匯刻本，如國家圖書館、上海圖書館、北京大學圖書館、清華大學圖書館、西安交通大學圖書館等，但每家館藏或多或少都有缺漏。

雖然先後有傅蘭雅《江南製造總局翻譯西書事略》（1880年）、魏允恭《江南製造局記》（1905年）、陳洙《江南製造局譯書提要》（1909年），以及隨不同書附刻的多種《上海製造局各種圖書總目》《上海製造局譯印圖書目錄》，以及Adrian Bennett, Ferdiand Dagenais等學者關於傅蘭雅研究中所發現、整理的譯書目錄等，但仍有缺漏。根據王揚宗《江南製造局翻譯書目新考》的統計，由江南製造局刊行者193種（含地圖2種，名詞表4種，連續出版物4種），另有他處所刊翻譯館譯書8種，已譯未刊譯書40種，共計241種。此文較詳細甄別、考證各譯書，是目前最系統的梳理，但仍有少許不足之處。比如將《化學工藝》一書兩置於化學類和工藝技術類，致使總數多增1種。又如認爲《礮法求新》與《礮乘新法》兩書相同，又少算1種。再如，此統計中有《克虜伯腰箍礮說、礮架說、螺繩礮架說》1種3卷，而清華大學圖書館藏《江南製造局譯書匯刻》本之《攻守礮法》中，附有《克虜伯腰箍礮說》《克虜伯礮架說船礮》《克虜伯船礮操法》《克虜伯礮架說堡礮》《克虜伯螺繩礮架說》，且藏有單行本5種，金楷理口譯，李鳳苞筆述。又因一些譯著附卷另有來源，可爲一種新書，如《電學》卷首、《光學》所附《視學諸器圖說》、《航海章程》所附《初議記錄》等。

在江南製造局的譯書中，科技著作占據絶大多數。在洋務運動的富國强兵總體目標下，這些譯著介紹了大量西方軍事工業、工程技術方面的知識，對中國近代軍隊的制度化建設、軍事工業的發展以及民用工程技術的發展產生了重要影響；同時又在自然科學和社會科學等方面作了平衡，翻譯傳播了西方的科學成果，促進了中國科學向近代的轉變，一些著作甚至在民國時期仍爲學者所重視；在譯書過程中厘定大批名詞術語，出版多種名詞表，體現出江南製造局翻譯館在科技術語規範化方面所作的貢獻，其中很多術語沿用至今，甚至對整個漢字文化圈的科技術語均有巨大影響；通過對西方社會、政治、法律、外交、教育等領域著作的介紹，給晚清的社會文化領域帶來衝擊，對晚清社會的政治變革也作出了一定的貢獻，促進了中國社會的近代化。此外，通過譯書活動，也培養了大批科技人才、翻譯人才。江南製造局譯書也爲其他國家所重視，如日本在明治時期曾多次派員赴上海專門收購，根據八耳俊文的調查，可知日本各地藏書機構分散藏有大量的江南製造局譯書。近年來，科技史界對於這些譯著有較濃厚的研究興趣，已有十數篇碩士、博士論文進行過專題研究。

有鑒於此，我們擬將江南製造局譯著中科技部分集結影印出版，以廣其傳。本書先是納入『2011-2020年國家古籍整理出版規劃』之『中國古代科學史要籍整理』項目，後於2014年獲得國家古籍整理出版專項經費資助，名爲《江南製造局科技譯著集成》。

對江南製造局原有譯書予以分類，可分爲史志類、政治類、交涉類、兵制類、兵學類、船類、學務類、工程類、農學類、礦學類、工藝類、商學類、格致類、算學類、電學類、化學類、聲學類、光學類、天學類、地學類、醫學類、圖學類、地理類，并將刊印的其他書籍歸入附刻各書。從已刊行之譯書內容來看，與軍事科技、工業製造、自然科學相關者最主要，約占總量的五分之四。本書收錄的著作共計162種（其中少量著作因重新分類而分拆處理），包括150種江南製造局翻譯館翻譯且刊印的與科技有關的譯著，5種江南製造局翻譯但別處刊印的著作，7種江南製造局刊印的非翻譯館翻譯或非譯著類著作。本書對收錄的著作按現代學科重新分類，并根據篇幅大小，或學科獨立成卷，或多個學科合而爲卷，凡10卷，爲天文數學卷、物理學卷、化學卷、地學測繪氣象航海卷、醫藥衛生卷、農學卷、礦學冶金卷、機械工程卷、工藝製造卷、軍事科技卷。

儘管已有陳洙《江南製造局譯書提要》對江南製造局譯著之內容作了簡單介紹，析出目錄，但缺漏不少。上海圖書館《江南製造局翻譯館圖志》也對江南製造局譯著作了一一介紹，涉及出版情況、底本與內容概述等。由於學界對傅蘭雅已有較深入的研究，因此對於傅蘭雅參與翻譯的譯著底本已有較明確的信息，然而對於其他譯著的底本考證，則尚有較大的分歧。本書對收錄的著作，一一寫出提要，簡單介紹著作之出版信息，盡力考證出底本來源，對內容作簡要分析，并附上目錄。此外，我們計劃另撰寫單行的提要集，對其中重要譯著的原作者、譯者、成書情況、外文底本及主要內容和影響作更全面的介紹。

馮立昇　鄧　亮

2015年7月23日

凡例

一、《江南製造局科技譯著集成》收錄150種江南製造局翻譯館翻譯且刊印的與科技有關的譯著，5種江南製造局翻譯但別處刊印的著作，7種江南製造局刊印的非翻譯館翻譯或非譯著類著作。

二、本書所選取的底本，以清華大學圖書館所藏《江南製造局譯書匯刻》爲主，輔以館藏零散本，并以上海圖書館、華東師範大學圖書館等其他館藏本補缺。

三、本書按現代學科分類，凡10卷：天文數學卷、物理學卷、化學卷、地學測繪氣象航海卷、醫藥衛生卷、農學卷、礦學冶金卷、機械工程卷、工藝製造卷、軍事科技卷。視篇幅大小，或學科獨立成卷，或多個學科合而爲卷。

四、各卷中著作，以內容先綜合後分科爲主線，輔以刊刻年代之先後排序。

五、在各著作之前，由分卷主編或相關專家撰寫提要一篇，介紹該書之作者、底本、主要內容等。

六、天文數學卷第壹分册列出全書總目錄，各卷首册列出該分卷目錄，各分册列出該分册目錄。

七、各頁書口，置兩級標題：雙頁碼頁列各著作書名，下置頁碼；單頁碼頁列各著作卷章節名，下置頁碼。

八、『提要』表述部分用字參照古漢語規範使用，西人的國別、中文譯名以及中方譯員的籍貫等與原翻譯一致；書名、書眉、原書內容介紹用字與原書一致，有些字形作了統一處理，對明顯的訛誤作了修改。

分卷目錄

分册目錄

江南製造局科技譯著集成

礦學冶金卷

第壹分冊

金石識別

《金石識别》提要

《金石識别》十二卷，美國代那（James Dwight Dana, 1813–1895）撰，美國瑪高温口譯，金匱華蘅芳筆述，長洲沙英繪圖，元和江衡校字，同治十一年（1872年）刊行。底本爲《Manual of Mineralogy》。

此書是晚清翻譯的西方礦物學著作中最重要的一部，主要介紹各種礦石的形狀、顔色、性質、用途及其鑒别方法。其中卷一總論礦物之形成，尤其系統介紹了晶體學知識；卷二介紹礦物的物理性質及測量儀器；卷三至卷九分八類介紹各種礦石；卷十爲應用器具與各國度量衡對照表，并介紹了當時新興的分光化學知識；卷十一介紹礦物的化學成分；卷十二論金石分類法，實際上主要介紹以吹管分析鑒定礦物的方法。此書中涉及的化學術語，主要採用音譯法，未與《化學鑒原》等著作所定方法相一致，以致閲讀頗爲不便。

此書内容如下：

金石識別總目錄

六本五元八角

金石識別卷一目錄

金石識別卷一

美國代那撰
美國瑪高温口譯
金匱華蘅芳筆述

總論

遍地球諸物飛潛動植謂之生物氣水土石謂之非生物金類恆隱匿於非生物中目不易辨人視之或如鹽或如脂或如灰又有無用之土石與有用之金類貌甚相似者因此須仔細考究而識別之

金石有可以作顏色者有可以作藥餌者有可以作宮室器用者有可以糞美土疆者故論造化之理非生物與生物相類無甚差別

或問何物爲金類曰難言也除生物以外皆可歸金類曰土石非生物可謂之金類乎曰土石中每有金則金與土石恆相麗也如任取一塊土以化學之法分之其內皆有金或一種或數種相連石亦如之故金石家之專門能識別土石之種類知某石與某金相連先尋得各金石之純者以知其雜者則土石皆金類也曰水爲流質無一定之形狀應不可謂之金類曰鉛熱至六百一十二度而爲流質硫磺熱至二百二十六度而爲流質冰熱至三十二度而爲流質水銀負三十九度以上爲流質則流質亦不得

謂非金類水之堅而爲冰其形甚似灰石假使地面常冷冰堅不融則水亦與石無異如是推之卽天空之氣亦不能決其爲非金類因已有數種氣以化學之法可使變爲流質變爲定質故也蓋氣類冷之皆可爲流質流質冷之皆可成定質其不能變者冷度未至耳如無此例則水銀亦不能入金類矣所以除生物以外其能獨成定質者皆謂之金類其出於礦藏之中而鍊得者謂之金

有人因金石亦能長大疑其與生物無殊然細考之其理有別蓋生物之長因其有筋絡精液能吸取他質以自培養若金石之物觀其碎者與整者無異觀其塊者與大山亦無異卽使能繼長增高亦不過附麗積累而成非自能發榮滋長也如海中之鹽有沈積水底結爲石鹽者水中鐵砂因水從鐵礦中來故水中有鐵重而下沈漸積而多又如灰石洞中及江湖之底有時因水中有二股炭酸之灰其一股炭酸化氣而去而炭酸灰沈積於底漸結而厚以成灰石者山中石洞有泉水下滴其水中炭酸灰凝爲鍾乳久則漸大而長觀此諸物則知金石之能長大乃有物自外面附益之並非自能滋長也故其消磨剝落亦是蝕去其外皮非能自內腐爛也則金石之與生物異也亦明矣

金石之外貌如顏色也輕重也韌硬也光彩也明暗也臭味也此外貌之易識別者也

欲識別金石之內形則必剖析之如於鎔結石中見一點絕小枚格石用小刀雕出剖析之皆可分爲數薄片卽知凡可分爲薄片者皆此類也如見一點非而斯罷用小刀雕出剖析之見其面皆光如玻璃則凡遇光如玻璃者皆其類也辨鋼鐵亦如之辨玉石亦如之按此剖析之法可以知各物之本形可以知數物合成之形因各物各有自已之本來形像其排比積纍而成多式比人工所作者更爲整齊更爲精巧

金石之性情可以他物交感之以觀其變如熱之酸之類是也金石有遇熱而升爲氣者有遇熱而鎔爲汁者有遇熱不變不能銷鎔者用此等法試驗亦是化學之根柢所以金石家識別金石之法有三

一識別其如何積纍而成其結成之式如何

二識別其顏色光彩明暗韌硬輕重如何

三識別其遇熱遇酸與他物交感變化之狀如何

以下詳論此三事

論各物凝結而成形

凝結者何自流而定皆是然欲知各物自己凝結之形作

之甚難，如觀花蕊石及冰糖，雖凝結成塊，亦不能知其爲何形也。此有二故：一因其成之之地太小；一因其成之之時太速，蓋造物之變化亦與人功無異，地步不寬展則不能挪移補湊，時候不從容即不能仔細配搭，故須令緩緩而結，則初時結成極小之形，由漸積壘結成大形。試以海水或鹽水置器中，下以火徐徐熱之，則水面上漸結鹽粒，初時甚細，後來漸大，見每粒皆爲方形，後則重而沈下。若用火太猛，亦能凝結於水底，惟雜亂無章，不能成四方形矣。　鹽之結成者，曾有人於礦中得徑尺大顆，此不知幾千萬年凝結所成也。凡鹽結成之顆，剖析之至極細，仍爲四方形。　又如以糖水置冷處，則水底有結成之粒；若於糖水中浮一物，則物下亦有顆粒附之，故兒童戲嬉，每以小花籃懸於糖水或礬水中，則籃上結滿顆粒，如珠如花。

如以硫磺熱之令鎔，則冷時面上先凝，於面心鑿一孔，將中間未凝之汁傾出，冷定後破而觀之，見內面凝結之粒如花，其外面平而無顆粒者，因冷而速凝故也。　鉛及別斯末斯亦如之。　若以愛阿靛熱而升之於瓶，置冷處，則瓶中凝結顆粒，鋒稜甚多，其光爛然，如極光亮之鋼。冬時雲氣作雪，亦是結成，故雪花六出。　水之結冰，初時亦成花形，後則成片，蓋萬物凝結之序，從微點以成顆粒，

從顆粒以成花形，從花形以成堅實，其式雖異，其理則同。所以金石家不但專講顆粒，亦須講自流質以成定質之諸變化。

凡萬物凝結成形之法有三：

一、物於水中融化，其各點自能流動，及水漸乾，則各點漸相湊合凝結成形。

一、物遇熱鎔爲汁，其各點自能流動，及熱漸去，則各點漸相湊合凝結成形。

一、物遇熱化爲氣，其各點自能流動，及熱漸去，則各點漸相湊合凝結成形。

此三法之外，又有不必流動而亦能凝結者，如鋼鐵打碎，見碎口中俱有顆粒，或細或粗，其粗者何意？蓋皆細者湊合結成也。故鋼鐵以火漸熱之至紅，則其中細粒合成之粗顆，遇熱而離，若驟淬之冷水中，則各點乍相湊合，不及結成粗顆，質已堅定，故粗顆之鐵淬水可變細花。

由此可見各物結成之理，若加其熱度則各點自相離距，減其熱度則各點漸相湊合，以冷之之緩急爲顆粒之距細。顆粒細而勻者其物堅固，顆粒粗而不勻者其物不堅固，故一切任重之物均宜擇顆粒細而勻者爲之。

結成顆粒，亦有不因冷熱者，此另有一理，或因其物時常

震動或因其物有重力擠壓或因其物循環輪轉則其中各點感微動而互相湊合日久結成粗顆故火輪車之鐵軌火輪船之鉅軸汽機之力輪往往有用之歲久漠不經心而忽然碎折者觀其顆粒則已變成粗矣凡磨刀石之易碎亦以此故

論金石結成之形各有根本

人之所以能識草木者記其枝葉而已人之所以能識動物者記其狀貌而已望而知其爲某木以某木之枝葉恆如是也望而知其爲某物以某物之狀貌恆如是也金石之結成形式其理亦然每金每石各有一定之本相惟人

之所見皆其變式故覺形類甚多然以角度核之則無不一例如科子之角度遍地球攷之皆同而面則時有多少或大小稜亦時有多少或長短此例後當明之

金石結成之形其角度既有一定所以每遇結成之形不過量其角度卽知其爲某物　如科子及炭酸灰其結成之形均爲六角類而其角度各異　愛度刻來斯與錫礦其結成之形均爲柱形而其角度亦異

如丙而刻斯罷其結成之形甚多任取其二而剖析之皆可成同式形所以知結成之形各自有一一定之形以爲本謂之元式

金石之元式只有十三種

或爲柱體或爲八面體或爲十二面體

柱體或直或斜柱之旁面或四或六柱之上下二面謂之頂底

八面體如對合兩方錐其合處爲底上下之尖處爲頂

十二面體其式畧如球形其面十二

元式之面或爲四邊形或爲三邊形其邊或四相等或兩相等其角或等或兩相等有鈍有銳以圖明之

此爲正方面形其四邊皆相等其角皆方

此爲長方面形其邊兩兩相等其角皆方

此爲斜方面形其四邊皆相等其角兩銳兩鈍兩兩相等

此爲長斜方面形其邊兩兩相等其角兩鈍兩銳兩兩相等

此爲正三角面形其邊三相等其角皆六十度

此爲等要三角面形其兩要之邊相等旁之兩角亦相等

凡角九十度爲方角　大於九十度爲鈍角　小於九十度爲銳角

元式雖有十三種今於式中作縱橫樞線以樞線之長短及樞交角之斜直分別其形爲六類

凡式之縱樞只有一其橫樞或二或三

樞線之兩端或在相對之面心或在相對邊稜之中點或在相對之實角此例後當明之

元式第一類　正方底柱　正三角八面形　斜方十二面形

此類有一直樞二橫樞其三樞線皆相等交角皆方

正方柱形　六面皆正方　其十二稜皆相等其實角皆方　樞線之端皆在面心

正三角八面形　八面皆正三角形　面角皆六十度　面交角一百〇九度二十八分

斜方十二面形　十二面皆斜方形　面之邊皆相等　面之鈍角一百〇九度二十八分　面之銳角七十度三十二分　面交角一百二十度

元式第二類　正方底直柱　正方底八面形

此類兩橫樞相等直樞或短或長三樞線交角皆方

正方底直柱形　頂底二面皆正方　四旁之面皆長方　樞線之端皆在面心

正方底八面形　其底在體中正方形　其面均爲兩等邊三角形　三樞之端皆在實角

元式第三類　長方底直柱　斜方底直柱　斜方底八面形

此類一直樞二橫樞長短皆不等交角皆方

長方底直柱形　頂底及四旁之面皆長方形　其面兩兩相等　三樞之端皆在面心

斜方底直柱形　頂底二面皆斜方形　四旁之面

皆長方形　二横樞之端在稜　直樞之
端在面心

斜方底八面形　其底爲斜方形　其面皆兩等邊
三角形　三樞之端皆在實角

元式第四類　長斜方底直柱　斜方底斜柱

此類兩樞直交一樞斜交

長斜方底直柱形　以長斜方爲底則直　若以旁
面爲底則斜　三樞之端皆在
面心

斜方底斜柱　不拘以何面爲底其形恆斜
兩横樞之端在稜　直樞之端在面心

元式第五類　長斜方底斜柱

此類三樞相交皆非方角

長斜方底斜柱形　其面皆長斜方形兩兩相對兩
兩相等　横樞之端在稜　直樞之端
在面心

元式第六類　長斜方六面形　六角柱

此類三横樞相等交角皆六十度直樞與横樞交角皆
九十度

長斜方六面形　其面皆長斜方形　其形或鈍或
銳　三横樞之端在稜　直樞之端在實
角　此式若從頂俯瞰之其頂角之旁三
面宛如三斜方形合成一六角面頂旁三
稜宛如半徑其交角宛如皆一百六十度
其六箇要稜宛如六等邊故與六角柱爲
一類觀圖自明

六角柱形　其上下二面均爲等邊六角形　旁之
六面皆長方形

以上六類共十三式皆金石根本之形如學者觀圖未
能明悉可用堅木或嫩石爲之則某形某類可以一目
瞭然

凡元式皆有循環互變之理

如以正方柱形從每角平行漸削去之則成甲形又削之漸成乙形又削之漸成丙形則正方柱形變為正三角八面形其三樞之端本在面心者變為在實角由此可見樞線之端在面心與在實角無異理也

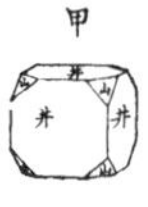

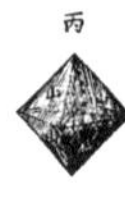

削時見原角變為面而漸大其原面漸小而變為角

如以正方柱形從每稜平行漸削去之則成戊形又削之漸成己形又削之漸成庚形則正方柱形變為斜方十二面形其三樞之端本在面心者後皆變為在角

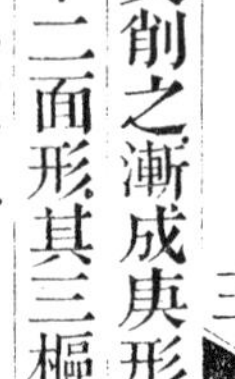

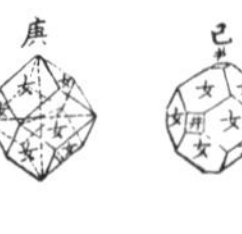

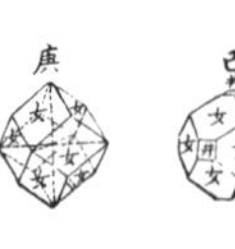

削時見原稜變為面而漸大其原面漸小而變為角而原角不變惟變其稜

如反之以正三角八面形從每角平行漸削去之仍可變為正方柱 以斜方十二面形從上下四旁之角平行漸削去之亦仍可變為正方柱

又如以正三角八面形從每稜平行漸削去之始變為辛後變為壬漸成斜方十二面形

如反之以斜方十二面形削其頂底二實角之八稜則仍可變為正方柱形

由此可見正方柱形與正三角八面形及斜方十二面形皆能循環相生互為表裏故為一類往往有一物結成之式其此三形者知其本原一也 如硫鉛礦及夫羅而林酸灰每有此形

如以正方底直柱形從每角削去之始如甲後成乙則正方底直柱形變為正方底八面形

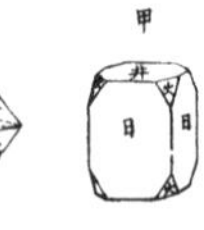

所以此二形為一類

如以斜方底直柱形削其上下面之橫稜始如丙後成丁則斜方底直柱形變為斜方底八面形

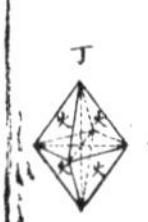

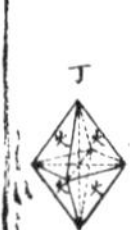

觀此可明樞線之端在稜在角亦歸一例

又以斜方底直柱形削其直稜則變爲長方底直柱形以長方底直柱形削其直稜則變爲斜方底直柱形所以長方底直柱形斜方底直柱形斜方底八面形爲一類如硫酸息脫浪西及硫酸貝而以每有此形

若斜柱如甲則削之可得內形觀圖自明

如十二面長短六角柱形若從頂俯瞰之其面稜停勻者均可削成第六類

甲

如圖甲爲短形乙爲長形若從夕面平行削之皆成長斜方六面形

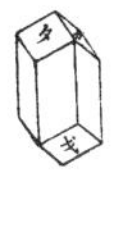

又如丙丁二形亦可從夕面平行削之成長斜方六面形觀丁圖內形自明

六角柱形若間削其上下之橫稜亦可變成長斜方六面形所以與長斜方六面形爲一類

如科子及炭酸灰每有此形

以上各形各類學者以灰粉蔬果等物按圖試削自能明悉如遇金石結成之形亦如是剖析之其生成之紋理亦如此也

元式六類今更立簡易之名以便後用

第一類爲一律　謂三樞線相等也

第二類爲二律　謂直樞與橫樞異也

第三類爲三律　謂三樞俱不等也

第四類爲一斜　謂有一樞斜交也

第五類爲三斜　謂三樞俱斜交也

第六類爲六角　謂與六角相似也

論剖析結成之形必循其紋理

前篇已明各形各類剖析之法其元式十三種皆從金石結成之形剖析而得　如炭酸灰之結成按法剖析可得長斜方六面形　夫羅而林酸灰之結成按法剖析可得正方柱及正方底八面形　硫酸鉛之結成按法剖析可得正方柱形　如不按法剖析則剖碎而不得元式此皆其生成之紋理如此故循其紋理則得本形甚易然亦間有紋理隱匿不易搜剔者則有法可使之現露如以火燒熱之淬於冷水則紋理裂開可以剖析

凡同類之金石其紋理亦同

凡紋理或與元式之面平行或對元式之稜或對元式之角紋理若皆與元式之面平行則頂底之紋理與四旁之紋理必異然每見結成之形其紋理與頂底之面平行者多與旁面平行者少偶有反是者此不多見也

又有奇異紋理與常例不合者博物者得之可資考證今姑勿論

論結成之式有次形

金石結成之形如能常為元式則辨之豈不極易無如化工造物之巧千奇萬狀時能變易其面目令人不易識別

人視之覺整齊縝密幾疑玉工琢成嘗有結成之顆有二百箇面甚分明每稜每角端正之至其面之光平用顯微鏡視之亦不能見其疵纇有時石洞中結成顆粒日光照之如開一百寶箧但見寶藍色紺碧色嫩黃色互相映射光彩活動此皆其面形角勢同光閃光之故也

此等形式從何而來蓋緣微質加疊於元式之面而成次形　如圖一式若從夕面平行加疊則成二式三式

一

二

三

凡此等次形之面不拘多少要非無法之形

金石家以結成之次形與元式相考驗尋得兩例

一元形諸面同時加疊各生次面則為正次形

一元形幾面生次面其幾面不變則為偏次形

正次形者微質積結於元式之面而成次形從元式之稜各生新面從元形之角各起新稜而新面新稜之所湊又成新稜新角所以少面能變為多面面多則稜多稜多則角亦多矣其次面次稜次角皆同時各自長成故次形整齊有法

一律之正次形

如圖諸次形上式漸變則成下式

一律之偏次形

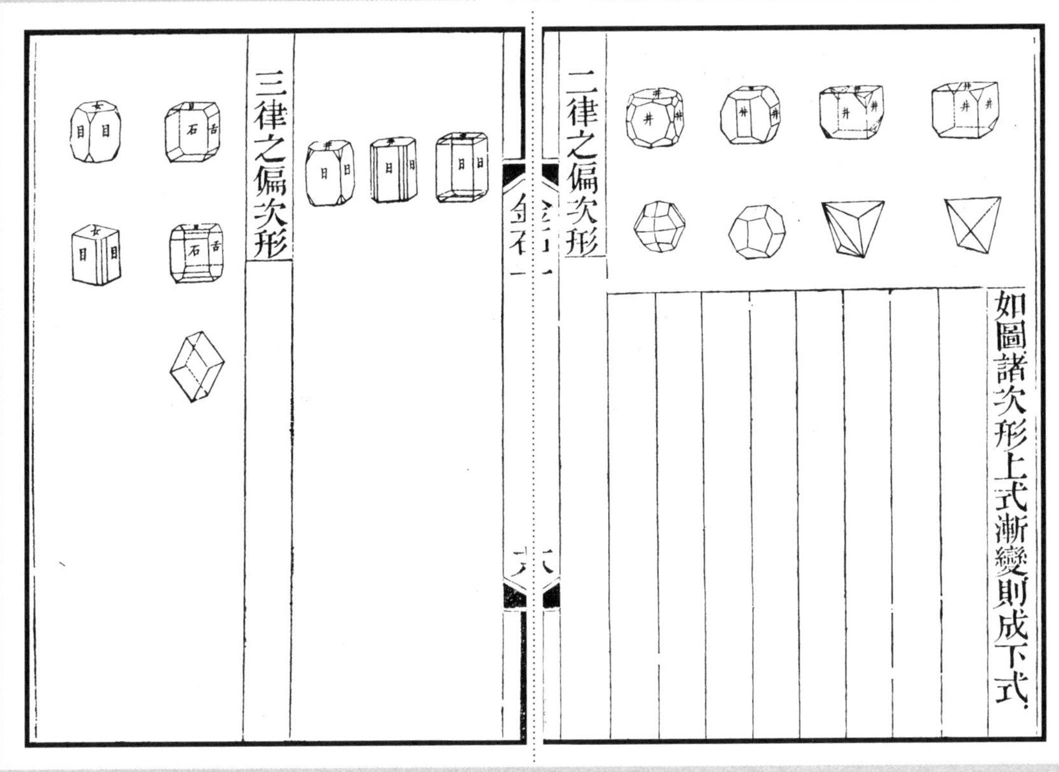
二律之偏次形

如圖諸次形上式漸變則成下式

金石一 十六

三律之偏次形

一斜之偏次形

二斜之偏次形

六角之次形

金石一 十七

觀上諸次形之變化其面形稜角與元式之大小長短均有比例由此可見結成之形或面式時有不等稜角時有缺削亦非無法之形

如以正方長方二形其邊同分爲若干分則甲戊戊庚庚乙與甲己己辛辛壬比例必同所以其削角如戊己

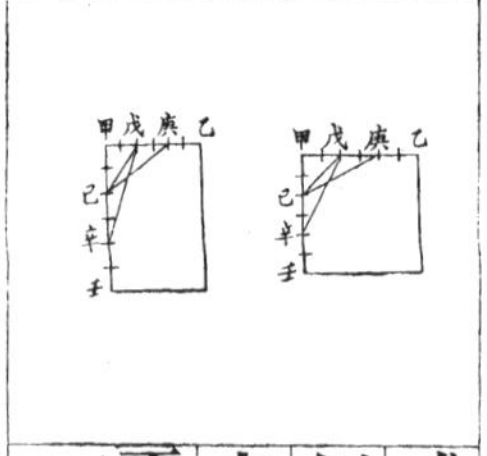

或己庚戊戊辛與甲乙申壬二邊之比例恆有一定故其形雖任何變化皆不出此例之外是化工造物自有度數存焉不然博物者亦何從推測之耶

論微點形式

凡物皆爲無數細點合成其細點甚微雖極大顯微鏡亦不能辨而觀顆粒之形狀即可想像細點之式假如元式長比寬廣大二倍則其細點亦應長比寬廣大二倍準此例則物之細點必與元式同方形之細點亦爲方長形之細點亦爲長斜形之細點亦爲斜六角形之細點亦爲六角此舊說也今有人核算之以斜形湊合尚多窒礙不通處故新說以爲細點皆是渾體一律之細點爲圓球二律之細點爲橢圓球三律之細點爲扁橢圓球其橫直徑之大小仍與元式爲同式比例

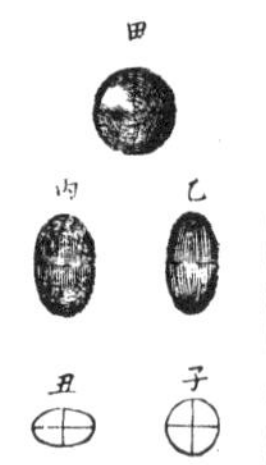

如圖甲爲一律點式　乙爲二律點式其要徑相等如子　丙爲三律點式其要徑不等如丑

細點如爲渾體則正界之則形正斜界之則形斜其間必有空隙如圖

所以可壓之使扁引之使長惟不能使兩點同在一處

凡物熱之則各點離遠而形大冷之則各點湊近而形小

論雙形合形

有時遇結成之式有兩形合并爲一者有數形合并爲一者此孿胎駢果之例也

如圖爲雪花形其形如六體輻輳亦如三本交加從本生枝從大枝又生小枝

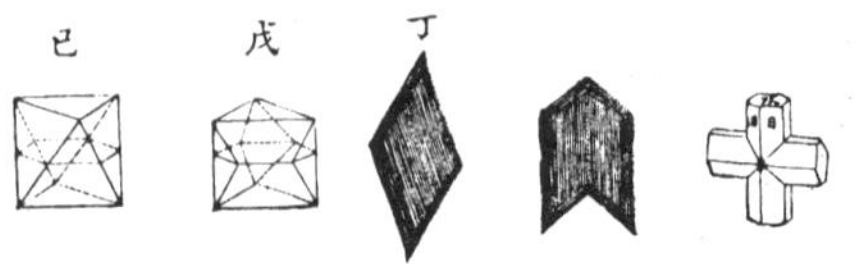

如圖爲多羅得愛脫結成之形其形如十字架此四形合成者也

如圖爲石膏之雙形如從合縫處劈開翻轉其一湊之可成單形如丁

如圖戊爲斯背納兒愛脫結成之雙形己爲其單形如依虛線剖開更湊之雙形可爲單形而單形亦可爲雙形　蓋其面形角勢兩兩相反故可湊成叉形也

此外又有屈曲形如圖二形爲底兩形爲耳其耳之寬窄厚薄及斜度兩邊相等此蓋從中點生出也

論同質異形

昔人以爲一物之結成只有一箇元式其他形皆元式之次形也今考之知其不然如硫礦結成八面形有一律者有三律者炭酸灰有結成六角形者丙而刻斯罷間有結成斜方底柱形者哀來果奈脫及硫酸鐵之結成有正方底斜方底二種柱形此等同質異形有時因結成時之熱度而異或因別故而變亦未可知

此種一物而有二形者西語謂之臺莫非臺兩意也莫非貌也又茄納之結成爲十二面形變度刻來斯之結成爲方柱形而二物之質同台愛脫之結成爲二律愛台雖脫之結成亦爲二律而大小則異白羅蓋脫之結成爲三律而三物之質同爲養氣替脫尼恩此種同質異形西名卜立莫非猶言多貌也

凡同質異形之物非但結成之形各異卽情性光色輭硬輕重亦各不同如哀來果奈脫其重二九二其硬三五而丙而刻斯罷其重二七其硬三硫酸白鉛其結成之元式爲斜方底柱而色明若熱之一百二十六度則其上起白暗小點自少而多以至全成白暗色此種小白暗點其形亦爲斜方底柱形試以硫酸白鉛化於水中使熱度大於一百二十六度則亦得小白暗之結成

論奇式

結成之形有出於元式次形之外者則爲奇式如科子之結成其面或大或小其形或短或長如圖甲爲常見之式乙之面大小不等丙形甚短丁形甚長皆爲奇式然其稜角之總數恆同此種奇式甚多不能知其何者爲元形

如戊亦爲科子結成之形其尖頂之面數亦與他式同蓋式雖任何奇異而頂旁之角其數不變因此可知其微點之形必爲同式

如金剛石之結成其面有凸者又有其稜略如弧背者如圖爲二十四面形之金剛石

琢玻璃人覺玻璃之面時有凹凸之勢又炭酸鐵及炭酸灰美合尼西亦有此形如圖

有更奇之式於花旗之肯脫口大石洞中炭酸灰在泉水中滴下結成藤蔓枝葉之形如蒲萄

冬時窗上玻璃外面結成冰花亦有枝葉之形

北方嚴寒之地樹枝之上結成冰環此皆式之至奇者不可以常理論也冰環之式如圖

量角度之器

結成之形既有常式則辨其某形某類即可知其為某物惟元式之面形稜角目力能辨之其小者顯微鏡亦能辨之至於角度之多少則非量之不能知故有量角之器其器西名俄尼阿爾塔猶言比量稜角之物也

器式如圖半圈均分一百八十度甲乙為二尺一定一活以螺旋定於中心量物時甲不動乙可翕張以乂口銜物向明視之須令光縫如一視乙柄所對即得度數尺中有槽孔者取其可見弧之徑綫以便校準且可以細物置孔中量之也

此器亦可以明角或硬紙為之如圖

此式最簡便亦粗可應用若欲角度極準極細則非精器不可

凡量角須先明三事

一須知此兩面之交角為銳則此面與他面之交角必為鈍　此兩面之交角為鈍則此面與他面之交角必為銳（此專指四邊形而言）

二須知兩鈍角兩銳角各自相等　銳鈍相并必一百八十度

如圖甲甲乙乙自相等所以甲角加乙角必得一百八十度

假如先量得鈍角乙為一百十度後量得甲銳角六十度合之得一百七十度是必量錯十度也

三須知任何柱形柱之旁面之交角其總數必等於柱之旁面數去二又以二乘之之直角數

假如柱之旁為六面則去二得四又以二乘之得八即為八箇直角即知柱旁之六面其交角之總數亦必為八箇直角如量得之數與此不合或是量錯也

回光量角器

西人胡立思發創造回光量角器任顆粒極細只要其面平而能回光者皆可用此器量之先言其理

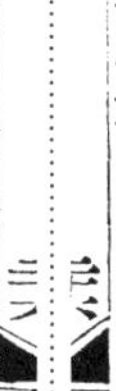

如圖甲乙丙爲欲量之角光從寅點射至乙丙面上之已點回光至目入視之如光在卯設旋轉其物使光射甲乙面目視之仍如在卯則未旋轉時之乙丙面與既旋轉之甲乙面必在一箇平面而旋轉之度爲丁乙丙角即甲乙丙角之外角也準此理造回光量角器

回光量角器如圖甲爲大盤盤周分三百六十度乙爲盤之軸其中空心丙爲佛逆丁爲旋輪連於空心軸手轉之可使大盤運轉戊爲內軸容於空心軸之中而兩端長出其一端安一小旋輪如已以便手旋一端連庚

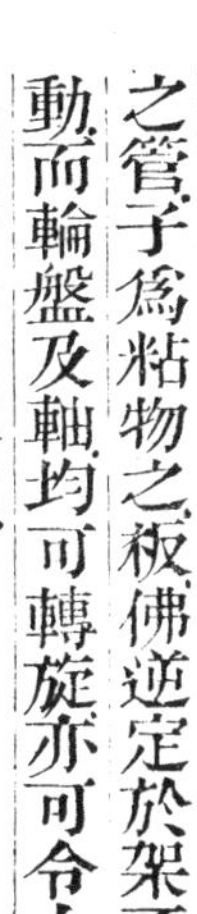

辛二活節壬亦爲旋輪癸爲含其軸之管子爲粘物之板佛逆定於架不動而輪盤及軸均可轉旋亦可令大盤定而內軸轉旋

用此測器之法先於室中離窗六尺至十二尺處置一堅固不動之小桌桌面之高須適便於擱肘然後置此器於桌上令器之軸與窗檻平行又於窗檻間牆面距地不遠處作一黑線與檻平行或不作此線而於桌上用一黑板畫一白線置於測器之前亦可　次將所測之顆粒用蠟粘於子板之上務令所欲測顆粒之稜與器之軸心在一直線上其較準之法或屈伸庚辛二活節或旋轉壬輪使子板轉側或移動所粘之物以挪移遷就之無一定之法準訖則以目切近而視顆粒之面必能照見向明窗戶之一處如顆粒安置已準則所照見窗戶之橫格必與所畫之線平行乃用手旋轉其輪軸至顆粒中所見之窗櫺橫格與窗下或板上所畫之線合爲一線而止如不能合爲一線則必是所置之顆粒尚未正也必再較準之務令合爲一線而止既合之後再轉已輪至顆粒之第二面中能見窗櫺之本格再旋之則見橫格與所畫之橫線亦合爲一線如不合則顆粒之第一面雖準而第二面尚未準也必再挪移遷就以較準之若手法靈敏者則移置二三次即能各面俱準　顆粒既準之後乃旋轉丁輪使度分圈之一百八十度與佛逆之〇度相合再轉已輪使所照見窗之橫格與所畫橫線亦相合再轉丁輪使物與度分圈同轉至見顆粒之又一面所照窗之橫格與所畫之線相

合而止乃視佛逆之○度所切度分圈之何度即爲所求之度惟度分圈上之線若不能適切佛逆之○度則是度下尚有分數須逐視佛逆上之某分必有與度分圈上之線相合者即其分數也此器能量一秒之角故爲極精近有於器之下面增一回光鏡者則對光更易且更明亮

論未結成之形

凡金石或夾於他石之縫中或附於他石面上因其凝結之時太速故未能結成顆大約分三類 一紋理有絲縷者爲筋類 一薄層層疊如紙者爲片類 一摶結如砂粉碎之無定形者爲屑類

筋類紋理直者其紋絲絲有光謂之絲光如石膏陽起石等類是也 紋理縱横交錯者謂之網羅 紋理從一點四出者謂之星光 紋理雜亂者謂之亂針

片類有厚薄及易分難分之別 易分如雲母者謂之頁厚者如科子及合肥斯罷謂之板 凡片類彎之或能自直或不能自直謂之有凹凸力無凹凸力若彎之即折者謂之脆如枚格是也

屑類有粗細之分 粗者謂之粒 細者謂之細屑 極細者謂之玉屑 能隨手粉碎者謂之粉

未結成之形種類甚多不能悉數不過以其形似者名之而已

有畧如蒜形者其紋爲直絲或亂絲有獨成一團者有寄生於他石之上者

有畧如蛋形者其紋大約從中心四出

有如乳形者有如懸針者有如束線者此等形式大約鍾乳居多別種石金亦間有之

又有無數細結成附於他石或合爲塊形者

論假結成

假結成者其結成之形與其質不類也其質或因他物及水而變 如八面形斯比偶兒變爲斯底哀得愛脫其形仍爲八面形 八面形硫磺礦變爲鐵礦仍爲八面形其色或紅或紫 方面罷變爲科子因科子入方面罷孔中即成方面形 又有木變爲石者 或有石孔中本物化去而他物流入而凝如金在型

究假結成之故大約有四

一因變化 二因合并 三因滴漏 四因皮殼

凡假結成其性情光色輕重輭硬皆與眞者不類故易識別

又此種假結成在在多有此關於地球之故地學家自能

考究其理

長洲沙英繪圖
元和江衡校字

金石識別卷二目錄

金石識別卷二

美國代那撰　美國　瑪高溫　口譯
金匱　華蘅芳　筆述

論金石之形色性情

光

顆粒之面各物不同故光亦異焉大約分爲六種

金光　玻璃光　松香光　珠光　絲光　鋼光

玻璃光如科子其次者如丐而刻斯罷凡玻璃光之物若內有碎裂之縫則耀成紅藍五彩無定色　松香光如硫磺之白鉛礦其色黃　珠光如雲母其次者如美

合尼西養　絲光每在筋紋如炭酸灰及石膏等物或本體味光而筋紋絲光　鋼光有時與金光相似則爲金剛光如白鉛礦每有此光

回光

凡回光分爲四等

光如明鏡能照鬚眉者爲第一　能照見形而不甚分明者爲第二　不能照見形而能回光射光者爲第三　視其面如有光而不能回光者爲第四

如其面如泥如粉如灰呆而無光者謂之暗

色

辨金石之色不但視其皮面而已亦須劃之而視其粉或爲金色或爲非金色

金色

紅者爲紅銅色　黃者爲黃金色　黃銅色　古銅色

褐者爲鋼色　鐵色　鉛色

非金色有白褐黑藍綠黃紅紫八色

白色五種　雪白　紅白　綠白　乳白　黃白

褐色五種　藍褐　煙褐　綠褐　珠褐　灰褐

黑色三種　緞黑　綠黑　藍黑

藍色四種　寶藍　葉藍　天藍　靛藍

綠色七種　翠綠　橄綠　油綠　草綠　果綠　墨綠　黃綠

黃色六種　硫黃　草黃　蠟黃　柘黃　蜜黃　橘黃

紅色七種　硃紅　血紅　肉紅　土紅　瑪瑙紅　玫瑰紅　櫻桃紅

紫色六種　髮紫　紅紫　栗紫　黃紫　木紫　赤紫

奇色

色有一閃即變者如金剛石最甚貓睛石次之西人謂之戲色　又有色雖能變而不甚靈活者如來不來皮愛脫　有因裏面有裂縫而色變者如科子　有外皮之色與

內異者此見天空氣而變也。有色如虹霓者。有此處視之此色他處視之他色其色移步換形者西人謂之滿色（猶言多色也）如哀育來脫及枚格每有之。凡各種奇色皆因樞線有長短之故若樞線一律者其色必一律屢次遇各異之色皆於各異之樞故知之

明

物之透明者因光能出入於物體也分為四等透形如不隔者為第一　能透形而不甚分明者為第二明而不透形僅見光亮者為第三　其邊角薄處微明厚處不明者為第四　如一點不明者謂之暗

折光

凡光線出入於厚薄二質之間其行必折

如圖光從甲射至乙若直行應至丙今乃至丁或至戊是甲乙丁及甲乙戊皆非直線而為折線也其折線之角度各物不同今以已測定之光差列為表如左

天空氣	一〇〇〇
台倍西爾	一二一一
冰	一三〇八
開育來脫	一三四九
水	一三三五
夫羅而斯罷	一四三四
石鹽	一五五七
科子	一五四八
丐而刻斯罷	一六五四
斯比偶兒	一七六四
撒發	一七九四
茄納	一八一五
入而果尼	一九六一
硫白鉛礦	二二六〇
金剛石	二四三九
綠金鉛	二九七四

歧光

透明之質映視他物有能分為二形者此光有歧折故也如於紙上畫一直線以丐而刻斯罷置紙上映而視之則見兩線如旋轉之則見兩線或漸離或漸近近極則并為一線而比原線稍長。若於紙上作一點如前映視之則見兩點如旋轉之則見兩點或漸離或漸近近極復漸離終不能相并但覺兩點互相旋轉有最遠最近之時而已

如以冰地斯罷映視之亦然所分二形一為常折一為歧折（常折即前表折光之數）

歧折之故由於樞線有長短若樞線一律者只有常折無歧折如一樞有長短則有一歧折如三樞俱不等則有二歧折蓋樞線有一異則視物多一歧也

歧折之大小因人目與樞線之交角而殊假如磨平其物使兩面均與樞線直交則人目視物與樞線交角為〇其歧折最小若交角為九十度其歧折最大其最小最大之數亦各物不同因各物之樞線不同故也。如丐而刻斯罷其常折一·六五四歧折一·四八三。如科子之常折一·

五四八四歧折一·五五二.

光之歧折蓋因光線走入物時分二路而行及出物面時不能復幷故成二形.

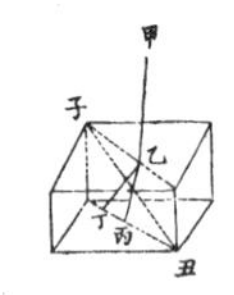

如圖子丑爲樞線 甲乙爲光 乙丙爲常折 乙丁爲歧折

如丙而刻斯罷其結成之式爲第六類長斜方六面形故歧折最大如適當其頂底磨平之則視物無歧.

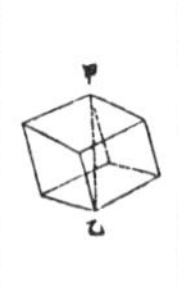

如圖甲乙爲直樞 甲爲頂 乙爲底

如玻璃本無歧折若一邊偏熱之或一邊重壓之則視物亦有歧折蓋因質點改易其位故也.

光極

凡事之最相反者皆謂之極如羅針之南北二極電氣之增減二極是也今論光之出入於物亦有極適當極時其光特異蓋光之透物有方向最易有方向最難故亦謂之二極此理六十年前有武弁偶見窗上所嵌夫羅而斯罷照映日光窗漸開轉其光有時與尋常之光迥易始知光亦有極.

試以圓玻璃一片中作樞令可轉旋使日光透過玻璃映射紙上而轉其玻璃則紙上之光不變如再以一回光鏡先使日光射於鏡令回光透過玻璃而射於紙則光與玻璃交角五十四度時其玻璃轉時紙上之光有時多有時少有處有光有處無光因此而知返照之光與直射之光其情性各異也此五十四度卽爲玻璃之光極.

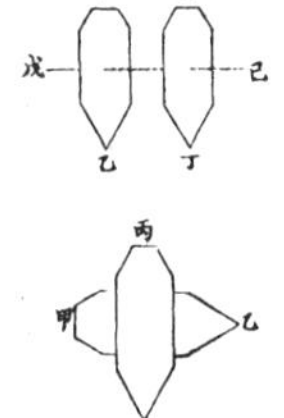

試以普墨林二片順置之如上圖甲乙及丙丁則回光能透過之如戊己.

若轉其片過一象限如下圖則不能透過矣蓋回光進物只有一箇方向能透過所以兩片相順則兩片之樞線平行而能透稍不順則有處透有處不透而生暈相逆則全不能透矣此亦歧折之理也.

如以一歧折之物兩片疊之使回光透過之射於紙上則其暈如甲 若一片旋轉一象限則其暈如乙.

如以有兩歧折之物兩片疊之使回光透過之射於紙上則其暈如丙 若一片旋轉一象限則其暈如丁.

觀此可知其物有一歧折則其暈有一箇極其物有兩歧折則其暈有兩箇極

間遇樞線一律之物亦有時有暈如鴨捺兒西姆結成之顆其光亦有暈暈內黑線交錯成交如圖

法蘭西天文士徐拉果攷知各金熱而生光其光各有極極之度數各不同所以測其光可知其質又測知煤氣火之光無極與日光同所以知日之光由氣而生非流質定質也按此光極之理可測知某行星是某質所成

燐光

凡金石有摩擦之熱之能有火光者此燐光也

如以白洋糖塊暗處研磨之能有光 硫酸白鉛用雞毛抹之有光 兩瑪瑙暗中相磨擊亦有光 客羅而斯罷碎之爲粉置熱鐵上則生光其光或綠色或青紫色或玫瑰色 有時灰石雲母石研粉置鐵上熱之亦有黃光熱過之後其燐卽去若經電氣其光能再見

電氣

電器之氣有二極在鉛之一邊者名是極在銅之一邊者爲非極

石金有摩擦之能生電氣嘘吸棉花片紙者或爲是電或爲非電

如金剛石無論結成之式及磨成之式其電恆爲是電

玉之未經磨琢者有非電若已經磨琢則爲是電 有數種白鉛之礦以毛摩之能得電氣

石金之電有能積留經久者有不能經久歷時卽隱者

凡石金有燒熱之能得電氣者謂之火電氣之物 如普墨林燒熱之以近指南針則或引或距如以其結成之顆未經磨琢者燒熱之則每角皆爲電極角相對則其電之是非亦相對

攝鐵

有數種養氣鐵礦其性能攝鐵卽磁石也其攝力與八功用電氣造成者無異有多處鐵礦遇之其攝力有大至數斤者此種大攝鐵力惟磁石有之

除磁石之外亦有別種金石微有攝鐵性能嘘吸指南針者如臬客爾苦抱爾孟葛尼斯鉅留底恩哈思彌恩白金等礦亦有些微攝鐵性又有本不攝鐵及燒熱之便成攝鐵者因其中有養氣鐵經熱則靈故也

辨輕重法

兩重相比必先以一重爲本所以定質流質均以水爲本

水以蒸氣所成者爲純故定蒸水之重爲一如某物重於水一倍則其重率爲二所以必使物體與水同大方能得其等體重之比例率 法以其物於空氣中權之後復垂於水中權之以水中物重減空中物重爲等體水重則有比例

一率 等體水重

二率 空中物重

三率 一

四率 物之重率

物之寒暑漲縮各有不同而天空氣亦時有輕重水於英寒暑表三十九度一分天空氣表水銀升至三十寸時水之體質最密故此時權物最準

凡物有蜂窩細孔者則前法不能用故另有法 先以瓶滿盛水以塞蓋蓋之拭乾其外而權之爲瓶水共重乃碎其物爲小粒不可研粉於空中權之爲空中物重乃開水瓶之塞蓋以物放入水中則水必溢出仍以塞蓋蓋之拭乾其外而權之爲瓶水物共重然後以瓶水共重加空中物重以瓶水物共重減之得等體水重如前比例之卽得物之重率

辨輭硬法

金石之輭硬不難知也兩物相磨則輭者先缺兩堅相當則格格不入所以或用刀銼之或以石磨之皆可比較輭硬而得其率今以台而客爲最輭金剛石爲最硬定爲十等如左

一	台而客
二	石鹽
三	丐而刻斯罷
四	夫羅而斯罷
五	鴨不對愛脫
六	非而斯罷
七	科子
八	士不爾斯
九	薩非阿
十	金剛石

假如有物以刀銼之與夫羅而斯罷相等則硬率爲四若與非而斯罷相等則硬率爲六如比鴨不對愛脫硬比非而斯罷輭則其硬率在五六之間或定爲五五惟銼磨時須知其面之大小角之銳鈍及銼刀齒間嵌灰則皆易不準不可不知

辨脆韌法

凡物之脆韌與輭硬有別有硬而脆者有輭而韌者故不可不辨也分爲五等

一切之不能成片而碎 二能成片而敲之能碎

三敲之不能碎而扁 四彎之不能自直

五彎之能自直

辨斷口法

敲碎其物而視其斷裂之口，共有四種。

一蚌殼口 言其大凹大凸也，如火石。 二磚瓦口 面平

三鋸齒口 其面有尖鋒相錯 四細粒口 其面有無數細粒

辨味法

凡能消化於水中者，皆可辨其味，味有七種。

一澀 如膽礬 二甜澀 如白礬 三鹹 如鹽

四辣 如蘇特 五冷 如硝 六苦 如硫礦孟葛尼斯

七酸 如硫礦酸

辨氣味法

凡金石有摩之、噓之、酸之、熱之，能有氣出，可辨其臭味者，其氣有五種。

一葱蒜氣 如信石 二草根氣 如西里尼恩

三硫礦氣 四敗蛋氣 如科子及灰石

五泥土氣 如孟葛尼斯

酸試法

用酸水以試金石，其常用者有三種。

一硫礦酸 硫礦與養氣相連所成，又名礦強水

二硝酸 硝氣與養氣相連所成，又名硝強水

三綠輕酸 輕氣、綠氣相連於水中，亦名鹽酸，又名鹽強水

凡酸常用時，加水對半，置玻璃試筩中，以石金小塊入之，有不能冷化者，須用火助。

凡炭酸灰入三種酸水中，皆能發熱出氣消化。

有金石入酸，雖能發熱出氣而不消化者，此因物內有酸不能化之質故也。亦有入極濃無水之酸，火助之能消化成膏者，因酸能分開其夕里西恩也，如齊河來脫是也。

熱試法

凡金石須先試其有水與氣否，法用玻璃試筩，大如筆管，置金石碎屑其中，於筩之近口處置草色試紙，筩底以酒燈炙之，如有水則升出可見，如有氣味則試紙能變色。

以火燒熱金石而試其能鎔鍊否，其最簡便者莫如用吹火管，管之式有三，如圖。

此式作之甚易，惟有一弊，口中氣水往往隨氣吹出管外，以致物不能熱，故不如下二式。

此式管之中腰有空盒，兩頭之管螺旋可拆卸，則氣水積於盒內，不致吹出。

此式之意亦與上同，惟多一節，則便於縮短安放耳。

凡管之近火一頭，須以白金爲之，尖頭有小孔如針眼大，

其餘各節或以銀銅爲之第三式中間一節用玻璃取其不傳熱也用法以大端銜口中小端置火中吹之氣由小孔出吹火斜射於物吹之之法須使氣從鼻入由口而達於管以出毋許間斷能令兩頤常飽而鼻能吸氣則得之矣 火用油燈火橄欖油最佳蠟燭火亦可其燈心須大而闊不可直豎宜稍斜向所吹之物吹時其火分二色外層色黃內層色藍內外交界之尖處最熱外火之黃因有天空養氣故謂之養氣火金石有鎔化時須得養氣者則用此火其內火因無養氣故藍名曰銷鎔火凡金石鎔化時有不可見養氣者則用此火

凡試金石取小塊如綠豆大置堅好之木炭上以吹火管吹火射燒之不過要其熱耳或不用炭以鉑拈拈而吹之鉑拈之式如圖甲爲釘可令開合乙爲拈物處須鑲白金

或用白金作小杯形如半粒鈕扣大或用枚格或用台兒客均可

吹火試鍊金石有多物可點化之使易銷鎔其常用者如硼砂 燐鹽 炭酸素特以此點化金石則熱之易銷且能明淨凡難銷之物則研細與點化之品和水作一丸吹之能銷

吹火點試金石時其中各質互相分合故顏色屢變須一一記之即知某物點化成某形色其中定有某金所以能知石中之金如銅礦用硼砂點而吹化之能鍊得一粒細銅珠錫礦以素特點而吹化之能見一點細錫

養氣替脫尼恩 外火燒之 硼砂點之無色或乳白色 燐鹽點之無色透明如玻璃 素特點之深黃色冷則白色或白灰色

養氣鐵 外火燒之 硼砂點之紅色冷則黃白色或無色 燐鹽點之紅色冷則微白或無色

內火燒之 硼砂點之綠色或綠藍色

養氣昔而以恩 外火燒之 硼砂點之其火焰紅色微冷則黃色鍊成白色料 燐鹽點之微紅色冷則無色

內火燒之 硼砂點之無色或鍊成白料

養氣孟葛尼斯 外火燒之 硼砂點之藍紫色 燐鹽點之亦藍紫色 素特點之有綠料如發藍粘於鉑拈之白金上冷則色稍深

養氣苦抱脫 外火燒之 硼砂點之明藍色 燐鹽點之亦明藍色 素特點之有淡紅料冷則灰色

養氣綠金 外火燒之 硼砂點之綠色冷時淡綠色

燐鹽點之綠色　素特點之有杲橘黃色料冷則黃色或無色
內火燒之　硼砂點之冷則翠綠色　燐鹽點之綠色
養氣銅　外火燒之　硼砂點之綠色　燐鹽點之亦綠色　素特點之有綠料冷則杲色
內火燒之　硼砂點之無色冷則或昏色或紅色　燐鹽點之無色凝時紅色

此尋常點化之法也又有偶用之點化如以硝酸苦抱脫先與水消化以點試土石如其物有阿盧彌那者則燒鍊成藍色如其物有美合尼西者則鍊成淡紅色

如硼砂燐鹽和水一作小丸以鐵絲穿之火中燒過則其處之鐵脆此可見硼砂燐酸入鐵中能使鐵脆也

鐵中若本有硫酸砒酸在內其鐵亦脆蓋任何養氣金與鐵相連皆能使鐵脆

任何養氣金之石內火燒之以錫箔點之皆能見一些細金蓋內火無養氣故錫與金之養氣連而其金臏出故能見其質

物內如有孟葛尼斯者以硝點之火色明紫雖物內孟葛尼斯極少亦可知之

如物內無素特者用卜帶斯之物點之其火紫褐色

素特能使火色深黃　劣非地恩鹽能使火色紅

夕里西恩　以夫羅而斯龍同二股硫酸之鹻點之則白金劼拈上有紫紅料　素特點之亦然

如其料為夕里西恩及素特所成有硫礦則紅或橘黃色置試筩中加素特水熱之即有硫輕氣升出以白鉛酸紙試之色變黑

凡有硫礦之金石置筩內熱之其臭有硫酸氣草藍紙試之色變紅

西里尼恩與他金連熱之有西里尼恩氣其臭如腐爛之羊蹄根草名也

砒霜與他金相連者內火燒之有氣出如葱蒜若以素特點之其氣愈甚

物內有夫羅而林者以入熱化之燐鹽水熱之其氣能消蝕玻璃因夫羅而林與玻璃中之夕里西恩相連故也以蘇木紅紙試之色變黃

凡試夫羅而林其燐鹽中不可有一點綠氣有則試不準因綠氣亦能微蝕玻璃故也

凡物內有硝氣酸者火燒時有細細爆裂之聲其聲如拉斷數根頭髮

論金石之質

金石之質如黃金水銀銀銅金剛石之類地中間有生成純質者其餘諸金石皆爲數元質合成如養氣鐵硫磺鐵養氣炭等類是也 又如灰石之質有丐而西恩養氣及炭酸 水之本質有輕氣養氣

凡各物之質或純或雜化學家皆以元質命之所以能知其物爲某某質合成

元質六十餘種其四十七種是金其餘除孛羅名尋常熱度是流質外如硫磺及炭等物皆是定質

元質之數雖有六十餘種然不恆見者多其恆見之原質不過十三種其內四種是氣養氣輕氣硝氣綠氣是也其三種化學家謂之非金類硫磺炭夕里西恩是也其六種是金如丐而西恩爲石灰之金素地恩爲素特之金卜對斯恩爲鹻之金美合尼西恩哀盧彌尼恩及鐵爲土石之金

夕里西恩與養氣合爲夕里開又名科子此石中最多之品也鎔結石中有之砂石中有之海砂山砂土中均有之嫩石中亦有之或與灰鹻素特美合尼西哀盧彌那等物相連亦有與鐵相連者查夕里開之於各金石中幾於無物內不有其性能使石堅硬蓋元質中除養氣之外無有比夕里西恩再多者是石中通用之物也

夕里西恩之外灰與炭爲多因炭與養氣合爲炭酸炭酸與灰連爲灰石凡石之可煅作石灰者皆灰石也

硫磺與養氣合爲硫酸硫酸與灰合爲硫酸灰凡石膏之類皆是

鐵各處都有夕里開中亦有之有與硫磺及養氣合而爲藏脈者

養氣石中有之土中有之水中有之天空中亦有之不拘何處皆有之與輕氣合則爲水與硝氣和則爲天空氣

綠氣與素地恩養氣合則爲鹽海中有之井中有之地中有生成之石鹽

觀以上各物可知地面諸物恆見之元質惟此十餘種爲最多亦惟此十餘種爲最不可少如屋宇之有棟樑也

其餘各種金石不能處處皆有故其質不恆見惟其爲用則甚大而其品類亦甚多其已經攷得者約有六百餘種人所常見者不過百餘種其四百餘種惟地理家金石家化學家能辨別之

化學之法能分別金石之質及其分合之法今先論其命名之例以知合質

如養氣鐵 綠氣鐵 卽知鐵與某氣相連之物也

如硫磺鐵 卽知鐵與硫磺合質也

如一股養氣鐵　多股養氣鐵　言鐵與多少養氣相連也

如炭酸灰　硫酸灰　言養氣與某質連而爲酸又與他質相連也

如夕里西酸素特　言夕里西恩先與養氣相連爲酸而又與素特相連　即素地恩與養氣連又與夕里開相連也

總之雜質之物皆一酸與一底相連如素特爲底夕里開爲酸是也

論質體互易之理

凡結成之物元式相同則其物微體之形式亦相同故此物之微點與彼物之微點能交換迭代雖在多質合成之中亦能之此理西人謂之哀蘇摩法司哀蘇同也摩法司形式也今謂之同式形

凡異質同式之物共分六類學者須一一記之

一　養氣哀盧彌尼恩　多股養氣鐵　多股養氣孟葛尼斯

二　養氣丐而西恩　養氣美合尼西恩　養氣鐵　養氣孟葛尼斯　養氣白鉛

三　養氣貝而以恩　養氣息脫浪西恩　養氣鉛

四　硫礦　西里尼恩　脫羅里恩

五　東思天　目力別敵能

六　燐酸　砒酸

如石內有養氣哀盧彌尼恩則多養氣之鐵或多養氣之孟葛尼斯皆能與之互易

如其物爲養氣美合尼西恩則養氣孟葛尼斯或養氣鐵或石灰皆能彼此互易　所以茄納及灰石內每有養氣鐵及養氣美合尼西養氣孟葛尼斯

又如六角類之炭酸灰　炭酸鐵　炭酸美合尼西恩其式之角度相同所以亦能互易

凡同式互易之理乃諸微點各自彼此遞換一點走出則一點走入所以其質有全變者有半變者有變易其幾分者此同式變易之說發明金石之理幾及一半

論金石分部之法

凡區分類別之法金石家與化學家互有異同化學家以元質連合之法相同者爲一屬金石家以結成之形式相同或積疊之法相同者爲一屬

如夕里西恩酸與養氣美合尼西恩相連　夕里西恩酸與鐵相連其結成之形式同故金石家以爲一屬

又金石分類各書亦時有異同此書則分爲七類

一氣類　二水類　三炭類

四硫磺類　五鏞金類　六土金類

七石金類

長洲沙英繪圖

元和江衡校字

金石識別卷三目錄

開克可兒
別溪可兒
七里可兒
恰逆兒可兒
臼勞而可兒
獲的可兒
里合兒奈脫
雀脫
可克
石墨 開府愛脫
炭酸
琥珀 安拔
輭石油
臘底奈脫
石油 別區門
鴨西發而登
皮脫羅里恩
捺潑雖

硫磺類

硫磺

硫磺酸
西里尼恩

金石識別卷三

美國代那撰
美國　瑪高溫　口譯
金匱　華蘅芳　筆述

氣類

天空氣

天空氣　卽空中之氣人物所賴以呼吸者也其質爲硝氣與養氣和合而成內微有一些炭酸氣　每百分中養氣二十一　硝氣七十九　無味無色無臭　能養生物及火因其中有養氣故也　動物吸天空氣而取其養氣以滌血中之炭質變爲炭酸氣吐出　植物吸

天空氣而取炭酸氣日光照之炭質變木而養氣吐出如是循環不息所以天空氣中之養氣不加多亦不減少天空氣之重比水輕八百一十五倍　較水銀輕一萬一千〇六十五倍

硝氣

硝氣　不能生養動植之物　無味無色無臭　天空氣中之一質也　泉水中見有泡自下而出卽此氣也此因地中有物腐化而他物與其養氣連合而騰出硝氣故升上地面因經過泉水中而作泡故人能見之其自土中升出者目不能見故不知也　如英吉利排脫地方有一泉每分時有硝氣二百六十七立方寸升出其氣每百分中只有二分至三分養氣又有一些炭酸甚微

炭輕氣

炭輕氣　其色黃　能養火可作氣燈之用　其氣每百分中炭七十五　輕氣二十五　煤礦中有之　石油中有之　嫩石中有之　每有自石孔中發出者　西洋有一處計十五點鐘發出炭輕氣二百二十五尺之立方適供一村點燈之用

又有一種炭輕氣生火微藍乃草木腐爛於水底化出

之氣也

燐輕氣

燐輕氣　生於腐爛之動物中　其氣不點自能有光生火卽俗所謂鬼火也　每百分中燐九一·二九　輕氣八·七一

硫輕氣

硫輕氣　其臭如敗腐之蛋　燃之其火藍色　銀遇其氣則色變黑　泉水從硫磺礦中經過則有此氣　近火山處亦有之

鹽酸氣

鹽酸氣　其臭刺喉棘鼻　又名水綠氣酸　能爛皮肉見水能隱入水中　每百分中輕氣二三·七四　綠氣七七·二六　凡銀質消化於硝酸水中以鹽酸氣加入其銀卽沈降於底色白見光卽變黑　火山出火時每有此氣

炭酸氣

炭質與養氣連合則爲炭酸氣　動物呼吸時吐出之氣卽炭酸氣也　詳見炭類

硫酸氣

硫礦與養氣連合則爲硫酸氣　其味酸　能消化金石詳見硫礦類

水類

純水

水以蒸氣所成者爲最淨如雨水露水蒸水是也　其質以重計之養氣八輕氣一　寒暑表三十二度則凝結成冰其結成之元式如圖　其結成之次形甚多然總不離乎元式之意　其枝枝節節交角皆六十度　當寒暑表三十九度一分時體最小最密從此至三十二度又漸大因其將結時各點離合併湊之故　熱之至二百一十二度則沸而化氣　當風雨表卽天空氣表　水銀升至三十寸寒暑表六十度時西尺每立方寸重二百五十二粒（粒西人分釐之名言如一粒麥重也）又千分粒之四百五十八

凡水中總有天空氣和合如無天空氣則水味不佳

又總有些微純養氣所以能使水中之動植物生活也

井泉水

凡泉水內有些微石灰與硫酸或綠氣或炭酸相連　又有些微食鹽及炭酸美合尼西　哀盧彌那　養鐵　夕里開　燐酸　炭酸　草木酸　等物之迹總計不及萬分之十　如花旗婆師登之水萬分中有半分雜質　非里台而非之水萬分中有一分雜質　牛約之水萬分中有一分至一分半雜質此皆有名之泉水也

海水

海水每千分內有三十二至三十七分是定質　赤道之下距淡水最遠處其水中定質最多　若洲島相望處黑水洋中定質最少　於巴而的海及黑水洋太平洋各水比較其定質約差三分之一　其定質內十分之五六爲鹽其餘爲綠氣美合尼西養　硫酸美合尼西養　又有各種雜質之形迹如硫酸灰　炭酸灰孛羅名　愛阿靛　夫羅而林　燐火等類

死海水重因其水內定質多　海水之味苦因其中有美合尼西養故也

金水

金水者水源從各金礦中經過故水中有消化之金　如白鉛水　砒石水　鉛水　銅水　安的摩尼水　錫水等類是也　任何能消化之金有水經過之則水中有其迹　有化學所不能消化之物水中亦有其物之形迹者

炭類

炭之純質結成者爲金剛石　炭與他質連合者爲煤爲石墨爲石油爲琥珀等物

金剛石

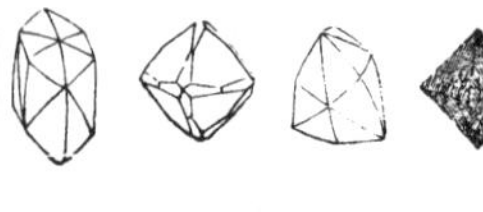

金剛石　西名臺門的　純炭質結成　其元爲一律式結成者次形甚多　如一圖爲元式二三四圖均爲次形　析之皆可成八面形甚端正　其色無一定各色皆有　有透明如水而無色者　有白者　黃者　紅者　綠者　紫者　褐色者　其光爲金剛光　其明透光亦有昏暗者　其硬

一　二　三　四

第十　其重三·四八至三·五五　熱極能燒燒則生炭酸氣　摩擦之則有木膠電氣　日中曬之置暗處能發光　以之爲鏡其光折最大　其射光亦最大　識別之法因其質最硬而堅　其光爲金剛光　其電爲木膠電　出於天竺國　文萊島　比離些里　普魯斯　俄羅斯等處亞非利加米利堅均不出

金剛石生於科子之中此種科子名愛台果拉毋愛脫或別種科子石中亦間有之

金剛爲純炭所成有人以爲其炭亦從草木而來如煤炭然有時遇未結之形似煤而色亦黑

凡金剛石大抵砂礫中淘得者居多未有從石中開得者比離些里於江砂溪砂中淘之一人管十黑奴恐其得而吞匿也如淘得十七合拉（合拉豆名其重四粒）重一顆兌其爲奴其貴重如此

天竺有一顆大如半箇雞卵　俄羅斯有一顆大如鴿卵得自天竺　英吉利向天竺購得一顆其光最明價六十五萬元　又於天竺新得一顆重七百四十四粒磨琢去三分之一此顆名可意奴兒言其光如山也

金剛石之價以光色之明淨不明淨及形式之端正不

端正而議價如明淨而磨琢端正者每顆重一合拉作八磅若重四合拉作一百二十八磅若重十合拉作八百磅如是加算每磅價五元　或微有疵病則貴賤懸殊　其未經磨琢者一合拉作二磅二合拉作八磅此其大約也各國好尚不同故價亦時有軒輊

大紅色者比白者更貴因其色好而物罕也　綠者亦因色好故貴　藍者亦貴非因其色因其少　黑者最少惟好奇者寶之故價亦昂　褐色及黃色不甚寶貴

金剛石之用處其極細如砂者謂之剛砂可用以磨琢大顆者初時以鋼片蘸剛砂帶水鋸之再以鋼輪蘸剛

砂礪磨之功夫極大　其稍大者可用以裁割玻璃然惟生成之角可用若磨成之角不堪用也又凸面所成之角比平面所成之角更佳　可以作鑽鑽磁器晶玉等眼大而明淨者可磨作顯微鏡因其折光最大且無暈又最硬而韌不致爲他物磨損故也

煤炭

煤炭之質爲輕氣與炭質和合而成　其色或褐或黑照之不明　性脆易碎　硬自一至二·五　重一·二至一·七五　百分中有一分至二分夕里開及養鐵　其中時有石油　火色明亮者內有油氣　火色昏暗者

因其中有水水與炭養合爲養炭酸故也　其屬有有石油者有無石油者故有多名

安得里斯愛脫　無石油之煤也　其面平而光　其質堅硬　重一·三至一·七五　百分中有八十至九十分爲炭質四分至七分爲水其餘爲泥土　有時亦有些微石油

別區門那斯可兒　石油煤也　其質比安得里雖愛脫稍輭　其面之光色亦稍次　重一·五

開克可兒譯言餅煤也　別溪可兒譯言松香煤也　其色灰黑如絨　一見火卽爆開碎爲細屑後復粘

結成餅故名餅煤　火色明黃　燃之易旺　因其易弁故須時時挑之

七里可兒譯言櫻桃煤也　形色與餅煤相似　性脆最易碎故挖取時耗折甚多　見火碎而不弁　火色明黃

恰逆兒可兒　燭煤也　其質堅硬　其面無油光碎之其口如火石形　最易發火　燭火上點之卽能燃　火光明亮如燭　無油氣　古時以之代燭故有是名　因其硬故可雕琢作玩器如瓶盒之類

白勞而可兒　褐色煤也

獲的可兒　木煤也

里合兒奈脫　樹炭也

此三種皆次等之煤　其色帶褐　燒之有枯焦氣其紋理亦如木形　蓋煤之尚未變成者西人謂之新煤

雀脫　煤之極硬者也　希臘人於新地得之　其色深黑　其性甚堅　磨之能光　故可琢爲鈕帶扣及佩飾等物

煤之總名西人謂之明兒納兒可兒猶言石炭也地中有煤之處謂之可兒美什即煤層也煤生於泥石

疊層中其比連之石或爲嫩黑泥石或爲粗粒砂石或爲灰石煤與石層間疊積無一定次序　假如一層煤其上有一層砂石其上又有一層煤其上爲一層灰石其上又有一層煤　與煤貼近之嫩泥石其面往往印有樹木枝葉形迹　其泥石有軟如泥者有硬如磚者砂石有灰色者靑色者紅色者

地中煤層之形或平或斜斜度亦不等　煤之全形或平或彎或厚薄或斷折所以總無一一定之法可得地中之煤因地中無煤之處其泥石砂石灰石亦相間積疊故也　如見泥石上有草木形迹則差有可憑故地學家考究殭石之種類殭石者生物入別地變成之石別其古今如見太古殭石則知掘地已深其下必無煤矣　如見可兒美什殭石則爲煤層其中或可有煤然亦未能必得也

除煤層之外其餘各層亦有可用之新煤惟不甚多故取之易竭且新煤內每有硫礦故不佳

附花旗國所出各煤

品而凡業地方所出　安得里斯愛脫煤

炭質八七·四五　氣三·八四　水一·三四

渣滓七·三七

梅里蘭地方所出　石油煤

炭質七三·〇一　氣一五·八〇　水一·二五

渣滓九·九四

品而凡業地方所出　石油煤

炭質六八·八二　氣一七·〇一　水〇·八二

渣滓一三·三五

維棄尼阿地方所出　石油煤

炭質五〇·九九　氣三六·六三　水一·六四

渣滓一〇·七四

印約鴨捺地方所出　石油煤

炭質五八·四四　氣三三·九九　水二·二〇
渣滓四·九七

安得里斯愛脫煤礦中石層甚亂此因地中之火沖突而出之故因此知其煤內本亦有石油緣地火熱甚故石油化氣而去也　又知硬而難燒之煤亦因地火熱甚而煤與夕里開連合故化爲石

枯塊煤又名焦煤西名可克乃煤之煅過者也煅鍊之法作爐如窯以二噸煤入爐燒四十八點鐘初燒時爐門開後則漸漸塞閉之使外氣不入悶閉十二點鐘則煤內能化氣之物盡行升去即成枯塊質脆體鬆金光灰色用以鎔冶生鐵最佳

石墨

石墨　西名開府愛脫又名白倫倍果　屑類摶結者居多　有時亦遇片類　有片片積疊成六角柱形者　鐵黑色或暗鋼灰色　金光　其片彎之則脆碎　硬一至二　重二·〇九　畫於紙上可作黑字如墨　染手則如油污　其質炭九十至九十六　鐵四至十　故又呼之爲炭鐵然其炭與鐵乃是和合非化合也　吹火試之不能銷鎔點之亦不化　入酸水不消　其形式甚似目力別敵能　其屑類者甚似各金礦　識別之法因熱之不變酸之不化　遇之於合拉尼脫石中　粗砂石中　嫩黑石中　綠石中亦有之　或在尼斯及枚格疊層間　用法鋸之成細條裝木中可作筆故俗謂之筆鉛實非鉛也　其屑研細之可代油以膏機器之轉軸則滑利而不消磨　以之作罐可鎔金鐵　和泥一半可作火磚火泥因其入火不變也　以磨擦鐵器可不鏽其光黝然

炭酸

炭酸氣　金水中有之　入水能使水生煙霧西人所飲荷蘭水即此氣所作　味酸而微辣　能滅火　不能生養動物　其質炭二七·六五　養氣七二·三五　近火山處每有此氣　以大里京有一石洞發此氣以狗驅向洞口俄頃如死移置他處即得天空氣而蘇故附近居民多畜狗以待遊人來戲嬉以獲利

炭酸氣與石灰相連則爲炭酸灰如大理石花石灰石青石凡可燒作石灰者皆炭酸灰也　詳見灰類

炭酸氣與鐵相連則爲炭酸鐵　如斯罷底鐵礦是也

與養氣白鉛相連則爲炭養酸鉛即最好之白鉛礦開來鑾尼是也　亦有與別種石金相連爲礦者　詳見礦金類

琥珀

琥珀　西名安拔　又名開拔尼刻愛脫　團結無常形色微黃　亦有褐色白色者　光如松香　半透明硬二至二·五　重一·一八　摩擦之能生電氣可以拾芥　其合質炭七九〇　輕氣一〇·五　養氣一〇·五試以火點之能燃　火色黃　有松香氣　生於泥土之中海邊砂土内每有之　初生時甚小後漸長大普魯斯金石院中有一塊重一十八磅　北帶海出者最多得於石油煤礦中　法蘭西出者得於土中　疑爲松香所化　有時其内有小蟲或蝨之一翅一足似是粘結於中者然往往有僞造者與眞無異不能識別也希臘人謂琥珀爲以拉脫能故呼電氣爲以拉脫方思愛脫

琥珀磨之能光易於雕琢因作僞亦甚易故不甚珍貴熬鍊之和煙煤可作最好之黑漆　蒸之可得油　升之可得酸

輭石油　又名金抹紙膠　色褐黑　照視之橘紅色重〇·九至一·二五　其合質炭八五五　輕氣一三·三　以火點之能燃　火色黃　氣味如石油　得於近石油之灰石中

臘的奈脫　摶結如塊　色褐或淡黃　亦有紅色綠色者　面光如泥土　碎之如松香　照之半明初出土時輭而有凹凸力　久在天空氣中則漸堅硬一·至二·五　重一·一三五　其合質松香五五石油四一·　土三·　燒之光明而香　入火酒中消化如脂　得之於石油煤礦中

石油

石油　西名別區門　有硬如松香者　有輭如脂者有流如油者　其氣味爲石油之本味無他物相似故不能形容之　硬者碎之松香光　色褐或黑或帶紅流者無色而透明　硬〇·至二　重〇·八至一·二鴨西發而登　石油之硬者也　碎之面光而平　其中雜有土質

皮脫羅里恩　石油之輭者也　從石孔中流出如脂見天空氣則凝其色昏暗

捺潑雖　又名金油　混濁流質　色黃　重〇·七至〇·八四　見天空氣能凝

凡石油有地中生成者有從皮脫羅里恩蒸得者其合質炭八二·二　輕氣一四·八　其性見火易燃西海邊有一島名替尼奪愛台島中有一湖周圍三

里其水皆是石油近湖邊之油冷而凝近湖中之油温而輭湖心之油熱而沸　其湖邊之硬者亦非平面似是沸而忽凝之狀湖距海二里其路上之土均是石油亦生草木

石油有生於地中者則穿井以取之數十年前西人尚未知石油之用處今則花旗所得者最多幾供遍地球之用貿易人名之爲刻羅斯　可以熬作油漆以油房屋　煎之和石灰可泥飾地面粘固船縫與泥灰和以燒火代煤　入膏藥能滋潤皮膚　殮尸可不腐朽　可使漆易燥　蒸鍊之可使清明如

水以點燈　化學家用以收藏卜對斯恩素地恩因其內無養氣故也

石油之類名色甚多附記於後

密陀脫奈脫　還猶是愛脫　罷由而土愛脫　此三種入火酒不消化

開哀及兒愛脫　皮文其兒愛脫　此二種入火酒能消化從美里哥南來

希勿兒愛脫　合日氏台素提兒　哈對愛脫

愛蘇奈脫　阿素色兒愛脫　非得兒愛脫　殼兒愛脫　辦刻愛脫　此諸種皆從褐色泥石中尋得

其形或如蠟或如脂

哀台兒愛脫　灰黑色　硬而面光　得之於西班牙之水銀礦中

硫礦類

硫礦

西名索而發　其元爲三律式　地中結成者爲八面形

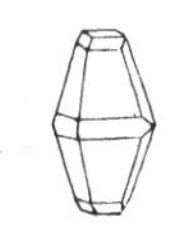

其式如圖　析之不能分明　亦有搏結如土者　其色嫩黃　松香光　照之不透明　性脆易碎　硬一·五至二

五　重二·〇七　與西里尼恩形似　識別之法以火點之火色藍　其氣爲硫礦氣無他氣相類　遇之於泥土石中或近石油煤礦或近石膏　火山處多有之有與息脫滾西養相連者　有與丐而刻斯罷相連者又地中時有硫酸氣其養氣若與他物化合則硫礦降而凝結泉水過之則有硫礦氣　又有硫礦鐵礦其鐵化去而賸硫礦

凡硫礦有直與他金相連爲礦者　有先與養氣相連爲硫酸而再與他金連合者　其直相連者如硫鐵硫銅等礦燒鍊時皆可分出其硫礦　法以礦入爐燒之

時時轉側活動之使硫磺化氣升出入一空室中冷則降而爲粉又鎔之傾於長管中凝而割去其底則淨

凡硫磺熱之至二百二十六度則鎔爲流質熱至二百三十二度則反厚若熱之至三百度傾於水中則輭如蠟印物可得花紋見天空氣漸堅如故　可作漂白粉　可作硫酸　可入藥材　可作火藥　鎗礮火藥每百分中硫磺九分至十分　轟發火藥每百分中硫磺一十五分至二十分

硫磺酸

硫磺酸有二種　其一種出於火山之硫磺泉　其味最酸　其合質硫磺四〇·一四　養氣五九·八六

又一種乃硫磺燒時與天空氣中之養氣相連所成嗅之有酸味刺鼻者是也　火山發火時每有此氣　性能殺生蟣物　其合質硫磺五〇　養氣四九

西里尼恩

西里尼恩　元質之一也　生於硫磺礦中其形甚似硫磺惟其臭似腐爛之羊蹄根與硫磺之氣不同故可識別　尋常熱度（謂天時寒暖之度也）質硬而脆　黃褐色　鎚之磨之其光色似金類　嘗之無味　研之則粘故不能成粉其色變爲深紅　熱之至沸水度即成流質若微熱之則柔輭如鉛彎之不斷打之不碎而扁抽之可作絲　其絲照明視之則紅色平視之則灰色　熱之至六百度則化氣冷則降成點滴其色昏暗積多則成花形色如硃砂　化氣時其氣深黃色其臭如腐羊蹄（草名）根　初得此物時以爲金後因其傳熱甚遲且不通電氣故化學家列之於非金類　此物希有不但常人不曾見即化學家得此者不過數人有終身研究化學而未得西里尼恩者

長洲沙英繪圖

元和江衡校字

金石識別卷四目錄

鏽金類

阿摩尼阿

密羅彌愛脫

硫酸阿摩尼阿

燐酸阿摩尼阿

炭酸阿摩尼阿

燐酸美合尼西養阿摩尼阿

卜對斯

鹻

硝

硫酸素特

硝酸素特

炭酸素特

鹽

布而倫酸素特

替奈特愛脫

開路斯愛脫

合羅白兒愛脫

貝而以養

硫酸貝而以養合肥斯罷

炭酸貝而以養維底兒愛脫

貝里多開來愛脫

薄姆愛脫

第兒愛脫

迭里來脫

息脫浪西養

硫酸息脫浪西養勒斯的

炭酸息脫浪西養

丙而西養即石灰

石膏水硫酸灰　絕不斯恩

安海奪來脫

炭酸灰丙而刻斯罷

愛而倫刻斯罷

撒頂斯罷

茶而刻

石乳

灰拓發

絲帶石

烏來脫
倍蘇來脫
阿纒丁
方點白羅愛脫
粒灰石
堅灰石
臭味灰石
盆婆丐而斯愛脫
哀來果奈脫
馱羅美脫

珠斯罷　碣斯罷
美以每脫
合而苛府愛脫
安已兒愛脫
鴨不對愛脫
哀斯罷里刻斯
發斯福而愛脫
牛罷刻而愛脫
夫羅而斯罷
海星

阿克斯來脫
硝酸灰
美合尼西養
硫酸美合尼西養　曷不斯姆索而脫
美合尼西愛脫
白羅斯愛脫
泥美兒愛脫
海得羅美合尼西愛脫
布而倫斯愛脫
硝酸美合尼西養

博里海兒愛脫
韋納兒愛脫
羅提斯愛脫
哀盧彌那
明礬　阿拉姆
青鹽礬
美合尼西礬
阿摩尼阿礬
鐵礬
曼葛尼斯礬

金石識別卷四

美國代那撰
美國 瑪高溫 口譯
金匱 華蘅芳 筆述

鏽金類

金類在水土之中有常鏽者，則不能遇其金，而常遇其鏽，鏽之中有金在焉，故謂之鏽金。此類西人謂之鹽類，非爲其狀貌如鹽，爲其與他質化合之法與鹽相類也。如猝味之物，泥內之物，與硫酸硝酸炭酸及水相連，再與綠氣或夫羅而林相連是也。其分八種，一阿摩尼阿之鏽 二卜對斯之鏽 三素特之鏽 四貝而以之鏽 五

息脫湨西之鏽 六灰之鏽 七美合尼西之鏽 八哀盧彌那之鏽

鏽金之總名西人謂之海落愛脫，又名密勒爾愛兒。

阿摩尼阿之鏽

硇砂 西名密羅彌愛脫阿摩尼阿，俗名撒兒阿摩尼阿克，其元爲一律式 結成者爲八面形如圖，其未結成者附於他石之上，如苔衣毛蘚形。色白 亦有黃及灰色者 或透明或昏暗 其味鹹而帶辣 入水全消融 見火全化氣 其合質阿摩尼阿三三七 綠氣六六三 識別之

法以其臭味如鹿茸、若以硇砂與石灰同研、則有此氣出　火山中有之　煤礦內有之　血肉之物內亦有之　埃及出最多、因民間燒駱駝糞、故升得之、法蘭西燒骨爲灰升得之　英吉利於作煤氣燈之煤氣雜質內分得之　可作藥材　銲錫時用以代松香、與鐵屑同研可粘固鐵器

硫酸阿摩尼阿　亦結於他石之上、如皮如粉　黃灰色　透明　味苦而辣　其合質硫酸五三·三　阿摩尼阿二二·八　水二三·九　入水易消融　火山處有之　硬煤內亦有之

燐酸阿摩尼阿　二股炭酸阿摩尼阿　皆遇之於開愛奴　開愛奴鳥糞之山也

燐酸美合尼西養阿摩尼阿　百分中有水十三分　其色明黃　硬一　重一·七　入水微消化　於牛糞中升得之

卜對斯之鹻

卜對斯恩與養相連、則爲鹻　見火不銷、色反白淨　其味辛辣　其氣能使草藍之色變綠　初於木炭灰水中熬得之、如膏色黑、入倒焰爐燒之、則白而淨　其養氣與卜對斯恩相連甚緊、故燒之不去　最喜天空氣故空中之水及炭酸氣每被收入、變爲炭酸水鹻、燒之則水及炭酸氣去而仍爲淨鹻　若以鹻與鐵同燒、使養氣與鐵相連、能得卜對斯恩元質、一見天空氣還復成鹻

硝　西名奈得里脫卜對斯　又名奈脫　化學謂之硝酸鹻　其元爲三律式斜方底柱形　目目面交角一十八度五十分　常有薄片如衣、白而微透明、或如針如毛生於舊牆之陰處、或石洞之中　味鹻而冷　其合質卜對斯養四六·五六　硝酸氣五三·四四　投諸炭火中能燃燒、其火白色　與硝酸素特形似、其識別

之法、嘗之味冷　見火能燃　見天空氣不溼

凡雨後天熱、地上及牆壁上生出白毛衣如霧、此即硝也、掃之入水熬乾即得　灰石洞中亦生之　木灰灰泥舊石灰皆能生硝　灰石下之泥內恆有硝　動植之物亦有有硝者

凡不產硝之處、可以用法種之、法於泥地上掘坎、深尺許、寬廣五六尺、以腐爛動植之物及牆壁上舊石灰燒燼之木草灰及地面之泥灰塵土、一切污穢雜物、置於坎中、堆高之爲灰堆、上作屋遮之、須蔽雨而透風、時常反覆挑動之、使與天空氣化合、時溲溺其中、因小便

內有硝氣故也　如是者一兩年則其中之硝氣與養氣相連爲硝酸而又與雜物內之卜對斯養相連而成硝　以沸湯澆之濾其汁混濁而黑其中有硝酸卜對斯　硝酸灰　硝酸美合尼西　鹽　等物加木草灰熱之則硝酸盡與木草灰內之卜對斯相連而灰及美合尼西與木草灰內之炭酸相連而沈於底濾而熬之則鹽浮結於上硝在水中冷則結成計每方尺可得硝四兩

凡硝與鹽同在水中熱之則硝消化速鹽消化遲冷之則硝凝結速鹽凝結遲因此得提硝之法　用毛硝三

十斤入熱水六斤則硝消化有不消化而沈於底者鹽也去其鹽俟硝凝結再添水熱之如前至底無鹽沈則加膠及水熱之傾淺盆中以木棒攪之使速冷則結小粒以冷水洗之晾乾爲淨硝

又法以毛硝水熱而沸之面上有鹽滓浮結則去之至無渣滓浮出則加八分之一冷水（加冷者不使鹽凝結也）傾淺盆中攪之則硝結成小粒冷水洗過又入水熬之將乾傾成餅　此瑞典國化學士倍四里耶斯鍊硝法也其硝凝結如磚質堅而體小便於搬運且易看成色碎之其筋紋如星光四射者佳如八十分內有一分鹽則筋紋短若四十分內有一分鹽則祇有粒粒不起鋩矣惟熬鍊時熱度若太大則堅結如石研之難碎

凡硝　入火酒中不消化　見天空氣不變溼　每一磅硝能得養氣一千二百方寸　可以作硝酸　可以作藥材　可以作火藥　火藥每百分中硝七十五至七十八　用硝一兩研細入五兩水中能使水減熱十五度

附

素特之鏽

昔而非能　綠氣與卜對斯相連之物也　生成者少

素地恩與養氣相連則爲素特

硫酸素特　生於石上如硝　黃白色　偶有在他金礦中結成者　其元爲一斜式　入水能消化　硬二至三　重二·九　味冷微苦而鹹　其合質素特一九三　硫酸二四·八　水五五·九　入火能燒火色黃　與硫酸美合尼西養形似　識別之法此顆粒較粗火色黃　遇之於灰石洞中　海水內亦有之　可以入藥材可用以取硫酸

硝酸素特　其元爲六角式　結成者爲長斜方六面形夕夕面交角一百〇六度三十三分　或爲片形　或

爲花形　色白或灰褐色　味冷　入水易消化　見
天空氣易變溼　其合質硝酸六三五　素特三六五
投諸火中能燒　火色明黃　其形與硝相似　識別
之法因其見天空氣變溼及火色黃也　每遇地中有
一層數百里寬廣中有硝酸素特在石膏石鹽硫酸素
特及螺蚌殼中此古之海底也　可用以取硝酸
炭酸素特　亦生於石上如皮如花　色白或黃或灰
味辣　遇天空氣則變成白粉　其合質爲炭酸與素
特及水　入硝酸發氣如沸　其形與土捺相似　識
別之法因其見天空氣能變白粉　埃及有素特湖

中之水可得炭酸素特　炭酸素特　可作肥皂　可
入藥材　可作荷蘭水　可點化金石　點綠氣銀礦
非此不可
又有半炭酸素特　遇之於阿非里加地上每年出數
百噸
食鹽　乃素地恩與綠氣相連所成　西名索而特　其
元爲一律式　結成之式如一二
三四圖　第四圖之式似奇蓋因
結時浮出水面上不長而下面積
結故成此形也　色白或灰　或

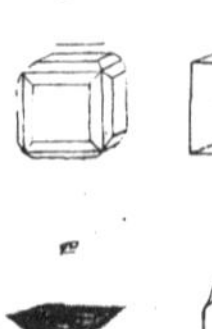

有紅黃綠筋　其硬二　其重二·一五七　味鹹　其
合質綠氣六〇·七　素地恩三九·三　燒之有細裂聲
識別之法以其味鹹　吹火燒之色變黃
地中有生成之石鹽　遇之於泥石砂石中每與石膏
相近　西班牙有鹽礦厚三四百尺　波斯國石鹽礦
最大已開取二千餘年尚未盡　地中有數層有之
湖水井水海水中皆有鹽
有一種鹽西名馬的奈脫　其合質鹽九十一分硫酸
美合尼西養九分
以下言素特與布而倫酸相連之物

布而倫元質之一也其色橄綠無味無臭入水入油入酒
俱不消化不通電氣重二見天空氣不變熱之至六百度
忽發火與天空中養氣相連爲布而倫酸　以布而倫入
硝酸亦可作布而倫酸
布而倫酸素特　西名布而來刻素特　卽硼砂也　其
元爲一斜式　結成之式爲長斜方底直柱形如圖
日石面交角一百〇六度三十五分
色白而明　玻璃光　硬二至二
五　重一·七一六　味甜而帶鹹辣　其合質素特一
六·二五　布而倫酸三六·五八　水四七·一七　熱之

發大數倍色變呆白再加熱則鎔冷之成料珠　西藏有一湖其湖中之砂石盡是硼砂　花旗有一湖湖中之水熬乾可得硼砂　硼砂可以點化各金石　可作假玉

硼砂酸　生於石上如魚鱗　摩之滑如油　白黃色　味酸微鹹苦　重一·四八　其合質硼酸五六·三八　水四三·六二　燒之火色綠　火山處有之　近火山之沸泉中亦有之其水重於常水熬乾之得結成可作硼砂

替奈特愛脫　乃無水之硼砂　出於西班牙

開路斯愛脫　乃水炭酸灰素特　出於美里哥南

合羅白兒愛脫　其形微尖　幾透明　灰黃色　味微鹹　其合質硫酸灰四九　硫酸素特五一　石鹽中有之

貝而以之鏽

貝而以恩元質之一也其光比生鐵稍次重比水稍大遇天空中養氣卽鏽而變土見水則收水中養氣而輕氣騰出故如沸取之之法以炭酸貝而以養研粉和水如膏置白金杯中於中心作一凹坎坎中置水銀少許以是電線置石粉膏以非電線置水銀則貝而以恩與水銀相連於無養氣之器內升出水銀卽得貝而以恩之元質若見空中養氣頃刻鏽而變土其與養氣相連有一股養氣者有多股養氣者

貝而以養　其形如泥　味辢　重三·五至四·八　與息脫浪西養相似　識別之法　無臭　不能燒　其硬四

硫酸貝而以養　西名合肥斯罷（西語謂重爲合肥）　其結成之元爲三律式斜方底直柱如一圖　其次形如二圖　目目面交角一百〇一度四十分　女午面交角一百四十一

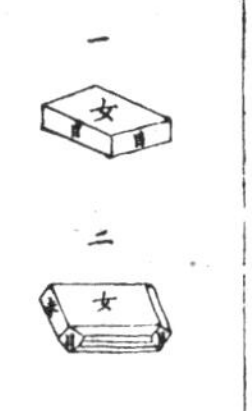

一　女
二　女

度十分　女未面交角一百四十七度一十八分　有搏屑者　有厚片者　有生成如石筍者　色白間亦有微兼紅黃藍色者　玻璃光　透明或半透明　硬二·五至三·五　重四·三至四·八　有摩擦之有臭氣者

其合質硫酸三四·　貝而以養六六·　吹火燒之有細細爆裂之聲難銷鍊　入酸不消化　與勒斯底及哀來果奈脫炭酸貝而以養形似　識別之法因其重且入酸不化入火不鎔　遇之於各金礦中鉛礦鐵礦中均有之　研細入漆作白色　可代鉛粉久不變色

炭酸貝而以養　西名維底兒愛脫　結成之元爲三律

式斜方底直柱形如一圖　其交形如二圖　目目面
交角一百十八度三十分　目子面
交角一百四十九度十五分　又有
六面尖頂柱形析之不能分明　有
搏結如球或半球形者其中或有筋
紋或爲屑粒　其結成者色白而透明　硬三至三七
五　重四二九至四三五　性脆其合質貝而以養七
七六　炭酸二二四　吹火試之有細細爆裂聲易鎔
成珠冷則色呆　入硝酸發泡如沸　與丐而刻斯罷
衰來果奈脫之別因輕重各異　與他金石之無炭酸

者易別因其入硝酸發泡之故　與鉛礦之別因吹火
試之無鉛形　與息脫浪西礦之別因火色不變紅
此物有毒能殺鼠　可作硝酸貝而以養其色黃可當
顏料和火藥作黃火
貝而多開來愛脫　形如前圖目目面交角一百〇六
度五十四分　其硬四　其重三六至三七　其合
質爲炭酸灰與炭酸貝而以養相連
薄姆愛脫　第兒愛脫　乃硫酸貝而以養與灰相連
小小白色結成
迭里來脫　乃硫酸炭酸之貝而以養

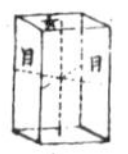

息脫浪西之鏞

息脫浪西恩元質之一也取得之法亦用電氣與取貝而
以恩之法同其金形似貝而以恩惟難燒鍊熱之不升見
水則茄養而吐輕見空氣則鏽爲息脫浪西養　其硬四
其重三六至四
硫酸息脫浪西養　西名勒斯底　言色如天青也　其
元爲三律式　結成之式如圖　目目面交角一百〇
四度至一百〇四度三十分　子子面
交角一百〇三度五十八分　析之與
目面平行能分明　有片類者　有生成如石筍者

色微藍亦有白者　玻璃光析面珠光　明或半明
硬三至三五　重三九至四　性極脆　其合質硫酸
四三六　息脫浪西養五六四　吹火試之有細細爆
裂聲易銷鎔成白色珠　味辣燒時火色微紅　熱之
有光如燐　與合肥斯罷之別以其結成之粒細而體
較輕　與他種斯罷之別以火色紅　與有炭酸諸物
之別以入硝酸不發泡　出於硫礦礦中　可以作硝
酸息脫浪西養入火藥作紅火　熱之於木炭火點以
硝酸可作硫礦息脫浪西恩
炭酸息脫浪西養　又名息脫浪西養愛脫　其元爲三

律式　結成之式　目目面交角一百十七度十九分
析之平行能完全　亦有筋類粒類者　搏結如球
者　其筋四出如星　色淡綠　或白或灰或黃褐
玻璃光或微帶松香光　明或半明　硬三·五至四
重三·六至三·七二　其合質息脫泿西養
七〇·二　炭酸二九·八　吹火試之邊角薄處微銷火
色深紅極熱則變為辣味　與非炭酸諸物之别以入
酸發泡　與炭酸貝而以養之别以火色深紅　與丙
而刻斯罷之别因火色深紅其邊微鍊　可用以作硝
酸息脫泿西養

灰金之鏽

丙而西恩元質之一也其金從丙而西養中用電氣分出
法如貝而以恩息脫泿西恩其色白如銀遇養氣則發熱
而鏽為丙而西養即石灰也於水中微能消化其消化於
水中者見一股炭酸則沈而為炭酸灰再見一股炭酸復
消化於水所以水中每有二股炭酸之灰若其一股炭酸
化氣而去則炭酸灰沈於水底結為灰石
石膏　西名絕不斯恩　其元為一斜式如一圖　結成
之形如二圖　其戈石面交角一百十
一度十四分　子子面交角一白四十

一　二

三

三度四十二分　午午面交角一百十
一度四十二分　有結成雙合形者如
三圖　其紋理易剖析　有片類者
彎之無凸力　有筋類者　星紋絲光
有搏屑類者　遇其結成之淨者透明如玻璃　珠光
其不明淨者灰黑色或紅或黃其色呆暗　硬一·五至
二　亦有輭者　其重二·三至二·三三　彎之有一面
輭一面硬者　其合質灰三二·六　硫酸四六·五　水
二〇·九　吹火燒之變為呆白而鬆極熱亦不能銷鎔
入酸不消化　片類之明者名雖利能愛脫　筋類者
有星光絲光之分　屑類之粒細而潔白者名阿拉罷
斯登又謂雪花石膏　片形石膏形似朽蘭臺愛脫
斯底兒倍脫　台而客　枚格　筋形之石膏形似撒
頂斯罷　齊河來脫　識別之法以質較輭　熱之變
呆白而不銷鎔　入酸不消化
石膏煆過研細可用粉飾屋壁乾則潔白而堅　可以
糞田　其阿拉罷思登可以雕刻作偶像
安海特來脫　無水之石膏也　其元為三律式　其
紋理易分析　結成之形如圖　目未面交角一百
二十四度十分　目丑面交角一百五十三度五十

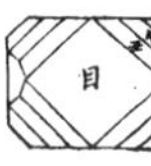

分　目子面交角一百三十五度三十
五分　硬二·五至三·五　重二·九至三
其合質灰四一·二　硫酸五八·八
與石膏之異惟無水耳　吹火試之變白鎔鍊成珠
入酸不化　有筋類者　片類者　屑類粗粒細
粒者　色白或微灰及紅藍　珠光或稍暗　有透
明如玻璃者有昏暗者　有其中微有夕里開者
與齊河來脫形似因其結成之式異故易識別

炭酸灰　西名丐而刻斯罷即灰石也　其元為六角式
長斜方六面形如一圖　夕夕面交角一百○五度○

一　二　三　四　五

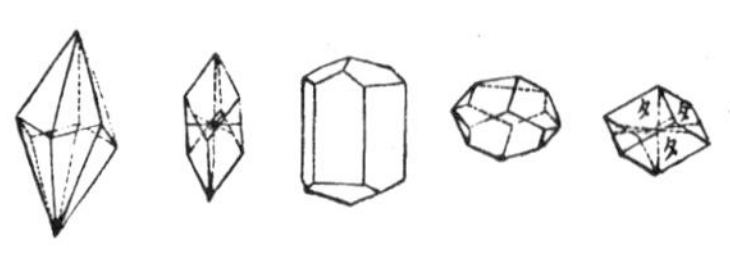

五分　其結成之式次形甚多其頂尖
或鈍或銳其面或多或少或為三邊形
或為四邊形或為五邊形　析之皆能
完全　皆成六角類　如二三四五圖
是也　亦有筋類絲光者　片類者
屑類粗粒細粒者　其結成形者透明
如玻璃　其未結成形者具色或白或
灰或黃及紫　紅者不常見　其硬第
三　其重二·五至二·八　其合質灰五六　炭酸四四
有其內或有鐵及夕里開與土者　吹火試之不能

金石四

銷鎔而能光明冷則呆暗而白變為石灰　入酸能發
泡消化　有熱之有光如燐者　其種類甚多形色各
異故有多名
愛而倫刻斯罷　冰地之丐而刻斯罷也　透明無色
如玻璃　其光有歧折
撒頂斯罷　筋類　絲光　磨之面甚光　生於石縫
如筋脈
茶而刻　白色之土　呆而無光　可於板上畫作字
有一山全是此土者
石乳　乳形　其色如白土　比茶而刻更嫩　泉水

中有二股炭酸之灰其一股炭酸化氣而去故凝為
石乳
灰拓發　形如蜂房或如海棉而硬其中有無數細孔
亦泉水中炭酸灰所成　生於石洞之底
絲帶石　泉水滴溜其水中炭酸灰所成　其形如帶
烏來脫　粒形如魚子
倍蘇來脫　粒大如豆
阿纓丁　片類　色白而光　其面不平如波浪紋
其質內微有夕里開
方點白羅愛脫　結成如前第四圖　其內微有雜砂

金石四

粒灰石　地學家謂之第一灰石　磨之可作桌面方磚等用　細粒者可雕作玩器

堅灰石　地學家謂之第二灰石　碎之無細粒面光如火石形　或有數色成花紋

臭味灰石　或生成如石筍　碎之有臭味

盆婆丐而斯愛脫　謂微有鉛也　其內有鉛每百分中有二分至三分鉛

以上各種皆丐而刻斯罷之類也　識別之法　入酸發泡　以刀可刻　燒之不鎔　與哀來果奈脫之別此較輭而析之爲六角類

炭酸灰結成之顆最大者曾有一顆重一百六十五磅

凡灰石以漆漆之劃成字畫浸以酸水則劃去漆處消化如刻可作印板

哀來果奈脫　其元爲三律式　結成之式如圖　目目面交角一百十六度十分　析之與目面平行　亦有六面柱形者　其面有波浪形　其筋有縱橫交錯者　有搏屑者　有於他石之間爲筋脈者　色白或灰及黃青綠　玻璃光　其明第三　其硬三五至四·　重二·九三一　其合質與丐而刻斯罷同　有時微有一點炭酸息脫浪西養入酸發泡消化　熱之有光如燐　燒之卽散爲粉　與丐而刻斯罷之別因其結成之形異其硬異其成灰之形異　遇之於石膏中或鐵礦中有一種名鐵花生於鐵礦之中如筋　於西班牙之哀來果地方初得之故以爲名

馱羅美脫　乃美合尼西養炭酸灰也　其元爲六角式長斜方六面形　夕夕面交角一百〇六度十五分結成之形其面有凹凸如瓦者如圖

析之與面平行能完全　有搏屑類者其藏極大　色白或帶紅綠褐黑　玻璃光微帶珠光其明第三　性脆易碎　硬三五至四·　重二·八至二·九其合質炭酸灰四五·六　炭酸美合尼西養五四·四　吹火試之不銷鎔　入酸發泡小於丐而刻斯罷　此屬有多種故有多名

馱羅美脫　色白　其形與粒灰石無異　惟脆而易碎故可識別

珠斯罷　其式有凹有凸面如上圖　珠光

褐斯罷　見天空氣色變褐因其中有數分養氣鐵或數分養氣孟葛尼斯故也

美以每脫　黃褐色　筋類
合而苛府愛脫　色白如磁　其中微有夕里開
以上皆馱羅美脫之類也　與丐而刻斯罷形似惟
其硬異其結成之角度異入酸發氣遲故可識別
其石可作牆垣　可燒作最好之塊灰　可作硫酸
美合尼西養　有人謂其灰內因有孟葛尼斯不宜
糞田
附　安巳兒愛脫　形似珠斯罷惟其面不凹凸夕
夕面交角一百六十度十二分　其合質炭酸灰鐵
孟葛尼斯美合尼西養

鴨不對愛脫　燐酸灰也　結成六角柱形析之易碎不
能分明其式如圖　搏結者如乳形　中
有筋紋　結成之小者間有無色而透明
其常色綠　偶有微兼青黃灰等色　亦間有黃藍
紅黑色　松香光　其硬第五　其重三·至三·二五
有熱之有燐光者　有摩擦之有電氣者　其合質燐
酸灰九二·一　夫羅而林丐而西恩七·　綠氣丐而西
恩○九　吹火試之邊角稍損而不鎔　入硝酸不甚
發泡消化甚遲
哀斯罷里刻斯　色黃　其明第三

發斯福而愛脫　摩羅斯愛脫　色綠
牛罷刻而愛脫　乳白色　內有筋形
此皆鴨不對愛脫之類也　與倍里爾之別因無其硬
與炭酸灰諸物之別因入酸不甚發泡　與他種燐
酸金石之別因火不能鎔　遇之於壘紋石尼斯枚格
粒灰石古火山石中　鴨不對詭譏也因昔人屢誤認
此石故有是名
夫羅而斯罷　乃夫羅而林與灰相連之石也　其元爲
一律式如一圖　其結成之次形如二
三四圖　結成者甚牢固　顆粒有粗

有細　色白綠紫黃均有　紅藍色者
罕見　其搏結者有數色相間　其面
光滑　其明第三　其硬第四　其重
三·一四至三·一八　性脆　其合質夫
羅而林四八·七　灰五一·三　熱之有
燐光　其光有綠紫藍紅黃各色者　吹火燒之有細
細爆裂聲能銷鎔　研碎入硫酸則有氣出其氣爲夫
羅而林酸能蝕玻璃　其形甚似玉因嫩於玉且有燐
光又其氣能蝕玻璃故可識別　遇之於尼斯枚格泥
石中　煤層中絕少　其結成之最大者徑尺

凡動物之齒牙及骨皆有夫羅而林酸灰　草木中亦有之蓋腐化入地凝聚蘊結而成石也　可以礪磨作器具　可用以作花玻璃　可用以刻印章　凡石內有夕里開者皆可用其氣蝕之　可用以點化各金礦

海星　生於石膏明礬之間如白絲交錯　其合質爲水布而倫酸灰　又有水布而倫酸灰美合尼西養形似石膏之絲紋者

阿克斯來脫　遇有小小結成附於丐而刻斯罷之面上

硝酸灰　白細如花生於他石之上見天空氣化水泉水中偶有之灰石洞中有之灰石之土中有之可鍊出硝

附論夫羅而林

夫羅而林元質之一也因夫羅而斯罷中有之故名夫羅而林其元質未能取得因其合於他質而知其性情其電爲非極其性甚似養氣及綠氣最喜輕氣與輕氣相連則爲水夫而林酸

取夫而林酸之法　以夫羅而斯罷研碎加濃硫酸兩倍其重置銀鉛曲頸礶中漸漸熱之一端以鉛器接之外用雪鹽以冷之則能升得夫羅而林酸而夫羅而林之元質終不能得

夫羅而林酸寒暑表三十二度至五十九度時爲流質其重一·〇六加水和之則反厚而重至一·五五其理與他物相反其性專能化他酸所不能化之物如可拉姆皮恩入爾果尼恩夕里西恩等類是也能消蝕玻璃因玻璃中有夕里開故也能爛皮肉爲瘡若與粹味之物合則爲鏽類與下對斯恩連合時則有聲如裂帛因輕氣去故也見天空氣則化氣如白雲

美合尼西之鏽

美合尼西恩元質之一也色白如銀輭而可打若銼其屑燒之能燃燃於養氣內其光奪目比白鉛熱度稍多能化氣亦能升降如白鉛尋常熱度時水中不化若大熱則與養氣相連而爲美合尼西養

凡硫酸美合尼西養硝酸美合尼西養在水中皆能消化味微苦其別種美合尼西養入水不消

凡有美合尼西養之土石吹火燒熱以硝酸苦抱脫溼之再吹火燒之其色變紅然若有他種養氣金在內則恐不準

硫酸美合尼西養　西名曷不斯姆索而脫　其元爲三律式斜方底直柱形如一圖　目目面交角九十度三

十四分　其結成之形　析之紋理與底面成直角　亦有摶結者每於他金石之浮面遇之　味苦　色白　玻璃光　其合質美合尼西養一六·三　硫酸三二·五　水五〇·二　熱之有水氣　入硝酸不發泡而消化甚速　其形與素特相似而顆粒較細故易識別　生於灰石洞中如毛

凡海水取過鹽其中能得硫酸美合尼西養　或以美合尼西養炭酸灰入硫酸中則炭酸化氣而去而硫酸灰降沈於底其水中有硫酸美合尼西養

炭酸美合尼西養　又名美合尼西愛脫　其元爲六角式長斜方六面形　夕夕面交角一百〇七度二十九分　析之分明　有筋類者　片類者　摶屑類者色白或黃灰褐色　玻璃光　其筋絲光　明暗皆有硬三至四·五　重二·八至三·　其合質炭酸五二·四　美合尼西養四七·六　吹火試之不鍊　入硝酸硫酸皆能消化微發氣　與數種炭酸灰及馱羅美脫之別因入酸發氣微而燒之不成灰及火色不如他物之明　其筋類者與曖昧安得斯及他物之筋類有相似者因硬而玻璃光故可識別　與夕里開金石之別因入酸全消化不成膏形　以此入硫酸中可作硫酸美合尼西養

白羅斯愛脫　片類　其頁薄而易分析　有片片積疊成六角柱形者　其頁彎之不能自伸　色白　亦有灰色綠色者　珠光　透明　硬一·五　重二·三五　其合質美合尼西養六九·九　水三一·　吹火試之不能銷鎔色呆而變脆研之易成粉　入酸全消化不發泡　與白而客及石膏片類之別因入酸全消化　與朽蘭臺愛脫及斯底兒倍脫之別因熱之不銷鎔

泥美兒愛脫　筋類　絲光　其筋易分析　性脆色白或灰　亦有青色者　生成者透明　遇天空氣則暗而自碎爲粉　其硬二·　重二·三五至二·四　其合質美合尼西養六二·　養鐵四·六　水二·八四炭酸水四一　燭火上燒之其色變黑　研磨之有光如燐　與哀斯倍斯得斯曖昧安得斯之別因熱之變黑而脆

海得羅美合尼西愛脫　結成者　呆珠光　色白易成粉　其合質爲水炭酸美合尼西養

布而倫斯愛脫　其元爲一律式　結成之式其角一缺一完相間如一圖二圖　析之易碎　白灰色　亦有黃色綠色者　玻璃光

一

二

半透明　其硬第七・重二・九七　熱
之有電氣其角即爲電極　其合質布
而倫酸七〇・美合尼西養三〇・吹火燒之光明如
玻璃冷則呆暗　識別之法因其結成缺角　燒之有
電其硬第七
硝酸美合尼西養　生於陰溼之處如白花　味苦
每與硝酸灰同生於灰石洞中　可鍊出硝
博里海兒愛脫　土紅色　鹽形　微苦　搏結者內
有筋紋　其合質硫酸灰素特美合尼西養　百分
中有六分水

爲納兒愛脫　結成斜形　黃灰色　入水不消　硬
五至五五　重三・一
羅提斯愛脫　與布而倫斯愛脫相類　遇之於紅曾
墨林中

哀盧彌那之鏽

哀盧彌尼恩元質之一也其形如灰色之粉碎磨之其光
如錫熱之比生鐵難化不通電氣然不能以爲非金因他
金若碎爲細粉電亦難通故也熱而紅之見天空氣則發
火自焚其光明亮其燼白而硬即哀盧彌尼養也又名哀
盧彌那　若以哀盧彌尼恩入純養氣內燒之其光如日

目不能正視之其燼亦爲哀盧彌那其硬與他法所成者
異可劃玻璃　哀那彌尼恩入水不化若水中先有卜對
斯或阿摩尼阿則能消化　入硫酸熱之能化其元質從
綠氣哀盧彌那中得之法以綠氣哀盧彌那置磁器或白
金器中須加卜帶斯恩外用火微熱之則自生出大熱器
爲之紅冷之以水則氣去而粉留日中細視可見結成之
顆粒以水洗淨即爲純哀盧彌尼恩近已有法可使幷爲
塊與他金無異矣
凡有哀盧彌那之物吹火燒之以硝酸苦抱脫溼之再吹
之將鎔時其色藍綠其與美合尼西養之別以此惟若有

別種養氣金在內則此法不準若有硫酸夫羅而林酸燐
酸等物與哀盧彌那相連則入酸消化有難易　有硫酸
之哀盧彌那入水易消入酸消化不發氣亦不似齊河來
脫之成膏形其重三・一其硬六
明礬　西名阿拉姆　其元爲一律式　結成之式如圖
其常見者筋類絲光　亦有結如花形
者　其色白　其味澀而帶甜　其合
質水二四　硫酸哀盧彌那一股　硫酸之物一股
其硫酸之物變換無一定故有多種
卜對斯礬　其硫酸之物爲硫酸卜對斯即常用之明

礬是也

素特礬　其硫酸之物爲硫酸素特

美合尼西礬　其硫酸之物爲硫酸美合尼西養

阿摩尼阿礬　其硫酸之物爲硫酸阿摩尼阿

鐵礬　其硫酸之物爲硫酸鐵

孟葛尼斯礬　其硫酸之物爲硫酸孟葛尼斯

又有水硫酸礬　謂之毛礬　與眞礬同類

夫礬從何而來乃硫酸離他物而與泥內之哀盧彌那相連所成其中一股硫酸之物乃硫酸不能與之離而攜帶以來故此股硫酸之物總要在礬中不能分開分開則不成礬矣　如硫磺鐵礦其硫磺與水中之養氣相連則爲硫酸鐵礦若硫酸鐵礦其鐵又與他物相連則硫酸化氣而去出與泥內之哀盧彌那相連而成礬此礬之由來也

泥石之內每有卜對斯礬亦每有鐵礬間有水硫酸礬所以此種泥石皆謂之礬石

凡開得礬石先以火煨過疊於空地多日待其內之硫酸離雜物漸與其中之哀盧彌那相連則可多得礬法於池中淘之以其水加鹻水熬之卽成礬如欲其淨再熬之俟其結成則白而明淨

以大里有生成之素特礬

以上論礬以下論有礬之石

阿拉奈脫　其元爲六角式長斜方六面形　結成之式如圖　夕夕面交角八十九度十分　摶結者多

色灰白或紅玻璃光　次面珠光明第三　硬第四　重二·五八至二·七五　其合質硫酸三八·五　哀盧彌那三七·一　卜對斯一一·四　水一三　吹火試之有細細爆裂聲不銷鎔素特點之亦不鎔　研碎入硫酸能全消化識別之法以入火不銷入酸全化　火山石中有之　可以取出礬　可以磨刀

哀盧彌那愛脫　石形如腰子塊　其中有硫酸礬

爲勿兒愛脫　其形畧如半球其徑約半寸　寄生於化石之上　破之中有筋紋皆從心出如圖

有時結成三律形　色白與黃　間有綠色褐色者　珠光或松香光　明第三　硬三·五至四　重二·二三至二·三七　其合質哀盧彌那三三·八　燐三四·九　水二六·六　哀盧彌尼恩及夫羅而林四·六吹火試之色變白不銷鎔　入酸全消化　熱之

有燐光　與齊河來脫之別以其有燐·入酸全消化不爲膏形　與可開信之別因火色不變

肺式兒愛脫　亦水燐酸礬也　呆綠色　照之微明　重二四六　有時結成六角柱形　其合質中燐酸較少

推而廓　玉類也　結如腰子塊　亦於石中作脈不能剖析　其色藍綠　光如蠟　其硬第六　重二·六至三·　其合質燐酸三〇·九　哀盧彌那四四·五　養氣銅三·七　養鐵一·八　水一九·〇　吹火試之不銷火尖色綠火根色褐　入綠輕酸水則其綠色去　與藍綠色之夫羅而斯罷相似因火試各異且有燐故可識別此物易作假者目不能辨惟化學能辨之

結別斯愛脫　生於他石之上如乳　白色或灰綠色面平無光　析之其紋平行　結成爲六角柱者不多見　硬三至三·五　重二·三至二·四　其合質哀盧彌那六五·六　水三四·四　其內有時微有燐及夕里開吹火試之白而不銷　比開而西駄能輭　遇之於褐色鐵礦中

來時愛脫　結成尖形者少　其色藍　幾透明　玻璃光　硬五至六　重三·〇五七　性脆　其合質燐酸四一·八　哀盧彌那三五·七　美合尼西養九·三　夕里開二·　養鐵二·六　水六·一　吹火試之變大而不銷　於泥石中作脈

蜜來脫　結成方底八面形　色如蜜　其輭用刀可割　其合質蜜酸哀盧彌那

哀育來脫　白塊如雪　燭火上點之能燃如蠟　硬二·二五至二·五　重二·九五　其合質夫羅而林哀盧彌尼恩　素地恩

氣奴兒愛脫　其合質與哀育來脫畧同　硬三·五重二·六至二·九

夫羅曷兒愛脫　小結成八面形　色白　內有夫羅而林哀盧彌尼恩

七兒代兒愛脫　小結成　黃褐色　內有燐酸　哀盧彌那　劣非養

台哀斯普兒　結成者如筍如乳　析之其面甚光亮色綠及灰　硬六至七　重三·四三　吹火試之爆裂之聲大而繁　遇之於粒灰石中

長洲沙英繪圖
元和江衡校字

金石識别卷五目録

土金類

夕里開

科子

陸刻刻里斯多羅 即水晶

阿彌地斯脱

紅晶

假土不爾斯

煙科子

海育兒愛脱

胚斯

阿墳邱陵科子

鐵科子

開而西駄能

開蘇倍斯

蓋尼里恩

撒而奪

鴨呆脱 即瑪瑙

阿尼刻斯

貓睛石

弗林脱

霍恆斯駄能

倍斯馬

嚼斯不爾

帶嚼斯不爾

哀及嚼斯不爾

瓦嚼斯不爾

路恆嚼斯不爾

紅巴弗里

血石

皮雖奈脱

浮石

登科子

粒科子

夕里開木

阿背爾

寶阿背爾

火阿背爾

常阿背爾

海得羅非能

闢果倫
海亦兒愛脫
覔納兒愛脫
樹阿背爾
阿背爾嚼斯不爾
夕里開新搭
珠新搭
台而西亞

灰

胡拉斯得奈脫 桌子罷

台土兒愛脫
阿寇能愛脫
迭斯刻來愛脫
別土兒愛脫
彈布兒愛脫

美合尼西養

水夕里開美合尼西養之物
台而客
頁台而客
斯底哀得愛脫 即青田石

北斯馱能
硬台而客
倫雖來愛脫
客羅愛脫
離披度兒愛脫
雖巴奈脫
色而弁台能
倍果而愛脫
馬摩兒愛脫
幾何兒愛脫

尼夫兒愛脫 即玉
彌思恩
失勒斯罷
客林脫能愛脫
雖皮得愛脫
删土非兒愛脫
鼻奈脫
倍客羅自民
自呧來得愛脫
來底奈兒愛脫

駄兒美台能
維拉斯愛脫
安得果兒愛脫
斯背台愛脫
倍來盧兒愛脫
倍落斯客里兒愛脫
開每每兒愛脫
倍落非來脫
微質求兒愛脫
皮來客里斯

假斯底哀得愛脫
燥夕里開美合尼西養
倍落客西能
白美里果兒愛脫
台惡不斯愛脫
雖來脫
非雖來脫
哀來來脫
顆顆來脫
鴉呆脫

希得白兒斯愛脫
婆里來脫
合蘇奈脫
才非朔兒奈脫
待約來其
白狠是愛脫
海不思低能
里皮度兒霍恆白倫
金待約來其
霍恆白倫

低摩兒愛脫
鴨克低摩兒愛脫
星鴨克低摩兒愛脫
哀斯倍鴨克低摩兒
塊鴨克低摩兒
哀斯倍斯得斯
曖昧安得斯
木哀斯倍斯得斯
山皮
八呆斯愛脫

霍恆白倫
安土非兒愛脫
孔名登愛脫
鴨克每脫
拔平得奈脫
斯普陀民
客里蘇兒來脫 屋劣維恆
蒲待奈脫
康奪羅台脫
哀盧彌那

可倫奪姆
薩非阿
哀牟利 郎寶砂
斯比偶兒
哇吐摩來脫
迭士盧愛脫
黑納信奈脫
哀盧雖脫
哀盧非能
阿背爾哀盧非能

發勒奈脫
客羅落非來脫
哀斯抹蓋脫
倍奈脫
才强多來脫
哀皮來脫
木哀育來脫
哀斯倍斯育來脫
齊河來脫
朽蘭臺愛脫

白羅希得愛脫
斯底兒倍脫
哀剝非來脫
羅木奈脫
蓮哈待脫
奈脫羅來脫
斯果利斯愛脫
布納兒愛脫
彌蘇兒
湯姆斯奈脫

哈摩多姆
非利不斯愛脫
齊哀果奈脫
鴨捺兒西姆
揩白斯愛脫
米利奈脫
釐凡
釐豆里愛脫
非果來脫
哀開台育來脫

合式來脫
海岱奈脫
潑理奈脫
以別斯底兒倍脫
安脫來摩兒愛脫
曷定登奈脫
茄孚兒來脫
客羅辣斯多愛脫
富嚼斯愛脫
合落台兒愛脫

馬呆兒愛脫
待摩兒愛脫
客羅利多愛脫
梅雖奈脫
夕里蠻愛脫
薄哥兒自愛脫
非白羅來脫
開也奈脫
勒的自愛脫
渥的愛脫

安奪羅斯愛脫
才哀斯多兒愛脫
麥葛里
斯多羅得愛脫
羅雖脫
撒蓋兒愛脫
哇蘇刻里斯 非而斯罷
常非而斯罷
愛度琉璃耶
來愛果兒愛脫

月光石
日光石
阿壙邱陵非而斯龍
高陵泥 卽磁砂
鴨兒倍脫
安地西能
愛奴雖脫
倍當奈脫
客里勿闌待脫
辣白里駄來脫

合落苦來脫
阿里哥刻來斯
苦澤而安愛脫
來脫羅倍脫
安富駄兒來脫
尼肺蘭
伊里阿來脫
其率蓋脫
斯蓋波來脫
彌育奈脫

衲得來脫
完納兒愛脫
落果來脫
迭配兒
埋育奈脫
密坐奈脫
沙果來脫
其勒奈脫
恆婆得愛脫
色末非兒愛脫

每里得愛脫
別堆愛脫
卡斯得兒
才呆台脫
肥阿蘭
合羅哥非
月溪台能
曷碑度地
坐愛雖脫
曼葛尼斯曷碑度地

土來脫
別斯得蓋脫
薄客蘭台脫
愛度客來斯
伊其蘭
雖潑林脫
茄納
寶茄納
常茄納
肉桂石

土不爾斯來脫
彌勒奈脫
倍勒奈脫
曼葛尼斯茄納
合拉朽來脫
古來羅無愛脫
果羅無奈脫
鴨不盧彌
胚來皮
海兒文

普墨林
露佩來脫
陰奪科來脫
鴨克雖奈脫
台客羅愛脫
枚格即雲母石
利碑度來脫
富奢脫
倍阿對脫
弗羅戈倍脫

珠枚格
哀牟利愛脫
台非奈脫
雨非來脫
馬呆羅台脫
利碑度彌倫
土不爾斯
別溪奈脫
非雖來脫
拉必斯來如來

金石識別卷五

美國代那撰　美國　瑪高温　口譯
金匱　華蘅芳　筆述

土金類

夕里開

夕里西恩與養氣相連則爲夕里開其中或有水或無水無水者爲科子有水者爲阿背爾

科子之結成者形式甚多其元均爲六角式如一二三四五圖夕夕面交角均爲九十四度二十五分紋理縝密不能剖析若燒熱而淬之冷水中則能開裂　筋類者其紋四出如星　屑類者粒有粗細其形如卵如乳如筍　玻璃光　無色或黃色血紅色煙灰色　明暗皆有　有雜色排列如帶者有如雲頭者

其硬七　其重二六至二七　透明者其質爲純夕里開其不甚明及暗者或有養鐵泥土及綠氣金等物在內　吹火試之不能銷鎔若以素特點之則能鎔　凡卵石砂石砂土中皆有科子故科子之形色甚多他種石不能如此之多也　識別之法一因其硬能劃玻璃二因火不能銷素特點之能鎔　三因入硫酸硝酸綠輕酸均不能消化　四因紋理不能剖析而結成之式可別　或有生成之形式異及內有雜質者則爲夕里開之屬

此類又分爲三　碎口鋒利明如玻璃者爲晶屬　明而不透形碎口如蠟者爲開而西默能之屬　邊角薄處微明者爲嚼斯不爾之屬

晶屬

陸刻刻里斯多羅　即水晶也此科子之透明者可作各種透光鏡

阿彌地斯脫　譯言不醉也西俗古時以爲佩此則不不醉故名　其內有些微美合尼西養故紫色

紅晶　結成明淨者少破碎有棉者多　小透明　出土時色紅久見日光其色漸淡置之陰溼處能復紅不甚珍重

假土不爾斯　即茶晶也　淡黃色　形如土不爾斯惟不能剖析故可別

煙科子　即墨晶也　其色黑有淺有深　透明　可作眼鏡印章

海育兒愛脫　又名乳科子　其色乳白而有油光又

謂之油科子　幾不透明遇之甚多
脈斯　其色草綠　形如倍里爾惟不能剖析及燒之
不銷故易識別意其內必微有鐵故色綠
阿墻邱陵科子　色灰褐或紅褐其中有星星點點黃
金色枚格　其明第三　人能作假者比眞者更佳
鐵科子　其色赭褐　暗而不明因其內有養氣鐵故
謂之鐵科子其結成之式甚完整不似他種科子之
歪斜缺損也有時小結成顆顆湊合如榴子
以上皆水晶之屬以下爲開而西駄能
開而西駄能之屬

開而西駄能　淡青灰藍色　其明第三　面光如蠟
遇之於哀彌奪羅愛脫中因石中有空處故水夕里
開沁入而結成其外有璞有大至盈尺者
開蘇倍斯　果綠色因內有臬客爾故也
蓋尼里恩　明紅色寶石也可磨琢作首飾及鑲作印
章久見日光其色愈深
撒而奪　褐紅色照之大紅色
鴨呆脫　黑白紋其紋如雲如線如帶宛轉曲折　乃
生成時重疊之痕也　又有莫斯鴨呆脫本色黑內
有苔形黃褐色卽養氣鐵也　可作佩飾不甚珍奇

若置沸油中點以硫酸色能加黑
阿尼刻斯　明褐暗黑相間　可爲佩飾雕琢人物花
草形因其色層疊可湊作巧色也　如內有紅色相
間者名撒而駄能刻斯
貓睛石　灰綠色　明第三內有閃光活動如睛因其
內有哀斯倍斯得斯故也此物可作寶飾
弗林脫　卽火石也黑色或煙褐灰色　明三至四
碎之其口凸凹如蚌殼鋒利處如刀　敲之可取火
鎗礮上亦曾用之
霍恆斯駄能　亦火石之類其性脆故不宜於取火與

弗林脫皆生於茶而刻之中故外有白灰石皮
倍斯馬　本質色綠內有黃白點其明第三形如嚼斯
不爾
以上開而西駄能之屬以下爲嚼斯不爾
嚼斯不爾之屬
嚼斯不爾　土紅色微帶赭色內有土或黃褐養氣鐵
其黃色熱之能變紅因其中之鐵與水相連故也亦
偶有綠色者
帶嚼斯不爾　黃灰紅黑相間排列如帶
哀及嚼斯不爾　其色層層相包如向一心

瓦嚼斯不爾　土遇大熱所成　吹火燒之能鎔
路惙嚼斯不爾　其色層累曲折如壞牆
紅巴弗里　形如紅嚼斯不爾　吹火燒之能銷鎔
其質爲夫羅而斯罷
凡嚼斯不爾磨之能光可嵌鑲器具不甚貴重
血石　蒼綠色內有血紅色細點　其明第三　內有
養氣鐵和合於夕里開故有紅點
皮雖奈脫　又名力田西馱能　色如黑絨　堅硬
可磨試黃金之色故又名試金石
浮石　中有無數細孔形如海棉而硬
登科子　其形塊塊縱橫架疊中有空隙
粒科子　堅硬砂石也　色白或灰或肉紅亦有黃紅
褐色者　其質每有純夕里開無他物相雜者
夕里開木　屢有科子之形紋理如木或爲開而西馱
能或爲鴨呆脫磨平之有木之花紋
凡科子中每有他金石走入如盧對爾哀斯倍斯得
斯阿克低摩兒愛脫土不爾斯普罍林客羅愛脫安
得里斯愛脫之類是也盧對爾在科子中狀如人髮
又科子每有中空內有石油及水或有別金石在內
者

以下水夕里開
阿背爾　堅結無定形或如腰子塊或如倒垂冰凌形
有數種其光色隨手活動成白黃紅褐綠灰等奇色
亦有不明淨者呆暗如蠟　硬五·五至五·六　重二·
二一　其質爲水夕里開每百分中有五分至十二
分水
寶阿背爾　外面乳色內有戲色　其合質夕里開九
○·水一○·
火阿背爾　有紅黃光故名
常阿背爾　硬如阿背爾科子能劃之　乳色　松香
光　無戲色　間有白灰黃藍綠及灰綠色者　明
第三至暗　百分中有八分水
海得羅非能　白黃色　平常不明置之水中其明第
三
開果倫　白色或淡青色　與開而西馱能相似有時
認錯　其內偶微有哀盧彌那故置之舌上微粘吸
海亦兒愛脫　明如玻璃　有小塊疊累者　有結如
冰凌者　其合質夕里開九二·　水六·三三
覓納兒愛脫　褐色不明　結如腰子塊亦有疊片者
其合質夕里開八五·五　水一一·○

樹阿背爾　色灰褐　形似夕里開木乃水夕里開走入木中所成較夕里開木稍嫩　其重二

阿背爾嚼斯不爾　形如嚼斯不爾而較嫩因內有水故也　其中有幾分鐵

夕里開新搭　其質或無水或有水　灰色滿小孔乃冰地火山沸泉中水夕里開凝結而成

珠新搭　遇之於火山石中圓如球珠光

台白西亞　形似海亦兒愛脫

以上皆水夕里開阿背爾之屬也凡阿背爾之屬吹火燒之不能銷鍊其紋理不能剖析結成之式無定形與科子之別惟較嫩耳

灰

丐而西恩與養氣相連則爲灰灰與硫酸硝酸炭酸相連所成之物前卷中已詳言之此專論灰與夕里西酸或布而倫酸相連所成之物

夕里西酸乃夕里西恩與養氣相連所成卽夕里開也化學所得者爲極白之粉無臭無味以指研之澀而不滑如有砂然非粗也除夫而林酸水外他酸皆不能消化之吹火燒之最不能銷鎔如以輕養二氣火燒之又比灰及美合尼西養易銷新做成者研細能與猝味之土相連所以謂之酸若與炭酸卜對斯同置爐中猛火燒之則成玻璃若與多股炭酸卜對斯相連則又非玻璃而爲夕里西酸水又名火石水

布而倫與養氣相連則爲布而倫酸其形小薄片如魚鱗色白無臭亦無甚味入水微消化能使草藍紙變紅故謂之酸然試以姜黃紙亦變紅其味又似猝於火酒消化以火燃之火色明綠吹火燒之能鎔鎔則其中之水四十三至四十四化氣而去冷則硬而無色透明如玻璃爲無水之布而倫酸凡生成之布而倫酸內有二股有水一股無水　火山沸泉中有之台土而愛脫及硼砂中亦有之做成者以硼砂於熱水中消化冷之加硫酸以藍紙變紅爲度則硫酸與硼砂內之素特連而布而倫酸降濾出洗去其硫酸又於熱水消化之冷則結成細片擠水再熱化之再結成如是數次則硫酸之味去而布而倫酸淨

凡夕里西酸灰　布而倫酸灰　硬不過六　重不至三　吹火燒之銷鎔有難易無金之形狀若入綠輕酸水則皆能成膏

胡拉斯得奈脫又名桌子罷　其元爲一斜式　大約搏結者居多　易剖析　玻璃光珠光　有結成長柱如筍色白間亦有紅黃褐色者　明二至三　性脆易碎

硬四至五　重二七五至二九〇　其合質夕里開五二　灰四八　吹火試之不易銷鎔成呆玻璃色若以硼砂點之則鍊成明玻璃珠　入酸消化如膏形與台土兒愛脫及迭斯刻來斯之別以析之有筋紋吹火燒之不易鎔　與非而斯罷之別亦如之　遇之於合拉尼脫中粒灰石中火山石中

台土兒愛脫　其元為三律式　結成之式甚小　析之不甚分明　其目目交角一百十五度二十六分　面微凸碎之中有直紋　其色白亦有灰綠紅黃者　其明第四　硬五至五五　重二九至三　其合質夕里開三七四　灰三五七　布而倫酸二一三　水五七〇（有一種名布胎兒愛脫其合質水多一倍）　於燭火上燒之能碎　吹火試之不明而微大結如玻璃吹時火色變綠　入硝酸易成膏　除儕排是愛脫之外無他物相似因火色變綠而質硬故易識別　遇之於哀彌奪羅愛脫及尼斯石中可用以取布而倫酸及點化礦銅

阿寇能愛脫　於他石之中為細筋如髮　鑿之韌　色白或黃及藍　硬四五　重二二八至二三六　其合質夕里開五七　灰二六六水一六六　吹火試之其邊微銷　入綠輕酸水易成膏

迭斯刻來愛脫　略同

別土兒愛脫　亦他石之筋也其形一頭聚一頭散如彗　形似迭斯刻來愛脫而微有珠光　硬四五　重二六九　其合質夕里開五二五　哀盧彌那三六一　灰八〇　水三四　吹火鍊之色白而明如玻璃

彈布兒愛脫　黃白色　硬七　重二九六　其合質夕里開布而倫酸及灰

美合尼西養

凡有美合尼西養之物如無別種養氣金在內則吹火燒熱之以硝酸苦抱脫水溼之再吹火燒之色變紅猛火鎔之冷則色變深紅　凡美合尼西養與夕里開相連則入酸俱不為膏

凡美合尼西養在土石之中則一股養氣鐵一股養氣孟葛尼斯一股養氣之灰及夕里開皆能與之交易迭代故各物時有多少今分為二大類一水夕里開與美合尼西養相連之物一為燥夕里開與美合尼西養相連之物

水夕里開與美合尼西養之物　台而客　客羅愛脫　色而拼台能　尼夫兒愛脫　彌思恩　失勒斯罷

台而客　其元為三律式　目目交角一百二十度　大

約片類居多其頁薄而易分　珠光　又有頁從中心四出如蕈背者　亦有摶屑者其中亦有細片如魚鱗其細片亦珠光　其中又有極細之結成亦爲珠光碎爲細粉以指研之滑而細膩如油　其色白而微綠亦有光色如銀者　有灰綠色者　硬一·至一·五鑚之易作孔　彎之不能自伸　重二五至二九　其類有數種

頁台而客　台而客中之最淨者也　色白微帶綠其粉滑如油　其合質夕里開六二·八　美合尼西養三二·四　一養鐵二·六　哀盧彌那一·　水二·三

至四

斯底哀得愛脫　言滑如肥皂也　灰色或綠灰色其形如土塊爲無數極細之結成所合　亦有紅黃色者　有一種乳色珠光者其粉最滑　其合質夕里開六二·二　美合尼西養三〇·五　養鐵二·五水五·　吹火燒之不變不銷鎔　可以作器具可以作火爐之門可以作水管可以作鍋可以作磁器其磁半透明惟驟冷熱之則易碎　其粉可磨玻璃可洗衣服油汚可使機器之轉軸滑

北斯駄能　不淨之台而客也　色灰綠黑綠　頁類

其粉滑

硬台而客　其質硬於他種因有雜物和合故硬而粒粗研摩之微覺滑

倫雖來愛脫　白黃灰黑均有　其粉滑如油　微明硬三至四　可作水盂等物

以上皆台而客之類也　凡台而客之類識別之法摩研之滑其頁有珠光　與枚格之別因彎之不自伸　與客羅愛脫色而弁台能及雖巴奈脫之別以熱之無水氣而色非橄綠

客羅愛脫　橄綠色　塊形屑類　間有結成六面柱

亦有片類其頁輻輳一心如蕈背　微珠光　半明至暗　彎之不能自伸　硬一·五　重二·六五至二·八五其粉微滑　其合質夕里開三〇·四　哀盧彌那一七·　美合尼西養三四·〇　養鐵四·四　水一二·六熱之有水氣　吹火試之其邊微銷難鍊　與色而弁台能北斯駄能之別因色橄綠塊形屑類　與台而客類之別因熱之有水氣　與綠色鐵土之別因吹火不能鎔鍊　屢遇客羅愛脫之藏甚大每於其中得磁鐵及霍恆白倫普晷林

離披度兒愛脫　與上同類

雖巴奈脫　亦客羅愛脫之類　輭如脂　燥則脆
色白有微兼紅黃藍色者　其合質夕里開四五·○
美合尼西養二四·七　哀盧彌那九·三　養鐵一·○
卜對斯○·七　水一八·○
色而弁台能　結成者少析之不能分明　搏結如土塊
者多　藍色或墨綠色　有筋類及片類者　片之薄
頁有時能分開　性脆　色白微綠或墨綠　松香光
其粉微滑　亦有屑類者　半明至暗　硬二·五至四
重二·五至二·六　遇天空氣變黃灰色
色而弁台能之貴者俏油綠色　明三　碎之斷口如

折木形　磨之能光　其合質夕里開四二·三　美合
尼西養四四·二　養鐵○·二　炭酸○·九　水一二·四
熱之有水氣　吹火試之色變褐紅其邊微銷
尋常之色而弁台能暗而不明黑綠色
倍果而愛脫　橄綠色　於色而弁台能中作筋筋有
粗有細　較哀斯倍斯得斯稍硬
馬摩兒愛脫　片類　頁薄易分　綠白藍色　珠光
性脆故與台而客婆雖愛脫有別　其合質夕里開
四○·一　美合尼西養四一·四　養鐵二·七　水一
五·七

幾何兒愛脫　形如馬摩兒　惟其頁難分　與色而
弁台能及他種綠石之別以其暗松香光　輭而可
割　體輕
以上皆色而弁台能之屬也　凡色而弁台能是一
種綠石其屬或是石或是他石之筋有時色而弁台
能與粒灰石連能使灰石亦綠　其內或有客羅彌
恩酸故有數色　可用以得美合尼西養
尼夫兒愛脫　結成縝密不能剖析　色自藍綠至白
玻璃光　明三至四　硬六·五至七·五　重二·九至三·
○三　其合質夕里開美合尼西養及水　其哀盧彌

那養鐵及灰或有或無　有人云此卽低摩兒愛脫之
類　吹火燒之不能銷鍊　與倍里爾之別因不能剖
析　與科子之別因碎口不似玻璃　可作佩玉
彌思恩　白而不淨不明其色如泥如灰　硬二　重二·
六至三·四　海沫入地所成　其合質夕里開六○·九
美合尼西養二七·八　水一一·三　養鐵與哀盧彌那
○·一　吹火試之有水氣及臭味變硬而白　初出地
時輭而滑漬見水有泡沫如肥皂可以浣衣　西人煙
筩頭皆此物所做　其屬名金斯愛脫　紅色
失勒斯罷　結成者其元爲三斜式剖之祗有二面可析

片類者脆而能分　其片打之能碎　色藍綠而帶
黑　析開之面金珠光　他面玻璃光　硬三五至四
重二五至二·七　其合質夕里開四三·九　美合尼
西養二五·九養鐵客羅彌恩一三·〇　水一二·四　哀
盧彌那一·三　灰二·六　養孟葛尼斯〇·五　熱之有
水氣色變黑變成吸鐵石　吹火試之其片之薄邊能
銷　與待約來其之別因熱之有水氣　與馬摩兒愛
脫之別無其硬與台而客及枚格之別因頁脆不能彎
客林脫能愛脫　其結成者為尖形　常見者皆片類
頁薄而脆　微金光　紅銅色及古銅色　其粉黃

灰色　其合質夕里開一七·〇　哀盧彌那三七·六
美合尼西養二四·三　灰一〇·七　養鐵五·〇　水
三·六　吹火試之成珠如硼砂　研細入酸能發泡
雖皮得愛脫　略同
删土非兒愛脫　同
鼻奈脫　形如客羅愛脫　遇其結成之式　為六角
類面交角一百十八度
倍客羅自民　綠色微帶白　結成者為三律式　或
為筋　硬二·五至三　重二·五九至二·七　熱之有
水氣　噓之有土氣　其合質與色而并台能略同

自立來得愛脫　能分析　色黃　質與倍客羅自民
略同
來底奈兒愛脫　搏結　松香光　得於色而并台能
中
馱兒美台能　搏結如腰子塊　色綠　松香光　其
粉滑　噓之有泥土氣　於色而并台能作皮
維拉斯愛脫　結成者為二律　色黃　質與色而并
台能略同
安得果兒愛脫　頁形　蘋綠色　形似失勒斯罷
斯背台愛脫　肉紅色　似失勒斯罷

倍來盧兒愛脫　綠白色　可分析　無光或微有松
香光　吹火燒之先變黑後成白其變成之形似鴨
呆脫而稍異
倍落斯客里兒愛脫　輭如泥亦每有成片頁者　淡
綠灰色　其合質水夕里開美合尼西養哀盧彌那
開每每兒愛脫　略同
倍落非來脫　頁從中心四出如蕈背　最輭　色白
而綠　吹火燒之頁張如扇
微貨求兒愛脫　與倍落非來脫相類　視之摸之似
斯底哀得愛脫　吹火燒之如有小蟲自內而出此

因水於薄頁中化氣而出故也
皮來客里斯　結成八面形小而明　出於火山石中
其質純美合尼西養更無他物　硬如非而斯罷
重三七五
假斯底哀得愛脫　輭而可割　其合質夕里開三四·
七　哀盧彌那二五·三　灰五·一　美合尼西養二
五·二　水九·一　有人云此霍怭白倫所變也
以上皆水夕里開與美合尼西養所成之物也
燥夕里開與美合尼西養之物　倍落客西能　霍怭白
倫　斯普陀民　客里蘇兒來脫　康尋羅台脫

倍落客西能　其元爲一斜式　結成之式如圖　力力
面交角八十七度〇五分　丁丁面交角
一百二十度三十二分　力未面交角一
百三十三度三十三分　力未面交角一百三十六度
二十七分　常有結成大塊者其形式不一茲舉一式
而言之　亦有搏結者或爲厚片或筋類或屑類
屑類之粒齒齒而有鋒　有搏如球者　有細結成合
成大塊者　性脆　有數種綠色　亦有一面白而他
面藍褐者　玻璃光或松香光　筋類者珠光　明暗
皆有　硬五至六　重三·二至三·五　其合質夕里開

美合尼西養　灰　或養鐵　或養孟葛尼斯　互有
多少因其同式形能互易迭代故也所以其屬有多種
今分爲三類　光明者　呆暗者　薄頁者
明者
白美里哥兒愛脫亦名白鴉呆脫　內有白色或灰色
結成之塊
台惡不斯愛脫　白綠色灰綠色　結成析之面光
雖未脫　其光色稍次
非雖愛脫　結成者明綠色　面平而光
哀來來脫　同

顆顆來脫　結成粒形
以上諸種皆倍落客西能之光明者也　重三·二五
至三·三　其合質夕里開五五·三　灰二七·　美合
尼西養一七·　養孟葛尼斯一·六　養鐵二·二　吹
火鍊之成無色暗料若以硼砂或素特點之則成明
料如玻璃
詳見霍怭白倫
呆暗者
哀斯倍斯得斯乃倍落客西能及霍怭白倫中之筋也
鴉呆脫　結成之形如前圖　其重三·三至三·四

希得白兒斯愛脫　綠黑色　可剖析　析開之面綠褐色　重三·五

婆里來脫　合蘇奈脫　才非朔兒奈脫

以上諸種皆倍落客西能之呆暗者也。如鴉呆脫之類中有鐵及孟葛尼斯多　其合質夕里開五·四一灰二·三·五　美合尼西養二一·五　養鐵一〇　養孟葛尼斯〇·六　吹火燒之鍊成無色料。若以硼砂或素特點之則成鐵色料

薄頁者

待約來其　薄頁明綠色　性脆　遇之於色而弁合能中

白狼是愛脫　亦於色而弁台能中　其頁如待約來其　惟暗綠黑色或古銅色　金珠光　重三·二五

海不思低能　頁稍薄易分析　色灰綠黑　金珠光重三·三九

里皮度兒霍恆白倫　略同

金待約來其　略同

以上諸種皆待約來其之類倍落客西能之片類者也　其合質夕里開五四·二五　灰一·五　美合尼西養一四·〇　養鐵二四·五　養孟葛尼斯哀盧彌那二·二五　水一·〇　吹火燒之其邊鍊成半明料亦有能全鎔鍊者　其質中有時鐵少則灰多因同式迭代故也　與霍恆白倫頁類之別因薄而析之分明　其筋類者則難別然如哀斯倍斯得斯在倍落客西能中則如待約來其若在霍恆白倫中則如霍恆白倫　惟斯蓋波來脫之結成與此相似然其角度各不同故亦可別　與曷碑度地之別此綠色不帶黃　與失勒斯罷色而弁台能之別前已詳

諸石中惟倍落客西能之種類最多因其與他石比連者多也。合拉尼脫中有之粒灰石中有之色而弁台能中有之火山石中有之在火山石中者其結成小而色黑或帶綠於他石中則有數色其結成有極大者

霍恆白倫　其元爲三律式　結成者剖析之能完全

其次形之面常對元形之稜　如圖　目目面交角一百二十四度三十分　未未面交角一百四十八度三十分　每有結成如三圖者　亦有結成四面六面八面長柱形者　又每有筋類其筋有粗者有細如麻者　珠光絲光　亦有片類

者 屑類者其粒有粗有細 其性皆韌而牢固 色自黑藍綠而淡至白 玻璃光次面珠光 明自半明至不明硬五至六 重二·九至三·四 其屬有與倍落客西能相似者此因異質同式之故故結成相似也有時其內哀盧彌那多 霍恆白倫之屬分明暗二類

明類

低摩兒愛脫 白灰色明綠色 結成者如柱而長若走入他石之中則爲筋 有時幾透明 重二·九三

鴨克低摩兒愛脫 結成者明如綠玻璃 其形如前

第三圖

星鴨克低摩兒愛脫 橄綠色 粗筋從一點四出如星之射光

哀斯倍斯得斯鴨克低摩兒 亦如前惟其筋細

塊鴨克低摩兒 細粒結成塊形 其粒齒尖 重三·〇二至三·〇三

哀斯倍斯得斯 於他石中爲筋其筋易析如麻皮色白或綠

曖昧安得斯 亦於他石中爲筋 其筋絲光

木哀斯倍斯得斯 黑黃色 韌而堅 如木所變

山皮 其輭如木 撲之如皮 其筋交錯如織 於石縫中作夾層 色或白或灰

以上霍恆白倫之明者也其質中鐵及哀盧彌那或無卽有亦甚微 如明鴨克低摩兒愛脫其合質夕里開五九·七五 美合尼西養二一·一 灰一四·二五 養鐵三·九 養孟葛尼斯〇·三 水夫羅而林酸〇·八

暗類

八呆斯愛脫 結成之形如前第一圖 色綠面光暗而不明 重三·二一 其合質夕里開四六·三

美合尼西養二一·九 灰一·四 哀盧彌那一一·五 養鐵三·五 養孟葛尼斯〇·四 水夫羅而林酸二·二

霍恆白倫 遇有結成長柱如前第三圖 亦有結成短扁柱如前第二第三圖 惟如二圖者多 其中養鐵多故暗 其合質夕里開四八·八 美合尼西養一三·六 灰一〇·二 哀盧彌那七·五 養鐵一八·七五 養孟葛尼斯一·一五水夫羅而林酸〇·九

凡霍恆白倫之屬除哀斯倍斯得斯之外吹火燒之有泡如沸易銷鎔明者鍊成無色料暗者鍊成鐵色

料 與倍落客西能之别因角度各異 與黑普壘林之别以能剖析且結成之式各異 其筋類與倍客羅自民之别因熱之無水氣 與尼美兒愛脫之别因無燐光 與胡拉斯得奈脫及齊河類脫之别以入酸不成膏 如在灰石及色而弃台能石中則爲呆啞 故霍恆白倫爲石中最緊要之物如雖約奈脫石中每有霍恆白倫片類 阿克低摩兒愛脫常遇之於美合尼西養石中或台而客斯底哀得愛脫色而弃台能中 低摩兒愛脫遇之於粒灰石中或駄羅美脫中 哀斯倍斯得斯遇之於粒灰石駄羅美脫或色而弃台能中

哀斯倍斯得斯其筋如絲可作布火不能燒即火浣布也亦可作燈心 曖昧安得斯亦然

附

安土非兒愛脫 其元爲一斜式 結成之式細而長如針灰色綠色褐色 在枚格壘紋中或走入枚格中 性脆 其尖鋒利如針 重二·九至三·一六

孔名登愛脫 其筋從一點出如彗 灰色 微有絲光 遇之於枚格壘層中

鴨克每脫 其形長細如針 暗黑色 其尖甚利能走入合拉尼脫中 旁面交角八十六度五十六分 形如倍落客西能之屬 吹火燒之易鍊

拔平得奈脫 墨綠色最光明 遇之於科子中

斯普陀民 其元爲一斜式 結成之式與倍落客西能同 明三至四 硬六·五至七 重三·一至三·一九 其合質夕里開六四五 哀盧彌那一九·三 劣非養六·二 吹火燒之發大鍊成明料 研碎同二股硫酸卜對斯以白金箔裹而吹之火色大紅因内有劣非養故也 與非而斯罷及斯蓋波來脫之别因重而明且結成之式異 遇之於合拉尼脫中俗名台非能 可用以得劣非養

客里蘇兒來脫又名屋劣維啞 其元爲三律式 結成者析之與稜平行能完全 常有結成顆粒在他石之中間橄綠色或帶黃 玻璃光 明一至三 硬六·五至七 重三·三至三·五 碎口如玻璃 其合質夕里開三八·五 美合尼西養四八·四 養鐵一一·二 養孟葛尼斯○·三 哀盧彌那○·二 吹火燒之黜以硼砂鍊成綠料 與綠科子之别因遇於倍素石中且紋理可剖析 因只爲倍素石中之呆啞所以與倍里爾亦易别 與屋不洗台恩火山明石也之别因不黜不能鍊

每在倍素拉乏石中
蒲待奈脫　客里蘇兒之類也　遇之於灰石中　可
作玉因嫩故不甚珍重
康尊羅台脫　其形爲扁圓小顆在灰石之中　其顆爲
細粒合成　不能剖析　色褐或黃褐　亦有紅色白
色者　小時褐色　玻璃光微有松香光　劃而視其
粉無色明三至四　碎之口不平　硬六至六·五　重
三·一至三·二　其合質夕里開三三·二　美合尼西養
五五·五養鐵三·六　夫羅而林酸七·六　吹火燒之其
邊微鍊難銷鎔若點以硼砂易鍊成綠料　因其只於
灰石中爲呆呒所以與他物易別　與黃色之普墨林
茄納之別以重而無結成磨之不能光

哀盧彌那

哀盧彌尼恩與養氣相連則爲哀盧彌那　哀盧彌那有
不再與別物連合者　有再與別種養氣金連合者　有
與水夕里開連合者　有與燥夕里開連合者　有與夕
里開及夫羅而林連合者　有與夕里開及硫酸連合者
有與夕里開及綠氣連合者故種類甚多

哀盧彌那不再與別物連合者

可倫尊姆　其元爲六角式　結成之式析之與底平行
常有六面柱其面不平其形無一定如圖　夕夕面交
角八十六度○四分　亦有粒類　色
藍或灰藍　亦有紅黃褐黑者　其面
光明　磨之見內有紋四射如星　透
明至半透明　硬九比金剛石次一等
性韌而堅　重三·九至四·一六　其質淨哀盧彌那
吹火燒之素特點不變硼砂點之能銷鎔而甚難
其明淨者名薩非阿　不明淨者爲可倫尊姆　粒者
名哀牟利
薩非阿專指藍色者而言若他色另有名　紅者爲東
露佩　黃者爲東土不爾斯　綠者爲東美彌來兒
紫者爲東阿彌昔斯脫　淡紫者爲阿得蠻淡斯罷
中有星紋者爲星薩非阿　易識別因其硬可刻科
子之結成　常遇塊形於砂礫中或尼斯枚格壘層
及合而客粒灰石中　其貴重不亞於金剛石　以
紅色者爲最貴結成三合拉半抵一合拉重之金剛
石紅者其結成最大不過半寸徑　藍色有稍大者
哀牟利　細粒藍灰黑色　不貴重　用以礪磨鐵器

以上淨哀盧彌那

哀盧彌那與別種養氣金連合之物

斯比偶兒　其元爲一律式　結成者有八面十二面及雙形者如一圖爲八面次形　二圖爲十二面形　三圖亦爲八面之次形　四圖爲雙合形

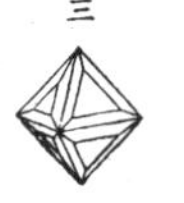

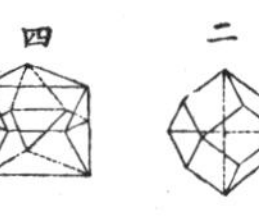

其色紅藍黃綠褐黑均有　紅色者最明　他色次之　玻璃光　硬第八　重三·五至三·六　紅色者其合質哀盧彌那六九　美合尼西養二六·二　養鐵〇·七　夕里開二·〇　客羅彌養一·一　其合質之大要爲哀盧彌那及美合尼西養其餘他物偶在其中或有或無可多可少　吹火試之點以硼砂難銷鍊　其屬最紅者名斯比偶兒露佩　稍淡者名倍拉斯露佩　紫紅者名阿拉鑾的露佩　綠者名客羅羅斯比偶兒　黑者名不留奈斯脫其黑因養鐵百分中有養鐵八至二〇　識別之法以其結成及硬　與茄納之別因不能鍊　與磁石之別因不能攝鐵　與入爾康之別因硬　遇之於粒灰石及尼斯石中　其質有時變壞則與斯底哀得愛脫相類而其形式仍不變所以有假式　色佳者可作寶石結成重四合拉半抵一合拉重之金剛石

哇吐摩愛脫　中有二至三十五分養白鉛　其色墨綠或黑　硬七·五至八　重四至四·六　吹火燒之點以素特成料再加素特吹之則四面走開成一圈硼砂點之不銷鍊　遇之於合拉尼脫中每與倍里爾茄納同在一處　又合而客石層中亦有之

迭士盧愛脫　中有養鐵養白鉛　色黃及灰褐　硬七·五至八　重四·五五　其合質哀盧彌那三〇·五養白鉛一六·八　多養鐵四一·九　養孟葛尼斯七·六　夕里開三　溼物〇·四　吹火燒之能紅不能銷鎔點以硼砂成半明深紅色料

黑爾信奈脫　其合質哀盧彌那一養鐵及多養鐵美合尼西養

哀盧彌那與水夕里開連合之物

哀盧雖脫　結如泥土塊如斯底哀得愛脫　其輭以指甲能剝之　色白或藍　置舌上微粘吸　以小塊置水中視之透明　重一·八至二·一　其合質夕里開三九·五　哀盧彌那三四·〇　水二六·五　入硫酸則成膏　吹火試之不銷鍊其色變白　其屬有數小種與齊河來脫相類如富利來脫　酷利來脫　惜摩來脫蒲貳　弗的蒲貳　石肥皂　盧雖脫　合落倍脫每兒的斯愛脫　斯偶兒愛脫等類皆輭如泥

凡哀盧雖脫與有美合尼西養之土吹火試之易別又有名斯帶兒拉底愛脫者遇之於火山石中及冰海之島　結別斯愛脫亦有此形　此類如有猝味之物在內則歸齊河來脫

哀盧非能　結如腰子塊間有結成者　其搏屑者為粉形其色淡藍或綠褐或黃　玻璃光松香光　碎之面如蠟　劃視其粉色白　硬三　重一·八五至一·九〇　其合質哀盧彌那二九·二　夕里開二一·九　水四四·二　雜土四·七　吹火試之微發泡變為無色粉吹時火色微綠　入酸能消成膏

阿背爾哀盧非能　形如哀盧非能　其合質夕里開一二·〇　哀盧彌那四六·三　水三六·二　又有些微鐵及銅與灰

發勒奈脫　頁類釁成六面十二面柱形析之與底平行其頁彎之則脆碎　色灰綠至橄綠　珠光　重二·七　其合質夕里開四四·九　哀盧彌那三〇·七　多養鐵七·二二　卜對斯二·三八　美合尼西養六·〇四　水八·六五　養孟葛尼斯一·九　灰〇·九五

客羅落非來脫　頁類　色綠其合質夕里開四五·二　哀盧彌那二七·六　美合尼西養九·六　養鐵八·二　養孟葛尼斯四·一　水三·六　熱之有水氣　吹火試之其邊微銷鍊成藍灰色　與他種綠色頁類之別因熱之有水氣　與哀育來脫之別以結成六面柱而頁脆　遇之於合拉尼脫中與哀育來脫在一處

哀斯抹蓋脫　與上同類

倍奈脫　乃哀育來脫經猝味而變為此　其頁析之不分明　色自灰至灰綠　遇之於非而斯罷巴弗里之變壞處　其結成亦六面柱

才強多來脫　綠灰色　重二·八五至二·八八

哀皮來脫　才強多之類　色淡灰綠　重二·八九

水哀育來脫　其合質與客羅落非來脫同惟水只有一分多

哀斯倍斯育來脫　遇之於哀育來脫中色淡綠　亦有結成六面柱

齊河來脫　希臘古語謂沸為齊河因火試之其物發泡如沸形故有是名　其質之大要為夕里開哀盧彌那及猝味之物與水　此類中有大半入酸成膏形因其夕里開分開故也　或在他石中為筋　或於他石而作皮　其結成者少從未見其在地石之中結成如普

墨林茄納等形　常遇於哀彌奪羅愛脫或合拉尼脫及尼斯石　其朽蘭臺愛脫羅木奈脫哀剝非來脫斯底兒倍脫四種其柱形析之分明不爲細筋亦有可分爲片者此四種除羅木奈脫之外入酸消化皆不作膏形　其奈脫羅來脫斯果利斯愛脫湯姆斯奈脫結爲筋形皆細而長　其哈摩多姆哀捺兒西姆拉不斯來如來悔尼素待來脫揩白斯愛脫其形皆如灰類之迭斯刻來愛脫別土而愛脫其絲光比奈脫羅來脫更明

朽蘭臺愛脫　其元爲一斜式　結成之式如圖日戈面交角石日面交角皆九十度　戈石面交角一百二十九度四十分　析之與日面平行能分明　析面珠光他面玻璃光　色白或紅灰褐　明一至四　頁脆易碎　硬三五至四　重二·二　其合質夕里開五九·三　哀盧彌那一六·八　灰九·二　水一四·七　吹火試之發泡能錬　熱之有光如燐　入酸消化不爲膏形　與石膏之別因硬及火試發泡　與哀剝非來脫斯底兒倍脫之別以結成異　遇之於哀彌奪羅愛脫尼斯石中及各金礦脈中　林科奈脫　同

白羅希得兒愛脫　結成之式如前圖　其戈石面交角九十三度四十分　硬四五至五　重二·二至二·五　此朽蘭臺愛脫之屬也

斯底兒倍脫　其元爲三律式　結成斜方底直柱其頂尖削如圖　析之與目面平行　子子面交角一百十九度　色白或黃褐紅　析面珠光他面玻璃光　明二至四　硬三·五至四　重二·一三至二·一五　其合質夕里開五七·六　哀盧彌那一六·三　灰八·九　水一六·三　吹火試之發泡錬成無色料　入硝酸火助久沸成膏　與石膏之別因硬而火試發泡　與朽蘭臺愛脫之別因結成之式方扁長而尖　遇之於哀彌奪羅愛脫尼斯合拉尼脫中

哀剝非來脫　其元爲二律式　結成之式極長而尖如圖　子子面交角一百〇四度二分　又一百二十一度　析之與底平行能完全　或厚片或薄頁　色白或灰微有紅黃綠閃色　析面珠光他面玻璃光　明一至四　硬四五至五　重二·三至二·四　其合質夕里開五一·九　灰二五·二　卜對斯五·一　水一六·○　吹火燒之其頁自開銷錬成料滿細孔形如海棉而硬

入硝酸化開成小薄片如雪花半透明　與斯底兒倍脫之別以尖頂之角度各異且頁與底平行遇之於哀彌奪羅愛脫及脫拉潑石中

羅木奈脫　其元爲一斜式　結成斜方底斜柱　力力面交角八十六度一十五分女力面交角六十八度四十分　析之與銳角平行其筋類如星紋四出色白至黃灰色　析面珠光他面玻璃光　明一至三　硬三五至四　重二三見天空氣則色呆而脆　其合質夕里開五一一　哀盧彌那二一八灰一一九　水一五二　吹火試之發泡鍊成白色如浮石形　入硝酸或綠輕酸化如膏　入硫酸非火助不化　識別以其見天空氣變色而脆如欲其不變以合姆阿拉比克膠（即粘信之樹膠）護之　遇之於哀彌奪羅愛脫尼斯巴弗里石中泥壘石層中亦有

蓮哈待脫　形如羅木奈脫　其合質夕里開五五哀盧彌那二四一　灰一五〇　水一二三

奈脫羅來脫　其元式爲三律式　結成長柱其尖頂爲鈍角如圖　目目面交角九十一度十分　子子面交角一百四十三度十四分　子目面交角一百十六度三十七分　析之能完全析面與目平行　有結如球形者其筋四出尖長如針其尖三稜　色白至黃灰紅　玻璃光明一至三　硬四五至五五　性脆　重二二四至二二三　其合質夕里開四七四　哀盧彌那二六九　素特一六二　水九五　吹火試之變呆鍊成呆暗料　入酸無論冷熱成厚膏　與斯果利斯愛脫之別因火試各異　遇之於哀彌奪羅愛脫脫拉潑倍素火山石中

斯果利斯愛脫　玻璃光微帶珠光　其合質如羅木奈脫而代素特以灰他物相同　吹火試之發而立起如蟲欲行之狀故謂之蟲石

布內兒愛脫　形如前圖　其目目面交角九十一度四十九分

彌蘇兒　或球形或扁球形析之內有柱形　珠絲光　重二三五至二四　吹火試之易銷　入酸易成膏　海林得奈脫　白里肥斯愛脫　略同

湯姆斯奈脫　其元式爲三律　摶塊中有結成之筋如針　亦有無結成者　色白如雪　玻璃光至珠光　明一至三　硬五至五五　性脆　重二三至二四　其合質夕里開三七四　哀盧彌那三一八

灰一三〇 素特四八 水一三〇 吹火試之發泡變呆極熱僅能銷其邊 研粉入硝酸或綠輕酸能成膏 與奈脫羅來脫及齊河來脫中他種之別因火試難鍊 遇之於哀彌奪羅愛脫巴弗里火山石响石脫拉潑石中 康白脫奈脫 阿柴蓋脫略同

哈摩多姆 其元爲三律式長方底柱 屢有結成雙合形者如圖 色白或灰黃或褐 明二至三 玻璃光 硬四至四五 性脆 重二三九至二五 其合質夕里開四四〇 哀盧彌那一六六 貝而養二四八 水一四六 吹火試之不發泡鍊成明料 熱之有黃光如燐 入酸不熱之則不化 識別之法如有雙形則除非利不斯愛脫之外無相似者 與非而斯罷及斯蓋波來脫之別因易鍊成明料 與湯姆斯奈脫之別以入冷酸不成膏 遇之於哀彌奪羅愛脫尼斯石及礦金之脈

非利不斯愛脫 結成有雙形如前圖 或扁長而直其尖如刀頭 或星紋 其合質如哈摩多姆而以灰代貝而養他物相同 入酸成膏 吹火試之發泡

齊哀果奈脫 略同

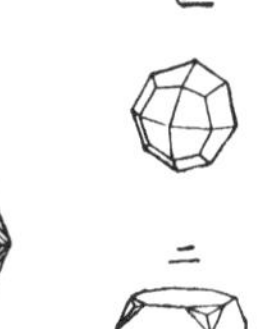

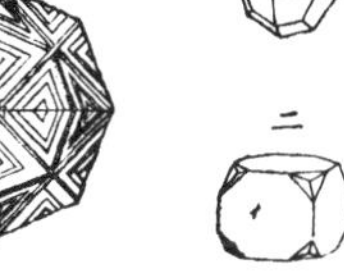

鴨捺兒西姆 其元式爲一律式 結成之形如一圖二圖 析之不能全 明暗皆有 其色乳白 或灰白紅白 其光有暈如三圖 熱之微有電氣 硬五至五五 重二〇七至二二八 其合質夕里開五四六 哀盧彌那二三二 素特一四 水八一 吹火試之不發泡能鎔鍊成明料 入綠輕酸水難成膏 識別之法因其結成難剖析 與科子及羅雖脫之別因其硬 與丐而刻斯罷之別因能鎔鍊及入酸不發泡 與揩白斯愛脫之別因火試不發泡而能鍊成料 遇之於哀彌奪羅愛脫及火山石尼斯石

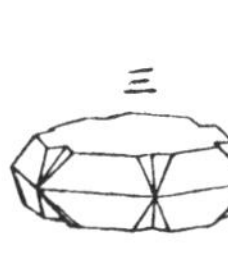

揩白斯愛脫 其元式爲六角式長斜方六面形如一圖 結成之式矮扁而圓略如鼓磴如二三圖 析之與元式之面平行夕夕面交角九十四度四十六分 從未遇有結爲觔類屑類

者　色白或紅或黃　玻璃光　明一至三　硬四
至四·五　重二·〇六至二·二七　其合質夕里開四
八·四　哀盧彌那一九·三　灰八·七　小對斯二·五
水二·一一
米利奈脫　揩白斯愛脫之屬也　小結成如前第
二圖　明如玻璃　入酸消化成膏
蘿凡　結成者爲合形如前第三圖
蘿頭里愛脫　形如米利奈脫　其水少三分之一
非果來脫　小結成　十二面柱形　明如玻璃
哀開脅育來脫　色紅

合式來脫　結成六面扁柱形
海岱奈脫　亦揩白斯愛脫之屬
凡揩白斯愛脫之屬　吹火試之發泡色變白　識
別因其結成　與鴨捺皃西姆之別因火試發泡不
能鍊成料　與丐而刻斯罷之別因硬而入酸不發
泡　與夫羅而斯罷之別因結成及無燐　遇之於
脫拉潑尼斯及雖約奈脫
自朽蘭臺愛脫至此皆歸齊河來脫一類
潑里奈脫　其元式爲一斜式　結成之形如圖　力力
面交角九十九度五十六分　析之與底平行　常有

六面柱形析之厚如板有搏結如腰子
塊者其塊搏結極緊　塊塊累累如葡
萄　色白淡綠至無色　玻璃光　析面珠光　明二
至四　硬六至六·五　重二·八至二·九六　其合質夕
里開四三·〇　哀盧彌那二三·二五　灰二六·〇　養
氣鐵及養氣孟葛尼斯二·二五　水四·〇　吹火試之
發泡能銷其燼淡綠色　入綠輕酸水徐消化不爲膏
有細片如雪花沈於底　與倍里爾　綠科子　開而
西駄能之別因火試異　與齊河來脫之別因硬而結
成各異遇之於脫拉潑尼斯合拉尼脫中　磨平之可

作木器之嵌飾及桌面
以別斯底皃倍脫　其結成者析之易爲薄頁　色白
硬三·五至四　重二·二五　吹火試之發泡鍊成
滿小眼如海棉而硬　入酸不爲膏　形似斯底皃
倍脫　其合質爲夕里開哀盧彌那灰　其中無水
安脫來摩皃愛脫　結如石乳形
易定登奈脫　結成小柱形　析之與旁面平行　無
色　玻璃光　硬四至四·五　重二·七至二·七五
遇之與湯姆斯奈脫在一處
茄孚皃來脫　結成細長柱四出如星　色如麥黃

絲光　遇之於錫礦
客羅辣四多愛脫　淡青綠色　結如星紋　硬五.五
五六　重三.二八
富嚼斯愛脫　結成斜方底八面形　火火面交角一
百十一度三十分　又一百〇五度三十分　其硬
能刻劃玻璃　其合質水夕里開.哀盧彌那.灰素特.
遇之與鴨呆脫在一處
金落台兒愛脫　結成斜方八面形　硬三.五　重二.
一八　色白　玻璃光　明第三　其合質水夕里
開哀盧彌那
馬呆兒愛脫　形如珠枚格　微能彎
油非來脫　愛伴來脫　待愛非奈脫　略同
待摩兒愛脫　薄頁疊成柱　比台而客硬　重二.七
至二.八二　其合質水夕里開哀盧彌那.卜對斯
疑即有水之枚格也
客羅利多愛脫　厚頁疊成柱　彎之不能自伸.若再
使之直則碎　墨綠色　硬五.五　重三.五五　吹
火試之不鎔鍊而色變黑成攝鐵
斯門定　與上略同
梅雖奈脫　厚頁疊成短柱　暗灰色　微有珠光

其頁脆　硬六　重三.四五
燥夕里開與哀盧彌那相連之物
夕里巒愛脫　長細如針而扁　屢走入呆呸　其底為
斜方形.目目面交角一百十度至九十八度　析之與
長平行　易分析　析面光亮　亦有摶結成塊者.其
中有結成或筋　色白或灰　玻璃光至珠光　明第
三性脆　硬六至七.五　重三.二至三.三　其合質.夕
里開.三七.　哀盧彌那.六三.　與開也奈脫同　吹火
試之.不鍊.硼砂點亦不鍊　與低摩兒愛脫及霍攸白
倫之別.因易分析.火試不鍊　與開也奈脫之別.因析
面光亮及結成為斜方底　遇之於尼斯
薄哥兒自愛脫　其合質.夕里開四六.四　哀盧彌那.
五二.九　或夕里開四〇.一　哀盧彌那.五八.九
微有一點養氣.孟葛尼斯　其合質之數.雖與夕里
巒不同.亦歸一類
非白羅來脫　亦夕里巒之屬
開也奈脫　言色如天藍也　其元為三斜式　結成長
薄如刃　屢走入呆呸　其形如圖　亦有結成短而
厚者　析之與扁面平行　有時為細
筋　色明藍或白　或厚處藍薄處白

間有灰綠褐色者 玻璃光 扁面微有珠光 硬五
七 脆不如夕里鑾 重三·六至三·七 其合質夕里
開三七· 哀盧彌那六三· 其數與夕里鑾同 吹火
試之不變色點以硼砂久吹之成無色明料 與霍恆
白倫之屬之別因不易鍊 其短結成與斯多羅得愛
脫之別因其尖及刃不鈍析之面光 遇之於尼斯枚
格壘紋中 每與茄納及斯多羅得愛脫在一處
勒的自愛脫 開也奈脫之白色者也 可作玉 形
如薩非阿
渥的愛脫 與上略同惟熱之有水氣

安奪羅斯愛脫 其元式爲三律式 目目面交角九十
度四十四分 結成之形如圖 析之
與旁面平行 有摶結如大柱者 從
未見其作細筋 灰色及肉紅色 玻璃光微兼珠光
明三至暗 性韌 硬七·五 重三·一至三·三二
其合質夕里開三七· 哀盧彌那六三· 吹火試之不
鍊硼砂點之亦難鍊
才哀斯多兒愛脫 麥葛里 形質皆與安奪羅愛脫
同惟斷而磨平之其面光有紋如圖
此因外面呆呱內有他物走入此中而

成 有時硬不及三
凡安奪羅斯愛脫之類 與倍落客西能 斯蓋波來
脫 斯普陀民 非而斯龍之別因吹火試之不變色
及其形式各異 遇之於合拉尼脫及尼斯
斯多羅得愛脫 其元式爲三律式 結成之形如圖
每有結成雙合形如二圖者 析之
不能分明 目目面交角一百二十
九度二十分 女未面交角一百二
十四度三十八分 目子面交角一
一
二
百十五度二十分 從未遇有未結成者 色褐或黑

玻璃光帶松香光或光亮或昏暗 明三至暗 硬
七至七·五 重三·六五至三·七三 其合質夕里開二
九·三 哀盧彌那五三·五 多養鐵一七·二 吹火試
之色呆不鍊 與普墨林及茄納之別因不能鍊及結
成之式異 遇之於枚格尼斯之面
羅雖脫 其元式爲一律式 結成之形如圖 析之不
能分明 灰色及透明之白色 明三
至暗 性脆 硬五·五至六 重二·四
八至二·四九 其合質夕里開五五·一 哀盧彌那二
三·四 卜對斯二一·五 吹火試之非以硼砂炭酸灰

二物點之不鍊鍊成明色科　與苦抱爾同消化於酸作藍色　與鴨掠兒西姆之別因硬及不點不鍊　遇之於火山石　以大里火山石中最多結成之大者徑寸

撒蓋兒愛脫　形似非而斯罷惟此為粒類　色白或帶綠　其合質同羅雖脫　吹火試之不鍊素特點之亦難鍊

哇蘇刻里斯　又名非而斯罷　其元式為一斜式　結成之形如一圖　亦屢有如二圖者　力力面交角一百十八度四十九分　女力面交角六十七度十五分　力子面交角一百二十度四十分

析之能完全　析面與子平行亦有與女平行者　有粗粒摶結者　色白或灰或肉紅亦偶有綠藍及淡綠色　玻璃光析面微珠光　明一至四　硬第六　重二·三九至二·六二　其合質夕里開六四·二　哀盧彌那一八·四　卜對斯一六·九五　吹火試之其邊微鍊硼砂點之久吹燒之成明料　入酸不化

常非而斯罷　無色或白色　其明第四

愛度琉璃耶　玻璃非而斯罷　冰斯罷　此三種皆透明如玻璃　遇之於火山石

來愛哥兒愛脫　陸刻蘇刻來斯

月光石　形如阿背爾　磨之光如珠

日光石　與月光石相類　微有頁

阿墳邱陵非而斯罷　色如虹霓此因中有小結成希美台脫來脈奈脫伊爾美奈脫故也

凡哇蘇刻里斯之屬　與斯蓋波來脫之別因硬而能鍊其形微有筋及析之各異且有摶結者　與斯普陀民之別因火試異　非而斯罷在合拉尼脫尼斯枚格壘紋巴弗里倍素諸石中最多亦為最要屢遇有結成者　常非而斯罷可作磁器　日光石月光石可作寶石磨圓之光如貓睛

高陵泥　乃非而斯罷泐而變形所成　因其內粹味之物如卜對斯及夕里開化去而水代之故成　其合質夕里開四三·六　哀盧彌那三七·七　多養鐵一·五　水一二·六　恆遇大藏在合拉尼脫中因合拉尼脫泐爛而成　合拉尼脫中有台而客者屢有變作高陵泥　案此即做磁器之砂

鴨兒倍脫　其元為三斜式　結成之形如圖　夕力面交角一百二十二度十五分　戈力面交角一百十五

度○五分　戈夕面交角一百十度五十一分　有摶屑類者片類者　頁脆色白或帶藍灰紅綠　玻璃光至珠光　有時形似藍阿背爾　明一至四　硬第六　重二·六至二·七其合質夕里開六八·五　哀盧彌那一九·三　養鐵及養孟葛尼斯○·三　灰○·七　素特九·一　吹火試之如非而斯罷惟火色微黃　與非而斯罷之別因其素特多故火色黃又結成之角銳次形不一例而其塊大鴨兒倍脫之於石中與非而斯罷之作用同　有時遇合拉尼脫之色白者其中有鴨兒倍脫或非而斯罷

安地西能　其元式爲三斜式　其硬六　重二·六五至二·七四　色白或灰綠黃肉紅　其合質夕里開五九·六　哀盧彌那二四·二　多養鐵二·六　灰五·八美合尼西養一·一　卜對斯一·一　素特六·五

愛奴雖脫　形如鴨而倍脫　其戈力面交角一百十度五十七分　夕力面交角一百二十度三十分明如玻璃　硬第六　重二·六至二·八　與鴨兒倍脫之別因火色不黃素特點之不成明料

倍當奈脫　結成綠白色　硬六至六·五　重二·七至二·八

客里勿闌待脫　片類合成斧劈形

辣白里馱來脫　其元爲三斜式　結成之形如圖　戈

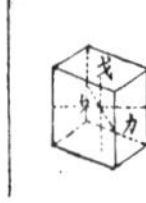

夕面交角九十三度二十八分　戈力面交角一百十四度四十八分　夕力面交角一百十九度十六分　析之與戈面平行能完全　其戈面光明　結成者碎之皆依形式　暗灰色或褐色綠褐色　內常有藍綠筋紋四出如星其筋或紅黃珠灰色　明三至四　析面珠光他面玻璃光硬第六　重二·六九至二·七六　其合質夕里開五三·一　哀盧彌那三○·一　灰一二·三　素特四·五　水○·五　吹火試之如非而斯罷易鍊成無色料　入綠輕酸水全消化　與非而斯罷及鴨兒倍脫之別因其質中灰多故入綠輕酸全化及內有星紋　遇之於合拉尼脫中因其中有星紋磨之可作玩器

合落苦來脫　質與上同　磁藍色至綠

阿里哥刻來斯　形如非而斯罷　析之分明　色微白　面有油光　其硬六　重二·五八至二·六七其合質夕里開六三·五　哀盧彌那二三·一　灰二·四　卜對斯二·二　素特九·四　美合尼西養○·八吹火試之難鍊　入酸不化　遇之於合拉尼脫粒

灰石

萿澤兒安愛脫　灰色綠灰色　質與辣白馱來脫同來脫羅倍脫　形如紅斯蓋波來脫　惟結成三斜柱形　或云此與愛奴雖脫同類　亦有結如塊形可分析　硬第六　重二·七至二·八　其合質夕里開四一·八　哀盧彌那三二·八　灰九·八　美合尼西養五·八　卜對斯六·六　水二·一　吹火試之微發泡能鍊　遇之於合拉尼脫

安富馱兒愛脫　遇之與愛奴雖脫在一處

尼肺蘭　結成六面柱形如圖　其色白灰黃藍綠　油玻璃光　明一至暗　硬五·五至六　重二·四至二·六五　其結成之明如玻璃者從火山石中得之　入硝酸其色變如雲

伊里阿來脫　光如油　明三至四　塊形可剖析

其辛蓋脫　其合質夕里開四三·四　哀盧彌那三三·五　多養鐵一·五　灰○·九　素特一·三四　卜對斯七·一　水一·四　吹火試之其角偎而不鍊間亦有易鍊者　細塊入硝酸色先變呆能消化成膏形　與斯蓋波來脫非而斯罷之別因有油光入酸成膏　與鴨不對愛脫之別亦然且較硬

自哇蘇刻來斯至此皆為非而斯罷之屬

斯蓋波來脫　其元為二律式　結成之形如圖　子子

面交角一百三十六度○七分　析之與未日面平行不甚分明　搏屑類者其中微有筋及片亦不甚分明色白或淡藍或紅或綠　劃而視其粉無色　明一至四　微珠光　硬五至六　重二·六至二·七五　其合質夕里開四九·三　哀盧彌那二七·九　灰二二·八　吹火試之徐發泡點以硼砂能鍊成明料　識別因其結成柱形及角度　與非而斯罷之別因其面微有筋形鍊之亦較易又較重　與斯普陀民之別因較輕火試各異　與胡拉斯得奈脫之別因筋不如其分明此較硬而無燐光入酸不為膏　遇之於古石及火山石中

彌育奈脫　小結成

衲得來脫　完納兒愛脫　落果來脫　略同

迭配兒　結成八面柱形　形色與斯蓋波來脫同　惟其合質夕里開五五·五　哀盧彌那二四·八　灰九·六　素特九·四　亦似非而斯罷之類　其重二·六五　遇之與台而客客羅愛脫相近

埋育奈脫　其元爲二律式　小結成　其端尖　形如前圖　子子面交角一百三十六度十一分　析之與日面平行能分明　無色或白色　明一至三　硬五五至六　重二·五五至二·七五　其合質夕里開四二·一　哀盧彌那三一·九　灰二六　吹火試之鍊成無色料　與斯蓋波來脫之別因尖頂之角度異合質亦異　與薺河來脫之別因熱之無水氣　遇之於火山石中結如細核

密坐奈脫　形式略同　其子子面交角一百三十五度五十六分

沙果來脫　結成者其元爲二律式　形如鴨捺兒西姆　肉紅至淡紅色　性極脆　入酸成膏　此物最少

其勒奈脫　結成之形如埋育奈脫　色如灰　不明　硬五五至六　重二·九至三·一　其合質夕里開二九六　哀盧彌那二四·八　灰三五·三　養鐵六·六　水二·三　吹火試之不鍊硼砂點亦難鍊　入綠輕酸水能成膏

恆婆得愛脫　結成同前　析之與底平行能分明　色褐或黃褐　玻璃光　其硬五　重二·九至三·二　其合質夕里開四四·〇　哀盧彌那一一·二　灰三二·〇　美合尼西養六·二　養鐵二·三　素特四·三　卜對斯〇·四　入硝酸成膏　遇之於火山石中

色末非兒愛脫　每里得愛脫　略同

別堆愛脫　其塊析之不甚分明大約爲二律式其旁面交角一百四十二度　色白或灰　微有紅綠暈　玻璃光至灰珠光　透明　硬六至六五　重二·四至二·四五　其合質夕里開七七·九　哀盧彌那一七·七　劣非地養三·一　素特一·三　熱之有光如燐　吹火試之其邊微鍊火色微紅因內有劣非地養故也　與斯普陀民之別因火色異其重亦異

卡斯得兒　略同

才呆台脫　其中亦有劣非地養　結成有雙形

肥阿蘭　暗藍色　形如合羅哥非

合羅哥非　塊形可剖析　暗藍色扁柱形　其明第三　硬五五　重一·〇八　吹火試之易鍊　其合質夕里開五六·五　哀羅彌那一二·二　養鐵一〇·九　養孟葛尼斯〇·五　美合尼西養八　灰二·二　素特九·三

月溪台能。黑色。其石祇有兩面可析。其合質夕里開五六·三。哀盧彌那一三·三。養鐵一三。多養鐵四。素特三五。美合尼西養三。

曷碑度地。其元爲一斜式。結成之形有六面柱如圖。

戈石面交角一百十五度二十四分

石未面交角一百二十八度十九分

子子面交角一百○九度四十七分

未子面交角一百二十五度十六分

析之與戈面平行。與石面平行亦可析。惟不甚分明。搏屑者居多。或生成如石筍。色黃綠或灰褐。劃視其粉無色。明三至暗。玻璃光。戈面微珠光。結成之面甚光亮。性脆。硬六至七。重三·二五至三·四六。

坐愛雖脫。灰褐色。

孟葛尼斯曷碑度地。暗紅色。百分內有十四分孟葛尼斯。

土來脫。淡紅色。

別斯得蓋脫。黃綠色。

薄客蘭台脫。其中有鐵故又名鐵曷碑度地。

曷碑度地之屬。綠色者其合質夕里開三七。哀盧彌那二·六六。灰二○。養鐵一三。養孟葛尼斯○·六。水一·八。坐愛雖脫其合質夕里開四○·二。哀盧彌那三○·三。灰二二·五。多養鐵四·五。水二。吹火試之其邊微發泡不鍊。惟孟葛尼斯曷碑度地易鍊成黑色料。識別之法其黃綠色者與他物異。坐愛雖脫其柱有橫波紋因此與低摩兒愛脫亦異。遇之於古石及疊層石之近火山者。

愛度客來斯。其元爲二律式。結成之形如圖。

井火面交角一百四十二度五十三分

火火面交角一百二十九度二十九分

火子面交角一百二十七度○七分

析之與日面平行不甚分明。有搏屑者其中半粒半結成。色褐。有時變綠。有頂底之面油綠色他面黃綠色。劃視其粉無色。明四至暗。硬六·五。重三·三五至三·四。其合質夕里開三七·四。哀盧彌那二三·五。養鐵四。灰二九·七。美合尼西養孟葛尼斯養五·二。吹火試之發泡鍊成黃色半明料。與茄納普墨林曷碑度地之別因結成之式異且此易鍊。遇之於維蘇維耶斯之火山石中。

伊其蘭。褐色。

雖潑林脫。藍色結成。其中微有銅。可作玉。

茄納　其元爲一律式。結成者屢有多面形如圖。亦

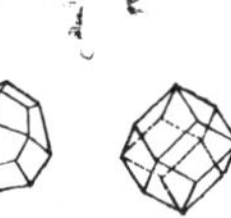

有結成未能全備及面形不平者。祈之皆成八面或十二面形甚分明。亦有搏屑者粗粒及片者。色深紅。或褐黑綠白。明一至暗。玻璃光。性脆。硬六五至七五。重三五至四三。

其合質夕里開。哀盧彌那。夕里酸灰夕里酸鐵。夕里酸孟葛尼斯其色因質互有多少而變。有時其中有養氣客羅米恩則其色明而翠綠。

寶茄納　又名鴨兒蠻定。深紅色。其合質夕里開四二五。哀盧彌那一九二五。養鐵三三六。養孟葛尼斯五五。

常茄納。褐紅色。明三至暗。

肉桂石。又名以色奈脫。色如肉桂。最光明。與寶茄納之異因其中只有五分至六分鐵而有三十分至三十三分灰。

土不爾斯來脫　色黃。形如土不爾斯故名。結成如上第三圖。

彌勒奈脫。色黑。內有十五分至二十五分養鐵及孟葛尼斯。

倍勒奈脫。亦黑色。

孟葛尼斯茄納。其合質夕里開三五八。哀盧彌那一八一。養鐵一四九。養孟葛尼斯三一〇。

合拉朽來脫。色綠。結成如上第二圖。內有三十至三十四分灰只有些微養鐵。

古來羅無愛脫。最好之綠茄納也。內有二二五養氣客羅彌恩。

果羅無奈脫。粒類。常有虹霓之色。松香光。

鴨不盧彌。褐色或橘黃色。結成如上第四圖。析之與面之鈍角平行。

以上諸種。吹火試之其銷鍊有難易能鍊成暗料識別之法碎之如玻璃其內絕無一點筋形及柱形其結成恆爲十二面形。與斯多羅得愛脫之別因能鍊。與普墨林之別因較重。與哀度刻來斯之別因鍊較難。遇之每於枚格疊層霍恆白倫疊層及尼斯合拉尼脫粒灰石色而幷台能火山石。淨而明紅者爲寶石。其尋常者碎之爲粉可代哀牟利以磨鋼鐵使光。

脈來皮　亦茄納之類，遇有圓如珠者，色如寶茄納，其元式想是方形，不能剖析，硬七五，重三·六九至三·八，其合質夕里開四三，哀盧彌那二二·三，養客羅彌恩二·八，美合尼西養二·八五，養鐵八·七，灰五·七，或云其內有三分以特里養遇之於脫拉潑拓發。

海兒文　蠟黃色之茄納也，結成三角尖錐形，

普墨林　其元式為六角式，結成鈍尖柱如圖，夕夕面交角一百三十四度〇三分，夕子面交角一百十二度五十九分，夕未面交角一百四十一度三十分，子子面交角一百五十四度五十九分。

結成之形有頂底各異者如三圖，常見者結成長柱如一圖，其旁面非平面而為瓦面，亦有搏結者，其中有筋或平行或自心四出，色黑或藍黑暗褐色明紅淡紅草綠茶褐，亦有黃白灰色者，內紅外綠者，頂底異色者，明三至暗，玻璃光，碎之松香光，劃視其粉無色，性脆，結成之柱屢有碎裂橫紋，硬七·八，重三至三·一，熱之其角各為電極，其名因色而異，

露佩來脫，色紅，

陰奪科來脫，藍色或藍黑色，

黑色者其合質夕里開三三·〇，哀盧彌那三八·二，灰〇·八，養鐵二三·八，素特三·二，硼砂酸一·九，紅色者其合質夕里開三九·四，哀盧彌那四四，卜對斯一·三，布而倫酸四·二，劣非養二·五，多養孟葛尼斯五，其質中以硼砂酸及劣非養為最要，有綠色者其中有四分劣非養，吹火試之暗色者能發泡，鍊之極難，紅色及淡綠色者吹之變為乳白色，不能鍊，其面微起皮，黑色者最易識別，因其光色及不能剖析且難鍊，碎之松香光，褐色者形似坐愛雖脫，淡褐色者似茄納及哀度客來斯，別之以難鍊，黃紅綠者與他物之別以結成。

凡普墨林結成之式常有三面六面九面十二面之柱形，其數以三為根，遇之於合拉尼脫尼斯枚格疊層客羅愛脫之片類斯底哀得愛脫粒灰石中，常走入呆𠰌，黑色者最光亮，結成有大如指而長一尺者，有時遇之於近倍素脫拉潑之砂石中，紅而明者最貴，黃者如土不爾斯，屢有以土不爾斯假充者，綠者亦為寶石。

鳴克雖奈脫。其元爲三斜式。結成之形如圖。戈夕

面交角一百三十四度四十分。戈力面交角一百十五度○五分。夕力面交角一百三十五度十一分。析之不甚分明。偶有搏屑及片類者。色如丁香。各面顏色微有不同。玻璃光。明一至四。性脆。硬六·五至七。重三·二七。熱之有電氣。其合質夕里開四五。哀盧彌那一九。灰一二·五。多養鐵一二·二五。多養孟葛尼斯九。硼砂酸二·○。美合尼西養○·二。或有五分至六分硼砂酸者。吹火試之發泡易鍊成暗綠料。外火燒之則變黑。易識別者以其結成之邊鋒銳如刀。玻璃光及不能剖析。又其結成於他石祇有一面着實如植於石上者然。而火試易鍊發泡。因此與替脫尼恩礦易別。

哀育來脫 又名台客羅愛脫。其元爲三律式。常有六面十二面柱形或塊形析之不能分明。結成者析之與底平行。色有數種藍。屢有頂底面深藍旁面黃灰色者。劃視其粉無色。玻璃光。明一至三。性脆。硬七至七·五。重二·六至二·七。其合質夕里開四八·三。哀盧彌那三二·五。美合尼西養一○。養鐵一·六。養孟葛尼斯○·一。水三·二。吹火試之其邊微鍊成藍料不能鎔仍爲原形。識別以其鍊後仍如本物所以與他物易別。與藍科子之別因其邊微鍊。

水哀育來脫及哀育來脫因見天空氣及溼氣能變成片形如台兒客而脆摸之亦不甚滑。或云發勒奈脫才强多來脫亦哀育來脫之變形。

枚格 其元式爲三律斜方底直柱。結成之形如圖。其角度大約一百二十度與六十度。析之與女面平行。易成薄頁。其頁彎之能自直。常遇搏塊中有

細片如魚鱗。其頁亦有輻輳於一心者。色自白綠黃褐至黑。珠光至微珠光。明一至三。硬二至二·五。重二·八至三。其合質夕里開四六·三。哀盧彌那三六·八。卜對斯九·二。多養鐵四·五。夫羅而林酸○·七。水一·八。吹火試之變爲暗白色不鎔鍊。

羽枚格。其頁湊合之角如毛羽。

柱枚格。其頁直析

枚格與台而客之別因頁薄又彎之能自伸摸之不滑與石膏之別亦然且火燒不變灰。遇之於合拉尼脫

尼斯枚格疊紋粒灰石中。其塊有二三尺大者。其頁薄韌而明。可代玻璃船窗上用之。又可作火爐之門吹火試物。可用以代礶。

利碑度來脫。又名劣非雅枚格。遇其結成。或片形。亦有摶塊爲極細小片合成如鱗。色紫。其合質夕里開四七·七。哀盧彌那二〇·三。灰六·一。養孟蔦尼斯四七。卜對斯一·一。劣非養二·八。素特二·二。夫羅而林一〇·二。客羅而林一·二。

富沓脫。枚格之屬。內有四分養氣客羅彌恩。

倍阿對脫。形如常枚格。惟其結成之角。幾成六等角。祇差一兩度。不比常枚格之角差至五十六至七十五度也。所以其元爲六角式。色暗綠至黑。間有白者。硬二·五至三。重二·七至三·一。其合質如茄納。夕里開三九·九。哀盧彌那一·五。多養鐵七·七。美合尼西養二三·七。素特一·一。卜對斯九·一。水一·三。夫羅而林〇·九。客羅而林〇·四。此爲美合尼西養之枚格。大約綠黑色之枚格皆此類也。

弗羅戈倍脫。形近倍阿對脫。惟其角之較度五至二十度。故爲三律式。色褐或黃褐亦有白者。其合質夕里開四〇·一五。哀盧彌那一七·三六。美合尼西養二八·一。卜對斯一〇·五六。素特〇·六三。夫羅而林四·二一。遇之於粒灰石爲粒灰石中之要物。

珠枚格。又名馬呆來脫。亦六面柱形。其頁交加如織珠光。質似台而客。惟以哀盧彌那代美合尼西養。色白或灰。吹火試之發泡能鍊。

哀牟利愛脫。台非奈脫。略同。

雨非來脫。新得之物。性脆。

馬呆羅台脫。與常枚格略同。惟內有四分至五分水。

利碑度彌倫。色黑如鐵。其合質夕里開三七·四。哀盧彌那二一·六。多養鐵二七·七。養鐵一二·四。美合尼西養及灰〇·三。卜對斯九·二。水〇·六。

阿得里來脫。同。

哀盧彌那與夕里開夫羅而林相連之物。

土不爾斯。其元爲三律式。結成之式面形無一定如圖。目目面交角一百二十四度十九分。析之與底平行能分明。色淡黃亦有綠藍紅色者。劃視其粉白色。玻璃光。明一至四。碎之微有火石形。其合質夕里開三四·二。哀盧彌那五七·五。夫羅而林一·五。熱之有電氣吹火試之不鍊。其屬有見火變赤黃色如酒者。與普墨林及他金石之相似者識別因析之與底平行析面極光亮。

別刻奈脫。前亦爲土不爾斯之屬今爲他屬。其質似土不爾斯因其結成之形不類故歸科子。

非雖來脫。粗而不光。黃白色。其結成有極大者。燒之能發大。土不爾斯之類也。遇之於科子中。與普墨林倍里爾同在一處。有時與鳴不對愛脫。夫羅而斯罷在一處。

土不爾斯。熱之能變色。有一種與露佩形似。識別之法因摩擦之有電氣。白日中與金剛石幾難辨。粗者可代哀牟利。凡土不爾斯碾之用鉛輪磨光之用銅輪均以夕里西恩粉代砂。白色及血紅色者爲寶石。

哀盧彌那與夕里開硫酸相連之物。

拉必斯來如來。又名阿兒克兒牟林。其元式爲一律式。結成十二面形如圖。析之不能完全。亦有摶結者。深天藍色。玻璃光。明三至暗。硬五·五。重二·三至二·五。其合質夕里開四五·五。哀盧彌那三一·八。素特九·一。灰三·五。鐵〇·八。硫酸五·九。硫礦〇·九。綠氣〇·四。水〇·一。吹火試之鍊成白色半明料或暗料。熱而碎之入酸其色去。其藍色因有硫礦素地恩故也。與藍色銅礦之別因硬及吹火試無銅形。與來樹來脫之別因硬而能鍊燐酸點之不變。遇之於合拉尼脫粒灰石中。此屬屢有中有校格細片及硫鐵細塊。可用作嵌飾。其粉可作藍色。惟研之甚難故化學家作假者代之與眞者同其合質夕里開四五·六。哀盧彌那二三·三。素特二一·五。卜對斯一·七。灰些微。硫酸三·八。硫礦一·七。鐵一·一。綠氣些微。

悔尼。結成亦爲十二面形。明藍色亦有綠色者。明一至三。硬第六。重二·二八至二·五。其合質夕里開三·五。哀盧彌那二七·四。素特九·一。灰一二·六。硫酸一二·六。又有些微綠氣硫礦及水。

那西俺。其合質夕里開三五·四。哀盧彌那三一·

七五．素特一七六．硫酸二六五．有時其內有美
合尼西養．
斯比尼倫．同．
哀盧彌那與綠氣及夕里開相連之物．
素待來脫．亦十二面形．色褐灰或藍．硬六．重二
二五至二三．其合質夕里開三七二．哀盧彌那三
一七．素特一九一．素地恩四七．客羅而林七三．
谷羅西那
有谷羅西那之物重二七至三七五除羅戈非之外皆比
科子硬皆難鍊或有不能鍊者其分三類．

倍里爾．結成六角柱形如圖．其柱之項底未必一定
同式．析之與底平行不分明．結成
者少．色自黃綠至藍有深淺．惟曷
密兒愛兒綠色最濃其餘皆淡．劃視
其粉無色．玻璃松香光．明一至三．性脆．硬七
五至八．重二六五至二七五．
曷密兒愛兒．濃綠色．因其內有養氣客羅彌恩故
綠．倍里爾之色淡因其內有養鐵．
鴨桂枚林．綠如海水之色或淡藍綠．
倍里爾之合質夕里開六六九．哀盧彌那一九．谷

羅西那一四一．養客羅彌恩不及一分．吹火試之
其色變如雲其邊微銷難鍊．與鴨不對愛脫之別因
硬．與綠普墨林之別因硬而結成異．與由客來新
土不爾斯之別因析之不能全．最好者遇之於馱羅
美脫中．
由客來新．其元爲一斜式．力力面交角一百十五度
結成之式析之只有一箇方向能分明．淡綠色．玻
璃光．明第一．極脆．硬七五．重二九至三一
熱之有電氣．其合質夕里開四三二．哀盧彌那三
二六．谷羅西那二四二．吹火試之極熱能發泡再

熱則鍊成料．與土不爾斯普墨林倍里爾之別因析
之能全及結成之式異．從美里哥南來．
客里素倍里爾．其元爲三律式．結成之形如圖．子
子面交角一百十九度四十六分．力
未面交角一百二十五度二十分．析
之與力平行不甚分明．亦有結成合
形如二圖．屢有結成鼓磴塊者．色
明綠從極淡至極深皆有．其小者照
之微紅．劃視其粉無色．玻璃光．明一至三．硬
八五．重三五至三八．其合質哀盧彌那八〇二．

谷羅西那二·九八。有微有鐵者。吹火試之不變形亦不變色。

哀來刻殘奪來脫。深綠色。因內有客羅彌恩故也。與倍里爾之別因結成方塊火試不變。

雖莫非奴　言面有浪紋也。

肺奈斯愛脫。無色或酒黃色至紅。玻璃光。明第一至暗。結成一斜類。硬八。重二·九七。其合質夕里開五四·三。谷羅西那四五·七。或微有一些美合尼西養及哀盧彌那。吹火試之不變。遇之於曷密兒愛兒。

羅戈非能。淡綠如鴨不對愛脫之色。硬三·五。重二·九七。研之有燐。熱之有電。其合質夕里開四七·八。谷羅西那二一·五。灰二五。養孟葛尼斯一·〇一。卜對斯恩〇·三。素地恩七·六。夫羅而林六·二。遇之於雖約奈脫中與鴨兒倍脫伊里阿來脫同在一處。

海兒文。遇其結成爲三角尖針形。蠟黃色或褐色。硬六至六·五。重三·一至三·三。玻璃光。其合質養鐵。養孟葛尼斯。硫磺孟葛尼斯。谷羅西那。哀羅彌那。

入爾果尼

入爾康。其元爲二律式。結成八面柱形如圖。日午

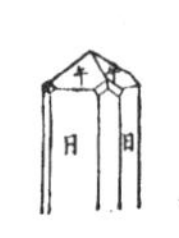

面交角一百三十二度十分。午午面交角一百二十三度十九分。析之與日平行不能極分明。常遇其結成亦間有粒者。色褐紅黃灰白。劃視其粉無色。剛光。明至不明。碎之磚口而光明。硬七·五。重四至四·八。明紅色者名海也新得。與斯比偶兒之別因結成柱形及重而剛光又色不如斯比偶兒之紅。與普曇林哀度刻來斯斯多羅得愛脫之別因硬而難鍊及結成之式異。遇之於火山石粒灰石。

海也新得。遇之於粒灰石。明者作寶石。熱之於石灰之中則紅色去而成淡草黃色可冒充金剛石表中鑽眼恆用入爾康爲之。

此外又有稀奇難得之物其中有入爾果尼者。由台也來脫。胡納兒愛脫。博里民愛脫。曷斯間奈脫。曷斯底台脫。非蓊雖奈脫。

由台也來脫。元形銳六角式。夕夕面交角七十三度三十分。析之與底平行。玻璃光。色紅。明或微明。其合質夕里開。入爾果尼。灰。素特

鐵。入酸能成膏。遇之於白非而斯罷中。

胡納兒愛脫。方塊。淡黃色褐色。有明者。其合質多。大約夕里開。可倫倍脫酸。灰。素特。其入爾果尼十五分。

曷斯間奈脫。色黑。微金光。帶松香光。硬五至六。重四九至五二。其合質替脫尼酸。入爾果尼。昔而以養。灰。養鐵。

曷斯底台愛脫。色褐。結成透明。硬五五。重三六二九。其合質替脫尼酸。夕里開。入爾果尼

慢來鋤。色藍白褐紅。劃視其粉無色。形如入爾康。硬六。重三九。其合質夕里開三一·三。入爾果尼六三四。水三。即有水之入爾康也。

土里耶。

土里恩最難得。所以土石中有此金者。即名土奈脫。

土奈脫。色黑。松香光。劃視其粉橘皮色或褐色。重四六至五三。其合質夕里開。土里養。

長洲沙英繪圖

元和江衡校字

金石識別卷六目錄

礦金類

總論

油層奈脫
切夫開奈脫
卜里密曷奈脫
卜里刻來斯
才馬斯蓋脫
曷斯間奈脫
羅雖福而台脫
替脫尼恩
盧代爾
鳴奈台斯

白羅客愛脫
斯肺尼
皮落夫蓋脫
潑兒海脫
開而好愛脫
渥里客愛脫
婆羅美脫

錫
硫磺錫礦 錫倍來底斯
養氣錫礦

淵錫
木錫
目力別迭能
目力別迭奈脫
目力別迭能酸
東斯天
胡兒夫藺
東斯天酸鉛
東斯天酸
東斯天酸灰

凡奈地恩
凡奈地酸鉛
凡奈地酸銅
脫羅里恩
生脫羅里恩
脫羅里土
別斯末斯
生別斯末斯
硫磺別斯末斯
針別斯末斯

銅別斯末斯
低脫羅代每脫
別斯毋得愛脫
別斯末斯土
別斯白倫

安的摩尼

自然安的摩尼
灰安的摩尼
硫鉛安的摩尼
全生愛脫

毛安的摩尼
蒲蘭其兒愛脫
潑來茄奈脫
尋克奈脫
奇阿克奈脫
可白來脫
斯對每奈脫
白兒茄來脫
砒安的摩尼
白安的摩尼

養氣安的摩尼
斯底兒白來脫
紅安的摩尼
羅昧合安的摩尼酸灰
安的摩尼酸鉛
生乃莫對脫

砒

生砒
白砒霜
福美戈兒來脫

黃硫磺砒
紅硫磺砒

由日尼恩

別溪白倫
由日尼恩土
可利雖脫
以累哀雖脫
由日奈脫
雖馬斯蓋脫
約翰愛脫

鐵

自然鐵

鐵倍來底斯

白鐵倍來底斯

星倍來底斯

肝倍來底斯

鷄冠倍來底斯

吸鐵倍來底斯

密斯別葛爾 砒硫鐵

代奈愛脫

羅戈倍來脫

每格密得愛脫 磁鐵

希美台脫 光鐵礦

枚格鐵石

血紅鐵石

鴉葛爾

紅茶兒刻

嚼斯不爾泥鐵

土鐵石

泥豆石

阿來及斯鐵石

來脈奈脫 褐色鐵礦

褐鐵土

黃鐵土

褐黃泥鐵石

澤鐵土

水多養鐵

合奪愛脫

弗蘭葛林奈脫

伊爾美奈脫 替脫尼恩鐵

克里脫奈脫

覓撩克奈脫

海斯低得愛脫

愛斯林

客羅彌恩鐵

可倫倍脫

談台來脫

胡兒夫闢

夕里西恩鐵

鐵客里蘇兒來脫

金石識別卷六

美國代那撰
美國　瑪高温　口譯
金匱　華蘅芳　筆述

礦金類

總論

金有生成自然者有與他物相連者　尋常之礦金每與養氣合或與硫磺合或與砒合或與炭酸合或與夕里開合　假如養氣鐵礦炭酸鐵礦此兩種礦可鍊得鐵　硫磺鉛礦可鍊得鉛　砒酸苦抱爾礦可鍊得苦抱爾及砒霜

只有幾種金在石中遇其有生成自然者　其自然者或爲純金或爲數金和合　假如黃金與銀和合爲一礦則金銀皆爲自然　有時金與他物化合不算自然　如砒或脫羅里恩與別金合則不能謂之自然因金已變形故也　然則所謂生成自然之金無論一金或多金合必仍爲金形不改其情性狀貌者方得謂之自然

金之生成自然者如黃金白金鈀留底恩衣日地恩日和地恩此五種金常遇其自然者不恆見其變形者　尋常所用之別斯末斯亦從生成自然之別斯末斯礦取得

又如銀礦水銀礦銅礦有時亦常遇其生成自然者然取

之不必專在自然之礦因其非自然之礦亦可鍊得故也
有別種金常見其變形而罕見自然者　如白鉛是也
鐵礦除隕星石之外亦罕遇其生成自然者　凡石中有
自然之鐵者其石皆非本地球之物
礦金屢有變形者或本金與他金化合或金與土石化合
假如鐵每與上相連或與夕里開相連人不看慣不知其
是鐵礦　有時礦內有燐或砒或硫磺與鐵相連則分鍊
之難淨有不屑取者
有時礦中有數種礦未曾十分相連則於石中各成塊取
時可分別之如白鉛礦與鉛礦每每如此　又苦抱爾與

臬客爾鐵與孟葛尼斯　銀與鉛與銅　苦抱爾與安的
摩尼　白金與衣日地恩鈀留底恩日和地恩亦然
凡礦金之形有四種
一藏及疊層恆在兩石層之夾縫間如數種鐵礦
二撒星形或細粒或粗顆或結成大塊散開在石中不
相連屬如硫磺鐵礦硃砂水銀礦及數種泥鐵礦
三筋脈交錯如錫鉛銅礦及各金之礦皆有此形
四賽頁脈於他石之相近巴弗里脫拉潑處如花旗之
銅礦是也
火山石中屢見其有自然之金其金爲撒星形

凡有金之石其石西名謂之呆吒　呆吒者專指石言之
亦專指有金之石言之譬之於玉則金爲玉而呆吒爲
其璞譬之於瓜則金爲子而呆吒爲其瓤譬之於身則
金爲血脈精液而呆吒爲毛骨皮肉故有有呆吒而無
金之處未有有金而無呆吒者也
凡金在呆吒中分出之其呆吒多過於金
金在呆吒中或斷或續如於呆吒中得金踪迹之忽無金
而祗有呆吒則過一段可又有金
石之爲呆吒者如科子丐而刻斯罷合肥斯罷此數種石
常爲礦金之呆吒如夫羅而斯罷亦間爲礦金之呆吒

如丐而刻斯罷爲花旗鉛礦之呆吒又合肥斯罷亦爲鉛
礦之呆吒　英吉利鉛礦之呆吒爲夫羅而斯罷
得礦而分鍊之以得純金其法有三
一除其呆吒　二除其連合之物　三除其連合之金
呆吒之大塊者開取時可揀擇而去之其細者打碎而淘
汰之
易鎔鍊之金其金如生成自然未與他物化合者則以其
礦研碎入爐燒之其金即能流出　如別斯末斯是也又
灰安的摩尼亦然
黃金恆爲撒星形則以其礦研碎淘汰之取其重者以水

銀灌之則黃金從呆呿中出與水銀相連如水化鹽熱之升去水銀卽得純金

鐵礦除開取時揀去呆呿之外再無除汰呆呿之法

除雜物之法有時但用熱　如硫礦水銀礦及硫礦鉛礦熱之以升去其硫礦是也

有用他物以引去其雜物者　如養氣鐵以木炭屑和而熱之則養氣與炭相連爲炭養氣升去而鐵得純

有時兩三種金和合在一礦則須分開其連合之金　其法或與之養氣或燒去一物　如鉛中有銀則用火熱之以風吹之使養氣與鉛連爲渣滓而銀得純　或於礶中

用骨灰收得養鉛此法名曰克白來身

英吉利之銅礦中每雜鐵亦熱之使見天空氣變渣滓而得純銅

礦中有雜質及呆呿與金相連者則分鍊時更用他物以配合之使變化爲渣滓此法謂之弗拉克斯

大約鐵每與科子及土連其科子爲淨夕里開其土內有七十五分夕里開因尋常石灰與科子易鍊成料所以用石灰照其應用之股數作弗拉克斯　或用炭酸素特或用硝亦能之因其與夕里開相連亦能成料故也　其料卽爲渣滓如沸而浮俗名謂之黝今謂之料油

昔而以恩　以特里恩　溳替尼恩

昔而以恩以特里恩此二種金未有大用處　吹火試之非極薄之片不能鎔鍊

以特羅色兒愛脫　搏結　紫藍色　形如紅紫色之夫羅而斯龍　有時紅褐色　不透明　其面光　硬四至五　重三·四至三·五　其合質夫羅而林酸二五·一　灰四七·六　昔而以養一八·二　以特里養九·一　吹火試之不鍊　遇之與鴨兒倍脫及土不爾斯同在科子中

夫羅辛林　倍雖克夫羅辛林　其中皆有夫羅而林

昔而以恩　明黃色或黃紅色　吹火試之不鍊

倍來雖脫　結成之式如圖　紅褐色或褐黃色　碎之玻璃光　析之與底平行　重四·三五　吹火試之不鍊　其合質炭酸二三·五　昔而以養溳替尼恩地弟彌恩五九·四　灰三·二　夫羅而林丐而西恩一一·五　水二·四

溳雖奈脫　結成三律　細薄如魚鱗　白色或黃色　硬二·五至三　其合質炭酸溳替尼恩七七·四八　水二四·〇九

莫奈是愛脫　其元爲一斜式　結成之形如圖

力力面交角九十三度十分　午未面交角一百四十

度四十分　力午面交角一百三十六度三十五分　析之與底平行光明全備　遇之者不過在他石之中見其細細結成無大塊者　色褐黑或黑紅　明二至四　玻璃光至松香光　性脆　硬第五　重四·八至五·一　其合質昔而以養二六　淚替尼養二三·四　土里養·一七九五　燐酸二八·五　養錫·二·二　養孟葛尼斯·一九　灰·一七　吹火試之難鍊　入綠輕酸消化綠氣放出　與斯胏尼之別因析之面光而與底平行

客里特台來脫　卽燐酸昔而以養　小結成六面柱形　色淡酒黃　重四·六　遇之於鴨不對愛脫

俺蘭奈脫　其元爲一斜式　結成六面柱形如曷碑度地　有結如針形長至一尺者　色褐黑　劃視其粉綠色或褐灰色　松香光微有金光　明四至暗　性脆　硬五五至六　重三三至四·二

鴨拉奈脫　昔而林　惡對脫　同

其合質夕里開　哀盧彌那　養鐵　昔而以養　淚替尼養　灰　吹火試之鍊成黑料　鴨拉奈脫與茄納之別因硬異劃視其粉亦異　與呆度來奈脫之別因易鍊而光亮入酸不爲膏

倍路雖脫　不淨之惡對脫也　內有炭質熱之能燒

摩山倍脫　略同

西來脫　水夕里開昔而以恩也　色如丁香或褐色至櫻桃紅　剛光　結成六面形

蒲奪奈脫　昔而以恩之礦　形如惡對脫

倍路客羅　其元爲一律式　結成八面形如圖　析之

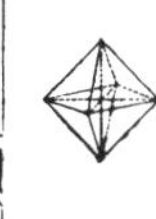

與面平行　黃褐色　明二至暗　玻璃光至松香光　硬第五　重三·八至四·三　其合質之大要可倫皮克酸昔而以養　土里養　灰　其餘替脫尼酸有時代其幾分可倫皮克酸　吹火試之最難鍊　與他物之八面形者識別因其色及難鍊　與斯比偶兒之別因較輭　遇之於雖約奈脫及鴨兒倍脫中

以下之屬其中有昔而以恩以特里恩爲要緊之物

齊奴台能　燐酸以特里恩也　色黃褐　劃視其粉淡褐色　不明　松香光　結成方柱形析之全備　硬四至五　重四·六　吹火試之不鍊　入酸不消化

呆度來奈脫。綠黑色。松香光，半玻璃光。劃視其粉綠色。結成長斜形，不分明。硬六·五至七。重四·一至四·四。其合質夕里開。以特里養。谷羅西那。多養鐵。溭替尼養。

弗爾古雖奈脫。可倫皮克酸以特里恩也。結成之次形，其元爲正方式。色褐黑。碎之玻璃光。吹火試之變色而不鍊。

以特路談台奈脫。即談台奈脫酸以特里養。形如弗爾古雖奈脫。內有一半以特里養。其屬有黑黃褐三色。吹火試之不鍊。

油層奈脫。可倫皮克酸以特里養及替脫尼酸由日尼養。搏結。色褐。劃視其粉紅褐色。吹火試之不鍊。

切夫開奈脫。形如呆度來奈脫。絨黑色。玻璃光。劃視其粉暗褐色。硬五至五·五。重四·五至四·六。其合質夕里開。替脫尼酸。昔而以恩。入綠輕酸熱之易成膏。

卜里密曷奈脫。黑色。次金光。劃視其粉褐色。碎之磚口。遇其結成細長如筋其底爲長方形。硬六·五。重四·七至四·九。其合質替脫尼酸。入爾果尼養。以特里養。鐵。昔而以恩。

卜里刻來斯。與卜里密曷奈脫相近。搏結爲長薄條。面光。色黑。劃視其粉灰褐色。硬五·五。重五·一。遇之與惡對脫相近。

才馬斯蓋脫。絨黑色。硬五·五至六。重五·四至五·七。其質可倫皮克酸。由日尼養。以特里養。鐵。

曷斯間奈脫。結成。黑色至褐黃色。松香光至次金光。劃視其粉灰黃褐黑。硬五至六。重四·九至五·一。其合質替脫尼酸。入爾果尼養。昔而以恩。遇之於非而斯罷中與枝格入爾康相近。

羅雖福而台脫。褐黑色。碎之半玻璃半松香光。不能剖析。劃視其粉灰黃褐色。其合質內有替脫尼酸五八·五。灰一〇。其餘爲昔而以恩。以特里恩。遇之與盧代爾白羅客愛脫入爾康莫奈是愛脫在一處。

替脫尼恩

替脫尼恩與養氣相連爲替脫尼酸，亦能與他物相連。尚未遇其生成自然者。其礦重三至四·五。吹火試之不鍊。若吹以內火點以燐鹽能鍊而甚難鍊成者紫藍色。

其礦若有夕里開與替脫尼酸相連則替脫尼酸爲底故謂之夕里西酸替脫尼酸.

替脫尼恩與鐵及相近之養金爲同式形能交互迭代.

盧代爾. 其元爲二律. 結成八面十二面或多面柱形柱之頂底尖削. 屢有結成曲形如圖.

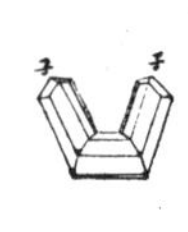

子子交角一百二十三度○八分. 亦屢有結成如針形走入科子中. 析之與旁面平行. 亦有摶結者. 紅褐色.及紅色. 劃視其粉褐色. 次金剛光. 明暗皆有.性脆. 硬六至六·五. 重四·一五至四·二五. 其合質替尼恩六一· 養氣三九. 有時內有鐵則其色黑.吹火試之不變. 點以硼砂成瑪瑙紅色料. 識別以其光及色. 與普墨林愛度刻來斯鴉呆脫之别因火試不變. 與錫礦之别因素特點之不成錫. 與斯肺尼之别因結成之式異. 遇之於合拉尼脫尼斯枚格疊層及雖約奈脫粒灰石中. 有時與希美台脫鐵礦相近. 明科子中有盧代爾走入郎髮晶也. 盧代爾可作磁器之色.

鴨奈台斯. 其合質如盧代爾. 結成細長八面形.火火面交角九十七度五十六分. 褐色. 透明.

硬五·五至六. 重三·八至三·九.

白羅客愛脫. 其合質亦如盧代爾. 結成爲長斜方底形而薄. 毛褐色. 硬五五至六.

斯肺尼 其元爲一斜式. 結成之式如圖.

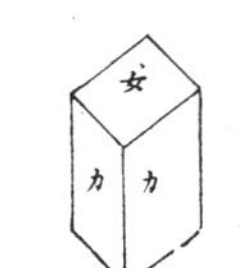

力力面交角或七十六度○一分或一百十三度四十八分. 子子面交角一百三十六度○四分. 未未面交角一百三十三度四十八分.其結成常薄而尖其稜角鋒利. 析之只有一方向有時亦全備. 亦有摶結者. 色灰褐黑亦有黃綠色.劃視其粉無色. 鋼光至松香光.明暗皆有. 硬五至五五. 重三·二一

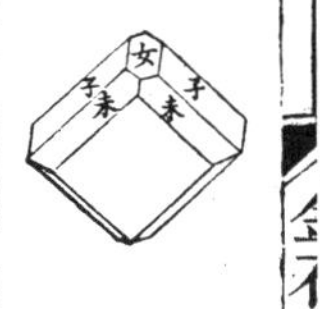

至三·六. 其合質夕里開三○·五. 替脫尼酸四一·三灰二八·二. 吹火試之黃色者不變他色者俱變爲黃.其邊微發泡鍊成暗料. 暗者往時本名替脫奈脫.明者名斯肺尼因其形尖扁如楔劈故以爲名. 識别以其結成惟次形合形甚多. 與茄納普墨林愛度刻來斯之别因火試難鍊. 遇之於合拉尼脫尼斯枚格疊層雖約奈脫或粒灰石中爲撒開形常與倍落客西

能斯蓋波來脫白倫倍果相近。火山石中亦有之。其結成之大者半寸或四分寸之一長一寸至二寸。

合里奴無愛脫。斯肺尼之有孟葛尼斯者也。

皮落夫蓋脫。此替脫尼酸灰也。遇其結成扁小方面形。色自灰至鐵黑色。硬五五。重四〇一七。

潑兒海脫。小結成八面形。色黃。透明。玻璃光。硬第六。其中有替脫尼酸。

開而好愛脫。又名以特里替脫奈脫。與斯肺尼相近。褐黑色。劃視其粉灰褐色。硬六五。重三六九。吹火試之易鍊。其合質夕里開三〇。替脫尼酸二九。以特里養九六。灰一八九。多養鐵六四。哀盧彌那六一。

渥里克愛脫。結成三稜形。褐色至鐵灰色。其變色處爲紅銅色。金珠光微帶玻璃松香光。硬五至六。重三至三三。吹火試之不鍊。遇之於美合尼西養灰石與斯比偶兒伊爾美奈脫在一處。或云其質中有二十分硼砂酸。

娑羅美脫。黑色細視之有紅綠光。劃視其粉黑色硬七至七五。重三八。吹火試之易鍊。入酸易成膏。其合質與呆度來奈脫略同。

凡替脫尼恩之石以伊爾美奈脫爲最要。入爾果尼及以特里恩礦如葛斯開奈脫葛斯底台脫卜里密葛奈脫有時在倍路客羅及難得之石中

替脫尼恩得者最少未有大用處

錫

錫礦有兩種一爲養氣錫礦一爲硫磺錫礦　有時與司倫皮恩合爲礦　有人云曾遇生成自然之錫

硫磺錫礦重在四三及四四之間　養氣錫礦重六五至七一　燒之於木炭之上用炭酸素特點之能得一錫珠如錫在有鐵之石中雖其錫甚少用硼砂與之同鍊亦能得之

錫之生成自然者　金沙中遇之　細粒　灰色　純錫結成其形或方或二律因其元式有二故也

錫倍勒底斯　硫磺錫礦也　結成正方形　亦有搏屑者　鋼灰色或古銅色　劃視其粉黑色　性脆　硬第四　重四三至四六　其合質硫磺三〇　錫二七　銅三〇　鐵一三　英吉利錫礦之數也

養氣錫礦　其元爲二律式　結成扁柱或八面形屢有合形如圖　子子面交角一百二十一度四十分　午午面交角一百一

十二度十分　又一百三十三度三十一分　日子面交角一百三十三度三十四分　日未面交角一百三十五度　析之不分明　亦有搏結粒形者　褐色或黑色　結成者金剛光　劃視其粉淡灰至褐色　微明至暗　硬六至七　重六·五至七·一　其淨者合質錫七八·三八　養氣二一·六二　其中屢微有養鐵有時有可倫皮養　吹火試之不鍊點以炭酸素特能鍊得錫

澗錫　石屑大如豆從澗水中流出

木錫　遇其粒如葡萄或如腰子塊

蟾眼錫　如木錫而粒小　破之其紋理層層相包或筋紋四出

此皆養氣錫也　養錫之形色略如暗色之茄納又如黑色之白鉛礦又如普墨林之屬因火試不鍊素特點能鍊得錫故可識別　與白鉛礦之別因錫礦硬燒之無煙　遇其脈於結成之石如合拉尼脫尼斯枚格疊層之中每與胡而夫蘭硫礦銅硫礦鐵土不爾斯普墨林枚格或台而客鴨兒倍脫相近　英吉利出最多地名各恆葵兒

各恆葵兒之錫礦其脈自東向西稍斜向下又有脈自北向南與東西之脈交錯相過　有時其脈自闊漸狹至無　有時其脈分支而彎　其脈有三寸寬者可取之其呆呸大約是科子有時爲客羅愛脫　其錫礦之塊爲澗錫

鍊法先磨碎其礦於流水中淘汰之去其輕者　以重者入倒焰爐中熱之升去其中之砒與磺　再淘之和煤炭屑及石灰少許置倒焰爐中用大火燒之八點鐘流出於鐵槽中凝成塊　其內仍有未淨之雜物再文火鎔之以溼木炭屑入其內拌攪之則雜物化爲渣滓而得淨錫

試錫礦法研碎水洗之火烘之權其輕重與木炭屑或煙煤拌勻置罐中猛火燒之至白色則罐底有一滴錫以錫重與礦重比即知其礦有幾分錫　如其礦內有雜質者則以素特及硼砂與木炭屑拌而燒之

凡錫以打之不脆碎者爲佳如脆碎者必錫中尚有雜質未淨也　如欲得淨錫以微火熱之俟其半鎔半凝之時逼出之其雜質均在未鎔之中

最好之礦有六十五至七十分錫

鋪錫於他金之面　如鐵片上鋪錫先以淡酸水洗其

鐵片再以細溼砂磨之使其面光亮片片直立於猪油中以大鐵器鎔錫乃於油中取出鐵片立於鎔化之錫中一點半鐘取出則鐵片上鋪滿錫　如錫太厚則以未鍊之錫礦粉燒熱以鋪錫之片入其內則錫可薄以麩麪糠擦之即白而光亮

錫上作花紋法　先洗淨烘熱之以海棉蘸硝酸綠輕酸水擦之急於清水中洗之晾乾則錫面起細粒花紋可見結成之形

錫可作箔　可作器皿　可與銅相攙　礮銅可攙七至十　刀銅鑾銅可攙二十　鐘銅之錫二十至三十鏡銅之錫三十至四十

用化學法作養氣錫其粉硬而細可和溼物作膏以磨刀　綠氣錫可作大紅染色　二股硫礦錫其光色如黃金可作描金之用俗名可肯粉

針上鍍錫法　葡萄酸粉一股　明礬二股　食鹽二股　水十股或十二股　以錫屑粉及鐵針入內熱之數分時則針上有錫如銀

錫器作古銅色　先洗淨之乃以一股硫酸銅與一股硫酸鐵和二十股水　以錫器浸其中則成灰色以銅綠醋塗之以刷蘸紅養鐵粉刷之即成古銅色

目力別迭能

目力別迭能有生成自然者　有與硫礦相連者　亦有養氣目力別迭能惟甚少　又有目力別迭能酸於鉛礦中有之

目力別迭奈脫　硫礦目力別迭能也　結成六面柱形或搏屑　或薄頁　形如白倫倍果　淨鉛灰色　劃視其粉微帶綠色　其頁最輭彎之不能自伸如鉛硬一至一·五　重四·五至四·七五　其合質目力別迭能五九　硫礦四一　吹火試之不鍊置炭上吹燒之則硫礦化煙降於炭　入硝酸消化有粉沈於底　與白倫倍果之別因劃視其色淡吹火試有硫煙入硝酸能消化　遇之於合拉尼脫尼斯枚格疊層及粒灰石中

目力別迭阿克　即養氣目力別迭能也　土黃色或白

目力別迭能酸　於他石之皮面又謂之目力別迭能酸鉛　詳見鉛

東斯天

東斯天與鐵相連則爲胡兒夫蘭　與鉛相連則爲東斯天酸鉛　與灰相連則爲東斯天酸灰

胡兒夫蘭　詳見鐵　東斯天酸鉛　詳見鉛

可倫皮恩礦中亦有東斯天　如倍路羅與可倫倍脫及以特里可倫倍脫是也　又有附於他石之面如粉者其粉即東斯天酸

東斯天屢次遇其與錫同在一礦中

東斯天之金能與他金相連

東斯天酸　其色明黃比客羅彌恩礦之色更佳惟見日光則色變綠故不能作顏料　東斯天重也因其粉最重故名

東斯天酸灰　結成方底八面形　面交角一百度〇八分及一百三十度二十分　析之八面全備　色黃白或褐　性脆　硬四至四五　重六〇七五　其合質東斯天酸七八　灰一九〇六　吹火試之不鍊或極薄之片其邊亦能微鍊　遇之於胡見夫蘭

凡奈地恩

凡奈地恩其物最少　遇之於鉛礦爲凡奈地酸鉛凡奈地酸銅　其與灰相連者土紅色頁類光明

凡奈地酸鉛　凡奈地酸銅　詳見銅鉛礦

脫羅里恩

脫羅里恩礦遇有生成自然者　有與金及銀或鉛相連爲礦者

脫羅里恩之金與砒及西里尼恩之別因熱之無氣味與安的摩尼之別因熱度比玻璃鎔化之度稍小即化氣若熱之於木炭火中則其氣化出於炭上有黃色如別斯末斯　與別斯末斯之別因吹以內火焰色變綠　識別脫羅里恩礦亦以此法

生成自然脫羅里恩　遇其結成爲六面柱形　色白如錫　亦有搏屑者　性脆　硬二至二五　重六一至六三　其質純脫羅里恩　其內有些微黃金

脫羅里土　遇之與生成脫羅里恩在一處　搏結小塊破之中有筋紋四出　亦有在他石之皮面者　色白或黃　其質爲脫羅里恩酸

別斯末斯

別斯末斯有生成自然者　有與硫磺脫羅里恩養氣炭酸夕里開相連爲礦者

凡別斯末斯之礦熱之易鍊　養氣別斯末斯於炭上爲黃色　不生煙　重四三至九五

生成自然別斯末斯　其元爲六角式　結成長斜六面形其形略近正方　夕夕面交角八十七度四十分　析之與面平行能完全　大約搏結者多碎之中有粒色白如銀　劃視其粉亦如銀微帶紅光　見天空氣

其光易失　冷則脆熱則輭　硬二至二·五　重九·七至九·八　熱至四百七十六度則鎔　其質純別斯末斯　有微有砒者　木炭火燒之炭上微有黃色砒屢遇之於銀礦及苦抱爾礦　間遇之於東斯天礦鉛礦硫礦鐵礦中

凡現今所用之別斯末斯皆出於生成自然者其從他礦中鍊得者少

硫礦別斯末斯礦　結如針形　或搏結　鉛灰色　硬二至二·五　重六·五五　其合質別斯末斯八一·　硫礦一八·七　於燭上燒之能鎔

針別斯末斯　其合質硫礦　別斯末斯　鉛　銅內微有一點黃金之迹　結成如針　暗鉛灰色次光則變淡紅銅色　重六·一　易鍊有硫煙

銅別斯末斯　淡鉛灰色　內有銅三四·七

低脫羅代每脫　其合質脫羅里恩　別斯末斯　頁類　淡鋼灰色　染手如目力別迭能白倫倍果·

重七·五

別斯毋得愛脫　結成如針　有搏結者　色綠及黃

硬四至四·五　重六·八至七·七　其合質爲炭酸別斯末斯

別斯末斯土　不淨之養氣別斯末斯也　搏結如土塊　色綠黃或灰白色

別斯白倫　夕里開別斯末斯也　暗毛褐色或黃色

硬三·五至四·五　重五·九至六·　結成十二面形或搏結

別斯末斯西人俗名謂之錫玻璃

鍊法以生成自然之礦磨碎熱之即與渣滓離而流出即得純別斯末斯

別斯末斯可作印板活字　因其在模中能處處走足凝時不作偶角形故也

別斯末斯與錫及水銀等分攙合色白如銀可作刀柄中嵌飾等用

別斯末斯一　鉛一　錫三·　可作銲

別斯末斯八　鉛五　錫三　或別斯末斯八　錫三

或別斯末斯一·五　鉛五　錫三　則入熱水中能鎔

若加水銀更易鎔　可作戲器

錫與別斯末斯等分熱二百八十度則鎔　若別斯末斯少則硬

蠻葛師低能別斯末斯　白色　即水養別斯末斯也

以硝酸別斯末斯消化於水再加水則降沈於底其內

微有一點硝酸　可作脂粉抹面

珠粉　乃硝酸別斯末斯與綠氣別斯末斯相連　遇穢濁之氣色能變黑

安的摩尼

安的摩尼有生成自然者　常遇者與硫礦或硫礦鉛相連　亦與砒或養灰相連　亦與臬客爾銀銅相連　其金熱之易成白煙無臭氣因此與他種易升之金有別　其礦易鍊熱之有硫礦煙升出　重不及七

自然安的摩尼　其元爲六角式　結成長斜方六面形　常搏結爲厚片　色白如錫　劃視其粉亦如錫　性

脆　硬三至三·五　重六·六至六·七五　其質爲純安的摩尼　或微有鉛及鐵　吹火試之易鍊有白煙　遇之於銀脈及他礦中

灰色安的摩尼　卽硫礦安的摩尼　其元爲三律式　結成之形如圖　目目面交角九十度四十五分　目子面交角一百四十五度二十九分　子子面交角一百〇九度十六分　其旁面有筋紋如波浪紋　析之與鈍直稜平行　常有柱形筋形星形者　亦有搏結者其中爲粒　鉛灰色錫光　劃視其粉亦鉛灰色　性脆　切爲片微能彎

硬二　重四·五至四·六二　其合質安的摩尼七三·　硫礦二七·　燭火上燒之能鎔　於木炭火熱之則硫礦成白煙升出　與他礦之別因其最易鎔且有煙　遇之於銀礦白鉛礦鉛礦鐵礦之脈中　其呆呸爲合肥斯彫或科子

凡近時所用安的摩尼皆從此礦鍊得其他種安的摩尼礦不常取鍊

硫鉛安的摩尼　有數種皆易鍊　熱之有硫煙　燒之於木炭火中則炭上有黃色之養鉛　其礦色在鉛灰鋼灰之間　劃視之亦然

全生愛脫　結成三律式　有柱形及筋形　目目面交角一百〇一度二十分　鋼灰色　劃視之亦鋼灰色　硬二至二·五　重五·五至五·八　其合質安的摩尼三六·　鉛四四·　硫礦二〇·

毛安的摩尼礦　結成如蛛絲　暗鉛灰色　其合質安的摩尼三一·　鉛五〇·　硫礦一九·

蒲蘭其兒愛脫　結成如鷄毛　藍鉛灰毛　硬二·五　重五·九七　其合質安的摩尼二四·一　鉛五八·　硫礦一八·

潑來茄奈脫　其元爲一斜式　力力面交角一百二

十度四十九分　黑鉛灰色　性脆　硬二五　重五四　其合質安的摩尼三八　鉛四一　硫礦二一

尋克奈脫　結成六面柱或筋形　有摶結者　鋼灰色　硬三至三五　重五三　其合質安的摩尼四四　鉛三五　硫礦二二

奇阿克奈脫　摶結　析之不明　有粒　淡灰色　硬二至二五　重六四至六六　其合質安的摩尼一六七有時有砒代之　鉛六七　硫礦一六五

可白來脫　筋形四出形如灰安的摩尼　重六三　其合質硫礦別斯末斯三三　硫礦鉛四六　硫礦安的摩尼二三

斯對每奈脫　結成方形　碎之其小塊亦方形　亦有摶結者　鉛灰色　硬二五　重六八三　吹火試之其硫礦及安的摩尼升去得鉛其鉛之中有銀

白兒茄來脫　形如灰安的摩尼　惟中有二十七分或十五分硫礦鐵　其餘爲硫礦安的摩尼

砒安的摩尼　粒形　色白如錫或褐灰色　硬二至四　重二六　其中有安的摩尼三六四　砒三六

白安的摩尼礦　其元爲三律式　結成之形目目面交角一百三十六度五十八分　析之能完全　有塊形柱形粒形　白灰色或紅色　鋼光至珠光　硬二五至三　重五五七　其中養氣及安的摩尼八四三

養氣安的摩尼　多養氣安的摩尼　其形如白粉

斯底白來脫　其合質爲養安的摩尼與安的摩尼酸所以化學家謂之安的摩尼酸安的摩尼

紅安的摩尼　其合質爲養安的摩尼及硫礦安的摩尼　結成如毛亦如雪花　色櫻桃紅　劃視其粉褐紅色　鋼光　硬一至一五　重四四至四六

羅昧合安的摩尼酸灰　結成方八面形及摶結　密黃色　其硬能劃玻璃

安的摩尼酸鉛　不恆遇　摶結無常形　色黃灰綠黑　松香光　重四六至四七六　其合質安的摩尼酸三一七　養鉛六一八　水六五

生乃莫對脫　形如白安的摩尼　重五二至五三

凡安的摩尼大抵皆得自硫礦安的摩尼遇之於銀礦銅礦鉛礦白鉛礦孟葛尼斯礦黃金礦中

鍊得之法以安的摩尼礦置爐中其下有孔其上有火鎔則自孔流出　再置倒焰爐中鍊之得灰養安的摩尼　每十磅和葡萄酸醋入風箱火爐中鍊之得安的

摩尼　其內尙微有鐵每四分和一分養氣安的摩尼再鎔之則鐵爲渣滓而得純安的摩尼　色如銀　性脆　碎口粗粒　熱八百度而鎔

有硫礦之安的摩尼礦　同鐵屑和而鍊之則硫礦與鐵連

安的摩尼一至四　鉛十二　可作印板活字或微加鉛及別斯末斯因其將凝時能漲大故於模中稜角周到

錫一〇〇·　安的摩尼八·　白銅二·五

錫一〇〇·　安的摩尼八·　白銅二·　別斯末斯二·

此二劑可作器皿用錫一鉛三十作銲

刻字呆印板用錫與安的摩尼

養氣安的摩尼　又名玻璃安的摩尼　取法用硫礦安的摩尼燒去其硫礦卽得

砒

砒石　西名阿斯納克　有生成自然者　有與養氣硫礦相連者　有與鐵苦抱爾臬客爾銅銀孟葛尼斯安的摩尼相連者　亦有與養苦抱爾養臬客爾養銅養鐵養灰合爲酸者　其礦易識別因熱之有葱蒜氣故也

生砒　其元爲六角式　夕夕面交角一百八十五度四十一分　析之與底平行不分明　有摶結者中有筋及粒　色錫白　見天空氣變暗灰色　性脆　硬三·五　重五·六五至五·九五　熱之先有氣出而後鎔氣如葱蒜臭　吹火試之將紅時火色淡藍　遇之於錫礦鉛礦枚格疊層

白砒霜　卽少養砒　其細筋如毛　摶結如葡萄如鍾乳　色白　水中能消化　味辣　硬一·五　重三·七其合質砒七五·八　養氣二四·二　遇之於銀礦鉛礦及生砒礦中　性毒可入藥　可使皮物不爛

福美戈兒來脫　卽多養砒灰　遇其結成白灰色硬二至二·五　重二·六至二·八

海定其兒愛脫　略同

黃硫礦砒　色黃　塊形可分爲片　有時爲三稜柱形析之能完全　其形如圖　劃視其粉亦黃色　其面光明　珠光或析面金珠光　明三至四　切之能成片打之則碎　硬一·五至二·　重三·四至三·五　其合質硫礦三九·　砒六一·　熱之全化氣其氣如葱蒜臭　於木炭上燒之火色藍　有時遇其礦如黃粉乃砒鐵礦其鐵化去而成

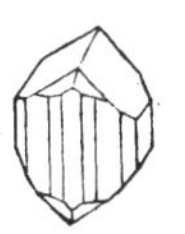

紅硫礦砒　結成斜柱形　有搏結者　析之不甚分明霞紅色至橘紅色　松香光　明一至三　硬一·五至二·　重三·三五至三·六五　其合質硫礦三〇·　砒七〇·　熱之全升其臭如葱蒜

凡現今所用之砒霜皆少養砒　從砒苦抱爾礦或砒鐵礦升得之　苦抱爾礦之砒因鍊取苦抱爾時有煙升出使其煙入橫煙通內卽結成白砒霜尚未淨用卜對斯提之　其性極毒業此者其壽不過三十五歲

砒霜除用其毒之外　可以點化玻璃　可使玻璃成玉色如磁惟不可多用恐玻璃內之砒遇酸而化食之有毒也

硫礦砒之用　可作漆色　其黃色者與阿摩尼阿消化可作染色惟見肥皂則色去　紅色者可作煙火硝二四·　硫礦七·　硫砒二·　成白火

凡硫礦砒硫礦鐵皆可升出其硫礦而得砒　用白砒和硫礦亦可作硫砒

用養砒與卜對斯及硫酸銅能作養砒養銅爲最好之綠顏色

作鉛珠法　鎔鉛於一百五十尺之高樓其鉛內加砒不及百分之一自無數細孔中漏下於池水中則成珠加砒者以其能使珠細而圓也　珠之大小用篩分之珠之圓否於斜面板上走之滯而遲者去之

由日尼恩

由日尼恩　其礦重不過七　硬不過六　暗淡綠色或黃色或暗褐黑色　半金光　磨之無金形　吹火試之以炭酸素特點之不能得其金　褐色者其邊微鍊

別溪白倫　卽養氣由日尼恩也　搏結如葡萄形　灰褐色或絨黑色　次金光　劃視其粉黑色　不明硬五·五　重六·四七　其合質由日尼養七九至八七餘爲夕里開　鉛　鐵等雜物　吹火試之不鍊砒霜點之燒成硬灰　研碎入硝酸徐消化　遇其脈於銀礦鉛礦錫礦

由日尼恩土　形如土塊　淡黃色　熱之變爲橘黃色　其中有多養由日尼恩　有時有炭酸　遇之於別溪白倫及非而斯罷中　每與可倫倍脫由日奈脫在一處　凡養氣由日尼恩可作磁器之色其本色黃熱之則變黑

可利雖脫　形如別溪白倫　遇之於脫拉潑與雖約奈脫之夾縫中爲脈

以累哀雖脫　形亦同　其中有十分半水

由日奈脫　其元爲二律式　結成短方柱　或薄頁析之與底平行　其頁形幾如枚格惟脆而不能彎明黃色或綠色　劃視之色稍淡　其頁珠光　明一至四　硬二至二五　重三至三六　黃色者其合質燐酸一六　由日尼養六三　灰六　水一五　綠色者其合質中以養銅代灰　吹火試之鍊成黑色硬灰　其綠色者火色變綠　識別以其頁及色　與枚格之別因頁脆　遇之於銀礦錫礦中

雖媽斯蓋脫　暗褐色　次金光　硬五五　重五四至五七　其合質由日尼養　可倫皮酸　東思天酸

約輸愛脫　卽硫酸由日尼恩　俏綠色　味苦

鐵

鐵之生成自然及與臬客爾相連者惟於隕星石遇之鐵之最多者養氣鐵礦及硫礦鐵礦　亦有與夕里開或炭酸等物相連者

凡泥土之本色卽是鐵因有他石雜之故或紅或黃或暗綠或褐黑

凡鐵礦重不過八　常用以得鐵之礦重不過五　鐵礦不能鍊者多　熱之有吸鐵性者亦多

如鐵礦無他種金在內吹以內火點以硼砂鍊成綠料如粗玻璃瓶之色　其有金光者與銀礦銅礦之別因鍊之難而與硼砂能成料

自然鐵　其元爲一律式　結成八面形　析之與面平行　屢有搏結者其粒或粗或細　鐵灰色　劃視亦鐵灰色　碎之爲細粒口　打之輭　引之能長　硬四五　重七三至七八　以攝鐵引之能動　遇之於隕星石中常有與臬客爾或他金相連者

凡隕星石中大抵皆有鐵其鐵皆多　大約鐵九〇至九二　臬客爾八至一〇

隕星石磨平之以硝酸溼之則可見其結成之紋理或

直或旋或曲折其顆粒或粗或細

隕星石之最大者得之美里哥南重三萬磅　有千六百磅者其中有客里蘇兒來脫百分中有二十分臬客爾又有苦抱爾錫銅孟葛尼斯及塊粒之磁鐵又有客羅而林

又遇隕星石中有燐與臬客爾相連之粒或塊或片其石爲鋼灰色　其合質燐一三·九　鐵五七·二　臬客爾二五·八　苦抱爾〇·三　夕里開一·六　哀盧彌那一·六　客羅而林〇·一　又有銅之迹　灰之迹　因本地球之物祇有燐酸與金連無燐與金直相連者所

以此爲外來之星　又此中養氣少亦是外來之據

隕星石中之鐵熱之可打因中有臬客爾故不甚脫皮

鐵倍來底斯　卽二股硫磺鐵　其元爲一律式　結成常有方而者如一圖　或爲次形如二三四圖　其面

一　二　三　四

常有横紋如一圖　亦有搏結者　古銅色　劃視之黑色　結成者金光性脆　硬六至六五　重四八至五一與鋼相擊有火星　其合質鐵四六七硫磺五三三　吹火試之有硫煙鍊成之物吸鐵能引之　此礦中有些微黄

金者謂之金倍來底斯　與銅倍來底斯之別因刀不能刻而色較淡　與銀礦之別因銀礦非古銅色及鋼灰色劃之亦非黑色且銀礦刀能刻鍊之易故異　與黄金礦之別因金礦用刀刻之能成片火試無硫磺煙　遇之於古疊層石火山石　此礦最多其鐵亦最多惟其中之硫磺不能十分去得淨故鐵不甚佳而作硫酸鐵用之最廣

凡硫酸鐵礦皆此礦變化而成　他金之有硫酸者其硫酸亦從此礦變化而成如硫酸哀盧彌那是也

作硫酸鐵法　以鐵倍來底斯碎之置礶中熱而升之

可得硫磺十七分　其已取過硫磺者堆空地使見天空氣待其發蒸則其內未升盡之硫磺變爲硫酸而鐵變爲養鐵　入水熱之俟水乾至一半傾於盆則結爲硫酸鐵

或不升去磺以此礦碎之堆空地時溼之待其發熱日久亦變硫酸鐵　亦有用柴火燒之以助其熱者

以硫酸養鐵置礶中猛火燒之則硫酸升去而得紅色養氣鐵名渴兒可撒　可磨鋼鐵使光

凡二股硫磺鐵皆能自變爲硫酸鐵　金石院中之鐵倍來底斯每有見天空溼氣日久變爲硫酸鐵者因其

內之硫磺有一股化去而空中之養氣換入也

倍來底斯之名其意謂硬如火石也

白鐵倍來底斯　其合質與前同　惟結成之形井井面交角一百三十六度　色淡於常倍來底斯　硬同　重四六至四八五　分鍊之更易

星倍來底斯　其筋紋如星光四出

肝倍來底斯　因色如肝

鷄冠倍來底斯　因形如鷄冠

吸鐵倍來底斯　卽一股硫磺鐵　結成六面短柱　搏結者多　色在古銅紅銅之間　劃視之暗灰黑色

性脆　硬三·五至四·五　重四·四至四·六五　吹以外火成紅養鐵　吹以內火則鍊而光明冷則色黑能吸鐵破而視之色黃　與尋常之鐵倍來底斯之別因稍韌而吸鐵能引之　與銅倍來底斯之別因色淡　與苦抱爾礦臬客爾礦之別因鍊之能成吸鐵

密斯別葛爾　即砒鐵倍來底斯　其元為三律式　結成之形如圖　目目面交角一百十一度四十分至一百十二度　析之與目平行　其結成有橫扁者目目面交角一百度　亦有摶結者　色白如銀　劃視之暗灰黑色　面光　性脆　硬五·五至六　重六·三　其合質鐵三四·四　砒四六·六　硫礦一九·六　其屬有四分至九分苦抱爾代鐵者

代奈愛脫　其合質鐵三二·九　砒四一·四　硫礦二七·八　苦抱爾六·五

凡砒鐵倍來底斯與鋼相擊有火星且有葱蒜氣　吹火試之有砒煙鍊成硫礦鐵吸鐵能引之　與砒苦抱脫之別因硬以鋼擊之有火星又鍊得之物非深藍色料而吸鐵能引之　遇之於最深之石層　每與銀銅鉛礦相近

羅戈倍來脫　砒鐵之無礦者即有亦甚微　結成如前圖　目目面交角一百二十二度二十六分　色與密斯別葛爾同而硬或稍遜重則過之　硬五至五·五　重七·二至七·四　其合質鐵三二·四　砒六五·九　硫礦些微

每格密得愛脫　即磁石礦　其元為一律式　常遇其結成八面形或十二面形如圖　析之均成八面形有時能分明　有摶結粒形者　色鐵黑　劃視之亦黑　性脆　硬五·五至六·五　重五至五·一　以吸鐵引之其來甚速　有時其自己亦有吸鐵極能吸他鐵　其合質多養鐵六九　養鐵三一　或鐵七二·四　養氣二七·六　吹火試之不鍊　吹以內火點以硼砂鍊成粗綠料　與希美台脫之別因劃視之黑而吸鐵引之速　遇其藏或撒星形於合拉尼脫尼斯枚格疊層泥石層雖約奈脫霍恆白倫客羅兒愛脫中灰石中亦有之　其礦有吸鐵極者謂之自然吸鐵與做成之吸鐵無異

此礦最多　得鐵亦多　其鐵亦最好

分其呆呸之法碎其礦為細塊以吸鐵引之其不引者

棄之用吸鐵分此礦另有機器
希美台脫　其名取光紅血色之意　其元為六角式
結成之形有如鼓磴者有扁而大者如圖　析之不能
分明　其夕夕面交角約八十五度五十八分　常遇

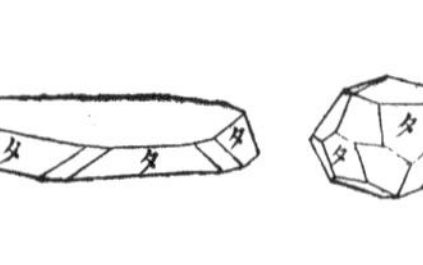

摶結有粒者　有片形如枚格者　有
粉形如土者　暗鋼灰色或鐵黑色
結成者面有光　劃視之櫻桃色或紅
褐色　硬五五至六·五　重四·五至五·
三　有吸鐵微能引之者　有一種名
斯必葛爾其面甚光明故謂之金光鐵

金光鐵石　又名斯必葛爾　其面光明惟其變色處
則為土紅色而絕無一點結成之狀貌若研為粉則
其色深紅與結成處之色無異
枚格鐵石　頁如枚格
血紅鐵石　次金光或無光　其色褐紅
鴉葛爾　色紅　輭如土　其中屢有雜土
紅茶兒刻　摶結比鴉葛爾緊　其粉細膩
嚼斯不爾泥鐵　硬而不淨　其中夾雜褐紅色泥
形如嚼斯不爾故名
土鐵石　形亦如嚼斯不爾而不及泥鐵之似

泥豆石　色紅　其粒扁小如豆
阿來及斯鐵石　合闌斯　六角鐵礦
以上皆希美台脫之屬也　其光淨者有七十分鐵三
十分養氣　其不淨而無光者屢有雜質　吹火試之
不鍊　硼砂點之吹以內火成綠料吹以外火成黃料
與磁鐵石之別因劃視其粉色紅　與銀礦銅礦之別
因硬而不能自鍊　遇之於結成之石中及泥疊石新
舊各層皆有之　其大礦之淨者遇之於第一迹層
形如土者遇之於煤層泥疊石　其結成者遇之於火
山石

花旗有二鐵山其山全是希美台脫其塊之小者大如
鴿卵其塊之最大者高七十丈　此山之希美台脫有
結成者有摶結者有頁類者有如土者
又一處於堅砂石中遇希美台脫礦厚十二尺至二十
尺其塊為泥豆石　其合質養鐵五〇　炭酸二五其
餘為美合尼西養
此礦雖分之不如磁鐵礦之易而亦為最好之鐵礦
研碎為粉可磨金鐵使光　其紅茶而刻可作紅色
鉛筆
來脈奈脫　又名褐鐵礦　常摶結如葡萄鍾乳形　碎

之中有筋及土　暗褐色至土黃色　劃視之黃褐色
或不淨之黃色　次金光或無光　有碎之有絲光者·
硬五·至五五　重三·六至四·
褐鐵土　黃鐵土　色褐或黃
褐黃泥鐵石　硬而搏結　不淨之來脈奈脫也
澤鐵土　如土而鬆　褐黑色　遇之於低溼之處
此皆來脈奈脫之屬也　其淨者合質多養鐵八五·六
水一四·四　故又名爲水多養鐵　其中淨鐵約有三
分之二　吹火試之色變黑成吸鐵　硼砂點之吹以
內火成綠料　與希美台脫之別因輭而熱之有水氣·

遇之於地中各層皆有之蓋因硫礦鐵礦變化而成
此亦得鐵之好礦也　研碎亦可磨金鐵使光　黃鐵
土可作漆色
合奪愛脫　水多養鐵也　其水比前少一半　結成
者褐色　照之血紅色　半透明　劃視之褐黃至
土黃色　硬五　重四·至四二　遇之於希美台脫
弗蘭葛林奈脫　其元爲一律式　結成八面形如圖
亦有結成十二面形者　有粗粒搏結
者　鐵黑色　劃視之紅褐色　性脆
硬五·五至六·五　重四·八五至五·一　吸鐵能引之

其合質多養鐵六六·　一股半養氣之孟葛尼斯一六·
養白鉛一七·　吹火試之不鍊　極熱則升出降於木
炭上　研細和硼砂吹以內火於白金鉗拈上作紫色
若置木炭上吹以內火於炭上有綠色之鐵　與磁鐵
礦之別因面色較黑劃視不黑火試各異　有人欲得
其白鉛尙未有法
伊爾美奈脫　又名替脫尼鐵　結成略如希美台脫
夕夕面交角八十五度五十九分　屢有片及扁帶形
在科子中　有粒者　有結成大塊者　鐵黑色　劃
之如金類　次金光　硬五至六　重四·五至五·　能

微引指南針　其合質養鐵與替脫尼恩　或養鐵與
替脫尼酸　吹火試之不鍊
克里脫奈脫　覓捺克奈脫　海斯低得愛脫
愛斯林
此皆替脫尼鐵也　遇之於替脫尼恩砂中結成八面
或正方形　與希美台脫之別因面光稍次劃視異
此礦尙未有用處
客羅彌恩鐵礦　卽客羅彌酸鐵　其元爲一律式　結
成八面形　析之不分明　碎之面糙　色鐵黑或褐
黑　劃視之暗灰色　微金光幾無光　硬五·五　重

四·三至四·五　其細塊吸鐵能引之　其合質爲綠色之養客羅彌恩六〇·　養鐵二〇·一　哀盧彌那一一·八　美合尼西養七·五　其中之哀盧彌那美合尼西養數無一定　吹火試之不鍊　硼砂點而久吹之㣲鍊成明綠料　遇之於色而幷台能中或爲塊或爲脈客羅綠色也因客羅彌恩能以其色傳與他物故客羅彌爲一種綠顏色之名　從客羅彌恩鐵可取得客羅彌酸客羅彌酸與他物相連或爲紅或爲黃或爲綠或爲紫可作漆色油色染色磁器色等用

可倫倍脫　其元爲三律式　結成之形如圖　析之與旁面平行大略分明　亦有搏結者常撒開於呆吒中　色鐵黑或褐黑碎之面光有變色如虹霓　劃視之暗褐色　半金光　不明　性脆　硬五至六　重五·三至六·四　其合質可倫皮酸七九·六　養鐵一六·四養孟葛尼斯四·四　養錫〇·五　養銅養鉛〇·一　吹火試之不鍊　研粉和硼砂吹之㣲鍊成暗綠料其綠色因鐵　與他種礦之別因其色及碎面之光色與他礦異而碎口之齒粒尖　遇之於合拉尼脫及非而斯龍鴨兒倍脫中　於此石中得新金名可倫皮恩　又名奈阿皮恩

談台來脫　遇之與可倫倍脫相近　其合質爲談台來脫酸鐵　硬五至六　重七·二至八　有一塊其內有一分養錫六分東斯天酸　重六·五

胡兒夫蘭　即東斯天酸孟葛尼斯鐵也　其元爲三律式　結成者均爲柱形　有時有假式八面形爲東斯天酸灰　暗灰黑色　劃視之紅褐色　半金光　明暗俱有　硬五至五·五　重七·一至七·九　其合質東斯天酸七五·八九　養鐵一九·二四　養孟葛尼斯四·九七　吹火試之難鍊硼砂點之成綠料燐鹽點之成深紅料　屢遇之於錫礦　有時在金礦

夕里西恩鐵　有數種石爲夕里西恩養鐵惟皆無用如希頓白而其蓋脫　鴉呆脫之屬是也

鐵客里蘇兒來脫　與尋常之客里蘇兒來脫異因養鐵代其美合尼西養故也

哀蘇倍耶　搏結無常形形如黑玻璃　硬六至六·五重二·九至三·　其合質夕里開四七·一　哀盧彌那一三·九　多養鐵二〇·一　灰一五·四　養銅一·九

力無愛脫　結成斜方底柱形　析之高低如浪　黑色或褐黑色　次金光　劃視之黑或綠及褐色

硬五·五至六　重三·八至四·一　內有五十至五十五分養鐵十四分灰二十九分夕里開　吹火試之鍊成黑料　遇之於科子中

以下水夕里開鐵石

囊脫羅奈脫　平求奈脫　形如泥塊　黃綠色

客羅羅倍爾　土塊形　有硬者其硬三至四　其色綠而兼黃或黃而兼綠

合倫其自愛脫　素令蓋脫　納皮來脫

克爾孛來脫　皆大略相同

綠土　有數種在哀彌奪羅愛脫中者其形略近客羅愛脫　其合質夕里開　多養鐵　卜對斯　美合尼西養　水　及雜物

綠砂　其合質夕里開五一·五　哀盧彌那六·四　養鐵二四·三　卜對斯九·九六　水七·七

翁信其來愛脫　克郎斯底台脫　安素須提來脫　卜里海奪愛脫　雖地落斯蓋蘇來脫　奢莫尼斯愛脫　斯底兒奴彌綸　才來脫　此皆暗黑色之水夕里開鐵石也

客羅雖駄來脫　視之有筋如哀斯倍斯得斯　亦謂之藍哀斯倍斯得斯　色藍或綠　其硬四　重三二至三·三

倍落素牟來脫　結成六面柱　析之與底平行能完全　褐黑色或灰或綠　珠光　硬四·至四五　重三八　內有十四分客羅而林鐵　吹火試之有輕

綠酸煙

鐵齊河來脫　於他石爲皮　其合質水夕里開　養鐵　孟葛尼斯

各別累斯　卽硫酸鐵　其元爲一斜式　結成斜方底斜柱形　力力面交角八十二度二十一分　女力面交角八十度三十七分　析之與底平行能全備　搏結如粉者多　色綠至白　玻璃光　明二至三　味澀甜　性脆　硬二　重一·八三　其合質養鐵二五四二　硫酸二九·〇一　水四五·五七　熱之能成吸鐵　吹火試之鍊成綠料　與五倍子成黑色　遇天空氣變黃粉此粉爲多養鐵　此礦因鐵倍來底斯見天空氣變溼而成凡有鐵倍來底斯處皆有之　可用以染黑色布及皮因其見五倍子能黑故也　亦可作寫字黑水　與硝酸炭酸卜對斯可作靛藍

渴兒可撒　褐紅色養鐵也　以硫酸鐵燒之卽成

可緊倍來脫　又名白別來斯　及黃各別來斯　此

與渴兒可撒皆硫酸多養鐵

必底自愛脫 非白羅肺兒愛脫 此二者與可緊倍來脫相近

哀白底來脫 質同 惟內只有四分水

伏兒對愛脫 結成八面如明礬 其合質爲二股硫礦之鐵 哀盧彌那 卜對斯 水

斯罷鐵礦 卽炭酸鐵也 又名開倍脫 結成長斜方六面形 夕夕面交角一百○七度 其面屢有凹凸者如圖 搏結者多 析之可成片其片亦彎如瓦 有時其中有圓粒如珠者 色自淡灰至褐 常遇者暗褐紅色 見天空氣略變黑 劃視之無色 珠光至玻璃光 明三至四 硬三至四五 重三七至三·八五 其淨者合質養鐵六二·○七 炭酸三七九三 內屢有孟葛尼斯及美合尼西養代其幾分養鐵者 吹火試之變黑成吸鐵 不鍊硼砂點之色變綠 入硝酸消化而不生氣若研細入硝酸亦生氣 其結成及頁者名斯罷鐵以其形似斯罷也 搏結者遇之於哀彌奪羅愛脫或火山石中名爲維那雖地來脫 其塊如泥者名泥鐵石遇之於煤層 頁者與丐而刻斯罷之別因重及熱之能成吸鐵

凡斯罷鐵新舊諸石層中皆有之常與數種鐵礦相連 最多之藏遇之於尼斯及煤層 此礦得鐵多

多每愛脫 炭酸鐵也 結成斜方柱 重三·一

密雖頁斯罷 炭酸鐵孟葛尼斯 色黃 結成長斜方六面形 夕夕面交角一百○七度十四分 硬四 重三·三至三·六

阿利康斯罷 亦炭酸鐵孟葛尼斯 夕夕面交角一百○七度○三分 色黃或紅褐 重三·七五

肥浮哀奈脫 其元爲一斜式 結成扁斜柱 析之其向一順能全備 亦有結如腰子塊而筋紋四出者 有如球者 亦於他石爲皮 色青藍至綠 其結成視其旁面色綠對頂底視之色藍 劃視之色藍 珠光至玻璃光 明一至三 見天空氣變暗 切之能成片其片能彎 硬一·五至二 重二·六六 其合質養鐵四二·四 燐酸二八·七 水二八·九 熱之有水氣 吹火試之色失而變呆 研碎吹之鍊成硬灰能吸鐵 入硝酸能消化 識別之以其色及輭與火試諸異 遇之於鐵銅錫等礦及澤鐵礦

藍鐵土 內有三十分燐酸

安葛利兒愛脫　形如藍鐵土而燐酸微少
鐵弗林　搏結而能剖析　綠灰色或藍　硬五　重
三六　其合質無水之燐酸　養鐵　孟葛尼斯
內微有劣非養
鐵潑來脫　燐酸鐵孟葛尼斯　褐色或褐黑色
綠鐵石　哀盧哀得愛脫　枚闌客羅　皮羅肥脫
此數種皆燐酸多養鐵
綠鐵石及哀盧哀得愛脫皆暗綠色視之有筋紋絲
光
枚闌客羅　色黑

皮羅肥脫　玫瑰紅其色遇電氣即暗
科開信　搏結中有筋如毛　黃色或黃褐色　硬三
至四　重三三八　其合質燐酸　哀盧彌那　鐵
與爲勿耳愛脫之別因色黃　火試之有鐵之迹
與茄孚兒來脫之別因色深　遇之於褐鐵礦
茄孚昔地來脫　亦黃色之燐酸鐵也
砒酸鐵　結成四方塊　色自暗綠至褐及紅　次鋼光
劃覗之綠褐色　硬二五　重三　其合質水砒酸
多養鐵　又有三十八分多養砒
斯果羅台脫　結成斜方底柱　目目面交角一百二

十度　色淡綠或黑　明一至四　硬三五至四
重三一至三三　其合質水砒酸　多養鐵　又有
五十分多養砒　吹火試之有葱蒜氣
鐵新搭　形如海棉而不韌　色黃或褐　其合質水
砒酸　多養鐵　又有三十分多養砒
砒息地來脫　筋類　內有三十四分多養砒
新潑里雖脫　藍綠色　結成長斜方底直柱　析之
完全　硬二五　重二六九　亦砒酸多養鐵
馬莧酸鐵　韌如泥　土黃色　燭火上燒之變黑
乃馬齒莧腐爛入土其酸遇鐵所成

論五種鐵礦

鐵礦之可以得鐵者大約只有五種
一炭酸鐵礦　如斯罷鐵之類
二養氣鐵礦　如磁石礦之類
三光紅鐵礦　如希美台脫之類
四褐色鐵礦　如來脈奈脫之類
五有水鐵礦　如肥浮哀奈脫之類
凡各國所出之鐵皆從此五種鐵礦中鍊出
英吉利所出之鐵得之於泥鐵石其礦爲炭酸鐵在煤
層中其泥石絕無一點鐵形所可據者惟重耳其中能

得二十至三十分淨鐵　褐色鐵礦英吉利亦有之
瑞典之但尼摩兒　拿威之哀冷臺兒　此二出鐵之
處其礦爲磁石鐵礦其中能得五十至六十分淨鐵
俄羅斯所出鐵亦得之於磁石鐵礦
普魯斯有炭酸鐵礦及水鐵礦
花旗五種礦皆有之
五種礦所出之鐵各有精粗多寡之不同大約除水鐵礦以外其鐵皆佳惟因各處分鍊之法有異故所出之鐵亦不同
水鐵礦因有腐爛之生物在內其中每有燐故其鐵脆因分鍊之甚易而價亦便宜故粗用之生鐵器具不任重力者均用此鐵爲之

論試礦之法

試鐵礦之法每礦各異其意不過分去其雜物而知鐵之多少而已
假如養氣鐵礦及炭酸鐵礦其雜物少而淨者不過碎之置礶中燒之即可得鐵　若用炭酸灰或石灰　與泥或玻璃或硼砂相和作弗拉克斯更佳一以助其變化使雜物與弗拉克斯相連成料油一以防鐵燒去使鎔化時作蓋面也

光紅鐵礦每礦粉十分用炭酸灰或石灰十分碎玻璃六分至八分加木炭粉二十分之一或十分之一作弗拉克斯
磁石鐵礦每礦粉十分加碎玻璃十二分茶而刻十二分木炭粉一分作弗拉克斯　或用三分石灰三分煅過之泥二分半木炭粉相和作弗拉克斯
褐色鐵礦用十分石灰十分泥灰三分木炭粉作弗拉克斯
凡作弗拉克斯之劑其各物之分數原無十分一定大約不離乎此率而已　總以得鐵之多少及所成料油之形色而增減其劑
假如其料油明而無色則其劑適得其平　如墻色則是其中尚有未分出之鐵或因泥及玻璃太多　若墻如磁瓦形則因石灰太多
如泥石鐵礦應先估量其礦中本自有多少灰多少泥應再加若干灰若干玻璃以配合之使成料油
凡試礦先於礶之內面塗木炭粉一層　以礦打作細屑其弗拉克斯亦作細屑與礦拌勻置礶中　礶口用火泥封蓋之　徐用慢火熱之三刻以後始用風箱燒至其礶白色後一刻取出即得

論鍊鐵各法

古時鍊鐵之法最簡易，以礦烘熱打細同木炭入爐燒之即鎔鍊成生鐵。

新法以礦入猛風爐中鍊之用木炭或焦煤或硬塊煤及弗拉克斯。尋常養鐵礦炭酸鐵礦用石灰作弗拉克斯。其用石灰者使石灰與礦內之夕里開化合而成玻璃料油也。

其用炭者因礦中有養氣故以炭與之相連使其化合爲炭養氣而去。又使炭稍與鐵相連使易成生鐵而鎔。

今先解作猛風爐之法及其形式

猛風爐中所用之煤爲安得里雖愛脫故此爐亦名安得里雖愛脫爐。

爐用磚石爲之其外形爲截頂圓錐形。

如一圖除右半邊回火進風之法另行解釋外其左半邊即爐之外形。圖以二十分寸之一爲眞爐之一尺。

如一圖爲爐之總形。二圖爲爐直剖之內形。

三圖爲爐橫剖之內形。須兼此三圖統觀之方能明悉。如戊爲爐門之口。丙處方。庚處漏斗形。上圓下漸方。辛以皆上圓。高三十尺。底用磨

石砌之。壬爲火磚其外爲一層砂再外爲磚。其用砂者因中間熱而漲大不致撐裂爐身也又火磚燒壞重換可不動外磚底旁有三管進風如丁。爐口有火磚作唇如巳。爐之四面均有空處如癸外均有半亭護之其一門爲作工處如癸。

二

三

子爲風管舌門之柄。丑爲柄桿防管口阻塞可伸縮通之。癸爲空處。丙戊爲爐底。丁爲三風管。寅爲彎管相連風從卯來。虛圈爲爐腹大處。辰爲壩防鐵汁流出於戊處用泥築塞之鍊數點鐘一開之使料油從辰漫出至午。

其進風之法使風熱五六百度然後入爐。如二圖未

處有路引餘火流出如一圖之箭形使其火穿過一汽爐如甲再入一房如酉而出於煙通　甲汽爐可動一機以進風風管入酉房曲折如盤腸風從內過火從外過風得火之熱以至卯而出於丁　如汽爐不連於旁則餘火可一徑引之入房中

凡風不可過多多則養氣與鐵相連而純鐵少　風不可太少少則火力不足而得鐵亦少　須使恰敷用而已

凡礦須先烘之一使礦中易升之物去二使礦稍鬆則碎之容易也

烘礦不必用爐於空地上一層柴一層礦相間堆高用土封蓋而燒之則其內之水氣硫磺炭酸等物升去而礦亦燒鬆

凡鍊礦之爐須先以火烘十日或十二日而後可鍊礦鍊時爐內滿加煤再加礦及弗拉克斯如是漸漸加之燒至兩日爐底漸有鐵及料油數點鐘一開其爐門所塞土即有料油漫出取去之待其鐵滿則流出於槽

鍊時料油不可取盡常使可遮蔽鐵面以防風

又料油須時看之如色暗而重則鐵未分清或因炭不足或因鎔太速

如料油爲暗玻璃及有綠痕則因夕里開與養鐵相連應加灰　如料油色淡而明則佳

英吉利鍊鐵處之料油其中有　夕里開四〇·四　灰三八·四　美合尼西養五·二　哀盧彌那一一·二　養鐵三·八　硫磺些微

凡弗拉克斯之劑視礦而異不能一定須隨時試知礦內雜質之多少而配合之

尋常泥鐵礦用灰約四分之一或三分之一或六分之一　如內無夕里開者灰與礦等分

褐色鐵礦最易鍊只要炭多而鍊慢以八分至十二分灰石作弗拉克斯　如不依此法鍊得之鐵口白而性脆

鐵之好者暗灰色粒口鎔之活而易流　其不好者淡白色平口鎔之厚而難流

最好生鐵因其中有炭故易鎔　若其內有數分夕里開亦無礙於鐵之好　數十年前瑞典化學士白兒瑞斯利耶考知瑞典最好之熟鐵中尚有夕里西恩一·二

鐵中有硫磺及燐者最不好而粗笨不任力之物如稱錘之類每用之取其易鍊而價賤也

變生鐵作熟鐵西名謂之利番不過分去其中之炭及雜質也

生鐵分去其炭卽成熟鐵　亦不必好生鐵方可成熟鐵卽次等生鐵亦可鍊之

鍊生作熟舊法燒之打之三四次卽成　其意燒之以去其炭打之以去其雜也

新法鎔而多調之使炭與養氣相連而易去此法謂之撥代令

作撥代令法以生鐵三百五十磅入倒焰爐中燒鎔鐵面有浮火撩繞則用棍調攪之又以水灑之如是半點鐘有炭養氣出火色藍又二十分時則鐵分開如砂火光紅　仍調攪之鐵又漸凝幷如膏分之爲數塊　取出於大砧上打之淬於水使脆　又打碎之另入爐燒之至將鎔能幷再於大砧上打之成大塊

鍊礦爐中所出之氣其內有二十四分炭養氣　其爐中之氣全是炭養氣所以可引出其氣用其火以鍊熟鐵

凡熟鐵冷之易斷者謂之冷脆因內有夕里西恩　熟之易斷者謂紅脆

鍊生作熟又法　以生鐵一塊用希美台脫粉塗之燒至將鎔未鎔則其中之炭出與養氣相連可取出打之

此法如不用希美台脫粉或用別種養鐵塗之亦可卽如打鐵時脫下之鐵皮亦是養鐵用之亦佳

用恰踏蘭爐可徑以礦鍊熟鐵

恰踏蘭爐之底寬十八寸長二十一寸深十七寸風管比底高九寸半其管可活動　底中先以木炭粉和泥周塗之　其炭用木炭堆高火在爐之上　用烘過之礦打細篩過其粗者堆於火旁再烘之以細者漸漸添入火中　其底旁有洞可取出料油　鐵滿亦可取出其形如膏打之卽成　此法五六點鐘可得一塊　西班牙恰踏蘭地方用此法鍊熟鐵故名其爐爲恰踏蘭爐

此法若使風管斜向上多加炭少加礦粉久鍊之其鐵幾成鋼

恰踏蘭爐惟淨而易鍊之礦能用之然工費及耗棄多而得鐵少故不能通行　若以泥鐵礦入此爐不過燒得料油成鐵玻璃耳不能得鐵也

又法用粗礦粉與炭照其股劑入倒焰爐中鍊之則炭與礦之養氣連亦可得熟鐵

此法或不用淨炭而用有炭之物亦可其意不過移去礦中之養氣耳

鍊熟鐵成鋼法

用最好熟鐵作片同木炭粉熱之則炭走入鐵其鐵面起泡皮中作細粒而易鎔謂之泡鋼

以泡鋼作小塊打之謂之脆鋼

以脆鋼紅而并之碾成條謂之剪子鋼

以泡鋼同一弗拉克斯鍊之輕輕打之或卷之成生鋼

礦有可徑鍊得鋼者

如斯罷鐵礦其中有炭酸曼葛尼斯者可以徑作鋼其意不過因孟葛尼斯中之養氣能引去鐵中之幾分炭故能成鋼　此鋼中有一分至二分孟葛尼斯故爲下品之鋼　普魯斯之鋼用此法鍊出

天竺所出之鋼其中有夕里西恩哀盧彌恩故亦爲次等之鋼

長洲沙英繪圖

元和江衡校字

金石識别卷七目錄

礦金類

月里奈脫
阿白愛脫
弗蘭葛林奈脫
屋來刻而斯愛脫
開特彌恩
合里那格愛脫

鉛

生鉛
呆里那 硫礦鉛礦
銅鉛石
苦抱爾鉛
士弗里奴斯愛脫
客羅斯對來脫
脫羅里恩鉛
頁脫羅里恩鉛
養氣鉛 密尼恩

鉛土

硫酸鉛 安合利雖脫
炭酸鉛 西路雖脫
待屋克西來脫

勒地來脫
卻里馱奈脫
燐酸鉛 倍路莫非能
埋滅低能
喝地非啞
客羅彌酸鉛 客羅科雖脫
彌蘭客羅愛脫
服客利奴愛脫
兔迭倍脫
可多每脫
角鉛
目力別迭酸鉛
西里尼酸鉛
凡奈地奈脫
東斯天酸鉛
松香鉛

水銀

自然水銀
銀汞礦
惜納拔

角水銀
愛阿龍水銀
西里尼水銀

銅
自然銅
玻璃銅礦
藍銅礦
海里雖脫
銅倍來底斯
久倍能

紋倍來底斯 以盧倍雖脫
替脫來希奪來脫
婆兒奴愛脫
安的摩尼銅
台難得愛脫
馱彌蓋脫
西里尼恩銅
紅色銅礦 養氣銅
黑色銅礦
硫酸銅

白羅蓋得愛脫
客里蘇肥蓋脫
麥來蓋脫
夕里西炭酸銅
愛如來脫 藍色炭酸銅
客里蘇各落 夕里開銅
台屋不對斯
油客羅愛脫 矽酸銅
厄非尼雖脫
來客羅奈脫

屋劣物奈脫
銅枚格
銅沫
康馱來脫
燐酸銅 假麥來蓋脫
來別非奈脫
弗倫蒲來脫
綠氣銅 阿台開每脫
硫綠酸銅
凡奈地酸鉛銅

金石識別卷七

英國代那撰
英國 瑪高溫 口譯
金匱 華蘅芳 筆述

礦金類

孟葛尼斯

凡孟葛尼斯之礦重不過五·二　同硼砂或燐鹽在外火有紫藍色　養氣孟葛尼斯入綠輕酸熱之有綠氣出

羅駄奈脫　又名孟葛尼斯罷　其元似爲一斜式　結成斜方底斜柱　如倍落客西能　常遇摶結者多　析之不明　或疑爲三斜類　色紅及肉紅　亦有褐綠

黃雜色者　劃視之無色　玻璃光　明暗皆有　見天空氣變黑　硬五·五至六·五　重三·四至三·七　其合質養孟葛尼斯五二·六　夕里開三九·六　養鐵四·六　灰美合尼西養一·五　水二·七

婆斯得美脫　富對才脫　鴨拉呆脫　此皆不淨之羅駄奈脫也　其中有無定股之炭酸鐵與炭孟葛尼斯及哀盧彌那　熱之暗褐色　點以硼砂吹以外火成玫瑰紅色　與肉紅色之非而斯罷之別因重而見空氣能變黑與硼砂能成料　其外面見天空氣而黑者爲水養氣孟葛尼斯　或以爲可作紫玻璃　與食

鹽和可作磁器之色厚則黑薄則紫藍色　其石磨光可嵌飾木器

低弗羅愛脫　夕里開孟葛尼斯也　摶結　能分析　煤灰色　硬五五　重四　其合質夕里開二九八　養孟葛尼斯七〇二　吹火試之易鍊成黑料

付勒兒愛脫　又名別斯不爾戒脫　形如羅馱奈脫結成三斜形

倍路路雖脫　即二股養氣孟葛尼斯　其元爲三律式結成小長方底柱之次形如圖　目目面交角九十三度四十分　目子面交角一百三十六度五十分　有

時有筋紋或星紋四出者　常遇其摶結於他石之面如腰子塊鐵黑色劃視之亦黑　其光無金形　硬二至二五　重四八至五　其合質養氣三七　孟葛尼斯六三　吹火試之與硼砂鍊成料色如紫晶　置小罐中熱之無水氣　與雖路彌來之別因此稍輭　與鐵礦之別因與硼砂能成紫料　遇之於希美台脫中最多　其名取火淨之意　因作玻璃用之能使他玻璃之黃綠汚色去而變爲白淨故也　除用以淨玻璃之外作漂白粉須用之　化學家用以取得養氣

雖路彌來　摶結如葡萄　色黑或綠黑　劃視之紅色或褐黑色　光明　硬五至六　重四至四四　其合質二股養氣孟葛尼斯　有一分水　或卜對斯　或貝而以養　無一定有時有養氣苦抱爾　吹火試之如倍路路雖脫惟有水氣　此礦多常與倍路路雖脫層間疊積　有人以爲即不淨之倍路路雖脫　用處亦同　其名取乎黑之意

希低路客林　馬西林　形如雖路彌來　惟內有十六分夕里開

漫曷葛尼斯　摶結如腰子塊或土形　亦於他石之皮

面作草木花葉之形　色黑或褐黑　劃視之亦然　光如土　硬一　重三七　染手如汚　其合質多養孟葛尼斯三十至七十　水二十至二十五　又有多養鐵　養苦抱爾　養銅　又有生物之酸及他雜質　此因他礦中之孟葛尼斯消化於水流至低處而成　熱之水氣甚多　同硼砂燒成紫料　可以之提淨玻璃　不能以之得養氣　可使漆光稍暗

絕不來脫　鐵燐酸孟葛尼斯也　摶結有三方向可析　色褐黑　劃視之黃灰色　松香光　微明或暗　硬五至五五　重三四至三八　其合質養孟葛尼斯三

三·二　燐酸三三·二　養鐵三三·六　又有些微燐酸灰　吹火試之易鍊成黑料　入硝酸消化　同硼砂燒成紫料

希太羅斯愛脫　此又一種燐酸養鐵孟葛尼斯也色灰綠或藍　中有燐酸四一·七七

朽路來脫　斜結成　透明　紅黃色　內有水十八分燐酸三十八分　此二種有人以爲是鐵弗林或絕不來脫所變

華斯鑾愛脫　半養氣孟葛尼斯也　搏結　亦有方八面結成　褐黑色　次金光　硬五至五五　重四·七　淨者中有七十二分曼葛尼斯

白勞奈脫　一養孟葛尼斯也　結成方八面形　色褐黑　劃視之亦褐黑色　次金光　硬六·至六·五重四·八　淨者有六十九分孟葛尼斯

曼呆奈脫　水半養孟葛尼斯也　結成斜方底柱鋼黑色至鐵黑　硬四至四·五　重四·三至四·四

披蘿過奈脫　鐵孟葛尼斯也　藍黑色　劃視之猪肝色　微有玻璃光

曼呆白倫　硫礦孟葛尼斯也　結成正八面形　鐵黑色　劃視之綠色　半金光　硬三·五至四·　重三·九至四·

和愛來脫　二股硫礦孟葛尼斯也　形如尋克白倫色紅褐或褐黑　硬四　重三·四六

砒曼葛尼斯　灰白色　金光　葱蒜氣　重五·五五

待愛羅其愛脫　炭酸孟葛尼斯也　結成長斜方六面形　色自紫紅至褐　劃視之無色　玻璃光帶珠光　明三至四　硬三·五　重三·五九　吹火試之不鍊　遇之與絕不來脫在一處

凡孟葛尼斯之純質無甚大用處其與養氣相連者用處多此用其養氣非用孟葛尼斯也因孟葛尼斯與養氣連合不甚緊故其養氣易於分開　又因其礦中常有雜質故須有法以知其淨否

法以孟葛尼斯礦研碎入綠輕酸熱之則綠氣放出查其放出多少綠氣即知有多少養氣孟葛尼斯　欲知綠氣之多少使綠氣走入乳灰中作綠氣灰照化學常法可知綠氣灰中之綠氣多少

如二股養氣孟葛尼斯礦淨者以輕重計之二十二分養曼葛尼斯可換出十八分綠氣　即二十三寸半綠氣抵二十二粒養孟葛尼斯

最淨之養氣孟葛尼斯四分應抵綠氣三分計每磅養

孟葛尼斯入綠輕酸中可換出七千方寸綠氣作綠氣灰又法　用孟葛尼斯礦四分　食鹽五分極濃硫酸九分　作漂白粉常用此法

孟葛尼斯之用除作紫玻璃外其硫酸孟葛尼斯及綠氣孟葛尼斯皆可作染色

客羅彌恩

客羅彌恩之礦　其客羅彌酸鐵詳見鐵礦　客羅彌酸鉛詳見鉛礦

生客羅彌少酸土　其合質夕里開　少酸客羅彌恩哀盧彌那　鐵

胡兒康恆斯果愛脫　與上相近

美路斯金　又名色而皮央　客羅彌恩土也

臬客爾

凡臬客爾之礦除一兩種外皆有金光　重三至八　硬五至六　惟有一種硬三

臬客爾之礦形如苦抱爾之礦惟與硼砂不成深藍色所以有分別

砒酸臬客爾　又名銅臬客爾　結成者六面形　常搏結　淡紅銅色　劃視之淡褐紅色　金光　性脆硬五至五·五　重七·三至七·七　其合質臬客爾四四

砒酸五六　有時有安的摩尼代其砒　吹火試之氣如葱蒜臭鍊成淡白珠見天空氣變暗　入硝酸其皮變綠　於硝綠輕酸能消化　與鐵倍來底斯之別因淡紅色　與苦抱倍來底斯之別因同硼砂無藍色與銀礦之別因有金光　遇之於苦抱爾礦銀礦銅礦中　又遇之於尼斯與白臬客爾礦在一處

白臬客爾　又名客羅安得愛脫　其元為一律式　結成方形　色白如錫　劃視之灰黑色　硬五·五至六重六·四至六·七　其合質臬客爾二八·四　砒七〇·三四　其中每有苦抱爾能變為斯馬兒底能　有時中

有鐵則名撒弗羅來脫又名轄的每脫

轄的每脫　其中有十至十二分臬客爾　一至三分苦抱爾養　十二至十八分鐵　遇之與斯馬兒底能在一處

光臬客爾　亦砒臬客爾也　遇其結成方形　亦有搏結者　色自銀白至鋼灰　硬五·五　重六·一其中有二十八分至三十分臬客爾　餘為硫磺砒

合爾獨府愛脫　內有三十八分臬客爾　重六·六至六·九

臬客爾斯對平　即安的摩尼硫磺臬客爾　結成方

形　亦有搏結者　鋼灰色至銀白色　硬五至五
五　重六四五　其中有二十五至二十八分梟客
爾
安的摩尼梟客爾　結成六面形　淡銅紅色帶紫
硬五五至六　重七五　其中有二十九分梟客爾
而無硫磺
梟客爾倍來底斯　或名毛倍來底斯　常遇結成細
如毛　亦有結成長斜方六面形者　黃銅色　重
五·二八　此爲硫磺梟客爾　其中有梟客爾六四
三

硫鐵梟客爾　淡古銅色　重四六　其中二十二分
梟客爾
合拉牛愛脫　亦硫磺梟客爾　又名別斯末斯梟客
爾　淡鋼灰色至銀白　失光則黃　硬四五　重
五·二三　其中有梟客爾四〇七　別斯末斯一〇
至一·四
綠梟客爾　砒酸梟客爾也　果綠色　其中有養氣
梟客爾三七六　遇之於梟客爾礦及銅梟客爾礦
中
曷密來兒梟客爾　結爲細圓粒及鍾乳形於他石之面

明綠色　玻璃光　明或幾透明　硬三至三二五
重二五至二七　此爲炭酸梟客爾　內有水二八六
吹火試之不鍊而失其色　遇之與客羅彌恩鐵及炭
酸美合尼西養於色而弁台能中
土養梟客爾　中有硫磺　遇之於黑色苦抱爾礦
皮牟來脫　形如泥　色綠因中有養氣梟客爾故也
其中有梟客爾一五六　凡科子之綠色亦爲此
開路弗里斯　此本開而西馱能之類其色亦因梟客
爾
凡現今所用之梟客爾大抵皆從白梟客爾及銅梟客

爾取得　或以不淨之砒梟客爾分得之其法名斯比
斯
凡梟客爾之礦遇之皆不多　隕星石中皆有梟客爾
及鐵其最多者有二十分梟客爾
梟客爾之純者皆得之以斯比斯　其法以一分砒梟
客爾與三分淨炭酸卜對斯三分硫磺煉之則砒與卜
對斯硫磺入水能消而硫磺梟客爾入水而不消故以
水洗之得硫磺梟客爾　入硝酸消化之恐其內有銅
及鉛或別斯末斯　以硫輕氣放入則銅鉛別斯末斯
能降　濾過之加炭酸卜對斯或炭酸素特則梟客爾

降於底　去其上面之水換水洗淨之　加入多莧酸
如其中有鐵則成二物一爲莧酸多養鐵一爲莧酸臬
客爾而莧酸多養鐵水中能消莧酸臬客爾水中不消
故得莧酸臬客爾　如內有苦抱爾則仍在莧酸臬客
爾中　入多阿摩尼阿滿其量使見天空氣其臬客爾
漸降而苦抱爾不降而得二倍莧酸臬客爾　熱之以
升去其莧酸得養氣臬客爾　以養氣臬客爾與木炭
熱之則養氣與炭連而得純臬客爾或以養氣臬客爾
入硝酸消化再加莧酸又爲莧酸臬客爾成果綠色粉
洗淨燥之置礶中紅之則莧酸去而得純臬客爾

臬客爾之純質色白在銀錫之間平常不與養氣及溼
氣相連故不易鏽
臬客爾可作攙金其白如銀　法用銅八分　臬客爾
三分　白鉛三分半　或銅八分　臬客爾二分　白
鉛三分半
凡有臬客爾攙金之器與銀器之別因摸之微比銀滑
銅八八·　臬客爾八·七五　硫磺安的摩尼〇·七五
夕里開與泥及鐵一·七五　攙之色如白銅
有人以中國之白銅分之銅六五·二四　白鉛一九五
二　臬客爾一三·　銀二·五　又有些微苦抱爾及鐵

之迹　又有人分得銅四〇·四　臬客爾三一·六　白
鉛二五·四　鐵二·六
凡鐵中若有臬客爾則不易鏽　若鋼中有臬客爾反
易鏽
凡銅鐵器之面皆可用電氣鋪一層臬客爾則色白而
不易鏽

苦抱爾

苦抱爾之金無生成自然者　苦抱爾之礦其有金光者
重六·二至七·二色白如錫或鋼灰色帶銅紅色　其無金
者重約三·明紅色　識別之法凡石中有些微苦抱爾者
與硼砂同鍊卽能成深藍色料
斯馬兒低能　又名錫色苦抱爾　其元爲一律　結成
方八面十二面形或次形　次形之變有多有少　析
之成八面形　常有摶結者　有筋交錯如網羅　色
錫白或帶鋼灰　劃硯之灰黑色　碎之粒口　硬五
三重六·四至七·二　其合質養苦抱爾十八至二十三
砒六十九至七十九　其屬名星白苦抱爾其中有九
至十四分苦抱爾　燭火上燒之有砒煙　與硼砂同
鍊成藍料　入硝酸成淡紅色　與溶斯別葛爾及白
鐵倍來底斯之別因與硼砂鍊成藍料又結成之式及

重各異　遇其脈與苦抱爾礦銀礦銅礦在尼斯中

苦抱爾低能　砒硫苦抱爾也　色銀白而向紅　其中有三十三至四十七分苦抱爾　遇其結成之形如圖

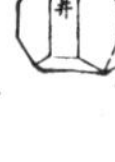

苦抱爾倍來底斯　即硫礦苦抱爾　結成方形　淡紅或鋼灰色　硬五·五　重六·三至六·四　別名力能愛脫

雖布來脫　鋼灰色微帶黃　其硫礦比力能愛脫少

養氣苦抱爾　土形搏結　色黑或藍黑　入綠輕酸消化放出綠氣　遇之如土與養孟蔦尼斯合　有人誤以為養銅　有時遇之與硫礦苦抱爾在一處　其合質是和合故無定　有一處礦其中養苦抱爾二·四養孟蔦尼斯七六　或養苦抱爾四十其餘為養臬客爾　養孟蔦尼斯　養銅　養鐵　有時在希美台脫遇之

伊來卒林　多砒酸苦抱爾也　其元為一斜形　結成之形析之最全備　有片類者其頁只有一面可彎亦附於他石之面如粟如星　桃紅色或殷紅色　間有灰色綠色者　劃覗之比本色稍淡　頁者珠光土形者無光　明一至三　硬一·五至二·　重二·九五其合質養苦抱爾三七·六　砒酸三八·四　水二四·熱之有砒煙　與硼砂同鍊成藍料　其土形者亦名桃花礦因其色似桃花也亦名紅苦抱爾土　與安的摩尼礦之別因吹火試之不能全升　與紅銅礦之別因與硼砂同鍊能成藍料且銅礦色稍暗　遇之與鉛礦銀礦及他種苦抱爾礦在一處

此為苦抱爾之好礦

羅士來脫　形略如伊來卒林

少砒酸苦抱爾　其合質為少砒酸及養苦抱爾　此為別種苦抱爾礦所變

硫酸苦抱爾　其合質硫酸與養苦抱爾及水　肉紅色或殷紅色　其味澀

凡苦抱爾大約皆得之於二種砒苦抱爾礦

苦抱爾之純質無甚用處因其與他金攙合俱變為脆故也

養氣苦抱爾或夕里開養苦抱爾可作磁色

法以不淨之苦抱爾礦入倒焰爐中熱之以升出其砒及硫礦得未淨之養氣苦抱爾　每一分和火石粉二

分研細卽可作磁色

又法以礦磨碎燒過入重硫酸熱之半點鐘得硫酸苦抱爾入水能消　先以炭酸卜對斯消化於水加入消化之硫酸苦抱爾水其中若有鐵則能降　濾淸之加夕里酸卜對斯則夕里開與苦抱爾連而降

附作夕里酸卜對斯法　用淨卜對斯十分　科子細粉十五分　木炭粉一分　研和置礶中燒之卽成　入水能消化

作深藍色料法　以未淨之養氣苦抱爾與玻璃同鍊卽成　或以養苦抱爾礦與卜對斯及玻璃粉等分研

和卽可作磁色

凡鍊取養氣苦抱爾時其砒升出可使入一空房結成砒霜

苦抱爾礦若多則堆之空地使見天空氣日久其中雜質與養氣化合而去能變爲淨養苦抱爾

白鉛

白鉛無生成自然者　遇其礦每與硫礦養氣炭酸硫酸夕里開等物相連　亦有與哀盧彌那相連者則爲斯比偶兒之屬

凡白鉛之礦吹火試之不鍊卽鍊亦甚難惟吹之於木炭

上則有養氣白鉛如白煙升出　其礦重不過四·五

白倫脫　硫礦白鉛也　其元爲一律式　結成之形爲十二面如圖　析之亦爲十二面　有摶結者亦爲筋

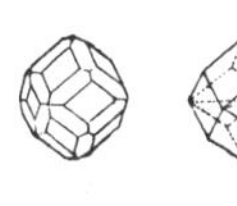

蠟黃色或褐黃至黑　間有紅綠色者　劃視之白色至紅褐色　松香光及蠟光　析面光明有時有次金光　明一至四　性脆　硬三·五至四　重四至四·一　有摩擦之有電氣者　有以毛摩之有黃光如燐者　其合質白鉛六六·七二　硫礦三三·二八　其暗色者內有硫礦鐵　又其內屢遇有數分硫礦開特

彌恩紅色者開特彌恩多　吹火試之不鍊硼砂點之亦不鍊　入硝酸能消化有礦輕氣出　若用猛火燒之則白鉛化煙而出　識別之法因其蠟光及結成之式析之分明又火試之不鍊皆與他礦異故易辨　其暗色者與錫礦之別因不如錫礦硬　其結成明紅色者與茄納之別因可剖析及無茄納之硬而火試異　遇之於新舊各石層中大約與鉛礦銅礦鐵礦錫礦銀礦相近

此白鉛之好礦也雖鍊之不如開來彎之易而可如鐵倍來底斯之法作硫白鉛

尋克愛脫　又名紅養白鉛　其元爲三律式　結成塊形或撒開在石中　析之如枚格　其頁脆分之不甚易　深明紅色　劃視之橘黃色　其薄頁照視之深黃色　半剛光　明三至四　硬四至四·五　重五·四至五·五六　其合質白鉛八〇·三　養氣一九·七　吹火試之不能自鍊　同硼砂成明黃料　入硝酸消化不生氣　與紅斯底兒倍脫之別因不能獨鍊及所在之處異

此爲白鉛之好礦如多可用以取得白鉛　亦可用以作硫酸白鉛

服爾斯愛脫　硫養白鉛也　遇其結成圓粒不淨之紅色　碎面珠光

硫酸白鉛　其元爲三律式　結成斜方底形　目目面交角九十度四十二分　析之平行全備　色白　玻璃光入水易消　味澀有鉛腥令人吐　性脆　硬二·至二·五　重一·九至二·一　其合質養白鉛二八·〇九　硫酸二七·九七　水四三·九四　熱之木炭火中有白煙降於炭　遇之於白倫脫爲白倫脫所變成　可作藥材及染色　生成者不多故有以白倫脫作之者惟不能淨不如以硫酸作之法以水硫酸消化白鉛時調

之使結成碎形其名白微得利來脫

炭酸白鉛　其元爲六角式　夕夕面交角一百〇七度四十分　析之全備　有摶結者　或於石面爲皮或爲腰子塊及鍾乳形　其色白而不淨或綠褐　劃視之無色　玻璃光或珠光　明二至三　性脆　硬五　重四·三至四·四五　其合質養白鉛六四·五四內有五分之四淨白鉛　炭酸三五·四六　屢微有開特彌養　吹火試之不鍊而能升　入硝酸發泡消化摩擦之有非極電　與他種礦之別因入酸發氣　與炭酸鉛及他種炭酸金之別因較硬且難鍊而能升

遇之與鉛礦及白倫脫在灰石中

白鉛花　土形之炭酸白鉛也　內有六十九分養白鉛十五分水

開來蠻　夕里開白鉛也　其元爲三律　結成斜方底柱柱之頂底次面不同　目目面交角一百〇三度五十四分　析之與目面平行能完全　有摶結者　亦於他石之上結爲乳形帶形　色微白至白或藍綠褐色　劃視之無色　明一至三　玻璃光半珠光　性脆　硬四·五至五　重三·三五至三·四九　熱之有電氣　其合質夕里開二五·一　養白鉛六七·四　水七·

五 吹火試之徐起泡有綠色燐光不能自鍊與硼砂能成明料 入硫酸熱之消化冷則成膏形 與炭酸灰哀來果奈脫之別因其酸試異 與齊河來脫之別因不能獨鍊 與開而西䭾能之別因此較輭而入酸作膏 遇之於鉛礦中

此礦大有用可以得白鉛

月里每脫 無水之夕里開白鉛也 遇其結成之頂底爲六角類 色黃或褐 硬五至五五 重四至四一 其合質夕里開二七一五 養白鉛七二八五

阿白愛脫 此石最少 灰白色結成 亦有摶結者遇之於開來蠻 想是燐酸白鉛

弗蘭葛林奈脫 已詳鐵類 其中有白鉛

屋來刻而斯愛脫 小結成如針 礬綠色 其合質水炭酸白鉛 銅

白鉛西人俗名斯背而脫西國古時不知用此有從中國去者始知其用

現今所有之白鉛大約皆從炭酸白鉛礦夕里開白鉛礦得之

硫礦白鉛礦往時不能得其白鉛今英吉利已有新法

可以取出其白鉛

花旗白鉛礦有開來蠻及炭酸白鉛

鍊法 先以礦打碎揀去雜石入倒焰平底爐烘之炒之五點六點鐘升去其水及炭酸取出 每七分烘過之礦和一分木炭粉再入鍊鉛爐中鍊之

英吉利鍊白鉛之爐其式如圖上爲側形下爲平形

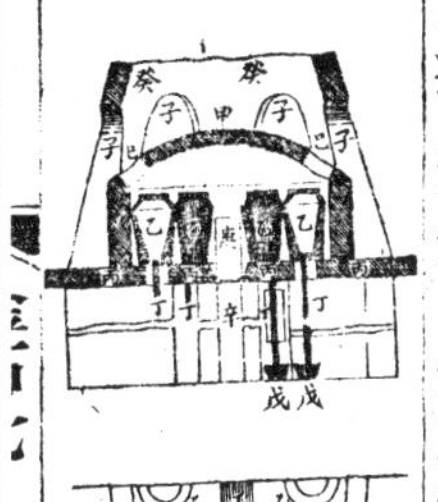

爐頂圓如甲 中容六箇礶如乙 礶置於爐之底面丙 礶底各有一鐵管如丁其下至一水碗如戊

鐵管下半節可拆換以防其塞 爐頂當礶處有洞如己 庚爲爐門 辛爲出灰之門 壬爲爐柵 癸爲煙通 煙自己出歸於煙通 煙通當己處有門如子爐頂之旁另有門可容礶出入既安好礶即堵塞之故圖中不見 礶底之眼先以木塞之而後安礦 安礦即從子門己孔內安之 礶各有蓋初時開之燒至礶上有藍火即是白鉛升出急蓋之其白鉛先化氣而升至蓋從礶內旁流至底底之木塞燒去則礶底自通白鉛從鐵管中點滴而下至水碗而凝 鐵管如塞可用紅鐵條通之 大約一爐須鍊三日鍊好一爐其礶

不必換再可添礦鍊之　其鑵約可用三箇月方換
每礦百斤可得白鉛二十五至四十斤不等此英吉利
鍊白鉛之法也
法蘭西鍊白鉛之法其罐如筩長三尺徑四寸或六寸
橫置爐中四面俱有火
取白倫脫中之白鉛法先以白倫脫入倒焰爐中烘炒
之　爐底寬八尺廣十尺鋪礦屑厚數寸一面燒一面
炒毋停手十點至十二點鐘取出　每烘好之白倫脫
一分和烘好之開來蠻一分再加木炭粉二分如前法
入罐鍊之此英吉利新得之法

以銅及白鉛礦同鍊可徑得黃銅　法用銅及烘好之
開來蠻和木炭入罐鍊之計四十磅銅六十磅開來蠻
得六十磅黃銅
以銅及烘過之白倫脫亦可徑鍊得黃銅惟不甚淨
有人云以銅倍來底斯與白倫脫烘而鍊之亦能得黃
銅惟其黃銅亦不甚佳
花旗之黃銅非徑由礦鍊得乃以白鉛與銅攙合而成
其股劑之數詳見銅
白鉛之性平常熱度時性脆熱之至二百十二度則輭
可碾成薄片及條

白鉛之片可作屋比鉛不易蝕而硬而輕故用之勝於
鉛惟不可經火故入煙稍密處不恆用以作屋而空曠
處恆用之
天竺國有一攙金用銅十六錫二相攙每三分再攙白
鉛十六分名曰別奪利
養氣白鉛可作漆色與鉛粉無二
有一種不淨之養氣白鉛名開特彌耶得於鍊鐵火爐
之橫煙通中因鐵礦中有白鉛升出而結成也有一處
於收拾煙通時取得一塊重六百磅

開特彌恩

開特彌恩其金甚少其礦只有一種
合里那格愛脫　結成六面柱柱頂尖削　色黃　其面
光明　幾透明　硬三至三五　重四·八至四·九
開特彌恩屢次遇其在白鉛礦白倫脫及開來蠻中有
入於黑筋之白倫脫中分得開特彌恩一分半至一分
八
開特彌恩之純質色白如錫硬而不脆可作箔及絲磨
之能光重八·六〇四打之重八·六九四鎔度近錫升度
近水銀其氣無臭降成細粒有金光
取法　以其礦入硫酸或綠輕酸消化再加本酸滿之

以硫輕氣放入則硫礦與開特爇恩降得硫礦開特彌恩　入硝酸消化見天空氣漸乾得燥硝酸開特彌恩入水消化加炭酸阿摩尼阿則炭酸與開特彌恩降為粗粉熱之至紅則得養氣開特彌恩　以養氣開特彌恩和木炭粉燒之得純開特彌恩

鉛

鉛之生成自然者少　與硫礦相連為礦者多　有與砒及脫羅里恩西里尼恩相連者　亦有與幾種酸合為礦者其礦重五五至八二　硬不過四　有金光者　除松香鉛礦之外皆易鍊　同炭酸素特燒於木炭火能得鉛即不用素特亦能得鉛　吹以外火有黃煙　燒之於木炭火中炭上有黃色

生鉛　最少　結成薄片或珠　重一一·三五　遇之於火山石中及呆里那　泥石中亦有之

呆里那　硫礦鉛也　其元為一律式　結成如圖析之易成方形能分明　亦有粗粒細粒者　筋類甚少　鉛灰色　劃視之亦鉛灰色　明金光　性脆　硬二·五重七·五至七·七　其淨者合質鉛八六·五五　硫礦一三·四五　其中屢有硫礦銀則謂之銀呆里那　有時中有硫礦白鉛　吹火試之有細細裂聲先出硫礦煙後得鉛珠　與銀銅礦之別因剖析之成方及粒形又因火試有硫煙能得鉛　遇之於合拉尼脫尼斯灰石泥石砂石中屢與白鉛礦銀礦銅礦在一處　科子重斯罷炭酸灰為其呆匝　有時其呆匝為夫羅而斯罷

有處取呆里那因欲得其中之銀非專為取鉛也

花旗之呆里那鉛礦遇之與泥鐵石鐵倍來底斯開來鑾白倫脫炭酸鉛硫酸鉛銅苦抱爾礦在一處　花旗看鉛礦之法其地見丙而刻斯罷少其下當有鉛礦如丙而刻斯罷多其下鉛脈小或但有灰石而無鉛　若見紅色鐵土其中亦當有呆里那　若見美合尼西灰石中或微有鉛其下亦應有鉛脈　若於石面見靑黑花形及平地有一條隱隱隆起如山或有一條凹下或見其地有一種獨異之草木自成一路此皆有鉛之據掘深三四十尺尋之　現今花旗所出之鉛皆於呆里那得之　呆里那研碎和泥水可作粗磁油色

銅鉛石　呆里那之屬也　內有二十四分硫礦銅

凡砒鉛及西里尼恩鉛與脫羅里恩鉛　此三種吹火試

之有煙能鍊得鉛珠詳之如下

苦抱爾鉛礦　亦砒鉛也　內微有一些苦抱爾　吹火試之有砒臭　重八·四四

土弗里奴斯愛脫　砒硫礦鉛也　結成十二面形暗鋼灰色　重五·五五

客羅斯對來脫　亦名西里尼恩鉛　鉛灰色　碎之粒口　重七·一九　吹火試之有西里尼恩氣

西里尼恩銅鉛石　共有三種　一種重五·六　一種重七·　一種重七·四　吹火試之皆有西里尼恩臭又有銅之迹鉛之迹

西里尼恩水銀鉛　結成圓粒析之可成片　亦有搏結者　色自鉛灰鐵黑至藍

脫羅里恩鉛　錫白可剖析　重八·一六

頁脫羅里恩鉛　頁形如白倫倍果　黑鉛灰色　劃視之亦黑鉛灰色　硬一·至一·五　重七·〇八五　其合質脫羅里恩三二·二　鉛五四·　黃金九·　其中屢有銀銅礦

養氣鉛　又名密尼恩　粉形　明紅色　重四·六　其合質養氣一股半　鉛一股　吹以輕養火能鍊得鉛　遇之常與呆里那在一處　有時炭酸鉛礦中亦有之可作漆色　生成者不多現今所用大抵是做成者　法以鉛入倒焰爐中燒之謂之得黃色養鉛　以黃色養鉛置鐵確中再入爐微烘之即成紅色養鉛　以炭酸鉛作之更佳

鉛土　粉形　色黃　一股養氣鉛也　置確中熱之冷則結緊而硬有一半玻璃形名立雖而其做成之黃色養鉛更有一種名麥西各　法以鉛鎔之掠其上面之灰熱之見天空氣則變黃

安合利雖脫　硫酸鉛也　其元為一斜形　析之不能分明　力力面交角一百〇三度三十八分　屢有結成細長線形一頭牢於石如植者　亦有搏結乳形粒形者　色白或微灰或微綠　剛光或帶松香玻璃光明或不甚明　性脆　硬二·七五至三·　重六·二五至六·三　其合質爲硫酸及鉛　其淨者約有七十三分養鉛　與炭酸素特同鍊成料油及鉛　與齊河來脫哀來果奈脫及他種土金類之別因重而火試可得鉛與炭酸鉛之別因入硝酸不消化不發泡　遇之常與呆里那連即呆里那變成

銅安合利雖脫　最少　析之只有兩方向其交角一百〇二度四十五分　天藍色　重五·三至五·五

其合質水 硫酸 銅 鉛
西路雖脫 炭酸鉛也 其元爲三律 結成橫柱如圖

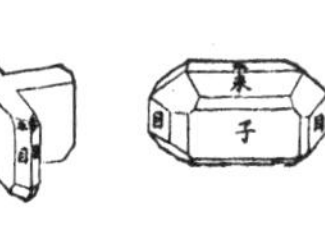

目目面交角一百十七度十三分 目
子面交角一百二十一度二十四分
未未面交角一百四十度十五分 屢
有合形 或有六面柱形如哀來果奈
脫 其合形有如十字者如圖 亦有
六出者 亦有摶結者其筋類少 白
灰色 明暗皆有 剛光 性脆 硬
三至三·五 重六·四六至六·四八 其
合質養鉛八三·四六 炭酸一六·五四 吹火試之有
細裂聲鍊得細鉛珠 入淡硝酸發泡 與安得里斯
愛脫之別因重而自能鍊得鉛又入酸發泡其玻璃光
不甚明 遇之與呆里那及生銀礦燐酸鉛在一處
此礦若大可以取得鉛其好者內有七十五分淨鉛
入酸鉛可作漆中之白色 現今所用大半是做成者
法以葡萄酸或醋置器中懸鉛片於其上則鉛面起白
粉即炭酸鉛也
作炭酸鉛又法 以立雖而其於醋中消化即成醋酸
鉛以醋酸鉛消化於水放炭酸氣過之則炭酸與鉛連
而降而醋酸在水中
炭酸鉛與硫磺貝而以養作漆中白色
待屋克西來脫 硫炭酸鉛也 結成者析之與底平
行 白灰色 重六·二至六·五 內有七十一分炭
酸鉛
勒地來脫 硫磺多炭酸鉛也 白灰色 形如石膏
重六·八至七· 內有四十七分炭酸鉛
郤里馱奈脫 結成藍綠色 重六·四 其合質爲銅
硫炭酸鉛
倍路莫非脫 燐酸鉛也 結成六角柱形如圖 析之
與旁面平行不分明 常摶結 或附
於他石之面如珠如星 色明綠或褐
有時與客羅彌恩酸相連則橘黃色 劃視之白色
松香光 明一至四 性脆 硬三·五至四· 重六·五
至七·一 褐色者其合質養鉛七八·五八
六五 燐酸一九·七三 吹火試之於木炭上能鍊冷
則結成仍有稜角 吹以內火有鉛煙 同硼砂酸及
鐵鍊之得燐酸鐵及鉛 與倍里爾鴨不對愛脫之別
因重而火試異 遇之於鉛礦處 其名取火形之意
埋密低能 砒酸鉛也 形如倍路莫非脫 色淡黃

至褐　硬二七五至三五　重六四一　吹火試之
有砒臭
喝地非恆　砒燐酸灰鉛也　內有二分綠氣　摶結
無常形　色白　剛光　硬三五至四　重四五至
五五
客羅科雖脫　客羅彌酸鉛也　結成斜柱形　亦摶結
明紅色　劃視之橘黃色　明第三　硬二·五至三·
重六　其合質客羅彌酸三一·八五　養鉛六八·一五
入硝酸消化成黃色　吹火試之變黑鍊成黑色料油
碎之中有細細鉛珠　遇之於尼斯

做成之客羅彌酸鉛法以客羅彌卜對斯消化於水又
以醋酸鉛或硝酸鉛亦消化於水并之則客羅彌酸與
鉛相連可作漆畫之色
彌蘭客羅愛脫　結成合形如網　暗紅色　劃視之
土紅色　重五七五　內有客羅彌酸二三·六四
服客利奴愛脫　遇其小小結成　有摶結塊形者
亦附於他石如乳如粉　暗綠黑色　硬二五至三
重五·五至五·八　內有客羅彌酸銅鉛
免迭倍脫　色白黃紅　幾不明　珠光　重七至七
一　其合質綠氣鉛三八·四　養鉛六一·六

可多每脫　亦綠氣鉛也　色白　結成如針　在火
山石中　內有七十四五分鉛
角鉛　客羅彌酸炭酸鉛也　結成者白色剛光　重
六至六·一　遇之於他鉛礦中
目力別迭酸鉛　結成八面形亦有摶結者　昏黃色
松香光　其合質目力別迭酸三四·二五　養鉛六
四·四二　遇之於鉛礦中
西里尼酸鉛　結成細粒　硫黃色　吹火試之有西
里尼恩氣鍊得鉛珠
凡奈弟奈脫　即凡奈弟酸鉛　結成六面柱形如倍

路莫非脫立於他石如植　黃色至紅褐色　硬二
七五　重六六至七三
東斯天酸鉛　結成方八面柱形　色綠灰紅黑　松
香光　硬二五至三·　重七九至八一　其合質東
斯天酸五一·　鉛四九
松香鉛　結成塊粒形　色黃紅褐　松香光　硬四
至四五　重六三至六·四　其合質養鉛四〇·一四
哀盧彌那三七·　水一八八　遇之於鉛礦中與苦
抱脫在一處
凡現今所有之鉛大約皆從呆里那取出取得之法甚

易不過先揀去其呆呸之大塊者乃磨碎而淘之入倒焰爐烘之使見天空氣則礦化氣去燒成未淨之養鉛形如渣滓　取出和石灰再入木炭火中鍊之四點鐘初兩點鐘不用猛火且要天空氣後則蓋之而用猛火卽鍊得鉛此英吉利之法也

花旗新法用熱風猛火爐鍊之價廉而速

普魯斯法以礦入倒焰爐鍊之加鐵屑二十八分以收其硫礦速而省力惟鐵則從此無用矣

鉛中分銀之法詳見銀

水銀

有自然純質者　有與銀和合者　有與硫磺綠氣愛阿讜化合者　其礦除內有銀者皆易升

自然水銀　西名美客而林　其元爲一律式　結成八面形　流者如珠　散開於呆呸中　色錫白　重一三·六　冷至負三十九度成定質打之輭　吹火試之全升　入硝酸易消化　遇之者不多不過於他種水銀礦中時有些微　可用以分鍊金銀　作鏡　作表作藥

銀汞礦　結成十二面形　色銀白　硬二至二·五　重一〇·五至一四·　內有六十四至七十二分水銀二十八至三十六分銀

阿巳來脫　亦銀與水銀和合　內只有十三分半銀其外皆水銀

惜納拔　硫磺水銀也　其元爲六角類　夕夕面交角七十一度四十七分　析之與底平行能全備　屢有鼓磴塊及六面柱　亦搏結　有土形者　其光無金形　結成者剛光　昏暗者多　色自明紅至褐紅及褐黑　劃視之紅色　明二至四　硬二至二·五　刀能割之　重六·七至八·二　其淨者合質水銀八六·二九　硫磺一三·七一　其中屢有雜質若劃視之色如肝者內有泥炭雜質　淨者吹火試之全升　與紅養鐵及客羅彌酸鉛之別因火試升得水銀　與硫砒之別因火試無葱臭　遇之於台而客泥石層　新舊各層皆有之　因水銀及硫磺見熱皆易升故火山石中少然合拉尼脫中亦偶有之

凡水銀大抵得於此礦者居多　花旗金山之水銀礦在近山頂處高一千二百尺在綠色之台而客中有一層黃土厚四十二尺其中有惜納拔計一年可得二百萬磅　此礦除取其水銀之外研細可作顏料

角水銀　綠氣水銀也　結成方面或次形　其韌如

角　淡黃灰色　剛光　明三至四　硬一至二
重六四八　內有水銀八十五分
愛阿靛水銀　紅褐色　此礦最少
西里尼水銀　暗鋼灰色　吹火試之有西里尼臭
全升
凡取水銀礦祇能作小洞僅容人不能作大洞因其石必脆故也
惜納拔中每有石油及自然水銀取礦時每有水銀點滴落下可承取之
去呆呱之法　舊時作一圓窰徑四十尺高六十尺周圍有小屋附於窰旁有洞相通其小屋方十二尺有門可出入　以礦打碎置土礶中堆於窰中燒之則水銀化氣而出至小屋中遇冷而降此舊法也惟其窰及小屋總不能一點不走氣所以水銀每有漏洩
新法以礦粉和石灰置鐵筒中燒之使其氣入水冷則結而沈下
有一處惜納拔水銀礦在黑色泥石中視之絕不見有水銀之形而鍊之所得甚多

銅

銅之生成自然者多　有與硫礦及西里尼恩相連者亦有與數種酸相連者
凡銅礦重三五至八五　硬過於四者少　同硼砂在外火色變綠者多　內火吹之火色昏紅　同素特燒於木炭火能鍊得銅珠　有時銅礦中有別種金在內則其鍊得銅珠爲他金所包不見銅須用硼砂及錫箔點之則銅見　其礦入硝酸能消者以磨淨之鐵入內試之鐵上有銅色　入阿摩尼阿消化水變藍色
自然純銅　其元爲一律式　結成八面形　不能剖析　大如盃　其細筋如毛如花　紅銅色　打之能扁　引之能長　硬二五至三　重八至五八　其中微有銀吹火試之易鍊冷則外面遇天空氣而黑　入硝酸消化　入阿摩尼阿水消化成藍色　遇之每與銅礦相近　恆在石層之近結成石突出之處　有時遇大塊重數百噸　數年前花旗遇一山全是銅因鑿之甚難不如他礦之易取故取之者少　有時其脈走入脫拉潑內之鴨捺而西姆及潑里奈脫中作結成　其中有銀者磨平之可見其形或如線或如點與巴弗里內之有非而斯罷之形相似此種攙合之形非人工所能爲因人所攙者皆點點相和不能成紋理也意其初時必銅與銀俱鎔因其減熱極遲二物之凝度不同必有

一物先凝一物後凝故成此形蓋脫拉潑面上有火山石蓋之故熱大而不易冷也

玻璃銅礦　其元爲三律式　目目面交角一百十九度三十五分　析之與旁面平行不分明　亦有結成合形者　常摶結　黑鉛灰色　劃視之亦黑鉛灰色有時有金光　屢有失光成藍綠色者　硬二·五至三重五·五至五·八　其合質硫磺二〇·六　銅七七·二鐵一·五　吹火試之有硫磺煙在外火發泡易鍊得銅珠　入硝酸熱之能消化其硫磺沈於下　與玻璃銀礦之別因碎之其面不如銀礦明而火試亦異又銅礦消化於硝酸以鐵試之鐵上有銅色若銀礦消化於硝酸以銅試之銅上有銀色故易辨　遇其礦於藏或脈

藍銅礦　又名可弗林　摶結　昏藍黑色　重三·八內有六十五分銅

海里雖脫　亦玻璃銅礦也　惟其形爲八面形想是從呆里那之形借來是假式也

銅倍來底斯　硫鐵銅礦也　其元爲二律式　結成四面形或八面形如圖　丁丁面交角一百〇九度五十三分　又一百〇八度四十分　析之分明　亦有假式數種

銅黃色　失光則爲深黃色或靑紅紫綠變色　劃視之無金形綠黑色微明　硬三·五至四　重四·一三至四·一五　其合質硫磺三四·九　銅四四·六　鐵三〇·五

吹火試之鍊成之物能吸鐵因中有鐵故也吹於木炭上有硫磺煙同硼砂鍊之能得銅　入硝酸熱之能消化　與生金之別因切之不能成片　與鐵倍來底斯之別因黃色深而刀能刻之　遇其脈於合拉尼脫合里滑克等結成石中　大約每與鐵倍來底斯呆里那白倫脫炭酸銅在一處　其礦亦有在尼斯內之色而弁台能石中者

辨此礦之法色細黃而輭者其中銅多若色淡而硬者鐵多銅少　此礦除得銅之外每用以作硫酸銅其法與以鐵倍來底斯作硫酸鐵之法同

久倍能　其合質硫磺二九·　鐵三八·　銅一九·八

夕里開二·三

以盧倍雖脫　亦名紋倍來底斯　其元爲一律式　結成者析之爲八面形不能全　有結成方形及八面形者亦有摶結者　色自銅紅至褐色　劃視之淡灰黑色　其面微有光　遇電氣則失光　性脆　硬第三

重五　其合質硫礦二五·七　銅六二·八　鐵一一·六　吹火試之鍊成之物吸鐵能引之　吹試於木炭上有硫礦煙　入硝酸消化　與銅倍來底斯之別因淡紅黃色　遇之與他種銅礦同在合拉尼脫等結成石中疊層中亦有之

替脫來希奪來脫　結成鼈臑形及其次形如圖　析之似有八面形　色在鋼灰鐵黑之間　劃視之亦然　性脆　硬三至四　重四·七五至五·一　其合質硫礦二六·三　銅三八·六　安的摩尼一六·五　砒七·二　銀鐵白鉛一·五　有時有三十分銀代其銅者謂之銀灰銅礦　砒自無至十　有一種內有十分白金　又一種有水銀二·七　吹火試之有砒安的摩尼煙　鍊得銅珠　研粉入硝酸消化褐綠色與灰銀礦之別因火試酸試各異　此礦取之者因得銅或因欲得其銀

婆兒奴愛脫　結成扁方形輳合如輪輻　鋼灰色　劃視之亦鋼灰色　硬二·五至三　重五·七六六　其合質硫礦二〇·三　安的摩尼二六·三　鉛四〇·八　銅一二·七

安的摩尼銅　結成之紋理如線　暗鉛灰色　內有二十七分安的摩尼　又有內有砒者

台難得愛脫　結成十二面形　暗鉛灰色　劃視之灰紅色　面光　內有銅鐵硫砒

馱彌蓋脫　砒銅

西里尼恩銅　光色白如銀　內有六十四分銅　吹火試之有西里尼恩氣味

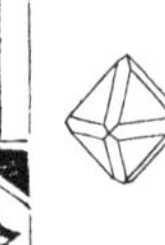

紅色銅礦　養氣銅也　其元爲一律式　結成常爲八面之次形及十二面形　如圖　析之成八面形　有搏結及土形者　深紅色　劃視之褐紅色　剛光及次金光或土光　明二至四　性脆　硬三·五至四　重六　其合質銅八八·八　養氣一一·二　吹火試之於木炭上能得銅珠　入硝酸消化　與惜納拔之別因火試不升　與紅色鐵礦之別因火試酸試有銅形　遇之與他種銅礦在一處　其八面形者在麥來蓋脫中所以其面每有綠色

黑銅礦　亦名低奴來脫　亦養氣銅也　粉形土塊如葡萄　暗黑色　內有六十至七十分銅　遇之於他銅礦之脈　因硫礦銅礦變化而成　可以得

銅凡養氣銅最易鍊只要木炭而已　此礦入硫酸可徑作硫酸銅

硫酸銅　其元爲三斜式　結成柱形　亦有附於他石之上者　深明藍色　劃視之無色　明二至三　玻璃光　入水能消化　嘗之有金味令人吐　硬二至二·五　重二·二一　其合質硫酸三二·一　銅三一·八　水三六·一　消化於水者以鐵試之有銅色　遇之於硫磺銅礦相近是硫磺銅變化所成也　水自石隙中來水中屢有消化之硫酸銅

凡硫酸銅可用以染色印花　可使木不朽　可使肉不爛

現今所用之硫酸銅大抵皆做成者居多　法以銅屑入淡硫酸水熬之則消化冷而凝結卽成　或以銅溼之以淡硫酸置之熱處乾則再溼之久則消化以水熬之凝成塊

水中若有硫酸銅多者亦可熬得之

流水中有硫酸銅可以鐵換得之其法於水之經過處掘地作坎坎中置鐵五百噸一年之久其鐵盡消化變爲紅色之土每噸鐵能得土一噸半或二噸其每噸土內有一千六百磅淨銅　有一處用鐵二十四萬磅換得銅十八萬磅

白羅蓋得愛脫　亦硫酸銅　結成長斜方底形　鼓磴塊　色綠如曷密來兒　水中不能消化內有十七分半硫酸　吹火試之變黑不鍊

客里蘇肥蓋脫　可泥蓋脫　亦硫酸銅之屬

麥來蓋脫　炭酸銅也　其元爲一斜式　常附於石面亦有搏結如葡萄鍾乳形　直破之無筋橫破之有筋其筋絲光　亦有形如土者　色淡綠　劃視之綠色更淡　搏結者不明　結成者明第三　剛光微帶玻璃光　土形者無光　硬三·五至四　重四　其合質炭酸二〇·　養銅七一·九　水八·二　入硝酸消化如沸　吹火試之有細細爆裂聲變黑成硬灰　同硼砂鍊成深綠色料油及細銅珠　識別以其銅綠色及遇於銅礦中　與客里蘇各落之別因入硝酸全消化生氣速而色不帶藍　常遇之於銅礦之面爲皮　如厚者其色佳惟結成完全者甚少

夕里西炭酸銅　藍色　重三·六九至三·八七　其合質銅三五·七　炭酸一〇·　水一〇·　鐵一五·七　養氣七·　硫磺八·　夕里西恩一三·

凡麥來蓋脫之礦不恆以之分得銅因其銅易與炭酸

升去故也　磨光之可作器中鑲嵌亦作桌面花瓶之類作僞者以之假推而廓惟不如推而廓之硬故易別

愛如來脫　藍色之炭酸銅也　其元爲一斜式　結成之形如圖　析之與邊平行　亦有摶結如土者　深天藍色　劃視之亦藍　明或微明　玻璃光微帶剛光　性脆

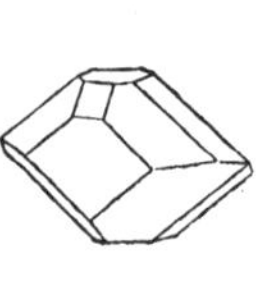

硬三·五至四·五　重三·五至三·八五　其合質炭酸二五·六　養銅六九·二　水五·二　火試酸試皆如麥來蓋脫　遇之於銅礦中　結成者其色最佳　可作顏色此石若多是好礦也

客里蘇各落　夕里開銅也　常於他礦爲皮　有摶結如土塊粒形者　亦有在石中如帶及點者　無結成無金形　其面光平　明綠色及藍綠色　亦有土光者　明三至暗　硬二至三　重二·至二·三　其合質養銅四〇·　夕里開三六·五　水二〇·二　炭酸二·二養鐵一·　其質係是和合故各物有無多少無一定吹火試之變黑不鍊硼砂點之微鍊　入硝酸不生氣不能全消化　與麥來蓋脫之別因入硝酸不生氣遇之於銅礦中　其淨者內有三十分銅不淨者十分銅　此石若多亦爲好礦

此礦用石灰作弗拉克斯易鍊

台屋不對斯　亦夕里開銅也　結成六面形　夕夕面交角一百二十度二十四分　明綠色　玻璃光劃視之亦綠　明或微明　硬五　重三·二八

以上各種皆有大礦以下均爲小屬

油客羅愛脫　砒酸銅也　色如曷密來兒綠　內有多養砒三十三分　養銅四十八分　結成斜方底柱　硬三·七五　重三·四

厄非尼雖脫　色自暗綠至暗藍　硬二·五至三·重四·一九　內有多養砒三十分　養銅五十四分

以勒奈脫　結於他石之面如乳　色如曷密來兒綠　硬四·五至五·　重四·〇四　其中有多養砒三三·八　養銅五九·四

來客羅奈脫　結成如油客羅愛脫有一寸大者色自天藍至礬綠　硬二·五　重二·八至二·九　其中有多養砒一四·　養銅四九·

屋劣物奈脫　結成三稜形　絨皮　橄綠色　硬三　重四·二　其中有多養砒三六·七　養銅五六·四

銅枚格　頁形如枚格　色如曷密來兒綠或草綠

硬二 重二·五五 其中有多養砒二一 養銅五八 水二一

銅沫 淡果綠色或翠綠色 析之能全 其合質多養砒二五 養銅四三九 水一七五 炭酸灰一三六

康馱來脫 色褐黑或藍

以上皆砒酸銅之類吹火試之於木炭上皆有砒臭

燐酸銅 又名假麥來蓋脫 結成之角最銳 亦附於他石之面 色如曷密來兒綠或黑綠 硬四五至五 重四二 其中有養銅六十八分

來別非奈脫 結成銳三稜形 亦摶結 暗橄綠色 硬四 重三六至三八 其中有養銅六十四分

弗倫蒲來脫 結成綠色 其中有養銅三十九分

以上皆燐酸銅之類吹火試之無煙熱之有燐酸之形迹

綠氣銅 又名阿台開每脫 結成斜方底柱及八面形 有摶結者 色綠或黑綠 劃覥之果綠色 剛光至玻璃光 明三至四 其合質養銅七六·六 綠氣酸一〇·六 水一二·八 吹火試之有綠氣煙能鍊得銅珠

硫綠酸銅 結成如針微有六面之像

凡奈弟酸鉛銅 暗褐色或褐黑色 形如鐵土 遇之於銅鉛礦

凡奈弟酸銅 結成有頁 其頁佛手黃 珠光 亦有粉形者

揞利推脫 結成如亂針 色藍 其質為水炭酸銅

白鉛 想似屋來刻而斯愛脫

絨銅礦 結於他石之面細毛如絨 色藍

以上皆銅礦之小屬也

凡現今所有之銅大抵皆得之於銅倍來底斯與灰色硫磺銅礦及炭酸銅礦者居多亦有從黑養銅及硫酸銅水取得者

凡試銅礦有火試酸試二法

火試之法 先以小塊置試筩中熱之辨其氣味知其中或有磺或有砒或砒磺均有 如有砒及磺者每磺粉一磅和木屑半磅以油溼之置筒中熱之以出其砒煙 研碎之置淺罐中燒紅而調攪之則磺及炭燒去矣 研碎之每一磅加半磅煅過之硼砂或半磅炭酸素特又加十二分之一煙煤或研細之炭粉亦可和而

溼之作團按實於礶中蓋而封固之入有風箱之爐燒之至礶通明七分至二十分時取出冷之碎其礶得銅此銅尚未淨再置礶中與硼砂同鍊之至輭而能打則淨 此法第一次去砒第二次去磺若礦內本無砒磺者一二次功夫可省如有磺而無砒者可省一次

凡銅礦中有硫磺養氣炭酸者均可用酸試之

酸試之法 以礦入重硝酸中則硫磺 硫酸 銅 鐵 臬客爾 苦抱爾 鉛 銀皆能消化 若其中本有綠輕氣銀則降於底如乳皮色 若中無綠輕氣而有銀者則微加綠輕酸其銀能降如不降者其中無銀也 如其中無鉛及安的摩尼及砒與他金之遇磺輕氣能降者在內則以磺輕氣放入其銅變為硫磺銅而降其色黑 濾出洗過再入硝綠輕酸水消化之以輕酸卜帶斯降之得黑養銅 濾出燥之仔細稱其輕重即可算得礦中有銅若干分

如已用吹火法試得只有鐵及銅和者則以硝酸消化之而用阿摩尼阿降其鐵為水多養鐵 知其有若干鐵即知其有若干銅 或如前法再以輕酸卜帶斯降其銅

烘礦之法 凡礦中有硫磺鐵者皆可使之自熼自烘法於空地以碎礦堆高之上蓋以土中心作煙通堆上作凹坎以收其鎔化之磺 此法要燒六箇月方畢礦之烘過者其形如粉其色黑

英吉利之銅礦因其中之硫磺鐵少不能使之自燃故用倒焰爐烘之費多而可速

英吉利分礦之法烘鍊相間烘一次則鍊一次鍊一次則烘一次 其意烘之使易升之物去又使銅得養氣鍊之使養氣去而銅得漸淨也 其烘鍊之法如左

法以礦於倒焰大爐烘過另入一倒焰爐中鍊之其爐比烘礦之爐小其底可容一百磅礦猛火燒之時時調攪之使其渣滓浮出成料油則去之 任其鎔化之銅汁在底再加一百磅礦粉仍如前鍊之如爐深者可加三次 如銅汁滿則使其自下流出至水中成細粒如砂其中有三分之一銅其餘為硫磺銅鐵 再入烘爐烘之屢調之使鐵得養氣二十四點鐘取出 再入爐鍊之仍以前次所取出料油中尚有未分出之銅加入其中仍如前法滿則流入水其內有六十分銅謂之細銅再烘之再鍊之仍如前流入水謂之粗銅內有八十至九十分銅 再烘之此次烘即於鍊爐內烘之兼烘帶鍊進風氣以引出其養氣十二至二十四點鐘流出

於砂中凝成塊其銅硬而色紫面有泡皮中多蜂窩再入爐緩緩錬之使養氣與雜質化料油時取一滴觀之如深紅色向紫碎之粒口粗者謂之燥銅 以木炭末加入汁內調之如沸屢加炭屢調亦屢取一滴試之至輭而無粒面有絲紋色淡紅則淨矣流入模中每塊長十八寸寬十二寸又有錬時須加鉛使易得養氣者此英吉利錬銅之法也其爐每三層相連如級一面烘一面錬

歐羅巴各國有以猛風爐代倒焰爐者其費較省 花旗亦用猛風爐

新法 凡硫礦銅烘之使見天空氣變爲硫酸銅 以硫酸銅消化於水用電氣降之得淨銅

花旗銅礦之脈大約在脫拉潑之突過砂石層處先遇客里蘇各落卽可得黑養銅

銅古時已知用之大約與錫相攙爲兵器有得二千年前古器者分之知其用五分銅一分錫此爲最硬之劑亦有古刀其刀口用鐵刀背用銅者知古時之鐵貴於銅也

黃銅之劑二分銅一分白鉛爲最好 亦有四分銅一分白鉛者 五分銅一分白鉛色如金 五分白鉛八分黃銅色如白金可作扭扣 九分白鉛三十二分黃銅名罷孚金 礟銅攙錫七分至十分 響銅之錫八分 鐘銅用錫三之一至五之一 鏡銅用錫三十至三十三 回光大遠鏡用銅一百二十六分錫五十七分半

長洲沙英繪圖

元和江衡校字

金石識别卷八目錄

金石識別卷八

美國代那撰

美國　瑪高溫　口譯
金匱　華蘅芳　筆述

礦金類

此類礦金亦謂之貴金類

白金

撥拉低能　遇其生成自然者扁粒有稜摶結無常形結成爲方面者最少　淡灰色或暗鋼灰色　劃覗之色同　金光　打之能扁　硬四至四五　重一六一九　常與衣日地恩　日和地恩　鈀留底恩　哈恩彌恩

銅　鐵等金相和合多少無一定所以其色暗而質比純者硬　俄羅斯出者其合質白金七八九　衣日地恩五　哈思彌恩一九　日和地恩○九　鈀留底恩○三　銅○七　鐵一一　入硝緑輕酸消化　吹火試之最不能鍊惟有些微吸鐵性中有鐵者吸力更多

識別之法因其可打而不可鎔

白金初得時遇之於砂中以爲銀　後又於土中及結成石中得之　約三千七百磅砂得三磅白金　其粒小者居多　曾有大塊重一千○八十八粒與水重之比若一八九四與一　又有一塊大二寸計重一萬一千六百四十一粒　又俄羅斯曾得大塊者一重十一磅半一重二十一磅　俄羅斯每年所得白金約八千磅比各處所出多十倍　花旗金礦中亦有些微白金

白金之性不鏽蝕不易消鎔故化學之器多用之可作鍋以熬鍊硫酸又可作礶作盂爲火試酸試等用　可作水電器　可作箔以包各金器　可與金鐵及鉛等金相撥　惟忌見輕酸卜對斯及燐酸及炭見之則剝蝕所以用白金器須小心此三物　可畫磁器之邊燒成色如鋼　可作極細之絲細至二千分寸之一　俄羅斯以白金作貨幣

白金初得時以爲無用之物因其粒甚細不能鎔成大塊雖燒紅打之亦可併惟其甚細所以難且尚有他質在內不能淨　嗣後英吉利化學士以硝緑輕酸消化之以綠氣酸阿摩尼阿降之成橘黃色粉爲二倍綠氣白金阿摩尼阿熱之至紅即得細粉黑色謂之海棉撥拉低能又紅熱之以鋼鐵重壓之則併成餅再燒而打之成塊　後又有花旗化學士以輕養火燒之易鎔可以小粒鎔成大塊曾鎔得二十八兩重一塊與水重之比若一九八與一此法所鎔成白金與上法所得同亦可打凡百分中有九十分白金已可打作器皿惟其光

色不如純金之明耳

衣日地恩　日和地恩

白金衣日地恩　粒形　其合質日和地恩七六·八　白金一九·六四　又微有鈀留底恩及銅　緬甸近中國處有此礦

又有一種其合質衣日地恩二七·八　白金五五·五　日和地恩六·九

衣日地恩哈思彌恩礦　結成六面柱形　淡鋼灰色　常遇結成扁粒　硬六·七　重一九·五至二一·一　能打難扁　其合質無一定　有衣日地恩四六·八　哈思彌恩四九·三　日和地恩三·二　鐵〇·七　又有衣日地恩二五·一　哈思彌恩七·四九　亦有衣日地恩二〇·　哈思彌恩八〇·　識別之法因其粒硬於白金入硝酸熱之有哈思彌恩氣　遇其粒於花旗金礦中金中有此者則金色不佳久鎔之待其沈下可去之

衣日地恩之純質重二一·八　最硬

日和地恩之純質重大於十一硬不亞於衣日地恩鋼內若有日和地恩則更堅

鈀留底恩

鈀留底恩　常遇者結成八面形亦有六面塊形者　結成細粒者多其粒之紋四出如星光　色自鋼灰至銀白　打之能扁引之能長　硬大於四·五　重一一·八至一二·二　其質鈀留底恩　又微有白金及衣日地恩　吹火試之不能自鍊同硫礦能鍊　遇之於美里哥南金礦中　與白金之別因其粒有星紋　磨之其光如鋼久不暗　可作器皿　其硬如最好之鋼可作刀不生鏽　可與黃金攙　黃金六分鈀留底恩一分攙和色白如銀最精儀器之度分圈每用之　有時於金砂中得其大塊　現今所有之鈀留底恩皆於鍊金銀時分得之

金礦中本有四種金和合黃金銀鈀留底恩銅是也分取之法鎔而傾於水中成細粒　入硝酸中則銀與鈀留底恩及銅均消化而黃金不消故得黃金　以食鹽入內降其銀爲綠氣銀　又以白鉛片入內則白鉛消而銅及鈀留底恩降濾出　再消化之於硝酸加多阿摩尼阿及綠輕酸滿其量則鈀留底恩與二倍綠氣阿摩尼阿合而降爲黃粉燒之即得鈀留底恩之純質

黃金

黃金生成自然者居多　或爲純質　或與銀及他金和合　亦有與脫羅里恩相連者

生金　其元爲一律式　結成正方形　不能剖析　亦有頁及塊　有時如毛　黃色有淺深若銀多則色白最輭最韌　打之最能薄引之最能長　硬二五至三重一二至二〇　其質常與銀和合故金之多少無一定　最淨之生金出於俄羅斯其合質金九八·九六銀〇·一六　銅〇·三五　鐵〇·〇五　其重一九·〇九九　有一處所出金礦其合質金七三·四　銀二六·四八　其重一二·六六六　凡金礦中之金與銀和合之數其比例或三與一　或三五與一　或五與一　六與一　八與一　八與一者最多　亦屢有十二與一者

金有與銅及鈀留底恩白和地恩和合者

有日和地恩金　重一五至一六八　內有三十四至四十三分日和地恩

生金礦與鐵倍來底斯銅倍來底斯之別因用刀切之能成片打之能扁不碎爲粉　又倍來底斯熱之有硫礦氣此無硫礦氣且能鍊

生金大約於半結成之疊層石中遇之凡半結成石中科子脈多者其科子中每有金

半結成石如客羅愛脫及台而客其中出金最多

如全結成石合拉尼脫尼斯校格泥石此三種結成石其脈常爲非而斯罷或合拉尼脫而科子脈少

凡合拉尼脫脈其中不恆有金

科子脈之透過石層其形忽大忽小亦有平鋪爲面與石層平行者　其科子常有中空而內有結成之科子者　又科子中每有倍來底斯及呆里那其倍來底斯或化去則科子中空或有硫礦及鐵鏽　凡見如此形狀之科子皆易得金

倍來底斯其硬如科子其中亦每有金惟其金須磨碎其石爲粉以水銀收之方能得金其法甚難不如師造化之法待其自變　法以倍來底斯堆爲小山見空氣日久則變爲硫酸鐵再取其金

如有金之處有呆里那者其呆里那中亦有金

有時疊層石之近科子者其石亦有金惟不如科子中金多耳

金在科子中其甚細之粒目不能見

產金之石其中大約有白金衣日地恩哈思彌恩磁鐵鐵倍來底斯銅倍來底斯呆里那白倫脫低脫來代每脫入爾康盧代爾重斯罷　亦有白羅蓋脫奠奈是愛脫及炭剛

金礦大約遍地球各國都有之惟所得皆不多約計之一年中遍地球共得金一百九十五噸

俄羅斯美里哥南新金山花旗金山此四處每年約出一百七十五噸

金之最多者俄羅斯產金之處計四千磅沙泥中可得六十五粒金至多得一百二十一粒金其沙泥中鐵多者金亦多

俄羅斯金礦其山石是半變壞之合拉尼脫其石名比里雖脫其中有科子脈金在科子中　其比里雖脫與台而客客羅愛脫相近　其洞直深二十五丈再開橫路至遇科子脈　每年約得金五十至七十五磅

普魯斯於一萬萬粒砂中得金五十六粒即金再少一半尚有人取之

新金山每年得礦二十五萬磅

花旗金山每年得礦二百萬磅

花旗金山之礦在山半其山有泉凡澗水有石當其流者其處往往得金　其金大約薄片及小粒間有成塊者其大塊有十五磅至二十磅者與科子連　亦有結成在石中如毛如花者

有結成之式如圖

凡砂中之金大抵皆從石中來因其石久經雨淋冰凍而泐爲砂金比砂重七倍故其砂隨水流出近處金多遠處金少

普天下大塊之金無過於花旗金礦中所得之塊其塊重一百三十四磅計得純金一百〇九磅十一兩買得銀二萬六千元

又新荷蘭金山得一塊計重二十七磅半長十一寸最濶處五寸其式如圖

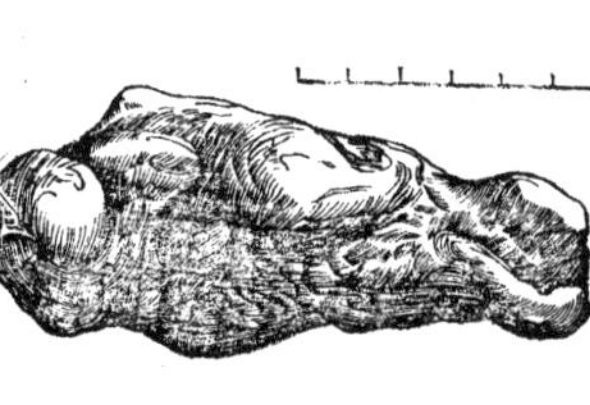

金脈及金之來源人尚未能知其所以然不過臆度之而已

凡石之有金脈者每在半結成石中夫石之結成由於

熱如金亦因熱而成何以全結成石如尼斯枚格層中其金少而台而客泥壘石中其金多　又科子之脈有在石中者有在石縫者　其石層有斷裂凹突者意當時之熱亦非極猛所以其石不能全結成而爲半結成因結成而石中有空處　又科子脈非皆從下突起有自旁平鋪者有從上掛下者意當時半結成石必爲海底海中有火山沸水水中有消化之夕里開走入石之空隙及夾縫中結而滿其空故或薄或厚其金意亦與夕里開同來故結於中　又地氣中或有金自下而上遇夕里開而結於中亦未可知此皆臆度如此其究竟如何俟後考究將來當能明之

倍來底斯之於科子脈中大約有金因其結成之法與金相同故也

有人謂金在科子脈中上面金少下面金多然未有確據此說不足信

查金脈結成之時大有早晚如花旗金山之金脈其結成時在煤炭之後以其淺於煤層也

欲知石中有金銀與否碎其石爲細粉重羅篩過置馬口鐵箕中入水淘汰之揚去其輕者其重者沈於箕角傾出置水銀中調攪之使水銀與金相連名曰阿馬兒合姆水洗去其泥沙水銀多則用紙絞出之其阿馬兒合姆如銀泥置罐中升去水銀卽得金　有時淘汰之卽可得金有不必用水銀者

如金與銀銅和合者欲分去其銅用罐鍊欲分去其銀用硝酸

罐以骨灰爲之其式如圖或於骨灰上作一坎坎中置礦粉亦同　爐中置一磁籠籠式如圖其孔取其透風　罐安於籠中

凡金礦內有銅者則加鉛鍊之使鉛得養氣成養鉛能助銅易得養氣成養銅其養銅養鉛能走入罐之骨灰中而金與銀成流質在罐內鍊至其面光明候冷取出得一塊金銀打之爲薄片入濃硝酸沸之又換濃硝酸沸之如是兩三次則銀消化於硝酸而金得純

試淘淨礦砂中之金用量水表量準二十至二十一分重之硝酸四兩又四分兩之一以五合拉鉛包半合拉礦砂入其內沸之二十分時又換重硝酸二兩沸十分時又換硝酸又沸之如前如是數次濾出洗淨卽得金可吹鎔而打之

金之用處人人知之亦無不以爲貴重因其韌而易打

見天空氣其光不損雖其價貴而作器甚美觀又能極薄故可作箔以包裹各金之器其箔計一粒重能作五十六寸四分寸之三之平方其薄二十八萬分寸之一

極純之金西名謂之二十四開來脫亦謂之細金如內有二十二分金二分銀或一分銀一分銅謂之二十二開來脫如內只有二十分純金者謂之二十開來脫欲仔細考究金之成色每開來脫分作四分之一八分之一十六分之一三十二分之一

花旗律例金九百銀銅一百作金錢每箇內有二百三十二粒細金

金脫羅里恩　灰色或銀白色

銀

銀之生成自然者每與數種金和合　其變形者或與硫磺或與西里尼恩或與砒或與綠氣或與孛羅名或與愛阿譺或與數種酸相連

銀礦吹火試之易鍊易得銀或能自鍊得銀或與素特同鍊得銀其鍊得之珠打之輾刀能割之

銀礦之重五五至一○·五

生銀　其元為一律式　結成者八面形　不能剖析　屢遇筋絲紋結成如毛如木　亦有成片頁者　色銀白而光　劃視之亦然　刀能割之　打之可扁　硬二·五至三　重一○·三至一○·五　其合質銀與銅其銅多至十分　亦有與金和合者已詳見金礦類有一處銀礦內有十六分別斯末斯　吹火試之易鍊得珠其珠有稜角　入硝酸消化以淨銅入其水銅上有銀色　識別以輾而可打　與別斯末斯及他種白色生金之別因吹火試之無煙又入綠輕酸消化見天空氣變黑　遇其生成之塊及條或如針如線走入結成石及疊層石中每在相近脫拉潑巴弗里處　花旗銀礦其銀有走入銅礦中者其銀不與銅合仍為純銀

呆里那內每有三分銀質

生銀之大塊曾有四百磅者五百磅者八百磅者　銀之用處可作貨幣及器皿　花旗銀餅銀一百銅十製成後沸之於葡萄酸及食鹽水中或以阿摩尼阿水摩之則外面之銅化去而面為純銀若打之仍比銀稍硬

銀亦可作箔其箔不能薄於十六萬分寸之一

銀之最純者西人謂之十二潑尼威脫若攙他金十二分之一謂之十一潑尼威脫攙十二分之二謂之十箇潑尼威脫此言其成色也

硫磺銀礦　亦謂之光銀礦　其元為一律式　結成十

一　二　三

二面形如圖　其次形之變有多有少如二圖三圖　析之有時能與十二面平行　亦有結成合形交結如網羅者亦有搏結者　金光　黑鉛灰色　劃視之亦黑鉛灰色而光　性脆　硬二·至二·五　重七·一九至七·四　其淨者合質銀八七·○四　硫礦一二·九六　吹火試之先發泡出硫礦氣後鍊得銀珠　入淡硝酸能消化　與銅礦鉛礦及他種銀礦之別因火試有礦臭及自鍊能得銀又比諸銅礦重而刀能刻之

此礦最多其銀亦最多除此礦之外又有硫鐵銀礦及硫銅銀礦

昔脫盧彌愛脫　硫銅銀礦也　鋼灰色　重六·二六內有五十二分銀　吹火試之有硫礦氣能鍊而不能得銀　欲得其銀須置礶中與鉛同鍊之方能得其銀　入硝酸消化以鐵試之鐵面有銅色以銅試之銅面有銀色

昔脫倫白而其愛脫　硫鐵銀礦也　其片頁析之分明形如白倫倍果劃於紙有黑色　其頁輭以指甲砑之能光　金光　色褐如假金　劃視之黑　內

有三十三分銀　吹火試之有硫礦臭鍊得之珠其外面爲銀與硼砂同鍊能得純銀

脆銀礦　亦謂之黑銀礦　硫礦安的摩尼銀也　其元爲三律式　結成斜方底柱　目目面交角一百十五度三十九分　析之不甚分明　屢有合形及搏結者金光　色鐵黑　劃視之亦鐵黑色　硬二至二·五重六·二七　其合質硫礦一六·四　安的摩尼一四·七銀六八·五　銅○·六　吹火試之有硫礦臭有安的摩尼煙鍊成暗色珠與素特同鍊得銀　入淡硝酸消化以銅試之有銀色

此礦得銀多除此礦之外另有安的摩尼銀砒銀西里尼恩銀

安的摩尼銀　别名迭斯克里雖脫　色白如錫　重九·四至九·八　其合質銀七七·安的摩尼二三·吹火試之有灰色安的摩尼煙鍊得銀珠

拍里倍斯愛脫　其色其重其形俱與脆銀礦相似惟其合質內有砒及銅　其中有銀七五·二　結成六面鼓礎塊

每阿其兒愛脫　鐵黑色　劃視之櫻桃紅色　其合質硫礦　安的摩尼　銀　其銀三六·五　吹火試

之有安的摩尼煙硫磺臭與素特同鍊得銀

紅銀礦　其元爲三律式　結成長方底柱　其色有明暗二種　暗者其中有五十九分銀其餘爲硫磺安的摩尼　色自黑至鮮紅　金剛光　劃視之亦紅　硬二·五　重五·七至五·九

明者有六十五分四銀其餘爲砒硫磺　色鮮紅劃視之色亦鮮紅　硬二至二·五　重五·四至五·六

吹火試之皆易鍊有安的摩尼煙或砒煙能鍊得銀

此礦又謂之露佩銀礦因其色似露佩也

油開來脫　西里尼銅銀礦也　黑色　金光　面有緊膜　吹火試之有西里尼恩臭

又有西里尼恩銀礦　結成方形　其合質西里尼恩　銀　鉛

脫羅里恩銀　鋼灰色　重八·三至八·八　其合質銀六二·八　脫羅里恩三七·二　有一種內有金十八分　與素特同鍊得銀

殘安可呧　色自暗紅至丁香褐　內有銀六六·二其餘硫磺砒

角銀礦　綠氣銀也　其元爲一律式　結成方形　析之不分明　亦摶結　結成如柱形者少　恆爲他石之皮　灰色至綠藍色　視之如角亦如蠟　切之刻之亦如蠟如角　松香光至剛光　劃之光　明三至四　其淨者合質銀七五·三　綠氣二四·七　燭火能鍊之其氣刺喉棘鼻　吹之於木炭上易得銀　磨於鐵上有銀色　屢遇之與生銀在一處

此礦可得銀

愛阿靛銀　孛羅名銀　遇之甚少　其合質銀與愛阿靛或孛羅名

安蒲來脫　綠氣孛羅名銀也　形如角銀礦　色橄綠　內有綠氣銀五一·　孛羅名銀四九·

凡現今所有之銀大抵皆得之於生銀礦及光銀礦黑銀礦紅銀礦角銀礦除此之外又有得之於呆里那及數種銅礦　呆里那中若銀多則專取其銀去其鉛

銀礦每遇之於尼斯及尼斯比連之石如巴弗里脫拉潑砂石灰石泥石

銀每與鉛及白鉛銅苦抱爾安的摩尼合

銀之呆呧常爲丙而刻斯罷及科子　亦有夫羅而斯罷珠斯罷或重斯罷爲銀之呆呧者

美里哥南所出之銀大約從角銀礦脆銀礦光銀礦生銀礦得之除此之外又有石泐爲砂砂土中有銀者

又硫礦鉛硫礦鐵硫礦銅鍊之中每有銀.

墨息哥產銀之處北極出地十八度至二十四度其山名可地里來山其銀脈在泥石綠石巴弗里石中或在合里滑克或在灰石　每年得銀二百萬元　有處有安的摩尼硫礦銀礦半年得銀四十萬磅.

歐羅巴各國皆有出銀之處惟不甚多.

統地球各國每年約出銀五千萬元.　英吉利出七萬磅　法蘭西出五千磅　奧地里出九萬〇五百磅　瑞典拿威出二萬磅　西班牙出十三萬磅　普魯斯出十二萬磅　以大里瑞西俄羅斯出五萬八千磅　比里些出四百四十磅　共約出五十萬磅

凡得銀於礦有二法.一用水銀引之.一用鉛同鍊之.因水銀及鉛最喜與銀相連故也.

用水銀引者.先磨礦為細粉.加食鹽十分或火助之.令熱若於熱地則不必加熱.待其自發熱.數日後變為綠氣銀.　加水銀及硫礦鐵或鐵砂.使水銀與銀相連為阿馬兒合姆.　水銀須六倍或八倍於銀.時調攪之.使易與銀合.　調攪之法.普魯斯置圓筩中轉搖之.數點鐘即化.墨息哥用牛馬踐踏之.須十餘日方化.　其水銀與銀相連如汚泥.使流水過之.洗去其泥.又濾去其水銀之多者.得銀泥.置礶中升出其水銀.即得銀.　此法水銀耗費甚多.

硫礦銀砒銀綠氣銀等礦.先打碎揀之.分為上中下三等.以下等者先同一弗拉克斯鍊之.又烘之.使硫砒去.再加入中等者鍊之.又烘之.再加入上等者鍊之.又烘之.再以鉛鎔而加入調之.使十分和合.則銀與鉛成汁.而渣滓為料油.

如呆里那中有銀者.則用倒焰爐鍊之.其鍊法與取鉛之法相同.

倒焰爐之式如圖.　甲為爐柵.　火至戊出於煙通.丁為爐底凹如盆　乙為限　丙為頂.火自甲至丁.彎而倒.故謂之倒焰爐天空氣從爐柵內.隨火入爐中.其火與吹筩之外火無異.故其礦能得養氣.尋常猛風爐及弗拉克斯爐除進風吹火之外更無天空氣走入.所以其火似吹筩之內火.可移去養氣.　此倒焰爐若令其所進之風僅足生火.則亦可移去礦中養氣.　此圖不過解其理耳.若欲知其詳細.則書另有專圖.　其甲之上有門可進煤薪.　爐頂或旁面亦有門以進礦

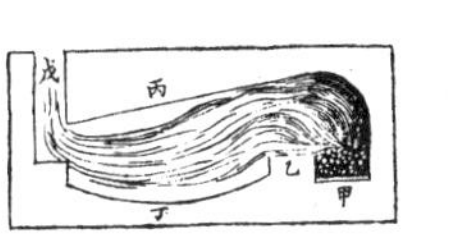

其爐旁近底處亦有門可用桿入內調攪及取去渣滓 底之下有塞門可開而放出其汁 爐旁又有管可使升出之物通出於別處而降 其爐底不過使汁聚於一處其有深而平者有淺而窪者有一邊高一邊低而斜傾者各視其用之所宜 數爐可共一煙通

分銀鉛之法用倒焰爐爐底先以木炭灰和泥塗之置礦於爐中燒之風從爐栅之邊入而過鉛汁之面鉛得養氣變爲立雖而其即養氣鉛時時取去之至無渣滓而光明即爲淨銀 其養鉛內仍有微銀再可入倒焰

爐鍊之

英吉利分銀鉛之法有人新剏一器於鉛汁將凝之時濾過其器之鐵層其濾不去者純是鉛與用紙濾溼物無異惟其濾下者仍非淨銀而仍有鉛再鎔而濾之如如是多次其鉛漸少再入骨灰罐鍊去餘鉛得淨銀

此法甚奇現是新出故未能仿造據云雖一噸鉛中有三兩銀皆可分得之較用倒焰爐所省甚多

凡銀礦中有銅及灰銅礦中有銀者先以礦燒過碎之或與鉛或與鉛礦同鍊之傾成塊置爐燒之紅熱其熱度僅能鎔鉛不能鎔銅則鉛與銀如汗流出兩三日流盡得鉛銀再如常法入罐鍊之 此法其銅中仍有銀鉛再可鎔而鍊之

凡分銀鉛先稱其若干重置骨灰罐中罐置磁籠中籠置火爐中鍊之鉛得養氣走入罐中而得淨銀稱其重即可核算銀之多少 此法雖鉛中之銀極少亦可得之 又花旗有一法雖極細之銀皆可量而知其輕重

有法從礦得銀不必用水銀其法以礦粉與食鹽和而燒之變爲綠氣銀置鹽水中沸之則銀消化於水以銅入水降之得銀

硫礦銀礦烘之於倒焰爐使變硫酸銀置水中沸之能

消化於水以銅降之得銀 此法須礦中硫礦多者方能若少不甚便 若銅鐵倍來底斯中有銀者用此法最佳

銅銀攙雜者消化於硝酸用食鹽降之得綠氣銀每綠氣銀百分內有純銀七五三三

附琢玉法

琢玉其有三法鋸而去之一也碾之使合式二也磨之使光滑三也 琢金剛之法前已言之茲言琢薩非阿土不爾斯等堅硬之玉

法用銅輪蘸橄欖油及剛砂碾之後蘸鐵玻璃粉磨之

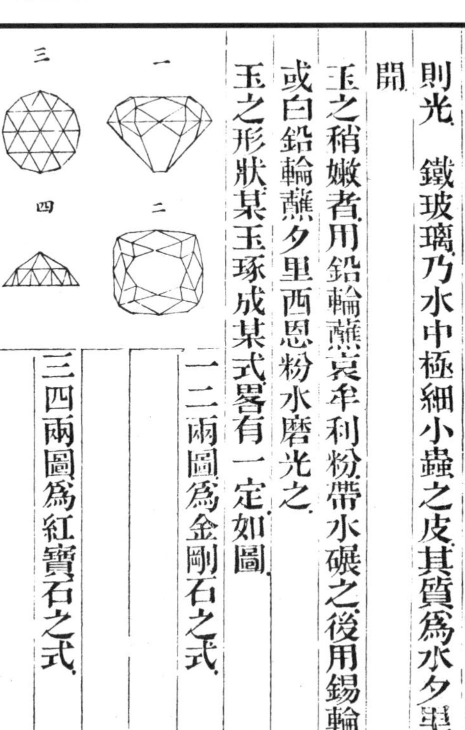

則光。鐵玻璃乃水中極細小蟲之皮，其質爲水夕里開。

玉之稍嫩者，用鉛輪蘸哀伞利粉，帶水碾之，後用錫輪或白鉛輪蘸夕里西恩粉水磨光之。

玉之形狀，某玉琢成某式，畧有一定，如圖。

一二兩圖爲金剛石之式。

三四兩圖爲紅寶石之式。

五
六
七
八
九

五六兩圖爲曷密來兒綠玉之式。有琢成級形者。

七圖爲薩非阿之式，其邊畧如第六圖，其底畧如第八圖。

八圖爲東土不爾斯之式，其面如一二圖。

九圖爲茄納之式，因其色深，故宜於薄。常土不爾斯琢成如八圖，亦有如九圖而稍厚者，其凹之旁有作兩三層坎面者。

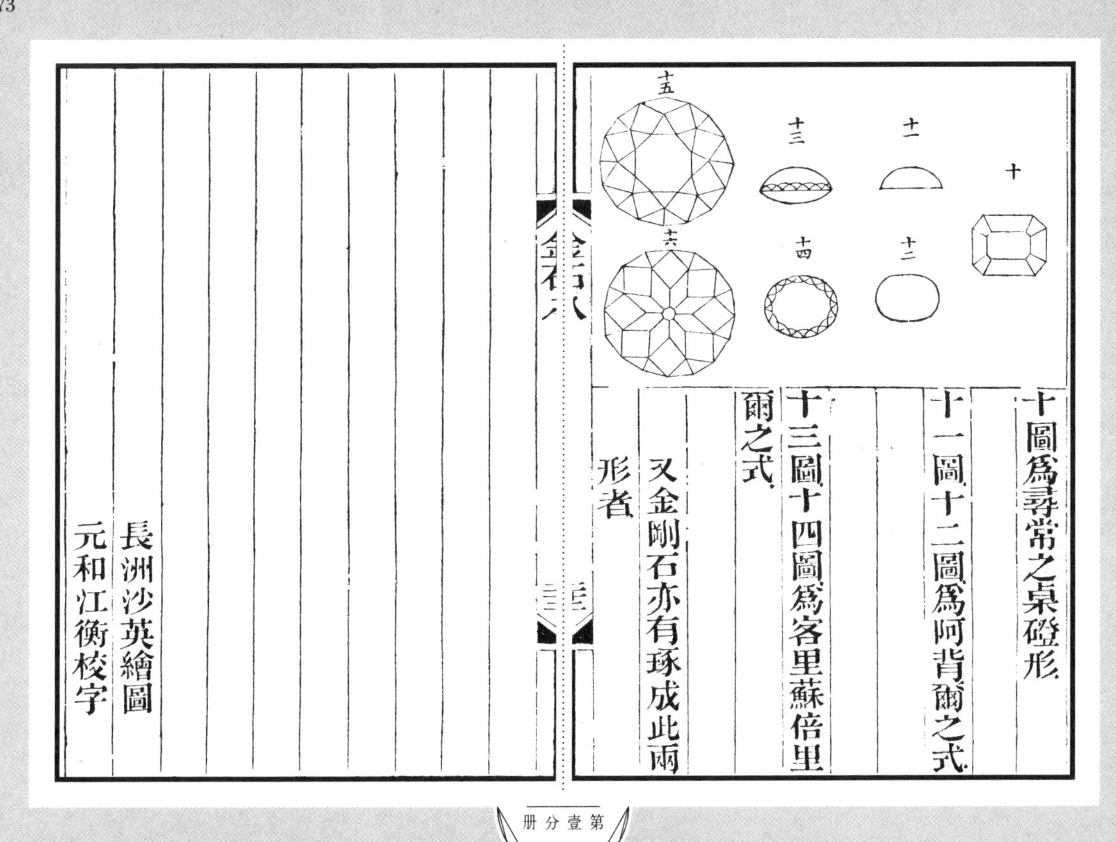

十圖爲尋常之桌磴形。

十一圖十二圖爲阿背爾之式。

十三圖十四圖爲客里蘇倍里爾之式。

又金剛石亦有琢成此兩形者。

長洲沙英繪圖
元和江衡校字

金石識別卷九目錄

金石識別卷九

美國代那撰

美國 瑪高温 口譯
金匱 華蘅芳 筆述

石類

總論

遍地球土石皆爲金類或爲一種金石或爲數種金石合成。

如灰石其質爲炭酸灰無別種金石在內故灰石爲單金之石。

如合拉尼脫爲三種金石合成之石一爲科子一爲非而斯罷一爲枚格。

砂石爲海邊之砂所成有時有純是科子粒者亦每有雜非而斯罷及枚格者。

泥石爲科子與非而斯罷或泥所合有時中有枚格凡泥石之粒極細故目不能見其粒。

合子石其石中包有各種卵石其卵石或爲科子或爲灰石或爲合拉尼脫其包結卵石之石爲夕里開或養鐵或炭酸灰。

石有結成者有非結成而爲摶結者。

如合拉尼脫及雖也奈脫其石爲結成石其中結成之顆各有面形稜角或多或少皆可剖析此因其成石之時結成故也。

如白灰石及花石其中之顆粒亦有稜角故亦爲結成。

合子石其石非結成不過有石子從他處來又有物膠粘包結之爲一塊耳其膠粘包結之物不多有時僅見石子。

砂石亦非結成其形宛似以砂屑摶緊而成。

泥石亦如以泥築堅而成故非結成。

所以以石言之有結成者有非結成者然須知每石自有極細之粒其粒自已亦是結成因萬物自流而定皆結成故也。惟結成之石其細粒復相湊合成顆不如摶結者之無次序也。又結成之石每不能辨其粒因其粒可以極細而極緊之故。

論石之層累形狀

土石層累之厚薄自一寸至數十丈不等有時遇灰石砂石泥石其層累之形甚多有處數層平鋪數百里有處忽多一層有處忽少一層又有此處此層厚彼處此層薄。

如花旗有一處寬廣數百里有砂石層灰石層及煤層其比連之省有另外砂石層灰石層而無煤層地學家察地能知其地中有無煤層蓋每種石層各有殭石其

殭石各不同故察其殭石可知其爲某層也

石之有層累者謂之疊層石其石皆在水中澄積而成或爲古時海底或爲江湖之底此有三據一其層累有次序一其中石子無稜角有磨圓之形不比結成石之有稜角一因其中有殭石

除疊層石之外有石自下突起如火山石透過疊層充滿石層之斷裂空隙處亦能於疊層之間平鋪橫亘數百里此石謂之夾膜石其石之質大約脫拉潑居多亦有巴弗里凡夾膜石有直如峯者有橫如牆者有平如砥者恆有數百里之大藏

疊層石有二種一其中之粒無稜角而中有殭石此由水中積累結疊而成一其石稍硬其中有結成之粒此因遇熱所變而成故往往有同此一石層有處非結成有處半變結成者謂之半結成石亦謂之熱變石

熱變石如枚格泥石尼斯亦有數種是合拉尼脫之屬變成者

凡石分爲五大類

一澄積石　如砂石灰石泥石合子石

二鎔結石　或藏或夾膜或脈絡

三和合石　如砂石果仁石頁紋石

四結成石　其中有結成之顆粒

五熱變石　即疊層石之半變結成者

凡石之牢固與否非但當考其在土中水中氣中能悠久不蝕爛而已亦須考其遇冷遇熱漲縮之數因漲縮大者每易斷裂茲以已測定諸數列爲表

此爲寒暑表一百八十度時各金石之漲率

合拉尼脫　○○○八九六八至○○○○七八九四

白灰石　○○一一○四一一

花灰石　○○○六五三九

黑灰石　○○○四四五一九

砂石　○○一一七四三

泥石　○○一○三七六

綠石　○○○八○八九

好磚　○○五五○二

火磚　○○○四九二八

生鐵　○○一一四六七六至○○一一○三

磁磚　○○○四五二九四

又表　此亦熱一百八十度時漲率

合拉尼脫　○○○八六九○四

灰石　○○一○二○二四

砂石　○○一七一五九六
銅　○○一六九九二○

每熱一度之漲率

合拉尼脫	○○○○○四八二五
灰石	○○○○○五六六八
砂石	○○○○○九五三二
銅	○○○○○九四四○

合拉尼脫石

合拉尼脫爲三種金石相合而成。一科子，二非而斯罷，三枚格其中有結成之顆粒。其常色爲灰白色或灰色或

肉紅色。其色因三種石之多少而變。有其中無枚格而有霍恆白倫代之者。此種石謂之雖約奈脫。雖約奈脫中之霍恆白倫。其形甚似枚格。惟其頁難分而脆。故有分別

合拉尼脫有數種　枚格多者。卽名枚格合拉尼脫。非而斯罷多者。卽名非而斯罷合拉尼脫。科子多者。卽名科子合拉尼脫。又有巴弗里合拉尼脫。其中之非而斯罷結成大塊。其結成之面平而光。屢有長方形者。

文合拉尼脫　其科子在非而斯罷中。或非而斯罷在科子中。曲折有稜角。如字畫。故謂之文。其形如圖。

如合拉尼脫中無枚格者。名粒合拉尼脫。因科子及非而斯罷皆成粒故也。亦名合拉尼來脫。

如合拉尼脫中無非而斯罷而有鴨兒倍脫代之。謂之鴨兒倍合拉尼脫。其形甚似有非而斯罷之合拉尼脫。惟其色較白。

如中無非而斯罷而有台而客代之。謂之撥羅多其能。其

石碎之可作磁器。

待阿來脫　合拉尼脫之屬也。其合質霍恆白倫及非而斯罷　暗綠色。其中有結成之粒甚分明。

合拉尼脫常爲錫礦之脈。亦有倍來底斯　玻璃銅礦。灰銅礦　呆里那或鉛礦　白鉛白倫脫　希美台脫　磁石鐵脈　亦間有安的摩尼　苦抱爾　梟客爾　由日尼恩　替脫尼恩　別斯末斯　東思天　銀等礦。又微有一點水銀之迹。又中有最稀逢難得之金。如以特里恩及昔而以恩。於鴨兒倍合拉尼脫中遇之。其中又有曷密來兒　土不爾斯　可倫奪姆

入爾康　夫羅而斯罷　茄納　普嬰林　倍落客西能　霍恆白倫　曷碑度地各種金石

合拉尼脫石可作橋梁牆壁街路等用須擇其粒細而勻者爲佳若粗粒者不甚堅固又須防其中有倍來底斯及別種鐵石如有鐵石在內則見天空氣及水日久必鏽蝕而泐　凡用石作房屋等類須至開石處揀好開之若惟憑遠來之石樣恐不足準也　又有一種好合拉尼脫每易壞爛尚未考知其故

合拉尼脫中非而斯罷多不如科子多者之牢固其科子多者尚不如雖約奈脫之更牢固　好合拉尼脫初出山時不甚硬久見天空氣則愈硬　古時羅馬國多以合拉尼脫作柱至今三千餘年尚有嵬然獨存者絕無一點剝蝕痕迹可知其石之經久矣

尼斯

尼斯石之形質如合拉尼脫惟其中之枚格成片形所以其石有紋理劈之易成片可作石版之用

枚格泥石

枚格泥石其質如尼斯惟薄如泥石碎之光亮其中枚格多而非而斯罷少可作街道及砌火爐因其經火不變也又可磨粗用之刀

霍恆白倫泥石形如枚格泥石惟碎之不如其光亦不如其薄比枚格泥石韌而不脆作街路最宜

台而客石　台而客泥石

台而客石亦結成之石性硬而韌中有台而客之結成或多或少屢有白科子之脈走入其中又屢有客羅愛脫代其台而客撒開在石中

台而客泥石形如枚格泥石惟摸之不甚滑因有台而客代枚格故也常爲淡灰色或暗灰褐色劈之可成薄片性脆可作火爐可磨粗用之刀

綠泥石

綠泥石形如台而客泥石其色暗綠其石中有科子脈者其科子中每有黃金亦每有白金　衣日地恩　哈思彌恩　倍來底斯等金石

斯底哀得愛脫

其石嫩摸之滑澤刀能刻之　色灰綠　磨之漆之極綠色　遇其藏於台而客泥石中　因其易鋸成片不畏火故每用以作火爐　其粉可代油以膏滑機器之轉軸又與白倫倍果和可作鎔銀罐　其中屢有撒開結成之美合尼西養炭酸灰卽馱羅美脫是也　又有褐色斯罷及結成之倍來底斯與鴨克低摩兒愛脫

北斯駄能及倫雖來兒愛脫卽結成之斯底哀得愛脫也

色而弁台能

其石暗綠色　常與台而客連亦每與粒灰石連　其中常有撒開結成之待約來其色綠有頁

有一種合質石爲待約來其與非而斯罷西人謂之待約來其石亦名由富得愛脫

脫拉潑　倍素脫

脫拉潑石　暗綠色或褐黑色　重而韌　重二八至三二　有時中有結成之粒　亦有搏結不見粒者　其質爲非而斯罷與鴉呆脫細細和合

度里來脫　脫拉潑之屬　其非而斯罷大約爲辣白里馱來脫

哀彌奪羅愛脫　亦脫拉潑之屬　其石中有空孔其中有別種金石在內或齊河來脫或科子或綠石形如杏仁故亦謂之杏仁石

巴弗里脫拉潑　巴弗里本紫色熱變石之名其中有別種金石結成在內故凡石中有他金石之結成者皆以巴弗里名之此因脫拉潑中有他種結成故謂之巴弗里脫拉潑

倍素脫石形如脫拉潑　惟其合質爲鴉呆脫與屋劣維恆及非而斯罷　其色或灰或黑　灰色者其中非而斯罷多　黑暗色者其中鐵鴉呆脫多　屋劣維恆之在倍素脫中爲小粒暗綠如粗料玻璃形　有時倍素脫中有替脫尼恩鐵或磁石鐵　有時中有非而斯罷結成則謂之巴弗里倍素脫　如中有小塊金石者謂之哀彌奪盧愛脫倍素脫　倍素脫火山石每有之

滑克石　倍素脫之屬　亦謂之蟾蜍石　亦謂之土倍素脫　乃脫拉潑及倍素脫碎爲屑其屑復搏結而成石

脫拉潑及倍素脫其石之紋如無數柱形合成亦層層如階級其石片塡路最佳　脫拉潑亦可作房屋牆壁等用

巴弗里　礬石　塔克愛脫

巴弗里　大約爲非而斯罷搏結而成　其中每有非而斯罷之結成　色紅或褐紅及綠　有時有灰色黑色者　其石中有非而斯罷之結成自細粒大至寸許其色比未結成者淡或白碎之蚌殼口　重如常非而斯罷而稍硬　磨之能光　可作屋柱及花瓶等物　綠色者古時以爲寶　埃及所出之巴弗里其色甚佳明紅褐色中有白點之非而斯罷結成

礬石　灰藍色　質如巴弗里而非而斯罷多　變而至

似灰色之倍素脫　與灰色倍素脫之別此較輕　敲
之其音響亮如鐵故謂之響石
塔克愛脫　亦非而斯罷石其搏結不如響石之緊　碎
之面粗　有時中有霍恆白倫結成枚格結成及玻璃
非而斯罷　遇之於火山之處

火山流石　火玻璃石　浮石

火山流石　又名拉乏石　乃火山中鎔出石汁流而凝
爲石也　倍素脫亦是此類如倍素脫中有空孔者謂
之倍素爾拉乏　塔克愛脫亦火山流石之類所以火
山流石有兩種有非而斯罷火山流石有倍素火山流
石　非而斯罷火山流石　淡色　重不過二八
倍素火山流石　色白灰及藍全黑　重大於二八
有時但言倍素脫則每指度里來脫及火山流石而言
倍素火山流石內有屋劣維恆　有時有撒開結成之
非而斯罷所以亦謂之巴弗里倍素火山流石

浮石　西名剝迷斯　即火山流石之滿蜂窩小孔者也
形如鎔鐵時之料油　其質爲非而斯罷　其石滿小
孔其小孔相與成行列故實處如麵筋入水浮而不沈
其石硬而有鋒可用以磨木石骨角金鐵玻璃及皮

火山灰　火山中飛出之灰燼積漸成土山

火玻璃石　西名屋不洗提恩　形如玻璃　煙黑色
古時用以作鏡野人不知用金以此作剃刀

松香石　火玻璃之屬　光如松香

珠石　灰色珠光　其中有結成如珠璣名斯比羅來
來脫

每里開奈脫　珠灰色　半透明

泥石

泥石破之可成片者名克來斯里脫　破之其片不分明
而脆者名舍爾　其片厚者名昔斯脫
尋常泥石其質如枚格泥石不過其粒極細故不能見其
粒耳所以有一層石此處是泥石彼處是枚格泥石不能
分其交界之所　其色多昏而暗故其顏色亦不能分有
時其面亦微光　可用以作屋背者謂之瓦泥石

瓦泥石　細粒　暗藍黑色　有時有紅紫色　鑽之易
成眼　凡用此石作瓦須以水試之以吸水少者爲佳
亦須防其中有倍來底斯因其見天空氣鐵鏽而石易
開裂故也

字板石　其色或藍或紅或黑　西方以之作板爲兒童
習字之用

磨刀泥石　西名奴乏久來脫　細粒泥石中有科子細

粒其粒非目力所能辨　色淡或深暗　搏結最寗
用以磨刀細而能去鐵
阿其來脫　泥石之通稱　有易碎劃爲泥者
礬泥石　泥石中有變壞之倍來底斯燒之可得礬已見
哀盧彌那類
石油泥石　其泥石中有石油　暗色　燒之有石油氣
炭泥石　其中有白倫倍果之質
煙管石　泥石之類可作吸煙之管
像石　其石輭指甲能刻畫之　蠟光　灰綠色　重二
八至二九　染手如油汚　其合質夕里開五五○

哀盧彌那三○　卜對斯七　水三至五　又微有鐵
之迹　可作偶像

科子石

科子石　其石爲科子搏結而成中有科子結成之粒
色淡灰或紅或藍灰及褐色　有時中有枚格　此石
破之能成片似泥石因其中有枚格故也
哀奪可倫每脫　粒科子石中有金及土不爾斯者
輭砂石　亦科子石也其粒甚細其石片彎之不斷因
中有枚格亦因其粒搏結不甚緊故也
粒科子之變至砂石俟下文解之　粒科子比他石最

不畏火故可作鎔鐵爐之底　科子石之石子可塡街
路凡山路多用之　可作玻璃　可作砂紙　其砂可
碾磨玉石　每有科子自碎爲砂者可取用之　其砂
之極細者可磨刀

磨石

磨石之質亦是科子惟其石中有細空隙蓋科子碎而搏
結者　其硬如結成之科子　因中有空隙故面粗最
好者空與實各半　法蘭西出者最佳　可作磨磨粉
磨盤之大者其石三角輻輳外用鐵圍之

砂石　合子石

砂石　細粒搏結　其細粒是結成　摸之毛而不滑
色自白黃紅褐黑而呆暗　有搏結極緊者　有甚鬆
者以指撚之能碎
砂石所成之時有古有新大約古者硬　地學家分別
古紅砂石新紅砂石　古紅砂石成在煤炭之前其層
在煤層下　新紅砂石成在煤炭之後其層在煤層上
紅砂石亦可作房屋之用
如砂石硬而粒粗中有夕里開石子者謂之合里脫即
粗砂石也
合子石　小石子搏結而成　此石有二種　一其石子

無稜角如磨圓者然　一其石子有稜角合子石之石子或爲科子或爲合拉尼脫或爲灰石其石子爲某石即謂之某合子石

合子石可作房屋之基址如牆脚墊石等用惟亦須留心其中有倍來底斯及鐵砂　又須防其石性易剝落有一種中有泥石子者琢成時甚好看久見空氣則自碎若用之水中則不壞故可作橋梁樁脚

有合子石嫩而易鑿取時無須用火藥轟發而久見天空氣反能硬因中有夕里西恩其見空氣變夕里開故硬也

凡石有遇溼而易泐者若在燥地可用之　有數處在美里哥南其地永無雨其屋用土磚爲之不須燒其屋亦可數百年

羅馬古時之人最能識石其屋之石至今三千餘年尚有巋然獨存者

凡試各石之堅固與悠久否法以硫酸素特在水中消化滿其量以石浸其中不變取出見天空氣數日亦不變者其石佳若如冰損者不堅牢不可用

合子石不過爲橋樁牆脚等粗用惟灰石合子石可磨平作嵌飾牆壁等用　有巴弗里合子石　倍素合子石浮石合子石

綠砂　其合質爲夕里開鐵卜對斯　其石最嫩碎之易成砂可用以肥田因其中有卜對斯故也

拓發　火山中砂石也　或爲數種火山流石之粉合成　有一塊其合質夕里開三四·五　哀盧彌那一五·○　灰八·八　美合尼西養四·七　卜對斯一·四　素特四·一　養鐵及替脫尼恩一二·　水九·二

不比里奴　粗砂石是火山灰所成

灰石

灰石之質爲炭酸灰丐而刻斯龍之屬或爲炭酸灰美合尼西養之屬　識別之法因刀能刻入酸生氣發泡

有粒者有摶結者　摶結者碎之蚌殼口　粒者碎之粒口粒灰石之最細而潔白者可用以刻琢作玩器其稍粗者可作房屋牆壁　其白色有深淺如雲　有時中有枚格不能淨　以大里所出者最佳

粗粒灰石　性脆者不能作房屋　其好者如合拉尼脫若中有倍來底斯或孟葛尼斯者不可用

灰石中之金石有低摩兒愛脫　哀斯倍斯得斯　斯蓋波來脫　康奪羅台脫　倍落客西能　鴨不對愛脫　又有斯肺尼　斯比偶兒　白倫倍果　愛度刻

來斯　枚格　綠花石

綠花石爲色而幷台能與灰石合成搏結之灰石・碎之易成塊易成片　可作房屋　磨光之有數色其色黃灰藍褐黑　黑者中有白色殭石有深血紅色中有白斑點者　有黃色中有紫藍紅點者　有淡紅色中有黃白點者　有紅色而有黃帶者

有紅綠間有白點者　有黑色而有黃脈者　有黃色中有褐影曲折如牆垣者其褐色是鐵走入灰土中結硬而爲之　灰石中有點如魚子者謂之魚子石

蚌灰石　內有蚌蛤之殭石撒開在石中色無一定

珊瑚灰石　石中有珊瑚形

大灰石　暗褐色紋如蚌殼

石子灰石　已詳合子石

帶灰石　磨之能光　其色排列如帶

木灰石　木爲炭酸灰所變　磨之見其紋理如木

凡作灰石板用鐵片蘸砂帶水鋸之或用砂於白鉛板上磨之其砂漸換細者後用哀牟利粉磨之最後用錫粉磨之則平而光

凡灰石用火燒之則其炭酸氣去而成灰　最淨之灰石其石灰亦最好　石灰用水化之復結而硬者謂之水石灰　石灰中每有泥夕里開美合尼西養　法蘭西之石灰內有美合尼西養二・三　夕里開及哀盧彌那與泥一〇・至二〇　花旗之石灰內有美合尼西養一二至三〇　亦有夕里開及哀盧彌那　又有處灰石其中炭酸三四・二　灰二五五　美合尼西養一二三五　夕里開一五三七　哀盧彌那九・二三　多養鐵二・二五　石灰中有養鐵者其灰不佳　砌牆之石灰和水與夕里開砂細者易結　水石灰中若本有夕里開及哀盧彌那者在水中易結不必多加砂

燒石灰法　舊法以灰石累成空心堆或方或圓其堆

心之頂圓中用火燒之則炭酸見熱而去即成石灰新法用磚砌成窰外層用尋常磚石中層用沙內層用火磚或磨石或枚格泥石窰形如半箇雞卵旁有三門外連火爐另有門可運石入窰運灰出窰此窰作於山邊更便

石灰可肥田　可砌牆屋及粉飾屋壁　可使糖潔淨可使煤氣燈之氣淨　可淨毛皮

砂土

地球之面有顆如粉而不堅結者砂泥粗礫土壤是也其形狀或分層或分塊　泥層內或有砂層間之有水中澄

汰之形

土之質爲科子及非而斯罷或泥泥卽非而斯罷所變成

又土中每有養氣鐵及養氣灰其多少各處不同

如其處之石有合拉尼脫及枚格泥石等石則石碎爲土其土中有枚格及科子與非而斯罷

如其土從科子石來者土中有夕里開砂

如其土爲美合尼西養之石所成則中有美合尼西養卽爲美合尼西養土

土爲灰石所變者則爲石灰之土

土爲脫拉潑所變則其中有非而斯罷及霍恆白倫

凡土或爲粗砂或爲細粒皆從其根本之石而異或從其劘碎之迹而異或因水中流來而澄

土中除以上所言常有之諸質外又有燐火硝酸綠氣等鹽又有草木朽腐之質此等物雖少亦爲土中最要之物若無此則不能生長草木

又土中每有圓角細石子如豆大者此爲夕里開因他石之塊在土中久則爛而化此獨不爛故也

砂之質常爲科子之碎粉其中亦時有非而斯罷

泥之質大約爲哀盧彌那金石之物又有非而斯罷及科子 科子在泥中約居三分之二 泥中之哀盧彌那恆與水夕里開相連 如高嶺泥之輭亦因有哀盧彌那故也 泥中如夕里開多則硬而近似砂不能謂之泥 哀盧彌那之泥從非而斯罷及泥石所碎而成

泥中雜質每有養鐵炭酸灰炭酸美合尼西養等物

作玻璃之砂須用淨夕里開之砂其中不可有些微鐵

觀砂之粒白色而光明者其中無鐵

玻璃取其明而能鎔不如磁器之取其不明不能鎔也

作玻璃法 以科子砂同卜對斯或素特熱而鍊之成夕里開卜對斯或成夕里開素特卽是玻璃

除此之外或於其內加石灰或加養鉛成各種玻璃

加石灰者取其重而硬而明 有灰之玻璃重二·五至二·六

玻璃內有養鉛則更重更硬謂之結成玻璃亦名火石玻璃其重三至三·六

作玻璃之劑每夕里開一〇〇 灰七至二〇 硫酸素特二五至五〇 或用炭酸素特亦可 或用食鹽亦可因鹽之質爲綠氣素地恩故也

尋常無色之玻璃 夕里開七六·〇 卜對斯一三·六 灰一〇·四

粗用之玻璃瓶用夕里開砂同卜對斯或用木灰內及

粗海棉灰內不淨之素特作之。欲玻璃硬者，其卜對斯或素特要少

英吉利所作之結成玻璃　夕里開五九。卜對斯九。養鉛二八　養孟葛尼斯一·四

最好之晃號玻璃其辛味之物，比尋常所用較少，故硬

英吉利作者用素特，不用卜對斯。

鏡面玻璃亦用炭酸素特，其素特須極淨。每砂七分灰一分　燥炭酸素特二分又三分分之一　舊碎玻璃亦可還爐　以上各物皆研爲極細之粉，和合極勻，置礶中鍊之至鎔，或用鐵管吹作泡，或擣成板。再入烘爐中烘之，則不脆。玻璃中若有些微養氣鐵，則其色帶綠，加養氣孟葛尼斯少許，可使白而淨。然不可太多，太多則又有紫紅色。

易消化之玻璃用夕里開與卜對斯。或夕里開與素特　或夕里開與卜對斯及素特

晃號玻璃用夕里開與卜對斯及灰。

鏡面玻璃用夕里開與素特及灰　亦有用卜對斯者

瓶礶玻璃用夕里開　素特　灰　哀盧彌那　鐵

尋常之結成玻璃用夕里開　卜對斯　鉛

火石玻璃用夕里開·卜對斯　鉛　其鉛較多　鉛之最多者名昔脫來斯玻璃。

磁油玻璃用夕里開及錫酸　或安的摩尼酸卜對斯英或素特同鉛

凡砂除作玻璃之外，鎔金鐵時，可以之作模，謂之翻沙。作模之砂爲細夕里開及泥，其中不可有些微石灰。

鐵玻璃粉　其形細如土　摸之如砂　色白或灰　其中有八十分夕里開　其夕里開從水中小蟲之殼所成　可磨金玉使光

麻兒　泥之有炭酸灰者也　可肥田

石脂　西名富勒土　白灰色或綠白色　摸之滑膩重二·四五　其合質夕里開四四·○　哀盧彌那二三·一　灰四·一　美合尼西養二·○　養鐵二·○　可去衣服油污。

立蘇馬兒其　結泥成塊，刀能割之。色白灰及藍白或紅白或土黃色　劃之明　重二·四至二·五　其屬有名土意雖脫者　白色　可作筆於石板上寫字

磚泥　即尋常之泥，細而可作磚，以溼而搏之不散，中無砂石子者爲佳。磚泥中常有水養鐵，所以燒之則水氣去而色紅。其中屢有灰，灰多者磚有銷鎔

之形故不佳，有一處作磚之泥其中無鐵其燒成之磚微帶白黃色

火磚之泥　須泥中無灰無美合尼西養無鐵取其經熱不燒不鎔也

砂磁之泥　其泥中亦無鐵因無鐵故燒成白色，做成泥坯陰乾之外用呆里那細粉和泥水刷之燒成則外面有磁油，蓋燒之使泥熱而硬，而呆里那中之礦化氣去而鉛與泥化成玻璃形　其好者不用呆里那，惟烘熱以食鹽和水刷之燒之亦成油蓋用其素地恩也

細磁之泥　其泥爲細科子粉或砂　高陵之泥亦非而斯罷泐開可作最好之磁器

作磁器之法，以高陵地名泥或非而斯罷及火石粉相和水舂之使如膏作成碗坯待燥烘熱之上磁油入窰燒之燒至將鎔未鎔，即成半明半暗之色

磁之最好者高陵泥六三至七〇　非而斯罷二三至二五　火石一〇　茶而刻五至六

中國高陵之泥其質爲科子與非而斯罷其科子多謂之白坯子

有時用斯底哀得愛脫亦可作磁器因內有美合尼西養，故硬而脆

磁油之質爲科子及非而斯罷其花紋或用筆畫之或用印板印之其色爲數種養氣金所成

藍色者爲養氣苦抱爾　紫紅色者爲綠氣金

紅色者爲養氣鐵　綠色者養氣銅或炭酸鉛

黃色者養氣鉛或白養氣安的摩尼及砂

褐色者養鐵及孟葛尼斯或銅

鋼光色者綠氣白金

長洲沙英繪圖

元和江衡校字

金石識別卷十目錄

雜論

應用器具

各國權度考

分光化學

金石識別卷十

美國代那撰

美國 瑪高温 口譯

金匱 華蘅芳 筆述

應用器具

學者入山查考金石出門時所當攜帶備用之物、共有二十六件

一、三稜小鋼銼一把、試輭硬用、

二、小刀一柄、刀上須有攝鐵氣、可當攝鐵亦便於剖析金石之結成也、

三、台而客至金剛石十件、金石輭硬比子、比輭硬用、

如十種不全、則首末二件、必不可少、

四、綠輕酸硫酸硝酸、此三種酸水、各用小玻璃瓶裝之、瓶口須玻璃塞、以為消化金石之用、

五、吹火管一箇、

六、尋常之弗拉克斯卽硼砂燐鹽素特是也、此為點試金石之用、

七、木炭數塊及枚格、為鍊試金石之用、

八、蠟燭數條或油燈一盞、

九、小劼拈一箇、其尖須包白金箔者、

十、鋼劼拈一箇、須有釘可開合者、

十一玻璃曲管一箇玻璃試筩三箇徑六分寸之一
爲熱試酸試之用
十二夾剪二把一粗一細　爲夾碎石塊之用
十三量角器一件
十四結成諸式之木樣
十五戥平一件　稱輕重用
十六小鐵椎一箇一頭方一頭扁
十七中鐵椎須有平面重一磅半
十八銀匠小鐵椎　可打金鐵使扁
十九鋼砧一箇半寸厚二寸寬三寸長旁有凹坎如臼

此連小鐵椎用之如欲作石粉用紙包而打之
二十鋼鏨兩箇一長三寸一長六寸　以鑿石
二十一骨灰一包　以便作小礶或於木炭上作凹坎
以骨灰和素特溼而按之坎中爲吹試金石用
二十二小顯微鏡一箇須身邊可攜帶者
二十三鴨呆脫小臼一箇
二十四吸鐵針數枚
二十五小剪刀一把
二十六自來火一盒
以上各件乃金石家尋常出門時必攜之件不過能小試

而已若欲鑿取大塊金石更有七物
一大鋼鏨鑽三箇一長十八寸一長二十四寸一長三
十六寸徑一寸其桿方其刃扁
二大鐵椎一箇重六磅
三中鐵椎一箇重三磅　以打碎石塊
四圓管鐵瓢一箇　上可繫繩以出鑿孔中之灰
五鐵棒鐵鋤鐵鍬　以開挖土石
六火藥包數箇　爲轟發堅石之用凡孔中裝火藥三
分深之一上用砂土或石膏塞之其火藥勿築緊
七引線　以燃發火藥

各國權度考

權度之法各國不同其數亦互有參差今論英吉利法蘭西普魯斯俄羅斯四國之權度及比較核算之法　花旗之權度與英吉利同故不論

英吉利法　稱貴重之物用托羅威磅　稱粗重之物用阿物度布威磅

托羅威磅　二十四合倫(即粒也)爲一撥尼威脫　二十撥尼威脫爲一盎斯　十二盎斯爲一磅

阿物度布威磅　十六特拉姆爲一盎斯　十六盎斯爲一磅　一百十二磅爲一狠特威脫　二十狠

特威脫爲一噸。現在以一百磅爲一狠特威脫。托羅威磅之一磅爲五千七百六十合倫等於阿物度布威磅之十三盎斯又二六五一四三特拉姆。阿物度布威磅之一磅等於托羅威磅之七千合倫。亦等於托羅威之一磅又二盎斯一撥尼威脫十六合倫。

托羅威磅與阿物度布威磅之比如一與○八二二八五七之比。

阿物度布威磅與托羅威磅之比如一與一二一五之比。

法蘭西法。以一千合拉爲一結羅合拉姆。其結羅合拉姆等於阿物度布威磅之二磅又百分磅之二十一。亦畧等於托羅威磅之二磅又百分磅之六十八。其一合拉等於托羅威磅之十五合倫又四三三一五九。

結羅合拉姆與阿物度布威磅之比如一與二二○五五之比。

阿物特布威磅與結羅合拉姆之比如一與○四五三四一四之比。

普魯斯之磅大於英磅。又以一百十磅爲一先脫納兒。

普磅與英磅之比若一與一○三一一四之比。

狠特威脫與先脫納兒之比若一與○九八七五之比。

先脫納兒與狠特威脫之比若一與一○一二七之比。

俄羅斯之磅小於英磅。又以四十磅爲一普特。其一普特等於阿物度布威之三十六磅。

度量之法英吉利以八分爲一因持。十二因特爲一夫特。三夫特爲一碼兒。五碼兒爲一落爾特。

四十落爾特爲一非郎。八非郎爲一每兒。三每兒爲一韃克。其一每兒約中國三里。

量水深以六夫特爲一發特。

分地面之一度爲六十分謂之地球每兒。六十箇地球每兒等於六十九箇半律每兒。

法蘭西一枚特爾如英之三夫特又三因持三七一或三九三七○七九因持。

一結羅彌特如英之三千二百八十○九夫特。

普魯斯之地球每兒比英之每兒如一與四。亦等於法之枚特爾七千四百○七四。

英吉利量流質之器，八箇倍脫爲一呆倫，二箇倍脫爲一夸子，即一百二十八箇水盎斯（與燥盎斯不同），即一千〇二十四箇特拉姆，即六萬一千四百四十箇密尼姆（即滴），或二百三十一方因持。

分光化學

化學新法能分別各物之光色以知其質，今詳論其理。

凡以吹火箭試鍊金石，其火有時變色，因其火色之變而知中有某質，此固久已知之。如素地恩之物能使火色變爲深黃，卜對斯之物能使火變爲紫色是也。

設數質各能使火變色，若合爲一物，則其火色混而難辨。如素特之火黃色極濃，而卜對斯之火其紫色淡，所以卜對斯雖多，若其中微有一點素特，則紫色不見。

光學家用三角玻璃分白光爲七色，此亦舊法，夫人而知之。

今有普魯斯人合此二法，得一新法，可分各物之光色以知其中之質。

凡白光過三稜鏡而分爲紅黃藍各色者，因每色之光折各異故也。所以即燭火之白光透過三稜鏡，其色亦能分開。其諸色所成之光帶名曰斯必得倫。

斯必得倫之色，紅色之光折最少，次黃，次綠，次青，次藍，次紫。即虹霓之光色亦是如此。

如有色之火，其光從細縫透過三稜鏡，則與白火之光所成斯必得倫異，因其光帶中有數條明線故也。

如素特之火黃，其斯必得倫光帶中只有二條細明黃線。卜對斯之火紫，其斯必得倫光帶中於紅藍二處各有二條細明線。

蓋某物之光其所成光帶中有幾條明線及其寬窄疏密，自有一定界限，不相混亂。

如以素特與卜對斯相和燒之，其火光所成之斯必得倫光帶，在素特之明黃線處仍見素特之明黃線，如不知有卜對斯；在卜對斯明線之處仍有卜對斯之明紅明紫線，如不知有素特。

夫各物之光其斯必得倫既各有明線，其明線各不同，故有此物即有此色，有彼物即有彼色，可視明線而知之。

如劣非地恩、貝而以恩、息脫浪西恩、卡而西恩，其光之斯必得倫各異。

用此法以別各質，其便有二：一能辨之極細，一能知之極易。

如物內有素特一萬八千萬分粒之一，其斯必得倫即顯其明線。所以天空氣中若有一點素特，視火光之

斯必得倫即可知之

因此從前所視爲最少之質今知其無處不有

如先時只知劣非地恩之金石只有四種今用此法識別之凡物中有劣非地恩六千萬分粒之一即可知之

即如水中茶中煙中乳中血中皆知有劣非地恩在內因斯必得倫能顯其光線故也

自有此法已以此法尋得四箇元質　其二元質爲鏰金一名盧倍代恩一名西雖恩　又二元質爲礦金一名剎利恩一名音代恩

盧倍代恩與西雖恩在金水中尋得之其鏰與卜對斯之形無異故常法不能辨惟於斯必得倫各有其自已之明色線與卜對斯之明色線迥易故知其定非一物

剎利恩因試鐵倍來底斯時見其斯必得倫中忽有一綠光線與別物之光線不同故得之

音代恩因試白鉛礦見其斯必得倫中有一條細藍光線故得之

無論金類及非金類其質或爲定或爲流或爲氣只要熱之至發氣則其氣在火中各有其本光於斯必得倫必有其本光之明色線所以無一物不可試其光線

如金類有極熱而始能發氣者則用電火發之

凡氣類亦可使過電火　如電火過輕氣其光明紅而其斯必得倫中則有三條明線一紅一綠一藍　電火過硝氣其光紫而斯必得倫中明線不止一色

測斯必得倫之器名曰斯必得倫鏡

如圖甲爲三稜柱玻璃鏡置於三足鐵柱架上　丁爲縫板其縫可寬窄乙爲筩筩中有鏡火光從戊來穿過板縫透此鏡則光平行至三稜鏡丙爲鏡筩其作法與遠鏡無異其聚光點處有分微尺　光過三稜鏡至鏡筩之聚光點即顯其斯必得倫如欲視之極清只須目鏡之力加大已爲一皮管以進風所以代吹火管也

用此鏡以觀九種金類之斯必得倫可見每金之明線各有自已界限無一線相同雖以此九種物合之其光線不相掩覆仍可識別

惟日光之斯必得倫與他物之斯必得倫相反因各物之斯必得倫皆暗光中有細明色線而日光之斯必得倫則明光中有細黑暗線也　其暗線之界限及寬窄

疏密恆爲一定

日光之斯必得倫其暗線既有一定卽是日光之可認識處因此能知日光之質

如月及行星之光其斯必得倫與日相同而恆星光之斯必得倫與日不同　因此而知從日借光者其光同不從日借光而自能發光者其光必異也

昔時但知日光之斯必得倫其暗線必因光所不到而不解其故今新法能知之

有人用新法專攷日星中化學之事謂之日星化學

如日光斯必得倫之暗線以大力鏡察其分釐與各金

斯必得倫之明線相較如素地恩鐵美合尼西能見其明線與日之暗線相對且寬窄顏色適可相補　如使日光與此數種金之光同入一鏡令其斯必得倫相切而并之則當金之明線處日之暗線消盡不見

金類中惟黃金安的摩尼劣非地恩其斯必得倫之明線不當日之暗線處　其餘各金其明線皆與日之暗線對　意金之明線與日之暗線必有連屬之理必非偶然也

設日中有鐵故鐵之明線與日之暗線對此論是否

其論若是除非使鐵之明線能變爲暗線則此理方明

如素地恩之明黃線已有法可使之變爲暗線　法以最有力之白火（卽輕養火）燒之則其明黃二線變成黑暗二線因其黃色之光已被其自己之氣蝕去故也

已試過許多物其自己發出之氣能蝕其自己所發之光

日光之斯必得倫中有暗線因日之白光中其金氣自蝕去一種光所以成暗線　査日之暗線與金之明線相對者卽知日之光氣中亦有此金此理無可疑者

用此法已測得日之光氣中有金九種氣一種

其九種金爲鐵　素地恩　美合尼西恩　丐而西恩　客羅彌恩　臬客爾　貝而以恩　銅　白鉛

其一種氣爲輕氣

用此法亦可測恆星光氣中之質惟測之愈難而所得亦愈少

恆星光之斯必得倫亦俱有暗線與日之暗線各有異同因此知恆星光氣與日之光氣有別而各恆星之光氣亦各別

英化學士測知阿兒地倍倫（畢宿大星）中有　輕氣　素地恩　美合尼西恩　卡而西恩　鐵　脫羅里恩　水銀　安的摩尼　別斯末斯

又測知昔而以斯（天狼星）中只有素地恩　美合尼西恩

輕氣

以斯必得倫鏡察星氣之光見其斯必得倫與恆星之斯必得倫異

恆星之斯必得倫與日之斯必得倫一例因均是明光帶中有暗線也星氣之斯必得倫則暗光帶中有明線與輕氣硝氣及各金類之斯必得倫一例

所以知星氣之光是光氣非如日之有實質也

日星化學現在不過肸胎將來更大更精必有妙用

長洲沙英繪圖

元和江衡校字

金石識別卷十一目錄

金石識別卷十一

美國代那撰

美國 瑪高溫 口譯
金匱 華蘅芳 筆述

金石化學

論各物相合之法

凡各物相合之法共有三種

一 無限和合 其相合之數無限此物任多彼物任少此物任少彼物任多皆相合

如水與硫磺酸則一盃酸與一滴水或一缸水與一滴酸皆能和合是也 水與酒亦然

二 有限和合 其相合之數有限而無一定之率

如鹽入水消化滿其量則不再消此即限也若在限以內不拘多少皆可消化

以上兩法其質相合不甚緊容易分開之因其本物各不變不過與他物和合極勻而已其水仍為水酒仍為酒鹽仍為鹽而硫磺酸仍為硫磺酸也 此說雖是然不過概而言之如是者居多若細論之水與酸合雖不論多少有時兩性相合亦能為極緊不易分開之物不可不知

三 某物與某物相合各有一定比例或祇有一數或有多數

如綠氣與輕氣相連只能為一種綠輕酸 炭與養氣相連能成二物一為炭養氣一為炭酸 養氣與硝氣相連能成五物之類是也 已試知兩質相連所成之物至多六種

合質之例

化學家測知合質之公例共有五條

一例 凡合質之物其各質之比例恆有一定之率其率恆不變

如綠輕酸之質恆為綠氣三五·四五 輕氣一·○○非此二質不能成此酸即此二質亦更無他數可成此酸

又如水之質恆為輕氣一 養氣八若他數相合則所成非水

以此例考合質之物無論天地所生成及人功所做成皆與例合

如硫酸貝而以養其生成者與做成者恆為硫磺四○ 貝而以養七六·七是也

此例為化學之根柢如無此例則化學家何從推究其所以分合之理

二例　合質之物其各質之重數可用算法核之如八兩養氣　與一兩輕氣　或與一六兩硫磺或與三五四五綠氣　或與四〇兩西里尼恩　或與一〇八兩銀　皆能相合因此五質之各數皆肯與養氣相合故也

凡相合之率均照此數或照此數之倍數如硫輕氣之質爲一輕與一六硫磺　而硫二輕氣之質爲一輕與三二硫磺是也

又如三五四五綠氣能與一輕氣連　亦能與一六硫磺連　亦能與一〇八銀連

又西里尼恩四〇能與輕氣一連　亦能與硫磺一六連是也

觀此可明各質互相連合均照其一定之數因此有各質之率

輕	一.〇〇
養	八.〇〇
硫	一六.〇〇
綠	三五.四五
西	四〇.〇〇
銀	一〇八.〇〇

此例非止爲元質相合卽雜質之物相合亦然如水爲一輕八養所成所以其率爲九

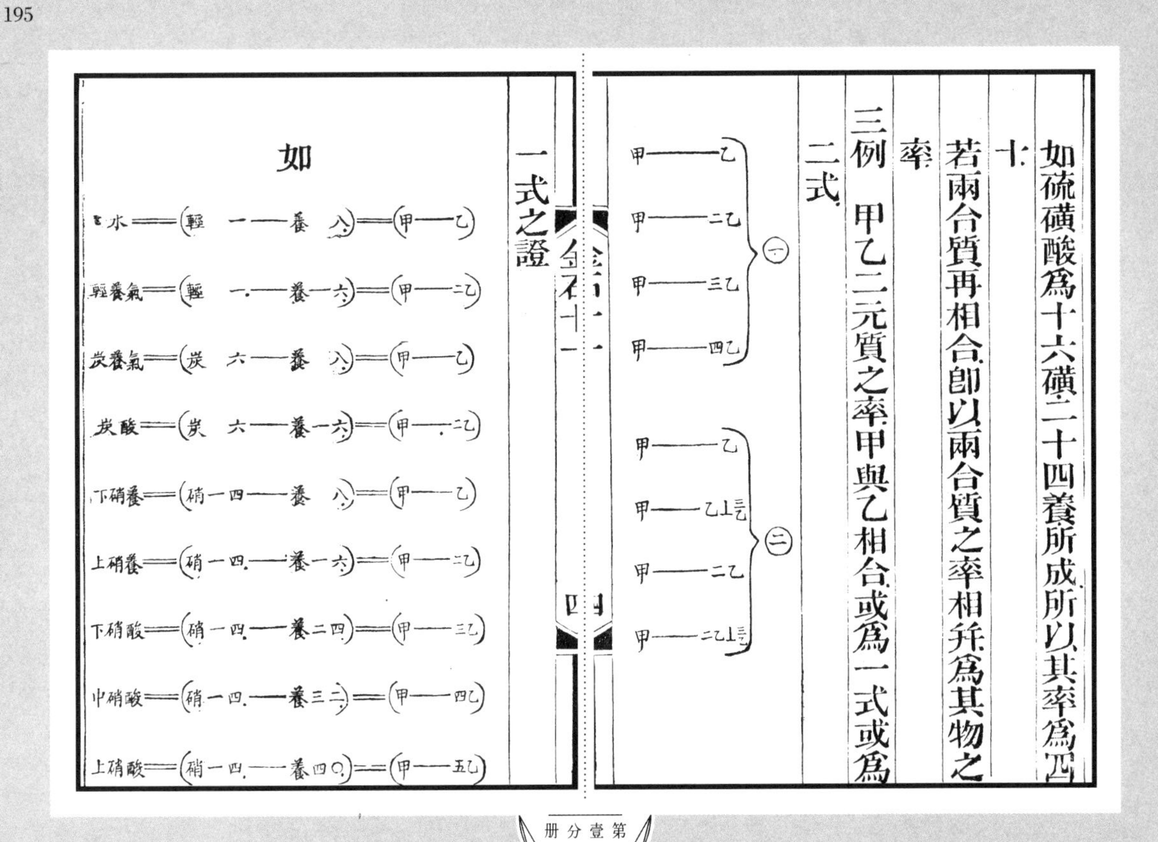
如硫磺酸爲十六磺二十四養所成所以其率爲四十

若兩合質再相合卽以兩合質之率相并爲其物之率

三例　甲乙二元質之率甲與乙相合或爲一式或爲二式

一式之證

如

水＝（輕　一——養　八）＝（甲——乙）
輕養氣＝（輕　一——養一六）＝（甲——二乙）
炭養氣＝（炭　六——養　八）＝（甲——乙）
炭酸＝（炭　六——養一六）＝（甲——二乙）
下硝養＝（硝一四——養　八）＝（甲——乙）
上硝養＝（硝一四——養一六）＝（甲——二乙）
下硝酸＝（硝一四——養二四）＝（甲——三乙）
中硝酸＝（硝一四——養三二）＝（甲——四乙）
上硝酸＝（硝一四——養四〇）＝（甲——五乙）

二式之證

如

養鐵＝（鐵　二八.○養○八.）＝（甲——乙）

多養鐵＝（鐵　二八.○養一二.）＝（甲——乙丄$\frac{\text{乙}}{\text{二}}$）

養鉛＝（鉛一○三.五養○八.）＝（甲——乙）

養鉛＝（鉛一○三.五養一二.）＝（甲——乙丄$\frac{\text{乙}}{\text{二}}$）

多養鉛＝（鉛一○三.五養一六.）＝（甲——二乙）

多砒酸＝（砒　三七.七養一二.）＝（甲——乙丄$\frac{\text{乙}}{\text{二}}$）

少砒酸＝（砒　三七.七養二○.）＝（甲——二乙丄$\frac{\text{乙}}{\text{二}}$）

下燐酸＝（燐　一五.七養一四.）＝（甲——$\frac{\text{乙}}{\text{二}}$）

中燐酸＝（燐　一五.七養一二.）＝（甲——乙丄$\frac{\text{乙}}{\text{二}}$）

上燐酸＝（燐　一五.七養二○.）＝（甲——二乙丄$\frac{\text{乙}}{\text{二}}$）

式中均以乙代養氣甲代與養相合之質．一式乙皆爲整數　因一二三四五股養氣與他質之一股相連理自明．二式乙或爲整數或帶分數其分數皆爲$\frac{\text{乙}}{\text{二}}$．人必以爲養半股＝$\frac{\text{乙}}{\text{二}}$．不知

甲——乙丄$\frac{\text{乙}}{\text{二}}$．

甲——二乙丄$\frac{\text{乙}}{\text{二}}$．

卽

二甲——三乙．

二甲——五乙．

也．

所以知多養鐵爲二股鐵與三股養氣相合．養鉛爲二股鉛與三股養氣相合．多砒酸爲二股砒與三股養氣相合．少砒酸爲二股砒與五股養氣相合．下燐酸爲二股燐與一股養氣相合．中燐酸爲二股燐與三股養氣相合　上燐酸爲二股燐與五股養氣相合．

四例　氣與氣相合可以體積之倍數論之其體積之數與輕重之數不合比例

體積之倍數如一方寸與二方寸三方寸之類是也．

如一方尺養氣與二方尺輕氣　二方尺阿摩尼阿氣與一方尺炭酸氣．二方尺阿摩尼阿與二方尺炭酸氣．十方尺硝氣與五方尺養氣十五方尺養氣二十方尺養氣二十五方尺養氣皆能相合所以氣之相合可以體積之大小算之如此氣之體積比

他氣之體積或等或一倍二倍三倍以至多倍則能相合也．

其輕重與大小不合比例者謂此氣一方尺與彼氣二方尺相合其二氣之輕重非如一與二之比也．

又兩氣相合其體積恆小於兩氣體積之幷其大小亦有一定．

如三方尺輕氣與一方尺硝氣相合爲阿摩尼阿氣其體非四方尺而只有二方尺．

硝養氣之體積少於原積三分之一　硫輕氣之體積少於原積二分之一．

五例　粹味之物或土金類其滿酸之量有一定比例之率

滿酸之量謂以底入酸則底與酸相合其底爲酸所消其酸因與底合而漸淡如是淡至極淡則不能再消其底謂之滿量即滿其限也

如用卜對斯與素特爲底用硫酸爲酸試知二兩素特入一盃硫酸與三兩卜對斯入一盃硫酸皆能滿酸之量則素特與卜對斯之比如二與三設於別種酸用四兩素特能滿其量則用六兩卜對斯代素特亦能滿其量　所以二兩素特恆等於三兩卜對斯

如有一百種底五十種酸只須以每底與一種酸試之又以一底與餘四十九種酸試之即可盡知某底與某酸其滿量之率若干　若一一試之須五千次方試遍今有此例則試一百四十九次已知之亦簡便極矣

此例所括不獨酸及粹各質皆可用之爲化學中最便之事

以上化學律例五條凡各物分合皆照此例

論質點之意

凡物分之至極細不能再分者謂之點　物者點之積而成也

如硝氣與養氣相合之物共有五種其硝氣之重與養氣之重　如十四與八則爲下硝養　如十四與十六則爲上硝養　如十四與二十四則爲下硝酸　如十四與三十二則爲中硝酸　如十四與四十則爲上硝酸　意其下硝養爲一點硝氣與一點養氣相合而成因點不能再分故不能謂其一點與半點相合而以爲一點與一點相合也　如是計之則上硝養爲一點硝氣與二點養氣相合　下硝酸爲一點硝氣與三點養氣相合　中硝酸爲一點硝氣與四點養氣相合　上

硝酸爲一點硝氣與五點養氣相合　則養氣之點比硝氣之點爲一·二·三·四·五

任何兩質此一股與彼一股相合即此一點與彼一點合所以能定各質點之重率

如綠氣與輕氣相合只有一種綠輕酸　意其綠氣之點與輕氣之點其點數必同而點之輕重不同綠氣之點重率爲三五四五輕氣之點重率爲一綠氣點重與輕氣點重之比如三五四五與一之比

以此法推之能得各質之點重率　如一點炭六倍於輕氣之點重　一點硫磺十六倍於輕氣之點重　故

炭之點重率爲六、硫礦之點重率爲十六也
質點之說原是化學家心中設想並非眞能見其點惟以點之理卽可推各物分合之數卽信其理爲眞可也、
有人謂質點不可再分之說不確因物有一股與一股半相合者若準一股與一股相合卽一點與一點相合則物之一股與一股半相合者豈非一點與一點半相合乎、此說非是蓋股者隨人所命並非有一定不可多少之意不過其率如此耳一股與一股半之比如二股與三股之比則安知其一股與一股半相合者非二點與三點相合乎作如是想則點不可再分之說非不通也、
質點之大小各質不同如其物能化爲氣以氣入空器中量之則能知其點體大小之率
如水爲一點輕氣與一點養氣相合又試知水之輕氣體積大於其養氣體積一倍則知輕氣之點體亦大於養氣之點體一倍、所以以輕重言之則養氣之點重於輕氣之點七倍以大小言之則輕氣之點體大於養氣之點體一倍其輕重與大小不通比例、
亦有人謂各質之點大小相同以水爲一點養氣與二點輕氣相合、此說不通、

論質點相合之理

已試知各物相合或照某方或照某重其所以如此之故不可不知、如人知某質能與某質相合須知其相合之數又須知其相合之理其理非試之所能知不過人以意度之而已、

一凡物之合小而成大皆其點之所積其點與點不相貼其間俱有空隙如其物輕者點之相距大其物重者點之相距小冷之壓之則點距近所以能硬而重熱之則點距大所以能大而輭點與點相距極大則爲氣、如水汽之點距大於水之點距一千七百倍

二凡元質之物有元質之點合質之物有元質相合之點、
如圖甲爲炭質之點、乙爲養氣之點、丙爲丐而西恩之點、甲乙爲炭養氣之點、其餘類推、

炭 甲甲甲　養 乙乙乙　卡 丙丙丙

甲乙 炭養氣點
乙甲乙 炭酸點
乙丙 灰之點
乙甲乙 丙乙 炭酸灰之點

三凡物之細極不能再細者其細粒卽謂之點凡點不

可再分.

四.凡點之體甚小非目力所能見. 雖極大之顯微鏡亦不能見點之形不過意想之如是耳.

五.凡物從流質至定質若徐徐凝結則爲正結成若驟然凝結則爲無法形之細粒如粉.

六.凡點與點相合其搡法有多種所以一物之結成能爲數形.

如四點可作 可作 可作 可作 可作 之類是也.

如硫磺於尋常熱度自結成者爲正八面形若熱而鎔之冷則結成長八面形.

七.各質之點其大小或同或異.

如以四豆湊成方則如 若換一顆櫻桃代之則如 若換一粒米代之則如 不成方矣若以一與豆同大之鉛子代之則如 形雖仍爲方而輕重軟硬顏色性情異矣此解合點之理.

如已知礬類之物其中之卜對斯能以素特代之亦能以阿摩尼阿代之而其哀盧彌那可以養氣客羅彌恩代之亦可以養鐵代之其結成之式均不變所以人思之以爲卜對斯與素特及阿摩尼阿其點之大小形式同而哀盧彌那與養氣客羅彌恩及養氣鐵其點之大小形式亦同因其結成不變式故也.

因此而知以一物代一物而結成之式忽變者以其點之大小形式不同也.

八.凡合質之物有質同而物異者以點理能解之.

如以棊子十六枚黑白各半列成方形可作甲乙丙

丁四式.

甲

乙

丙

丁

雖每式仍爲八枚白八枚黑其數未變而位置之法各異. 甲爲一白一黑相間. 乙爲二黑二白相間. 丙與丁雖俱爲四黑四白相間而丙則黑白各成行丁則黑白各成方. 如此棊爲質點則此圖爲物.

觀此而知物有質同而形性各異者皆此故也.

如像皮(樹膠所爲)與石油及煤氣其物各異而其質均爲炭輕二氣數亦相同.

九凡質點必有重其各質之重各異.
如一小塊灰石不知幾百萬萬個炭酸灰點合成雖碎之爲極細之粉其粉之一粒亦有重所以知點亦有重因物爲點之所積而成故物有重則點亦有重.點若無重則合無數無重之點不能有重也.
又如灰石之合質常爲三百五十灰及二百七十五炭酸極大一塊亦如此極小一塊亦如此雖研至細極之粉其粉之一粒亦如此設此粉之一粒細至不能再細則其一點灰石爲一點灰與一點炭酸所成.其一點灰之重若算三百五十則其一點炭酸之重.

必爲二百七十五. 又三百五十灰內常爲二百五十丙而西恩一百養氣此數亦可算作點重所以一點丙而西恩之重可算二百五十而一點養氣之重.可算一百. 其二百七十五炭酸之內常爲七十五炭二百養氣所以一點炭之重可算七十五而二百可算二點養氣之重因此化學家名此數爲點重率.

化學說

按此說採自他書故與上下文意義每有重複惟亦有互相發明之處是以錄之.
凡合質之物大約分三類.

第一類. 此質與彼質相合或爲酸或爲底.
第二類. 一酸與一底相合謂之鹽類.
第三類. 此鹽類與彼鹽類相合謂之雙鹽類.
各質相合常有一定不可移之數其數核之可知.
如水之爲物無論海水之鹹河水之淡遇熱爲氣遇冷成冰其質常爲一二.五輕氣與一〇〇.養氣. 如以一三.輕氣與一〇〇.養氣用法使成水必賸出〇.五輕氣.如以一〇一.養氣與一二.五輕氣用法使成水亦必賸出一養氣.
又如石灰之質無論從好灰石做成者及用蚌蛤殼燒

成者常爲二五〇.丙而西恩一〇〇.養氣.
硫磺酸無論從綠礬中取得者及從硫磺做成者其質常爲二〇〇.硫磺與三〇〇.養氣.
各質皆能與養氣相連故以養氣之重爲一百可測得相連各質之重數.

養氣	一〇〇.〇
輕氣	一二.五
硝氣	一七五.〇
炭	七五.〇
硫磺	二〇〇.〇
磷	四〇〇.〇
綠氣	四四三.〇
孛羅名	一〇〇〇.〇
愛阿濙	一五八六.〇
布而倫	一三六.〇
夕里西恩	二七八.〇
白鉛	四〇七.〇
錫	七三五.〇
鉛	二九四.〇
別斯末斯	一三三〇.〇
銅	三九六.〇
水銀	一二五〇.〇
卜對斯恩	四八九.〇

素地恩	二九〇·〇
丐而西恩	二五〇·〇
貝而以恩	八五五·〇
美合尼西恩	一五八·〇
哀盧彌恩	一七一·〇
鐵	三五〇·〇
孟葛尼斯	三四五·〇
苦抱爾	三六八·〇
臬客爾	三六九·〇
銀	一三五〇·〇
白金	一二三三·〇
黃金	二四五八·〇
客羅彌恩	三二八·〇
砒	九三七·〇
安的摩尼	一六一三·〇
炭硝氣	三二五·〇
阿摩尼阿	二二五·〇

上表為測得各物能與一百養氣重相合之重數.

如欲知卜對斯之重數查表中卜對斯恩之重數為四百八十九加養氣重數一百得五百八十九即卜對斯之重數.

如欲知養氣水銀之重數查表中水銀之重數為一千二百五十加養氣之重數一百得一千三百五十即養氣水銀之重數.

觀各質之重數可以知各質與養氣相合之能力其數小者其能力大其數大者其能力小.

如卜對斯恩四百八十九已能與養氣一百相合而水銀須一千二百五十方能與一百養氣相合是卜對斯恩與養氣相合之能力比水銀與養氣相合之能力大二·五也.

觀各質與養氣相合之重數亦可知各質互相連合之重數.〇如一二·五輕氣與一〇〇·養氣相合為水. 與二〇〇·硫磺相合為硫輕氣. 與四四三綠氣相合為綠輕酸.

又如二〇〇·硫磺與三〇〇·養氣相合為硫酸. 與四八九·卜對斯恩相合為硫磺卜對斯. 與三五〇·鐵相合為硫磺鐵. 與一二五〇·水銀相合為硫磺水銀.

如鐵及水銀多一分則亦能賸出.

例 任何合質物中有他質代其一質其重數常有一定.

譬如一百洋錢能買六兩金. 亦能買十二兩白金. 亦能買一百千錢. 亦能買一千五百兩水銀. 則貿易人視六兩金如十二兩白金亦如一千五百兩水銀. 以其所值之錢同也化學之理亦然.

如三百五十兩鐵. 四百八十九兩卜對斯. 一千二百五十兩水銀. 皆能與一百兩養氣相合. 所以三百五十兩鐵如四百八十九兩卜對斯亦如一千二百五十兩水銀所以此數亦謂之等重數.

此例亦通於化學之第二第三類.

凡以底令酸淡其相合之重數亦然.

如以一百兩硫酸加一百十八兩卜對斯. 或加七十兩灰. 或加九十兩養鐵. 或加二百七十八兩養鉛. 則皆能令酸淡. 最奇者其各物之重雖各異而各物中之養氣重數無不相同. 如卜對斯一百十八其中

之養氣二十。灰七十其中之養氣亦二十。養鐵九十其中之養氣亦二十。養鉛二百七十八其中之養氣亦二十。

所以有一例。二十養氣之物能淡一百硫磺酸此數謂之硫酸淡率。

無論何物之酸皆有酸淡率均照前例惟其率數各異。

如硝酸淡率爲十四又四三。炭酸淡率三十六又四一。卽物內有養氣十四又四三能淡一百硝酸。物內有養氣三十六又四一能淡一百炭酸也。

準上數又以物內養氣比酸內養氣試之。

一百兩硫酸內有六十兩養氣。物內有二十兩養氣能淡之。

一百兩硝酸內有養氣七十三兩又四分兩之三。物內有十四兩又四分兩之三養氣能淡之。

一百兩炭酸內有七十二兩半養氣。物內有養氣三十六兩又四分兩之一能淡之。

所以酸內之養氣與底內之養氣比。

於硫酸之淡爲六十與二十。卽三與一。

於硝酸之淡爲七三·七五與一四·七五。卽五與一。

於炭酸之淡爲七二·五與三六·二五。卽二與一。

此比例之法亦通於化學之第二第三類等物。底與酸化合各改其本性變爲他物其數卽酸底二數之合。

如灰石之質爲炭酸灰。其灰之質爲丐而西恩三五〇與養氣一〇〇相合爲底所以底之數爲三百五十。其炭酸之質爲炭七五與養氣二〇〇相合。爲酸所以炭酸之數爲二百七十五。所以灰石之數卽酸底二數之合六百二十五。

假如欲用硫酸與灰石化合使變爲石膏。

先查硫酸之數。平常一股燥硫酸與一股水相合。

爲水硫酸其燥硫酸爲二〇〇·硫磺與三〇〇·養氣相合所以其數爲五〇〇。水爲一一二·五輕氣與一〇〇養氣相合所以其數爲一一二·五。所以水硫酸之數爲六一二·五。

則知六一二·五水硫酸可變六二五灰石爲石膏其炭酸二七五化氣而去。

石膏中常有二股水。所以灰之數三五〇。硫酸之數五〇〇。水之數二〇〇。幷之得一〇七五爲石膏之數。加熱之使燥則水去而其數爲八五〇。

此例得之不過五十年未尋得此例之時欲以諸物分化須一一試其數故甚難今有此例可算而知之

有多物能與一二三四五多倍養氣相合者

如硫礦與養氣 綠氣與養氣是也

驟觀之似與前例不合細考之則知其不是不合其數亦非無法之數

譬如人行平地其步或多或少或長或短若升梯上階則其步數必相同因有級限之故也其重數之倍數亦有級故合質之物雖兩質有幾箇數可合成數物而其淡率常為 一·五 二·○ 二·五 三·○ 三·五 等

數必無 一·四二 一·四三 一·八七 等數如走梯階不能作半步也

如炭七五與養氣一○○為炭養氣 與養氣一五○為莧酸 與養氣二○○為炭酸

如硝氣七五與養氣一○○為下硝養 與養氣二○○為上硝養 與養氣三○○為下硝酸 與養氣四○○為中硝酸 與養氣五百為上硝酸

如孟葛尼斯與養氣二○○為養孟 與養氣三○○為下孟酸 與養氣三五○為上孟酸

以上諸數 於炭養之合其養氣之級為

一·○ 一·五 二·○

於硝養之合其養氣之級為

一 二 三 四 五

於孟養之合其養氣之級為

一·○ 一·五 二·○ 三·○ 三·五

因此可見其數之大者皆數之倍也此例謂之乘數

凡氣之相合其大小亦有級 合氣之體積常小於原體積之和其數亦有級

如一方綠氣與一方輕氣為二方綠輕氣 二方輕氣與一方養氣為二方水氣 三方輕氣與一方硝氣為

二方阿摩尼阿氣 六方輕氣與一方硫礦氣為六方硫輕氣 則可知其大小亦有級如物能令變氣者皆可以方數核之

點重率表

各質點之實在輕重數不能知不過能得其比例之率耳凡同比例之率數隨人命之故其數可大可小而金石家用之最便者以養氣點重率為一百因各質皆與養氣相合故加減乘除以整數為最便也

此表上層為元質之名 第二層為元質之點重率 第三層為元質與養氣相合之物 第四層為元質與養氣

合質之點重率　第五層爲百分中有養氣若干重　又合質之物其字右旁角下註一數目小字者卽指其點數　如哀$_2$養$_3$卽言兩點哀盧彌尼恩與三點養氣相合也　不註小字者卽一點也

原質	點重	合質	合質點重	百分中養氣
哀盧彌尼恩	一七一.二五	哀$_2$養$_3$	六四二.五	四六.七
安的摩尼	一六一二.五			
砒	九三七.五			
貝而以恩	八五六.二五	貝養	九五六.二五	一〇.四五
別斯末斯	二六〇〇.			
布而倫	一三六.二	布養酸$_3$	四三六.二	六八.八
孛羅名	一〇〇〇.〇			
開特彌恩	六九六八			

原質	點重	合質	合質點重	百分中養氣
丙而西恩	二五〇.〇	丙養	三五〇.〇	二八.五七
炭	七五.〇	炭養酸$_2$	二七五.〇	
昔而以恩	五八七.五	昔養	六八七.五	一四.五五
綠氣	四四三.三	綠輕酸	四五五.八	
客羅彌恩	三三三.七五	客$_2$養$_3$	九六七.五	三一.
		客養酸$_3$	六三三.七五	四七.三
苦抱爾	三六八.六五			
可倫皮恩	二三〇〇.〇	可養酸$_3$	二六〇〇.〇	一一.五
銅	三九六.二五	銅$_2$養	八九二.五	一一.二
		銅養	四九六.二五	二〇.一五
地提彌恩	六〇〇.〇			
耳皮恩	未定			

名	數	雜質	數		雜質	數	
夫羅而林	二三七五	夫輕	二五〇〇				
谷羅西恩	五八七五	谷養三	四七六二五	六三			
黃金	一二三一二五						
輕氣	一二五	水	一一二五	八八八九			
愛阿碇	一五八七五						
衣日地恩	一二三七五						
鐵	三五〇〇	養鐵	四五〇〇	二二二	養三鐵二	一〇〇〇〇	三〇
浪替尼恩	五八七五	養浪	六八七五	一四五			
鉛	一二九四六	養鉛	一三九四六	七一七			
劣非地恩	八一六	劣養	一八一六	五五			
美合尼西恩	一五〇〇	美養	二五〇〇	四〇			
孟葛尼斯	三四四七	養孟	四四四七	二二五	養三孟二	九八九四	三〇三
目力別迭能	五七五〇	目養三酸	八七五〇				
臬客爾	三六九三	養臬	四六九三	二一三			
硝氣	一七五〇	硝養五酸	六七五〇	一四			
哈思彌恩	一二四三六						
養氣	一〇〇〇						
鈀畱底恩	六六五五						
燐	三八七五	燐養五酸	八八七五	五六三四			
白金	一二三七五						

卜對斯恩 四八八.九 卜養 五八八.九 一六.九八

水銀 一二五〇.〇

日和地恩 六五二.五

貳烏地恩 六五二.五

西里尼恩 四九三.七五

夕里西恩 二六六.二五 養夕 五六六.二五 五.二九八

銀 一三五〇.〇

素地恩 二八七.五 素養 三八七.五 二.五

息脫浪西恩 五四七.五 息養 六四七.五 一.五四四

硫磺 二〇〇.〇 硫養二 四〇〇.〇 五〇. 硫養三 五〇〇.〇 六〇.

談台里恩 二三〇〇.〇 談養酸 二六〇〇.〇

脫羅里恩 八〇一.八

忒而比恩 未定

土里恩 七四三.九

錫 七二五.〇 養錫 九二五.〇 二.一六

替脫尼恩 三一二.五 養替 九二五.〇 三.二四 替養酸 五一二.五 三九.

東斯天 一一五〇.〇 東養酸 一四五〇.〇

由日尼恩 七五〇.〇 養由 八五〇.〇 由養 一八〇〇.〇

凡奈地恩 八五六.九

以特里恩 四〇二.五 以養 五〇二.五 一.九九

白鉛	四○六.六	養白鉛	五○六.六	一九.七四
入爾果尼恩	四一九.七	入₂養₃	一一三七.四	二六.三

金石算法

金石算法者專以化學之法推算金石各質之數也

如已知一股養氣鐵即一點養氣與一點鐵相合則以鐵之點重率三五○與養氣之點重率一○○相并得四五○為一股養氣鐵之點重率

如已知多養鐵為二點鐵與三點養氣相合則二乘鐵之點重率三五○得七○○三乘養氣之點重率一○○得三○○并之得一○○○為多養鐵之點重率

欲知物內養氣為百分之幾則以其物之點重率為一率 物內養氣之點重率為二率 一百為三率 二率與三率相乘以一率除之得四率即百分內養氣之數

如多養鐵之點重率為一千其養氣點重為三百則以一千為一率 三百為二率 一百為三率 求得四率三十即一百分內有三十分養氣也 譬如有多養鐵十斤即知其中有養氣三斤鐵七斤

反求之有物之點重率及百分內養氣之數求物內養氣點重率則以一百為一率 百分內養氣之數為二率 物之點重率為三率 求得四率即物內養氣點重率

如哀盧彌那之養氣為百分內之四六.七其點重率為六四二.五 則以一百為一率 四六.七為二率 六四二.五為三率 求得四率三○○即哀盧彌那內之養氣點重率

化學之數由金石測得故金石之數可以化學之數推之其推之有數法

例 先分得各質之重為百分之幾

如暗紅銀礦為銀與安的摩尼及硫磺所合成今欲知其各質之點數 法先分得其百分內銀重五九.○二 安的摩尼重二三.四九 硫磺重一七.四九 各以點重率除之 如以銀之點重率一三五○除銀重五九得○.○四三五之類是也 所以得銀○.○四三五 安○.○一四六 硫○.○八七五 為各質之點率 約其數為銀三 安一 硫六 為相合之點數 所以知紅銀礦之點為三點銀一點安的摩尼六點硫磺合成

凡金石以化學之算法核之彼此互證可得其相合之法及數

如已知紅銀礦爲三點銀一點安的摩尼六點硫磺合成又知一種硫磺銀爲一點銀與一點硫磺所合成又知一種硫磺安的摩尼爲三點硫磺與一點安的摩尼合成則知此紅銀礦之銀三安一硫六其三點銀應與三點硫磺合其又三點硫磺應與一點安的摩尼合所以紅銀礦之寫法爲銀磺加安磺此合質中無養氣之算法也如合質中有養氣者亦有法推之

如非而斯罷其百分內有夕里開六四·七八哀盧彌那一八·三八卜對斯一六·八四又知夕里開每百分內有五二·九八養氣哀盧彌那百分內有四六·七養氣卜對斯百分內有一六·九八養氣則可比例得百分非而斯內其夕里開之養氣三四·三二其哀盧彌那之養氣八·五八其卜對斯之養氣二·八六約之得夕里開之養氣一二哀盧彌那之養氣三卜對斯之養氣一則知非而斯罷中養氣之於夕里開有十二點於哀盧彌那有三點於卜對斯有一點又於尋常夕里開知夕里開之點爲一點夕里西恩與三點養氣合於尋常哀盧彌那知哀盧彌那之點爲一點哀盧彌尼恩與三點養氣合於尋常卜對斯知卜對斯之點爲一點卜對斯恩與一點養氣合所以知非而斯罷之點爲四點夕里一點哀盧彌那一點卜對斯所合而成

進一步再究其幾點夕里開與哀盧彌那相連幾點夕里開與卜對斯相連或有他物比例或用意度之有一例

例養氣之點於某酸或某底其平常相連之數有一定之比例率

夕里開之與卜對斯相連其養氣點之比例如三與一所以一點夕里開應與一點卜對斯相連其三點夕里開與一點哀盧彌那相連則是人意料其如此也

有合質之點數求其每物於百分內有幾分

如非而斯罷之點而四點夕里開一點哀盧彌那一點卜對斯所合於點重率夕里開爲五六·六二五哀盧彌那爲六四·二五卜對斯爲五八·八九各以點數乘之得夕里開二二六·五哀盧彌那六四·二五卜對斯五八·八九爲各物之點重并之得三四九·六

四爲非而斯罷之點重。已知非而斯罷之點重三四九六四。又知其中有夕里開之點重二二六五。即可比例得百分內之夕里開重。其他亦如是推。即推得非而斯罷百分內有夕里開六四七八。哀盧彌那一八三八。卜對斯一六八四。

凡合質之物有他質代其一質。或代其一質之幾分。其點重及養氣之點數不變。

如茄納之合質爲三點灰。二點哀盧彌那。二點夕里開。其養氣之點數爲　三　三　六。約之爲比例數。得　一　一　二。爰度刻來斯及雖約奈脫亦然。

於非而斯罷其一股養氣不止與卜對斯恩連。或有數分素特或灰代之。

於茄納其一股養氣不止與丏而西恩連。有時有美合尼西恩或鐵代其幾分丏而西恩。然雖如此。其養氣之數不變。如不知有二物者然。又哀盧彌那中之養氣不止與哀盧彌尼恩連。有時有鐵代其哀盧彌尼恩。然其鐵之點重與所少之哀盧彌尼恩之點重。其數必相等。

如前已言茄納中之養氣。其比例如一一二。則無論何幾物合成之茄納。其養氣之比例恆爲一一二。

設有一茄納。其合質爲夕里開三九六。哀盧彌那二二五。灰三三六。養鐵五三。求得其夕里開之養氣二〇九。哀盧彌那之養氣一〇五。灰之養氣九三。養鐵之養氣一一七。則鐵與灰之養氣等於哀盧彌那之養氣。而鐵灰哀盧彌那之養氣等於夕里開之養氣。

元質重率全表

點重率。乃點重之比例率數。非眞一點之重也。故其率數可大可小。只要同比例而已。金石家點重率以養氣爲一百。取其便於分化學家點重率有以養氣爲一者。有以輕氣爲一者。皆取其便於合。今以諸數彙而列之。擇其便者用之可也。此表一二三四層數皆點重率。第一層之數養氣爲一。第二層之數輕氣爲一。第三層之數養氣爲一百。第四層之數亦輕氣爲一。而其數稍有不同。其五層之數爲等體重率。氣類以天空氣爲一。定質以水爲一。

元質	西號	第一層	第二層	第三層	第四層	第五層
養氣（西號如下）	O.	一·〇	八·〇	一〇〇·〇	八·〇	一·一〇五六
綠氣	Cl.	四·五	三六·〇	四四三·七五	三五·五	二·四四

愛阿諚	孛羅名	夫羅而林	輕氣	硝氣
I.	Br.	Fl.	H.	N.
一五.七五	一○.○	二.三七五	○.一二五	一.七五
一二六.○	八○.○	一九.○	一.○	一四.○
一五八八.七五	一○○○.○	二三七.五	一二.五	一七五.○
一二七.一	八○.○	一九.○	一.○	一四.○
四.九四八	二.九六		○.六九二二	○.九七一三

金石十一 三十三

炭	布而倫	夕里西恩	燐	硫磺
C.	B.	Si.	P.	S.
○.七五	一.三七五	二.五	四.○	二.○
六.○	一一.○	二○.○	三二.○	一六.○
七五.○	一三六.二五	二六六.二五	三八七.五	二○○.○
六.○	一○.九	二一.三	三一.	一六.○
三.五	一.一八三	一.八三七	一.八三三	二.○八七

西里尼恩	砒	安的摩尼	客羅彌恩	脫羅里恩
Se.	As.	Sb.	Cr.	Te.
五.○	九.三七五	一二九.○	三.五	八.○
四○.○	七五.○	一二八.○	二八.○	六四.○
四九三.七五	九三七.五	一六一二.五	三三三.七五	八○二.五
三九.五	七五.○	一二六.○	二六.七	六四.二
四.三二	五.七	六.七	五.九	六.三○五

金石十一 三十四

凡奈弟恩	由日尼恩	目力別迭能	東斯天	替脫尼恩
V.	U.	Mo.	W.	Ti.
八.五	七.五	五.七五	一一.七五	三.○
六八.○	六○.○	四六○	九四.○	二四.○
八五七.五	七五○.○	五七五.○	一一八七.五	三一二.五
六八.六	六○.○	四六.○	九五.○	二五.○
	八.四二五	八.六	一七.六	

名	號					
奈阿比恩	■	未定				
比路比恩	■	未定				
卜對斯恩	K.	五.○	四○.○	四九○.○	三九.二	○.八六五
素地恩	Na.	三.○	二四.○	二八七.五	二三.○	○.九五三
劣非地恩	Li.	○.七五	六.○	八一.二五	六.五	

名	號					
丐而西恩	Ca.	三.五	二○.○	二五○.○	二○.○	四.五八
貝而以恩	Ba.	八.五	六八.○	八五六.二五	六八.五	
息脫退西恩	Sr.	五.五	四四.○	五四七.五	四八.八	
美合尼西恩	Mg.	一.五	一二.○	一五二.五	一二.二	二.二四
哀盧彌尼恩	Al.	一.七五	一四.○	一七一.二五	一三.七	二.五八

名	號					
谷羅西恩	G.	○.五八七五	四.七	五八.七五	四.七	
入爾果尼恩	Zr.	二.七五五	二二.○	二八○.○	二二.四	
土里恩	Th.	一○.五	六○.○	七四五.○	五九.六	
地提彌恩	D.	六.○	四八.○	六○○.○	四八.○	
浪替尼恩	La.	五.八七五	四七.○	五八七.五	四七.○	

名	號					
昔而以恩	Ce.	五.八七五	四七.○	五八七.五	四七.○	
衣日地恩	Ir.	一二.三七五	九九.○	一二三七.五	九九.○	一八.六八
忒而比恩	Tb.	未定				
耳比恩	E.	未定				
奴而以恩	■	未定				

鐵	Fe.	三.五	二八.〇	三五〇.〇	二八.〇	七.七九
孟葛尼斯	Mn.	三.五	二八.〇	三四五.〇	二七.六	七.二五
臬客爾	Ni.	三.七五	三〇.〇	三七〇.〇	二九.六	八.三三
苦抱爾	Co.	三.七五	三〇.〇	三六八.七五	二九.五	八.五
銅	Cu.	四.〇	三二.〇	三九六.二五	三一.七	八.九五
銀	Ag.	一三.五	一〇八.〇	一三五一.二五	一〇八.一	一〇.四九八
白鉛	Zn.	四.〇六二五	三二.五	四〇七.五	三二.六	六.八四六
開特彌恩	Cd.	七.〇	五六.〇	七〇〇.〇	五六.〇	八.六四
鉛	Pb.	一三.〇	一〇四.〇	一二九六.二五	一〇三.七	一一.三三
錫	Sn.	七.二五	五八.〇	七二五.〇	五八.〇	七.二八三

別斯末斯	Bi.	二六.七五	二一四.〇	二六六二.五	二一三.〇	九.七七六
水銀	Hg.	一二.五	一〇〇.〇	一二五〇.〇	一〇〇.〇	一三.五九六
黃金	Au.	一二.二五	九八.〇	一二三七.五	九八.七	二二.〇
白金	Pt.	一二.二五	九八.〇	一二三七.五	九八.七	二二〇
鈀留底恩	Pd.	六.七五	五四.〇	六六二.五	五三.三	一一.三
日和地恩	Ro.	六.五	五二.〇	六五二.五	五二.二	一〇.六五
哈思彌恩	Os.	一二.五	一〇〇.	一二四五.〇	九九.六	一〇.〇
貳烏地恩	Ru.	六.五	五二.〇	六五二.五	五二.二	

長洲沙英繪圖

元和江衡校字

金石識別卷十二目錄

金石識別卷十二

美國代那撰

美國 瑪高温 口譯
金匱 華蘅芳 筆述

分類識別法

金石之屬甚多學者得一物茫然不知其何名則有一法可區分類別而知之可以助人識別且便於記憶

凡金石先分爲二大類一類水中能消化一類水中不能消化

水中能消化者又分爲二類一類入綠輕酸生氣一類入綠輕酸不生氣

入綠輕酸不生氣者又分爲二類一類見火能燒一類見火不燒

水中不消化者亦分爲二類一類有金光一類無金光

無金光者又分爲二類一類劃之有色一類劃之無色

劃之無色者又分爲二類一類熱之或有臭或有色或有煙一類熱之無臭無煙

熱之無臭無煙者又分爲三類一類入三酸謂綠輕酸硫酸硝酸全消化全消化或入一種酸或入數酸相連之酸如硫硝酸硝綠輕酸之類能全消化也

一類入三酸爲膏，除夕里開之外一類入三酸不消或微消不爲膏。

入三酸全消化者又分爲二類，一類火試能鍊，一類火試不鍊。不鍊即不鎔也，此指尋常之火而言，若輕養火則無不鍊者。

入三酸爲膏者，入三酸不消或微消不爲膏者，亦各分鍊及不鍊爲二類。

劃之有色者亦分爲二類，一類熱之有煙，一類熱之無煙。

劃有色熱無煙者又分爲二類，一類火試能鍊，一類火試不鍊。

有金光者又分爲二類，一類劃之有金色，一類劃之無金色。

劃之無金色者又分爲二類，一類熱之有煙，一類熱之無煙。

劃之有金色者又分爲二類，一類能打，一類不能打。

不能打者又分爲二類，一類熱之有煙，一類熱之無煙。

以上言分類識別之法，大致已明，惟恐學者驟讀之，未能瞭然於胸中，今爲補一圖以明之。

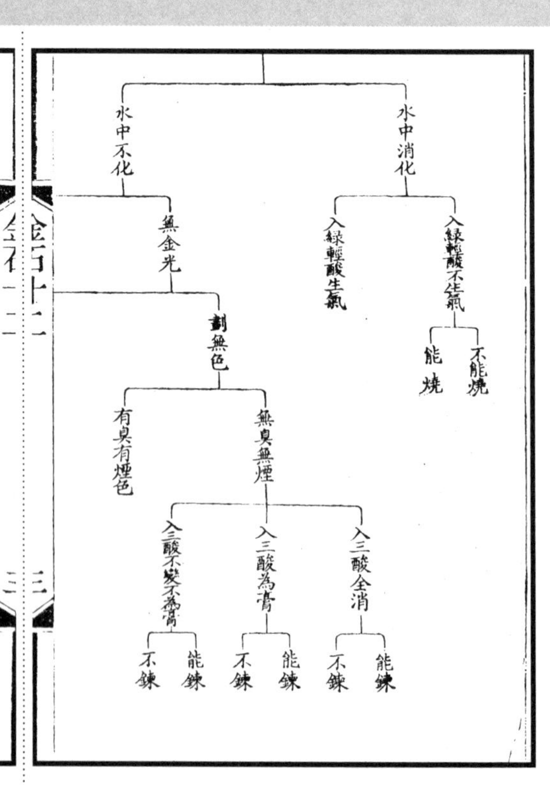

金石識別表

水中能消化　入綠輕酸不生氣　見火不燒之物

撒兒摩尼阿克

明礬卽阿拉姆

食鹽

硫酸美合尼西養

硫酸白鉛科斯里兒愛脫

硼砂卽布而倫酸素特

硫酸素特卽合羅白素特

硫酸鐵各別累斯

砒酸卽砒霜

水中能消化　入綠輕酸不生氣　見火能燒之物

硝酸卜對斯卽硝

硝酸素特

硝酸灰

水中能消化　入綠輕酸生氣之物

炭酸素特

水中不消化　無金光　劃之無色　熱之無臭無煙

入三酸全消化　火中不鍊之物

水美合尼西養白羅斯愛脫

硫酸哀盧彌那哀盧彌愛脫

水美合尼西養尼美兒愛脫

炭酸灰丐而刻斯罷

哀來果奈脫

炭酸孟葛尼斯待愛羅其愛脫

炭酸美合尼西養美合尼雖脫

硫酸白鉛白倫脫

美合尼西養炭酸灰駝羅美脫

炭酸鐵密雖頂斯罷

以特羅色愛脫

水中不消化　無金光　劃之無色　熱之無臭無煙

入三酸全消化　火中能鍊之物

炭酸貝而以養月澤來脫

炭酸鉛西路雖脫卽白色鉛礦

炭酸息脫涙西養息脫涙西愛脫

燐酸鉛倍路莫非脫

炭酸鐵斯背絕克

爲勿耳愛脫

燐酸哀盧彌那鐵科開信

夫龍而斯罷

硫酸灰鴨不對愛脫
燐酸孟葛尼斯鐵絕不來脫
鐵弗林
布而倫斯愛脫
水中不消化　無金光　劃之無色　熱之無臭無煙
入三酸除夕里開之外爲膏　火中不鍊之物
水夕里開哀盧彌那哀盧雖脫
哀盧非能
水中不消化　無金光　劃之無色　熱之無臭無煙
入三酸除夕里開之外爲膏　火中能鍊之物

彌蘇兒
羅木奈脫
非利不斯愛脫
胡拉斯得奈脫
湯姆斯奈脫
迭斯克來雖脫
別克士來脫
夕里開白鉛開來蠻
奈脫羅來脫
鴨搽兒西姆

斯果利斯愛脫
布而倫夕里酸灰台土兒愛脫
素待來脫
尼肺蘭
水中不消化　無金光　劃之無色　熱之無臭無煙
入三酸不變或微消不爲膏　火中不鍊之物
台而客
倍路非來脫
枚格
夕里開銅開蘇各落

水哀盧彌那結別斯愛脫
曷密來兒臬客爾
白倫脫
松香鉛
客林脫能愛脫
硫酸哀盧彌那阿拉奈脫
莫奈是愛脫
羅雖脫
鴨奈台斯
推而廓

阿背爾
開也奈脫
尼夫兒愛脫
薄果兒自愛脫
養氣錫礦
客里蘇兒來脫
夕里鑾愛脫
安奪羅斯愛脫
科子
斯多羅得愛脫

入爾康
土不爾斯
斯比偶兒
客里蘇倍里爾
薩非阿
金剛石
水中不消化　無金光　劃之無色　熱之無臭無烟
入三酸不變或微消不為膏　火中能鍊或易鍊或難鍊
之物
台而客

客羅愛脫
枚格
哀育來脫
色而弁台能
客羅落非來脫
硫酸鉛安合利雖脫
燥硫酸灰安海奪來脫
硫酸息脫浪西養雖勒斯頂
硫酸貝而以養合肥斯羅
朽藹臺愛脫

斯底兒倍脫
失勒斯羅
儕倍自愛脫 有作膏者名牟利奈脫
哈摩多姆
東斯天酸灰胡兒夫蘭
哀剎非來脫
莫奈是愛脫
倍路客羅
斯肺尼
斯蓋波來脫

霍恢白倫
倍路客西能
哀斯倍斯得斯
來如來脫
拉必斯來如來
非而斯罷
鴨兒倍脫
辣白里馱兒愛脫
康奪羅台脫
屋不洗台恩

孟葛尼斯罷
別對愛脫
愛度刻來斯
潑理奈脫
曷碑度地
斯普馱民
鴨克雖奈脫
茄納
布而倫斯愛脫
哀育來脫

普壘林
由客來新
倍里爾
水中不消化　無金光　劃之無色　熱之有臭有色煙之物
角銀礦
砒鉛埋滅低能
斯果羅台脫鐵
白倫脫
別斯末斯白倫脫

炭酸白鉛斯密斯生奈脫
水中不消化　無金光　劃之有色　熱之無煙　火中能鍊之物
養氣鉛密尼恩
肥浮哀奈脫鐵
由來奈脫
銅安台利雖脫
客羅彌恩酸鉛
綠色麥來蓋脫
紅色銅礦

燐酸鉛倍路莫非脫
藍色炭酸銅愛如來脫
倍路客羅
燐酸孟葛尼斯鐵絕不來脫
莫奈是愛脫
康奪羅台脫
俺蘭奈脫
水中不消化　無金光　劃之有色　熱之無煙　火中不鍊之物
澤孟葛尼斯
黑色銅礦
土苦抱爾
科開信
白倫脫
渥里克愛脫
紅色白鉛礦
台屋不對斯
褐色鐵礦來脈奈脫
客羅彌恩鐵
別溪白倫

雖路彌來
盧代爾
錫礦
水中不消化　無金光　劃之有色　熱之有煙之物
紅色安的摩尼礦
砒酸苦抱爾
硫礦砒
銅枚格
硫礦
紅色銀礦
惜納白
綠氣銅
水中不消化　有金光　劃之無金色　熱之無煙之物
澤孟葛尼斯
土苦抱爾
倍路路來脫
惜納白
白倫脫
曼杲奈脫
褐色鐵礦來脈奈脫

胡兒夫蘭
客羅彌恩鐵
別溪白倫
雖路彌來
可倫倍脫
力無愛脫鐵
希美台脫鐵
磁石鐵礦
弗蘭葛林奈脫
水中不消化　有金光　劃之無金色　熱之有煙之物

暗紅色銀礦
以盧皮雖脫銅
銅倍來底斯
磁鐵倍來底斯
羅果倍來脫鐵
銅臬客爾
光臬客爾
苦抱爾低能
錫色苦抱脫
白鐵倍來底斯

密斯別葛爾
鐵倍來底斯
水中不消化　有金光　劃之有金色　打之能扁之物
生水銀礦
生鉛礦
自然銅礦
生銀礦
生金礦
生白金礦
自然鐵

生鈀留底恩
水中不消化　有金光　劃之有金色　不能打　熱之
無煙之物
開府愛脫
伊爾美奈脫
水中不消化　有金光　劃之有金色　不能打　熱之
有煙之物
目力別迭奈脫
頁脫羅里恩
灰安的摩尼

玻璃銀礦
生脫羅里恩
脆銀礦
生別斯末斯
玻璃銅礦
呆里那
銀汞
生安的摩尼
生砒
灰色銅礦

白臬客爾礦

學者欲知金石之名可用前表試之如得一石不知其何物則先試其在水中能消化否如不消化則非消化之類再辨其有金光否如無金光則非有金光之類再劃之辨其有色與否如有色再熱之視其有煙否如無煙再試其鍊不鍊如不鍊則查表內水中不消化無金光劃之有色熱之無煙火中不鍊之物自澤孟葛尼斯至錫礦共有十四物此物必在此十四物中視某物在某卷某頁檢出一一核之其形色輕重輭硬必有與某物相同者即知此石係是某物

有兩種金石甚多其形色亦甚多在在遇之初學每爲所眩故最不便此二物即科子及灰石也

科子之色各種皆有明自透形至呆暗如土形皆有凡結成石之山相近數百里其小石塊皆是科子其常色爲灰色又有紅褐至無色如玻璃者 砂石有全是科子者 海邊之砂亦科子居多 所以尋金石者屢遇之法先用刀銼之劃之不動者諒必是科子再敲碎之如碎口如玻璃及有玻璃光者則必是科子再以其碎片吹火試之不鍊者則其爲科子無疑矣此辨科子之法也

灰石如丐而刻斯罷炭酸灰亦屢遇之凡得一石用刀銼之易損劃之易入者則疑是炭酸灰之屬以小塊入淡綠輕酸試之如能生氣消化者則更似炭酸灰再吹火試之不鍊而火色明者則爲灰石無疑如有結成者用刀剖析之其式可識此辨灰石之法也

學者能辨識此二物而求他金石如登高山而履平地矣 嘗有學生數人出外尋覓金石數月而歸將所得各種顏色之石獻諸師臚列滿案五彩陸離意甚自得師視之不覺失笑不過得科子及灰石二物而已或爲紅嚼斯不爾或爲黃嚼斯不爾或爲火石或爲霍恆斯

駄能或爲粒科子或爲鐵科子或爲開而西駄能或爲煙科子或爲乳科子或爲鴨呆脫或爲倍斯馬或爲科子結成或爲試金石或爲星科子或爲登科子或爲丐而刻斯罷或爲哀來果奈脫總不出乎科子及灰石二類而已其學生爲之惘然所以學者讀金石之書寧可專將科子及灰石二門窮究其變爛熟於胸中而後再讀別種金石之書蓋先知無用之石而後能知有用之金若極多極賤之物尚不能識別安望其能得珍奇貴重之物乎

又有一表可助人識別金石其分類之法與前同惟其金石之次序前表以輭硬序之此表則以輕重序之並載明輕重之數故稱得其較水重若干即可尋得其名再向卷中檢得細核之即知是某物此表識別勝於前表因輭硬一時難得細辨而輕重則一權即得也

金石識別又表

水中能消化　入綠輕酸不生氣　見火不燒之物

名	輕重
合羅白素特	一·四至一·五
撒兒摩尼阿克	一·五至一·六
硫酸美合尼西養	一·七至一·八
硼砂	一·七至一·八
明礬	一·七至一·八
硫酸鐵	二·○
硫酸白鉛	二·○至二·一
硫酸銅	二·○至二·三
食鹽	二·○至二·三
砒霜	三·七

水中能消化　入綠輕酸不生氣　見火能燒之物

名	輕重
硝酸灰	一·六二
硝酸卜對斯	一·九至二·
硝酸素特	二·至三·

水中能消化　入綠輕酸生氣之物

名	輕重
炭酸素特	一·四至一·五

水中不消化　無金光　劃之無色　熱之無臭無煙

入三酸全消化　火中不鍊之物

名	輕重
硫酸哀盧彌那	一·六至一·七
白羅斯愛脫	二·三至二·四
尼美兒愛脫	二·三至二·五
丐而刻斯罷	二·三至二·五
水美合尼西養	二·八
哀來果奈脫	二·八至三·

馱羅每脫　二·八至二·九
美合尼雖脫　二·九至三·
炭酸鐵　三·三至三·七
炭酸孟蔦尼斯　三·五至三·六
阿利康斯罷　三·七至三·八
以特羅色愛脫
白倫脫　四至四·一
水中不消化　無金光　劃之無色　熱之無臭無煙
入三酸全消化　火中能鍊成難鍊之物
為勿耳愛脫　二·三至二·四

布而倫斯愛脫　二·九至三·
鴨不對愛脫　三·〇至三·三
夫羅而斯罷　三·一至三·二
科開信　三·三至三·四
絕不來脫　三·四至三·八
鐵弗林　三·四至三·六
息脫浪西愛脫　三·六至三·七
斯背絕克鐵　三·七至三·九
月澤來脫　四·二至四·四
白色鉛礦　六·一至六·五

倍路莫非脫　六·五至七·一
水中不消化　無金光　劃之無色　熱之無臭無煙
入三酸除夕里開之外為膏　火中不鍊之物
哀盧非能　一·八至一·九
哀盧雖能　一·八至二·一
水中不消化　無金光　劃之無色　熱之無臭無煙
入三酸除夕里開之外為膏　火中能鍊之物
非利不斯愛脫　二·〇至二·二
鴨捺兒西姆　二·〇至二·三
台土兒愛脫　二·〇至二·三

奈脫羅來脫　二·一至二·三
斯果利斯愛脫　二·二至二·三
羅木奈脫　二·二至二·四
迭斯克來雖脫　二·二至二·四
彌蘇兒　二·三至二·四
湯姆斯奈脫　二·三至二·四
素特來脫　二·二至二·五
別克土來脫　二·六九
桌子罷　二·七至二·九
開來鑾　三·二至三·五

水中不消化　無金光　劃之無色　熱之無臭無煙
入三酸不消或微消不爲膏　火中不鍊之物

開蘇各落　二·三至二·四
力無愛脫　二·四至五·二
阿背爾
科子　二·六至二·八
礬石　二·六至二·八
台而客　二·七至二·九
倍路非來脫　二·七至二·九
枚格　二·八至三·

推而廓　二·八至三·
尼夫兒愛脫　二·九至三·一
安奪羅斯愛脫　二·九至三·二
綠臬客爾　三·○五
客林脫能愛脫　三·○至三·一
夕里𤅪愛脫　三·○至三·四
薄果兒自愛脫　三·二至三·六
客里蘇兒來脫　三·三至三·六
土不爾斯　三·四至三·六
金剛石　三·四至三·七

開也奈脫　三·五至三·七
斯多羅得愛脫　三·五至三·八
客里蘇倍里爾　三·五至三·八
鴨奈台斯　三·八至三·九
薩非阿　三·九至四·二
白倫脫　四·○至四·一
斯比偶爾　三·五至四·六
入爾康　四·四至四·八
莫奈是愛脫　四·八至五·一
松香鉛　六·三至六·四

錫礦　六·五至七·一
水中不消化　無金光　劃之無色　熱之無臭無煙
入三酸不消或微消不爲膏　火中能鍊或難鍊之物
儕倍是愛脫　二·○至二·二
斯底兒倍脫　二·一至二·二
朽蘭臺愛脫　二·二
石膏　二·二至二·四
哀剁非來脫　二·三至二·四
非而斯罷　二·三至二·六
色而弁台能　二·四至二·六

屋不洗台恩 二·二至二·八
哈摩多姆 二·三至二·五
別堆愛脫 二·四至二·五
失勒斯罷 二·五至二·七
拉必斯來如來 二·五至二·九
鴨兒倍脫 二·六至二·七
辣白里馱兒愛脫 二·六至二·八
斯蓋波來脫 二·六至二·八
哀育來脫 二·六至二·八
倍里爾 二·六至二·八

客羅愛脫 二·六至二·九
客羅落非來脫 二·七至二·八
台而客 二·七至二·九
枚格 二·八至三·
安海奪羅來脫 二·八至三·
潑理奈脫 二·八至三·
布而倫斯愛脫 二·九至三·
客里蘇兒來脫 二·九至三·
由客來新 二·九至三·一
霍恆臼倫 二·九至三·四

來時來脫 三·○至三·一
普墨林 三·○至三·一
斯普陀民 三·一至三·二
康奪羅台脫 三·一至三·二
鴨克雖奈脫 三·二至三·三
倍落客西能 三·一至三·五
斯脯尼 三·二至三·五
曷碑度地 三·二至三·五
愛度客來斯 三·三至三·四
盂蔦尼斯罷 三·四至三·七

茄納 三·五至四·三
雖勒斯頂 三·八至四·
倍路客羅 三·八至四·三
重斯罷 四·三至四·八
莫奈是愛脫 四·八至五·一
東斯天酸灰 六·○至六·一
安合利雖脫 六·二至六·三

水中不消化　無金光　劃之無色　熱之有煙或有臭之物

斯果羅台脫鐵 三·一至三·三

白倫脫　四〇至四一
開來鐵　四二至四五
角銀礦　五五至五六
別斯未斯白倫脫　五九至六一
埋減低能　六四至六五
水中不消化　無金光　劃之有色　熱之無煙　火中
能鍊之物
肥浮哀奈脫鐵　二六至二七
由日奈脫　三〇至三六
康奪羅台脫　三一至三三

俺蘭奈脫　三二至四一
絕不來脫　三四至三八
愛來時來脫　三五至三九
綠麥來蓋脫　四〇至四一
倍路客羅　四二至四三
紅養鉛　四六
莫奈是愛脫　四八至五一
銅安合利斯愛脫　五三至五五
紅色銅礦　五九至六〇
客羅彌酸鉛　六〇

倍路莫非脫　六八至七一
水中不消化　無金光　劃之有色　熱之無煙　火中
不鍊之物
硫礦　二〇七
銅枚格　二五五
土苦抱爾　二二至二三
砒酸苦抱爾　二九至三〇
渥里克愛脫　三〇至三三
台屋不對斯　三二至三三
科開信　三三至三四

紅硫礦砒　三三至三七
澤孟葛尼斯　三七
黑色銅礦
來脈奈脫　三九至四一
白倫脫　四〇至四一
雖路彌來　四〇至四四
盧代來　四二至四三
客羅彌恩鐵　四三至四五
綠氣銅　四四至四五
紅安的摩尼礦　四四至四六

紅色白鉛礦　五四至五六
紅銀礦　五四至五九
別溪白倫　六四七
錫礦　六五至七一
惜納扱　八〇至八一

水中不消化　有金光　劃之無金色　熱之無煙之物

土苦抱爾　二二至二三
澤孟葛尼斯　三七
力無愛脫　三八至四一
白羅客愛脫　三八五
褐希美台脫　三九至四一
白倫脫　四〇至四一
雖路彌來　四〇至四四
曼杲奈脫　四三至四四
客羅彌恩鐵　四三至四五
光鐵礦　四五至五三
倍路路雖脫　四八至五一
弗蘭葛林奈脫　四八至五一
磁石鐵　五〇至五一
可倫倍脫　五九至六一

別溪白倫　六四七
胡兒夫蘭　七一至七四
惜納扱　八〇至八一

水中不消化　有金光　劃之無金色　熱之有煙之物

銅倍來底斯　四〇至四二
磁鐵倍來底斯　四五至四七
白鐵倍來底斯　四五至四七
鐵倍來底斯　四八至五一
以盧雖脫銅　五〇至五一
暗紅銀礦　五七至五九
光杲客爾　六〇至六二
密斯別葛爾　六一
苦抱爾低能　六二至六四
斯馬爾低能　六四至七二
羅戈倍來脫鐵　七二至七四
銅杲客爾　七三至七七

水中不消化　有金光　劃之有金色　打之能扁之物

自然鐵　七三至七八
自然銅　八五至八六
生銀　一〇〇至一一

生鈀留底恩　一〇·〇至一二·
生鉛　一一·〇至一二·
生水銀　一三·〇至一四·
生白金　一六·〇至一九·
生黄金　一二·〇至二〇·
水中不消化　有金光　劃之有金色　不能打　熱之
無煙之物
開府愛脫　二·〇至二·一
伊爾美奈脫　四·四至四·八
水中不消化　有金光　劃之有金色　不能打　熱之

有煙之物
灰安的摩尼　四·五至四·七
目力別迭奈脫　四·五至四·八
灰銅礦　四·七至五·一
玻璃銅礦　五·五至五·六
生砒　五·六至五·八
生脫羅里恩　五·七至六·一
脆銀礦　六·二至六·三
生安的摩尼　六·六至六·八
頁脫羅里恩　七·〇至七·一

白臬客爾　七·一至七·二
玻璃銀礦　七·一至七·四
呆里那　七·五至七·七
生別斯末斯　九·七至九·八
阿馬兒合姆　一〇·五至一一·

識別金石之法又有以結成之式分類作表者如遇有結成之物可於此表查之

結成式分類法

結成一律式者分爲二類　一類有金光　一類無金光
無金光者又分爲二類　一火中能鍊　一火中不鍊
有金光者亦分爲二類　一熱之有煙　一熱之無煙
二律式者分爲二類　一有金光類　一無金光類
無金光者又分爲二類　一火中能鍊　一火中不鍊
有金光者不再分類
三律式者分爲二類　一有金光類　一無金光類
無金光者又分爲四類　一火中不鍊　一火中能鍊入三酸除夕里開之外爲膏　一火中能鍊熱之無色無臭無煙入三酸不爲膏　一火中能鍊熱之有煙
有金光者又分爲二類　一熱之無煙　一熱之有煙

一斜式者分爲二類　一有金光類　一無金光類
無金光者又分爲二類　一水中能消化　一水中不消化熱之無煙　一水中不消化熱之有煙
有金光者亦分爲二類　一熱之無煙　一熱之有煙
三斜式者分爲二類　一水中能消化　一水中不消化
水中不消化者又分爲二類　一火中能鍊　一火中不能鍊
水中能消化者不再分類
六角式者分爲二類　一有金光　一無金光
無金光者又分爲四類　一水中能消化　一水中不消化火中不鍊　一水中不消化火中能鍊無煙
一水中不消化熱之有煙
有金光者亦分爲二類　一熱之無煙　一熱之有煙

金石結成分類試別表

結成一律式

無金光　火中不鍊之物

白倫脫　十二面
客羅彌恩鐵　八面析不明
羅雖脫　不能析
迭士盧雖脫　八面析不明
斯比偶兒　析之全
金剛石　八面析之全

無金光　火中能鍊之物

明礬　八面
食鹽　方
紅色銅礦　八面析不全
夫羅而斯龍　析之全
倍路客羅　不能析
鴨捺兒西姆　析不成
拉必斯來如來　十二面不全
素待來脫　同上
茄納　同上
布而倫斯愛脫　八面析不明

有金光　熱之無煙之物

自然銅　不能析
生銀　同
生金　同
白倫脫　十二面析全
生白金　方析之不明
自然鐵　八面析之全

客羅彌鐵　八面析不全
弗蘭葛林奈脫　同上
有金光　熱之有煙之物
玻璃銀礦　十二面不全
生別斯未斯　八面　全
生銀汞　十二面不全
以盧皮雖脫　八面　不全
杲里那　方　全
灰銅礦　不分明
光杲客爾　方
苦抱爾低能　析之全
斯馬兒低能　八面　不全
白杲客爾
倍來底斯　方　不全
結成二律式
無金光　火中不鍊之物
鴨奈台斯　八面
錫礦　不全
入爾康　不全
無金光　火中能鍊之物

由日奈脫　析與底平行
哀剁非來脫　同
斯盍波來脫　直析
愛度客來斯　平析　不全
盧代爾　平析　不全
有金光之物
頁脫羅里恩　析成頁
銅倍來底斯　析不全
華斯鑾奈脫　平析
白勞奈脫　八面全
結成三律式
無金光　火中不鍊之物
台而客　平析成頁
哀來果奈脫　直析不全
紅色白鉛　平析成片
客里蘇兒來脫　直析不全
斯多羅得愛脫　不全
安奪羅斯愛脫　不全
土不爾斯　平析
客里蘇倍里爾　不全

無金光　火中能鍊　入三酸為膏之物

彌蘇兒　一向析全

湯姆斯奈脫　二向

非利不斯愛脫　析不全

開來鑾　直析

奈脫羅來脫　直析

斯果利斯愛脫　析不全

無金光　入三酸不為膏　火中能鍊無色無臭無煙之物

台而客　析成片

硝酸卜對斯　析不全

硫酸美合尼西養　一向

開育來脫　一向

枚格　析成片

安合利雖脫　析不全

重斯罷　析不全

硫酸息脫浪西養　直析

安海奪來脫　三向分明

白色鉛礦　直析

月澤來脫　析不全

色而弁台能　有片

息脫浪西奈脫　直析

為勿耳愛脫　二向分明

斯底兒倍脫　一向分明

哈摩多姆　析不全

胡兒夫蘭　一向分明

來如來脫　析不全

力無愛脫　析不全

潑理奈脫　平析

哀育來脫　析不全

無金光　熱之有煙之物

硫礦砒　析成片

硫礦　析不全

硫酸白鉛　一向分明

白安的摩尾　直析

綠氣銅　平析

斯果羅得愛脫　析不全

有金光　熱之無煙之物

倍路路雖脫　三向不全

曼呆奈脫　一向不全

胡兒夫蘭　一向
力無愛脫　析不全
可倫倍脫　析不全
談土來脫　析不全
有金光　熱之有煙之物
灰安的摩尼　一向
脆銀礦　析不全
玻璃銅礦　析不全
盧戈倍來脫　一向分明
密斯別葛爾　直析不全
結成一斜式
無金光　水中能消化之物
炭酸素特
硫酸素特
硫酸鐵　一向
硼砂　直析
無金光　水中不消化　熱之無煙之物
肥淨哀奈脫　平析
石膏　析成片
枚格　平析

朽蘭臺愛脫　析成片
羅木奈脫　一向分明
綠麥里蓋脫　平析
愛如來脫　直析
客林脫能愛脫　片
莫奈是愛脫　平析
台土來脫　不全
斯脯尼　不全
霍愜白倫　直析
倍落客西能　直析
俺蘭奈脫　不全
非而斯罷　二向不全
康奪羅台脫　不全
曷碑度地　直析不全
斯普陀民　直析
由客來新　平析
無金光　水中不消化　熱之有煙之物
砒酸苦抱　平析
紅硫砒　不全
福美果兒來脫　平析

每阿其兒愛脫　直析不全

有金光之物

每阿其兒愛脫　直析不全

胡兒夫蘭　一向

渥里克愛脫　一向

俺蘭奈脫　不全

結成三斜式

水中能消化之物

硫酸銅　不全

水中不消化　火中能鍊之物

鴨兒倍脫　三向一明

辣白里馱兒來脫　二向一明

孟葛尼斯罷　向

鴨克雖奈脫　不全

水中不消化　火中不鍊之物

開也奈脫　直析不全

夕里鑾奈脫　對角析

結成六角類式

無金光　水中能消化之物

硝酸素特　六面形

可緊倍來脫鐵　六面不全

無金光　水中不消化　火中不鍊之物

白羅斯愛脫　析成片

枚格　六角折成片

丙而刻斯罷　六面

待愛羅其愛脫　六面

孟葛尼斯罷　六面

安巳兒愛脫　六面

馱羅美脫　六面

炭酸鐵　六面

礬石　平析

台屋不對斯銅　六面

科子　不析

薩非阿　平析

無金光　水中不消化　熱之無煙　水中能鍊之物

客羅愛脫　片

儕倍是愛脫　六面不全

鴨不對愛脫　析不全

尼胏蘭　同

晋壘林　同

倍里爾　平析不全
無金光　水中不消化　熱之有煙之物
紅色銀礦　不全
惜納拔　六面
炭酸白鉛　六面
有金光　熱之無煙之物
開府愛脫　片
伊爾美奈脫　析不全
光鐵礦　析不全
有金光　熱之有煙之物
目力別迭奈脫　片
生脫羅里恩　析不全
暗紅銀礦　析不全
惜納拔　六面
生安的摩尼　六面析之平
生砒　析不全
磁鐵倍來底斯　六面
銅臬客爾

長洲沙英繪圖
元和江衡校字

江南製造局

科技譯著集成

礦學治金卷

第壹分册

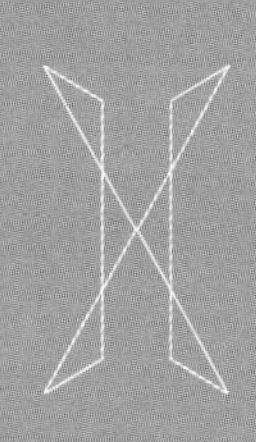

礦學考質

《礦學考質》提要

《礦學考質》上編五卷，美國奧斯彭（Henry Stafford Osborn）纂，慈谿舒高第口譯，海鹽沈陶璋筆述（卷二後稱海甯沈陶璋筆述）、江浦陳洙勘潤，上海曹永清繪圖；下編五卷，美國奧斯彭纂，慈谿舒高第口譯，江浦陳洙筆述，光緒三十三年（1907年）刊行。底本爲奧斯彭之《A Practical Manual of Minerals, Mines, and Mining》1895年第2版。

此書上編五卷，分述金、銀、銅、鎳、鐵、錫、鋅；下編五卷，分述鉛、錳、鉑、鋏、汞、銻、鉍、鉻、鈷、鋁，以及可倫登及哀末利、浮石、微細蟲泥、礪石、剖石、金剛鑽等礦物。各卷分別介紹各種金屬之形狀、硬度、比重、顏色等物理性質，化合物之種類及化學性質，礦物產地、產值、礦脈，各地合金礦物中化學成分及其含量，礦物質之檢測方法，礦物質用處，歐美各國關於不同金屬冶煉方法之發明，乾法、濕法、電解法等各種冶煉方法等。書中間有舒高第、陳洙之按語。

此書內容如下：

下編目錄

礦學考質上編

春谿趙經式

谷鏡文來
江南機器總局
製造局
譯刊本

原序

是書博採金類礦學論說及博士攷驗之已有成效者簡明該括用資研究各礦地情形不一有宜此而不宜彼者非另列他法不足以觀其會通故余書宗旨專論有用金類及地下石層中所居位置並所產礦質之如何凡爐鍊乾鍊各法暨工藝之取用市之價值一一登載綴以熟諳礦學者精詳練達之言當世研礦學之君子苟取吾書而讀之或未必無補區區也美國五金博士奧斯彭自序

礦學考質上編目錄

金石類試驗法并其來歷

此篇將一切緊要金石類次第講論凡近今試驗各法詳細查明無裨實用者概不摭拾

金石類性質以金鋼鑽爲最堅驗者可以十分爲度其等量法即以最淨之顆粒形爲斷中間參差上下由礦學家酌量定奪

物質堅性比較如下

一 金剛鑽 堅性十分

二 可倫都末 即潔淨哀末利堅性九分

三 斯品納爾 吐珀司 此乃寶石之一種 堅性八分

四 水晶 堅性七分 綠玉七分五 素剛石七分五

五 派拉脫即鐵硫二礦子 埋卡薩脫即鐵二硫二 紅鐵礦子 卡西特來得即錫礦子 茄尼得即紅寶石 以上六分五 弗耳斯派六分至七分

六 鏐可派拉脫五分五 密斯勞克耳又名鐵鉀五分五 里慕納脫即櫻色鐵二養三礦子 阿巴台脫即鈣養燐養五 以上均五分

七 鋅硫三分五至四分 鈣弗石四分 紅鋅養四分五

八 鈣耳薩脫即大理石二分五至三分五 比洛塔脫即有吸鐵性之鐵硫

九　硫磺　加利那即鉛硫礦了二分五食鹽二分五枚
格即干層鏡二分五硬煤二分至二分五又名白煤
十　克蘭法脫即黑鉛又名筆鉛雄黃即鉀硫二礦子一
分五淡輕四綠即腦砂一分五石膏一分五至二分可
派耳即堅漆二分五

礦學考質上編卷首　二

礦學考質上編卷一

美國　奧斯彭纂　海鹽　沈陶璋　筆述
慈谿　舒高第　口譯
江浦　陳　洙　勘潤

金

金質有如顆粒者形為八面如四方之二尖塔底相聯合而成初出礦時有如樹枝形者曾得一塊其八面形惟在樹枝梢有之更有不整齊形或薄片如魚鱗或細碎如沙或此數式互相錯雜似昔曾鎔化而流於雜物中結成者堅性二分半至三分重率由一五至一九·三四·一九·三四

礦學考質上編卷一　一

者乃極純金質也

金之色不一自暗黃至淡黃依所含銀質多寡而分色之深淺淨純者色暗黃性質可引長亦可打薄

天生金質難得淨純其攙雜以銀為多亦有銅鈀鐽並鐵和雜其間化分時金中必有銀而銅鐵為數極微博士戴那查得金中有微細數錫鉛并鈷及微細數之鉍　此二種金質均來自他國金與鈀相和者鈀居百分中之十與鐽相和者鐽居百分中之三十四至四十三但此種金質不多

美國產金之地其金質散蘊甚廣惟為數極微採取之甚

不合算據攷究金類博士述及美國通國產金之地如下
亞美利加西山閒金礦甚多其東一帶阿泊辣庚山嶺由
南省阿辣勃麥至英屬藍勃來度並大湖蘇批利奧邊界
均有含金礦苗北亞美利加洲之西有崇山峻嶺名曰嶗
峒夢登由北至南經過在北之英屬省美國墨西哥山嶺
并高地閒均有金苗美國考陸拉度省金苗極旺惟其中
雜鐵硫諸質西省尤叨並阿達花亦然美國西境有峻嶺
名昔哀拉尼否達坡下亦有之惟其中產銀最多產金地
由開利福尼亞舌地起迤邐向北越舊金山省有一百八
十英里之遙金礦甚少過此界端石極多其中礦苗復旺

且廣約二百英里有奇
沿西境更有一帶山嶺曰可斯脫倫治其中亦有金苗惟
爲數式微舊金山之北二省曰奥利崗及華盛頓亦有金
苗惟不及舊金山之多東境由阜奇尼亞省至南省阿辣
勃麥一帶皆有金苗其閒一省名北坎陸蘭那由一千八
百八十年至九十二年所產共值金洋一百九十二萬六
千二百四十四元南坎陸蘭那省產金值洋七十六萬六
千六百零九元喬奇亞省產金值洋一百七十二萬一千
七百六十元
六十年前南美洲並墨西哥國每年所產共值金洋一千

一百五十萬元較現產尤盛一千八百四十九年爲舊金
山查得金苗之始是年所產金合洋五百萬元一千八百
五十三年出金合洋六千萬元此後漸少至一千八百六
十六年僅合金洋二千七百萬元數其時蒙退那考陸那
度阿達花并尼否達諸省共出金洋八千六百萬元澳大
利亞郎新金山近來每年出金洋三千萬元較昔年數已
減半可見古時業礦者得利較厚一千八百八十五年衞
林斯所著美國金石富源一書載明美國產金數自一千
八百六十七年共得金洋五千三百萬元至一千八百七
十五年漸減至三千二百萬元後復漸增至一千八百七

十八年共得金洋五千一百萬元是年起又減至一千八
百八十三年僅得金洋三千萬元嗣後又逐漸加增至一
千八百五十三年所產之數甚旺共得金洋六千五百萬
元自一千八百八十四年起至九十三年所產金數如下
一千八百八十四年所產共得金洋三千零八十萬元
八十五年所產共得金洋三千一百八十萬元
八十六年所產共得金洋三千五百萬元
八十七年所產共得金洋三千三百萬元
八十八年所產共得金洋三千五百十七萬五千元
八十九年所產共得金洋三千二百八十萬六千元

九十年所產共得金洋三千三百八十四萬五千元
九十一年所產共得金洋三千三百十七萬五千元
九十二年所產共得金洋三千五百九十五萬五千元
上載之數尙有遺漏因民間業礦者甚衆閒有未曾上冊故也

北美洲西北有地名阿蘭斯卡是爲美國新疆產金甚旺自一千八百八十年起每年產數有增無減料其定能久持阿蘭斯卡南疆緯線五十八度處有島名達格蘭斯島有金礦名脫來脫惠耳所產金數與阿蘭斯卡通省出產之數比較居三分之二該處有石英礦脈一道寬四百尺

內含淨金並含金鐵硫二質直至海濱由峭巖山坡一路衝入海中

阿蘭斯卡自一千八百八十年起至九十三年止所產之金數如下

一千八百八十年產金價值金洋五千九百五十一元
八十一年產金價值金洋一萬五千元
八十二年產金價值金洋十五萬元
八十三年產金價值金洋三十萬元
八十四年產金價值金洋二十萬元
八十五年產金價值金洋三十萬元

八十六年產金價值金洋四十四萬六千元
八十七年產金價值金洋六十七萬五千元
八十八年產金價值金洋八十五萬元
八十九年產金價值金洋九十萬元
九十年產金價值金洋七十六萬二千元
九十一年產金價值金洋九十萬元
九十二年產金價值金洋一百萬元
九十三年產金價值金洋一百零一萬零一百元

美國自買俄屬阿蘭斯卡省後查出產金一帶地長約一百英里由西北至東南寬僅數英里將來或查有更寬之

地亦未可知惟該省內地天氣嚴寒僅在海濱開挖地脈情形與舊金山相仿所產金居大半惟間有數處金與銀質鉛硫質並銅質和雜

美國每年所產金銀價值與所產鐵價比較幾相埒而與產煤價值比較短少仍鉅

中國及南美洲各國產數無礦冊可查故環球產金數不能詳盡所悉者自一千八百八十年至八十七年每年共得金數價值金洋一萬萬元自一千八百八十七年至九十二年每年漸加至金洋一萬二千五百萬元其中最鉅之數產在美國次亞大利亞次俄國此後亞非利加產金

漸旺，可與俄國相竝。

與金相關之地學並同產之物質

或謂金與硫相併成化學物質，而與鐵硫同產地中。此言非確，因曾查得礦中所產者，均屬純金，惟在提鍊工夫多寡而已。鍊硫中金質，亦係純金，若將鐵硫鍊去，可祇剩純金。或謂含金之鐵硫，研磨齏粉，置於顯微鏡下窺之，常不見純金，可見其中之質，必與硫質化合，然以含金鐵硫與硝强酸相和，即將鐵硫消化，祇有純金剩下，此已試驗確鑿，毫無疑義。

化學家可令金質與硫礦相併而成二物，第一係金二硫，

是物有暗紫色，將金綠水養沸而令輕硫氣灌入之，其硫即與金化合，變成暗紫色底質。第二如將輕硫氣灌入金綠冷硫質，即有黃色微細雲形片之底質，即金二硫三也。

金苗播散於天下甚廣，鮮有難查之地，惟所產極微而開採之工資浩大，頗不合算，所以雖知其地有金苗，亦未全行開挖之也。

英國康華耳省土中，有錫礦質，中雜有金。德國東北境有城名堪臯司白格，產銀硫礦質，其中亦然。瑞典國之哀特耳福斯查有銀質雜於鐵硫礦質中。德法之間有來恩大江，亦有金質，惟爲數祇八百萬分中之一。賦閒之人，有時

或耐苦而淘之。奧國及土耳其之丹牛波江，法國之綠瀚江，葡萄牙之退格斯江，並歐洲之各江河，均產金沙，常有人挖而淘之。

瑞士及意大利間有高山，名蒙體羅薩山，腳花岡石中有鐵硫礦質，亦含純金。西比利亞一種石英，西名項碧賴德，譯即角石，中亦有金質播散。新金山及澳大利亞泥層下，有可製煙管頭白泥，亦雜金質，然天下之金，多由江河沙中淘出，如每英擔沙中能取金二十四釐，在人工較廉之地淘之，尚爲合算，然而斐洲河與江之沙，爲數不及五磅，所獲金沙有多至六十三釐之譜者矣。地面下最深石層

中，毫無活物蹤跡，故名曰無生命石層。其間猶有金質，此層上之各石層，則均有之。直至光粉石層，或名三代時石層爲止，過此以上之層，始無金質。夫地球之石有二種，一爲天生之石，又名原石，有顆粒式；後爲火焚而裂細碎石，隨雨水冲下，旋凝結而成石層，此非原石，乃凝成之石也。凝成石質無顆粒式，原式中有石英礦脈，此石英中有金質，其式樣或如線條，或如魚鱗，或如顆粒，尋常金質係在顆粒式石中。此種原石後或潰散，而將金質磨細，與石質同爲水所沖流，此即金沙之來歷也。由此可見，攷金石類之博士，須留心地下石層情形，查察產金之處，係原地抑

係水沖所致往往產金之石層與無金質者難於辨別所以但見石之等類不能定金質之有無也如美國北有坎陸蘭那省所產金質或取諸礦內或取於石英與他項物質化驗如鐵硫銅硫鉛硫鋅硫礦子等消融變爲流質然後結成顆粒形或成線條形或如貫串之珠豆形

該省有山名慶山其礦之金質多含於石英之石灰石且其中畧有鐵硫鉛硫銅鐵硫又有鉛錦及與阿爾泰山所產相同之鉛錦金等此產金地有三十尺之厚今已挖至二百尺深長有二百五十尺之譜

該處所得金質昔時或係金塊現均粗細沙式此金質適

中之數係一千分之八百二十五分其餘係鉑金剛鑽壽剛石善箏泰姆米難才脫等金石類在該處東拋惕斯地方之礦所產之金有一千分之九百八十五分淨質此金質得於粗沙中

含金之原石碎散而爲水沖下結成土與石因大小金質重而沈於沙泥雜物之下有時挾金之石因重而沈下無金之石沖於遠方該處之金沙地均在南山各大江之上流統有見方二百英里之廣該處浮面泥土中亦有微細金沙惟不及其下粗沙中之多此省石英礦脈甚細小故所產之金質不成大塊因此採取之工必用淘法惟該省

之夢高麥列州之端石層中粗沙地內有金塊並金質薄片而金沙甚少

美國飛拉台耳飛亞城之鑄錢局曾化驗舊金山所產之金質數千次而知此金質中可鍊得純金每百分中之八十八分半其餘十一分半係銀質

天生金銀質並無盡淨者惟有時提鍊者近似盡淨地步此乃貿易中所稱爲盡淨者也最淨之金沙有九百九十八之淨數而銀質幾至一千淨數惟化學家雖經試驗終不得極點之淨數今始查得提淨之法可見今日化學之功效較勝前人

舊金山之金質成色參差不一有祇居千分中之八百十千分者有竟至九百五十七分者大約八百八十五爲適中之數金礦質大半和雜有銀質一經化鍊尋常得九百九十五分金銀質其餘五分係鐵養此鐵養爲數雖微與金銀攙和極爲細密礦金之顯色皆含有微細鐵養此礦金未鎔之前其色甚顯而深既鎔之後其色稍淡因已去其鐵養也夫初鍊之時礦質內含他項賤品金類居千分之二十五至四十分既鍊之後千分中尚有鐵養五分再鍊之後方得淨金

在礦質時金銀合併之分劑不一儻依化學法化成一物

此種金銀之各分劑必有限數惟金銀難得化合而成顆粒所以兩項相併者其分劑必然不一

北坎陸蘭那省之金質成色高低與舊金山之金質大畧相同惟有一種成色竟錬得九百九十一之譜其適中數較低於舊金山之礦質若夫查奇亞　脫乃西　并阿辣勃麥省之礦質較高英屬拏否斯可爲省之礦金質分爲兩等一與美國礦金質成色相等一則較低

新金山礦金成色大有高下産金處有北礦西礦南礦之分北礦金質成色由六百五十四至九百六十二爲止適中之數不到九百西礦成色由九百十五至九百六十爲止南礦由九百二十八至九百八十三爲止適中之數皆九百六十

新金山密耳彭大埠鑄錢局化學家密拉查得新法用綠氣煉金取上說之金礦子甚合　一千八百七十一年該博士至美國飛拉台耳飛亞城之鑄錢局演試其煉金新法傳令綠氣經過鎔化之金質美人甚爲欽佩

考陸拉度之金質尋常成色稍淡蒙退那之金質成色較高惟參差不一難定適中之成色

金礦質中之雜質不一殊難考究不解金礦中何以常雜銀而不雜銅且人工攙和時金與銅之結力更勝於銀假如將金九百分並銅一百分以薄鉛包之置之錬金盆中又將銀九百分並銅一百分亦以薄鉛包之置之錬金盆中將此兩盃入爐鎔錬後所得之金塊中仍有銅二十三分銀塊中則毫無銅質

高第按煉金盆係鈣養燐養五所製令其收吸賤金類而於貴金類則相拒不合以便分別金類之貴賤上所試驗者金指留銅二十三分可明金與銅有結力之明證

論金與雜質金之愛力更有二奇一則金在地中時尋常均與鐵養或鐵硫相攙惟以金與鐵養或鐵硫置於鎔錬罐中則不能化合即使勉强相併亦不周密一則淨鉛在地中時必有金銀在其中惟爲數甚微貿易中之鉛惟西班牙之猪鉛中銀質最少然此鉛每一噸數內亦有銀三分兩之一此銀鎔化後亦有金質少許最奇者噴昔耳維尼省牛勃列登城所得之鉛硫一噸數內提出金二釐又四分釐之一約值金洋一角現博物家尚無法可究因何此微細金銀之數夾雜於此賤品質中也

煉提含雜質之金

美國大鑄錢局凡有含鐵之金以硫并鉀養炭養三並鈉養炭養二雜和同化此雜料與鐵相併而將純金別出如金

質中含錫銻並鉀則以硼砂鈉養卄硝雜和同化可提淨金按博士惠林敦提錫銻法將金礦子與銅養十分之一並硼砂少許共鎔化半點鐘便可將錫銻提出如礦質中有鉛則用硝與砂泥同鎔而提之或以硝並硼砂與礦質同鎔然後將汞綠少許以紙分作數包挨次投入隨時將罐中之料提出少許而試驗其有相結之力否如金中有鉛未能提淨設有百分之二者即可令金脆而無相結之力博士配吞可福云凡各種鍊出之金中間幾乎均有鉑少許儻以硝同鎔則硝與鉑相合而變爲鉑養并鉀養由此金質可以純淨此鉑在金中時將銀留存與硝鎔化時

令金質耗費數分葢金質微細顆粒與硝同時鎔化不易變爲金養此等雜質成爲渣滓其中有金質百分之十九或二十分並有鉑百分中之二分半或三分半儻金中有銀護鉑不令與養氣相併則此鉑與含銀之金相併其中所含之銀不過百分之五鉑不過百分之三

爲此所有之鉑均攙雜於渣滓中此渣滓中更含硝與鉀養（因硝之原質係鉀養淡養五也）并礦質化鍊之前所有雜質金類均變爲水中不消之鉛養硫養銅硫並鐵養硫養此渣滓中亦有鎔化罐之本料如矽養鋁養并鈣養金養鉑養鉀養及銖養然因渣滓有膠粘之性所以亦有金銀夾雜其中

鎔分最妙者係礦質十六分和硝一分依此數鎔化則試鍊後所得之渣滓數與硝相等

依上鎔鍊法耗於渣滓中之金質其適中數係百分之一當時如加硼砂少許即可令渣滓成爲流質形此金中所有微細之鉑恆盡入於渣滓中

淪於渣滓中之金質數照所鎔之多寡可知如有一次所鎔之金爲數較大則其渣滓中所淪之數理應更多此外尚有耗廢至好鎔鍊法每次用礦質十磅如鎔數過大則罐中渣滓愈厚金質雖重亦難澈底沈清往往渣滓下面結成金質顆粒之皮此因渣滓當在流質時金質顆粒因

熱減而漸沈不與渣滓彼此相併又不能與前沈底之金質相併若鎔化數較寡則其所成之渣滓亦較薄 由此所留之金質亦少且鎔數過大則渣滓亦必更多欲令其成流質必須多加鉀養之物而此物又將損壞鑄罐 如渣滓中雜有銀質則其情形與上說相反因銀質之性較輕且細散於渣滓中所以難於沈下且渣滓層數愈薄則銀質沈下愈緩所以式樣純一之金礦質鎔鍊數多者所得金之成色較鎔鍊少者更好成色好者其千分金質中雜有一二分之他質即〇·〇〇一或〇·〇〇二

博士配吞可福由渣滓取金鉑法

先以此項渣滓與水調和令作薄漿形而加鉛養又名密陀僧二分劑亞谷耳即末提清之鉀養二果酸一分劑鈉養四分劑玻璨粉二分劑配合乾渣滓八分劑將此一切之物調和然後置一鐵盆或銅盆內令乾旋將此項渣滓等物安置於鑄罐內鎔之其一切渣滓即行浮起而沈下之質係生鉛內含銀金鉑等物再將所得生鉛置於克配耳盃內鍊之此盃在料理含雜金質下曾經論及則得明顯銀塊便將銀塊令作細粒形然後與合強水即硝強水與鹽強水相合置於玻璨瓶內消化此玻璨瓶係坦口而能禦火力者西名居抑別脫消化後用熱驅逐硝強水惟其水即鹽強水與銀鉛相併而成銀綠鉛綠用砂漏法濾之水中之金質以鐵養硫養令

其沈澈在下然後以清水漂之使乾置於鑄罐鎔化以成金塊儻水中尚有鉑等原質加鐵質令熱使澄下而去其上浮之水再加硝強水燒之令鉑獨自沈下用合強水消化可加阿摩尼阿等物提之照此法提金并鉑乾溼煉法兼用較獨用溼煉法更佳

如金中含有銤鋨礦料者必須再鎔因銤鋨性較重而下沈舊金山之金質中有此料千分之一所以在費拉台耳飛亞并紐約克鑄錢局內鎔化此等金礦子十磅則加銀二三磅由此令其性較輕如此所得雜質金之重性係十二至十三而銤鋨之重性係十九將此鎔化物在鑄罐內

調勻片刻銤鋨即澄澈在底然後將鑄罐中之鎔料八磅或十磅用勺勺出待近罐底一寸許為止令成細顆粒罐內餘料多銤鋨屢加銀質以鍊之令銤鋨逐漸聚濃鎔鍊將竣時之四五次均加銀六十磅掉和後等候數分時用勺勺出迨至罐中祇剩十磅中所有之銀用硫強水提出而將其所有之金質以水沖出獨取銤鋨再行料理 惟雜銤鋨之金質料理耗廢較重所以此等金質祇可低價出售較為合算

俄國抱谷斯勞地方所產之金內含銤鋨在俄京鑄錢局用黑鉛鑄罐鎔化其金以勺勺出將近罐底一寸半許所

餘料中有銤鋨焉原罐內鎔化數次之後集有澄澈之銤鋨約重五磅許即將此數之銤鋨盛於窄底黑鉛小罐鎔鍊鑄成一段俟其火退將下節截斷此係銤鋨稍有金質膠於其面其金可用合強水消化惟與銤鋨不相干涉

舊金山并新金山所產之金苗鎔鍊後所得之渣滓內有金銀并銤鋨等物與鉛養同鎔得雜質生鉛將生鉛盛於克配耳盃鎔化後即將含金并銤鋨之銀提出然後將銀化分便剩金并銤鋨乃用合強水提出金質

照博士戴甯之意其分法如下即取渣滓十二分半與黑配料即鉀養二果酸與硝二分同燒則剩炭并鉀養二此物助鎔金類用十五分白石粉即光

料，十四分或鈉養鉀養五二分半，三分硼砂並炭各二十分並鉛養與亞谷耳少許，一併鎔化，由此將得含金銀之鉛分出，而用克配耳盃將鉛與金銀分析，含銀之金中有鈀，可用硝強酸分出。

以生鐵法化分金質

以硫強酸提金，向皆用鉑質器具，因價值昂貴，用之者幾稀，近幾全用生鐵器具代之。鉑質器具抵禦濃熱烈火相配可稱盡善，惟製價與修費頗巨，其邊又易爲金質顆粒擦壞，故用者必須謹慎，當微細顆粒金質與鉑相遇時，一經濃酸，金質即與鉑膠緊，則將器具外邊搏擊，令其分散

否則須用合強水化分之。此項工作非手藝伶巧者不辦。凡鉑切不可與鉛錫相併，因在硫強酸沸度時，鉑與鉛錫最易鎔合，凡鉑質器具，可常安置於鐵套或鐵架內。德國慕尼克城之鑄錢局中之鉑質器具，高九寸四分三，其頂高五寸，寬九寸半，對徑，今此器具安置於鐵架中，今皆以鐵質器具代之，以含金百分中十五分半之銀八十二磅半，分作三分，即每分計二十七磅半，將每分盛於一鉑質鑵內，每鑵加濃硫強酸一百七十三磅，此鑵均先以柴火燒熱，後用乾草火續之，此硫強酸數與鑵中雜料之銀銅數相比有二倍半之譜，鑵頂接連一鉛管，此管內有

水少許，可將變汽之硫強酸騰出，隨即凝結爲水而下，其餘硫養二酸，用鉛管接至大煙囪。

金礦子消化三點鐘後，加淡硫強酸少許，淡者因百分中只有酸質五十五分。可令浮起之微細金質澄下，俟其退熱，將鑵側向一邊，而以其中六分之銀養硫養三全傾於一鉑質器內，則金質存於鑵底。

如其消化硫質不清，再加淡硫強酸燒熱之，傾倒於鉛盆內，盆中盛水約深三分之一，令金澄澈一小時，將含不清之流質傾於小鉛盆內，而以銅化分之，即銅與硫強酸相併。遂爲綠色之水，將水傾出後，即剩含金之銀，然後鎔化，以備下次

再提其餘含金之清水，早已小心傾於他器內，可即加三四倍硫強酸燒至沸滾，令其中所有之金質澄下，隨將此金漂洗令乾，然後鎔之，乃將所洗之水濾於澄澈盆內，上說三四倍硫強酸用過之後，留爲消化含金之銀質用。含銀並硫強酸之水燒濃至二十五或二十七度爲止，然後用銅化分之，即將銀放而澄澈，欲釋放銀一百分，須加銅片三十分，將澄澈之銀漂洗，而置於黑欣鑄鑵內，再將此鑵置於黑鉛鑄鑵內而鎔之，每次加硝少許，由此所得之銀，尋常成色有九百九十五又半，所剩之含銅並硫強酸之水燒濃至三十二或三十四度爲止，任其結成顆粒

卽綠礬也將此綠礬撈出而以其餘之水燒濃至六十六度令其再結顆粒將其第二次所剩之水在一鉛盆內燒濃至五十六度然後置於鉑盆內燒濃至六十六度可備消化含金之銀之用

俄京之提煉法如下　儻雜質料內有銀三分則加硫強酸四分而提煉之每次提煉需六小時至十點鐘之久將所得之金復與硫強酸同煮然後鎔之如此得金之成色係九九六六六其所得銀成色係九九一五昔俄京提煉金銀皆用鉑質器具惟今皆易以生鐵

探查金礦子並試驗法

探查金礦子須有所謂識色之目卽分外所得之目力也蓋金質往往與銀或銅相攙雜其特別之色熟諳者一望卽知立卽可與鐵硫礦或銅硫礦分別礦子愈微細愈難測度欲得此目力而能速辨者非至諳練之人不可

探查微細金礦子於沙泥塵屑中最簡便法以尋常鐵盤或鐵盆一具將不淨之雜物少許傾於此盤或盆加水將盆搖動側向一旁俟其微細雜物停於水邊此微細金質顆粒因其性重將澄澈於不淨物之週邊有目力者可以辨別善用鐵盆法非但要有目力且須爲時敏捷蓋礦務諳練者往往於他人所棄之料內提出金質不少動作靈

巧者可用鐵盆在於數分時內能將一拳不淨之雜質中幾乎提盡貴料而鮮有未提出之剩數卽每一噸廢料內數分鐘時可提出值二元之貴料凡多水之處欲游歷探查金礦者祇須攜此鐵盆已足如有四五人同游探查金礦者上說之鐵盆亦可備用惟更靈便者有一器名克來特耳又名勞扣（卽淘金沙搖箱）此箱之造法不一大致將其稍粗之廢質從速分出故尋常之式係一長槽形如第一圖其中甲字係搖柄丁字係其高層直櫺爲安置粗物雜質可將其中大塊用手取出乙乙字係其假底取其活絡便於裝

第一圖

卸相距箕底一二寸此係用細木條釘於堅框爲之丙丙字係其搖架水並雜料傾於丁字處將箱搖動卽可漏至乙乙字處惟其大塊石子等物卽隔住在丁字處其細顆粒雜質等已漏過丁字直櫺而在戊戊字孔中漏出潔淨沙並金質可見於箕底上否則愈積愈高待其積高與直櫺相近時卽將其揭起而將沙並金質用鏟取出否則愈積愈多金質恐被水一同流去然縱小心料理仍有遺失之虞故有興用閘槽之法卽將水銀洗涜塵屑雜質礦料蓋因水銀與金質易併成膏卽微細金屑亦然此膏名曰汞膏所以爲此工作者設土槽數隻彼此接連逐漸斜下

其中裝有橫閘製法甚爲周密將水銀留滯含金之物質順水沖下畧爲水銀所阻而金因性重與水銀相遇卽澄下其餘雜質任其沖過而進入次槽卽第二槽此槽內亦照上法以收其遺漏金質此法之功效在於木槽之長數安置之斜度及所用之水並水銀數均須斟酌合宜然而金質往往與他物相併極易莫如硫鉮碲等物亦易欲其與水銀相併而成膏甚難故須先將水銀與鈉少許併合其難可免　鈕約人吳智以水銀九十六分和鈉四分相併而製成硬膏　倫敦人克勞克斯以水銀七十七分與鈉三分幷鋅二十分又以水銀七十七分鈉三分鋅十分

錫十分合爲硬膏嗣後按照水銀一百分加硬膏一分卽可合用嘗將此膏存貯瓶中以塞子塞緊久延數月不稍變性惟露於空氣中卽畧爲變化然其功效尚屬不淺

水銀收足金屑之後由槽內攜出將水擠乾置於有邊鐵鑄罐內此鑄罐一窧一鐵蓋蓋上有鐵管一根一端通入罐內裝緊後鐵管之彼端浸於水下然後鑄罐下用火燒之須小心不可令鑄罐過熱祇令水銀變氣爲止此水銀氣將由鐵通進水內復將凝結可備將來再用鑄罐內祇剩金質其形成一如海絨式鬆性之塊有人將鐵管端裝一篷布管子浸於水下因恐管內水銀成氣上騰時將空氣盡行逐出而水銀氣凝結後罐內卽有眞空將水吸至罐內惟料理合法者斷無此弊所以毋須用蓬布管也

凡大分金質幷不若上說之鬆性往往密藏於大石或石英內須用機器軋牀椿牀及大磨令碎而細

含金之次等礦苗

上說石英中之金質名謂淨金此外次等金苗中之金尋常目力不能辨別須用化學法試驗之此苗雜於銀碲鉛鐵及銅等之間此雜質先與硫養化合且更有他質相攙雖或有礦子可用吹火管試驗觀其中有無金質儻使化驗果有金質須用硝强酸分出其中之銀或須用骨屑置

於炭上與礦子同燒而收吸其中所有之鉛然後淨金顯露

尤妙將鑄罐與礦子及鉛或鉛養或鉛硫同鎔如礦質不富須令其濃厚然後與鉛鎔煉令濃厚之法不一苟礦質內有鐵硫質相攙和先須錘成細顆粒惟不可研成散末以緩火紅熱度烘之將其中硫磺數分提出如礦質內雜有石英烘後難分者卽可以石英同數之石灰末相和而後燒之蓋石灰與石英燒成渣滓任金類質澄澈而凝積火退後可將金類與渣滓分析或更加礦質幷石灰照上再煉待至金質濃厚可依上所說之法與鉛同煉此鉛可

將金質捎留而同澄於鐵硫之下又有一法如礦質中多含鐵硫并石英者須先將礦質研細與石灰相和而與石英置於鑄罐可令石英與石灰一齊鎔化而爲渣滓所有鐵硫則失其一半之硫而變爲鐵硫與金質鎔化澄於渣滓之下如此亦可令礦子濃厚使去其渣滓而留其貴料由此原礦質變爲鐵硫雜金質將此雜質用緩火烘之後其中之鐵硫變爲鐵養再加原礦質同煉其中之鐵養俾令石英鎔化使鐵硫將其中二分之金質帶下照此法鎔煉多次待至鐵硫中含金滿足則可加鉛同鎔而將鐵硫撤出此即匈牙利之煉金法

由上法所得之金鉛雜質至此可用克配耳煉金盃法（克配耳煉金盃上卷曾經說及）煉之可棄其鉛如無銀質祇剩淨金而已儻有銀質則將其金銀塊壓扁或切成小片置於玻璨盃中加淨硝强酸將其銀質消化（如兼有銅質亦然）變爲銀養淡養水將此水用漏斗濾而隔之所隔出之暗色物以清水漂洗之然後使乾此乃金質細末也將此細末置於光硬面之物上用硬面物如白瑪瑙或小刀研之則貢其金之顯明色或將此細末置於一塊炭上加以硼砂少許用吹火管將火燄吹其上細末將鎔而發金色

以上所言係煉金法與礦務無涉惟礦師往往欲畧試驗礦子故以簡便器具亦能自驗礦質高低且可免在深奧煉金書中用心採討

化煉金礦質須十分小心所用硝强酸須異常潔淨而無顏色化學家所謂清潔者是也因金質在清潔硝强酸內不能消化必加之以綠氣方能消融但硝强酸內畧有綠氣便將金質耗廢故消化金質則用合强酸爲貴（此酸以鹽强酸三分硝强酸一分而合成者鹽强酸係綠氣與輕氣相併所以此酸又名輕綠）如欲驗硝强酸內有綠氣即以銀養淡養水一滴滬於其內而試之因銀質與綠氣相併即成銀綠而有乳色此可知其中有綠氣也

凡欲試驗金銀銅同雜之礦料更有一事亦須小心如其料中金質較多則硝强酸往往不得力故須加銀三分合金一分西名謂之郭對輿此即銀三金一湊合成四分意

凡雜質料中金之分劑徵細者試驗較易 如各等銀錢均含金質英國古時之家用銀器類內含金質甚多以之回爐鎔化頗覺合算即如一角銀錢中所含金質以細巧戥子試驗亦可知其金質多寡鎔化金質并他項金類所用鑄罐之佳者推法國細料貨爲最較黑欣鑄罐更爲合宜然而鎔化金料式微者即如法國鑄罐亦有難處因金質將膠於罐邊欲免此弊先將鑄罐浸於硼砂濃水內然後令乾而用之

如雜質料中有金而多銀用硝强酸消化之其初不可用火過熱須逐漸緩緩加熱否則强酸與金類質即將驟然相併而發巨熱蒸氣上沖以致器具激碎或質料遺失如欲用强酸消化而其物料爲數大者在鎔化時先須傾於水內則其料不成塊惟變爲微細顆粒强酸消之則易

礦學考質卷一終

上海曹永清繪圖

礦學考質上編卷二

美國 奥斯彭纂
海甯 沈陶璋 筆述
慈谿 舒高第 口譯
江浦 陳 洙 勘潤

銀

銀係天生原質其顆粒面之分寸均勻或係立方形或係八角錘形其他或有改變者如顆粒互相聯絡或邊與邊接聯或成粗細線式或如樹枝式或成薄片形或成裂縫及如碧石面之線紋等式其堅性係二·五至三比金較硬比銅較輭其重率係一〇·一至一一·一淨時一〇·五

銀色出于天成若與硫氣或硫水相遇其色變成椶或黑與金相攙則變淡黃與銅相攙則畧有紅色惟稍攙銅者色似不變

銀易錘而變樣亦易拉長且可錘薄至十萬分寸之一凡一釐銀質可拉至四百尺長以火燒而錘之可使分者併合

銀之雜質

天生之銀較金稍淨惟斷無全淨之質常與金銅相雜瑙威國之康斯勃格城查得黃色雜質其銀中有金五分之一在南美洲智利國之可景巴銀礦中查得汞與銀併成

之膠甚多銀與鉛銻鉍并鉀亦相夾雜惟爲數不多康斯勃格所產之銀係顯色顆粒形其色顯者因其中畧有汞也銀中往往有百分之三係銻鉀並鐵或有與灰色銅礦質相攙和

銀之產處地學并相雜料質 地中銀質成塊或成礦脈經過片蔴石頁形石并紅白石等

瑙威國康斯勃格之著名銀礦一千六百二十三年始行開挖一千八百零五年幾廢而罷工一千八百十六年重復興工自一千八百三十年至今時時獲利此礦四周有片蔴石千層鏡石等此地照地學論係寰球最深地層此

礦曾獲極大銀塊數次一次查得一塊重五擔有奇一千八百六十八年查得二塊一重二百三十八磅一重四百三十六磅

秘魯國南境礦中曾得一塊重八擔惟不及墨西哥之蘇納拉省所獲銀塊之大重至二千七百磅

一千八百七十三年美國蘇批利奥湖畔查得淨銀成塊各重數磅湖畔銅礦所產銅中亦有銀在彼處銀江口北岸查得銀硫中有淨銀又查得淨銀與鉛硫密和成一塊重四十磅一千八百七十三年喜階谷大賽會內陳設以供衆覽在牛球雪省之銅礦亦有銀質北坎陸蘭那礦中

之銀礦質至爲特式 康納鐵克省之銀礦質與鋇養質相雜美國西境數省產銀極旺

淨銀常產於石灰石或石英礦脈經過之乃斯石端石及各老石內與淨銅同散韞地中者亦常有之

鐵鉀一物其色甚顯與銀相似與石英并他金質類相雜故礦師往往爲其所愚惟鐵鉀爲物較淨銀爲脆而以吹火管燒之即發煙氣而變黑且遇噏鐵即爲所噏可見此物固係鐵也鉀之煙氣聞之與葱相似

大分銀礦質並非純銀必與鉛并他質相雜爲數較少於鉛凡鉛硫內必含銀有時爲數甚微總之鉛礦質有粗糙

之形者必有銀在其中如外面光澤者其中銀質較少銀與鉛硫相分之法在下論鉛內細述銅礦質中往往含銀不少銅銀化分之法在下論銅內細述

有許多金石類礦質中含銀多寡不一惟在美國皆不以銀礦稱之以下列著名數種均指明其近處有銀礦在焉

銻銀 他國所運來此項礦質含銀百分之七十五至八十分銻居二十分至一十五分其堅性三五至四其重率九四至九八其色似銀且有銀礦色係紋惟不鮮明而無光彩將此礦質置於炭上而以吹火管令鎔其週圍之炭即有白色之銻養其中即呈銀質顆粒一枚迨後將銀銻

傾入玻璨盃中。卽加硝强酸。將銀消化。形如清水。緩緩倒出。盃底祇剩銻養。

鉍銀　此項礦質。亦有他國運來。其中有銀百分中之八十六分。鉍居百分之十四分。此質甚輭。有銀白色。光彩易退。若用吹火管鎔之。隨卽見銀蓋鉍之。鎔化熱度較小。故易於化分。

有一種銀礦質。名弗拉塞耳勃那脫。　此質係淡灰色。又似銀白之金類礦。其堅性二至二·五。重率六至六·四。性質較脆。可以刀切之。其料有硫百分之一八·六。錫二五·九。鉛三一·二。銀二四·三。將此礦質置於試驗開口玻璨管內。以

吹火管鎔之。卽發硫氛。并銻氛。此銻氛將浮聚於玻璨管邊旁。形似白霜。在炭上鎔之。卽化而發出白色銻酸氣。其近邊發出黃色鉛養。迨後卽見銀質一顆。

又一種名斯體汾那脫。　此質係由美國尼否達阿達花等省查出。在地中成塊。或散蘊。其堅性二至二·五。重率六·三。有金類之光彩。並有螺紋。其色黑。其原質係硫一六·二銻一五·三。銀六八·五。共合百分。質中銅鐵甚微。將硝强酸冲淡令熱。加於其中。卽消化。底上則見沈澱之硫礦。用吹火管燃燒之情形。與上說礦料相同。惟久燒後。炭上銻質白色。卽爲銀養紅色氣氛所蓋。

又一種名阿秦塔脫。　卽銀硫。堅性二至二·五。重率七·二至七·三。此質有金類光彩。並有螺紋。其色灰暗不透光。可以刀切。內有硫礦一二·九。銀八七·一。共合百分。由尼否達等省礦中查出。此礦質與斯體汾那脫在一處所得。

羅備銀　此係銻硫銀。在阿達花省。往往查得大塊。每塊重數擔。堅性二至二·五。重率五·七至五·九。有金類光彩。其色黑。或大紅。且有紅色紋。或透光。或不透光。惟此質內有硫一七·七。及銻二二·五。銀五九·八。共合百分。曾得一塊。自墨西哥來者。內含銀百分之至十七·五。

由上而觀。可知銀礦尙非純質。常與硫銻鉛並鉍相雜。而

礦師之意。以先將銀提出爲要務。

乾煉法　此卽用克配耳煉金盃法。（見煉金篇第二頁）惟先將此礦質加鉛。變爲雜質銀料。所用之鉛。卽鉛養。俗謂密陀僧是也。

以下梅錦斯乾煉法最爲簡便。預備克配耳煉金盃所需鉛之分劑。必須斟酌合宜。其所以加鉛養之法。亦須謹慎。因礦質與鉛養相併。亦有關係。儻不合宜。必致多周折。因强半礦質含硫。或他物。均係養氣所以易將鉛分出。欲免此弊。須加多養氣之配料。如硝卽鉀養淡養。儻其礦質內本有多養氣之物。則毋須再加多養氣配料。反須加收養

氣之配料、如亞谷耳卽未提淸之鉀養二果酸、再者礦質中所有之含養氣物、爲數適合於鉛養之用者、祇須加鉛養而已、

試驗銀礦質第一要務、須知其中有何雜質之物、據博士密緝耳言、當將礦質二十釐試驗之、卽將此數研成細散與鉛養五百釐攙和、卽將此所和之物、置於可盛二兩許之小鑄罐內、先將鑄罐緩緩燒之、而後加火燒至紅熱度、鎔化後、俟其退火、將鑄罐擊碎、而將鎔成之顆粒、以小天平秤之、此顆粒中或有分出之鉛、攙雜其中、大約不及十釐之數、如得此數、卽可依法試之、如下、一礦質二百釐、鈉

養炭養二百釐、鉛養一千釐、亞谷耳十五釐、合試驗之、二如試驗顆粒秤得較原礦質加倍重者、則用原數分得所和之物、惟除去亞谷耳、而加硝五十釐代之、三如試驗顆粒秤得與原礦質相同數者、祇須加鉛養、毋須加收養氣之配料、或加養氣之配料、和物、依上法研細散、置於相配大小之鑄罐內、蓋凡在試驗或鎔化時、用硝者、鑄罐須用大者爲佳、因當時必有上騰之勢、此攙和之物上、蓋食鹽一層、其上散硼砂粉二釐、旋將此罐置於爐內、先用緩火燒之、逐漸加熱、至配料盡配流質爲止、然後將鑄罐提出、退火後、將其鎔成之塊、錘碎、分出其配料、而擇銀質以克配

耳法提之、更有一法、其用處甚廣、假如煉提銀樓等處之塵屑、塵屑內往往有鋅錫銲藥并金銀屑夾雜其中、所以各種不淨之雜礦質、亦可仿此法煉提、此法名燒渣法、先燒渣後、用克配耳提淨其法、卽將所驗之料、與顆粒鉛、置於淺泥盆內燒之、此盆在化學器具舖內、名曰燒渣盆、

梅錦斯之法如下、　將燒渣盆置於鑄罐罩下、俾空氣可運過盆面、而令其中之鉛、數分變爲鉛養、此鉛養鎔成流質、一切夾雜之物、均吊在中間、而與矽養相併、以成易鎔之渣滓、其中未變鉛養之鉛、將金銀留存、而將他質區別出外、

其料理法如下、第一層工夫、凡試驗者、往往兩事並行、故須預備燒渣盆兩隻、所加之顆粒鉛、爲數按照礦質或銀樓塵屑數、加十二倍至三十倍爲止、如其中多鋅或錫、所加之鉛、爲數須多、或者礦質內多含鈣之鹽類等物、亦須多鉛、各盆內先置鉛一半、然後置礦質五十釐、此五十釐之礦質、早與硼砂五十釐拼和、將此一切調和、而後蓋之以所餘一半之鉛、將此燒渣盆、置於燒熱鑄罐罩內、此罩之開隙處、須關緊一刻鐘時、可令其內之鉛鎔化、然後減其熱度、罩門卽開、而可接續燒之、燒渣盆之周圍、先有渣滓徧浮面上、惟鉛得養氣、卽鎔爲流質、此時其盆中料質、

須將令其調勻然後加熱令其統變流質欲知其盡變流質與否可觀其調杆易流下否而知之此調杆端須畧灣以便盆中適用盆中之硼砂可令金顆粒澄清而四周流行其中雜物變流質形之渣滓此試驗法約半點鐘或三刻鐘可竣迨盆中物盡成澄清流質可將盆由爐移出隨傾於半球形鐵模內由此成圓塊式之一物其上節係綠色渣滓其下節即金類物用鍾擊爲二段其金類段可備克配耳煉金盃法化驗之區別其中之鉛然後設法分出其金即得淨銀

上說燒渣盆法儻能措辦裕如所獲銀質雖經鍾擊不致

而渣中並無金類之顆粒可稱合法否則上說之煉銀法不可謂盡善盡美其工作時刻可分爲三起一限一刻鐘爲初鎔之時二限二十分鐘爲變化養氣之時三限十分鐘爲末次共燒鎔之時

第二層工夫即係克配耳鍊金盃法此法之大致即貴金類鎔化時與空氣相遇不與空氣中養氣相併惟賤金類則與養易併祇由此法可將雜質金類中之貴金類分出第鉑雖爲質甚貴不在此例用燒渣盆法鍊出後金質圓塊可任克配耳鍊金盃鎔鍊如小爐可用木炭大爐可用焦煤或白煤其爐之前面所砌極嫌過薄以致工人受熱

不堪如爐之前牆有二磚之厚其邊旁有一磚之厚當工作時工人尚可耐受其熱如用小爐其通風法不可過緩在煙囱內須用閘門方可制其緩急如用大爐可與大煙囱相聯接此煙囱內亦須設閘門管束火之緩急燒渣盆罩上本有開隙處以便工人觀看並令養氣透入此開隙處須有相配火磚堵塞可節制其所進空氣之多寡

凡鍊銀時所加之鉛須在三磅外如不及三磅則其試驗法不足爲準博士梅錦斯云按照英國公估處定例凡鎔鍊銀礦子須加鉛六倍故余等所加之數必須三倍外不以三倍爲限盆中鎔化之鉛養易於分出其養氣一分爲

其中銅養收去而變爲銅養此銅養與鎔化之鉛養同鎔同吸入克配耳煉金盃之鬆料內所有之錫或銻或他項氣易升騰之金類等物諒在燒渣時已盡騰去惜用乾煉法尚有失耗銀質之事有時爲數不大可無須計論惟欲試驗而求確實數者須用下法

驗銀礦質溼煉法

博士海德倫并傳利生牛斯由銅分銀之法如下先將銅銀礦質與强酸化成流質在此流質內加鉀衰俟其澄澈復將其消化之流質視之至如清水即將輕硫氣噴入此流質內其餘之輕硫氣可用熱法區別出之再加鉀衰少

許迨流質中之純銀一概沈澈在底而銅仍浮化於清水中即將此水傾出便得純銀

儻銀銅質中閒有金質則更有一驗法如下 先將含銀銅質消化於硫强酸內中加潔淨銅片由此銀質澄澈在下此銀形如灰色金類先將此漂洗然後置於鑄罐內與硝并硼砂鎔化將銅區別其餘下之流質內有硫强酸不能化之金質并銅養硫養此硫質內加水而以漏斗內襯紙令流質濾下將金質留於紙上

銅養硫養水濾下安置一器不數日即凝成顆粒而為銅養硫養即俗所謂綠礬是也 如查得金銀銅各分兩合

數與初時未試驗前之分兩總數相符則此驗法穩妥可恃否則更有一法如下 將礦質在硝强酸內消化然後用鹽强酸將銀化成銀綠而澄澈將此銀綠用輕氣分出綠氣可將銀質以沙漏濾過然後洗淨而秤其分兩迨金銀提出之後所剩他料即銅質也

博士陸斯指明鉀綠鈉養淡輕綠之各質均畧有銀質在其中所以試驗銀礦質不可用此等物質如已用此等物質成銀綠而澄停可將其所上浮之水傾於他器隨將此水烘乾所剩之渣滓以硝强酸驗之復用火燒之鉀綠等即變為鉀養淡養等因在清水故易消惟其逐出之銀綠

少許不易消化必將澄澈水底依此法行此小數銀質不致遺失由各種金類礦質中提出者先將礦質在强酸中消化然後用輕硫氣分之由鉛提出者即用鹽强酸消化其雜質强酸須沖淡則不可免鉛綠澄澈或消化於金類酸水內若加鉀衰而燒熱之則其中之鉛質變成鉛炭養而澄停在下銀質即變為鉀銀衰消化而浮存水中再加硝强酸於此鉀銀衰水中則變為鉀養淡養并銀衰此銀衰將火燒之即得淨銀

銀與鉛化分時將鈉醋酸加入鉛銀融化之水內此酸須煑熱其中之鹽强酸須沖淡數不可過多則鉛銀便於分

離因鉛綠即化鈉醋酸不能澄澈銀綠則澄澈將含鉛綠鈉醋酸之水傾出即可得銀綠此銀綠用沸水洗之將其中鈉醋酸餘迹盡行洗去鉛綠水內之鉛可用輕綠分提之

銀在礦質內往往與鎘及鉍相攙其提分法如下 先將礦質置於濃硝强酸內消化陸續再加鹽强酸即與錫質相併而成銀綠澄澈在下迨至不再澄澈將水內加鋅或鐵一條並淡號硫强酸少許後將其浮面含他金類之水傾去即可得澄澈之淨銀此係疎鬆銀質須以淡號硫强酸洗之然後以清水漂淨再以硝强酸化之即將鹽强酸

令其澄澈變爲銀絲以天平秤之即可測其中銀質分兩或用鋅與銀絲相提將淨銀分出洗之令乾即可秤其重數

銀與汞分提法　先將銀汞礦料融化於硝強酸內再以鈉醋酸加入其中或將含銀汞硝強酸與清水相和陸續加鹽強酸至悉數澄澈爲止　用漏斗襯紙將澄澈之銀絲留隔紙上令汞水濾下由紙將銀絲收拾在一器與硝強酸並清水少許一併煮熱後加鹽強酸數滴再由漏斗襯紙留隔銀絲如此驗法因恐汞質留雜於銀質中也汞質水須用水沖淡而加鹽強酸少許再用潔淨輕硫水令汞質澄澈如數大者即用輕硫氣噴之所得澄停物係汞硫質仍以濾紙漏過以冰水洗之俟乾秤之此物分劑如下

汞	二〇〇	百分之	八六·二一
硫	三二	百分之	一三·七九
共二三二			一〇〇·〇〇

儻銀質與金類硫養攙雜者須將礦質研細而後加濃硝強酸此酸即與銀質合成銀養淡養化於清水中將此水傾出銀即在其中此法與埋鉛硫養法相同且于銅硫養節下更有一提法

自一千八百八十年至八十四年之間天下產銀數與產金數相同自八十五年至九十三年產數漸增九十三年分所產之數價值美金洋二萬零九百十六萬五千元環球產銀之處最大者係美國墨西哥並南亞美利加洲九十三年分美國一國產銀數價值竟至美金洋七千七百五十七萬五千七百五十七元之譜其次澳大利亞產銀數亦大八十五年分所產之銀價值英洋一百萬元嗣後漸增至九十一年分所產之數價值美金洋一千三百萬元

銅

地下產銅之源可分三項　一淨銅礦質　二雜銅礦質　三實非銅礦惟他金類礦質中稍有銅質和雜棄之可惜故設法提出淨銅爲礦質所固有之物美國北方有五湖其中最大者名曰蘇批利奧此湖南畔有地角一處名曰季維納此地一帶均產淨銅在一千八百五十七年開出淨銅一大塊權之得四百二十噸此銅在礦脈之底在牛球雪　康納帖克及開利福尼亞阿利紹那數省亦有之其攙雜銅礦質並淨銅產於蒙退那　牛墨西哥　考陸拉度　尤叨　淮奥明　尼否達　阿達花　密助利等數省銅之爲物也往往與銀互相攙雜并與鉍及他金類

同產地中

純銅之堅性二·五至三重率係八·九容熱力在法倫海寒暑表升至一千八百八十度方得鎔化　如用吹火管試煉則易於鎔化迨火退後其面上凝黑色一層銅養置於硝强酸內則易消化立時發出紅色汽霧凡銅礦質可由此色而易於辨別

高第按地球爲層疊之石積成其中心係鎔化之熱質由此中心至地面石層爲數甚多此石層照時先後共分四大類最深一層即近鎔質者第一大類名曰無生命時代第二大類名曰太古生命時代第三大類名曰

中古生命時代第四大類名曰近世生命時代亘古生命時代所結之石層最多其時之石層又分三項一曰西羅林即蠣蛤殼層二曰提符甯即魚石層三曰炭質層即植物紛疊之層第三大類中古生命時代即鱉甲類石層第四大類近世生命時代即乳哺生物石層按照地學而論藏積銅礦之層深淺不一

在美國東省銅藏紅沙石層中此紅沙石層即第二大類舊命時之第二項名提符甯是也美國蘇批利奧湖濱之銅礦質出在西羅林石層中塔克塞斯省之銅礦出在花崗石并石英中總而言之凡銅礦皆產於深石層中

蘇批利奧湖濱所得之銅幾盡淨銅此銅在阿耳康景年代所成石層衝激崩裂而得此崩裂之石上有堪孛林紅沙石蓋之　銅之礦脈甚細陷於亂石層中其礦苗在融化流質時夾雜於將成石之隙縫中故博物家猜度銅礦子先於强酸化合而成銅鹽類在水內消化而後澄澈當初石中多有此種銅鹽類水　此石中之銅質均係銅硫合質嗣後之紅沙石中查有銅質微細顆粒惟爲數不多開挖大不合算嘗見沙石層中所得之銅礦質罕有他項金類夾雜其間但有銀質而銀質亦往往查得甚淨惟爲數極微

蒙退那銅礦質大半均由該省之布脫礦地所產此礦質在崗石之裂縫中往往查得成顆粒式其在阿利曷那省中所得之銅質係從頁形石中所得最大銅礦在該省之潑來斯可脫之北境在此處最淺近地面礦質與炭養氣質併成大塊逐漸而深成銅硫之塊此等礦質中含有金銀質惟爲數多寡不一

尋常雜質銅礦係銅硫居多英國所得之銅大分有此二類其礦質中有銅硫百分內銅居三十四分半惟因不清潔故百分內往往祇有十分或十二分此礦質係黃銅色重率四·二其地下位置係在最舊石層內尤多在端石中

此乃英國銅礦情形也。
更有一種銅礦名曰紫礦或雜色礦其參雜之物質不一惟尋常係銅硫並鐵硫二百分內銅居五十六分
更有一種銅硫名曰靛銅（因有靛色故名）此質百分銅居六十六分雖有此物爲數甚微
更有他項礦質所含之銅極尠惟開挖工費較廉取者或不致失算
用吹火管法并他法試驗銅礦質須用鹽强酸浸透以吹火管吹發火燄而化驗之如礦質中有銅質此火燄先發綠色後變青色加硼砂則成綠珠一枚火退後則變藍如浸於濃硼砂水中燒熱時其珠無色惟冷後則變紅而暗如用鈉養炭養在炭上燒鎔之可得銅珠一枚惟質中不潔之物攙雜較多者則不見銅珠
如銅質消化於水中雖爲數極微亦有法以觀之可將此水一滴瀝於鉑箔上以鋅質尖鋒刺入此水滴中若下遇鉑箔此尖鋒即有銅鍍其上儻銅礦質與鈉養炭養在小鑄罐一併燒煉或用吹火管燒之加阿摩尼阿試驗發出藍色即顯明有銅之據
既設上法試驗如物質內有銅質須再設法測其多少分劑數其法總分兩項即乾煉法與溼煉法

乾煉法　此法試驗銅礦質並不十分細確惟初煉皆以此入手待後再煉如礦苗不旺先取礦質二三百釐小心秤之而加配料雙分劑此配料係同分劑石灰硼砂玻瓈粉并鈣弗石與礦質攙和盛於鑄罐鎔化掉和之令其細密相併澄於罐底然後傾入鐵模子內待其凝成模式置於冷水內火退後即將上面琉瓈式渣滓去之惟剩有脆性之淨銅一塊將此磨細烘煉而不令鎔化反覆掉之令其中可騰之質盡行騰去烘煉後盛於鑄罐內與配料相和此配料係亞谷耳朴硝并硼砂將鑄罐稍熱俟銅質澄於渣滓之下由此而得銅塊一枚此銅尚非潔淨如須提淨置於紅熱鑄罐內與配料再煉此配料係石灰三分之二磁粉三分之一合成此配料爲數須敷遮蓋罐內銅料約高半寸加足熱度令鎔化延十分至二十分鐘時待涼取出秤之
溼煉法　如試驗水內有爲鉀養能相化之銅質或他金類祇須多加濃號之鉀養或鈉養令其化成銅養而澄澈在下將此澄澈者在水內煮淡然後洗滌烘乾秤之此澄澈物即係銅養百分中銅居七九○八五餘係養氣
謹慎　銅礦質消化於水內時所用之水宜潔而淡其澄澈之物須以熱水洗滌周到否則有鉀養膠粘其閒如有

生物質在試驗水內或用生物酸可以制之或以火煉法燒去之由此法而煉得之銅養則成黑色或紫黑色如銅質內金銀可用合強酸消化其中之銀然後加鈉綠即食鹽令其澄澈前在論銀篇中已述過銀質由上法分提後所剩之銅在水內消化即見水有藍色可按上法令銅養澄澈

地內大半銅質與硫磺相併結成礦質名曰銅硫猶如他項金類硫質亦可化分如欲取其中淨銅可將其硫磺分出所有硫磺令其變成硫強酸即輕養硫養將所剩之銅硫研粉取少許秤之置於試驗玻璃管內 預備一試驗

礦學考質上編二 十六

玻璃瓶以備盛置消化銅硫所需之濃硝強酸法將試驗管內之銅硫傾於試驗瓶內速將瓶口以寶玻璃塞蓋之因消化銅硫時瓶中之強酸勢必震動

俟其安靜而後將瓶搖動令其中銅硫盡行消化瓶中所騰出之霧又將收藏於流質內即以硝強酸數滴沖澆玻璃塞而瀝入瓶中然後用緩火燒熱之此時所有之硫磺皆消化於水中或變成硫養或變爲細顆粒硫磺質瓶中硫質儻無他金類攙雜其中色應明澈如瓶內間有鉛鋇等金類即將與硫強酸合成不明澈之物而令瓶中試水亦不明澈如有此等金類參雜銅硫之間即將有澄澈之

物另用一法濾之即將瓶中之硫質共傾於盆中加食鹽烘之滅去其流質五分之一然後加鹽強酸 每加強酸之前須先令盆涼烘三四次令硝強酸騰去而每次加強酸少許而後用鋇綠攷究硫強酸之多寡

謹慎 鋇綠與數種強酸易於消融故用此物質時所用之水須潔淨不可有硝鹽強酸及綠氣 凡水內疑有硝強酸或綠氣可將此水少許盛於驗管內取強酸二三十滴沖淡將此淡硫強酸一二滴瀝於試驗管內用玻璃梗掉和之此玻璃梗之端先蘸以布魯辛水布魯辛者即木鼈子之精華如試驗管內有硝強酸則其中之水變成紅

礦學考質上編二 十七

色後變黃色

更有一試驗法將有硝強酸或綠色之水數滴盛於試驗管內復加以靛水并硫強酸少許將試驗管燒之如其中有硝強酸或綠氣其色將變爲黃因靛由硝強酸或綠氣中取養也儻查得果有硝強酸在內可加潔淨鹽強酸用熱氣法令其漸漸騰化如澄澈之物濃厚者先須沖淡而燒至沸度加之以鋇綠旋將消化之水用緩火燒數點鐘時如此小心料理可得確實之效

如流質內浮有硫磺則加鉀養綠養或濃鹽強酸任其自行消化數時即將所用之瓶盆埋之熱沙泥或熱水中如

其盆中物質未盡消化則細察其是否所消者全係硫磺是否黃色儻果如此則濾之洗之秤之如有他質或係鉛硫養或他質硫養亦須區別出之再爲察看如尚有他質在內其查驗之法與查驗鉛銀錫鈣鍶并鋇之法相同此法係以綠氣與硝磺相併先將礦質研磨細末其中最粗顆粒猶可漏過一寸見方有八十孔之篩而且與淨鉀養水煮數點鐘之久然後將綠氣灌入流質中速令硫磺變成硫强酸鉀養即變爲鉀養硫養此等含鉀養之物在水不能消化即澄澈在底而濾出之洗水中所剩之硫强酸則用鋇綠提出之略加鹽强酸以減其鹼性此流質中之鉀並鍗變爲酸質惟鉛變爲不消化之鉛三養此可以砂漏法濾出之如流質中有鐵則有紅色而加白石英粉於其中煮數分時可令鐵養化分　如礦質研磨極細者依此法而行養氣即可從速分出不致與綠氣相阻

如礦質內有銅而欲察其淨銅之多寡即可用乾煉法在鑄罐內煉出銅塊令其變成銅養此銅養即澄於底其中淨銅居七九·八五（如以兩計即七十九兩八錢五分）此法前已述及

一千八百九十二年閱環球所產之銅共有三十一萬一千四百十四噸其中美國所產居百分之四十九·六（即約有一半數）

一千八百八十二年美國僅產百分中之二十二·四（即與天下所產共數相比約居四分之一）自一千八百四十九年至九十年止美國產銅共計一百零五萬六千四百三十六噸此數中美國北境蘇批利奧湖濱所產者共六十萬零四千八百二十九噸即百分中之五十七分近十年來美國共產銅十一萬五千六百六十八噸其中蘇批利奧湖濱所產者百分中居三十六分（即蒙退那產銅之旺尚居第二）其次係阿利森那省該省在此十年中所產之數與通國所產之數相比居百分之十五分此三處所產之總數與通國總數相比居百分中之九十五六分其餘四五分係由尢叨考陸拉度紐墨西哥開利福尼亞紐英吉利淮奧明尼否達阿達花并古時所稱中間諸省小礦所產礦質中煉出也上所載省先後次序照產銅多寡而定

蘇批利奧湖濱一帶所產銅數甚巨有一礦名卡羅麥脫并海克拉獨產之數與該處合產之數相比居百分之五十至六十

礦學考質上編卷二終

礦學考質上編卷三

美國　奥斯彭纂
海甯　沈陶璋　筆述
慈谿　舒高第　口譯
江浦　陳　洙　勘潤

鎳

鎳係白金類其性堅硬易發光彩惟工藝中必與他金類相攙而用性極韌可引長如純淨者則錘成極薄儻有炭質在內韌性即減此質兩塊以火燒之錘鎔體而稍有吸鐵性錘後之重率係八·八二在硫强酸或鹽强酸內可緩緩消融在硝强酸或硝鹽强酸則更易消化空氣中燒之

甚熱所收養氣變爲鎳養地中無天生淨鎳凡鎳礦質係與鉮相併名曰鎳克列脫

其堅性係五至五五其重率係六·七至七三有金類光彩色如銅而稍淡性脆百分中鎳居三十九至四十八分鉮居四十六至五十四分餘係細分之鐵鉛鈷銻并硫磺等質

用吹火管燒之見其中有硫養三酸之微迹中惟鉮養三酸可明見因當時即現微白衣燒後質變微黄兼綠色在炭上燒之鉮成霧騰出鎳鎔化成珠形所賸鎳珠加以硼砂在炭上燒之即顯有鐵之證中則見鈷最後見鎳礦工所謂

鎳克耳鈷勒司者即鎳鉮二鎳硫二其中鉮居四五·五硫居一九·四鎳居三五·一共合百分惟有時鉮居三十三至四十九鎳居二十二至四十硫鐵鈷共居九至二十一其堅性係五·五重率五·六至六或七其式不一與鐵硫二無異其紋絡多成片形或無定式色有銀白色鋼灰色暗霧色之別所謂斯貝斯者係驗鈷後所賸之物內有鐵鎳并銅此銅與鈷硫相併鎔化時澄於鑄罐底歐洲市上所有之鎳多有從此種所賸之物煉出者英國西省康華耳所產之礦質中亦有鎳惟其數罕有過於百分中之七者

鎳似亦有兩種含養之質一係鎳養一係鎳二養三鎳與他種

原質相併者名爲鎳鹽變爲鎳養然後將養分出而得淨鎳將鎳鹽水內加鹻類質令變爲含輕養之鎳養澄澈之色微靑　此鎳養與强酸消融仍可變爲鎳鹽惟加阿摩尼即淡輕三或加淡輕四綠便可消化於水中若水色暗藍即知其有鎳養此鎳養照化學分劑計重七十五蓋鎳之質點與輕氣相比較重五十九養氣較重十六共合七十五是爲鎳養原質之化學分劑也如欲得無水鎳養可將鎳炭養三置於有蓋之鑄罐燒之即可去其炭養而留鎳養厥色紫綠

第二種即鎳二養三亦可從鎳炭養燒得之惟須用緩火罐不

可用蓋以便得空氣如此則煉得之鎳成爲黑色之散末在强酸内不能消化惟加以硝强酸即可得鎳養$_3$依化學分劑其質點一百六十六　鎳綠$_2$亦可得即將鎳養化於鹽强酸内烘乾將所剩者乾蒸之即變黃色顆粒是即鎳綠也

鎳與硫相和者有三種一鎳$_2$硫一鎳硫一鎳硫$_2$鎳硫者可從含鎳之水中用淡輕$_4$硫令其澄澈則爲墨色含水之散末如欲得無水鎳硫可將鎳與硫同燒惟燒時其勢猛烈故熱度不可至鎔化硫磺之度

鎳大分與銅并鋅相同和俗名德國銀工藝用之甚廣此

以銅五十一分鋅三十分半鎳十八分半攙和鎔成儻加鈷少許可令其增引長之性加鉀則令鎳並含鎳金類之性均變脆并易收空氣之養而生鎳養鐵鉛亦將令鎳并含鎳金類之性變脆

一千八百八十九年英國格蘭斯可之博士蘭賴首先察出鎳與鋼相和鍊合其堅硬較勝鋼質百倍近今美國政府查知鎳鋼爲軍中之妙品屢經試驗或以鋼板中夾以鎳版或以鋼版加以炭質或用軋機軋出者或用汽錘打成者更有以鋼版加硬而以新式十二寸口徑來福礮擊之多方攷究其牢韌之質雖經礮彈之擊力毫無損傷惟

覺片時震動而已嗣後復以鎳鋼版爲靶而以錘成之鋼彈擊之不第不能洞穿其靶而彈底反碎成齏粉焉

美國水師所用之鎳鋼係匹次勃克城楷乃奇公司所製其試驗情形如下　第一種鎳鋼每方寸之凹凸力界可抵五萬九千磅若加重至十萬磅時其牽連之力即將盡而斷在拖拉時每百分能加長十五分半在拖斷處面積減小百分之二十九分半第二種鎳鋼每方寸之凹凸力界可抵六萬磅若加重至十萬零二千磅其牽力即將盡而斷拖拉時每百分能加長十五分半在拖斷處面積減小百分之二十六分半其所試驗之鎳鋼條係由四分寸

之三原版截下　以化分法驗之此料鋼居百分之九十九分零即其餘一分以十六分中之三分爲鎳十三分仍係鋼也

鎳常作鎳養而論儻用鉀養令其澄澈此澄澈之質須先用水漂清洗去其餘鉀養此後可烘乾稱其分兩

凡鎳礦質雜有鉀銅錫鉛鉍鐵鈷鋇等質或與鈣攙和者其化煉法先將礦質烘之如司貝斯或鎳二鉀先烘乾而後磨細置於濃鹽强酸内消融將此流質多加含水鈉養硫養然後燒至沸度待至鉀養$_5$變爲鉀養而其所餘之硫養化氣騰出此流質尚熱時輕硫氣用管通入之即將其

中之鉮銅銻鉛并鉍分出稍待片刻即用漏紙法濾過遂將隔出之料烘乾其餘再化於清水內而將玻璨管引綠氣灌入其內加錏養炭養或鈣養即將其中所有之鐵鈷澄澈於硫質中再加硫强酸可消其中所有之鋇鉛鈣再將漏紙濾過其濾下之硫質內加鈉養炭養將令鋇炭養澄澈將所澄之物先漂洗而後烘乾燒至紅熱度即可得淨鎳

如欲仿台維耳法煉取淨鎳可將市面所售鎳克耳消化於鹽强酸內燒之待乾其所賸質用水浸溼將其中所有之鐵養區別之然後加水令輕硫氣以管通入其中即將

其中之銅區別後將此水用熱化騰令其濃而後加草酸即將鎳草酸澄澈以此澄澈料盛於挖空石灰塊內復以石灰蓋之然後用泥塗其外不任空氣入內燒之甚熱則其中之草酸化分而變炭養氣與石灰相併而祇賸淨鎳

一千八百六十七年博士賈尼愛在太平洋開利道尼亞島查有鎳礦自一千八百七十三年始行開挖其後各國所用鎳强半由彼島所產現今該島所產鎳爲數最鉅據博士理阜云鎳獨產於含水鎂矽中礦質淸潔者有蘋果靑之顯色或如蛇皮紋石之彩色紋在牛開利道尼亞向無鎳鉮或鎳硫所以依理阜之意蛇皮紋石之彩色紋係

鎔化之鎳硫於蛇皮紋石之裂隙中而成者 礦質中所得之淨鎳往往百分中居二十六分惟尋常礦質如蛇皮紋石中鎳百分中僅居十分礦質之外大塊蛇皮紋石中嘗有鎳百分中之一至二分或至五之數此島出鎳之地由東北而向西南一千八百九十年該處所產鎳礦質二萬二千六百九十噸其中淨鎳居百分之十并產鈷礦質二千二百噸其中淨鈷居百分中之三至五一千八百九十一年產鎳礦質三萬五千噸

在美國噴昔耳維尼亞省蘭克司忒地方有銅鎳礦其中所產鎳有一年與天下所產總數相比居六分之一而自

初開以來共產礦質有四百萬磅惟近年所產者不及往年三分之一其礦地係一統石層西名項勃倫此石有黑綠色可雕成陳飾之物其周圍有端石類該礦所產之他項金類已開挖二百餘年惟在一千八百五十二年續挖礦質專取其中所有之鎳礦質但所獲者爲數極微僅有百分中之一分半至二分所以是處礦務殊難起色一千八百八十一年美國太平洋邊界奧利岡省利特耳司地方查有鎳矽礦質甚旺此質產近地面而成四尺至三十尺厚之礦層此處一帶鎳質成大塊與含鐵之土相雜和或盡係鎳礦質眡黏於茶色紋石上并有鉻鐵參雜其閒此鉻

鐵用於染坊取其紅色經久不退

美國南方北坎陸蘭那省惠伯司脫地方有鎳矽礦其礦質與奧利岡省所產之鎳質彷彿相同惟並不與石英相雜而亦眠黏於茶色紋石之上

博士克拉克曾將牛開利道尼亞之鎳矽礦質與惠伯司脫并利特耳司所產之質互相比較悉心考驗查得此三項之質論及外形並所和之物質均屬相同博士華特查得美國利特耳司之鎳礦質化分分劑並牛開利道尼亞島之鎳礦質兩種之化分分劑比較載列於下

礦質和物所失分劑	利特耳司	牛開利道尼亞號一	牛開利道尼亞號二
戞表二百度時所失	八·八七	六·六三	七·〇〇
將燃火時所失	六·九九		
鋁二養三丄鐵二養三	一·一八	一·三八	一·三三
矽養二	四四·一八	四八·二一	四〇·五五
鎂養	一〇·五六	一九·九〇	二一·七〇
鎳養	二七·五七	二三·八八	二九·六六
共計	九九·九〇	一〇〇·〇〇	一〇〇·二四

美國孜陸拉度省有鎳鉀并鎳硫鉀礦質昔愛拉尼否達山嶺近瑪納耳湖及南開利福尼亞省均產鎳英屬坎拏大之式特培利所產鎳硫礦質既多且好此質成大塊播散或係細條相聯均在最古石層中此石層翻覆不一其間參入他種石層故礦質之石層聯斷頗難查得常見此等石層斜行向下六百尺之深均有此種礦質此礦質中有鎳居百分之一至五又有銅居百分之一至四且有鈷及金銀鉑等質然數甚微

式特培利有礦地三處一名可伯克利甫一名愛文斯一名斯妥培將每礦一月間所產之質化分查得百分中之銅鎳質數如下表

	可伯利克甫	愛文斯	斯妥培
銅	四·三一	一·四三	一·九二
鎳	五·五七	三·七四	二·三六

愛文斯礦質篩分粗中細三等如下

粗號	百分有銅	一·六二	鎳	三·四五
中號	百分有銅	二·九九	鎳	三·九〇
細號	百分有銅	三·七八	鎳	五·〇四

礦質用手工分四等一等折中攙雜銅鎳礦質二等銅硫鐵硫三等鎳礦質四等礦質之包石

先在地面上將礦質烘煨待其中之硫減存約百分之六然後用焦煤鎔化流入模子製成磚形塊運至各官廠以備造水陸軍所用之甲或送至商市以爲工藝之用

尼否達省之鎳鈷及亞力岡省利特耳斯城所產之鎳矽美國特此爲永遠取鎳之源且博士蒙特有法可使提淨即將鎳礦質中加炭養使鎳變爲化騰之和物用乾蒸法可令從雜質物中騰出而結成定質即係鎳炭養此質加熱至法侖表三百六十五度即將炭養逐出而獨存淨鎳市上所有之鎳係鎳礦質烘煨而成之鎳養此鎳養內雜有物甚多用炭善煉成淨鎳或用輕氣或用炭養與輕氣相和而熱以法侖海表六百六十二度至七百五十二度爲限由此法所煉得之鎳質成爲微細散末後再與炭養氣并他氣相煉惟此中氣質不可有養氣或成鹽類之底

質此時鎳即與炭養相和成易化騰之和物質名曰鎳炭養此鎳炭養經過烘熱三百五十六度之管子或他具鎳炭養氣即再化分爲鎳并炭養所化出之鎳即係淨鎳塊膠於管或他具之邊旁炭養又將結濃留備後用不清潔之鎳質無論其來歷可依此法煉爲淸淨鎳質散末愈細煉法愈速所攙雜物即鈷與炭養無涉煉時即將分而退後鎳質則化騰而可提出

凡鎳礦質有鉀及硫攙雜兼有他項金類及包礦之石此礦質先須煉成鐵養并將鉀硫及他項能化騰之物逐出後將鎳養煉成金類形用炭養令其化騰傚鎳礦質中有鎳養與矽養鉀養或他物質不得用烘煨法逐之博士蒙特將此種礦質鎔煉一次加料烘煨用輕氣或炭養氣或二氣兼用而煉之如獨用輕氣加熱至六百六十二度爲足兼用炭養氣者須加至九百三十二度以上煉法方得速而合用

所得之細顆粒鎳散任涼至法侖海表一百二十二度此時最合與炭養二氣相煉亦可涼至尋常熱度因在三十二度時尚能化成鎳炭養和質此爲最低熱度之限最熱至三百零二度尚可與炭養二氣相煉然終以一百二十二度爲最合欲將淨鎳由此和物質分出須加熱至三百

五十六度或至四百八十二度過此熱限鎳將收入炭質此弊宜謹防之如依上法謹慎煉之自得淨鎳用過之炭養氣性有毒傾之恐害他物留之則備後用

瑞典腦威匈牙利意大利德國均產鎳瑙威向有鎳礦地甚廣一千八百七十六年產鎳三百六十噸近則每年只產一百零五噸所產礦質不旺亦緣煉工不精在俄國歐亞洲閒烏拉耳山中查得鎳礦苗有七尺闊夾在含綠色之喜司脫石并茶色紋石之閒英西省愛爾蘭及西南省康華爾均有茶色紋石中亦產鎳澳大利亞島紐西蘭島及南非洲均有鎳礦惟牛開利道尼亞島所產最巨

一千八百七十四年每磅鎳價值洋二元四角八十四年
減至每磅洋七角半九十五年三月間更減至每磅三角
半至四角此蓋逐年查得產地較多之故然職是而若干
礦地竟有因利薄而停工者
查驗鎳礦質時或以顯微鏡助目力可細辨鎳質特有之
一種蘋果青色紅斑或絲紋
庖廚內所用烹燒各器向來襯以黃銅此後必以鎳代之
因銅中有毒鎳則無之即鑄罐亦應以鎳代銀因鎳較銀
難於鎔化價亦較廉且鎔鍊中所用鉀養攻銀甚易也
一千八百八十五年美國工藝所用鎳四十萬磅八十四

礦學考質上編三 二

年鑄錢局用鎳三十九萬九千一百四十一兩八十三年
鑄錢局用鎳七十萬零三千四百二十六兩此三年中市
上存鎳甚多且他處進口貨亦不少故工藝所銷統共之
確數亦難測算將鎳由鈷中分析此在煉鈷篇述明
一千八百九十年美國產鎳二十二萬四百八十八磅價
值金洋七萬六千零二十四元

礦學考質上編卷三終

礦學考質上編卷之四

美國 奧斯彭纂 海甯 沈陶璋 筆述
慈谿 舒高第 口譯
江浦 陳洙 勘潤

鐵

淨鐵惟隕石中有之地中則無淨鐵重率七八四四打薄
性居六抽長性居四拉成絲之性居一傳熱性居六傳電
性同傳熱
天下皆有鐵惟皆與他質相雜一種鐵硫雖天下爲數甚
大不作鐵礦子用而爲造硫强酸之用

礦學考質上編四 一

英國鐵礦質大分係鐵炭養此料則在產煤處查得間或
夾於煤層中所以煤鐵二礦均在一處即如鎔鍊所需配
料之石灰石亦與鐵礦參雜一處然往往煉爐之處自產
一切所有之料
產純鐵礦質照旺與不旺而定等類如下
一吸鐵礦即有吸鐵性之礦質
二紅害瑪台得即紅色鐵礦質
三紫瑪台得即紫色鐵礦質
四司巴的克鐵即葉形鐵礦質
吸鐵礦礦學中名爲瑪克尼泰愛脫潔淨時色黑并有黑

絲紋性脆碎裂處有螺殼紋如凝結晶形有八角面式或十二角面式惟均有吸鐵性能將羅盤針移動方向美國密助利省希珀山中之礦質即此吸鐵礦其最佳者則產於俄屬西比利亞

礦鐵堅性五五至六五重性四九至五二照物理而論最淨吸鐵礦質當有七二四礦中所得斷無過此限者故礦學家說及鐵礦質中有百分中純鐵七五至八〇或竟至九〇然要非確論也美國蘇批利奧湖邊所產吸鐵礦成顆粒形塊余曾驗得百分中幾有七十二分鐵此質較香潑侖湖邊所產尤佳因香潑侖湖礦質中多矽養故也

此二項吸鐵礦質含鐵雖甚多然挖取之工浩大故有次等礦質而開取較易者轉稱珍品此礦質恆與石英鋁養及石灰相攙如香潑侖湖邊產者是也惟往往與硫及銅參雜者則更難煉如噴昔維尼亞省產者即此種亦與微細數鉮並硫相雜如鐵中含硫紅熱時則鐵將碎裂其含燐者冷時亦將碎裂故含硫之鐵名曰紅短含燐者謂之冷短如其中硫數不大煉時可令無弊其含燐之弊可用含硫質同煉其弊即減故含此二者之鐵用場甚廣但須小心斟酌其分劑因煉後百分鐵中儻仍有半分燐者其伸長性必減

在地面上常遇有吸鐵礦石而地下並無礦脈可見其必經他處而來或有洪水時水沖而來

鐵礦質居於地下最深石層如花岡石改形石并無生命石層中他種鐵礦質似乎由此變化而成吸鐵鐵礦質化藥分劑係鐵養并鐵養共計鐵養如攤露於空氣中鐵即收空中養氣變為鐵養而成下列之第二種礦質

紅喜瑪台得絲紋色顯紅堅性五五至六五其重性四五至五三恆結成顆粒形色黑且有光彩工人稱為鏡礦成薄片時則見其紅而透光

美國所有鐵大分由此種而來其式樣堅性參差不一紐約有璃楪升府所產此鐵礦中有碎鋼形堅而質韌雜有千層石屑惟其紋均係紅色密助利省所產者成塊捏之覺油滑而輭亦係紅色或紫色百分質中鐵居六十有奇紐約省及噴昔耳維尼兩省接連處直至南邊查奇亞省地更有一種鐵礦質中有圓形槍彈式小粒取名為魚子礦或名豆形礦此均係紅喜瑪台得鐵礦內參有燐少許凡地方有此種零碎礦片者可知近處必有廣大礦地紅喜瑪台得鐵礦質其淨者百分中含鐵不過七十有若干礦學者曰此種礦質亦有吸鐵性製成針亦有指南針性然余查得此礦質中均有瑪克尼泰愛脫少許尚未變為

鐵養故也此稍有吸鐵性礦質產於紐約之斯灘登島上總之紅喜瑪台得潔淨者斷無吸鐵性也

紫喜瑪台得此質之價值僅次於紅喜瑪台得一等其分別處在其中含水少許乾時百分中尚有水十四分有紫色紋礦學家名爲里慕內脫在成塊淸潔時重率三至三四堅性五至五五化學分劑係鐵養八五六水一四四共合百分在最淸潔時百分中有淨鐵五九六九尋常紫喜瑪台得百分中鐵居三至三十五分如能得四十至四十五分者即爲最旺礦苗此質便鎔煉最好之鋼亦以此料煉之

地下最古石層中無此紫喜瑪台得惟舊生命石層中則有之此質即係紅喜瑪台得略變化而成但質中有水耳美國所產紫喜瑪台得礦地甚廣最佳者在地形低處凡地方見有此礦質之證據只須開挖稍深便可尋獲或者上古有水道經過之地其下亦有之

紫喜瑪台得礦質中尋常有鋁養矽養石灰鎂養燐養所含之質硫養鹽類并錳等相攙

噴昔維尼亞省產此礦質恆成空心圓塊錘碎後裏面凹而黑性甚堅形似磨光紋塊均紫色磨光面下均有絲紋此礦質塊中空處有矽養少許緣此礦質久爲水所遷動故內有矽養遂逐漸將內層磨光其所以有特別形狀者因中含錳少許也

此礦質取名里慕內脫因溼草地下往往開出此質里慕內脫者溼草地也

此項礦質得於溼草地者內成同心形之層殼產地在奥得花省東南土人名曰贅形礦

在噴昔維尼亞省沿利赫江所產礦質形成長條有數層合成近邊礦中此質結成石鍾乳形或成圓塊或外周結一石英水晶質所成之殼此礦質開之頗不合算因其所有矽養料過多也

司巴的克鐵礦此係鐵養炭養在美國比他礦質所產較少化學書中名此質爲鐵炭養淨時百分中鐵居四八二七色淡紫或灰色且透光堅率三五至四五重性三七至三九有白色紋礦學家名爲賽特納脫康納帖克省老克司倍利地方言此礦質多在石英及乃斯石中成此礦脈噴昔爾維尼亞省及奥海亞省亦有此礦質但其式略異蓋係一種泥鐵石又名泥炭養色暗或青灰與煤同產或爲煤質所變故名黑帶鐵礦英之蘇格蘭門此甚多

美國所有之鐵均由以上鐵礦質提取美之礦務家論鐵者亦惟研究此四項而已

帶泥之鐵礦質尚須驗以吹火管其他則不必因其顯而易見也

鐵礦質中鐵分劑較少者可以急火鍊成鐵質試以吸鐵即可知之此試法甚緊要因鐵硫礦質有金類形狀鉮鐵礦有銀形狀礦學家恆爲所誤用上法則無此弊

驗鐵乾煉法

此法能測鐵礦之旺否法將炭研末加糖漿掉濃溏於海欣鑄罐內（此罐名勃蘭司克罐）令乾候用一面將研末之礦質秤之置罐內上加炭幾平罐口令將此罐漸漸烘熱後置急火中燒至白熱度約半點鐘將罐移出候涼傾其中物於紙

上其底即見鐵質一顆周圍與渣滓相攙其渣滓易於分離所得鐵顆粒秤其分兩與初秤時分兩相比即知其礦質之旺與否

礦質不可研磨過細過細則鐵質散雜顆粒須如針頂之大小顆粒之大小以礦質旺否而定愈旺可以愈細鑄罐之炭須以舊鑄罐料一塊或以瓦片一塊蓋之將燒竣時火度須近白熱度至少約十分時而令鐵質鎔成顆粒溏炭之鑄罐小心料理以後尚可復用鑄罐瓦料蓋或磚蓋須以溼炭或筆鉛刷之然後蓋上否則與鑄罐一同燒鎔膠緊試驗一種礦質時須取礦樣數分逐一試之記其參

差而取其中數鎔成顆粒愈大者試法愈應周密因其攙物愈多也鎔成鐵質內有炭質百分之四或不及一分數須在總數內扣除有若干鎔成之顆粒中炭質稍過於百分之四少許可以紅熱度燒之一點鐘則能減其中之炭質令鐵質幾與熟鐵無殊以後再燒則將其炭質全行逐出溏炭大號之罐可鎔鐵質顆粒二三兩將此顆粒擊碎分爲兩塊其中炭質分劑可約畧測之如其碎面色暗而粗畧結成晶形而鬆者則有炭質約四·三五至四·五〇如其碎面色白或灰白光滑甚堅則有炭質約二·五〇至三如料理精細則其中炭質僅有一·五此號已與鋼質相近

試者稍有經鍊即可明晰熱度之高低及所試礦質之多寡煉時之久暫并應試何等礦質可配何種鋼鐵之用

凡質內有硫鉮或硒者須以不至紅熱度之火燒之儻驗者爲數不大須拷成小塊

前云鑄罐內鍊成顆粒之鐵其中或有雜質如燐銅鍩錳鉻鎂鈣矽或更有他項原質須用溼鍊法方可提淨可見罐內煉出者尚攙雜質與沖天爐煉出者無異則知溼鍊驗法功效尤密

儻欲驗全礦地或多數礦質宜親赴礦地或礦質堆積處取大小塊五磅或十磅許共鍾細併和置棹上劃分四分

將斜角對面兩分彼此攙和，再錘令細，仍置掉上，更分四分而取另斜角兩分照前行之，待其重數減至三四兩許，則以細絲篩篩之，此篩每方寸有孔四十，礦料經篩後其矽養等雜質，雖甚堅硬，但使加工磨細，必可篩下，後則裝瓶備用。上說乾煉法應用此等細料。

礦質中常攙石英，驗時須加對分劑乾石灰或鈣，惟此兩質內勿夾石膏或含硫礦質。石灰與鈣合石英成配料而變渣滓，若礦質無石英，可加沙泥或玻璨粉與包礦石合成配料。鑄罐膛內溏以炭漿或筆鉛。若燒白煤或硬煤，罐之外亦須溏筆鉛，否則煤將膠於罐上。能用筆鉛所製之罐更妙。

乾煉法所得鐵比淨更重，因其中有雜質也。但與沖天爐所煉出者則相同。然罐內所煉出之顆粒可使用溼煉法探查其中之夾雜物。

溼煉法非但可查礦質中雜物，並可查所含之他金類。如只欲查鐵礦質，只用下法。

先將礦質研成細散，用每方寸八十孔之篩篩之，後稱出一格蘭姆數，置一磁瓶內，用吹火酒醕燈或彭生燈燒至緩熱度，再稱如其分兩比前減少，則知其少數係礦質中之水。此水初或參於礦質中，或與礦質化合，既燒去後此

乾質置玻璨盃（盃高約七寸，行經約三寸，）加鹽強酸一兩許，燒以緩火，待其全融，用玻璨梗或鉑絲掉之，加硝強酸二十五或三十滴，待其盡消化後，加清水四五兩而拌之，後緩加阿摩尼阿，待其中有料澄停，再掉之，再加阿摩尼阿水，俟至物質不再澄停而嗅有阿摩尼阿味，即止。少頃則更以璨梗掉之，待其澄停，此澄停物能將鐵變成鐵養於數分時後全停盃底。

儻質中有鋁養，收入澄停物內，可於試驗盃熱時將鉀養條一寸半浸於水內，即震動，待鋁養全化，則加熱至十分時久，以試驗水畧近沸度為限，此時鋁養已消化，而鐵養

則仍澄停。待至幾涼，所有鐵養均澄停於底。水中如有小點浮起者，此因氣泡拉住而浮，涼時氣泡散，小點中物即澄下，否則以璨梗微微推之，即亦澄下。後可將濾紙攤於玻璨漏斗，以斗置另一盃上，將試驗水掉之，緩緩傾紙上，待其清水漏下，稍加熱水於前盃淘汰之，將盃中料全傾紙上。輭性鐵養均於此紙留存，可將熱水屢次沖洗，以去其鹽酸餘迹，提起漏斗，濾七八滴於試管內，更置斗於盃上，將銀養淡養水一滴濾管內，儻管內仍有鹽酸餘迹，銀與鹽即相合變銀綠而成乳色，再以清水沖洗，俟管中無此乳色為止。後將漏斗與試紙遮蓋，勿使塵埃入內，置一

邊待乾乾後則縮小不及四分之一此時鐵質易與試紙分離於是置於磁盆或鉑鑄罐中燒以緩紅熱度將其餘剩水迹全行逐出待見其重數不減爲止試紙或有塵屑陷入或有鐵迹形而欲收其盡數須燒以紙小心收斂法如下將紙上鐵質細屑盡行分離捲起此紙或扯碎在罐內用吹火管燒成灰（或用酒醕燈燒之）於是各質變白灰無一毫炭質待涼秤之記其重數與未曾用過試紙灰相比則見較重此較重數卽係鐵迹（此數須歸於總數）

此料一百分中淨鐵居七十分雖前經屢次水洗而鐵養中仍含鉀養少許儻無須十分查實者頻洗以沸水卽幾將鉀養盡去試以洗水一滴瀝於鉑或銀片上取火燒之水騰化後片上無遺迹卽無鉀養之確證

欲令鉀養由鐵養分離更有便法先將開水畧洗取漏斗襯試紙將熱水漏過瀝鹽强酸於上待全漏下後此鐵養及鉀養各與鹽强酸相合爲一物而均消化於水然後取阿摩尼阿加入將鐵養之鹽强酸收去由此鐵養卽澄停如此所得之鐵養可備提取燐質

儻嫌所試不確可用華婁博士法在未用阿摩尼阿令澄停前將含礦質之沖淡水用鈉養炭養令成平性再加鈉養硫養煮至無硫養酸氣騰出時其鋁養卽澄停甚厚用

襯紙漏斗隔出洗之以紅熱度火烘乾稱之如料理合法必係白色含鐵質之原水先燒令畧濃後加鉀養綠養一格蘭姆許并加鹽强酸而用襯紙漏斗將硫質隔出後用阿摩尼阿令鐵養澄停如此而得之鐵養其中或有燐於鐵質關係甚大

試紙上鐵養或用阿摩尼阿令澄停之鐵養各均有燐在內則關係鐵質甚大最便用鹽强酸（以敷用爲度）將鐵質消化再加硝强酸十五至二十滴可令鐵養變鐵養後含鐵質之水燒熱以備續試

如礦質未盡消化可再燒而掉以玻璃梗如此而仍未消盡可用試紙隔出再磨細加鈉養燒熱令再消化儻以上法不便行可重取礦質一格蘭姆許研極細置鉑鑄罐內加鈉養或鉀養或鈉鉀養四五格蘭姆許緩燒至紅熱度待至不起泡時可加熱度俟罐中物盡行鎔化平靜將罐移出傾於冷碟上令速涼再置於有水之磁盃內（此盃之水須以敷用爲準）加數滴鹽强酸將盃燒熱再加鹽强酸待至其中物盡消化將罐洗淨所洗之水烘乾收取其餘迹復傾入總數中然其料中所含矽養雖使加鹽强酸及水亦不消化可將此一切傾於試紙濾之其矽養卽存紙上其鐵並燐卽與水濾下將此白矽養洗淨更濾其濾下水中稍加銀

養淡養如見有雲白色物即知矽養仍未洗淸須再洗之待濾水中無雲白色物爲度即將試紙烘乾將其上之矽養秤之而記其確數如欲較此驗法更確切者將試紙燒灰以水漂去其矽養將盡數澄於水底

矽養及鋁養既均如法提出可用硝强酸料理其原水中之鐵養並提出其燐最妙者用阿摩尼阿錳養水料理之其水濃淡以此藥五六十格蘭姆與水一列忒即一斤又十分斤之七相和儻含燐水平性者此藥不能令澄停儻水之酸性較濃者此藥將阻其澄或令稍緩

博士潑利提燐法係在礦質水內加阿摩尼阿待鐵養全

澄停時小心加硝强酸敷此澄停物再消化爲度此流質煮令沸加阿摩尼阿錳養十四兩儻流質中燐多十四兩或不敷應更加之既加後即見有黃色澄停物否則用武火更煮數分時加硝强酸數滴塞緊瓶口震動之再加硝强酸一二滴待此黃色澄停物爲止即將火減緩令其止沸否則將速結一濃厚物而澄停惟將瓶令熱稍近沸度隨時震動之如此行一二點鐘或四五點鐘其中一切燐將成顆粒形澄停於下用試紙法在漏斗上襯紙將流質濾下此黃色澄停物即燐將存紙上以對分劑淸水及錳養水洗之此燐在試驗紙上後以阿摩尼阿消化之此消化水中加鎂養硫

養水將令燐與阿摩尼阿及鎂共成一物即係阿摩尼阿燐養及鎂養燐養也此澄停物用冷水二分阿摩尼阿一分相合洗而烘令乾以逐出其阿摩尼阿並水然後稱之此係鎂燐養或二鎂養燐養此澄停物百分中燐居二七九二燐養居六三九六此燐養即燐强酸也烘燒燐時應小心否則試紙之料將成炭質或他處所來炭質攙入不得燒去所得之燐即有黑色欲祛此弊可將火力漸加至紅熱度則其澄停物成細末其中生物類如炭質者必盡燒去而僅存燐既將鋁養矽養并燐驗明分出鐵養可照前法令澄停或將同重數之新礦質在鹽强酸內消化用阿摩尼阿

將其中鐵養鋁養澄停後則洗而烘乾將此分出之鋁養矽養并燐養酸均稱其分兩此重數在礦質數內扣除所剩數即係鐵養之重數

鐵養＝一百十二丄四十八

其百分中鐵居七十此一切重數與前所提出各質分兩相倂其重數須與原礦料數相等以此可見驗法無誤

含鐵及鋁養之水中有時攙入鎂養或鈣養少許如有鈣養者則加淡輕養草酸燒令熱置一傍十點或十二點之久其中鈣養即澄停緩將淸水傾出先取矽濾紙以淸水并酒醋溼之將澄停物傾紙上其停質即留紙上洗以淸

水令乾燒至紅熱度令鈣養草酸變成鈣養炭養後將炭養逐出祇存此鈣養可秤之在磁或鉑鑄罐內試驗即先加一二滴水後加少許鹽强酸儻其中有物化氣騰出即知有炭養可見前所用變成鈣養之法仍不甚妥可加硫强酸數滴小心令乾燒至緩熱度待涼而稱之此係鈣養硫養百分中鈣養居四一·一七

儻含鐵並鋁養之水中或有鎂養者可加阿摩尼阿及鈣養燐養水令置一傍十二點至十四點鐘之久後以漏斗襯紙濾之將紙上澄停物用冷水加阿摩尼阿水四分之一或三分之一洗之烘乾燒至緩熱度待涼稱之其百分中鎂

養居三六·〇三稍不熟鍊之人須用試紙查流質之鹹或酸惟阿摩尼阿加若過多則嗅其氣味而知之試驗流質時須在瓈盃掉之用輕硫及阿摩尼阿硫并用熱逐之亦可嗅氣味以知其有無掉流質時瓈梗不可與盃邊相遇驗鎂養時勿再置於瓈盃內惟鎂養爲數少者可在瓈盃內邊用瓈梗微微拖過令速澄停但勿重掉如鈣養比鎂養較少應愈小心否則與鎂養一同澄下如已澄下者須即令此鈣養及鎂養變成鈣養硫養及鎂養硫養此流質中之鈣養硫養在酒醋內但澄停而不消化惟鎂養硫養易消化可與酒醋同傾出兩者因此相判其酒醋中之鎂

養硫養可更加水令澄停礦質中常攙有鐵硫及鋇硫鈣硫錳硫最多則係鐵硫查驗之法先將礦質研細用每方寸有八十孔篩篩而烘乾而以鈉養或鉀養或鈉鉀養四五分相和置鉑鑄罐緩火燒至紅熱度待其起泡止而鎔化勻稱其所延時之久暫當視礦質而定鎔時加塊乾硝照礦質數加倍或先將鈉養炭養十分鈉養炭養十四分調和照此和物照礦質數加四倍乾硝照礦質數加二倍當礦質在鉑鑄罐內燒時此一切物逐漸加下待鎔勻涼後加鹽强酸待其同消化烘乾照前法取出矽養并化分其中之硝以上物則加鹽强酸令溼後加熱水以砂漏紙

濾之由此分出矽養其下之流質則甚清然後可令其中鋇養硫養澄停此時將鋇綠小心漸漸加下如礦質中有鐵硫須加鋇綠水則所澄停物不至過濃如質中有鈣養硫養或鐵養硫養須先在水內煮之用砂漏濾過濾下水內含此二質必用鋇綠提其硫其試紙所存不消化之物當以前法煉之

如此而得之鋇養硫養中或雜有鹻類物可將濾下之水另置一盃而加鍋養醋酸并醋酸質然後燒五分時再濾以紙洗以清水由此法將水烘乾更燒以緩熱度即得淨鋇養硫養其百分中鋇養硫養中有硫一三·七三凡紫喜

瑪台得質中矽養鋁養鈣養鎂養燐并硫往往攙入惟鋇則罕有其他種鐵礦質中恆有錳其試法可將礦質化於水內加足鈉養炭養測以試紙儻無酸性即加足鋇養炭養以玻瓈梗掉和半點鐘之久時時掉之不必加火任其自化後以紙濾之所留紙上物係鐵養燐養酸鋁養并鉑養炭養少許再以清水沖洗將此水與濾下流質相併此中有錳鈣養鎂養及含鋇之質惟此鋇應小心除去可用鹽强酸將紙上各質在盃中消化而濾之此鋇在流質中可用淡號硫强酸令澄停而濾之鋇即留於紙上既分出鋇之後其下清水可用阿摩尼阿令澄停而照前法料理之並用華拉法分出鋁養

儻第一盃數用者即在此盃內加鹽强酸令濾下用熱水稍加鹽强水洗之俟燒熱可用淡號硫强酸令鋇澄停置一傍令澄澈此即鋇養硫養用濾紙濾出後將鐵養鋁養照前法令澄停用阿摩尼阿令燐養酸澄停復用漏斗襯紙濾之而照前法料理此鋁養并燐養

濾下之清流質有錳鈣養及鎂養可傾於玻瓈樽內稍燒熱之此流質中有淡輕綠由此加淡輕硫令錳澄停如鐵質先已提淨此澄下錳質即見有桃紅色如見灰色或黑色則知其中尚有鐵可將樽用輭木塞塞之或蓋以

玻瓈蓋置一傍十二點鐘即將錳硫澄停分出若再逾時色將變綠後將澄物用漏斗濾之此澄停物即存紙上任其流質濾下將紙上澄停物傾於有淡輕綠水之盃內其中先加淡輕硫水數滴任其澄停將其濾出清水歸於前次清水內儻流質內仍有錳硫餘迹可再料理而提之後則稍加淡輕綠及淡輕硫之蒸水洗此澄停錳硫屢次洗之逐次漸減其淡輕綠至末次只用蒸水此錳硫恐其變錳養硫養因在水中易消化而與水一同濾下也漏斗水須加足其澄停物不遇空氣庶免諸弊

第一次濾下流質如不潔淨可重濾之而洗其紙上之澄停物烘乾稱之勿露於空氣用稍淡鹽强酸令消化變錳硫爲錳綠此錳綠在水易消其硫强酸則成氣騰出再將流質燒之待餘多硫强酸盡騰出後濾去其中攙雜物然後小心燒之逐漸加鈉養炭養試以紅試紙如變藍色則知已變鹼性其澄停物即變錳養炭養屢次洗之掉以沸水而令澄停傾去其上淨之水在沙濾紙上以清水沖之見有一片甚潔之鉑質浸於水內可將紙上存物烘乾其料百分中錳居七二〇五錳既提出餘流質可煮熱漸加硫强酸令淡輕硫全化分待硫輕氣盡騰去可嗅其味而知之用紙隔去其澄下之硫後以阿摩尼阿水令成平性

可仍照前敘明之法提其鈣養及鎂養

司巴的克鐵礦即鐵養炭養查驗鐵養炭養與驗鈣養炭養同用小玻璨器具（如上第二圖）將含炭養質研細令乾稱之在第二圖之丁字口傾入并加水少許瓶上口用璨塞塞之塞中裝有璨管由丙字處將鹽强酸灌至甲字處待甲字處既滿將瓶揩乾稱之將丁字管由塞子稍拔出使其下端不與炭養質相遇將丙字管稍拔起任强酸數滴瀝於炭養上以發氣沫待氣沫平靜後瀝强酸數滴令再發沫屢次行之迨至毫不發沫則將丁字處輭木塞拔去用乾璨管緩緩將空氣吹至

第二圖

乙字處使炭養氣盡吹出儻其樽因强酸改化時變熱至此仍熱者則待其凉將瓶與其內物并稱其分兩則比前較少將此少數在總數扣去此少數即係鐵養中之炭養氣此數幾已全確如倘有未周到之處則或由丁字處騰出之故可將璨管在丁字口處裝一小輭木塞此輭木塞中再配裝一小璨管先在大璨管盛鈣綠少許其裝鈣綠直逕係八分寸之一或四分寸之一當炭養氣與汽水將同騰時汽水即爲鈣綠收住只炭養氣騰出小璨管之上端將甚寬而薄之輭木小片蓋在管口使炭養氣仍易外騰而空氣不得入內

用此試炭養氣須小心將其先試三四次如果合法則驗鐵養炭養時亦可用之

美國之拿否斯可寫省中有多數暗色鐵砂數年前中美洲項度拉斯海灣邊亦查有此物近美國各處亦查得之此砂係鐵并錯養酸美國所出此礦質煉後其中無錯養但有錯裏及三錯淡他處所產者錯養分數較多此質名魯的耳百分中錯養居九十八分有種石英鐵砂百分中錯養酸居四十有時百分中此酸質不足三分此鐵尚可試煉如錯養過三分之多則不合用僅可煉作熟鐵耳用此礦質之難處在鎔時所用石灰并煤之品類與所鑄之

豬鐵有關係

用吹火管驗錯養酸質雖與鐵相併猶可查出與鈉養燐養同燒鎔則無色可見後更與錫在炭上燒鎔則現青蓮色此色之濃淡即表明錯養酸之多寡

錯養質在他酸質中不消化惟與鉀養鈉養或含養鈉養炭養加水燒熱則令消化消化水內再加錯養令濃水中加錫箔則現青蓮色

儻鐵砂或鐵礦質內有錯養可將礦質研細與鉀養炭養或鈉養炭養三倍數同鎔後洗以沸水以去其有餘鹼料此鉀養錯養與鐵養即相攙而留後在此中加鹽强酸令

消化而烘乾其中錯養酸并或有矽養均變爲不消化之物而留於後將此更加鹽强酸及清水洗之將此洗水撇出勿以漏斗濾之恐錯養一同由斗濾去烘令乾加鉀養二硫養緩火令鎔硫强酸與錯養相合即成一易消化物可用冷水提出任其矽養不消化而留剩於後以有錯養之清水內加水約二十倍煮稍久則其錯養酸變白物成薄水浮於平面視其面有蛀形錯養燒甚熱則成黃色待涼仍變白不如矽養在鉀養水中易消化惟所成鉀養錯養加清水則易化分其剩後之酸性鉀養錯養可用鹽强酸令消化若用阿摩尼阿炭養解其酸性則令此錯養之物質將澄停於下其形如鋁養欲驗礦於百分中有用原質實有若干須甚小心然非熟鍊者欲求確數頗難初習者最妙用淨鐵絲一條以上說過之阿摩尼阿法驗之後用法攷其分劑多寡將此二法所得之效相比觀其有何參差

有一法用鉀養錳養若干化水內令此水內鐵養若干數變鐵養若干數儻用若干濃淡之鉀養錳養水一百立方寸數可令鐵養變鐵養若干數即可知礦質中有鐵若干此不必稱其分兩及區別攙雜物祇測其變化時所用鉀錳水數而已

論其預備之法可將潔淨成顆粒之鉀養錳養五格蘭姆

數化於一列式水中盛以玻瓈瓶塞以瓈塞不令見光此錳水至久不變但須陸續試其靈否

預備試時所用之鐵法將洋琴所用清潔鐵弦一段周徑十六分寸之一多寡照格蘭姆數置於可容半斤數之瓈管瓶內瓶上刻有度數瓶中有淡號硫强酸一百立方桑的邁當約合二兩即一分硫强酸與八分水加鈉養炭養少許其炭養即分離而將空氣逐出管以像皮塞之塞裝有瓈管與第二瓶相通此第二瓶有水一兩另將水八九兩煮令沸將瓶中空氣逐出待涼將有鐵弦之瓶沸之待弦盡消化其釋放之輕氣將騰入第二瓶內其瓈管變成直角形一端裝於第一瓶像皮塞中一端裝於第二瓶內遂浸於水面之下更妙者兩瓈瓶各有彎角瓈管中間以數寸長像皮相接此像皮管可扣小箝以阻兩邊相通將第一瓶中鐵與淡號硫强酸燒令全鎔即將像皮管扣以小箝將瓶下之酒醕燈移去兩瓶遂不相通待涼移去箝則第一瓶之眞空將第二瓶之水吸過而將前說之八九兩水加在第二瓶內待第一瓶所騰之水升至所勒七兩度數此瓶內有鐵水一格蘭姆此鐵水千分中淨鐵居九九六炭居○○四由此瓶中以小玻瓈管吊起鐵水五十立方桑的邁當其中有鐵質五分格蘭姆數將此數盛於可容四百立方桑

的邁當之盃內。以清水沖淡迨其水約到盃中一半。可將盃置於白紙上。以顯見其盃變化之色。用一勒度之瑑管吊起錳養七水。將此錳水加入鐵水內掉之。初則錳水之紅色退甚速。其後漸加。則退亦漸緩。漸至水色畧黃。至末後僅有微數之紅色。雖掉之亦不改色。即止不掉。將勒有度數之瑑管。取錳水之桑的邁當數記之。此數應有二十立方桑的邁當。

再將鐵水五十立方桑的邁當。如法試之。所得較第一次驗數應相合。如有參差。不可過于十分立方桑的邁當之一。否則應再試一次。如初學者細心考究。即可熟諳此法。

將兩次所用錳水相合。可得一百立方桑的邁當數。水中之鐵則有四十分。由此知錳水中鐵實有若干。

將當初所用鐵分五分。（即所用五十立方桑的邁當水內應有鐵五分格蘭姆之一）惟弦絲中淨鐵係·九九六數。以此數分五分。僅得·一九九○一。此乃五十立方桑的邁當水中淨鐵數。則知一·○五○之五分之一。係·二一○。與·九九六相乘。即等於·二○九一六。此即二一·三錳水所合鐵之確數。即每用錳水一百桑的邁當合淨鐵·九八一九七數。此乃博士弗來生尼斯之驗法。儻鐵水中缺酸質。其水將變紫色而甚濁。有一紫色物澄停。此乃錳養并鐵養。如錳水加太速。或當時不掉。亦有此變。則其驗效不佳。末次所加錳水。仍留紅色。可見其中鐵與前此錳相併。惟此紅色往往又變。此乃恆事。緣其中獨立之錳酸。不能久延不化。所以久亦退色矣。

於此可見。如僅欲知其礦質中鐵有若干分劑者。將礦質研細而稱之。化於鹽强酸內。令鐵先變鐵養。後用鉀養鎂養七水若干。令鋁養變鐵二養三。即用錳水若干。而知其中鐵有若干數。如鐵礦質有兩格蘭姆數。而所用錳水有五十立方桑的邁當數。淨鐵即有·四九○有奇。

數目上既表明一百桑的邁當錳水。可得鐵·九八一九數。可見兩格蘭姆鐵質中。有淨鐵·四九○格蘭姆數。

用此驗法。將礦質內鐵質均變鐵綠。此係先用鹽强酸消化此酸數。比應用之數稍多為妙。其中切不可有硝强酸。由此其水中之鐵質均變鐵綠。而將小夥粒之淨鋅質放下。輕氣即騰出。水色即變淡綠。其中鐵綠已變鐵綠也。如以硫强酸代鹽强酸。見水中鐵質即係鐵三硫養。鐵硫養。可用有度數之瑑管。將錳水加下。照前法測算鐵之分劑多寡。所用鋅須清淨。但市上所售者常有鐵攙和。應設法測算其百分中所有之分劑。即由錳水試驗所得鐵數中扣下。後欲再試仍用此號鋅。若用他號鋅。亦可如法測其中所有鐵之分劑。

欲驗之較細者，前說之炭養氣勿以空氣攙和，欲免此弊，可令炭養氣經過另一瓶，此瓶中有藥水，將空氣收留，任炭養氣前行，淡號鐵水亦可用此法，攔住空氣使其中養氣不得進淡號鐵水而致變濃。

濃號鐵水冷時可用輕硫令變淡，此後續加輕硫，數分鐘時，然後小心逐漸加至沸熱，熱度待其中輕硫全騰，其曾否騰出可以鉛化於瓶口試而知之，蓋鉛與輕硫相遇即成黑色。此時可令退火而止其沸度，將瓶中水加滿近瓶口一寸許為止，以瓈塞塞之，用冷水令速涼，即可備測算鐵多寡之用。

濃號鐵水變淡號之前，將餘多鹽強酸棄之法，多加硫強

酸，用沸度熱令鹽強酸成氣騰出，待涼加水，至其中所結成之鐵三硫養顆粒均消化。儻硫強酸攙有鋇鈣或他種鹽類，則將變不消化之鹽類物，而含鐵質於中，其驗法為不確。儻含硫強酸，則以用鋅法為妙，如用硫強酸法加水後，瓶底有不消化物，應查其中有鐵質否。

儻澄停物質有鐵養及鋁養，既得鐵之重數，先於總數內扣除，則知鋁養數。如疑礦質中有燐養酸，可將鐵養并鋁養由總數內扣除，即知燐質之多寡。此扣除之驗法，即名異數化分法。

美國測查地學官員於一千八百八十七年，論及產鐵之

源云：一千八百八十五年美國所產豬鐵共四百五十二萬九千八百六十九噸，在八十六年則有五百六十萬噸，可見有增無已。不知能經久否，照平常開挖所產數測算，僅足供三十年或尚不敷，故政府注意查此礦地。

余於去歲查得新礦地之數，可供三十年之用。此新礦數較英國更廣。上所說八十五年及八十六年所產礦質，其舊礦尚未挖盡，可見新礦必能久持。

美國密希岡省郭治碧湖邊有鐵礦，在一千八百八十四年得鐵一千零二十二噸，八十五年增至十一萬一千六百六十一噸，八十六年復增四倍數，此增數出人意表。密

利沙太省亦有鐵礦開挖甚廣，民間出此資本甚多。今日鋼鐵用處較繁，新礦必可擴充。日本國所產尚嫌不足，去年又赴日斯巴尼亞出重價購運現有舊礦多處，或因其製鋼不合，或鐵礦質中產數不旺，故非速開新礦令質合用，不能為功云。

礦學考質上編卷四終

上海曹永清繪圖

礦學考質上編卷之五

美國 奧斯彭纂 海甯 沈陶璋 筆述
慈谿 舒高第 口譯
江浦 陳 洙 勘潤

錫

淨錫重率七·二九二，是爲白色金類，與銀鉑鋁相似，但權之稍重耳。成條之錫屢次彎折，即發噼嚦聲，故知之甚易。五金中除鋅之外，錫最不易抽絲，在沸度時始能抽之。在法倫海表四百四十二度時即鎔，但不易成汽而騰。錫易打薄成箔，但不及金銀銅之甚。錫之質點，論化學重數係

一百十八，最確之重數爲一一七·六九八。

此礦質在地中採取時不甚潔，恒與鉛鋅相雜。俄國西比利亞所得有與金攙者。又一種係錫養，大者成塊或成水晶形顆粒，色黑而光或紫色，重率六·四至七·一，堅性六至七，有全不透光，亦有幾於透光者。然不論是否成顆粒形，均名錫石。如此質劃於沙石，其紋係白或灰或櫻色。性脆，顆粒係四面形，其端削尖，有時顆粒或成八面形者，其名特脫卡西特來得。

又一種與硫相併，或與銅鐵鋅攙和，其分劑係錫二七·二，硫二九·五，銅二九·三，鐵六·五，鋅七·五，堅率四，重率四·三至四·五，有金類光彩，色鋼灰，如不清潔者有古銅色。此乃鐘料礦石，是名司塔奈脫。

江川之底或江流所漲泥土中亦有錫，形似石卵，名曰川錫。質即錫養。南洋一島名彭卡，江流所漲泥土中所產品最上。環球推此第一。開錫之地在該島北邊，不甚廣，每年產約四千噸。英國西省康華爾所有錫礦，雖自昔開採，今仍未盡。惟所產錫與硫及他金石類相雜，如銅鋅鈣及鈣養硫養鐵養鎢錳等皆有之。此種鑛質尚須他法鎔鍊。上說產地外，如奧，如日斯巴尼亞，如德，如薩克森尼，如澳大利亞島及南美之玻利維亞，皆產之。玻利維亞國錫礦

質頗旺，而攙於銀硫銅鉛鋅及鐵中，不如他處礦質。更有士未林吐巴司、鈣弗及鈣養硫養。美國有數處所產錫礦質與卡昔士來脫相似。美國中央之提卡帶省，所產錫數最大。此省中有山嶺名黑山，山坡處有澄停下錫質。此種石質大分係細顆粒千層石及砂石所成者，中有石英礦脈，內恆含金，更有端石石質，中攙有紅寶石質，及千層石質。此山中又有一種水晶式之司叨路乃得之石，分劑係鐵養鉛養矽養，兼含鋰養少許。山中餘石皆花岡石，與上說各石迥判。

此處錫質成四散小粒，和於細片千層石及非勒司巴石

每一握礦質內淨錫居十之一約計每噸礦質中淨錫可得十磅開採亦可獲利。英國康華爾省礦內所採礦質中片錫僅百分之三由此知每噸中錠錫不到六十磅美國提卡帶省所產錫質運至紐約煉廠查有錠錫百分之四·六含淨錫二·九五此乃該廠所查出者

有等大塊錫壙質煉查之下竟有錠錫四四·一上所言黑山之嶺通入北界之華敏省此處亦產錫石阿達花省喬鄧江底取有川錫係紫色甚美之顆粒此江中淘得金砂常有此錫雜之一千八百七十六年賽會內錫質大如青萓色淡紫化分後知其質如下

矽養二	九·八二
鈣養二	·二二
錫養	七六·一五
銅養	·二七
鐵養鈣養鋁養二	一三·五四
	共一〇〇·〇〇

最多之錫質係錫養二名開昔帶來脫其狀或爲大塊或細粒重率與淨錫不同然淨錫之重率係七(較生鐵少輕)此則較石英更重(石英重率係二·五至二·八)堅性與石英幾相等色黑紫或紫紅更有木質錫中有木質條紋及枝節有同中心之圈其顆粒如葡萄串以錫質在細砂石上劃紋其色紅或灰色兼黃或全白其紋係灰色畧帶紫

不熟悉之人每誤以錫礦質爲土末林寶石或紫色紅寶石(名加來脫)惟錫石重率則居七耳土末林重率係三堅性係七將土末林在細砂石上劃線紋其色不顯紅寶石重率係三最多至四砂石上所劃線係白色用吹火管辨之甚速

此開昔帶來脫礦質在炭上以吹火管燒之其質不改如加鈉養仍用吹火管燒之即成一粒可錘之錫四周現白衣一層是即錫養擦去白錫即現光彩如質中有鐵及鋁可用鉑絲繫之加硼砂而以吹火管燒之其中鐵錳色即發出錫中常有鐵然爲數不到百分之一

儻淨錫質加硼砂燒時則不變色如變色者其內必有銅鐵錳儻以司塔來脫錫礦質照此法驗之其效更著

如雜礦質攙入更多可將原質細顆粒以養氣火燒之逐漸加數而細其鎔成之顆粒因當養氣燒時各料即顯呈其所有本色光彩如礦料數較多色必駁雜而難辨其中攙雜之鐵銅錳數驗確實須照化學法試之用吹火管燒

時加酸料其酸料係對分劑硼砂與鉀衰或鈉養炭與鉀衰

將少許司塔來脫置一玻璨管塞而燒之即爆散如鹽其中錫養則化氣騰於管邊在開口管燒之有硫氣騰出玻璨上有錫養之白霜鍍之在炭上燒之即鎔而發硫氣有錫養停於炭上硝强酸可化分之如水藍色則知中有銅其中硫與錫養均澄停於下以地學論之此質產於上古時代石層如花岡石乃斯石格乃得石拍弗里等石中在斯美卡島上錫產於漲土中此漲土本由花岡石山嶺因遇水沖下者

錫質產於成條礦脈中如英國康華爾省錫礦脈均係東西方向美國提卡帶省錫質亦產於花岡石地段中但其地並有千層石喜司得石鈣弗石等餘產地與石英爲伍

將少許錫養約一百釐數加鈉養炭養二十釐及硼砂二十或二十五釐置勃蘭司脫鑄罐內鎔之此鑄罐見論鐵篇內乾煉法下註之此係小試法也

儻礦質如司塔奈脫者其中攙銅鐵鉀等類物若將礦質捶成小塊將其中石英及包礦石用水在斜板上沖棄之因錫質較重將留板上輕浮之質隨水沖去後將錫質收拾用緩火將硫鉀等物逐之其中尚有鐵係鐵養鉀養硫養及銅硫稍加清水露空氣中數日其銅硫變爲銅養硫養即其中所有銅均變銅養硫養後加水消化之所含銅即由此法提出其中鐵亦可用水法提出因其非純鐵乃鐵養也性輕而化於水中故能隨水分出礦質至此時百分中錫有六十五加炭質八分之一及石灰或鈣弗石少許在緩火中漸鍊可與其中雜質鎔化變渣勿用武火防此錫養與矽養併成錫養矽養後欲分之則難矣如用鑄罐煉之罐應有蓋以免空氣進內使其中養氣與炭質相結成炭養而與錫養融合致有難料理之事此法用緩紅熱度六點鐘至八點錫質即澄停於渣滓之下

如此而得之錫質仍稍有鐵銅鉀相雜有時或攙有鐵養鎢錳養鎢此含鎢礦質置於倒焰爐內加鈉養炭養此鎢酸即與鈉養合變成鈉養鎢養以水消化後能復結顆粒形之塊印花布廠多用之

測算攙雜和質中結錫多寡先令錫變錫養此係酸質在各金類中易分出其色白結含水之顆粒可以硝强酸煉出其中錫即加硝强酸令消化後將酸質蒸濃即見錫養澄停以淡號硝强酸洗之更洗以清水令乾燒至低熱度逐出其水凡不用火令乾者其質有下數錫養丄十輕養若燒熱至法侖海表二百十二度則成錫養丄五輕養此較前號水已減半儻燒更熱則變黃色質堅如錫石粉是

即錫養百分中錫居七八·六六

如錫質攙鉛而欲知其多寡可將攙物與硝强酸燒之再照上法沖淡以清水洗去錫酸質後將澄停內多加硫强酸蒸濃以去其硝强酸由此將鉛養硫養澄停於下以砂漏紙隔出在磁盆洗之燒其砂漏紙以收餘屑將此澄停物歸入總鉛數內鉛養硫養百分中鉛居六八·三一

環球產錫最多係新加坡一千八百九十一年全球產錫共五萬六千五百六十一噸內新加坡產三萬六千零六十一噸舊屬之彭卡島有一萬二千一百零六噸餘八千三百八十四噸產於各國

鋅

鋅在產地中無純質有誤見爲純質者非確論也堅率二重性七·六九有謂係七·一四六或七·二鋅礦質色不一淨者淡灰色或白中畧靑

論其引長性在尋常天氣或法倫海表四百度時其拉力亦脆近查得在二百五十度及三百零二度間可令打薄軋成薄片欲如此而行質內不可有鐵或鉛因在鐵鑵內鎔化時此質收鐵少許若用蒸法則所攙鉛硫將一旦騰出

鎔化度在法倫海表七百七十度市上所售鋅中常雜鐵鉛并有鎘錫銻鉀銅等或其中稍有炭質及硫但數甚微

德國西立夏省所產鋅礦質係鋅養炭養德屬卡倫體亞省產者係鋅養矽養又名卡拉明此國所產係鋅養炭養英國所產亦然英又產鋅硫

美國牛球雪所產者係紅色鋅養噴昔維尼亞省所產係鋅養矽養及鋅養炭養此省產數甚多另有一種淡黃色泥土內含鋅質他省亦有之有數處得於二百尺深之地下

礦脈中常有淡黃色成塊或線紋之鋅硫但數微故無人開採

礦脈最要者即係鋅養矽養鋅養炭養

鋅養矽養色黃或灰有時綠色或淡紅堅率係五·五重率三·八至四·一其紋理無色如無他紋參雜者百分中鋅養居七二·九

鋅養炭養堅率五重率四至四·五儻無他物參雜則百分中鋅養居六四·色白或灰或畧綠有帶紫者質透光而脆在密助利及與恕沙省最下石層中均有之

鋅硫又名勃倫特質透光以光照之有密色尋常視之有玻璆金類色堅率三·五至四此質色或黑而帶紅或綠色但數不多其紋係白或紫色質皆脆而透光有時透明百

分中鋅居六七·〇三硫居三二·九七用吹火管在炭上吹鋅硫則發白色鋅養熱時色黃冷則白色然此非一定之證據他金類亦有此色音夢那著得即燐養五酸錯并銀所合質亦有此情狀其內固無鋅也此物美國雖有但數甚微儻加硼砂於火上燒之則成白色磁形玻璨鋅養矽養不加硼砂亦能燒成此料儻以養氣火燒鋅而加鈷水其炭上即發綠色鋅養衣在開口驗管燒鋅硫其中硫即變氣騰出所餘鋅則變色

鋅養炭養在有蓋管內燒之其炭養即分出儻鋅炭養清淨者熱時黃冷時白加鈷養燒之其情形如鋅硫儻中有鎘在炭上燒之其炭上先見一層深黃或紫色之衣後則見鋅本色之衣儻鋅養炭養中加鹽強酸則化流質而發炭養氣儻中有銅鐵錳則驗時各有證據如有鐵者可將硝強酸半滴滴於流質中後又將鉀衰硫水半滴滴下其流質變血紅色如有銅或錳可用銅錳篇中法試之

鋅養矽養在養氣火內燒之須用小箝執住在此鎔煉甚緩而變白色磁質儻在炭上（用鈉養或不用）以吹火管緩火燒之即現白衣一層與鋅硫甚相似加鈷水試驗亦如鋅硫欲得純鋅須以乾法蒸之以用第三圖之小黑鉛鑄罐其甲字高約五寸許直徑三寸底磋成圓孔孔內裝熟鐵白來

第三圖

甲 乙 丙 丁

鐙管一段如乙沖過罐內鋅質之上管約長九寸直徑一寸許罐管開或有隙處用火泥加硼砂水小心溏閉令密中置鋅數兩以蓋蓋之仍用火泥及硼砂水溏閉令密蓋與管之上口應離開少許後將此一套器具置熱火令乾煉後置爐內爐底有孔以備鐵管插下旁亦有孔如丙以裝風箱管然後此爐內將燒旺炭加下待甚旺時加小塊焦煤後將風箱行動其內鋅即流下甚速而滴於下之水桶如丁此係小試法欲提之更淨者待後續論

英國鋅礦質多係卡拉明或勃倫特即鋅養矽養或鋅硫煉法先置倒焰爐內烘之將其中炭養逐出烘至十點或十二點鐘不時掉之令多日收空氣由此其中硫即變硫養氣騰出空氣中養氣即入而代其位於是鋅硫即變為鋅養

鋅養內提鋅法觀下知之凡鋅燒至亮紅熱度即法倫海表一千九百零四度時即沸然成汽騰化用乾蒸法收集之即將鋅養與焦煤或硬煤半分重數置大號鑄罐內此罐底有孔如第三圖其時罐中紅熱度即發炭養氣此炭養係煤中之炭與鋅中之養合成者此氣由鐵管下口騰出而成藍色火煙當紅熱變亮時純鋅幾將與養分離即

變汽質在管下口將見白色帶綠之鋅質火光將鐵管下口與約八尺長之另一鐵管相接可令鋅汽結濃而滴於長管下端所備之具中.儻鑄罐高四尺直徑二尺半寬者乾蒸約須六十點鐘之久其礦質百分中約得純鋅三十五分其罐中餘剩鋅質仍未爲炭蒸出而仍與矽養相併者.即是甚不潔淨之質可在大鐵盆內令其復鎔而靜候以便其渣滓浮于面上而將此渣滓撇去以備再鎔將其純鋅灌模結錠.

用比國煉法將鋅養置火泥大圓筩內令橫臥筩端裝短鐵管此管與筩相接處係喇叭口式一端口甚小將筩燒

之其中鋅質變汽由鐵管小口結凝滴入坦口桶內每二點鐘用大杓勺一次此煉法可省火力.

德國西立夏法將鋅汽接於一短火泥管而不用鐵管後在火泥罐中復鎔故所得鋅內含鐵更少因鋅鎔時鐵必消去少許凡軋薄片之鋅其中鐵數雖微亦有妨礙.

蒸鋅法必有少數鉛一同帶出故在左近復令鎔化鉛重性係一一.四鋅重性六.九鋅既輕即浮水面而便勺起其鉛則澄下.

比國煉法用曲頸甑此曲頸甑均以佳泥及燒過之熟泥相和先將所燒熟泥磨細泥之粗細照所用器具大小而

定其愈大泥亦愈細惟亦有限制.

燒泥法在窯形爐內長九尺高七尺寬七尺爐膛底亦環形下二尺許有直楞長六尺半寬二尺從此火焰由二十四火管進爐邊爐之環形頂煙管而出每出爐一次可容生泥十五至十七噸許燒三晝夜之久需煤五十立方尺燒後此泥變甚堅與鋼相擊即發火星.

如係造曲頸甑已燒之泥分成顆粒約十二分寸之大小後篩而和之令乾并磨細之生泥此和合之料百分中加水二十分.

比國艾拉樂配爾所造置爐內低處之曲頸甑其料係比

國生泥四分萊因河生泥三分破甑料泥八分所合萊因河泥最合用時先燒至高熱度而近成玻璃形時其不可加煤因其有灰之故將生泥熟泥調成溼麪形用六塊半圓形模以鐵箍及捎捎之使成甑模製甑底法先將濕泥成圓柱形一段照模一節之高低圓柱形泥坯置於地上其上則散以砂泥將甑模套之泥中用一尖頭椿杆打洞用手將餘多泥挖去用棍將泥拷緊於模子內膛用模內形之一板條將泥令成周圈此時泥模已得有底之甑形可將泥條逐段以蟠香法加泥圈上即將模子內膛之泥拷緊再用上說模板令上節泥圈妥貼成形照此即得甑所需之

尺寸此乃比國及德國惠司勿利亞兩處之造甑法至比國聖勒羅及美國斯旺西所造尤靈捷法以直長木模子數分聯以鉸鏈盛以溼泥置鑽具下此鑽具直徑與甑直逕同用機令升降藉此鑽力工人一名每十二點鐘內可成甑一百至一百五十箇如用手造則十二點鐘內只能成十八至二十箇之譜如此造成之甑置空氣中約三禮拜令乾後置烘房二三箇月此房平均熱度在法倫海表八十六九

爲造西立夏法所用煉盆罩泥西名麥福耳與造甑泥相同惟燒泥稍粗加百分中十六分水調勻或用手或用機令結實而稠韌照法應將此碎小另塊拼合相密而成此甑

造煉盆罩所用之泥另有怕落壬一種以此泥二分及破煉盆罩料一分相合錘細篩之加水用水調勻成柔質先作實心一段將此段挖空成罩形一圓用泥塊蓋之圓上令相聯爲頂用木鎚將裡面拷緊即得合式之罩置空氣中令乾約二禮拜之久後在烘房令乾閱數月之久西立夏廠所用罩長四尺半至五尺膛逕六寸外直逕十八至二十寸純鋅養色白煉時有濁物相攙則色不一純鋅硫色亦白但其中常有金類相雜故亦不一有色紅及色黑

者其中純質紋理幾係盡白或白而畧紫鋅養中淨鋅分劑如下

鋅	六五·〇六	百分中	八〇·二六
養	一六·〇〇	百分中	一九·七四
	共八一·〇六		共一〇〇·〇〇

淨鋅雖經屢蒸而在鑄罐內用硝後除溼法外無他法可使垢濁盡去將鋅化於淸潔硫强酸內則成易消化之鋅養硫養儻中有鉛則成不消化之鉛養硫養加淸水沖淡沙漏之將輕硫氣灌入於濾淸流質內儻硫質中有鎘與鉮即可令澄停分出後將淸流質中多加阿摩尼阿炭養即將其中或有之鐵澄停儻有鋅質少許一同澄下可再加阿摩泥阿炭養令此鋅消化將此鐵質分出後在淸流質中加鈉養炭養令鋅與炭養澄停將此鋅養炭養分出洗令乾後置鑄罐內燒之即得潔淨鋅養儻與淨炭照前法燒之在磁器內蒸乾可得極淨之鋅所用炭係以最上等潔白糖在不洩氣鑄罐內煨成者儻鋅煉出後有炭雜在其中可再乾蒸而逐其炭用此鋅製成輕氣中毫無鉮可稱最潔僅此號鋅可爲測算其質容積數之用

輕硫氣不能令含鋅鹽類物澄停儻鋅化於平性或鹹性流質內可用淡輕硫令澄停此澄停物即係白色凍形鋅

硫在酸質內易消化遇空氣易收其中養氣驗至此須記下開情狀凡無色淡輕四硫令沖淡鋅流質澄停甚難無色淡輕四硫則竟不能將淡號鋅水澄停惟淡輕四綠能令澄停甚速如水中有獨立之阿摩尼阿必阻其澄停照此細心料理水一百萬分中即僅有鋅一分猶可澄停由鋅硫流質濾出之水必有垢濁

凡滌洗所用水內最好加淡輕四硫少許并逐漸減淡輕四綠待至減盡

含水鋅硫在水中不能消化在鹻類炭養鹻類及鹻性金類與硫并合之質內均難消化鹽強酸及硝強酸內甚易消化在醋酸內則消化不易儻在空氣中吹乾之鋅硫其分劑之確實者係三鋅硫丄二輕二養用沸度即法倫海表二百十二度熱令乾者其最確分劑係二鋅硫丄輕二養用法倫表三百零二度熱令乾者其分劑係四鋅硫丄輕二養儻在火內燒之其中水將盡去然燒時勿過五分鐘亦勿用煤氣吹火管否則所得之效與數不符

洙案沈君筆述至此自請告退以下即由鄙人接辦時丙午三月六日續貂之誚其何能免

金類共分八類鎘屬第五類鉮屬第六類化分鋅礦質時儻要先分出鎘鉮可將礦質加强水化成酸流質復灌入輕硫氣使鎘養鉮養及流質含有第五第六類之金類與硫相併者均澄停於下更以清水將澄停物洗淨多用黃色淡輕四硫二細心料理法以磁甑一先將濾紙襯內倒澄停之物於紙上加入淡輕四硫復以玻瓈一片使空氣不能透入此甑置隔沙具或隔水具上令熱再加水和勻將清流質濾出復加淡輕四硫料理餘剩各物靜候各物與淡輕四硫相融如此三四次將所餘第五類含硫之鉛銅鎘以沙漏法濾出用含淡輕四硫之水洗淨是為最善之法若其中有錫硫則所用淡輕四硫須黃色或將淡輕四硫中加蒸硫粉少許若有銅則以鈉硫代淡輕四硫為妙蓋銅硫在淡輕四硫水中必有若干為所消化若有汞則鈉養非所宜用以汞硫在鈉硫中消化亦易然此等礦質中實未查悉有汞則以鈉硫代淡輕四硫其法固不妨也

上所云料理各質均含鹻性逐漸加鹽強酸入內能使鹻性變為微酸待澄停後以沙漏法濾出第六類含硫之金類儻其中鉮多而銅鏎等較少用輕硫氣將此項較少之數澄停提出其中鉮流質畧用淡輕四硫或鉮硫令其消化而加酸與前大數之鉮硫質相和更以輕硫氣灌入將此流質燒至法侖海表一百五十一度待物質盡行澄停時必有硫黃及鉮硫少許在內就內以法分出淨鉮硫法以

阿摩尼阿消化澄停各物加鹽强酸少許更澄停之以炭硫將其中硫黄提出用法倫海表二百十二度之熱令乾後秤之此卽潔淨之鉀硫厥色明黄入水極難消化以一百萬分之水只消其一分也在輕硫水亦然熱至法倫海表二百十二度之熱可令乾而不變化若加紅騰硝强酸卽變爲鉀養酸及硫强酸此物化藥分劑

鉀	一五〇	六〇·九八
硫	九六	三九·〇二
	共二四六	一〇〇·〇〇

礦學考質上編卷五終　上海曹永清繪圖

礦學考質下編目錄

礦學考質下編卷之一

美國　奥斯彭纂
慈谿　舒高第　口譯
江浦　陳洙　筆述

鉛

凡純鉛之由礦地取出者，形如珠粒或如細小魚鱗，然爲數頗微，取之甚不合算。鉛之堅率一·五，其重率據博士戴那所述爲一一·四四五，而默堅司則云係一一·三五。通電力量居第八，（銀第一，通電力在銀最大，故居第一。銅第二，金第三。）傳熱力鉛則居第九，（銀第一，傳熱力在銀最大，故居第一。金第二，銅第三。）鋁第四，鋅第五，鐵第六，錫第七，鉑第八。可打薄之性居第十，（金第一，金最賴打薄，故居一。）伸長性居十二，韌性十一，鎔化度在法倫海表六百十七度，合百度表三百二十五度。

鉛礦質　最多之鉛礦質即加里那，此質在化學家名之爲鉛硫礦質，甚脆，而與含炭養$_{二}$燐養$_{五}$鉮養$_{五}$并硫養$_{三}$之質相攙。

又有與含錦養$_{三}$綠$_{二}$養$_{二}$鎢養$_{三}$鋇養$_{三}$釩$_{一}$鉻養$_{三}$硒養$_{三}$各質相雜，且另雜有不經見之物質數種，上項礦質甚爲罕有，攷察此等鉛礦質者，非以牟利，特意在查獲新物，以供礦學家之研求，故試驗櫥中此罕有之礦質恆有查察之者。

鉛礦質如加里那者，産在錫魯林，即相近無生命層土之石灰石層最多並其中之磨石料恆與鉛礦質鐵硫銅硫曁含鈣之礦料相攙雜如紐約省中往往有之尋常形與紋理均爲立方式如加里那卽鉛硫礦者卽係如此在英國亦有成八角形者而美國則不然

美國產此等礦質最多之省分列下

伊林拏愛

阿華威

密助里

康著斯

委斯康新

紐約

紐英格蘭

噴昔爾維尼阿

浮其尼亞

脫乃西

密西喀

以上各省及落機山一帶之地皆然

一千八百九十三年美國尤叨省產鉛二萬二千九百十六墩蒙退那省產一萬五千一百六十五墩阿達花省三萬六千零六十七墩美國有一地名開逢林中有鉛礦共十四處每年所產共十萬墩密助利省西南及康著省西南一年間共產二萬四千三百六十三墩在一千八百九十三年美國共產純鉛二十二萬九千三百三十三墩此等礦中攙許多銀質凡鉛硫質內幾無不有銀質攙雜在內然據一礦師所說則謂蘇批利奥湖北地曾得礦質兩塊因其新奇可喜彼特留爲珍賞之品此二種礦質確係一類惟其中一塊含有銀質照此含數而派此礦質每墩所含銀質值價有四千五百元之譜另一塊則分釐全無以上兩塊礦質中泥土質甚少含銀之一塊銀埋於鈣養炭養所結成之殼內無銀者則外有砂料或石英包之此湖邊又產一種鉛硫質外層包有鈣養炭養所凝成水晶色之料中則畧有銀質在此湖之騰豆司灣畔嘗採得鋅硫及鉛硫質每墩鍊之計得銀質值價多至四千六百圓之譜其近處更有一礦中所產矽養石攙雜鈣養炭養及銀硫質此礦質每墩攙銀質約三百六十圓之譜凡各種鉛硫質含銀質外更含金質但其多寡不一巴賽博士嘗言決未查有無含金之鉛質惟有時每墩中所有純金僅值半兩之少數雖然其中之銀質則每墩或有一千一百三十八兩者矣

加里那卽鉛硫質結成水晶形之顆粒尋常多立方或具

有金類光采恆與他質相雜惟爲數甚微採之頗不合算

料理大數礦質法

未鎔之前先將礦質試驗測其成鉛之質有若干確數最簡便之法即將礦質與鐵一同鎔化則其礦質中之硫黄與鐵相併而成鐵硫質依最善之法宜用一熟鐵罐如無則以鑄泥罐代之此鑄罐内須置熟鐵廢塊無論鐵釘鐵片皆可一同煑之所用配料以碱性者最合並硼砂少許令其中泥土料烊化而與鉛分析如用鑄泥罐者先將鉛礦質磨成細末令乾秤明限數以二百五十釐數爲最便料理之數儻礦質中鉛數不旺則可取五百釐凡用二百五十釐者加黑配料三百五十釐或同類配料如阿谷耳末一分鈉養炭養三七分相攙而取此和物約一百五十釐亦可法將鑄泥罐燒至暗紅熱度取此和物置内後加配料五十釐後加好熟鐵片此熟鐵片以釘馬蹏鐵所用之扁釘爲最復以鎔化之硼砂六十七釐傾於其上儻所用礦質料係五百釐其配料自應照數加多將鑄泥罐在風爐微燒至紅熱度經十度之久提出其餘鐵料令凉將罐敲破取已化之塊用錘從速錘碎由此能令質料變堅其渣滓即破碎而四散乃盡倒於模上儻有鐵罐或鐵質之深盆更妙另有一法乾煉而不用鐵者表明如下先將礦質烘乾秤

明分兩與三四倍鉀養炭養相攙取此和料置於小鑄泥罐内其上蓋以一層之乾食鹽將此罐送入爐内燒至高熱度約半點鐘之久此時罐内鉛質聚而結成一圓塊而將沈於罐底更分析其上之渣滓而提出其鉛質秤之然行此法較用鐵者更宜小心且又糜費時刻

溼鍊法

用此法先將鉛化成鉛養硫養三之物法如下取礦質研成細末令乾秤以二十五釐之數用濃硝强酸相和待其化分已盡加濃硫强酸數滴烘之令硝强酸變霧騰出烘法將此料共傾於磁盆此盆埋於有沙器内其下生火使熱由沙透於磁盆則水氣與硝强酸自能從緩成霧騰出由此即與硫强酸變爲鉛養硫養三

高第按此句西書原文作鉛硫養三然鉛中無養則硫不能與之相合今以管見定爲鉛養硫養三且與此節首句更相符合

將此和料加入清水令其中鉛養硫養三消化於水其他不能消化之物質以沙漏法濾出取略含硫强酸之水再漂洗之令乾在一小磁鑄罐内燒之然後秤準提出而以阿摩尼阿果酸水或阿摩尼阿醋酸水陸續加入令鉛養硫養分出其餘與鋇養硫養三及他項不易消化如矽養鎢養

石英等各物質復將沙漏以沸水細細漂洗後再令乾復燒而秤之此秤數與第一次秤數相較則知所短者卽係提出鉛數鉛養硫養之分劑如下

鉛養	二二三	七三·六○
硫養	八○	二六·四○
共合	三○三	一○○·○○

百分鉛養中鉛居九十二·八三卽百分鉛養硫養三中鉛居六十八·三二

旣查出純鉛質之數後卽將鉛礦質分其優劣而去其廢料然後將礦質壓碎洗之令其潔淨置之倒燄爐內小心

令其燒勻不至鎔烊以便空氣透入令鉛硫變爲鉛養及鉛養硫養三蓋礦中之鉛遇空氣之養卽成鉛養鉛硫質遇空氣之養硫卽飲飽養氣而成鉛養硫養三也如此變成之料與未變之料有關涉惟其中硫並養氣爲數適宜而變成硫養三此則變氣騰出而與淨鉛分析

儻礦質中多矽養二者以上之法尚不甚便因鉛將與沙泥相併而減少應用鍊鐵法鍊之

鎔鍊鉛礦時所騰出之氣霧大分係鉀養三酸并硫養三酸其澄停之定質係炭及炭料並鐵養其中最要者卽是鉛硫及鉛養硫養三并鉛養及鉛養炭養二且有多少之銀質此銀

質與鉛相併而變爲易化騰之物須設法令不化騰方妙鍊此礦質時往往有含毒氣霧升於空際此外更有鉛質所失之數兩者均有七分之一之多欲去此弊再三試驗之下以鍊鋅法所用之長火路爲妥

高第捼用此火路使已化成霧之鉛在此冷火路中將結濃而下墜

另有一法可用一具將鉛霧從爐中令出或用抽氣筒抽之此法在使空氣與鉛霧一同由爐抽前令其經過橫卧或灣曲之火路其時煙卽可向煙囪而去其重料則仍墜於火路矣

羅志所製之具每方寸可有數磅之拉力且有餘力可助此氣霧繞過水櫃而令鉛霧結濃沈下所餘煙霧卽由此而至煙囪

鉛礦質所含銀質鎔鍊後與淨鉛相併其數與前仍相等由鉛內提出銀之法不一以前市面之鉛含銀數較現在更多近今提法甚精故鉛中所含之銀較前實甚少也

博士派的林查得儻將含銀之鉛鎔化令其從緩而涼當時小心掉之鉛卽結成顆粒沈下此沈下之鉛所含銀較前減少鍊鉛廠中旣聞此博士所論乃以法驗之法先將十隻或十二隻半圓形之鐵罐挨次相排每罐下置一火

爐將含銀之鉛置於居中一鐵鑵令其鎔化而掉之令其緩緩變凉凡見有結顆粒沈下之鉛質即遷於右邊之第一鑵所有含銀較多之鉛則遷於左邊之第一鑵以後凡近中之兩邊第一鑵如見有結顆粒沈下之鉛質則遷於順數之右邊第二鑵見有含銀較多之鉛則又置於左邊順數之第二鑵依法陸續行之直至兩邊末段之各一鑵而細查其確數則右邊之末一鑵其鉛質含銀照每墩之數派之僅合一兩數左邊末一鑵依每墩數而派竟多至四十兩之譜是爲派的生鉛中提銀之法

美國另有一法爲博士朴克斯請有專照而行者法將鋅鉛同鎔其意在同鎔時使鋅升至面上而將料中所有金銀一同浮上可將此浮面之質用勺撇去此時金銀卽含在其中此撇去之和料有鋅及少許之鉛若金銀則幾全在內可更將此和質鎔化其易鎔化之品卽從速沈下而可區別此法名曰立魁欣卽取流質輕重而定之義其中之鋅可用蒸法令騰出氣霧鉛則可用金銀篇中克勃耳鍊金盃法提之由此提出之純銀惟與金攙而已

用此兩法時必有許多鉛養結成此鉛養可與炭在倒熖爐內鍊而提出此倒熖爐後邊有出管與爐內斜形底相接可將鎔流質放出此爐本有門可將礦質送進而鋪勻爐外置有鑵流質流至一鑵可杓出澆成豬鉛凡豬鉛豬鐵卽是照磨槽澆成之生金類條子

派克斯鍊法言照鉛中有每兩銀質則加鋅一磅又四分磅之三此鋅須與鉛同掉之周密然後可與全數之銀相併此掉法甚靡手工故現在多將汽噴入鉛中以代手力其法甚合令則用重加熱之汽一可令其調和二可令鉛中所有他項金類質與養氣相併此係其汽中之水化分其養氣一段與少許之鉛相併其輕氣則化而騰去貝雪博士云查朴的生所用鍊法中銀提出後之鉛每墩尚有銀十辨片重數卽英兩半兩數照上說立魁欣法每墩提後之鉛尙有銀五十五兩用撇鋅之法則每墩尙有銀二百二十五兩三錢十二釐之多

派克斯鉛中提銀法美國除一廠外其餘各廠均用此法以汽水掉和並加熱氣而去其不潔淨之兩法則爲一千八百七十三年康度利愛領官照准其獨製者

論鉛所特有之性潔淨之鉛可用指甲刻一指印若市上之鉛均雜有不潔淨之物故其質更堅而重率較少儻屢次燒熱壓緊則逐漸變成更緊凉時則縮小與醋酸相和易於變化惟冷鹽强酸硫强酸相和則不然若燒至沸熱相和則微有變化入硝强酸則消化之當時卽發淡養氣

或結成鉛養淡養儻硝强酸係沖淡者則其消化之力更大。

清潔之生水中含有空氣與鉛相遇即結成鉛養淡養此鉛養淡養即成極微細之魚鱗片由此鉛質即逐漸銷融屢次行之鉛將全行消化惟水中加鈉養二炭養則不能使鉛消化又如水中含燐養酸硫養酸及炭養酸之鹽類物即將燒減其消融之性所以泉水凡含鈣養炭養者遇鉛無害惟含綠含淡之鹽類物加入水內即與鉛大有損傷試取此含綠含淡之鹽類物三釐或四釐之數化於一加倫水內如此淡水竟能將鉛消化苟將淨水燒至沸度盡逐其空氣使出則與鉛亦無涉以純金一千九百十九分與鉛一分相攙則合成之料不能作鑄錢之用。

高第按尋常之金錢其中十分之一係銅其合成之料甚堅鑄錢及製手飾均極合用不致從速消耗。

鉑金與對分之鉛相和其質變脆而爲顆粒不能成大塊。

高第按所以鉑質料鑄罐以之鎔鉛則反爲鉛蝕成小孔。

鉛不能用克勃耳煉金盃法從鉑中提出因用此法必燒至大熱度然當鉛陸續提出之時每次其熱度尚未減少而罐中尚存之料已覺火力太急令所有之鉑鉛相融更密故克勃耳法實不能用。

溼鍊及推測法

儻水中有鉛質可用輕硫並阿摩尼阿硫加入水中即見有黑色物澄停是爲黑鉛硫此黑鉛硫與他項含硫之物不能消化

儻水中含有鉛養可以鉀養或阿摩尼阿令其澄停此澄停物須多加鉀養然後可以消化若多加阿摩尼阿則不能消化用鹼類炭養令與含鉛質水相遇其中之鉛即變爲白色鉛養炭養而澄停於下取澄停物用輕硫氣經過之即速變黑。

硫强酸與鉛料遇即變成白色鉛養硫養此係一定之確據且水中加他項易消化之鹽類硫養此白色鉛養硫養立即澄停而不稍緩。

最善之試驗法用鉀養鉻養因水中如有極微細之鉛質但遇此藥即能令水現黃色此即鉛養鉻養也。

儻於含鉛水中加鹽强酸或鹼類綠物後再加鉀養即有白色末澄停於下是爲鉛綠。

試驗鉛質多寡尋常令變成鉛養硫養澄停物洗之令乾置有蓋磁盆內燒而秤之所以用蓋者因鉛養硫養稍有化騰之弊也。

在此試驗時鉛養硫養三在水內化之甚濃惟所用硫强酸須淡更妙之法將酒醋照鉛養硫養水加倍數相和而待其自行澄停將此澄停物更以酒醋洗之令乾後燒而秤之如此而得之物一百分中鉛居六十八·三二

試驗化分含銀之鉛質須化水內而加以硝强酸然後沖淡而加鹽强酸即將銀澄停於下其鉛緣因水沖淡而鹽酸加多故涵於水中而不澄停所有加里那即鉛硫質試驗法前已提及茲不另贅

馬士凱昔利試驗鉛礦質法先令礦質等物多得養氣後加硫强酸令其中金類物變爲含金類之硫養三此令金類

物均變爲鹽類物從此鹽類物中將金類物提出者用阿摩尼阿硫養三最便法將礦質照料中金類多寡或加阿摩尼阿硫養三單分劑或雙分劑將此和物在小磁鑄鑵燒之用蓋蓋密以免其爆發遺失待其冷以沸水洗之沸水內稍加硫强酸及鹽强酸由此鐵養硫養三銅養硫養三鐵養等均消化於水中惟其鉛并銀未曾消化將此含銅鐵之水傾出用漏斗襯紙而沙濾之此紙燒灰此灰加入不消化之一分內其水清中只有銅鐵類并無金銀將鉛銀水中加硫强酸并鋅末而分其中之鉛養硫養三并銀緣所澄停金類物以沸過之水或水中再加硫强酸洗之而併成緊

塊令此塊乾加一分劑或兩分劑之配料（此配料係鉀養炭養十二格蘭姆鈉養炭養十格蘭姆融化硼砂五格蘭姆乾麪粉五格蘭姆相和而成者）未燒之前先將其上蓋以食鹽燒至紅熱度待其融烊安靜時可加火力此法惟試驗白鉛紅鉛中之鉛質并銀質多寡用之試驗嘗礦質中金銀多寡及試驗銻錫銅亦可用此法儻試驗礦質金銀時所用鉛不敷須照數加入潔淨鉛養

礦學考質下編卷一終

礦學考質下編卷之二

美國 奧斯彭纂
慈谿 舒高第 口譯
江浦 陳 洙 筆述

錳

錳之爲物恆與鐵同產一處其無鐵攙雜之質幾於從未查得此質與養成愛力甚大故在地中斷無淨質錳在地中所產並無大塊惟布散則甚廣凡鐵在各等礦質并在石中者幾無不有此錳質各地土中亦然其由植物吸入後變成動物中之生物質如血與肝並一切棄物質（如溺與汗）等又葡萄酒海水及各種泉水隕星石中皆有之用分光

鏡所查出之光彩中亦含有此錳質今將其所攙雜物質查明列下

鈷 鎳 鋅 鐠 釩 銀 銅 錮 鉛 弗氣

燐養五酸 鉮養五 以上各質錳礦質中均雜見之

在英國廠內鍊綠之時將錳由錳礦質（即貝路羅嵐得）中分出化水令變成多養氣之錳在其澄停之物中提出所有之鎳與鈷其鎳爲數竟達百分之五錳有百分之一

因貝路羅息得礦中有若干分鈉綠及鈣綠相攙試加以鹽硫強酸則有鹽強酸騰出此礦質中又有硝強酸攙之又一種名西路密蘭乃光滑黑錳礦其中有鋇養并鈣養及鋰養鉄養等

美國阿利芻納及可那拉得二省均產含銀之錳質每墩中計含銀五兩至二十兩鉛有百分之四有時全無鐵百分之三十至四十矽養百分之十七至十八此料當鎔化含矽之銀礦質時爲配料甚合牛球雪省所有鋅礦質中含錳亦甚旺

錳礦質共分五種

一貝路羅息得此係錳養二百分中有錳六三·二養三六·八此物久爲造玻瓈時改正其綠色或紫色之用此質有火洗礦之名成斜立方形之顆粒尋常者成塊中心一粒爲

斜立方形其四周八方各有斜立方形加之待變厚則成大塊色有鐵黑色或鋼灰色并有一半金類之光彩重四·七至五·堅一·五至二·五用吹火管可令鎔烊變成紫紅色以火燒之有水滋出致失養百分之十二以硼砂鈉養及鈉淡輕四燐養四養輕二等試驗之可顯出有錳之形狀在鹽強酸內則化烊燒熱時發出綠氣甚猛

高加索山間所出之錳礦百分中有錳養四八·二六錳養一·五四鐵養〇·七九鉛養〇·一八銅養爲數甚微鉛養一·八〇鉀〇·三五鈉〇·〇六鋇養一·五八鈣養〇·四三鎂養〇·二七矽養二〇五·〇九炭養酸〇·三四硫強酸〇·四〇燐

養酸〇·三六水一·九五淨錳五·五智利國所出之錳礦百分中有錳四十五至五十四此礦質送至英國照每若干重錳質數付價一先令四辨士如其中含銅過百分中之半分劑者（即不到一數）則不得此價

二號布羅奈得此係錳養或錳養及錳養百分中有錳六九·六并養三〇·四色暗紫黑至鐵黑有金類光彩紋黑重四·七三至四·九〇堅率六至六·五用吹火管不能消烊火燒時發出養氣百分之三四用硼砂鈉養并鈉淡輕四輕燐養四養輕則顯有錳之形狀在鹽强酸內可消化當時有綠氣發出

三好司買奈得係錳養百分中有錳七十二分養二十八分色鐵黑帶紫條形紋有顯金類光彩重率四·七五至四·八堅率四·七至五·五吹火管試之情如布羅奈得燒時不發養氣鹽强酸內易消化且當時有綠氣發出將礦質研細末投入濃硫强酸內此强酸即變鮮紅色

四孟加奈得即錳養輕養百分中有錳養八十九分七水十分三色如暗鋼灰有時幾如鐵黑或爲紫黑色紋紫而碎裂不齊有金類光采而不甚顯質性稍脆重率四·三至四·四堅率二·五至四·五吹火管試之不鎔化燒至百度表熱度二百度時則有水及養氣少許發出共約百分之十

三其他情形與可拉奈得相同在冷濃鹽强酸內即消化當時即發綠氣露於空氣中水即失去而吸入空氣中之養以成錳養竟至變成錳養即名貝路羅歲得之一種照博士貝即之意其物尤能失水而不收吸空中之養在貝路羅歲得之外此孟加奈得亦係最要之礦質與具路羅歲得之用無異惟造綠氣及養氣者用此料較少

發維賽特即錳養（輕養）二錳養此礦質乃孟加奈得與貝路羅歲得相合之質故不別爲一種此物恆目他物之色有梗形並有筋絡之塊每塊剝之有絲紋光采不顯質不透明色鐵黑或如鋼灰紋黑火內不能鎔化惟消化於鹽

强酸中重率四·五至四·六堅率二·五至三

五西路密蘭（即光黑錳礦）係未養四錳養其未係錳鉀鋰等此外又有銅鈷鎂鈣及矽養尋常更有錳養據高更博士云大分西路密蘭之原質多寡均係未養錳養之格式形如葡萄球成上石鐘乳之物且有蛤蜊殼類物攙雜其中無可見之筋絡色鐵黑或藍黑并有深藍色之紋有時現金類之光采時或甚暗碎裂時如蛤蜊殼形重率四·一至四·二堅率五·五至六·用吹火管試之則成錳養而不發養氣在鹽强酸內易消化當時發出綠氣以礦質末加於硫强酸中此强酸則變紅凡含鋇之礦質浸於鹽强酸內然後

加硫强酸卽將鋇澄停於下而成濃白之物
歐洲波士利亞之小邦所產之西路密蘭及不羅奈得百分中有錳四十五至五十分其上等礦苗百分中有錳四十八鐵三分至六矽養$_2$六至十四分燐○·○二至○·一硫○·○二至○·○五此礦質英法奥三國用之而製提鐵錳及此等礦亦有時用之於玻璨廠者
勒司倍博士將各處所得之西路密蘭十九種查其原質分劑折中數如下

錳養	七一·八六
鐵養	○·三一
銅養	○·二○
鈷養	○·○八
鉛養	○·○一
含鋇養料	七·六一
鈣養	○·四五
鎂養	○·一六
鋁養	○·○三
鉀	一·五七
鈉	○·○二
矽養$_2$	○·○八

養	一四·二二
水	三·三七
共	一○○·○○

據高更博士云西路密蘭係天然錳酸質各分相合而成并非錳養質其分劑係
六(錳養$_2$)錳養并八(錳養$_2$)錳養相合而成
更有一種錳礦質俗名滑脫其所攙原質不一大約錳養錳養$_2$輕養與鋇養料鈣養或鉀相併滑脫之爲物地中甚多英國愛爾蘭瑞典德美等國均有之其形係紫黑色之塊或紫黑色之魚鱗片相攙有甚堅而難磨細者亦有甚輭而攙雜紅土質者重率二·三至三·七堅率一至三在吹火管燒之卽縮此外均難鎔化以鹽强酸料理之卽有微細雜質澄停在鎔化鐵時最合爲配料之用因得此則鎔化較易漂淨時又可作漆用
他種含錳之料如下　錳養光石天生錳養炭養$_2$其分劑係
(錳鐵鈣鎂)炭養$_2$相合其清淨者有錳養六一·七四炭養$_2$三八·二六共合一百分此物又名羅陀克羅賽得色如玫瑰花質圓如球或如葡萄串或堅硬如顆粒露於空氣中成紫色且有玻璨或羅鈿之光采重率三·三至三·六堅率三·

五吹火管燒之變黑而不融烊與相同之金類分別即在其有無玫瑰色且用鈉養硼砂可化分之與錳養矽養分別在其堅性稍次且用强酸時易起沫而不鎔化英國鏗布林山開有石英石層及粗沙石層相疊兩石層間夾有許多錳養光石此光石百分中有錳二十至三十分之許將此礦質與鐵并更旺之錳礦料同融化其中百分可得鐵錳四十五分

奧國司他利亞省地下錫魯林端石層中有錳礦質如豆形顆粒此質內有貝路羅歲得并西路密蘭及光滑黑錳石挖出後先用火烘之後運送出廠光滑黑錳石美國可

羅奈得省及奧國亨嘉利疆域內均有之

此外另有一礦質名弗蘭克林奈得爲取鋅並含錳鐵礦之用又一種名尼貝奈得爲鍊錳鐵礦之用又一種恩剖礦產於土耳其屬之賽喇朴斯島此恩剖礦質與法國可郞恩剖不同因此質係紫色煤也

高第按英國化學博士米樓化學全書所列弗蘭克林分劑爲鐵養鋅養相併成之顆粒其中有錳養相攙與此書所列分劑不同此書所列者則係鐵養錳養也尼貝奈得之化學分劑爲(鐵養錳養)矽養土耳其之恩剖百分中有鐵養四十八分錳養二十分鉛養五分矽養十三分輕養十四分凡和質內有錳者無論多少將此質塊置鉑箔上加之以鈉養炭養用吹火管燒之則成鈉錳養一塊熱時色碧綠涼則變藍有種錳礦質所含養較少惟露於空氣中即收空中之養而逐漸加多如將錳養料置鉑箔上四圍搨高以箝鈐之下燒以吹火管即可見其料變色含錳質與硼砂用養氣火焰燒之則發出青蓮色凡已烘之物儻其中有錳者可在養氣火內燒之儻甚熱時加硝少許此質即發漲或起沫冷時即變青蓮色或有青蓮色之紋均照其中之錳多寡而定

美國最佳之錳礦地在弗奇尼亞及阿岡沙兩省弗奇尼

亞省最著名錳礦名克利木乃在喬其亞省有一處礦名開特司維而阿岡沙省有一礦名貝此維而舊金山省所出之錳爲數不大其用處在造綠氣以備鍊金之需可羅奈得省中有兩項錳礦質第一種係錳鐵礦內含有鐵可備鍊錳鐵礦之用第二種含有銀料可備鎔化銀鉛相攙之礦質

美國因地新疆內有錳礦其質百分中有錳三十六至四卡落機山一帶以礦學度之必有許多錳礦惟出路不便運至市面銷售頗難故開之不甚合算且開錳礦殊無把握美國產錳全數不多其礦務不甚起色故未得大利

阜奇尼亞省之克利磨乃礦中辦法，係先於地中開井，穿過泥層，并穿至礦脈之下，若干，使在礦井腳根開横路，時不相關礙，礦中總横路之一端須遠過礦脈之前，而又適在礦脈之下，使開礦質時不致傷損總横路，旁撑之柱底從總路四面分出支路，通至有礦質之處，同時開挖，凡開挖時，一面即用大木撑住，使不坍卸，所掘出礦料倒在支路，由此運經總路及運料車處直達總路通礦井之路，將礦質倒於可升降之鐵筩，而以機軸將鐵筩扯起，此處礦中工作均係手工，如礦質堅硬，則用手鑽及但捺抹脫轟之。

礦中所用之水，用木水落通入礦中，將料洗淨，放出其水，挖出之料無一定形式，惟重而鬆，故須用堅固木料撑而擋之，有時此木料上壓力甚大，故每一月換木料一次，以免疏虞。

此礦內每年所用木料不得少於一百五十萬尺，總横路高闊處均約七尺，木料見方十二寸，接筍成框，相距約三尺，頂上兩旁附以十二寸見方之條，以禦外四圍之壓力。礦質料由礦冲出至水落時，適冲入一壓具內，旋壓，旋添，後則墜於一長式洗具，此洗具內裝二軸，軸直徑十八寸，長二十四尺，軸面裝有旋齒，此具長二十四尺，闊五尺，深三尺，有水充滿其中，由壓具經長洗具之料，已經一半洗淨，又冲至白蘭得福洗具內，此洗具爲圓柱形，長十三尺，直徑四尺半，內周裝齒，齒長七寸，由此各礦料又冲至分別粗細之篩具，此篩有百分寸之一細孔，由篩上冲過者，即冲至運具，當其運至車時，其中火石并他礦料即將分出而棄之，篩子內經過百分寸細孔之礦料，即冲至起高機器而傾入一分具，此分具西名節格，由此可從頂上將廢物棄去，其清潔之礦料即在節格底上而冲至接受櫃內，在此櫃內更用起高機器升起，用水落法送入車內，運至礦外，一切所用機器均有自行機軸，無須人工，凡礦質一入壓具，即無須手工料理。

錳礦質用處

錳礦質並含錳礦質，幾於十分之九均屬造鐵錳合質之用，如司不角愛生鐵錳及他種含錳料，皆是有若干錳用於造陶器及玻璃器着色之用，陶器中各種深淺青蓮色及紫色黑色等，尋常均以錳養造之，其深淺均照所用錳養多少，及熱度高低而定，錳質用之過多，色即發深黑，其各深淺紫色，亦以錳質多寡定之，如陶器用之甚少，則發出一種淺青蓮色，錳又可與陶砂先和合，或只和於染磁之料中，或於陶器描花時和之。

最潔淨之貝路羅歲得錳礦質最宜造玻璨之用，一因可得各深淺之靑蓮紫紅紫黑等色，二因玻璃砂中含有鐵質致所成玻璨常有綠色，欲去此弊，即用錳料，加入砂中，綠色自去矣

數年來錳用處最多者，係在造綠氣以供造漂白粉之用，此漂白粉即係鈣綠然在美國用此甚少，美國之錳惟用於造溴氣少許，法與造綠氣相同，

錳礦質及工藝所成含多養之錳，儻在空氣中燒之，即得一種紫漆，燒之更熱，則變黑漆，此兩種漆，可取造綠氣所用後廢錳料燒而成之

染花布時常用錳蓋取其色，並因其有能令他色不退之功造養氣并造各種解毒氣藥及電具內亦用之

欲令生鐵爲數種工藝之用，須燒以焦煤，此焦煤中須含錳礦質，百分之一·五至二·一，此焦煤中又須有硫黃質，但爲數甚微耳，

愛樓司博士云，鎔鍊含銀之鉛礦質時，儻加錳料則鎔後爐渣中即有銀鉛數分，而其銀不致絲毫失落，

美國可拉那得省之勒的維而地方所產含銀之鐵礦質中，均有錳質百分之五至二十五，有時竟至百分之三十至三十五，其中含鉛最多，少時百分四分矽養$_{二}$百分之七至十八，鐵百分之三十至五十，其每墩礦質中銀居一百五十五格蘭姆半至六百二十二格蘭姆

次等錳礦其中多鐵者，往往鎔鐵爐者用之甚多，以備造司丕格愛生（譯即鏡鐵）鐵錳銅錳銅并含錳之布郎司以爲工藝中鎔化之用，此錳礦質雖有養氣，亦無大礙，然少養氣者用之更佳，

高第拔布郎司，係銅鐵鉑相和而成之雜質，其用如銅像銅鐘礮等，均甚合宜

儻鐵中有錳質百分之三十分者，可鍊成鐵錳質，凡鐵錳質之最合用者，中須有錳不可少於百分之五十，燐不可

多於百分之〇二〇，矽養$_{二}$不可過於百分之十，其中有鈣養炭養$_{三}$者，則尤佳，如其中有銅過於百分之〇二五者，則其質不甚佳，質中不可有鉛及鎳，

智利國之此項礦質中含錳百分之三十至四十，其中錳養較高加索及西班牙兩處之礦質更多，蓋此兩處所產之礦，只有百分之一至二數

論及產錳礦各細數，自一千八百七十九年來，俄國居首次智利，次德，次美，英，法，奥，瑞典，又次波士利亞，意大利，土耳其，葡萄牙，日斯巴尼亞，亨嘉利，坎拏大，澳洲，及紐西蘭島最下者，厥惟希臘，

純錳質可將錳養炭養二在炭上於高熱度時鍊出之其鎔化物中畧有炭取此炭再與錳養炭養二一分同鎔即可全去此炭純錳之色較鐵稍暗質更硬而脆稍具吸鐵性重率八·○一錳質受養氣比鐵較易

錳與數種金類相合而成雜質工藝中所用最多之和質係鐵錳鐵矽錳銅錳此銅錳用之尤廣最要者即錳布耶司疊含錳德國銀質并含錳雜質銅

洙按純銅係紫銅含錫者為白銅含鉛者為青銅含鋅者為黃銅

凡以石造屋者須先研究石中有無錳養如密色砂石或

紫色灰色砂石者查時只須吹火管并硼砂驗之此等石儻有錳養在內其面上必現有黑包錳養二遇潮溼時或流質挂下令該屋不甚雅觀此等石料造屋者決不用之或將其黑紋絡之面不露於空氣中此紋甚小及砌成牆壁則加大而長雨後更甚且決不退色

錳礦質之溼法試驗可在鍊鐵篇下觀之

查錳之微細痕迹法將和物少許化於硝強酸內後加鉛養二煮之如其中有錳數雖甚微其流質必變深紅色是即錳養七酸

鉑

鉑在礦中亦有純質惟尋常多與以下各金類相併如金鐵銥鐽鈀銅銖并鉻礦質及鈣有時又與鉛及錳相和銥鈣鐽銖鈀五種是名鉑金類

堅性四至四·五重率十六·至十九有金類光采色及紋均係帶白之鋼灰色往昔博士以為畧有吸鐵性今查得其中微有鐵是以吸鐵非鉑有此性也

此質尋常成微細顆粒有時成塊重至十二磅·五七有人云最大者重至二十一磅此在俄國狄米道夫博物院中陳列之

鉑金地學並產數多寡　此鉑金得於江水沖下之澄停

泥土中然其來源均由舊層石所結成而沖入江中者也俄國鉑金質出於絡礦質及攙於色爾本丁石類天下百分之八十分鉑金其來源大半如此其百分之十五分在南美可倫比亞國品多省阿特勒爾江發源處淘金砂時得之八十分在各處漲土中取出在巴西國則得於西南得石中近來紐西蘭島湯姆司金礦地中挖出含金鐵硫質其石英礦脈中有金質參以鉑金此紐西蘭島石英礦脈中所產料實為鉑金之眞正產地

在美國淘金砂處有鉑參入少許美之太平洋省分中亦有若干舊金山亦然此等地方九分金中恆參一分之鉑

該省蒙度新州、安特生山峽等處、亦產之、其在海邊則百蘭可及蒙度新那各地近海處、及謀賽與拖倫兩江中、亦有之、舊金山更向北產數較大、阿利岡省淘金沙處、金五分中、鉑必居一、有時鉑金數竟與金質相等、阿達花并阿利阿納省聞亦產鉑、亞綠司東江上有人得小顆粒、并小塊之鉑金送入費勒合費城試驗

舊金山鉑金礦質鎔化時所得淨鉑金有百分至五十分、由下列此礦質之分劑表可見其攙雜質之多寡

鉑	百分之	八五·五〇
金	百分之	·八〇
鐵	百分之	六·七五
銥	百分之	一〇五
錴	百分之	一·〇〇
鈀	百分之	·六〇
銅	百分之	一·四〇
鋨銥礦	百分之	一·一〇
砂	百分之	二·九五
共		一〇一·二五

高第按此表數目中、必有少誤、因合數不應多於百分之一·二五也、

上云鋨銥礦、即鋨與銥相合之質、用硝鹽強酸則能化之、所說砂中有石英及鉻鐵礦質、并海爾辛得（此係寶石之一種）、司批內勒（亦係寶石）、又有含鐠之鐵、

美國所產鉑金、至今爲數甚微、在一千八百九十三年、只有七十五兩、電燈所需鉑金市價甚貴、在一千八百九十五年五月、分每兩鉑金值美金十圓至十圓半、如鉑金中有銥百分之三十分者、雖用硝鹽強酸亦難化之、

溼化分法

因此鉑金類質非硝鹽強酸不能消化其礦質、可屢次用此項強酸令其潔淨、所以先用硝強酸燒熱、由此其中之

銅鉛、均可消去、此後洗以清水、加入鹽強酸、將其中所有吸鐵性之鐵亦能化去、後以清潔硝強酸與鹽強酸相合而料理此鉑金料、若恐鉑中之銥爲硝鹽強酸所消化、可將硝鹽強酸中、加入對分劑之水令淡、以免此弊

所用硝鹽強酸分劑、照勒司吞博士之意、每百分礦質用二百五十分乾鹽強酸與四十分乾硝強酸相和、（乾即無水之料）將礦質浸於合強酸三四日後、彼此已相化甚勻、末次更以熱氣助之、使易消化、將消化具置一邊、待其中上浮之物逐漸澄停、此澄停物既盡係銥、後用彎形放水管提出清流質、此流質中可加入淡輕綠、照每百分礦質加四十

一分數此法能將清流質中一黃色結細粒之物打下是爲淡輕綠分出騰起純鉑即行澄下

由第一次澄停法將鉑質約六十五分由礦質分出其初原質共有一百六十五分 其原流質內尚有鉑質約十一分數與他項金類質相併此原流質中浸入潔淨鋅板一塊將一切之鉑共相澄停於下

此澄停質先漂以水後在合强酸內消化此合强酸係以硝强酸并鹽强酸相合西名阿快利濟雅譯名黃水在流質中最爲猛烈且金質非此不消鉑亦如之

此流質中加濃號鹽强酸三十二分之一後又加淡輕綠由此其餘之鉑即將澄停加此鹽强酸之意令阻鈀或鋁不致與鉑一同澄停

論及鈀可於初試時在流質內先用鈉養炭養令成鹼性後加汞衰鈀即澄停如此分出後在此流質中加淡輕綠鉑亦澄停因礦質在合强酸內化之甚緩故强酸之用必多可取兩强酸分次加入其法在礦質上先用鹽强酸料理後將硝强酸逐漸加下由此則所用强酸或可稍儉

淡輕綠鉑之澄停物恆有銥在內攙雜因有若干銥與淡輕綠成易消化之鹽類物一同澄停故須用冷水細心漂淨盡漂時可將淡輕綠移去後將此澄停料在沙漏所用之鬆紙內擠出其中之水後再令乾

此澄停料亦須以火燒之將淡輕綠逐出惟燒時應極小心用火不可過大以免微細如塵屑之鉑不致融化成塊因此時加工料理較便於成塊時也

上所燒法如下 將澄停物置於黑鉛鑄罐內燒熱只將淡輕綠逐出其鉑仍如微細塵屑在罐底內將此細屑由罐倒出如有成棱式之塊在內可將鋅在一大盆內用木擂擂之惟須甚輕勿令變亮且免過於結實之弊此塵屑物即係純鉑此後可令成塊惟仍不使融化因融化須用大熱度惟欲試驗時不必令成塊因試時須沙漏令乾并秤分兩故在成末時較便

上說試法尚未將銥盡數從鉑分出在工藝中用之此稍攙雜之銥在鉑中亦無礙然有此銥在內則化合化分時較難鉑即變爲更硬而更難鎔化然化分時或須將鉑分出或將其各分劑確實分清分法如下

將此兩項質化烊之流質與鉀綠料理之其澄停物與鉀養炭養加倍分劑數化水洗之後將澄停物融化由此料理其銥即受空中養氣鉑則歸淨質將此一切放在水內煮之其中含鉀料即化於水內將此水傾出并將澄停下物與合强酸料理之鉑即消化惟銥養仍未消化而澄停

由此將兩物分析

儻合强酸中之鉑,尙有鈦攙入其閒,此項工夫應重做一次分此兩物用之鉀綠亦可用鉀衰因將澄停物化於鉀衰水內此鈦養料即融化惟鉑則不化而澄停也,

礦學考質下編卷二終

礦學考質下編卷之三

美國 奧斯彭 纂

慈谿 舒高第 口譯

江浦 陳洙 筆述

鈦

鈦在礦中,恆與銤多少相雜,故金石學家謂之鈦銤,堅性六至七,重率一九·三至二一·一二,有金類光彩,色白如錫,并有淡鋼灰色,不透光而難捶薄,

鈦又視所和物而分各色,鈦養與鉀水相和露於空中,則變鈦養[三]而成藍色,鈦養[二]則色綠,

鈦在吹火管火焰中,燒熱時如鈀,亦與炭質相倂

各金類由鉑金類攙雜者,其可分開法在下表列明,

鉑礦質表

用合强酸賫

已消化

鉑 鈀 銈

加淡輕四綠

已澄停

鉑如二淡輕[四]綠

流質

用鈉養炭養二令成中立性

加汞衰

鉑綠 已澄停

鈀如鈀衰[二]

流質加鹽强酸令乾與酒醋料理不消化者銈如三鈉綠銈綠[三]

未消化

鈦 銤 鈃

鉻鐵礦鍺鐵礦等

用乾熱氣令熱

已騰化 銤如銤養[四]

爲乾熱氣所移過者

賸下物

加鈉養而鎔

綠 氣 熱

用沸水理之

鈃如鈃養[二]

已消化·鈦如二鈉綠·鈦綠[四]

賸下物

鍺鐵礦質鉻鐵礦質等

大凡鈃並鈦,儻非與鉑相攙,雖有合强酸亦不能消化,

天下產此物之地甚廣若俄國若東印度若般烏若南美若坎拏大若新金山若法若德若日斯巴尼亞國均有之其最多者在俄之烏拉山中其質恆與鉑及金相攙雜其攙雜多者係鉑與銤即爲鉑鋨銤鋨鉑鋨百分中鋨居七六·八鉑居一九·六四銤鋨百分中鋨居五五·二四鉑居一〇·〇八銤居二七·三二是爲烏拉山所產之鋨礦質在美國此金類產於舊金山省及阿里岡省據韋里恩博士所論在舊金山省北邊之江沙中甚多美之公家鑄錢局並公估局有此料存積不少因鍊金試驗時鑄管下常有此物留存

鋨礦質攙於金沙中甚屬可厭因其重性約有一九·三與金幾於相埒使淘金沙之人用水法及金難以分出然因鋨或含鋨之質與水銀不相和合而金與水銀可和成膠故由此可將金鋨兩種區別或可以合強酸將金提出其鋨則毫無關涉

在此鑄錢廠於鑄罐內令鎔烊金質置一傍數時其中鋨因性重而澄停因此即可傾出其上之純金

渣滓中所有金又易消化任其鋨停於渣滓之中在舊金山鑄錢局每年有鋨銤質一百五十兩至三百兩存積

前時化學師嘗云鋨非淨質據云其時之鋨有拉力可令

成長絲其重性爲一〇八·六八惟今日之鋨無拉力不能使長質又甚堅重性則係二二·三八

美國哈蘭特博士查得燐與鋨用熱氣可令相併法令鋨燒至白熱度後加燐可使鋨在鑄罐內鎔化傾於模子令成錠式此鋨錠百分中有燐七分半有鋨之性質其中燐與鋨性卻無關涉故堅性能照舊而在白熱度時可令復行融烊

然能先將其中燐棄去工藝用之更廣因燐在其中鎔烊度尚嫌其低棄其燐之法將有燐之鋨置於石灰鑄罐中燒以電火即可全去其燐

一種鋨銤砂各國金墨水筆常用此爲筆鋒（俗名筆頭）法將此砂先釬於金筆之毛胚上後以金鋼鑽砂或可倫登寶砂車成合式將此寶石末裝於銅質車片之周邊每分時令此片旋行一千次即造成此項筆鋒矣

現今鋨又有他項之用因其質性非常堅硬而難於鎔化凡淨鋨鎔化度係在百度表一千九百五十度照法倫海表三千五百四十二度若與鉑相較則鉑照百度表一千七百九十度法倫海表三千一百八十二度始能鎔化

鋨銤由礦取去後將漂洗而去其中之黑砂其後所得市價每兩有美金一元至五元許淨鋨價則每兩約美金二

十元其爲筆鋒所用一種最精之銥鉲每兩市價竟有美
金五十至七十五元

汞

汞礦質形式尋常皆四散於礦質料中舊金山有若干處
石英脈內亦有汞攙雜最多者乃汞硫礦即俗名硃砂之
一種

堅性在法倫海表零度下三十九度時尚係流質至零度
下四十度後即成凍形重性三五六冰凍時成定質形其
重性一五六其時更結成四角立方八角形色白如雪其
成流質形時有凸凹力成定質時則可錘薄而拉長惟不

能過甚其攙雜物往往有銀或有金少許

在法倫海表六百六十度合百度表三百四十九度半時
水銀即熱而沸儻在尋常天氣時即易化騰

汞之產處多在日斯巴尼亞之阿爾美敦城德國奧斯瑪
加美之舊金山亦然此外各國所產則較少

產汞礦質之石大分係泥板石及頁形石意大利倫巴天
省水銀有產於泥灰中者奧國山泉水內亦有水銀微細
之顆粒在日斯巴尼亞則往往散見於泥板石中（此石即端石）
阿爾美敦之水銀礦並不成礦脈但在石英及端石垂綫
隙中煤層中亦有之阿爾美敦有水銀之石層係錫魯林

上層之石中此石上層尋常即係端石石英之類而無水
銀礦石其石層之方向在平地斜下約六十度或七十度
後則成一垂線形而斜下此礦地在一千八百五十一年
時開挖向下深至英尺一千五十尺礦地自東向西此礦
之質常與鐵硫礦質及蛇紋石相攙

法國沙布利克地方亦有汞礦質其礦在地中成一水銀
地脈並有變形式之水銀質包孕於泥土中此地所有之
含煤質石拍弗里石及阿迷葛大里石中均有此汞質在
內拍弗里石即帶紅色之花岡石阿迷葛大里石者乃一
種火山石中嵌有杏仁式之顆粒者也此三種石層均在

地中不深可見往昔水銀騰化時因性重而復墮於此等
石隙縫中者也

化學性　水銀遇硝強酸易於消化而結成汞養淡養$_{三}$物
當時有淡養$_{二}$氣騰出儻硝強酸淡者則其化法亦緩而有
結成水晶形之汞養淡養$_{三}$發現

水銀中若加硫強酸令熱亦能消化而結成汞養硫養$_{三}$當
時亦有硫養$_{二}$氣騰出若鹽強酸則與水銀無涉

在尋常天氣時水銀與綠氣碘溴易於化合與金錫銀鉛
鉦鋏鋅等亦然與銅鐵相化較難與鉀或鈉相和後即易
與鋼相膠

與養氣相併之水銀有二一爲汞養一爲汞養汞養係黑色汞養之色則紅燒後則幾全變黑色燒至紅熱度則能成水銀并養氣

試以汞綠化於水中加入鉀養則化爲汞養并鉀綠惟其色則變顯黃此黃色一種較紅色者其性更烈

美國舊金山之新阿爾美敦所有水銀礦向係著名與地球各水銀礦相較僅次於日斯巴尼亞之阿爾美敦地方水銀礦一位而已

有種汞礦質名西里白卽汞硫礦華言硃砂也其色暗紫或紅重性八二鹽强酸及硝强酸均不能消化惟將硝鹽

强酸相合則消化之而成一種汞綠其中硫黃則爲合强酸逐出

貝里底司卽鐵硫常與水銀礦同產必刁蒙譯卽地柏油亦與汞硫礦同產其中恆有淨水銀

先將水銀礦質搥碎在篩子篩過此篩孔有一方寸又四分之一大小礦質經過此孔後卽名細礦質是爲第一等質其未篩者可搥之其大小約在九寸以內此種粗礦質是爲第二等質此礦質須重行揀選緣此項礦質在礦中其大塊者恆與蛇紋石相和其尋常百分中有淨水銀六分至八分許選時既將貴品揀出更挑選其硃砂色者可

洗以水而曬之此料百分中亦有水銀一二分是爲第三等質

第一第二等質用秤秤之第三等照其大小測算每一立方尺數約重八十五磅每二十三立方尺有半數卽重一噸其料理法全照上之分等而定

昔者多用蒸法將礦質與鈣養相和同蒸然數年前此法已不用因行此法時必有若干水銀氣霧及塵騰起致工人觸此氣時多流口涎故今時設法將礦質烘之將烘時所化騰之水銀令其結濃而後收之此法只用於賤礦質法在沖天爐內製之爐底生火其煙囱係直上者先將礦

質在此沖天爐內裝之合法以便空氣易升不致阻隔熱氣在煙囱內裝一鐵皮桶此桶下段係六角形上段係形如圓柱將重大塊質或已燒者放在下面其生火處則更在此處之下爐邊有門以便水銀騰化後廢料由此棄去上段有一圓罩罩頂有蓋凡礦質既倒下時可從速蓋之以免變氣之水銀騰於空中因而失落上段相近處有一管子以便氣霧經此管而至結濃具中結濃此爐只爲烘粗礦質之用經工藝家照此再三試驗後更得一妙法如下

將爐中裝礦質處成一長狹形使直向上頂上開有洞眼

此爐膛之兩邊、有陶器料所成之片、裝好、兩邊所裝之片均衡出若干、若簷瓦然、以阻從頂上墜下之小塊礦質、使此墜下之礦質、不致聚於一處、且令四散甚勻、裝礦質下時爐邊有小洞、可攷察其中礦質之多寡、此細礦質由頂倒下、即墜於兩邊陶器料之片上、更由此片至彼片、以次墜下、直至底下、有直楞處而止、此直楞下乃生火處也、

洙按此陶器料之片、安置爐膛中、其兩邊裝法參差錯落、並非針鋒相對、故礦質墜下時、能由此片至彼片、逐次下墜、至直楞而止也、

用此法爐中礦質、其經過處適成一彎曲形勢、爐之上段

有橫氣管接至結濃處、此式之爐用烘汞礦質、甚爲合宜、惟所騰出氣霧仍熱、所燒之料亦甚多、欲免此弊、可將此爐上段騰汽處、及下段生火地位、均多裝轉折處、使熱氣由此盤旋上而復下、如是四周、則熱氣在爐中不致失落、且甚得力、而氣質又可通至結濃處矣、

水銀和物之性質、　如物中和有水銀而不易消化者、可取少許、放於硬質玻瓈管中、此管中厚加鈉炭養一層、後將火燒之、如其物中有水銀者、其水銀即自分出、在管子上節之玻瓈邊上、結濃而成微細之顆粒、

各種水銀和物、只有用熱氣法、可令四散、儻係易消化之

物質、疑其中含有水銀、可以水消化之、此水內浸一條乾淨銅質、即見水中之水銀鍍於此銅質上、取出擦之立現銀色、試將此鍍水銀之銅質、置於玻瓈管內燒之、以火即見銅質上有水銀騰起、是乃確實之證據也、

儻將錫綠加入管中、即有灰色之水銀澄停於下、此爲汞養、儻所澄停物中、仍有白色者、則係汞養第一次白澄停物、係元明粉、即汞綠、迨後加多時、此汞綠即變爲純水銀矣、儻於汞水中加入鉀養鈉養、或阿摩尼阿、即見有黑色物澄停於下、如水中汞養數較多、則此黑色物在水中不易消化、儻加鉀養、後其澄停物有紅色者、或加阿摩尼阿

後、而現白色者、其中之水銀、即爲鉛養無疑、

汞養水中、若加以鹽强酸、則無澄停物、若在汞養水中加入鹽强酸、則有白色澄停物、此澄停物即名汞綠、

儻水內不知有和物、可將輕硫或阿摩尼阿硫、細心緩緩加入、中現黑色澄停物者、即知其有汞養、儻此澄停物先係白色、次變櫻色、末始變黑者、即知其有汞養、試將此汞養移去燒之、即蒸成暗紅色之硃砂、或銀硃、

在以上澄停質之濃水中、儻加入硫養、則不易消化、加入鉀衰者亦然、

試驗和物中之水銀、有一最妙法如下、

先將此和物與乾石灰相和令熱於十八寸長可燒之玻璨管中此管一端有圓形球伸出於管之四周管口塞以不灰木塞至貼近圓球形之泡處後則裝入乾石灰裝至幾近管之中段卽將水銀和物約二十釐數裝入既裝此和物後復入乾石灰若干後將此管入爐中燒之管口接一小管此小管與可生乾輕氣之具相接其中乾氣由此管灌入後將爐中炭火燒至紅熱度計先從末段燒至管口其中水銀騰出俟其騰出淨盡可將此圓球形之泡劃斷將其中物取出再秤令於水中漂洗此水亦須秤數將此含石灰水復秤在第二次秤時所減之數卽水銀之數也

水銀和物中有淡氣在內卽不能鍊以生石灰可用銅屑代之

儻水銀和物均已在水中消化可取其汞硫測算之法將此汞之和質水用鹽强酸令成酸性後以輕硫氣灌入而成汞硫卽澄停於底可濾以漏斗速用冷水洗之在稍低熱度時令乾其令乾法之最妥便者莫如將此具架於盛硫强酸之盆上令其收吸潮溼然後秤之

銻

銻爲金類物之一色白如錫露於空氣其質頗易騰化且縮小質甚脆易成散末

美國牛球雪省之華倫地方產此銻其坎拏大之掐林司韋艮及細不倫司威光地方亦產此礦質但數較少耳

堅性約三重性六六至六七據礦學家云凡礦中有淨銻者必兼有銀鐵鉮其鎔化度在法倫表之一千一百五十度卽百度表之六百二十一度銻之最多礦子係銻硫西名司梯白奈得百分中銻居七一八硫居二八二

又一種白銻西名潑倫[illegible]乃脫其質卽係司梯白奈得所異者但含養氣而已

又一種紅銻名克密賽得以上三種礦質以第一種之司梯白奈得爲最多其物乃無定形之塊有時成晶形之粒其邊面則有深紋其質具有五金類之光彩且其礦質往往成條形色如鋼灰或如鉛灰且有鋼灰紋有時發出五彩之光其質料係數細段相合而成堅性只有二重性四五至四六置於炭上以吹火管燒之卽融而發硫氣並銻氛其未騰化之質卽變銻養而存於炭上此炭亦卽變白以紅熱度火燒此銻養火燄卽現綠色或藍在鹽强酸中全能消化

美之舊金山省有一地方名聖依米陀產此種銻礦甚旺其礦數年前本係銀礦無意中得此銻礦質礦脈中有石

英及灰色銻,而經過花岡石層,此礦係坐西北而對東南之方向.

此礦脈在地下向西南側轉,六十四度其脈寬狹不等狹處僅數寸,寬或數尺.

又舊金山省之聖貝理多地方,亦有此礦,其脈薄處僅一寸,厚者或至二十四寸,此處礦質甚多.

舊金山省中除以上二處外,其餘屬境,銻往往與硃砂同產美國尼否達省,距鐵路之中幹路線約四十里許,產此礦有數條礦脈,其方向幾全係垂線形,此條與彼條相距約一百尺,尤叨省中亦有此礦脈甚多,在此省之境內,其

地下砂石與石灰石雜質石相併處之上面,適有此銻礦質其質恆與雜質石料相攙而陷入粗石塊間,毫無成脈之形狀有人在其中取一塊淨司梯白奈得重約三千磅送至紐約,經礦學家查此塊礦質與沙石中所尋得之礦脈均有從中心向外之紋理其結成晶形者,式如長針,或如水晶之塊其紋亦皆從中心向外與輪輻形無異,又往往恰成一星形,小塊者更係如此,大塊者其輻形竟長至十五寸,其料往往有八寸至十五寸之厚,自中心逐漸薄至外圍.

天下各國均產銻,近於亞洲四國島上,查見水晶顆粒之

銻礦,送至美國燕爾大學堂之博物院坎挐大之挐浮司可夏及墨西哥之沙那奈省,均產此銻,若法若日(即日斯巴尼亞)若葡若普若奧若意若阿爾及耳,亦產之,奧之波希米亞亨嘉利亦然.

洙按四國乃日本南海道中之一島,日本五大島以四國爲最小,橫日本國本州之南,九州之東,幅圓不及九州之半,形類蝙蝠之張翼,島中礦產以伊豫之銅爲第一,產額列全國第二,間亦產銻,阿爾及耳者,非洲沿地中海岸之一國,今爲法蘭西之藩國,波希米亞者,本土耳其之屬地,今與赫次戈維訥同仰奧之保護,若屬藩焉.

新金山之維多利亞省,所產銻礦,每噸礦質有金二兩之譜.

鍊法 銻最易化騰而無養氣,故各礦質中,以鍊銻爲最難,如銻硫質與礦石或石英相雜者,可用化成流質法,令銻硫鎔化流出,而將其雜質澄停,此銻硫中之硫與鐵鹹類物,並炭同燒而取出其硫,其中銻自澄停而成一錠,式物或令多收養氣變成硫養$_2$或硫養$_3$之物,因此亦變爲銻養$_3$然後銻與硫即可判別,取銻養$_3$用炭及鹹類物,在鑄罐中燒之,收其養氣,其中淨銻即自沈底,上面浮有銻渣,此

銻渣卽三鈉硫銻硫$_{三}$也。

銻之用處。用銻最多者係膠鉛字。凡鉛字料中。百分銻居十七至二十。又英國之賽鎮銀西名白里登尼亞麥托耳工藝用此頗廣。其百分中銻有十分至十六。更有一種貝必特麥托耳者。百分中銻居八.三。餘質係錫。此料係擱輪軸之用。工藝所用之鑞料。亦係此類和物。其中百分銻居七分。並有他種和金類攙雜。如其金太輭者。加銻入內。料卽稍堅。藥料中用之亦廣。顏料中亦然。更有一種黑硬像皮亦有此銻在內。

高第按白里登尼亞麥托耳。係白銅鉍錫與銻相和而

成。

洙按白里登尼亞麥托耳所用白銅與鉍錫銻。均係對分劑之質料。而此言百分中銻居十分至十六者。製此料非一廠。故其分劑或有不同。

測算銻之多寡。據達格泰博士云。測算市面銻之多寡法有三。或在礦質。或在和物。或在渣滓。將其料鎔成錠。此料如含養氣。可與阿谷耳同鎔。如與硫黃相併者。用對分劑之鉀衰及鈉炭養$_{二}$同鎔。化取十釐數試之。最便將此錠先切小塊。置一磁盆內。以對分劑硝強酸令清水和之。燒至沸熱度。待其中流質幾於騰乾。則見其鉛已消化。銻將流下。其物乃係一種白色不消化之銻$_{二}$養。取此物於沖淡水中以沙漏法濾出。後令乾而秤之。如錠中只有鉛及銻者。其鉛之多寡。可將銻數扣去而查知之。或照上篇鉛說中提鉛養硫養$_{三}$法測之。

銻$_{二}$養$_{四}$分劑如下。

銻$_{二}$	二百四十四	百分之七九.二二
養$_{四}$	六十四	百分之二〇.七八
	三百〇八	共一〇〇.〇〇

銻與鉍之分別法　先將銻與硫強酸相合加水使融。此時器中卽見有澄停物。是爲銻養$_{六}$。試加打打里酸則令此

物消化。如此加後其水變淸者。卽知其爲銻也。

麥鏗司博士之測銻法甚妙如下。將銻化於鹽強酸水內。而加打打里酸後。將輕硫氣灌入卽變銻硫。而澄停於下。此時用法倫海表一百度熱氣將餘多澄停物逐出。取澄下之銻硫漂洗令乾秤之得其確數。加皇水消化其下更加打打里克酸則其中之硫與氣相併而變成硫養$_{三}$酸。此時如用鋇綠。令變澄停物。是爲鋇硫養$_{三}$。將此澄停物漂洗令乾秤後燒之則得其硫之確數。此外所失之數卽銻。所宜謹愼者。輕硫氣灌入鹽強酸水中時。儻有過多之銻綠澄下者。稍加熱氣卽將共變銻硫矣。

鉍

鉍在礦中係獨立之性質，然往往與鉀硫碲相雜，其相雜法與化學攙合者稍異，大分礦質係淨原質。

堅性二至二·五，重性九·七，有五金類光彩，視之如有銀白色或稍帶紅，其紋亦然，冷時性脆，熱時可捶，結顆粒則有略斜之立方形，此形人工亦可造成。

造法　將鉍少許在杓內融化，傾於熾炭或熱砂中，緩緩令涼，如欲其上面不得速涼者，可於器具上用鐵盆蓋之，在此盆內更加熾炭，待其上面四周均已結成定質，可用燒紅鐵籤刺之，其中所有鉍料仍係流質，即從此刺孔中

流出，待其空殼之一段涼而結硬，將其上層割去，細察其裏面均成齊整斜立方形之顆粒，此顆粒六〇無不空心。

法倫表五百零七度，即百度表二百二十度，鉍即鎔化，儻加於他種金類中亦同鎔，且使他種金類鎔化度無須照本質所有熱度之高，在高熱度時鉍攪火如鉾，有藍火焰發出，其上騰之煙則係黃色鉍養。

硝強酸易消此鉍，硫強酸非燒之不能鎔化，鹽強酸與之無涉。

鎔烊後待涼，則稍放大，約加三十二分之一。

查驗鉍法　含鉍之物大分係無色之質料，有易化，有不

易化者，其易化之物以藍試紙試之，即變紅色，輕硫或阿摩尼阿硫灌入含鉍之物內，將驅出一種黑色硫，此在輕硫及阿摩尼阿硫中不能消化。

儻在有鉍之水中加入鹼類物，如鉀養、鈉養或阿摩尼阿者，將驅下白色之鉍養，取此澄下物燒之即變黃。

鉍水內若加入鉀養鉻養$_{三}$，則驅下一黃色之鉍養鉻養$_{三}$，鉛養鉻養$_{三}$亦如此式，惟鉍養鉻養$_{三}$在淡號硝強酸內則易消化，在濃號鉀養水中則否。

欲知鉍與鉛如何分別，可將硫強酸或含硫強酸之物與其相和，若無澄停物見於器中者，即知其為鉍也。

鉍與硫強酸相和之物，若烘乾之，此乾物與稍含硫強酸之水相遇即全消化，用吹火管之火焰將含鉍之物在炭上加以鈉養炭養燒之，火焰之內周則成一粒鉍珠，此一粒之外有黃色鉍養包之，且可將此鉍珠在小鐵錘下敲之，如其甚脆，即知為鉍，其黃鉍養皮之質料係鉍養$_{三}$，熱時有鵝黃色，涼時成尋常黃色。

距尤叨省之備物城十二里產鉍，此礦質埋於含鎂之石灰石層中，百分中有鉍一分至六分，數可奴拉度有數處產此較旺，阿蘭斯卡產甚淨之鉍礦質，現今美國尚無此鉍出售之名，逆料將來礦產日豐，必將運銷各國。

鋭用於合成易消化之雜金類如輭號銲藥此爲機器管中穩舌門所用膠鉛板亦用之又各玻璃球內所襯之銀色膠亦係此鋭造成且與硝强酸相併能成一種珠白粉磁料及各鏡之玻璃料皆用之並有入藥者若一種鋭淡養染坊中頗用之其效能使所染之色經久不退云

礦學考質下編卷三終

礦學考質下編三 六

礦學考質下編卷之四

美國 奧斯彭纂
慈谿 舒高第 口譯
江浦 陳 洙 筆述

鉻

鉻礦質有用者只一種名曰鉻鐵亦名鐵石其中係鐵石與鉻養相和其化學分劑可稱鉻鐵養有時其中應有之數分鐵不足數即係鉻代其分劑若鉻之數分亦不足則或有鎂若干分代其位有時其中更有鋁若干且有多砂之礦質中有小顆粒之鉻養其最純淨礦質恆成數磅重之大塊此均係鐵養鉻養金石書中名曰鉻羅美得中有

礦學考質下編四 一

鐵養三十二分鉻養六十八分此係眞正號之礦質然有種其中鐵養竟有三十六分鉻養三十九分鋁養十三分及矽養〇·六〇數如貝而鐵麻地方所產者即此種堅率五五重性四·三二至四·五六光彩較尋常金類稍欠有紫色紋色在鐵黑並紫黑間性脆有時有吸鐵性若干在吹火管之養氣火燄中不能鎔化在燒火燄中其四周稍鎔烊與硼砂及含燐鹽類相遇即成形如珠熱時現有鐵性質冷時變鉻綠色在炭上與錫同烊其綠更顯在强酸中不能銷化與鉀養硫養或鈉養硫養燒之則融此物數年前在美國美利蘭省嘖雪爾維尼亞之貝爾山中開

採足供市面銷售該處礦質不多易於採盡幸在該省他處又查見此礦脈較大且其礦質極難銷化經再三試驗之下則知用下法最妥

法將礦質用硬磨石研細在倒燄爐中與鉀養炭養并石灰相和燒數點鐘後在鎔烊料中用化分法將鉻化出此化出物即係鉀養鉻養加硫強酸入內即變鉀養硫養并二鉻養然此中雖言此法頗易而非有熟練之人行之亦難得效如貝爾鐵麻一廠因鍊此礦質久熟能生巧遂得妙法而獲大利

北可那那省中並福奇尼亞省中均有此鉻鐵礦脈然最大者則在開尼福尼亞省中其礦不成脈式而在地中為凹闕狀西名泡蓋特譯即袋也言此礦質有袋形也此袋中礦質有時甚旺然有時採之頗易盡故須在他處尋覓俾能相繼開挖

化分鉻鐵礦多寡法即將此礦質研極細末照礦質分兩加三倍加鉀養硫養在鉑金鑄罐中緩緩用紅熱度鎔化須耐性久延燒之待至用光滑玻璨梗或鉑金條掉之毫無顆粒形狀此時勿加含炭養碱類物可用鉀養及加三分之一之鈉養合成流質而用水提出融化之塊所以用水者因能將此鉀養鉻養及後加之鉀養水更易消化也

此時鐵養已澄停於下與當初之礦質消化未消之物相攙可加鹽強酸及阿摩尼阿將鐵澄停其中鉻養酸見此鹽強酸並再加酒酸少許即變成鉻養儻其中攙雜之鋁養與水中含碱性之鉻養同聚一處而與鉻養一齊澄停者則此鋁養與鉻養之分法如下

將鉻養與鋁養之和物秤準將此物照上云融化鉻鐵法化之後加阿摩尼阿於流質中將其物澄停此係鉻養與鋁養可同放入已熱之濃鉀水中燒之使幾成定質後加入極冷水以消化其中之鋁養此銷化料中絕無一毫鉻養在內由此即將兩質區分

鈷

鈷係金類在礦中所得斷無純淨之質即鍊之幾淨亦必有鎳若干相攙鎳礦質中所含鈷亦復如此鎳略有吸鐵性鈷礦質中既有鎳故性亦相同

礦中所得鈷係硫鉀鈷名曰鈷礦石又一種錫色鉀鈷俗名司馬而汀更有一種名瑟浮此係鈷礦質與加倍之石英砂同燒而得者

將鈷礦質先用緩熱度烘燒而去其中之鉀所去愈多愈妙然後在淡鹽強酸內銷化而烘乾之將澄下之定質在水中消化此流質中用二輕硫令澄停由此而行其中所

攙金類除鈷並鐵外餘均澄下於是沙漏之所得之清水與濃號硝强酸少許同煮令鐵多收養氣後加鉀養鐵養將鈷鐵一切澄下

將此澄物漂洗而加草酸令其中鈷炭養變成不銷化之鈷草酸其餘草酸則與鐵一同消化於水鈷鐵兩種卽由此而判後將鈷草酸漂洗在磁鑄罐內用大熱度燒之（此熱度須近鎔鐵度）令其速變淨鈷質此罐須塗泥一層因所用熱度旣大又須燒至三刻或一點鐘之久也

鈷質在金類中係帶紅灰色之品成晶形之粒其重性八九五鎔化度次於鐵

宇宙間含鈷金石類質產地甚多但其百分中鈷數極微開之殊不合算耳

美國之美拉蘭可拉拉度密助利牛麥西哥尼否達等省均產鈷噴雪爾維利亞所屬郎克司達附近加浦地方有一鎳礦其中兼產鈷其數在美國可推最巨雖礦質百分之中鈷僅有十分之一（卽不足一分）但因與鎳同產爲數較大故遂一并開採

今日顏料玻瓈料中改色多用鈷陶器料中改正黃色亦用之工藝中更有用於裝飾者

近年工藝家常以鎳包貴重之器皿有欲以鈷包器者但

鈷質又次於鎳若包於器皿後此鈷收養較鎳更速且價比包鎳者反昂故包鈷之器未必合於銷路

尋常純鈷之價每磅值美金十四元近年鈷養之價每磅約美金二元半至三元然現亦漲落無定

含鈷之質可用吹火管於硼砂中燒而見之以火燄中養氣圈中見極藍色爲據

洙按養氣圈卽火燄之外圈也

令鈷鎳分別法甚難非小心行之不能爲功此項鈷養鎳養水中除鉀養鈉養外其餘含養氣之料均不能加入惟輕衰酸則須多加旣加輕衰酸後更加鉀養若干熱之令

共消化卽見其變成帶紅之黃色流質然後燒至沸熱度將餘多之輕衰酸逐出其中卽見有鈷衰鉀衰後則兩物又合而成鉀鈷衰此時所有輕氣卽騰去而鎳衰鉀衰仍不合變於是將紅汞養少許研細漂淸和入將此和流質更熱至沸度卽見有鎳養澄停另有若干變鎳衰亦同澄下其化在水內者則係汞衰可將澄停鎳質取出用沙漏法分出漂洗燒之其燒剩物是爲淨鎳養係一種不潔淨之灰綠色散末試秤而測其分劑如下

鎳‖五十九丄十六‖七十五

可見鎳養百分中鎳居七十八·六七養居二十一·三三

此乃李碧克博士所算也。
凡鈷在流質中可用法測其多少法將硝强酸先行加入後加汞養淡養令成完全中立性即見有物澄下是爲汞養鈷將此分出洗淸燒而稱之則成淨鈷養。
洙按因燒時汞養均已騰化故只存淨鈷養。
此鈷養百分中有鈷七八·六七養二十一·三三。

鋁

鋁係白色之金類質形頗如銀重性二·五八三在紅熱度時即鎔烊然而絶不騰化。
洙按金類中之鋅燒時最易騰化鋁質適與相反。

在空氣尋常熱度時稍加熱氣燒之亦不大變若用養氣火燒之甚旺硝强酸與之無涉硫强酸燒至沸度可消化在鹽强酸內則消化甚易然而此强酸之工須照此金類之潔淨與否並如何鍊法而成打成之鋁如熟鐵强酸攻之甚難軋出者則稍易。
洙按軋出者質較鬆而勻故較打成稍易。
用拉長之鋁更易尤易者則鎔鑄之鋁也。
鋁於人身毫無妨礙在銅鐵鋅之上。
洙按鋁質在金石中最無毒故於人身絶無妨礙。
且天下許多著名泉水中含有鋁凡硷類物消鋁甚易阿

摩尼阿則令此變灰色但不失其力與分兩綠溴淟弗氣用於鋁質均能令其蝕損惟與輕硫氣及他種硫氣無涉
洙按尋常金類質一遇輕硫氣即變黑鋁獨否。
鋁之容熱率爲二一四三即鋁之熱度有百度表之二一四三也。
鋁之傳熱性九八·五二茲將各金類傳熱性列表如下以備參查。

銀	一〇〇·〇〇
銅	七·三六
金	五·三二
已鍊之鋁	三八·九
未鍊之鋁	三八·四
錫	一四·五
鐵	一一·九
鋼	一一·六
鉑	八·六
鉍	一·八

麥奇博士查得未鍊鋁之〇·三二五直徑者其通電力每碼有〇·五七四九獲姆若淨銅之直徑與此相等者其傳電力有〇·三一五〇獲姆此係在法侖海表五十三度天

氣時若已鍊之鋁絲其長短與上鋁相同者則有〇·五四八四之獲姆鋁$_{2}$養$_{3}$百分中淨鋁有九八·五二凡金類均有指極性純鋁則無之儻一錠鋁之百分中有一·五鐵性者則微有指極性儻百分中有鐵二分則其指極性竟可顯明矣

四十年前鋁僅爲化學中一種新奇之物自法國達威耳博士查出後世人始知鋁之用處其後用處逐漸擴充至於今日遂列爲重要貨品之一往昔煉鋁之法僅在煉房試之今則設廠融煉自用電攷查金類發明以來故煉鋁時亦用電氣化鎔法取之因其化法改變故產物亦見增

礦學考質下編四

加故攷查此項金類之來源昔但在雪形石中煉出今則更可覓於他種石中商家需此礦質日多故格致工藝中人視鋁礦質之重幾於鐵礦質無異云

從前鋁礦質之來源但在雪形石此石僅見於丹國之格林蘭島美國向無此項礦產惟可拉拉度省之拍克山腳有此礦質地少許然亦僅供礦學家攷查礦質之助

又一種爲波克歲得亦爲鋁產之一大源美國之阿來拍麥阿岡沙喬奇亞省均產此質係鋁養矽養鐵與水等相合而成波克歲得最先於法國查出法國南方有一鎮名曰波其中多產含鐵之料人以爲鐵礦質乃煉時因有此

鋁相攙故煉之頗覺不便此礦百分中常有鐵四十二分後經博士貝梯晏查得始知中實有鋁

洙按波得歲得產於法國波鎮地方之一種泥中此泥法國名曰波耳英人名之爲波克司

法博士妥該又查得法愛及哈羅兩處亦有此礦質在一千八百八十八年時礦中每年產二萬墩數法國所產紅礦質中常有大石塊其中含有白色波克歲得百分中有鋁$_{2}$養$_{3}$八十五分或九十五分化學分劑爲鋁$_{2}$養$_{3}$輕$_{2}$養此波克歲得德奧意及英之愛爾蘭島均產之有由巴所得而來者

礦學考質下編四

洙按巴所得形係五角六角或八角者其紋成條中有弗勒司拜耳即鉀養或鈉養鋁$_{2}$養$_{3}$六矽養$_{2}$所合成又有哇蓋得係鈣養矽養$_{2}$鎂養幷鐵及鋁$_{2}$養$_{3}$所合成此質稍有吸鐵性更有奧里即奧里非尼即黃色石中有矽養$_{2}$鎂幷鐵蓋巴所得中所含之質不一鋁特其一種云

德國福格而司貝富之波克歲得係一種之小塊或與灰白及紫紅色泥埋入地面其地中又有鐵質與碎巴司石相攙

美國阿蘭勃麥在一千八百九十一年始開此礦一千八百九十二年喬奇省又開之後送至費勒台爾費亞及乃

吐那紐約等廠中試煉遂與法產爭利今則法產價減美料價昂阿蘭勃麥所產更易銷化故價尤漲雖其鋁養較少但百分中已有鋁養五十六至六十其不易消化物矽養最多此礦質百分中更有鐠養二分至三分水居二十五至三十分常與里慕內脫即櫻色鐵養及高嶺土（係製磁器）料相攙其下乃下層錫魯林之多路買得石喬奇省中此波克歲得料攙入澄停泥土料內此料係多路買得石化分而成者

洙按此多路買得石係鎂養炭養鈣養炭養相攙而結成一種可愛石料與中國大理石無異在阿蘭勃麥省中此質均產於山腳云

洙又按高嶺土乃造磁料諸土之一出江西景德鎮詳見浮梁陶攷志西人先由華書譯成西文於是在西國所出磁料之土亦即以高嶺土名之而不知高嶺土乃造磁料各土之一非造磁料之土概可以高嶺土名之也今復由西文譯成華字恐閱者於高嶺土與磁料之關係未能明悉特附記於此（浮梁陶攷志係錢塘吳允嘉撰刻于宜黃黃氏遜敏齋叢書中）

從喬奇一帶逐漸加闊向西南至阿蘭勃麥境愈寬產此質處近邊必有櫻色鐵料及錳礦質凡波克歲得產處幾無不有錳者往往其地中有穴如袋此袋甚大內中此料有數尺泥土蓋之又一種與高嶺土同處此種大半係光滑稍圓之塊結成腰子式四散於泥土中色多淡其中恆有鐵色或變紅或變紫且有一處有竭朴賽得此即含水鋁養而結成鐘乳形者阿岡沙省產波克賽得料在最近地面石層中此係地學第三期石層與火山石同類其質成顆粒如豆大色不一其中質料亦不一此料之粒如卵形石相似惟每粒中必有一粒沙子為心其中鐵有對分劑工藝家常取用之此料在該處甚多

法國所產波克歲得

波克歲得中所含各質之分劑各不同下表見之

	堅密一種	豆形顆料	堅硬緊密中嵌石灰質	卡那波之波克歲得
	百分中	百分中	百分中	百分中
矽養	二·八	四·八		二·
鐵養	五七·六	五五·四	三〇·三	三三·二
鋁養	二五·三	二四·八	三四·九	四八·八
輕養	一〇·八	一一·二	二二·一	八·六
鐠養	三·一	三·二		一·六
鈣養	〇·四	〇·二	三·七	
可倫都末				五·八

德國產波克歲得

華岡所產 百分中		福伶而司勃克 百分中	
矽養$_{二}$	六·二九	矽養$_{二}$	一·一〇
鋁養$_{三}$	〇六·二四	鋁養$_{三}$	五〇·九二
鐵養$_{三}$	二·四〇	鐵養$_{三}$	一五·七〇
鈣養	〇·八五	鈣養	〇·八〇
鎂養	〇·三八	鎂養	〇·二六
硫養$_{三}$	〇·二〇	輕養	二八·六〇
燐養$_{五}$	〇·四六	錯養	三·二〇
輕養	二五·七四		

美國阿蘭勃麥波克歲得

	由七羅基州所產百分中	由開爾烘州夾克生維爾城所產百分中	由開爾烘州克生維爾紅色質百分中	開爾烘州克生維爾白色質百分中
矽養$_{二}$	三七·八七	一八·六七	七·七三	二三·七二
鋁養$_{三}$	三九·四四	四五·九四	四七·五二	四一·三八
鐵養$_{三}$	二·二七	一一·八六	一九·九五	〇·八五
由空氣吸入之輕養	九·二〇	一一·四〇		
輕養	三·八〇	二一·二〇	二三·五七	二三·七二

美國喬其省波克歲得

	第一處 百分中	第二處 百分中	第三處 百分中	第四處 百分中	第五處 百分中	第六處 百分中	第七處 百分中
矽養$_{二}$	一九·五六	四一·四七	二·五六	八·二九	六·六二	三五·八八	一·九八
鋁養$_{三}$	五三·二三	三九·七五	五六·二〇	五八·六二	五九·八二	四五·二二	六二·二五
鐵養$_{三}$	一·二三	一·六三	一〇·六四	二·六三	二·一六	〇·三三	一·八二
輕養	二四·二二	一六·一四	三〇·二〇	二七·四二	三一·一〇	一七·一三	三三·四三
錯養$_{二}$	二·〇八						

上表第七處係產於定華德司坦欣此礦地甚廣現正大事開採礦質中必有錯養$_{二}$又常有微細之礦類物相攙

美國阿岡沙省波克歲得

	黑色礦質 一號 百分中	二號 百分中	三號 百分中	紅色礦質 一號 百分中	二號 百分中
矽養$_{二}$	一〇·二三	一一·四八	五·二一	四·八九	三·三四
鋁養$_{三}$	五五·五九	五七·六二	五五·八九	四六·四〇	五八·六〇
鐵養$_{三}$	六·〇八	一·八三	一九·四五	二二·一五	九·一一
輕養	二八·九九	二八·三六	一七·三九	二六·六八	二八·六三

此礦質之貴物係鋁養$_{三}$其質愈白造鋁愈佳因此質中之鐵乃應棄之雜物較矽尤為無用喬其阿蘭勃麥產之最上質係密色只須在鈉養灰中同燒即結成鈉養鋁養$_{三}$令在熱水中銷化將熟清水傾出由此其中之鐵養矽養錯養即分離而澄下此水中之鈉養鋁養$_{三}$可用炭養$_{二}$氣放入而將鋁養$_{三}$澄停此炭養$_{二}$氣用石灰石磨細放在此流質中

掉之此石灰石中之炭養氣與鈉養相併成鈉養炭養卽將鋁養分出而澄停遂成純淨鋁養其石灰中之鈣養與清水無涉此鋁養提出後漂以熱水令乾在紅熱火燒之逐出其中之水以便提出淨鋁此法照好而博士之法以備再提

化分波克歲得先研細取其十分格蘭姆之五與鉀養硫養細末入格蘭姆相和而融烊此融烊若係薄鉑鑄罐可容四百立方桑的邁當其蓋須緊密第一次十五分時罐放在三角鉑金絲架下用小彭生燈燒之此燈有鐵皮罩使風不能吹其火燄令此火燄適與罐底相遇遲五分時

將蓋謹慎移開用火鉗鉗住罐令震動使其中物質稍旋十五分時後待罐下四分之一燒至紅熱度照前法震之又十分時將燈火旋足如此又燒五分時仍前震動後令涼加鉀養硫養兩格蘭姆漸令化勻不必燒至太久而釋放其硫養酸使卽騰出

將此化成流質傾於熱乾鉑盆內此流質在盆中涼而結塊不與盆相膠可卽移於容二百立方桑的邁當之盃內加水一百五十立方桑的邁當加熱至法倫海表二百零四度隨時掉之待物質均銷化將此盃中料濾於容三百立方桑的邁當之盃中將紙上餘料作爲矽養燒而秤之

且用輕弗酸試此矽養如有餘料用鉀養硫養融化之化以水而加於總流質中其中尚有錯養鋁養鐵養如將此錯養提出可於水中加淡號硝強酸令澄停掉之如不清潔可更加硫強酸淡號者(卽硫強酸一分水三分相合者)將此澄停物復消化再加濃硫強酸四滴及清水待總數沖淡至二百五十立方桑的邁當數卽此流質加入硫養氣逐漸熱至沸度令其沸三刻鐘之久陸續加濃號硫養酸令總水中之鐵仍有鐵養硫養情形

將此水復行沙漏洗以熱水燒而稱其錯養

此漏出之水可煮之將硫養酸氣逐出而加濃號鹽強酸

二立方桑的邁當并濃硝強酸兩立方桑的邁當燒十五分時令所有鐵全成鐵養加沸水沖淡至二百五十立方桑的邁當并加阿摩尼阿若干再緩煮五分時令熱更延五分時之久其後所有澄停物洗後則有含鉀養之鹽類在內將此澄物沙漏用熱水洗之將沙漏紙上澄停物沖至盃中用濃號鹽強酸并水十立方桑的邁當消化之因沸水沖淡至二百五十立方桑的邁當更加阿摩尼阿令再澄停復行沙漏而用吹火急燄燒而秤之此卽鐵養鋁養也此物與鈉養炭養同鎔加水燒之又沙漏之用其澄物取鹽強酸消化之此流質中有鐵養鋁養分出兩質之

法可取鉀養鉻養恰適若干分劑將此鉀鉻水細心逐漸滴下每滴下時流質中即變色直至不變色可查知其已滴下之鉻水數即知其已與鐵若干數相併則知其中鐵數外餘即鋁養也去其養則鋁之淨者由此得矣

挪茨剖克地方可得淨波克歲得價不過每墩七金元地阿司布而石即係含水之鋁養質硬成粒重性三四此乃含鋁之淨料所得甚少鍊亦更難於三輕養鋁養

洙按上言含水鋁養其分劑爲一輕養鋁養

接布賽得有一種鋁養三輕養係石鍾乳中所產此在波克歲得礦地清潔中查得者重性二四料更淨其中所有

鐵養矽養錯養數比波克歲得更少但所產甚微惟喬其省所產之上品波克歲得常有少許攙入阿鋁迷乃得即鋁礦二硫養三九輕養其重性三六六百分中有鋁養二十至三十漂洗沙漏融烊等費亦省價亦廉美國西省產此頗多如可倫那得牛麥西哥等皆產之現鍊鋁礦尚不用此因其運費大也

提鋁法用電氣化分法

此係將鋁養與含弗氣之質相遇使電氣經過即將純鋁提出此係英國化學家合惟博士之所查得者後於一千八百五十五年台惟司論提鋁書亦提及六十九年高定博士七十二年克艮波七十九年波托均皆論此法此博士等均驗之甚確故英美兩國均領專照造之

博士米蘭有一法係一千八百八十八年創始法國賽會時曾顯於大眾法將鋁弗及鈉與鈉綠相合令電氣經過而成據云克里奥雷特三十或四十分含鹽六十或七十分相合用電氣令鎔其中陸續加鋁養

此鋁養之易化於釋放弗中於是其鋁質即澄停於電之陰電一處弗即澄停於電之陽電一處此弗遂在盆內與鋁結成鋁弗其所餘之養氣即遇正電處之炭而成炭養氣騰出其中鈉弗爲電化分將鈉分出其弗即歸於鋁又

成鋁弗後將鋁質一分分出而與他鈉質相遇即成鈉弗矣

在比茨剖克一廠鍊鋁係好而博士所創其意用鋁養放在融化盆內此融料中係弗與較鋁所含正電氣稍多之金類物相和鋁養加入後將電經過此鎔料即將其鎔化之鋁養分而成獨立之鋁此鎔盆內之弗最妙係鈉弗或鈣弗與鋁弗

弗料鎔後無遺失僅用物掉時膠於梗勺之上或有微細數騰化而已

新成弗器具之料稍覺不潔因中常有矽養鐵養如石英

沙泥相攙而與第一次鋁質相雜此雜質先在盆中分出時一遇鋁分出即與相雜故其渣中決無若干鋁質狠藉非若鍊他金類物之有許多遺失此茨剖克廠所用鋁$_{二}$弗$_{三}$鈉弗$_{三}$之物即係克里奧來特產於格林蘭島每磅僅值洋六分鈣弗$_{二}$為物係弗羅司罷此地產處較多如伊林拿愛產此清潔質每墩值美金二十元

此廠鍊此時將料放開口襯炭質之鐵罐將罐排列灌電入內此罐中融化含弗料中所製之潔淨鋁$_{二}$養$_{三}$將百分中化去三十其通電法用炭質小桿為正電端插入流質內此炭端用銅絲牽連於電具之正電端此罐與其所襯物

並鎔化質化為負電其罐邊各牽一銅絲使相連接此銅絲為負電所牽連之十二罐則為正電浸入處由此逐排一例直至末罐出時又為負電於此可令鎔勻電氣在此鎔料中令鋁質分出而為鎔物澄停於底其養氣即與炭桿合成炭養$_{二}$氣騰出此桿所蝕數較鋁所成之數稍少其罐所襯炭質蝕去甚少日日用生鐵勺將鋁料勺出而將此料逐漸加入如此輪流數月罐中鋁$_{二}$養$_{三}$逐漸化分而減少各罐中可加插一具以測電氣經過若干而照式加鋁$_{二}$養$_{三}$若干罐中熱度用極微細炭質蓋於鎔流質上又加鋁$_{二}$養$_{三}$若干使罐中熱度常勻

一千八百九十二年此廠每日鍊出鋁五六百磅且有設法擴充之議

含鋁之攙金類

鋁與銅并則成二種甚要之攙金類一係含鋁之布郎司即百分中有鋁五分至十二分又一係有銅助硬之鋁百分中有銅三分至十五分

巴皮銅中再加鋁少許其質更合機器之用

美國緒大鍊鋼廠每墩鋼中入鋁半磅或數磅其意將關緊氣逐出而令鋼質均勻

據亨特博士云美國產鋁歷年數如下

一千八百八十三年	六十三磅	一千八百八十八年	一萬九十磅
一千八百八十四年	一百五十磅	一千八百八十九年	四萬七千四百六十八磅
一千八百八十五年	三百六十三磅	一千八百九十年	六萬一千二百八十一磅
一千八百八十六年	三千磅	一千八百九十一年	十五萬磅
一千八百八十七年	一萬八千磅	一千八百九十二年	二十五萬九千八百八十五磅

上數最大用於攙金類在八十五六七年為此用者至少二萬一千磅

天下產鋁之數一千八百九十三年英國有二十二萬二千磅法國二十二萬六千磅德國瑞士一百二十四萬三千一百二十磅其他歐地產一百六十九萬一千六百二

十磅美國五十五萬九千一百三十磅合天下共產數計至一千八百九十三年有二百二十五萬零二百五十磅合一千一百二十五墩云其中一百二十五墩用於鋁布郎司或與鐵相和之料天下淨鋁則有一千墩

一千八百九十三年分美國製淨鋁計三十三萬九千六百二十九磅在廠時計值金洋二十六萬六千九百三十六元市面上之鋁有錠式板形薄皮及條式或各式之塊或拉成絲並成物式美國之淨鋁多以好而博士法鍊成其鈉鍊法則用之甚少云

礦學考質下編卷四終

礦學考質下篇卷之五

美國 奧斯彭纂
慈谿 舒高第 口譯
江浦 陳洙 筆述

可倫登及哀末利 此即鐵砂

可倫登清潔時只係鋁$_2$養$_3$或鋁養一分半哀末利亦即此物而攙入若干鐵養即係鐵$_2$養$_3$或鐵養之間可倫登清潔者成顆粒色藍者即撒非耳或藍寶石紅者即明紅寶石西名魯貝最淨可倫登堅率九僅次於鑽石次者堅率五即哀末利與馬軋尼台得八面形鐵礦質並矽養相雜清潔可倫登重性四燦爛如玻璨底脚恆成羅鈿色其中常有不透明六尖鋒之星如浸水則視之更明用吹火管燒之不變形在硼砂及含燐鹽類上用吹火管燒之逐漸鎔成透明玻璨黨中無鐵質則無色磨成細末在鈷流質中燒之久則變豔麗之藍色加鉀養硫養而同熱之則成易消化之和物如以前所云含鉻鐵質一律見鉻篇中末段此可倫登尋常與成顆粒之石同處如成顆粒石灰石多路買得石乃斯石花岡石千層鏡石端石格羅來得石即綠色石也等皆同處美國北省曼瑟川賽此撒絲特地方產哀末利甚多惟不及外國所來之好其擦力不及可倫登美之他省產者擦力較大欲查可倫登之礦產只須見有格羅來得之石即爲佳

兆

凡可倫登及多數之哀末利均用造可倫登及哀末利輪
此輪本係木質所成其邊包以皮皮上以膠水膠可倫登
或哀末利細末輪旋行時將鐵養等撳於其上能將鐵質
磨成光亮此兩料磨細篩於有膠水之紙或布上待乾之
即為鐵砂皮

此二物質能令他物變成微細末其尤細者竟與麪粉無
殊

如欲試可倫登之磨擦力可將一厚玻瓈稱之其上放已
稱之可倫登末使在玻瓈上磨擦待至玻瓈不失其分兩

而查此玻瓈所失之共重數即知此可倫登之擦力如何
用此法試之最善用玻瓈兩塊或竟將該兩塊稱之其所
延磨擦時候即知其力如何

可倫登因銷路甚大故價亦逐加

美國自一千八百八十一年以後每年所產可倫登及哀
末利數特列表如下

年分	一千八百八十二	八十三	八十四	八十五
所採噸數	五百噸	五百噸	五百五十噸	六百噸	六百噸
價值	美洋八萬元	八萬元	十萬元	十萬零八千元	十萬零八千元

年分	八十六	八十七	八十八	八十九	九十年
所採噸數	六百四十五噸	六百噸	五百八十九噸	二千二百四十五噸	一千九百七十噸
價值	十一萬六千一百九十元	十一萬零八千	九萬一千六百廿元	十萬零五千一百六十五元	八萬九千三百九十五元

年分	九十一	九十二	九十三
所採噸數	二千二百四十七噸	一千九百七十一噸	一千七百十三噸
價值	八萬九千三百九十五元	十八萬一千三百元	十四萬二千三百廿五元

一千八百九十三年進口哀末利砂共五十一萬六千九
百五十三磅值美金二萬零零七十三元哀末利礦質或
礦石五千零六十六噸值十萬零三千八百七十元哀末
利製造之輪及錯具等件值一千八百十九元以上進美
國口貨共十二萬七千七百六十七元

浮石

美國所用浮石採於近舊金山數里之一湖惟每年不過
七十噸品級與自他國進口者同

意國立波利島向來產此石百分中矽養有七十五至七
十七鋁養十六至十七分半鐵養鈣養鉀養均有少許其
數為五至二七五此質較水更輕色淡灰有時紫灰

高第按此立波利羣島在細細利島北二十六海里係
火山島其中均係浮石礦地

一千八百八十三年進口浮石值五萬零三百三十四元
八十七年減至二萬六千二百九十一元

又一種特立拍奈係含矽養三之石灰石其石灰化分後即成此料。譯即腐石。美國產此甚少。由英運入者一千八百八十六年值二千二百三十五美金元。八十七年值五千五百五十六元。此兩石非細查不能詳悉其質料所用均係擦銅鐵器皿也

微細蟲泥

此料大分係極微細蟲類所成之殭石。其中係含矽養三蟲骨殼。美之阜奇尼亞省立知門相近有此蟲泥。博士鉛白耳云。其百分中有矽養三七五。八。鋁養三九。八八。此外鐵養及鈣養鎂養鉀養鈉養含淡氣物各少許。查此料須用顯微

鏡可悉其爲含矽養三之殭蟲所成。舊金山尼瓦達等省中許多地有此泥土。其中有幾等甚有大用。用於磨擦粉內爲磨光末子所用。名曰沙肥皂。及他項各磨擦肥皂以水蘸而擦之。且用於淡氣格列式林中。收其流質形而成定質。使作炸藥。此炸藥所用者來自德國。

洙按此即啟式耳古德國用以造但擦抹脫者

梅而蘭省近墩口克地方。查有一泥名特立朴奈。百分中有矽養三八十四分有奇。又一種有矽養九十分有奇。中又加以鈣養約百分數。此礦現正大事開採。密助利省亦有矽養三之泥土。此物名特立朴奈。然與上言質料不同。因此

料原係含矽養三之石灰石。其中鈣養炭養二已經水沙漏去。尚有矽養三質形成細孔。用於沙漏清水最合。先造一圓柱段或管子式。並將此料成圓柱條。或長方塊長約五寸半。闊二寸又四分寸之三。厚與闊同。寫字後餘多墨水用此吸之。爲吸墨水具最便。可久用。儻鬆孔中吸墨多而塞住。可令乾。用一砂皮緩擦之。仍可復用。

此料又磨成細末。爲磨光五金類之面。並造各等洗擦料之用。下表列明。

美國一千八百八十年所產蟲泥產額及其價值。

年分	一千八百八十年	八十一	八十二	八十三	八十四
所採墩數	一千八百八十三墩	一千墩	一千墩	一千墩	一千墩
價值	四萬五千六百廿元	一萬元	八千元	五千元	五千元

年分	一千八百八十五年	八十六	八十七	八十八	八十九
所採墩數	一千墩	一千二百墩	三千墩	一千五百墩	三千四百六十六墩
價值	五千元	六千元	一萬五千元	七千五百元	二萬三千三百七十二元

年分	一千八百九十年	九十一	九十二	九十三
所採墩數	二千五百三十三墩			
價值	五萬零二百四十二元	二萬一千九百八十八元	四萬三千六百五十五元	二萬二千五百八十二元

礪石

此係一種細顆粒之沙石。石之粗細堅硬各不同。須視產

地而定美國產者最佳在阿海花省東北密希岡省近革蘭司通城亦查有一種細爛泥石色藍而勻爲磨細工物件之用在蘇批利奧湖之馬克地相近曾見一種細砂養沙石甚緊密將此石送至阿海花省造成小磨刀石其功甚佳集股採此甚易一千八百八十四年由外國進口之原料及造成之料共有七千零五十六噸值八萬六千百百八十六美金元在一千八百九十三年本國所產值三十三萬八千七百八十七美金元進口者值五萬九千五百六十九元

剖石

此料出於美之紐約名曰衣沙潑司石與石英同細同堅硬在嘖昔維尼亞省此石名可克利可係雜質石在地面有巒石雜入在阿海花省有此石名曰皮里亞沙大分取作磨大麥及薏米之磨子惟不作磨小麥之用有時用磨顏料西丁脫化學醫石肥料炭等用由他國運來者質更細而堅爲磨小麥及各細物之磨現在工藝中常用一圓形鐵桶中穿軸桶中加鐵彈數枚凡所需磨之件藏於此中令軸轉動其彈子卽將質彼此相研甚細磨物者以此具爲最佳因有此而剖石之用遂微一千八百八十二年進口剖石原料及成磨形者值十萬四千零三十四元下

一年卽跌至七萬三千六百八十五元九十三年跌至三萬二百六十一元一千八百九十三年美國通開剖石之價值共計有一萬六千六百三十九美元正號係火山料中微有蜂房形絲紐性與白瑪瑙無異

金鋼鑽

美國各地均產此品弗奇尼亞省所查得一粒爲最大掘起時係一千八百八十五年四月二十八號紐約晚報始登此事重二十三坎立忒又四分坎立忒之三製成後則重十一坎立忒又十六坎立忒之十一因其成色不准只值三百金元而已

洙抜英權四釐爲一坎立忒每十四坎立忒爲一錢在北坎挐那省查出第一塊係在此省剖克洲近柏林德而湯江之渡處價美洋一百元後在左近查出第一塊後又在斐脫福地方查出第三塊乃衣大礦中所得色略黃一千八百五十二年林肯州近可太遲火姆地方查出第四塊色略綠在梅可倫薄克州鐸遲布郎遲查出係白色之甚美者第六次有三人共獲一黑鑽石式如小栗此人試擊之竟碎博士安德立司查其鑽質不但能劃玻璃卽可倫登亦能劃之此均該省所產該省他處所有鑽石如福郎克林州柏的司礦查出兩塊二麥多侯州黑代溪源

處査見一塊剖克州密爾礦中查得幾塊重二釐至八釐其中有數塊係他種石英且一塊係素告納石該省鑽石多與下物相攙如金質麻那歲得西羅的母素告納石阿太希得納石等皆有之博士琴脫云此係老乃斯石所化散如千層鏡希司得乃斯石等其中更有筆鉛磨那歲得者堅率五有松香類之光彩色畧紫或黃而帶紫有時透光或透明其料之質係燐養五酸釷有時有錫錯銀此質不多吹火管下吹之不融而速變灰色加硫强酸少許火燄變藍深藍加硼砂燒成黃色珠形涼即色退加足硼砂在火燄上燒之則成磁白色加以鹽强酸亦不易化西羅的母與此同形惟不透光堅四至五重四半其中係燐養五酸釷吹火管燒之如麻那歲得在强酸中不化粒如晶往往變形惟麻那歲得形較長耳阿太雅得納石堅與麻勒歲得同重率四有金石之燦爛其色乃深淺之櫻色有靑與黑者經過光則有帶靑黃色之紋其質係錯養二吹火管燒不能烊加以含燐鹽類則成無色之珠形燒至燃火度令涼則有靑蓮色如有鐵質攙入或更加以錫在炭上燒之則於炭上顯有鐵色加碱類物或碱類炭養三物再加鹽强酸或硝强酸則融化如錫片濃者發靑蓮色形同錯養二礦石

礦主蘭文陶克在北坎拏那省魯得北州之礦中得一塊因不甚佳置之安麥司博物院中以備攷察云在舊金山安而託拏院州森林之山中查金砂時常見此物在尼否達又有之阿馬道之費得爾唐查有四塊埋於似火山噴出之融石中博士惠脫乃云舊金山省有此鑽石之地約有十五至二十處之多在該省拍來費耳查有十四塊棲羅溪之平原查有五六十塊有紅白及桃紅色者與火山所噴融石灰渣及素告納石鉑鈒銤等相攙阿達花亦有數礦查得此品委司康新倚格而工人挖井深至六十尺取出泥土中有鑽石一粒後又有兩粒益特納之訥耳生山中查有一塊阿利欵納省中亦查有一塊可見美國西南各省均有之但數甚少

金剛鑽之重率三五查出時其形八角如晶但無光彩先須車琢後則現有甚佳之光彩燒至紅熱度堅性亦不稍失遇壓力無大礙然亦可擊碎往往有斧劈紋此在廠中搥含金石英中見之大約鑽石須驗可試於可倫登上劃之而看其紋路未車琢之前其形甚難別非極熟悉之人不能測出然論其堅性只有可倫登次於此品故雖在未車琢之先只須在可倫登上劃之即知是否眞品金剛石有四八角形者雖屬恆有而有時測查人亦不易得且有

不成八角形者且往往塊中有無數小粒色各不同有黑者而凡尋常之石面上疊出或膠住其透明晶式之晶式顆粒形確實齊整者必非寶石也鑽石面子必係呆白色如磨光石卵或磨移玻瓈質之卵石惟其碎紋者色始亮金剛石之能劃玻瓈者尚不足定因素告納石石英卵石亦能劃玻瓈不必金剛鑽也

南非洲此品甚富尤巨者在地面下二百尺深至泥土之地層內該處政府將此等地分三段作三百萬畝一段准開礦人工作工費甚巨因礦工欲將各地挖盡而三百萬畝中到處均有細粒攙雜也天下最大一粒係一千八百

九十三年南非洲礦中所出重過於三千六百五十六釐之數長三寸厚二寸半有尖角塔形質中有黑點故尚非上等之佳品也

洙按南非洲鑽石之礦產近來日益發達一千九百零七年有兩公司聯合專為鑽石之貿易復有脫蘭司佛爾官員以科麗南鑽石呈送英皇其鑽石之美不問可知因譯此篇附記於此

礦學下編卷五終

江南製造局

科技譯著集成

礦學冶金卷

第壹分册

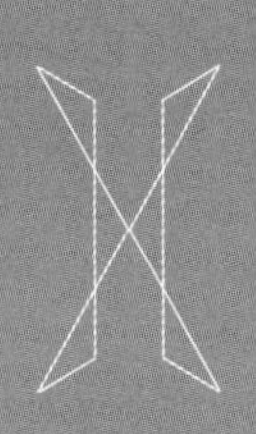

金石表

《金石表》提要

《金石表》一卷，又名《金石中西名目表》或《礦學表》，爲中西礦物學名詞對照表，譯《金石識別》時所作，凡讀金石書者取是書參考之。

金石表

江南製造總局鋟板

VOCABULARY OF

MINERALOGICAL TERMS

OCCURRING IN THE MANUAL

BY J. D. DANA, A.M.

Mr. Dana's "Manual of Mineralogy' was translated into Chinese by Dr. D. J. Macgowan in the year 1868. A vocabulary of the Chinese terms and their English equivalents does not appear to have been made. Students of Mineralogy, finding mostly Foreign names, are often at a loss to understand the book. Translators of works on Chemistry, Mineralogy, and allied subjects, having no vocabulary to refer to, are obliged to invent new names, and hence the confusion that has arisen is very vexatious. The present vocabulary has recently been drawn up with much pains by comparing this translation with the original. The terms used by Dr. Macgowan will be found in the middle column. Wherever he has omitted to translate any term, either one of his synonyms is used in its stead or the place is left blank. The terms now generally used in works on Chemistry, Mineralogy, etc., are placed in the right hand column for comparison. This vocabulary will enable students to find out the English names of the rocks and minerals, the corresponding names in other Chinese works, and the chief elements of which they are composed. It may also be of assistance to Translators generally.

APRIL, 1883.

美國代那作金石識别書同治八年瑪高温譯以漢文所定金石之名初時未曾列表故考究礦學者往往既得金石祇有西名而無華名即不能從已譯之書索其底蘊且後人續譯化學礦學等書因無金石名表故不免另立新名由是金石家更以名目不同爲憾茲將西名列於左行瑪氏所定之名列於中行其有遺漏者則考其原有之别名代之其竟無别名可代者闕之續譯化學礦學等書所定金石之名與其最要之原質列於右行異同是非可比較而得之金石家從礦石而得西名從西名而得華名求之於已譯之金石礦學等書亦足有裨實用也

光緒九年三月

TERMS USED IN J. D. DANA'S MANUAL.	TERMS USED IN DR. MACGOWAN'S TRANSLATION.	TERMS IN GENERAL USE AND CHIEF ELEMENTS.
A		
Acadiolite, (Chabasite),	哀開台育來脫	阿卡弟哇來得　鋁鈣鈉鉀矽
Achmite,	鴨克每脫	阿格迷得　鐵鈉矽養$_{二}$
Acid, arsenious,	少砒酸	鉮養$_{三}$
,, boracic,	布而倫酸	硼養$_{三}$
,, carbonic,	炭酸	炭養$_{二}$
,, hydrochloric,	鹽酸氣	輕綠氣
,, muriatic,	鹽酸氣	輕綠氣
,, sulphuric,	硫磺酸	硫養$_{三}$
,, sulphurous,	硫酸氣	硫養$_{二}$
,, tungstic,	東斯天酸	鎢養$_{三}$
Acmite,	鴨克每脫	阿格迷得　鐵鈉矽養$_{二}$
Actinolite, (Hornblende),	阿克低摩兒愛脫	光線石　鎂鈣矽養$_{二}$
,, asbestiform,	哀斯倍斯得斯阿克低摩兒愛脫	不灰木形光線石
,, glassy,	玻璃阿克低摩兒愛脫	玻璃形光線石
,, massive,	塊阿克低摩兒愛脫	成塊光線石
,, radiated,	星阿克低摩兒愛脫	星形光線石
Adamant, or Diamond,	金剛石	金剛石　明炭
Adamantine spar,	阿得巒淡斯罷	金剛性光石　鋁$_{二}$養$_{三}$
Adularia, (Orthoclase),	愛度琉璃耶	阿度拉里阿石　鋁矽養$_{二}$鉀
Aeschynite,	曷斯間奈脫	依喜奈得　錯鐵鐠鈮
Agalmatolite, or Pagodite,	像石	像石　鋁鉀矽養$_{二}$
Agaric mineral, (Calcite),	灰拓發	蕈形石　鈣養炭養$_{二}$
Agate, (Quartz),	鴨呆脫	黑白瑪瑙　矽養$_{二}$
,, moss,	莫斯鴨呆脫	苔紋瑪瑙　矽養$_{二}$
Alabandine,		阿拉班弟尼礦　錳硫
Alabaster, (Gypsum),	阿拉罷斯登	阿拉巴司得　鈣養硫養$_{三}$
Alalite, (Pyroxene),	哀來來脫	阿拉來得　鎂矽養$_{二}$
Albite, (Cleavelandite),	阿兒倍脫	阿勒倍得　鋁鉀鈉矽養$_{二}$
,, granite,	阿兒倍脫合拉尼脫	含阿勒倍得之花剛石
Alexandrite, (Chrysoberyl),	哀來[illegible]殘犇來脫	亞勒散得來得　鋊鋁鐵
Allagite, (Rhodonite),	鴨拉呆脫	阿拉蓋得　錳矽養$_{二}$
Allanite, or Cerine,	俺蘭奈脫	阿蘭奈得　錯鋁鐵鈣
Allophane, or Reimannite,	哀盧非能	阿陸法尼石　鋁鐵銅矽養$_{二}$
,, opal,	阿背尉哀盧非能	阿陸法尼哇巴勒石
Alluandite,	哀盧哀得愛脫	阿魯哇台得　鐵錳燐養$_{五}$
Almandine, (Garnet),	鴨兒巒定	阿利滿的尼石　鋁鐵矽養$_{二}$
Alum,	明礬	白礬
,, ammonia,	阿摩尼阿礬	淡輕$_{四}$礬
,, iron,	鐵礬	鐵礬
,, magnesia,	美合尼西養礬	鎂礬
,, manganese,	孟葛尼斯礬	錳礬
,, potash,	卜對斯礬	鉀礬
,, soda,	蘇特礬	鈉礬
Alumina,	哀盧彌耶	鋁$_{二}$養$_{三}$
,, dihydrate,	二水哀盧彌耶	鋁$_{二}$養$_{三}$二輕養
fluate,	夫羅而林酸哀盧彌耶	鋁$_{二}$弗$_{三}$

3

Alumina hydrate,	水哀盧彌那	鋁二養三輕養
,, hydrous silicate,	水夕里開哀盧彌那	合水鋁二養三矽養二
,, hydrous sulphate,	水硫酸礬	合水鋁二養三硫養三
,, mellate,	蜜來的酸哀盧彌那	鋁二養三蜜來克
,, phosphate,	燐酸哀盧彌那	鋁二養三燐養五
,, sulphate,	硫酸哀盧彌那	鋁二養三硫養三
Alum shale, (clay slate),	礬泥石	成礬泥板石 鋁矽養二
,, stone, or Alunite,	礬石	礬石 鋁鉀硫養三
,, slate,	礬泥石	礬岩石 鋁矽養二
Aluminite,	哀盧彌那愛脫	阿呂迷奈得 鋁鉀硫養三
Aluminum,	哀盧彌尼恩	鋁
,, fluoride,	夫婁里得酸哀盧彌那	鋁二弗三
Alunite,	阿盧奈脫	阿盧奈得 鋁鉀硫養三
Amalgam native,	銀汞礦	自然銀汞齊
Amber,	琥珀	琥珀 炭輕養
Amblygonite,		阿瑪布里古奈得 鋁鋰燐養五
Amethyst, (Quartz),	阿彌西斯脫	阿彌替司得 矽養二
,, Oriental,	東阿彌西斯脫	東方阿迷替司得 鋁二養三
Amianthus, (Asbestus),	哀味安得斯	阿迷安土斯石 鎂鈣矽養二
Ammonia,	阿摩尼阿之鹼	淡輕三
,, bicarbonate,	二股炭酸阿摩尼阿	淡輕四養二炭養二
,, carbonate,	炭酸阿摩尼阿	淡輕四養炭養二
,, muriate,	鹽酸阿摩尼阿	淡輕四綠
,, phosphate,	燐酸阿摩尼阿	淡輕四養燐養五
,, sulphate,	硫酸阿摩尼阿	淡輕四養硫養三
Ammoniac, Sal.,	磠砂	磠砂 淡輕四綠
Amphibole, or Pargasite,		安非補里石 矽鎂鈣硫鐵
Amphodelite (Anorthite),	安富駄兒愛脫	安夫的來得 鋁鈣鎂矽養二
Amygdaloid,	哀彌答羅愛脫	杏核形石
Amygdaloidal basalt,	哀彌答羅愛脫倍索脫	杏核形巴所得
Analcime, or Cubicite,	鴨捺兒西姆	安阿勒西姆石 鋁鈉矽養二
Anatase,	鴨奈台斯	安阿大西石 鈦養
Ancramite,		安可拉理得 鋅養
Andalusite, or Stanzaite,	安爹羅斯愛脫	安達盧席得 鋁矽養二
Andesin,	安地西能	安德西尼石 鋁鈉鈣矽養二
Anglarite, (Vivianite),	安葛利兒愛脫	安古拉來得 鐵燐養五
Anglesite,	安合利雖脫	安古來得 鉛硫養三
,, cupreous,	銅安合利雖脫	含銅之安古來得
Anhydrite, or Karstenite,	安海翠來脫	無水石 鈣硫養三
Anhydrous sulphate of lime,		無水石膏 鈣硫養三
Ankerite,	安己兒愛脫	安格來得 鈣鎂炭養二
Anorthite, or Biotine,	愛奴塞脫	安咔爾台得 鈣鋁矽養二
Anthophyllite, (Hornblende),	安土非兒愛脫	花葉石 鎂鐵矽養二
Anthosiderite,	安索須提來脫	花鐵石 鐵矽養二
Anthracite, or Stone Coal,	安得里斯愛脫	硬煤 白煤
Anthraconite, (Stinkstone),		臭石 鈣養炭養二
Antigorite, (Serpentine),	安得果兒愛脫	安低哥來得 鎂矽養二
Antimoniate of lead,	安的摩尼酸鉛	鉛養銻養五
,, lime,	安的摩尼酸灰	鈣養銻養五
Antimonial copper,	安的摩尼銅	含銻之銅

4

Antimonial nickel,	安的摩尼臬	含銻之鎳
,, silver,	安的摩尼銀	含銻之銀
Antimony,	安的摩尼	銻
,, native,	自然安的摩尼	生銻
,, arsenical,	砒安的摩尼	含鉮之銻礦
,, feather ore,	毛安的摩尼礦	翎形銻礦
,, gray,	灰色安的摩尼	銻硫三礦
,, red,	紅安的摩尼	紅銻礦
,, sulphuret,	硫酸安的摩尼	銻硫三
,, white,	白安的摩尼礦	銻養三礦 白銻礦
Antimony and lead sulphuret,	硫鉛安的摩尼	銻與鉛合硫各礦
Antrimolite, (Mesolite),	安脫來摩兒愛脫	安德[illegible]哇來得 鋁鈣矽養二
Apatelite,	哀白底來得	阿巴弟來得 鐵養硫養三
Apatite,	鴨不對愛脫	獸人石 鈣養燐養五
Aphanesite,	厄菲尼雖脫	阿法尼賽得 銅鉮
Aphrodite, (Meerschaum),		阿佛羅台得 鎂養矽養二
Aplome, (Garnet),	鴨不盧彌	阿布羅迷石 鈣鋁鐵矽養二
Apophyllite,	哀剖非來脫	易分頁石 鈣鉀矽養二
Aquamarine, (Beryl),	鴨柸枚林	海水色寶石 鋁鋊矽養二
Aragonite, or Igloite,	哀求果奈脫	阿拉果奈得 鈣養炭養二
Arendalite, (Epidote),		阿連打來得 鋁矽養二
Argentane,	白銅	白銅 日耳曼銀
Argentine, (Calcite),	阿趣丁	銀色石 鈣養炭養二
Argillaceous shale,	泥石	泥板石 鋁矽養二
Argillite,	阿其來脫	泥石 鋁矽養二
Arkansite, (Brookite),		阿甘色愛得 鈦養
Arquerite,	阿己來脫	阿耳幾來得 銀汞
Arseniate of cobalt,	砒酸苦抱爾	鈷養鉮養五
,, copper,	砒酸銅	銅養鉮養五
,, iron,	砒酸鐵	鐵養鉮養五
,, lime,	砒酸灰	鈣養鉮養五
,, nickel,	砒酸臬客爾	鎳養鉮養五
Arsenic,	砒石	鉮
,, native,	生砒	自然鉮
,, sulphuret,	黃紅硫砒	鉮合硫各質
,, white,	白砒霜	鉮養三
,, antimony,	砒安的摩尼	含鉮之銻礦
Arsenical cobalt,	砒苦抱爾	含鉮之鈷
,, iron pyrites,	砒鐵倍來克斯	含鉮之鐵硫二礦
,, lead,	砒鉛	含鉮之鉛
,, manganese,	砒孟葛尼斯	含鉮之錳
,, nickel,	砒臬客爾	鉮鎳礦
,, silver,	砒銀	含鉮之銀
Arseno-siderite,	砒息得來脫	鉮鐵礦
Arsenious acid,	少砒酸	鉮養三
Asbestus,	哀斯倍斯得斯	不灰木 鎂鈣矽養二
,, ligniform,	木哀斯倍斯得斯	木形不灰木
Asparagus stone,	哀斯巴里刻斯	阿司叭拉故司石 鈣燐養五
Aspasiolite,	哀斯巴斯育來脫	阿司叭肖來得 鋁鎂矽養二
Asphaltum,	鴨西發而登	阿司非辣脫姆 硬石油

5

Asteria,		星形光色寶石 鋁二養三
Atacamite, or Remolinite,	阿台開而脫	阿大卡迷得 銅養綠
Atmospheric air,	天空氣	空氣
Augite, (Pyroxene),	鵝來脫	哇蓋得 鎂矽養二
,, white,	白鵝來脫	白色哇蓋得
Aurichalcite,	屋來剋而斯愛脫	哇利巧勒賽得 鋅銅炭養二
Auriferous pyrites,	金倍來武斯	含金之鐵硫二礦
Aurotellurite,	金脫羅里恩	金合碲礦
Automolite,	哇吐摩愛脫	哇土莫來得 鋁鋅鐵矽
Aventurine, feldspar,	阿墳耶[illegible]非而斯罷	阿分度里尼非勒司怕耳
,, quartz,	阿墳耶[illegible]科子	阿分度里尼石英 矽養二
Axinite, or Thumite,	鴨克雖奈脫	斧形石 鈣鋁矽養二
Azure,		鈷藍料
Azurite, or Chessylite,	愛如來脫	阿素來得 銅炭養二

B

Babingtonite,	拔平得奈脫	巴丙頓愛得 鐵錳鈣矽養二
Balas ruby, (Spinel),	倍拉斯露佩	巴拉司紅寶石 鋁二養三
Baltimorite, (Serpentine),		巴勒替幕來得 鎂鐵矽養二
Barium,	貝而以恩	鋇
Baryta.	貝而以之鹼 貝而以養	鋇養
,, carbonate,	炭酸貝而以養	鋇養炭養二
,, sulphate,	硫酸貝而以養	鋇養硫養三
,, sulphato carbonate,	硫酸炭酸之貝而以養	鋇養硫養三鋇養炭養二
Baryt-Harmotome,	貝而以哈摩多姆	鋇養哈馬土密石 鋇硫矽
Barytocalcite,	貝而多開來愛脫	鋇養炭養二鈣養炭養二礦
Basalt,	倍索脫	巴所得 鋁鈣矽
Basaltic conglomerate,	倍索合子石	巴所得合子石
Basanite,	皮雖奈脫	巴薩奈得 試金石 矽養二
Bath metal,	龍孚金	巴得銅 銅鋅
Bell metal,	鐘銅	鐘銅 銅錫
,, ,, ore,	鐘銅礦	鐘銅礦 錫硫
Berannite,	皮羅肥脫	比羅奈得 鐵燐養五
Berengelite, (Guyaquillite),	皮文其兒愛脫	伯令來得 炭輕養
Beryl,	倍里得	伯而以勒石 鋁鋊矽養二
Berthierite, or Haidingerite,	白兒茄來脫	伯替愛來得 銻硫
Biddery ware,	別奪利	比特里銅器 銅鋅鉛錫
Biotite, (Mica),	倍阿對脫	比阿台得 鋁鎂矽養二
Birdseye marble,		鳥眼紋雲石 鈣炭養二
Bismuth,	別斯末斯	鉍
,, acicular,	針別斯末斯	針形鉍礦
,, alloys,		鉍之雜質
,, blende,	別斯白倫	鉍養矽養二礦
,, carbonate,	炭酸別斯末斯	鉍養炭養二礦
,, cupreous,	銅別斯末斯	銅鉍礦
,, native,	生成自然別斯末斯	自然鉍 純鉍
,, nickel,	別斯末斯臬各爾	含鉍之鎳礦
,, ochre,	別斯末斯土	鉍養黃土

6

Bismuth oxide,	別斯末斯養	鉍養
,, silicate,	夕里開別斯末斯	鉍養矽養二礦
,, sulphuret,	硫[illegible]別斯末斯	鉍硫三
,, telluric,	脫羅里恩別斯末斯	含碲之鉍
Bismutite,	別斯得得愛脫	鉍養炭養二礦
Bitter spar, or Brown spar,	褐斯罷	苦光石 鈣鎂炭養二
Bitumen,	石油	必司門 地瀝油 炭輕養
,, elastic,	韌石油	能伸縮之地瀝油
Bituminous coal,	別盧門那斯可兒	煙煤
,, shale,	石油泥石	含地瀝油泥板石
Black cobalt,	黑苦抱爾	黑鈷 鈷養黑礦
,, copper,	黑銅	黑銅 銅養黑礦
,, jack,	硫鋅白鉛礦	鋅硫礦
,, lead,	石墨	筆鉛
,, marble,	黑灰石	黑雲石
Blende,	白倫脫	不倫得 鋅硫礦
Bloodstone, Heliotrope,	血石	血點石 矽養二
,,		血色鐵礦 鐵二養三
Blue asbestus,	藍哀斯倍斯得斯	藍色不灰木
,, copper,	藍銅礦	藍色銅礦 銅養炭養二
,, iron earth,	藍鐵土	合鐵藍土 鐵養燐養五礦
,, malachite,	藍麥來蓋脫	藍色瑪拉開得 銅養炭養二
,, spar, or Lazulite,	藍斯罷	藍色光石
,, vitriol,	硫酸銅	膽礬
Bodenite, (orthite.),	蒲希奈脫	布頓愛得 錯矽養二
Bog iron ore,	澤鐵土	卑濕地鐵養礦 無名異
,, manganese,	澤孟葛尼斯	卑濕地錳養二礦
Bole,	蒲忒	黃紅石脂
Boltonite,	蒲待奈脫	波勒頓愛得 鎂矽養二
Boracic acid,	布而倫酸	硼養三
Boracite,	布而倫斯愛脫	鎂養硼養三礦
Borate of lime,	布而倫酸灰	鈣養硼養三
,, magnesia,	布而倫酸美合尼西	鎂養硼養三
,, soda,	布而倫酸索特	鈉養二硼養三
Borax,	硼砂	硼砂
Boron,	布而倫	硼
Boro-silicate of lime,	布而倫夕里開灰	鈣養硼養三鈣養矽養二
Botryolite, (Datholite),	布脫兒愛脫	葡萄串形石 鈣矽硼
Boulangerite,	蒲蘭其兒愛脫	布浪惹來得 鉛銻硫
Bournonite; or Endellionite,	蒲兒奴愛脫	布爾奴奈得 鉛銅銻硫
Brarchite, (Scheererite),	蒲剌愛脫	布蘭濫得 炭輕養
Brass,	黃銅	黃銅
Braunite,	白勞奈脫	布羅奈得 錳二養三
Breccia,	[illegible]石	稜角形合子石
,, marble,	[illegible]	[illegible]
Breislakite, or Cyclopeite,		[illegible] 鋁矽養二
Breunnerite, (Dolomite),		[illegible] 鈣鎂炭養二
Brevicite, (Natrolite),	白[illegible]	布里未[illegible]得 鋁鈣鈉矽養二
Brewsterite,	白羅希得兒愛脫	布路司大來得 鋁鋇鍶矽養二
Britannia metal,		英國[illegible]錫

Brittle silver ore,	脆銀礦	脆性銀礦
Brocatella di sienna,		黃色花點雲石
Brochantite,	白羅蓋得愛脫	布陸脈台得　銅養硫養$_3$
Bromic silver,	孛羅名銀	含溴之銀
Bromine,	孛羅名	溴
Bromlite, (Witherite),	蘿姆愛脫	布路暮來得　鋇鈣炭養$_2$
Bronze,	礦銅	銅錫鋅合質
Bronzite,	白棍昆愛脫	布濱賽得　鎂鐵矽養$_2$
Brookite,	白羅客愛脫	布路蓋得　鏳養
Brown iron ore,	褐鐵礦	樱色鐵礦
,, coal, (Lignite),	白勞而可兒	樱色煤
,, hematite, (Limonite),	褐希美台得	樱色喜瑪台得　鐵$_2$養$_3$
,, ochre, (Limonite),	褐鐵土	樱色土
,, spar, (Dolomite),	褐斯潑	樱色光石　鈣鎂炭養$_2$
Brucite,	白羅斯愛脫	布路歲得　鎂養輕養
Bucholzite, (Silimanite),	蒲哥兒自愛脫	布可勒賽得　鋁$_2$養$_3$矽養$_2$
Buckandite, (Epidote),	蒲客蘭台脫	布各蘭台得　鋁鈣鐵矽養$_2$
Buhrstone, (Quartz),	磨石	布耳磨石　矽養$_2$
Building stone,		造房屋之石
Buratite,	捨利推脫	布拉台得　鋅銅炭養$_2$
Bustamite,	婆斯得美脫	步司他埋得　錳鈣矽養$_2$
Bytownite,	倍當奈脫	拜套奈得　鋁矽養$_2$

C

Cacholong,	開果倫	卡阜渥石　矽養$_2$
Cacoxene,	科開信	卡可格西尼石　鋁鐵燐養$_5$
Cadmia,	開特彌耶	鎘硫
Cadmium,	開特彌恩	鎘
Cairngorm, (Quartz),	煙科子	炭納各末石　墨晶
Caking coal,	開克可兒	鎔結煤
Calaite, or Turquois,	推而脫	卡拉愛得　鋁銅燐養$_5$
Calamine, (Smithsonite),	開來鑾尼礦	卡拉迷尼礦　鋅養炭養$_2$
,, electric,		電性卡拉迷尼礦
Calc spar,	丐而刻斯潑	丐克司巴耳　鈣養炭養$_2$
Calcareous spar,	灰斯潑	含鈣之光石
,, tufa,	灰拓發	含鈣之都法　鈣養炭養$_2$
Calcedony, (Quartz),	開而西駄能	卡勒西度尼石　矽養$_2$
Calcium,	丐而西恩	鈣
,, chloride,	綠氣丐而西恩	鈣綠
,, fluoride,	夫婁丐林灰	鈣弗
Calcite,		丐勒來得　鈣[illegible]
[illegible]	[illegible]	[illegible]
[illegible]	[illegible]	十西[illegible]
[illegible]	[illegible]	迦南愛得　鋁鈉矽養$_2$
[illegible]	[illegible]	千尼里[illegible]　燭煤
[illegible]	介[illegible]	擁毛[illegible]皮
Capillary pyrites,	毛倍來底斯	毛形鎳硫$_2$礦
Carbon,	炭	炭

Carbonic acid,	炭酸氣	炭養$_2$氣
,, oxide,	養炭酸	炭養氣
Carbuncle, or Garnet,	珊紹	卡斯司勒石　鋁鈣矽養$_2$
Carburetted hydrogen,	炭輕氣	炭$_2$輕$_4$氣
Carburet of iron,	炭鐵	鐵炭
Carnelian, (Agate),	蓋尼里恩	卡耳尼里恩石　矽養$_2$
Carpholite,	珊孛兒來脫	麥柴色礦　錳鋁鐵矽養$_2$
Carphosiderite,	珊孛昔地來脫	麥柴色鐵礦　鐵養燐養$_5$
Carrara Marble,	花灰石	掐拉剌雲石
Castor, (Petalite),	卡斯得兒	掐司土尉石　鋁鋰矽養$_2$
Catlinite, (Clay),	煙管石	烟管石　鋁矽養$_2$
Cats' eye, (Quartz),	貓睛石	貓兒眼石　矽養$_2$
Celestine,	珈斯底	細勒司的尼　鍶養硫養$_3$
Cerasite,		西拉賽得　鉛綠炭養$_2$
Cerine,	昔而林	昔里尼石　鏰矽養$_2$
Cerite,	西來脫	昔來得　鏰矽養$_2$
Cerium,	昔而以恩	鏰
,, ochre,	昔而以恩鴉葛爾	鏰養黃土
,, ores,	昔而以恩礦	鏰礦
,, phosphate,	燐酸昔而以恩	鏰養燐養$_5$
,, silicate,	夕里開昔而以恩	鏰養矽養$_2$
Cerusite,	西路蘇脫	西魯司愛得　鉛養炭養$_2$
Chabazite,	揩白斯愛脫	遮罷賽得　鋁鈣矽養$_2$
Chalcedony, (Quartz),	開而西馱能	卡勒西度尼石　矽養$_2$
Chalcolite, (Uranite),	綠色由日奈脫	卡勒哥來得　鈾銅燐養$_5$
Chalk, (Calcite),	茶而刻	白石粉
,, red,	紅茶而刻	紅石粉
Chalybeate waters,	鐵金水	含鐵之泉水
Chalybite, or Spathose,	開倍脫	卡里倍得　鐵養炭養$_2$
Chamoisite,	賽莫尼斯愛脫	奢莫賽得　鐵矽養$_2$
Chathamite, (Smaltine),	轄的苟脫	查他埋得　鈷鉀
Cherry-coal,	七里可兒	樱桃色煤
Chessy copper, (Azurite),	愛如來脫	只西銅　銅養炭養$_2$
Chiastolite, or Macle,	才衰斯多兒來脫	齊阿司土來得　鋁矽養$_2$
Childrenite,	七兒代兒愛脫	知勒忍愛得　鋁鐵錳燐養$_5$
Chiolite,	氣奴兒愛脫	奇哇來得　鋁鈉弗
Chlorastrolite,	客羅辣四多愛脫	綠星石　鋁鈣鈉矽養$_2$
Chlorine,	綠氣	綠氣
Chorite,	客羅愛脫	格羅來得　鎂鋁矽養$_2$
,, slate,	綠泥石	格羅來得端石　鎂鋁矽養$_2$
,, rock,	綠泥石	格羅來得　鎂鋁矽養$_2$
Chloritoid, (Sismondine),	客羅列多愛脫	似格羅來得　鋁鎂鐵矽養$_2$
Chloropal,	[illegible]	綠色[illegible]　鐵矽養$_2$
Chlorophane,	[illegible]	格羅[illegible]尼石　鈣弗
Chlorophyllite, (Iolite),	[illegible]	綠[illegible]
Chlorospinel,	[illegible]	綠色[illegible]　鋁鎂養
Chondrodite, (Humite),	[illegible]	可堆得路特得　鎂矽養$_2$
Chromate of lead,	[illegible]	鉛養鉻養$_3$
,, ,, and copper,	客羅彌酸銅鉛	鉛養鉻養$_3$合銅養鉻養$_3$
Chrome yellow,	客羅彌漆畫色料	鉛養鉻養$_3$黃色料

Chromic iron, or Chromite,	客羅彌恩鐵	含鉻之鐵
,, ochre,	生成客羅彌酸土	鉻養$_3$黃土
Chromium,	客羅彌恩	鉻
Chrysoberyl,	客里蘇倍里爾	金色伯而以勒石　鋊鋁$_2$養$_4$
Chrysocolla, or Copper-green,	客里蘇各落	銲金料石　銅矽養$_2$
Chrysolite or Olivine,	客里蘇兒來脫	金色石　鎂鐵矽養$_2$
,, iron,	鐵客里蘇兒來脫	鐵金色石　鐵鎂矽養$_2$
Chrysoprase, (Chalcedony),	開蘇倍斯	翡翠玉　矽養$_2$
Cimolite, (Clay),	惜摩來脫	西暮來得　鋁矽養$_2$
Cinnabar,	惜納拔	汞硫礦
,, hepatic,	肝色惜納拔	肝色汞硫
Cinnamon-Stone, (Garnet),	肉桂石	桂皮色石　鋁矽養$_2$
Cipolin marbles,		西布里尼雲石　鈣養炭養$_2$
Clausthalite,	客羅斯對來脫	鉛硒礦
Clay,	土	韌泥　鋁矽養$_2$
,, brown and yellow,	褐黃泥鐵石	樱黃泥鐵石
,, for bricks,	磚泥	磚泥
,, iron-stone,	土鐵石	泥鐵石　鐵養炭養$_2$
,, pottery,	砂磁之泥	作瓷瓦之泥
,, slate,	克來斯里脫　泥石	泥端石　鋁矽養$_2$
Cleavelandite, (Albite),	客里勿蘭待脫	格里甫蘭台得　鋁鉀鈉矽
Clinkstone, or Phonolite,	響石	響石　鋁矽養$_2$
Clintonite, or Segbertite,	客林脫能愛脫	格林敦愛得　鋁鎂矽養$_2$
Cloanthite,	客羅安得愛脫	白色鎳礦　鉮鎳礦
Coal, anthracite,	安得里斯愛脫無石油之煤	硬煤白煤
,, bituminous,	別爐門那斯可兒　石油煤	煙煤
,, brown,	白勞兒可兒　褐色煤	樱色煤
,, caking,	餅煤	鎔結煤
,, cannel,	燭煤	干尼里煤
,, cherry,	樱桃煤	樱桃色煤
,, glance,	光煤	光色煤
,, mineral,	煤炭	煤
,, splint,		硬樱桃色煤
,, stone,	石煤	石煤
,, wood,	木煤	木煤
Cobalt,	苦抱爾	鈷
,, arseniate of,	多砒酸苦抱爾	鈷養鉮養$_5$
,, arsenical,	砒苦抱爾	含鉮之鈷
,, arsenite,	少砒酸苦抱爾	鈷養鉮養$_3$礦
,, black oxide,	養氣苦抱爾	黑色鈷養礦
,, bloom,	紅苦抱爾	鈷紅料
,, earthy,	養氣苦抱爾	合土之鈷養礦
,, mica (bloom),	枚格苦抱爾	雲母石形鈷礦
,, nitrate,	硝酸苦抱爾	鈷養淡養$_5$
,, ochre,	紅苦抱爾土	紅色鈷養土
,, pyrites,	苦抱爾倍來底斯	鈷$_2$硫$_3$礦
,, radiated,	星白苦抱爾	星紋白色鈷礦
,, red,	紅苦抱爾	紅色鈷養礦
,, sulphate,	硫酸苦抱爾	鈷養硫養$_3$
,, sulphuret.	硫磺苦抱爾	鈷$_2$硫$_3$礦

Cobalt, tin-white,	錫色苦抱爾	錫白色鈷礦
,, vitriol,	硫酸苦抱爾	鈷養硫養$_3$
,, white,	白苦抱爾	白色鈷礦
Cobaltic lead ore,	苦抱爾鉛礦	含鈷之鉛礦
Cobaltine, (Cobalt glance),	苦抱爾低能	古薄勒的尼礦　鈷鉮硫
Coccolite,	顆顆來脫	小果形石　鎂矽養$_2$
Colcothar,	渴兒可撒	鐵$_2$養$_3$粉
Colophonite, (Garnet),	果羅無奈脫	松香色石　鋁矽養$_2$
Columbite,	可倫倍脫	高倫倍得　鐵錳鈮
Columbium,	可倫皮恩	鎬　鈮
Comptonite, (Thompsonite),	康白脫奈脫	干布敦愛得　鋁鈣矽養$_2$
Coke,	枯塊煤	枯煤
Condurrite, (Domeykite),	康駄來脫	干度來得　銅鉮
Conglomerate,	合子石	合子石
Copal, fossil,		地產哥巴勒　炭
Copper,	銅	銅
,, alloys of,	攙銅	攙銅質
,, antimonial,	安的摩尼銅	含銻之銅礦
,, arseniate,	砒酸銅	銅養鉮養$_5$
,, arsenical,	砒銅	含鉮之銅
,, blue,	藍色炭酸銅	藍色銅養炭養$_2$礦
,, carbonate,	炭酸銅	銅養炭養$_2$
,, chloride,	綠氣銅	銅綠
,, froth,	銅沫	淡綠色銅養鉮養$_5$礦
,, glance,	玻璃銅礦	光色銅礦
,, ,, antimonial,	安的摩尼玻璃銅礦	含銻之光色銅礦
,, mica,	銅枚格	雲母石形銅礦
,, muriate,	鹽酸銅	銅綠
,, native,	生成白然銅	生成銅
,, nickel,	銅臬客爾	鉮鎳礦　銅色鎳礦
,, oxide,	養氣銅	銅合養氣礦
,, phosphate,	燐酸銅	銅養燐養$_5$
,, pyrites,	硫銅礦	銅硫$_2$礦
,, ,, with iron,	銅倍來底斯	銅硫$_2$鐵硫$_2$礦
,, ,, variegated,	紋銅倍來底斯	雜色銅硫$_2$鐵硫$_2$礦
,, pyritous,	銅倍來底斯	銅硫$_2$礦
,, selenide,	西里尼恩銅	銅硒礦
,, silicate,	夕里開銅	銅養矽養$_2$
,, silico-carbonite,	夕里開炭酸銅	含矽養$_2$之銅養炭養$_2$礦
,, sulphate,	硫酸銅	銅養硫養$_3$
,, sulphato-chloride,	硫綠酸銅	銅綠硫養$_3$
,, sulphuret,	硫磺銅	銅硫
,, uranite,	銅由日尼恩	含鈾銅礦
Copper ore, black,	黑銅礦	黑色銅礦　銅養
,, ,, blue,	藍銅礦	藍色銅礦　銅養炭養$_2$
,, ,, gray,	灰銅礦	灰色銅礦　銅銻鉮硫
,, ,, argentiferous,	銀灰銅礦	含銀之灰色銅礦
,, ,, octahedral,		八面形銅礦　銅礦
,, ,, red,	紅色銅礦	紅色銅礦　銅養
,, ,, variegated,	紋銅倍來底斯	花點銅礦　銅鐵硫

Copper ore velvet,	絨銅礦	絨銅礦　銅養炭養二
,, vitreous,	玻璃銅礦	光色銅礦　銅硫
Copperas,	谷別累斯	青礬　鐵養硫養三
Coquimbite,	可緊佔來脫	柯谷木佔得　鐵養硫養三
Coracite, (Pitchblende),	可利壁脫	鴉黑色礦　鈾鉛鈣
Cordierite, or Iolite,	寇育來脫	寇第阿來得　鋁鎂鐵矽養二
Cork, mountain,	山軟木	軟木形石　鎂鈣矽養二
Corneous lead,	角鉛	明角形鉛礦　鉛綠養
Corundum,	可侖登姆	可侖登得　鋁養
Cotunnite,	可登[illegible]脫	[illegible]　鉛綠
Couzeranite, (Scapolite),	[illegible]	[illegible]　鋁矽養二
Covelline, or Indigo Copper,	可弗林	靛藍色銅礦　銅硫
Crichtonite, or (Ilmenite),	克里脫奈脫	格來頓愛得　鐵鈦
Crocidolite,	[illegible]	[illegible]　鐵矽養二
Crocoisite, (Lehmannite),	[illegible]	[illegible]　鉛鉻養三
Croustedtite,	[illegible]	[illegible]　鐵矽養二
Cross stone, or Staurotide,	[illegible]	十字形石　鐵鋁矽養二
Cryolite,	葛育來脫	霰形石　鈉鋁弗
Cryptolite,	[illegible]	格利普來得　鈰燐養五
Cuban,	[illegible]	古巴那礦　銅鐵硫
Cube ore, (Pyrites),	結晶四方塊礦	自然銅　立方粒礦　鐵硫二
,, spar,	安得來來脫	立方形光石　鈣養硫養三
Cummingtonite,	孔名登來脫	故明敦愛得　鎂矽養二
Cupreous anglesite,	銅安合利羅脫	含銅之安古養得
,, sulphato-carbonate of lead,	銅硫炭養鉛	含銅之鉛養硫養三鉛養炭養二
Cupro plumbite,	銅鉛石	銅鉛硫礦
Cyanite, or Disthene,	開色奈脫	蓋阿奈得　鋁矽養
Cymophane, (Chrysoberyl),	賽毛反	蔑莫反尼石　鋁鉻養
Cyprine, (Idocrase),	賽浦林脫	居比路以尼石鈣鋁銅矽養二

D

Damourite,	德摩爾愛脫	打摩而愛得　鋁鈣矽養二
Danaite, (Mispickel),	代那愛脫	代那愛得　鐵硫鈷
Danburite,	丹布來脫	旦布來得　鈣硼矽養
Datholite, or Humboldtite,	台拉來愛脫	大托來得　鈣矽硼養
Davyne, or Nepheline,	尼斐林	打非尼石　鋁矽養
Derbyshire, or fluor spar,	[illegible]	[illegible]　鈣弗
Dermatine, (Serpentine),	[illegible]	特爾馬尼石　鎂鐵矽養二
Deweylite, or Gymnite,	[illegible]	[illegible]　鎂矽養
Diallage, (Pyroxene),	待阿拉其	弟阿拉知石　鎂鈣鐵矽養二
,, metalloid,	金待約來其	金光弟阿拉知石　鎂矽養二
Diallage rock,	待約來其石	由富台弟石　鎂矽養
Diallogite,	待愛羅其愛脫	弟阿拉知愛得錳鈣鐵矽養二
Diamond,	金剛石	金剛石
Diaspore,	[illegible]	[illegible]　鋁鐵鈣養
Dichroite, or Iolite,	[illegible]	二色石　鋁鎂鐵矽養二
Diopside, or Pyrgom,	待愛不斯愛脫	臺哇布賽得　鎂鈣矽養二

Dioptase,	台屋不對斯	臺哇布大西礦　銅矽養二
Diorite,	待阿來脫	台阿來得　鋁矽養二
Dioxylite,	待屋克西來脫	台阿格西來得　鉛硫炭養二
Diphanite,	待愛非奈得	台發奈得　鋁矽養二
Dipyre, or Prehnitoid,	迭配兒	兩火石　鋁鈣鈉矽養二
Discrasite,	迭斯克里蹤脫	台斯格拉賽得　銀銻
Disthene, or Kyanite,	開他來脫	二力石　鋁矽養二
Dog tooth spar, (Calcite),	狗牙斯罷	狗牙形光石　鈣養炭養二
Dolerite, or trap,	度里來脫	度里來得
Dolomite,	度羅美脫	多路美得　鈣養鎂養炭養二
Domeykite,	默美開脫	度迷益得　銅砷
Drawing slate,	字板石	字板石　鋁炭鎂矽養二
Dreelite, (Barytes),	迭里來脫　第見愛脫	特里來得　鋇養硫養三
Dufrenoysite, (Galena),	[illegible]	[illegible]　鉛硫砷
Dysclasite,	[illegible]	難斷石　鈣矽養二
Dysluite, (Spinel),	[illegible]	難鎔石　鋁鋅錳鐵
Dysodile, (Lignite),	台索提兒	難嗅石　炭輕養

E

Earthy cobalt,	[illegible]	含土之鈷錳礦
,, manganese,		含土之錳礦
Edelforsite, (Retzite),		以德勒福賽得　鈣矽養二
Edingtonite,	易定登奈脫	以定敦愛得　鋇鋁矽養二
Edwardsite, (Monazite),	[illegible]	[illegible]　鈰鑭燐養五
Egeran, (Idocrase),	谷其蘭	以其蘭石　鈣鋁鐵鈉矽養二
Egyptian jasper, (Quartz),	埃及耀斯不耳	埃及青碧　矽養二
Elaeolite, or Phonite,	伊里阿來脫	[illegible]　鋁矽養二
Elastic bitumen,	韌石油	能伸縮地瀝油
Electric calamine,		電性鋅養矽養二礦
Eliasite, (Pitchblende),	[illegible]	[illegible]　鈾鐵
Embolite,	[illegible]	[illegible]　中間石　銀綠溴
Emerald, (Beryl),	美刺來兒	明綠寶石　鋁鉻矽養二
,, oriental,	東美刺來兒	東方明綠寶石　鋁二養三
,, nickel,	易密來兒臬客爾	明綠色鎳礦
Emery, (Corundum),	哀末利	寶砂　鋁二養三
Emerylite, (Margarite),	愛來來脫	寶砂石　鋁矽鈣
Enceladite,	[illegible]	恩西拉台得　鐵錳鐵
Epidote,	[illegible]	以比多得　鉛矽養
Epistilbite,	以別斯底兒倍脫	以比司替勒倍得　鋁矽養二
Epsom salt or Epsomite,	易不斯頓索而脫	愛補生鹽　鎂養硫養三
Eremite, (Monazite),	[illegible]	獨居石　鈰鑭鎬釷燐養五
Erinite,	[illegible]	以里奈得　銅養砷養五
Erubescite, or Purple Copper,	[illegible]	花斑銅礦　銅鐵硫
Erythrine or Cobalt Bloom,	[illegible]	紅鈷礦　鈷養砷養五
Essonite, (Iolite)	[illegible]	[illegible]
Essonite, (Cinnamon Stone)	[illegible]	[illegible]
Eucairite,	[illegible]	巧遇石　銀銅硒
Euchroite,	由克羅愛脫	美色石　銅砷養五

Euclase,	由客來斯	易斷石　鋁鉻矽養二
Eudialyte,	由台也來脫	易消化石　鋯鈉鈣矽養二
Euphotide, (Saussurite),	由富得愛脫	由富台得　鋁鈣鎂鈉矽鐵
Euphyllite,	油非來脫	易分頁石　鋁鈣矽養二
Eupychroite, (Apatite),	牛罷刻而愛脫	燒成美色石　鈣養燐養五
Euxenite,	油層奈脫	由格西奈得　鈦錯鈮

F

Fahlerz, (Tetrahedrite),	灰銅礦	發勒士　炭色銅礦　銅銀汞
Fahlunite, or Triclasite,	發勒奈脫	發倫愛得　鋁矽養二
Fassaite, or Pyrgom,	非雖愛脫	發隆愛得　鎂矽養二
Faujasite,	富嚼斯愛脫	浮乍賽得　鋁鈣鈉矽養二
Feather alum,	毛礬	翎形礬
,, ore,	毛安的摩尼礦	翎形銻礦　鉛銻硫
Feldspar, or Orthoclase,	非而斯罷	非勒司巴耳　鋁矽養二
,, common,	常非而斯罷	常非勒司巴耳
,, glassy,	玻璃非而斯罷	玻璃形非勒司巴耳
,, Labrador,	辣白里駃非而斯罷	拉巴拉多非勒司巴耳
Feldspathic Granite,	非而斯罷合拉尼脫	非勒司巴耳花剛石
Fergusonite,	非蓋雖奈脫	夫耳故孫愛得　鈦錯鈮
Ferrotantalite, (Tantalite),	鐵談台來脫	鐵鉭礦
Fettbol, (Nontronite),	弗的蒲貳	非特波勒石　鐵矽養二
Fibro ferrite,	非白羅肺兒愛脫	絲紋形鐵礦　鐵硫養三
Fibrolite, (Bucholzite),	非白羅來得	細絲紋石　鋁矽養二
Fichtelite,	非得兒愛脫	非施特來得　炭輕養
Figure stone, or Agalmatolite,	像石	刻像石　鋁鉀矽養二
Fire-brick clay,	火磚之泥	作火磚之泥　鋁矽養二
,, marble,	火灰石	火紋雲石　鈣養炭養二
,, opal, or Girasol,	火阿背爾	火色哇巴勒石　矽養二
Fischerite,	肺式兒愛脫	非式耳愛得　鋁燐養五
Flagging stones,		成層作板之石
Flint,	火石　弗林脫	火石　矽養二
Float stones,	嚼斯不爾類浮石	能浮之青碧石　矽養二
Flos ferri,	鐵花	鐵花　鈣養炭養二
Fluocerine,	夫羅摔林	鍇弗二礦
,, basic,	佑雖克夫羅摔林	多本鍇弗二礦
Fluellite,	夫爺葛兒愛脫	弗羅以來得　鋁弗二
Fluorine,	夫羅而林	弗氣
Fluor spar,	夫羅而斯罷	鈣弗石
Foliated tellurium,	頁脫得里恩鉛	頁形碲鉛礦
,, talc,	頁台而客	頁形託格石　鎂矽養二
Fontainebleau limestone,	方點白羅愛脫	方典布路灰石　鈣養炭養二
Forsterite,	蒲得奈脫	夫耳斯特來得　鎂養矽養二
Fossil copal, or Copaline,		地產哥巴勒　炭輕養
,, wood,	木灰石	變石之木　矽養二
Fowlerite, (Rhodonite),	付勒兒愛脫	浮辣來得　錳鈣鐵鎂鋅矽
Franklinite,	弗蘭葛林奈脫	福蘭格林愛得　鐵鋅錳
Freestone,		軟砂石　矽養二

Fuchsite,	富客來脫	[illegible]
Fullers earth,	富勒土	[illegible]
Fusible metal,		[illegible]

G

Gadolinite, or Ytterbite,	呆度來奈脫	加度里內得　鈦錯鐵
Gahnite, or Automolite,	哇呢摩愛脫	加合[illegible]　[illegible]
Galena,	呆里那	加里那　鉛硫礦
Gangue,	呆阬	包礦之石
Galmey, (Calamine),	開來蠻尼	[illegible]　鋅矽養二
Garnet common,	常珈納	尋常加尼得
,,	珈納	加尼得　鋁鈣矽養二
,, manganesian,	孟葛尼斯珈納	錳養加尼得　錳鋁鐵矽養二
,, precious,	寶珈納	寶加尼得
,, tetrahedral,	海兒文	四面形加尼得
,, white, or Leucite,	白珈納	白色加尼得　矽鋁鉀
Gaylussite, or Natrocalcite,	開路斯愛脫	該路賽得　鈉鈣炭養二
Gehlenite,	其勒奈脫	[illegible]　鈣鋁矽養二
Genesee oil,		幾尼西油　火油　輕炭
Geocronite, (Galena),	奇阿克奈脫	幾阿格路奈得　鉛銻硫
German silver,	白銅	白銅　日耳曼銀　銅鎳鋅
Gersdorffite, (Nickel glance),	光臬客爾	光色鎳礦　鎳銻硫
Gibbsite,	結別斯愛脫	[illegible]
Gibraltar, rock,	帶灰石	直布羅陀石　鈣養炭養二
Gieseckite, (Pinite),	其卒蓋脫	[illegible]　鋁矽養二
Gigantolite, (Pinite),	才强多來脫	巨石　鋁矽養二
Girasol, or Fire Opal,	火阿背爾	轉日石　矽養二
Gismondine, or Zeagonite,	齊葜果奈脫	[illegible]尼石　鋁鈣鈉矽養二
Glance cobalt,	合抱爾低能	光色鈷礦　鈷砷硫
Glauberite,	合羅白兒愛脫	[illegible]　鈉鈣硫養二
Glauber salt,	合羅白兒鹽	[illegible]　鈉養硫養三
Glaucolite, (Scapolite),	合落苦來脫	[illegible]石　鋁矽養二
Glaucophane,	合羅哥非	[illegible]石　鋁矽養二
Glottalite, (Chabasite),	合落台兒愛脫	格[illegible]大來得　鋁矽養二
Glucina,	谷羅西那	鋊養
Gmelinite, or Hydrolite,	米利奈脫	[illegible]　鋁矽養二
Gneiss,	尼斯	乃斯石
Gold,	黃金	金
,, native,	生成黃金	自然金
Gong Chinese,		中國鑼銅
Goslarite, or Zincvitriol,	硫酸白鉛	哥斯拉來得　鋅養硫養三
Göthite, or Brown Iron Ore,	合爺愛脫	哥台得　棕鐵礦　鐵二養三
Gouttes d'eau, (Topaz),		水滴光色石　鋁弗矽
Grammatite, (Hornblende),	低摩兒愛脫	格拉馬台得　鎂鈣矽養二
Granite,	合拉尼脫	花剛石　鋁矽等
Granular limestone,	粒灰石	成粒粒灰石　鈣養炭養二
Granulite,	合拉尼來脫	無雲母之花剛石　鋁矽等
Graphic granite,	文合拉尼脫	文紋花剛石

15

Graphic tellurium,	文脫羅里恩	文紋碲礦　碲金
Graphite, or Plumbago,	石墨	筆鉛　炭鐵
Gray autimony,	灰色安的摩尼	灰色銻礦　銻硫
,, copper ore,	灰銅礦	灰色銅礦　銅銻硫鉮
Graystone,	灰色倍素脫	灰色巴所得
Green coccolite, (Pyroxene),	綠顆顆來脫	綠色小果形石　鎂矽養$_{二}$
,, diallage, (Amianthus),	綠待約來其	綠色弟阿拉知石　鎂鈣矽養$_{二}$
,, earth, (Angite),	綠土	綠土　鎂矽養$_{二}$
,, iron stone,	綠鐵石	綠色鐵礦　鐵$_{二}$養$_{三}$燐養$_{五}$
,, malachite,	綠麥來蓋脫	綠色瑪拉開得　銅養炭養$_{二}$
,, porphyry,	綠色巴弗里	綠色拍弗里石　鋁矽養$_{二}$
,, sand,	綠砂	綠砂　鐵矽養$_{二}$
,, vitriol,	硫酸鐵	青礬　鐵養硫養$_{三}$
Greenockite,	合里那格愛脫	格里奴蓋得　鎘硫
Greenovite, (Sphene),	合里奴無愛脫	格里奴非得　鍀鈣矽養$_{二}$
Greenstone,	綠石	綠石　鋁矽養$_{二}$
Grengesite, (Chlorite),	合倫其白愛脫	格令幾賽得　鎂鋁矽養$_{二}$
Grit rock,	合里脫	粗砂石　矽養$_{二}$
Groppite,	合落倍脫	格陸拜得　鋁鎂矽養$_{二}$
Grossularite, (Garnet),	合拉朽來脫	綠色加尼得　鋁鈣矽養$_{二}$
Grünanite,	合拉牛愛脫	格呂挪愛得　鎳鉍硫
Guanite, or Struvite,	開愛奴愛脫	古阿奴愛得　燐養$_{五}$鎂淡輕$_{三}$
Guano,	開愛奴	古阿奴　鈣鎂炭
Gurhofite, (Dolomite),	合而苛府愛脫	故耳何非得　鈣鎂炭養$_{二}$
Guyaquillite,	開窦及見愛脫	瓜亞基爾來得　炭輕養
Gypsum,	絕不斯恩　石膏	石膏　鈣養硫養$_{三}$
,, anhydrous,		無水石膏
,, fibrous,	絲光絕不斯恩	絲紋石膏
,, radiated,	星光絕不斯恩	星紋石膏
,, snowy,	雪花石膏	雪形石膏
Gyrasol, or Fire opal,	火阿背爾	轉日石　鋁$_{二}$養$_{三}$

H

Haloid salts,		似鹽之鹽類
,, minerals,	鏞金類	似鹽之金類
Hæmatite, or Red iron ore,	希美台脫	喜瑪台得　紅鐵礦
Haidingerite,	海定其兒愛脫	亥定格來得　鈣鉮養$_{五}$
Hair salt,	毛鹽	毛形鹽　鎂養硫養$_{三}$霜
Halloysite,	哀盧雖脫	哈雷賽得　鋁$_{二}$養$_{三}$鎂
Harmatome, or Cross Stone,	哈摩多姆	磱師石　十字石　鋁鋇鉀矽
Harringtonite, (Mesolite),	海林得奈脫	哈林敦愛得　鋁矽養$_{二}$
Harrisite, Cubic Copper,	海里雖脫	立方光色銅礦　銅硫
Hartite,	哈對愛脫	哈耳台得　炭輕養
Hatchetine,	合日氐	哈幾弟尼石　炭輕養
Hauerite,	和愛來脫	何耳愛得　錳硫$_{二}$
Hausmannite,	華斯鐵愛脫	錳黑礦　錳養$_{二}$
Hauyne,	侮尼	何以尼石　鋁鈉矽養$_{二}$
Haydenite, (Chabasite),	海岱奈脫	亥敦愛得　鋁鈣矽養$_{二}$

16

Hayesine,	海星	亥以西尼石　鈣養硼養$_{三}$
Heavy spar,	合肥斯罷	重光石　鋇養硫養$_{三}$
Hedenbergite,	希得白兒斯愛脫	希敦伯蓋得　鎂矽養$_{二}$
Hedyphane, (Mimetesite),	喝地非恒	希弟發尼礦　鉛鉮綠
Heliotrope, or Bloodstone,	血石	血點石　矽養$_{二}$
Helvin, (Garnet),	海文兒	希勒非尼石　鋁鋊鐵錳矽
Hematite, Brown,	褐希美台脫	棂色鐵礦　鐵養
,, red,	紅希美台脫	紅色鐵礦　鐵$_{二}$養$_{三}$
Hercenite, (Spinel),	黑尉倍奈脫	希耳西奈得　鐵鎂養
Herschelite,	合式來脫	侯失勒愛得　鋁鈉鉀鈣
Heteroclin, or Marceline,	希低路客林	希低路格林礦　錳鐵矽養$_{二}$
Heterosite,	希太羅斯愛脫	希低路賽得　鐵錳燐養$_{五}$
Heulandine,	朽蘭臺愛脫	許蘭台得　鋁鈣矽養$_{二}$
Hisingerite,	翕信其來愛脫	希星格來得　鐵矽養$_{二}$
Hone slate,	磨刀泥石	磨刀細端石
Hopeite,	阿白愛脫	胡伯愛得　鋅鎘燐養$_{五}$
Honey stone, or Mellite,	蜜石	蜜石　鋁蜜里兒酸
Horn quicksilver,	角水銀	明角形汞綠礦
,, silver,	角銀	明角形銀礦　銀綠
Hornblende or Amphibole,	霍恒白倫	河拿布侖得　鎂鈣矽養$_{二}$
,, light coloured,	明霍恒白倫	淡河拿布侖得
,, dark ,,	暗霍恒白倫	深河拿布侖得
,, slate,	霍恒白侖泥石	河拿布侖得端石　鎂鈣鋁矽
Hornstone, (Quartz),	霍恒斯駄能	明角形石　火石　矽養$_{二}$
Hudsonite, (Augite),	合蘇奈脫	哈德係愛得　鎂矽養$_{二}$
Humboldtilite or Zurlite,	恆婆得愛脫	洪波特來得　鈣鋁鎂鈉矽
Humite,		呼迷得　鎂鐵矽養$_{二}$
Hureaulite,	朽路來脫	呼路來得　鐵錳燐養$_{五}$
Hyacinth, or Jargon,	海也新得	海耶辛得　鋯矽養$_{二}$
Hyalite, (Opal),	海亦兒愛脫	玻璃色石　矽養$_{二}$
Hydraulic lime,	水石灰	水下能結成之灰　鈣養
Hydroboracite,	水布而倫酸灰美合尼西養	水硼養$_{三}$礦　鈣鎂硼養$_{三}$
Hydrochloric acid,	鹽酸氣	輕綠氣
Hydrogen,	輕氣	輕氣
,, carburetted,		輕炭氣
,, phosphuretted,		輕燐$_{三}$
,, sulphuretted,		輕硫氣
Hydromagnesite,	海得羅美合尼西愛脫	含水鎂養炭養$_{二}$礦
Hydrophane, (Opal),	海得羅非能	入水顯明石　矽養$_{二}$
Hydrotalcite, (Volknerite),	海得羅台而客愛脫	含水託格愛得　鎂鋁炭養$_{二}$
Hypersthene, (Pyroxene),	海不思低能	格外難斷石　鎂矽養$_{二}$
Hystatite, (Ilmenite),	海斯低得愛脫	亥斯他台得　鐵鍀養$_{三}$

I

Iberite,	哀皮來脫	意卑來得　鋁鐵矽養$_{二}$
Ice,	冰	冰
Iceland spar,	愛而倫刻斯罷	愛斯蘭光石　鈣養炭養$_{二}$
Icespar, (Orthoclase),	冰斯罷	冰形光石　鋁養$_{二}$

17

Icthyophthlamite,	哀剝非來脫	魚眼色石　鈣養矽養$_{二}$
Idocrase, or Vesuvian,	愛度客來斯	雜形石　鋁鈣矽養$_{二}$
Idrialin, or Cinnabar,	哀台兒愛脫	以特里耶里尼石　汞硫
Ilmenite,	伊爾美奈脫	伊勒兔愛得　鐵鍀養$_{三}$
Ilvaite,	力無愛脫	以勒法愛得　鐵矽鈣
Impurities,	雜質	異質
Indicolite, (Tourmaline),	陰奪科來脫	靛藍色石　鋁矽養$_{二}$
Iodine,	愛阿靛	碘
Iodic silver,	愛阿靛銀	含碘之銀
,, mercury,	愛阿靛水銀	含碘之汞
Iolite, or Dichroite,	哀育來脫	愛亞來得　鋁鎂鐵矽養$_{二}$
,, hydrous,	水哀育來脫	含水愛亞來得
Iridium,	衣日地恩	銥
Iridosmine,	衣日地恩哈思彌恩礦	銥鋨礦　銥鋨釕銠
Iron,	鐵	鐵
,, arsenate,	砒酸鐵	鐵養鉮養$_{五}$
,, arsenical,	砒鐵	含鉮之鐵
,, bisulphuret,	二股硫磺鐵	鐵硫$_{二}$
,, carbonate,	炭酸鐵	鐵養炭養$_{二}$
,, carburet,	炭鐵	含鐵之筆鉛
,, chromate,	客羅彌酸鐵	鐵養鉻養$_{三}$
,, chrysolite,	鐵客里蘇兒來脫	鐵金色石
,, columbate,	可倫倍恩酸鐵	鐵養鎶養$_{二}$
,, epidote,	鐵曷碑度地	鐵養以比佗得
,, hæmatic,	希美台鐵	樱紅色鐵礦
,, hydrous oxide,	水鐵鏽	鐵養輕養
,, meteoric,	隕星石中之鐵	隕星鐵
,, mica,	枚格鐵	鐵雲母石　鐵養
,, native,	自然鐵	自然鐵
,, oligiste,	阿來及斯鐵石	鐵$_{二}$養$_{三}$光點礦
,, oxalate,	馬兒酸鐵	鐵養草酸
,, oxides,	鐵鏽類	鐵合養之各質
,, phosphate,	燐酸鐵	鐵養燐養$_{五}$
,, silicate,	夕里西恩鐵	鐵養合矽養$_{二}$之礦類
,, sparry, or spathie,	斯罷底鐵礦	鐵養炭養$_{二}$礦
,, specular,	金光鐵石	鏡光面鐵礦
,, stone, blue,	藍鐵土	藍色鐵土　鐵$_{二}$養$_{三}$燐養$_{五}$
,, ,, green,	綠鐵石	綠色鐵礦　鐵$_{二}$養$_{三}$燐養$_{五}$
,, sulphate,	硫酸鐵	鐵養硫養$_{三}$
,, sulphuret,	一股硫磺鐵	鐵硫
,, tantalate,	談台來脫酸鐵	鐵養鉭養$_{二}$
,, titanic,	替脫尼恩鐵	含鍀之鐵
,, tungstate,	東斯天酸鐵	鐵養鎢養$_{三}$
,, ore, argillaceous,	泥鐵礦	含泥之鐵礦
,, ,, axotomous,	伊爾美奈脫	橫軸劈鐵礦　鍀鐵
,, ,, bog,	澤鐵土	溼地鐵礦　無名異　鐵養
,, ,, brown,	褐鐵礦	樱色鐵礦
,, ,, chromic,	客羅彌恩鐵礦	含鉻養$_{三}$鐵礦
,, ,, glance,	鐵合關斯	鐵$_{二}$養$_{三}$光點礦
,, ,, green,	綠鐵石	綠鐵礦

18

Iron ore jaspery,	瞎斯不爾泥鐵	青碧形鐵礦　鐵$_{二}$養$_{三}$鋁矽
,, ,, lenticular,	泥豆鐵礦	小豆形鐵礦　無名異
,, ,, magnetic,	磁石礦	磁石　鐵$_{三}$養$_{四}$
,, ,, micaceous,	枚格鐵石	雲母石鐵礦
,, ,, ochreous,	鴉葛爾鐵礦	紅黃土鐵礦
,, ,, octahedral,	八面形鐵礦	八面形鐵礦　鐵$_{三}$養$_{四}$
,, ,, pitchy,	鐵潑來脫	柏油形鐵礦　錳鐵燐養$_{五}$
,, ,, red,	紅鐵礦	紅色鐵礦
,, ,, rhombohedral,	六角鐵礦	斜方面形鐵礦　鐵$_{二}$養$_{三}$
,, ,, spathic,	斯罷底鐵礦	鐵養炭養$_{二}$礦
,, ,, specular,	金光鐵石	鏡光面鐵礦　鐵$_{二}$養$_{三}$
,, ,, titanic,	替脫尼鐵	鍀鐵礦
,, pyrites,	硫磺鐵礦	鐵硫$_{二}$礦
,, arsenical,	砒鐵倍來底斯	鐵硫$_{二}$鐵鉮礦
,, auriferous,	金倍來底斯	含金之鐵硫$_{二}$礦
,, hepatic,	肝倍來底斯	肝色鐵硫$_{二}$礦
,, magnetic,	吸鐵倍來底斯	吸鐵鐵硫$_{二}$礦
,, white,	白鐵倍來底斯	白色鐵硫$_{二}$礦
,, sinter,	鐵新搭	鐵新搭　鐵$_{二}$養$_{三}$鉮養$_{五}$
,, stone, blue,	藍鐵石	藍鐵石　鐵養燐養$_{五}$
,, ,, clay,	泥鐵石	泥鐵石　鐵$_{二}$養$_{三}$
,, zeolite,	鐵齊河來脫	鐵西阿來得　鐵錳矽養$_{二}$
Iserine,	愛斯林	以西里尼礦　鐵鍀養$_{三}$
Isopyre,	哀蘇倍耶	等火石　鐵鋁矽
Itacolumite (Quartz),	愛台果拉母愛脫	以他可魯埋得　矽養$_{二}$
Ixolyte,	愛蘇奈脫	飴性石料　炭輕養

J

Jade or Nephrite,	尼夫兒愛脫	玉　鎂鈣矽養$_{二}$
Jamesonite,	全生愛脫	哲米孫愛得　鉛銻硫
Jargon, (Zircon),		乍耳艮石　鋯矽養$_{二}$
Jasper, (Quartz),	瞎斯不爾	青碧　矽養$_{二}$
Jaspery iron ore	瞎斯不爾泥鐵	青碧形鐵礦　鐵養
Jeffersonite,	才非朔兒奈脫	渣法旬愛得　鈣鐵鎂錳鋅矽
Jet, (Lignite),	雀脫	借得　墨珀　炭輕養
Johannite, or Uranvitriol,	約翰愛脫	約翰愛得　鈾銅硫養$_{三}$
Junkerite, (Chalybite),	斯罷底鐵礦	鐵養炭養$_{二}$礦

K

Kæmmererite, (Pennine),	開每每兒愛脫	蓋迷勒來得　鋁鎂矽
Kakoxene,	科開信	卡可格西尼石　鋁鐵燐養
Kaolin, or China Clay,	高陵泥	高陵泥　鋁矽養$_{二}$
Karpholite, (Prennite),		稻草色石　鎂鋁鐵矽
Karphosiderite, (Vivianite),		稻草色鐵礦　鐵養燐養$_{五}$
Keilhauite, or Yttro-tantalite,	開而好愛脫	蓋勒好愛得　鈣鈦鐵鋁矽鍀
Kerolite, (Serpentine),	幾何兒愛脫	心石　鎂矽養$_{二}$

Kilbrickenite, (Geocronite),	奇阿克奈脫	幾勒布里艮愛得　鉛銻硫
Kirwanite,	克爾孛來脫	幾勒文愛得　鐵鈣鋁矽
Knebelite,	納皮來脫	尼布來得　錳鐵矽
Kobalt,	苦抱爾	鈷
Kobellite,	可白來脫	哥伯來得　鉛銻鉍硫
Kollyrite,	酷利來脫	哥利來得　鋁矽養二
Königite, (Brochantite),	可泥蓋脫	哥尼蓋得　銅養硫養三
Konlite,	殼兒愛脫	干來得　炭輕養
Kraurite, or Green Iron Stone,	綠鐵石	綠鐵礦　鐵錳燐養五
Krisuvigite, (Brochantite),	客里蘇肥蓋脫	格里蘇肥蓋得　銅養硫養三
Kyanite, or Disthene,	開也奈脫	開阿內得　鋁矽養二

L

Labradorite, or Mornite,	辣白里馱來脫	拉巴拉多來得　鋁鈣鈉矽
Labrador feldspar,	辣白里馱非而斯罷	拉巴拉多非勒司巴耳
,, hornblende,	里皮度兒雀恒白侖	拉巴拉多河拿布侖得
Lanthanium,	濵替尼恩	鑭
Lanthanite,	濵雖奈脫	真他奈得　鑭鏑炭養二
Lapis lazuli,	拉必斯來如來	青金石　鋁鈉鈣鐵矽
,, ollaris, or Potstone,	台而客石	成鍋石　鎂矽養二
Latrobite, or Diploite,	來脫羅倍脫	拉特路弃得　鋁鈣鉀鐵鎂矽
Laumonite,	羅木奈脫	羅母乃得　鋁鈣矽養二
Lava,	拉乏石　火山流石	火山鎔料
Lazulite, or Azurite,	來時愛脫	拉蘇來得　藍色光石
Lead,	鉛	鉛
,, arsenate,	砒酸鉛	鉛養鉮養五
,, arsenide,	砒鉛	鉛鉮礦
,, carbonate,	炭酸鉛	鉛養炭養二
,, chloride,	綠氣鉛	鉛綠
,, chromate,	客羅彌酸鉛	鉛養鉻養三
,, molybdate,	目力別送酸鉛	鉛養鉬養三
,, muriate,	綠氣鉛	鉛綠
,, native,	生鉛	自然鉛
,, phosphate,	燐酸鉛	鉛養燐養五
,, red oxide,	養氣鉛	鉛三養四
,, selenate,	西里尼酸鉛	鉛養硒養三
,, selenide,	西里尼恩鉛	鉛硒礦
,, sulphate,	硫酸鉛	鉛養硫養三
,, sulphato-carbonate,	硫炭酸鉛	鉛養硫養三鉛養炭養二
,, sulphato-tricarbonate,	硫積多炭酸鉛	鉛養硫養三三鉛養炭養二
,, sulphuret,	硫積鉛	鉛硫礦
,, telluride,	脫羅里恩鉛	鉛碲礦
,, tungstate,	東斯天酸鉛	鉛養鎢養三
,, vanadate,	凡奈弟酸鉛	鉛養釩養三
Lead glance,	鉛合蘭斯	光色鉛礦
Leadhillite,	勒地來脫	留弟來得　鉛硫養三炭養二
Lead ore, argentiferous,	銀鉛礦	含銀之鉛礦
,, ,, cobaltic,	苦抱爾鉛礦	含鈷之鉛礦

Lead ore red,	紅色養氣鉛	鉛三養四
,, ,, white,	白鉛礦	白色鉛礦　鉛養炭養二
,, ,, yellow,	黃鉛礦	黃色鉛礦　鉛養鉬養三
Ledererite, (Gmelinite),	蘿頭里愛脫	里特里來得　鋁鈣鈉矽燐養五
Lederite, (Spheue),	斯肺尼	里特來得　鈣矽鐟
Lenticular argillaceous ore,	泥豆石	小豆形鐵礦　鐵養　無名異
Leonhardite, (Laumontite),	連哈待脫	連哈耳台得　鋁鈣矽養二
Lepidokrokite, (Gothite),	合寄愛脫	鱗形黃鐵礦　鐵錳養
Lepidolite, or Lithia Mica,	利碑度來脫	鱗形礦　鋁鐵鈣鋰弗矽養二
Lepidomelane,	利碑度彌倫	鱗形黑灰礦　鋁鐵鈣矽養二
Leptynite, or Granulite,	合拉尼來脫	無雲母花剛石
Leucite, or Amphigene,	羅雖得	白色石　鋁鉀矽養二
Leucophane,	羅戈非能	顯白色石　鈣鋊鈉弗矽
Leucopyrite,	羅戈倍來脫	白色鐵硫二礦　鐵鉮硫
Levyne, (Chabasite),	雷凡	里維尼石　鋁鈣鉀鈉矽養二
Libethenite,	來別非奈脫	里本敦愛得　銅養燐養五
Lievrite, or Pitchy iron ore,	力無愛脫	柏油形鐵礦　鐵鈣矽養二
Lignite,	里合兒奈脫	木煤　炭輕養
Lime,	灰之鏽　石灰	鈣養
,, arsenate,	多養砒灰	鈣養鉮養五
,, bicarbonate,	二股炭酸之灰	鈣養二炭養二
,, borate,	布而倫酸灰	鈣養硼養三
,, borosilicate,	布而倫夕里開灰	鈣養硼養三鈣養矽養二
,, carbonate,	炭酸灰	鈣養炭養二
,, fluate,	夫羅而林酸灰　夫羅而林灰	鈣弗
,, fluoride,	夫羅而林丐而西恩	鈣弗
,, magnesian carbonate,	美合尼西養炭酸灰	鎂養炭養二鈣養炭養二
,, nitrate,	硝酸灰	鈣養淡養五
,, oxalate,	阿克斯來脫灰	鈣養草酸
,, phosphate,	燐酸灰	鈣養燐養五
,, silicate,	夕里開灰	鈣養矽養二
,, sulphate,	硫酸灰	鈣養硫養三
,, tungstate,	東斯天酸灰	鈣養鎢養三
,, vanadate,	凡奈地恩酸灰	鈣養釩養三
Limestone,	灰石	灰石　鈣養炭養二
,, compact,	堅灰石	堅灰石
,, granular,	粒灰石	顆粒形灰石
,, hydraulic,	水灰石	遇水下能結成灰之石
,, magnesian,	美合尼西恩灰石	含鎂灰石
,, Fontainebleau,	方黯白羅愛脫	分典布路灰石
Limonite, or Hydrosiderite,	來臁奈脫	櫻色鐵二養三礦
Lincolnite, (Heulandite),	林科奈脫	林哥奈得　鋁鈣矽養二
Linnæite, or Siegenite,	力能愛脫	立尼愛得　鈷銅鐵硫
Litharge,	立雖而其	密佗僧　鉛養
Liroconite, or Chalcophacite,	來客羅奈脫	里路哥乃得　銅鋁燐鉮
Lithia,	劣非養	鋰養
,, mica,	劣非雅枚格	鋰養雲母礦
Lithium,	劣非恩	鋰
Lithographic stone,		石板印石　鈣養炭養二
Lithomarge, (Kaolin),	立蘇馬兒其	里粲馬耳治石　鋁矽養二

Liver ore of mercury,	肝色惜納拔	肝色汞硫礦
Lodestone,	自然吸鐵	磁石　鐵三養四
Loxoclase, (Orthoclase),	陸刻嶨刻來斯	橫劈石　鋁鈉鉀鈣弗矽
Lumachelle, Fire Marble,	火灰石	火紋雲石　鈣養炭養二
Lydian stone or Basanite,	力田西馱能	呂氐亞石　矽養二

M

Macle, or Chiastolite,	麥葛里	空心光石　鋁矽
Maclurite,	康脊羅台脫	馬格勞來得　鎂養矽養二
Madreporic marble,	珊瑚灰石	珊瑚紋雲石　鈣養炭養二
Magnesia,	美合尼西養	鎂養
,, borate,	布而倫酸美合尼西養	鎂養硼養三
,, carbonate,	炭酸美合尼西養	鎂養炭養二
,, fluophosphate,		鎂養輕弗鎂養燐養五
,, fluosilicate,	康脊羅台脫	鎂養輕弗鎂養矽養二
,, hydrate,	水美合尼西養	鎂養輕養
,, hydrocarbonate,		鎂養輕養鎂養炭養二
,, native,	白羅斯愛脫	自然鎂養石
,, nitrate,	硝酸美合尼西養	鎂養淡養五
,, phosphate,	燐酸美合尼西養	鎂養燐養五
,, silicate,	夕里開美合尼西養	鎂養矽養二
,, sulphate,	硫酸美合尼西養	鎂養硫養三
Magnesian alum,	美合尼西養礬	鎂養礬
,, chloride,	綠氣美合尼西	鎂綠
,, limestone,	馱羅美脫	鎂養炭養二鈣養炭養二石
Magnesite, or Sepiolite,	美合尼西愛脫	鎂養炭養二礦
Magnesium,	美合尼西恩	鎂
Magnet, native,	自然吸鐵	磁石　鐵三養四
Magnetic iron,	吸鐵石	磁石
,, pyrites,	吸鐵倍來底斯	吸鐵鐵硫二礦
Magnetite,	每格密得愛脫	八面形鐵礦　鐵三養四
Malachite blue,	藍麥來蓋脫	藍色瑪拉開得　銅養炭養二
,, green,	綠麥來蓋脫	綠色瑪拉開得
Malacolite, or Diopside,	美里哥兒愛脫	馬拉哥來得　鎂矽養二
,, white,	白美里哥兒愛脫	白色馬拉哥來得
Malacone,	慢來鋤	軟石　鋯矽鐠養三
Maltha,	每兒的	地黑油
Malthacite, or Fuller's earth;	每兒的斯愛脫	石脂　鐵鋁矽養二
Manganblende,	曼呆白倫	錳布倫得　錳硫
Manganese,	孟葛尼斯	錳
,, arseniuret,	砒孟葛尼斯	錳鉮三
,, bog, or Earthy,	澤孟葛尼斯	淫地錳礦
,, carbonate,	炭酸孟葛尼斯	錳養炭養二
,, oxide,	養氣孟葛尼斯	錳養
,, phosphate,	燐酸孟葛尼斯	錳養燐養五
,, ,, ferruginous,	鐵燐酸孟葛尼斯	含鐵錳養燐養五
,, silicate,	夕里開孟葛尼斯	錳養矽養二
,, sulphuret,	硫積孟葛尼斯	錳硫

Manganese spar,	孟葛尼斯罷	錳養光石
Manganesian epidote,	孟葛尼斯島碑度地	錳養以比佗得
Manganite,	曼呆奈脫	灰色錳石　錳二養三
Marble,	灰石	雲石　鈣養炭養二
Marcasite,	鐵倍來底斯	白色鐵硫二礦
Marceline, (Braunite),	馬西林	馬耳西里尼礦　錳養二
Marekanite, (Obsidian),	每里開奈脫	馬里干愛得　鋁矽養二
Margarite, or Talcite,	馬呆兒愛脫	珍珠色雲母石　鋁鈣鉀鈉矽
Margarodite, or Potash Mica,	馬呆羅台脫	含水珍珠色雲母石
Marl, (Clay),	麻兒	瑪而拉　含鈣養之土
Marmatite, (Blende),	白倫脫	馬耳馬台得　鋅硫鐵硫
Marmolite, (Serpentine),	馬摩兒愛脫	瑪嶚來得　鈣矽養二
Martinsite, (Salt),	馬的奈脫	馬耳典賽得　鈉綠鎂養硫養三
Mascagnine,	硫酸阿摩尼阿石	生成淡輕四養硫養三
Masonite, (Sismondine),	梅雖奈脫	美孫愛得　鋁鐵矽養二
Massicot, or Litharge,	麥西各	馬西格得　鉛養
Meerschaum,	米思恩	美耳東末石　鎂養矽養二
Meionite,	埋育奈脫	末由內得　鋁鈣矽養二
Melanchlor, (Dufrenite),	枚闌客羅	黑綠色鐵礦
Melanite, (Garnet),	彌勒奈脫	黑色加尼得　鋁鐵鈣矽養二
Melanochroite,	彌闌客羅愛脫	暗紅色鉛養鉻養三礦
Mellate of alumina,	蜜來脫酸衷盧彌那	鋁二養三密來克
Mellilite,	每里得愛脫	蜜色石　鋁鈣鎂矽養二
Mellite,	蜜來脫	蜜色顆粒石　鋁密來克
Menaccanite, (Ilmenite),	覓捺克奈脫	鐵養鈦養三礦
Mendipite,	覓迭倍脫	門弟配得　鉛綠養
Menilite,	覓納兒愛脫	迷尼來得　矽養二
Mercury,	水銀	汞
,, native amalgam,	銀汞礦	自然銀汞膏
,, chloride,	綠氣水銀	汞綠
,, iodic,	愛阿頓水銀	汞碘礦
,, muriate,	綠氣水銀	汞綠
,, native,	自然純質水銀	自然汞
,, selenide,	西里尼水銀	汞硒礦
,, sulphuret,	硫積水銀	汞硫
Mesitine spar, (Dolomite),	密雖頂斯罷	迷西弟尼光石　鎂鐵鈣炭養二
Mesole,	彌蘇兒	迷蘇里石　鋁鈣鈉矽養二
Mesotype,		迷蘇台伯石　鋁鈣鈉
Metals,	金	金類
Metallic ores,	礦金類	金類礦
Meteoric iron,	隕星石	天降鐵
Metamorphic rocks,	熱變石	熱變石
Miargyrite,	每阿其兒愛脫	銀少礦　銻銅銀硫
Mica,	枚格	千層石　雲母石　鋁鎂鉀鐵
,, plumose,	羽枚格	翎形雲母石
,, prismatic,	柱枚格	柱形雲母石
,, slate,	枚格泥石	雲母端石
Micaceous iron ore,	枚格鐵石	雲母鐵礦
,, granite,	枚格合拉尼脫	多含雲母之花剛石
Microlite, (Pyrochlore),	倍路羅	小粒礦　鈣錯鈾鐠鈮

23

Middletonite,	密陀脫奈脫	迷特敦愛得　炭輕養
Miemite, (Bitter Spar),	美以每脫	迷迷愛得　鈣鎂炭養二
Millerite, or Hair Nickel,	臬客爾倍來底斯	毛形鎳礦　鎳鐵銅硫
Millstone grit,	合里脫	粗磨石　矽養二
Miloschine,	美路斯金	迷魯喜尼礦　含鉻之泥
Mimetene,	埋密低能	迷迷弟尼礦　鉛鋅燐養五
Mineral coal,	煤炭	煤
,, caontchonc,	金抹紙膠	地產樉象皮
,, oil,	金油	地油　火油
,, pitch,	鴨西發而登	地產柏油
,, tallow,	脂形石油	地產似脂之油
,, tar,	皮脫羅里恩	地產黑油
,, waters,	金水	地產之水
,, wax,	蠟形石油	地產似蠟之油
Minium, or Red Lead,	密尼恩	鉛三養四
Mispickel,	密斯別葛爾	迷斯必格勒礦　鐵硫二鐵鉮
Mizzonite, (Meionite),	密坐奈脫	迷孫愛得　鋁鈣鈉鉀鎂矽
Mocha stone, (Agate),	莫斯鴨呆脫	木甲石　矽養二
Molybdate of lead,	鉛目力別迭能酸	鉛養鉬養三礦
Molybdenum, sulphuret,	硫磺目力別迭能	鉬硫二礦
Molybdenite,	目力別迭奈脫	鉬硫二礦
Molybdenum,	目力別迭能	鉬
Molybdicochre, or Molybdine,	目力別迭阿克	鉬養三黃土
Monazite, (Eremite),	莫奈是愛脫	獨居石　錯鋃鏑釷燐養五
Monradite,	目𠮟來得愛脫	們拉台得　鎂鐵矽
Moonstone, (Orthoclase),	月光石	月色石　鋁矽養二
Moroxite, (Apatite),	摩羅斯愛脫	摩陸格賽得　鈣養燐養五
Mosaic gold,	二股硫磺錫	摩西金　錫硫二粉
Mosandrite,	摩山倍脫	摩散特來得　鈣錯鋃鏑矽錯
Moss agate, (Agate),	莫斯鴨呆脫	苔紋瑪瑙　矽養二
Mountain cork,	山輭木	石輭木　鎂鈣矽養二
,, green,	綠麥來蓋脫	綠色瑪拉開得　銅養炭養二
,, leather,	山皮	石皮　鎂鈣矽養二
Mowenite,		摩恩愛得
Muller's glass,	海亦兒愛脫	磨拉玻璃　矽養二
Mullicite, (Vivianite),		母里加愛得　鐵燐養五
Mundic, (Pyrites),	鐵倍來底斯	們的礦　鐵硫二　層
Muriacite, or Anhydrite,	顆粒形安海奪來脫	母里亞賽得　顆粒形無水石
Muriatic acid	鹽酸氣	輕綠氣
Murchisonite, (Orthoclase),	非而斯罷	沒記孫愛得　鋁鉀矽養二
Muscovite, or Phengite,	枚格	墨斯科非得　鋁鉀矽養二

N

Nacrite, (Mica),	枚格	耶格來得　鋁鉀鐵鈣矽養二
Naptha,	捺潑雖	耶普塔　炭輕養
Natrolite, or soda Mesotype,	奈脫羅來脫	內特路來得　鋁鈉鈣矽養二
Natron,	炭酸素特	鈉養炭養二
Necronite, (Orthoclase),	臭非而斯罷	屍臭石　鋁鉀矽養二

24

Needle ore,	針別斯末斯	針形鉍礦　鉍硫
Needlestone,	斯杲利斯愛脫	針石　矽鋁鈣鈉
Nemalite, (Brucite)	泥美兒愛脫	線形石　鎂輕養
Nepheline,	尼腓爾	雲紋石　鋁鈉鉀矽養二
Nephrite, or Jade,	尼夫兒愛脫	碧玉　鎂鈣矽養二
Nickel,	臬客爾	鎳
,, antimonial,	安的摩尼臬客爾	含銻之鎳礦
,, alloys,	搀臬客爾	搀鎳質
,, arsenate,	砒酸臬客爾	鎳養鉮養五
,, arsenical,	砒臬客爾	鉮鎳礦
,, bismuth,	別斯末斯臬客爾	含鉍之鎳
,, copper,	銅臬客爾	含銅之鎳
,, earthy,	土養臬客爾	鎳養合土礦
,, glance,	光臬客爾	光色鎳礦
,, green,	綠臬客爾	鎳養鉮養五礦
,, ochre,	臬客爾鴉葛爾	鎳養黃土
,, oxide,	養氣臬客爾	鎳養
,, pyrites,	臬客爾倍來底斯	鎳硫二礦
,, stibine,	臬客爾斯對平	含鎳之銻礦
,, white,	白臬客爾	白色鎳礦
Nigrine, (Rutile),	黑色盧對爾	黑色礦　錯養二
Nitrate of lime,	硝酸灰	鈣養淡養五
,, magnesia,	硝酸美合尼西養	鎂養淡養五
,, potash,	硝酸𩞄	鉀養淡養五
,, silver,	銀硝酸	銀養淡養五
,, soda,	硝酸素特	鈉養淡養五
Nitre,	奈脫	硝
Nitric acid,	硝酸	淡養五
Nitrogen,	硝氣	淡氣
Noble metals,	貴金類	貴金類
Nontronite, or Chloropal,	鑾脫羅奈脫	綠色哇巴勒石　鐵鋁矽養二
Nosean, or Spinellane,	那西俺	奴西安石　鋁鈉矽養二
Novaculite, or Honestone,	奴乏久來脫	細磨刀石　矽養二
Nuttallite, (Scapolite),	衲得來脫	納托勒愛得　鋁鈣鈉矽養二

O

Obsidian, or Volcanic Glass,	火玻璃石	火山玻璃　鋁矽養二
Ochre brown, or yellow,	褐或黃鴉葛爾	樱或黃土
,, cerium,	昔而以恩鴉葛爾	錯養黃土
,, chromic,	生成客羅彌酸土	鉻養三黃土
,, plumbic,	鉛鴉葛爾	鉛養黃土
,, red,	鴉葛爾	紅土
,, uranic,	由日尼恩土	鈾養黃土
Octahedrite, or Anatase,	鴨奈台斯	八面形粒礦　錯養二
Oerstedite, (Malacone),	曷斯底台得	烏耳斯弟台得　鋯錯矽
Oil, Genesee, or Seneca,		幾尼西油　火油
,, mineral,	捺潑雖　金油	地油　火油
Okenite, or Dysclasite,	阿寇能愛脫	哇艮愛得　鈣矽養二

25

Oligiste iron ore,	阿來及斯鐵石	鐵二養三光點礦
Oligoclase,	阿里哥刻來斯	小劈石　鋁鈉鉀鈣矽養二
Oligon spar, (Chalybite),	阿利康斯罷	哇利艮光石　鐵錳炭養二
Olivenite, or Wood copper,	屋劣物奈脫	橄欖色銅礦　銅燐鉮
Olivine, or Peridote,	屋劣維恒	金色石　鎂鐵矽
Onyx, (Agate),	阿尼刻斯	帶紋瑪瑙　矽養二
Oolite,	烏來脫	魚子形石　鈣養炭養二
Oolitic marble,	魚子石	魚子形雲石　鈣養炭養二
Opal,	阿背爾	哇巴勒石　含水石英　矽養二
,, common,	常阿背爾	常哇巴勒石　鎂矽養二
,, jasper,	阿背爾喈斯不爾	青碧哇巴勒石
Ophite, (Serpentine),	色而弁台能	蛇色紋石　鎂養矽養二
Oriental verd antique,	綠色巴弗里	東方老綠色石　鋁養矽養二
Orpiment,	硫磺砒	鉮硫三
Orthite, (Allanite),	惡對脫	直形粒石　硒鋁鐵鋃鏑鉻
Orthoclase, or Felspar,	哇蘇刻里斯	石劈石　鋁鈣鈉矽養二
Ottrelite,	阿得里來脫	哇特里來得　鋁鐵錳矽養二
Onvarovite, (Garnet),	古來羅無愛脫	烏法魯非得　鋁鉻矽養二
Oxalate of iron,	馬覓酸鐵	鐵養草酸
Oxygen,	養氣	養氣
Ozarkite, (Thomsonite),	阿柴蓋脫	哇薩耳蓋得　鋁鈣鈉矽養二
Ozocerite,	阿紫色兒愛脫	蠟臭石　炭輕養

P

Packfong,	白銅	白銅
Paisbergite, (Rhodonite),	別斯不爾戒脫	貝斯伯蓋得　錳鈣鐵矽養二
Palladium,	鈀留底恩	鈀
Pargasite, (Hornblende),	八呆斯愛脫	怕而其蕨得　鎂養矽養二
Parisite,	倍來雖脫	巴黎賽得　錯鋃鏑鈣弗
Peach blossom ore,	桃花礦	桃花色礦　鈷養鉮養五
Peastone, or Pisolite,	倍蘇來脫	豌豆形石　鈣養炭養二
Pearl mica,	珠枚格	珠光雲母石　鋁鎂鉀鐵矽養二
,, spar, (Bitter Spar),	珠斯罷	珠色光石　鈣鎂炭養二
,, sinter,	珠新搭	水中結成珠色石　矽養二
,, stone, (Orthoclase),	珠石	珠色石　鋁矽養二
,, powder,	珠粉	珍珠色粉　鉍養淡養五
Pebbles,	卵石	礫石
Pectolite, or Stellite,	別土兒愛脫	梳形石　鈣鈉矽養二
Pelocouite, (Wad),	拔羅過奈脫	比魯哥奈得　錳鐵
Pennine,	朋奈脫	卑尼尼石　鎂鐵鋁矽養二
Peperino, (Tufa),	不比里奴	比比里奴　鈣養炭養二
Periclase,	皮來客里斯	圍劈石　鎂鐵養
Peridote, or Olivine,	客里蘇兒來脫	橄欖色石　鎂鐵矽養二
Perofkite,	皮落夫蓋脫	比路夫斯蓋得　鈣錯養二
Petalite,	別堆愛脫	劈成瓣形石　鋁鋰鈉矽養二
Petroleum,	皮脫羅里恩	輭石油　炭輕養
Phacolite, (Chabasite),	非果來脫	扁豆形石　鋁鈣矽養二
Pharmacolite,	福美戈兒來脫	毒石　鐵養鉮養五

26

Phenacite,	肺奈斯愛脫	騙人石　鉻矽養二
Phillipsite,	非利不斯愛脫	非勒白賽得　鋁鉀鈣矽養二
Phlogophite,	弗羅戈倍脫	似火色石　鋁鎂矽養
Pholerite, (Clay),	富利來脫	鱗形石　鋁矽養二
Phonolite, or Clinkstone,	響石	響石　矽鋁鉀
Phosphoric acid,	燐酸	燐養五
Phosphorite, (Apatite),	發斯福而愛脫	發司甫來得　鈣鐵燐養五
Phosphorus,	燐火	燐
Phosphuretted hydrogen,	燐輕氣	燐輕三氣
Photizite, or Tomosite,	富對才脫	佛度賽得　錳矽養二
Phyllite (Sismondine),	非來脫	葉石　鋁鐵矽養二
Physalite, (Topaz),	非雖來脫	吹火石　鋁弗矽養二
Piauzite,	還猶是愛脫	表賽得　炭輕養
Pickeringite, (Alum),	美合尼西礬	比格含愛得　鋁鎂硫養三
Picrolite, (Serpentine),	倍果而愛脫	苦味石　鎂矽養二
Picrophyll,	倍果而非來脫	苦葉石　鎂鐵矽養二
Picrosmine,	倍客羅自民	苦臭石　鎂矽養二
Pimelite,	皮卑來脫	肥石　鈮鎂矽養二
Pinchbeck,	銅五白鉛一之雜銅	品治貝格銅　銅鋅
Pingnite, (Nontronite),	平求奈脫	油石　鐵矽養二
Pinite, (Iolite),	倍奈脫	貝尼得　鋁鉀矽養二
Pipe clay,		作煙管之泥　鋁矽養二
Pipestone, (Clay-slate),	煙管石	煙管石　鋁鈉矽養二
Pisolite, (Calcite),	倍蘇來脫	豌豆形石　鈣養炭養二
Pistacite, (Epidote),	別斯得蓋脫	比斯他賽得　鋁鐵鈣矽養二
Pitchblende,	別溪白倫	柏油色鈾礦　鈾鉛鈣矽鐵
Pitching coal,	別溪可兒	鎔結煤
Pitchstone, or Fluolite,	松香石	柏油色石　火山玻璃　鋁矽
Pitchy iron ore,	鐵潑來脫	柏油形鐵礦　鐵鉮矽
Pittizite,	必底自愛脫	比弟賽得　鐵鉮矽
Plagionite,	潑來茄奈脫	斜粒石　鉛銻硫
Plasma, (Quartz),	倍斯馬	成形石　矽養二
Plaster of Paris,	石膏	石膏　鈣養硫養三
Platin-iridium,	白金衣日地恩	鉑銥礦
Platinum,	白金	鉑
,, native,	生成白金	自然鉑
Pleonaste, or Ceylonite,	不留奈斯脫	錫蘭石　鋁鎂
Plumbago, or Graphite,	石墨	筆鉛
Plumbaginous schist,	炭泥石	含筆鉛頁形石
Plumbic ochre,	鉛土	鉛養黃土
Plumbo calcite, (Calcite),	盆婆丐而斯愛脫	含鉛之鈣養炭養二
Plumbo-resinite,	松香鉛	松香形鉛礦　鉛鋁
Polybasite,	拍里倍斯愛脫	多本礦　銀銅鉮銻
Polycrase,	卜里刻來斯	多雜礦　鋯鈾鈦鐵錯鈮
Polyhalite,	博里海兒愛脫	多鹽類石　鈣鎂鉀鈉硫養三
Polyhydrite, or Thraulite,	卜里海奪愛脫	多水礦　鐵矽養二
Polylite, (Pyroxene),	婆里來脫	布里來得　鐵鈣矽養二
Polymignite,	博里民愛脫	多合石　鋯鐵鈦錳錯鈣錯
Poonahlite,	布內兒愛脫	埔拿來得　鋁鈣矽養二
Porcelain clay,	細磁之泥	作細瓷之泥　鋁矽養二

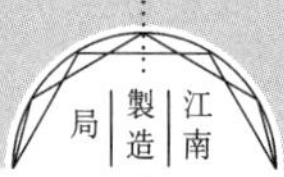

Porcelain jasper,	瓦礮斯不爾	瓷形青碧　矽養二
Porphyry,	巴弗里	珀弗里石　鋁矽養二
Porphyritic basalt,	巴弗里倍素特	含珀弗里巴所得石
,, granite,	巴弗里合拉尼脫	含珀弗里花剛石
,, trap,	巴弗里脫拉撲	含珀弗里絨形石
Porphyry conglomerate,	巴弗里合子石	含珀弗里合子石
Potash, nitrate of,	硝酸卜對斯	鉀養淡養五
,, or potassa,	卜對斯之罐　卜對斯	鉀養
,, salts,	卜對斯鹽	鉀養鹽類
Potassium chloride,	綠氣卜對斯	鉀綠
Potstone, or Lapis Ollaris,	北斯狀能	成鍋石　鎂矽養二
Potters clay, (Clay),	砂磁之泥	瓦瓷之泥　鋁矽養二
Pozzuolana, (Limestone),		布恕哇拉那石　鈣養炭養二
Prase, (Quartz),	肝斯	韭色石　矽養二
Precious Opal,	寶阿昔爾	寶哇巴勒石　矽養二
Prehnite, or Chiltonite,	潑里奈脫	普侖愛得　鋁鈣矽養二
Protogene,	潑羅多其能	原成石　矽鋁鉀
Proustite,	紅銀礦	淡紅色銀礦　銀硫鉮
Pseudomalachite,	假蔴來蓋脫	假瑪拉開得　銅燐養五
Pseudomorph, steatitic,	假斯底夜得愛脫	假肥皂石　鎂矽養二
Psilomelane,	錳路獨澜來	光滑無錳礦　錳鋇
Pudding stone,	合子石	合子石
,, ,, marble,	合子灰石	合子雲石
Pumice, (Orthoclase),	剝後斯　浮石	浮石　鋁矽養二
Pumicious conglomerate,	浮石合子石	浮石合子石
Purple, or variegated copper,	紫色或紋銅倍來底斯	紫色或花點銅礦　銅硫鐵
Pycnite, (Topaz),	別刻奈脫	厚質石　鋁弗矽養二
Pyrallolite, (Iolite),	倍來拉來愛脫	火別石　鎂矽養二
Pyreneite, (Garnet),	倍勒奈脫	比里牛愛得　鋁鐵鈣矽養二
Pyrites, arsenical iron,	砒鐵倍來底斯	含鉮之鐵硫二礦
,, auriferous,	金倍來底斯	含金之鐵硫二礦
,, capillary,	毛倍來底斯	毛形鐵硫二礦
,, cockscomb,	雞冠倍來底斯	雞冠形鐵硫二礦
,, copper,	銅倍來底斯	銅硫二鐵硫二礦
,, hepatic,	肝倍來底斯	肝色鐵硫二礦
,, iron or Mundic,	鐵倍來底斯	鐵硫二　自然銅
,, magnetic,	吸鐵倍來底斯	吸鐵鐵硫二礦
,, nickel,	臬各爾倍來底斯	鎳硫二礦
,, radiated,	星倍來底斯	星形鐵硫二礦
,, spear,		尖形鐵硫二礦
,, tin,	錫倍來底斯	錫硫二礦
,, variegated copper,	紋銅倍來底斯	光點銅硫二礦
,, white iron,	白鐵倍來底斯	白色鐵硫二礦
Pyrochlore,	倍路客羅	火變綠色石　鈣炭鈦鈮
Pyrodmalite,	倍落素牟來脫	火臭礦　鐵錳矽養二
Pyrolusite,	倍路路羅脫	火洗礦　錳養二
Pyromorphite,	倍路莫非脫	火變形石　鉛燐綠
Pyrope, (Precious Garnet),	肝來皮	似火石　鋁矽養二
Pyrophyllite,	倍落非來脫	葉火石　鋁矽養二
Pyrophysalite,	倍路非雖來脫	吹火石　鋁弗矽養二

Pyrorthite, (Allanite),	倍路惡對脫	火直形粒石　鋁鈰鐵矽養二
Pyrosclerite,	倍落斯客里兒愛脫	火硬石　鎂鋁矽養二
Pyrosmalite,	倍落素牟來脫	火臭礦　鐵錳矽養二
Pyroxene, or Augite,	倍落客西能	火異石　鎂矽養二
Pyrrhite,	潑兒海脫	黃紅鋯礦　鋯鈮養二
Pyrrhotine,		棗紅鐵硫二礦

Q

Quartz,	科子	石英　矽養二
,, amethystine,	阿爾地斯脫科子	紫色石英
,, aventurine,	阿頂瑄喊科子	阿芬度里尼石英
,, ferruginous,	鐵科子	含鐵石英
,, granular,	粒科子	顆粒形石英
,, greasy,	油科子	油光石英
,, milky,	乳科子	乳色石英
,, rock,	科子石	石形石英
,, rose,	紅晶	玫瑰色石英
,, smoky,	煙科子	墨晶
,, tabular,	疊科子	片形石英
Quartzose granite,	科子合拉尼脫	多含石英之花剛石
Quicklime,	石灰	生石灰　鈣養
Quicksilver,	水銀	汞
,, chloride of,	綠氣水銀	汞綠
,, horn,	角水銀	明角形汞綠
Quincite, (Meerschaum),	金斯愛得	坤賽得　鎂矽養二

R

Realgar, or Red Orpiment,	紅硫砒	雄黃　鉮硫
Red antimony,	紅安的摩尼	紅銻礦
,, chalk,	紅茶而刻	紅石粉　鋁養炭養二
,, cobalt,	紅苦抱爾	紅色鈷礦
,, ,, ochre,	紅苦抱爾土	鈷養紅土
,, copper ore,	紅銅礦	紅色銅礦
,, hæmatite,	血紅鐵石	代赭石　鐵二養三
,, iron ore,	紅鐵礦	紅色鐵礦
,, lead,	紅鉛	鉛三養四
,, marble,	紅灰石	紅色雲石
,, porphyry,	紅巴弗里	紅珀弗里石　鋁矽養二
,, silver ore,	紅銀礦	紅色銀礦　銀鉮硫
,, ,, ,, dark,	暗紅銀礦	深紅色銀礦
,, ,, ,, light,	明紅銀礦	淡紅色銀礦
,, zinc ore,	紅倭鉛礦	紅色鋅礦　鋅養
Reddle, (Hæmatite),	紅茶而刻	紅石粉
Rensselærite, (Dugite),	倫雖來愛脫	倫西雷來得　鎂矽養二
Retinalite, (Serpentine),	來底奈兒愛脫	松香形石　鎂矽養二
Retinasphalt, or Retinite,	膩的奈斯西發而登	松香形硬石油石　炭輕養

Retinite, or Resinite,	膩的奈脫	松香石　炭輕養
Rhætizite, (Kyanite),	勒的自愛脫	里弟賽得　鋁矽養二
Rhodium,	日和地恩	銠
,, gold,	日和地恩金	銠金礦
Rhodizite, or Rhodicite,	羅提斯愛脫	紅砳石　鈣養硼養二
Rhodonite,	羅駄奈脫	玫瑰紅錳礦　錳鈣鐵鎂矽養二
Rhomb spar,	褟斯龍	斜方形光石　鎂鈣炭養二
Riband jasper,	帶嚼斯不爾	帶形青碧
Ripidolite,	離披度兒愛脫	扇粒石　鎂鋁鐵矽養二
Rock, or mountain cork,	山輭木	石輭木　鎂養矽養二
,, crystal (Quartz),	陸刻刻里斯多羅	水晶　矽養二
,, milk,	石乳	漂過之白石粉
,, salt,	石鹽	石鹽　鈉綠
,, soap, (Bole),	石肥皂	石肥皂　鎂矽養二
Rocks, crystalline,	結成顆粒石	成顆粒石
,, uncrystalline,	搏結石	不成顆粒石
Roofing slate,	瓦泥石	代瓦之端石　鋁矽養二
Romeine, or Roméite,	羅昧	羅美以尼石　鈣錳鐵銻
Rose quartz (Quartz),	紅晶	玫瑰色石英　矽養二
Roselite, (Erythrine),	羅士來脫	羅士來得　鈷養鉮養五
Rosite, (Anorthite),	盧雖脫	羅士愛得　鋁矽養二
Rubellite, (Tourmaline),	露佩來脫	魯比來得　鋁錳鋰鈉矽養二
Rubicelle, (Spinel),		橘皮紅明寶石　鋁鎂
Ruby alamandine,	阿拉鑾的露佩	明紅阿利滿的尼石　鋁鐵矽
,, Balas,	倍拉斯露佩	巴拉司明紅寶石　鋁
,, Oriental,	東露佩	東方明紅寶石　鋁
,, silver ore,	露佩銀礦	紅色銀礦　銀鉮硫
,, spinel, (Spinel),	斯比偶兒露佩	明紅司批內勒石　鋁鎂
Ruin jasper,	路恒嚼斯不爾	壞牆紋青碧　矽養二
,, marble, (Calcite),	路恒灰石	壞牆紋雲石　鈣養炭養二
Rutherfordite,	羅雖福而台脫	魯特佛耳台得　鈣鋯養二
Rutile,	盧對爾	魯的里　鈦養二
Ryacolite, or Ice spar,	來愛哥兒愛脫	冰形石　鋁鈉矽養二

S

Saccharite, (Andesine),	撒蓋兒愛脫	糖形石　鋁鈣鈉矽養二
Safflorite, (Smaltine),	撒弗羅來脫	番紅花色礦　鈷鐵鉍鉮
Sahlite, (Pyroxene),	雖來脫	薩來得　鈣鎂矽養二
Sal ammoniac,	磠砂	淡輕四綠
Saline springs,	鹽水泉	鹽水泉
Salt, common,	食鹽	鈉綠
,, Epsom,	葛不斯姆索而脫	愛補生鹽　鎂養硫養三
,, Glauber,	合羅白兒鹽	鈉養硫養三
,, -petre,	硝	硝
Samarskite, or Uranotantalite,	才馬斯蓋脫	撒麻斯蓋得　鐵鈦鈾鈮
Sand,	砂	砂　矽養二
,, for casting,	作模之砂	作模之砂
,, ,, glass,	作玻璃之砂	作玻璃之砂

Sandstone,	砂石	砂石
,, dark red,		深紅砂石
,, flexible,	輭砂石	韌砂石
Saponite, or Figure stone,	雖巴奈脫	像石　鎂養矽養二
Sappar,	薩非阿	撒非耳　鋁
Sapphire, (Corundum),	薩非阿	撒非耳
,, asteriated,	星薩非阿	星形撒非耳
Sarcolite,	沙果來脫	肉色石　鋁鈣鈉矽養二
Sard, (Quartz),	撒而奪	櫻紅瑪瑙　矽養二
Sardonyx, (Onyx),	撒而奪阿尼刻斯	櫻紅瑪瑙　矽養二
Sassolin, or Boracic Acid,	布而倫酸	薩索里尼石　硼養三
Satin spar (Gypsum),	撒頂斯龍	緞色石膏　鈣養硫養三
Scapolite, or Wernerite,	斯蓋波來脫	桿石　鋁鈣矽養二
Scheelite, or Wolframiate,	東斯天礦	西里愛得　鈣養鎢養三
Scheererite,	希勿兒愛脫	希勒來得　炭輕養
Schiller, asbestus,	失勒阿斯倍土斯	失勒之不灰木　鎂矽養二
,, spar, (Diallage),	失勒斯龍	失勒之光石　鎂鋁鐵鈣矽
Schist,	昔斯脫	頁形石
Schorl, (Tourmaline),	婁羅	舍耳勒石　鋁鐵矽硼
Schorlomite,	婁羅美脫	舍耳勒哇埋得　鈣鐵錯矽
Schreibersite,	臬客爾燐	舍來伯賽得　鐵鎳燐
Schrotterite,	阿背爾哀盧非能	舍□特來得　鋁矽養二
Scolecite,	斯果利斯愛脫	蚯蚓石　鋁鈣矽養二
Scoria,	浮石	火山燼
Scorodite,	斯果羅台脫	蒜臭石　鐵鉮養五
Scythe stones,	可磨粗刀之石	磨草刀之石　矽養二
Sea water,	海水	海水
,, Dead water,	死海之水	死海之水
Selenate of lead,	西里尼酸鉛	鉛養硒養三
Selenite, (Gypsum),	雖利能愛脫	透明石膏
Selenpalladite,	雖利能鈀留底愛脫	鈀礦　自然鈀
Selenide of copper,	西里尼恩銅	銅硒
,, ,, lead,	西里尼恩鉛	鉛硒
,, ,, mercury,	西里尼恩水銀	汞硒
,, ,, silver,	西里尼恩銀	銀硒
Selenium,	西里尼恩	硒
Selensilver,	西里尼恩銀礦	銀硒礦
Seleniferous silver & copper,	西里尼恩銅銀礦	含硒之銀銅礦
Semiopal, (Opal),	常阿昔爾	常哇巴勒石　矽養二
Senarmontite,	生乃莫對脫	孫阿耳們台得　銻養三
Seneca oil,		孫尼加油　火油
Serbian,	色而皮央	賽耳比恩礦　鋁矽鉻
Serpentine,	色而拚台能	蛇色紋石
,, common,	尋常色而拚台能	尋常蛇色紋石
,, siecious,	貴色而拚台能	貴品蛇色紋石
Seybertite, (Clintonite),	雖皮得愛脫	雖伯台得　鋁鎂矽養二
Shale,	舍爾	泥板石　鋁矽養二
Shell marble, (Calcite),	蚌灰石	蛤紋雲石　鈣養炭養二
Sicilian oil,	西西里油	西西里油　地柏油　炭輕
,, white marble,	白灰石	西西里白雲石　鈣養炭養二

31

Sideroschisolite,	雖地落斯蓋蘇來脫	鐵頁形礦　鐵矽養二
Sienite,	雖約奈脫	歲以內得　鋁矽養二
Silica,	夕里開	矽養二
Siliceous sinter,	夕里開新搭	水中結含矽之質
Silicified wood,	夕里開木	變矽養三之木　矽養二
Sillimanite,	夕里鐵爱脫	西里曼愛得　鋁矽養二
Silver,	銀	銀
,, antimonial,	安的摩尼銀	錦銀礦
,, ,, sulphuret,	硫磺安的摩尼銀	銀硫錦硫礦
,, bismuthic,	別斯末斯銀礦	鉍銀礦
,, bromic,	孛羅名銀	溴銀礦
,, chloride,	綠氣銀	銀綠
,, chlorobromide,	綠氣孛羅名銀	綠溴銀礦
,, fahlerz,	銀灰銅礦	合銀發勒士礦　銅銀硫
,, glance,	光銀礦	光色銀礦　銀硫
,, horn,	角銀礦	明角形銀礦
,, iodic,	愛阿靛銀	碘銀礦
,, muriate,	綠氣銀	銀綠
,, native,	生成之銀	自然銀
,, red, or ruby,	紅銀礦	紅銀礦
,, selenide,	西里尼恩銀	銀硒
,, sulphuret,	硫磺銀礦	銀硫礦
,, telluric,	脫羅里恩銀	碲銀礦
,, ore, black,	黑銀礦	黑色銀礦　銀硫錦
,, ,, brittle,	脆銀礦	脆性銀礦　銀硫錦
,, ,, red or ruby,	紅銀礦	紅色銀礦　銀鉮硫
,, ,, vitreous,	玻璃銀礦	玻璃光色銀礦　銀硫
Sinter, iron,	鐵新搭	水中結含鐵之質　鐵養鉮養五
,, silicious,	夕里開新搭	水中結含矽之質
Sismondite,	斯門定	西司們台得　鋁鐵矽養二
Skapolith,	斯蓋波來脫	桿石　鋁鈣矽養二
Skolecite, or Scolecite,	斯果利斯愛脫	蚯蚓石　鋁鈣矽養二
Skorodite, or Scorodite,	斯果羅台脫	蒜臭石　鐵鉮養五
Slate,	泥石	端石　鋁矽養二
Smalt,	斯馬兒	玻璃藍色料
Smaltine, or Tin White Cobalt,	斯馬兒低能	白色鈷礦　鈷鐵鎳鉮
Smelite, (Kaolin),	斯偶兒愛脫	高陵泥　鋁矽養二
Smithsonite,	炭酸白鉛礦	電性鋅養炭養二礦
Soapstone, or Steatite,	滑如肥皂石	肥皂石　鎂矽養二
Soda,	素特之鏽　素特	鈉養
,, carbonate,	炭酸素特	鈉養炭養二
,, nitrate,	硝酸素特	鈉養淡養五
,, salts of,		鈉養鹽類
,, sesquicarbonate,	半炭酸素特	鈉養二炭養二
,, sulphate,	硫酸素特	鈉養硫養三
Sodalite,	素特來脫	蘇呐來得　鋁鈉綠矽
Sodium,	素地恩	鈉
,, chloride,	鹽	鈉綠
Somervillite, (Chrysocolla),	色末非兒愛脫	蘇末肥勒愛得　銅矽養二
Spadaite,	斯背台愛脫	司巴大愛得　鎂矽養二

32

Spar calcareons,	灰斯罷	含鈣之光石
,, Derbyshire,		鈣弗石
,, heavy,	合肥斯罷	鋇養硫養三礦
,, tabular, (Wollastonite),	桌子斯罷	片形光石　鈣鎂矽養二
Sparry, or spathic iron,	斯罷底鐵礦	鐵養炭養二礦
Spear pyrites,		戈形鐵硫二礦
Specular iron,	金光鐵石　斯必葛爾鐵	鏡光鐵　鐵養
,, ,, ore,	光紅血色鐵礦	鏡光鐵礦　鐵養
Speculum metal,	鏡銅	鏡銅　銅錫
Speiss,		司貝斯　鎔礦得合鎳料
Sphene, or Titanite,	斯肺尼	劈形礦　鈣矽鍇養二
Spherosiderite, (Chalybite),	為維那雖地來脫	球形鐵礦　鐵養炭養二
Spherulite, or Pearlstone,	斯比羅來脫	小球形石　鋁矽養二
Spinel,	斯比偶兒	司批內勒石　鋁鎂矽養二
,, ruby,	斯比偶兒露佩	明紅司批內勒石　鋁鎂
,, zinciferons,	白鉛斯比偶兒	含鋅司批內勒石
Spinellane, (Noscan),	斯比尼倫	司批內勒尼石　鋁鈉鈣矽
Spodumene, or Triphane,	斯普陀民	火變灰色石　鋁鋰鈉矽養二
Stalactite, (Calcite),	上絲帶石	上成石鍾乳　鈣養炭養二
Stalagmite,	下絲帶石	下成石鍾乳
Staurotide, or Grenatite,	斯多羅得愛脫	十字形石　鐵鎂矽養二
Steatite, or Soapstone,	斯底哀得愛脫	肥皂石　鎂矽養二
Steatitic pseudomorphs,	假斯底哀得愛脫	假形肥皂石
Steinmannite,	斯對每奈脫	司台納瑪內得　鉛錦硫
Stellite, (Pectolite),	別土兒愛脫	星形石　鈣矽養二
Stiblite, (Antimony ochre),	斯底白來脫	錦養三礦
Stilbite, or Desmine,	斯底兒倍脫	光亮石　鋁鈣鈉矽養二
Sternbergite,	昔脫倫白而其愛得	司敦伯蓋得　銀鐵硫
Stilpnomelane,	斯底兒奴彌綸	亮黑礦　鋁鐵矽養二
Stilpnosiderite, (Göthite).	合奮愛脫	亮鐵礦　鐵養
Stinkstone, (Limestone),	臭味灰石	臭惡灰石　鈣養炭養二
Stromeyerite,	昔脫盧彌愛脫	司脫路迷耶愛得　銀銅硫
Strontia,	息脫浪西養　息脫浪西養	鍶養
,, carbonate,	炭酸息脫浪西養	鍶養炭養二
,, sulphate,	硫酸息脫浪西養	鍶養硫養三
Strontianite,	息脫浪西養愛脫	鍶養炭養二礦
Strontium,	息脫浪西恩	鍶
,, sulphuret,	硫磺息脫浪西恩	鍶硫
Struvite, or Guanite,	燐酸美合尼西養阿摩尼阿	司特路非得　燐養五鎂淡輕三
Sulphur,	硫磺	硫
Sulphuret of copper and iron,	硫鐵銅礦	銅硫二鐵硫二礦
,, ,, iron and nickel,	硫鐵臬客爾	鐵硫二鎳硫二礦
,, ,, silver ,, copper,	硫磺安的摩尼銀	銀硫錦硫礦
,, ,, ,, ,, iron,	硫銅銀礦	銀硫銅硫礦
,, ,, ,, ,, autim,	硫鐵銀礦	銀硫鐵硫礦
Sulphuric acid,	硫酸	硫養三
Sulphurous acid,	硫酸氣	硫養二氣
Sulphuretted hydrogen,	硫輕氣	輕硫氣
Sunstone, (Orthoclase),	日光石	日色石　鋁鈉鉀矽養二
Syepoorite,	雖布來脫	賽以不而愛得　鈷硫

33

Sylvanite, (Aurstellurite),	金脫羅里恩	金合碲礦
Syenite,	雖約奈脫	歲以內得　鋁矽養二
Sylvine,	昔而非能	西勒非尼石　鉀綠
Symplesite,	新潑里雖脫	辛布勒賽得　鐵鉮養五

T

Tabasheer,	台白西亞	竹節中石　矽養二
Tabular quartz,	登科子	片形石英　矽養二
,, spar,	桌子斯罷	片形光石　鈣鎂矽養二
Talc,	台而客	肥皂石　鎂矽養二
,, indurated,	硬台而客	硬肥皂石
Talcose granite,		原成石　矽鋁鉀
,, rock,	台而客石	含肥皂石之石
,, slate,	台而客泥石	似肥皂端石　鎂矽養
Tallow mineral,	脂形石油	地產似脂之油　炭輕養
Tantalite,	談台來脫	鉭礦　鐵錫錳鉭
Telluric bismuth,	脫羅里恩別斯末斯	含碲之鉍
,, lead,	脫羅里恩鉛	含碲之鉛
,, ochre,	脫羅里土	碲養三黃土
,, silver,	脫羅里恩銀	碲銀礦
Tellurium,	脫羅里恩	碲
,, foliated,	頁脫羅里恩鉛	頁形碲礦
,, native,	生成自然脫羅里恩	自然碲
,, ores,	脫羅里恩礦	碲礦
Tennantite, or Copper Blende,	台難得愛脫	特難台得　銅鐵硫鉮
Tenorite, (Melaconite),	低奴來脫	低奴來得　銅養
Tephroite, (Lithomarge,)	低非羅愛脫	灰色石　錳鐵矽
Tesselite, (Apophyllite),	哀斜非來脫	低西來得　鈣鉀矽養二
Tetradymite, or Bornite,	低脫羅代每脫	鉍碲硫礦
Tetrahedrite, or Fahlerz,	替脫來希奮來脫	灰色銅礦　銅錦硫
Thenardite,	替奈特愛脫	無水鈉養硫養三
Thomaite,	多每愛脫	朵馬愛得　鐵養炭養二
Thomsonite,	湯姆斯奈脫	湯勿生愛得　鋁鈣鈉矽養二
Thoria,	土里耶	钍養
Thorinm,	土里恩	钍
Thorite,	土奈脫	钍礦　钍鐵錳鈾鈣
Thrombolite,	弗倫蒲來脫	特羅末波來得　銅燐養五
Thulite, (Epidote),	土來脫	吐來得　鋁鈣矽養二
Thumite, or Axinite,	鴨克雖奈脫	斧形石　鈣鋁矽養二
Thuringite, or Owenite,	素令蓋脫	吐林茄愛得　鐵鋁矽養二
Tile ore, (Cuprite),		紅瓦色銅礦　銅養
Tin,	錫	錫
,, alloys,	錫之攙質	錫之攙質
,, native,	生成自然之錫	自然之錫　淨錫礦
,, ore,	養氣錫礦	錫養礦
,, oxide,	養氣錫礦	錫養礦
,, pyrites,	錫倍來底斯	錫硫二礦
,, stream,	澗錫	河底錫礦

34

Tin, sulphuret,	硫磺錫礦	錫硫二礦
,, wood,	木錫	木紋錫礦　錫養
Tincal, (Borax),		生硼砂　鈉養二硼養三
Titanic acid,	替脫尼恩酸	鍇養二
,, iron,	替脫尼恩鐵	含鍇之鐵
Titanite,	替脫奈脫	鍇礦　鍇鈣矽
Titanium,	替脫尼恩	鍇
,, ores,	替脫尼恩礦	鍇之各礦
Toad's eye tin, (Wood tin),	蟾眼錫	蟾眼形錫礦　錫養
Toadstone, or Wacke,	蟾蜍石	蟾蜍石　鋁鈣矽
Topaz,	土不爾斯	吐巴司石　鋁矽
,, false,	茶晶　假土不爾斯	假吐巴司石　矽養二
,, Oriental,	東土不爾斯	東方吐巴司石　鋁二養三
Topazolite, (Garnet),	土不爾斯來脫	吐巴司來得　鈣鐵鉻鋁錳
Touchstone,	試金石	試金石　矽養二
Tourmaline,	背墨林	土耳末里尼　鋁鎂鋰矽養二
Trachyte,	塔克愛脫	粗毛面石　矽鋁鉀
Trap, or Dolerite,	脫拉潑	級形石
Tremolite, or Byssolite,	低摩兒愛脫	特里莫來得　鎂鈣矽養二
Triphane,	台非能	火變灰色石
Triphyline, or Ferowskine,	鐵弗林	三分燐養五礦　鐵錳鋰燐養五
Triplite, or Pitchy iron ore,	鐵潑來脫	三合石　錳鐵鈣燐養五
Tripoli, (Opal),	鐵玻璃粉	的黎波里粉　矽鋁
Trona,		特路那石　二鈉養三炭養二
Troostite, (Willemite),	月里節脫	特路司弟得　鋅鐵矽養二
Tscheffkinite,	切夫開奈脫	造夫幾奈得　鈰鍇鐵鋁鈣鎂
Tuesite, (Kaolin),	士意雖脫	丟以賽得　鋁鈣鈌矽養二
Tufa, (Calcite),	拓發	都法石　鈣炭養二
,, calcareous,	石灰拓發	含鈣都法石
Tungstate of iron,	東斯天酸鐵	鐵養鎢養三
,, ,, lead,	東斯天酸鉛	鉛養鎢養三
,, ,, lime,	東斯天酸灰	鈣養鎢養三
Tungsten,	東斯天	鎢
,, calcareous,	灰東斯天	含鈣養之鎢礦
,, ferruginous,	鐵東斯天	含鐵之鎢礦
Tungstic acid,	東斯天酸	鎢養三
,, ochre,		鎢養三黃土
Turquois, or Calaite,	推而鄰	土而古哇斯　鋁銅燐養五
Type metal,		作印字之鉛料　鉛錦

U

Ultramarine,	阿兒克兒牟林	青金石粉　鋁鈉鈣鐵矽養二
Uranite, or Chalcolite,	由日奈脫	鈾礦　鈾鈣燐養五
Uran-mica,	由日尼恩敉格	含鈾之雲母石
Uranium,	由日尼恩	鈾
,, ores,	由日尼恩各礦	鈾之各礦
Uranic ochre,	由日尼恩土	鈾養黃土
Uranium oxide,	由日尼恩養	鈾養

Uranium phosphate,	燐酸由日尼恩	鈾養燐養五
,, sulphate,	硫酸由日尼恩	鈾養硫養三
,, ore, pitchy,		柏油形鈾礦　鈾養
Uranotantalite,		鈾鉭礦
Uran vitriol,	硫酸由日尼恩	鈾養硫養三
Urao, (Trona),		由拉哇　二鈉養三炭養二

V

Vanadate of copper,	凡奈地酸銅	銅養釩養三
,, ,, copper and lead,	凡奈地酸鉛銅	銅養釩養三鉛養釩養三
,, ,, lead,	凡奈地酸鉛	鉛養釩養三
,, ,, lime,	凡奈地酸灰	鈣養釩養三
Vanadinite,	凡奈弟奈脫	釩礦　鉛釩
Vanadium,	凡奈地恩	釩
Variegated copper ore,	紋銅倍來底斯	花點銅礦　銅鐵硫
Vanquelinite,	服客利奴愛脫	浮扣林愛得　鉛銅鉻養三
Vegetable acids,	草木酸	植物酸類
Velvet copper ore,		鵝絨色銅礦　銅鋁鐵硫養三
Venice white,	漆中白色	緋逆斯白色料
Verd antique, (Serpentine).	綠花石	老綠雲石　鎂養矽養二
,, ,, Oriental,	東方綠花石	東方老綠雲石　鋁矽養二
Vermiculite, (Pennine),	微覓求兒愛脫	熱成蟲形石　鎂鋁鐵矽養二
Vermillion,	硫强水銀	銀朱　汞硫
Vesuvian,	維蘇維耶斯石	維蘇威石　鈣鋁鐵鎂矽養二
Villarsite,	維拉斯愛脫	非拉耳賽得　鎂鐵錳矽養二
Violan,	肥　蘭	非哇蘭尼　鋁鐵矽養二
Vitreous copper ore,	玻璃銅礦	玻璃形銅礦　銅硫
,, silver ore,	玻璃銀礦	玻璃形銀礦　銀硫
Vitriol, blue,	硫酸銅	膽礬　銅養硫養三
,, cobalt,	硫酸苦抱爾	鈷養硫養三
,, green,	硫酸鐵	青礬　鐵養硫養三
,, white,	硫酸白鉛	鋅養硫養三
Vivianite, or Blue Iron,	肥浮衰奈脫	非非阿內得　鐵養燐養五
Volcanic ashes,	火山灰	火山塵
,, glass,	火玻璃石	火山玻璃料
,, scoria,	火山灰	火山燼
Voltaite,	伏兒對愛脫	佛勒大愛得　鐵養硫養三
Voltzite, or Voltzine,	服爾斯愛脫	佛勒特賽得　鋅硫
Vulpinite, (Anhydrite),		夫勒比奈得　鈣硫鈘養二

W

Wacke, or Toadstone,	滑克石	蟾蜍石　鋁鈣矽
Wad,	澤盂葛尼斯	華得　筆鉛形錳養二
Wagnerite,	爲納兒愛脫	伐格那來得　鎂鐵鈣燐養五
Warwickite, or Enceladite,	渥里克愛脫	窩司維克愛得　鐵鎂硼鍺
Washingtonite, (Ilmenite),		華盛頓愛得　鐵鍺養二

Water,	水	水
,, dead sea,	死海水	死海水
,, mineral,	金水	地產之水
,, sea,	海水	海水
Wavellite, or Devonite,	爲勿兒愛脫	韋夫來得　鋁燐養五
Websterite, or Aluminite,	哀盧彌那愛脫	韋步司太來得　鋁硫養三
Weissite, (Iolite),		韋斯愛得　鋁矽養二
Wernerite,	完納兒愛脫	韋爾納來得　矽鋁鈣鈉
Wheel ore, (Bournonite),	輪輻礦	齒輪形礦　鉛銅銻硫
Whetstone,	磨刀石	磨刀石　矽養二
White antimony,	白安的摩尼礦	白色銻礦　銻養三
,, arsenic,	白砒霜	砷養三
,, coccolite,	白顆顆來得	白色小果形石　鎂矽養二
,, copperas,	白各別累斯	白色鐵養硫養三礦
,, iron pyrites,	白鐵倍來底斯	白色鐵硫二礦
,, lead ore,	白鉛礦	白色鉛礦
,, tellurium,	金脫羅里恩	白色碲礦
,, vitriol,	硫酸白鉛	鋅養硫養三
Wichtine, (Glaucophane),	月奚台能	韋知弟尼石　鋁鐵鎂鈉矽
Willemite,	月里每脫	韋勒迷得　鋅養矽養二
Withamite, (Epidote),	曷碑度地	韋他埋得　鋁矽養二
Witherite,	維底兒愛脫	韋特來得　鋇養炭養二
Woerthite,	渥的愛脫	韋耳台得　鋁矽
Wöhlerite,	胡納兒愛脫	胡二來得　鈣鋯鈉鐵錳鉭
Wolchonskoite,	胡兒康恆斯果愛脫	胡勒干司蓋得　鉻鐵矽養二
Wolfram,	胡兒夫蘭	鎢鐵錳礦
Wollastonite, or Tabular Spar,	胡拉斯得奈脫	片形光石　鈣鎂矽養二
Wood coal,	獲的可兒	木煤
,, opal, (Semi-opal),	樹阿背爾	木哇巴勒石　矽養二
,, silicified,	夕里開木	變爲矽養二之木
,, tin, (Cassiterite),	木錫	木紋錫礦　錫養

X

Xanthite, (Idocrase),	愛庶客來斯	黃色維蘇威石　鈣鋁矽養二
Xanthocone,	㦵安可阨	成黃粉銀礦　銀鉮硫
Xanthophyllite,	剛土非兒愛脫	黃葉形石　鋁鎂矽養二
Xenotime,	齊奴台能	釱燐養五礦
Xylite,	才來脫	木色不灰木　鐵矽養二

Y

Yellow copperas,	黃各別累斯	黃色鐵養硫養三礦
Yenite,	力無愛脫	言愛得　鐵鈣矽
Yttria phosphate,	燐酸以特里恩	釱養燐養五
Yttrium,	以特里恩	釱
,, ores,	以特里恩礦	釱礦
Ytro-cerite,	以特羅色兒愛脫	釱鍺礦

Yttro-columbite,	以特里可倫倍脫	釱鎢礦
Ythro-ilmenite,	以特羅伊爾美奈脫	釱鋺礦
Ythro-tantalite,	以特羅談台奈脫	釱鉭礦
Ythro-titanite,	以特羅替脫奈脫	釱鍺礦

Z

Zaffre,	未淨之養氣苦抱爾	薩弗耳　鈷養
Zeagonite,	齊哀果奈脫	齊亞哥奈得　矽鋁鈣鉀
Zeolites,	齊河來脫	熱發沸石類
,, iron,	鐵齊河來脫	含鐵熱發沸石
Zeuxite, (Tourmaline),		蘇格賽得　鋁鐵矽養二
Zinc,	白鉛	鋅
,, allos,		鋅之攙質
,, blende,	白鉛白倫脫	鋅布侖得　鋅硫
,, bloom, or Zinconine,	白鉛花	鋅養炭養二合土之礦
,, carbonate,	炭酸白鉛	鋅養炭養二礦
,, ores,		鋅礦
,, ,, red,	紅白鉛	紅鋅礦　鋅錳養
,, red oxide,	紅養白鉛	紅色鋅養礦
,, silicate,	夕里開白鉛	鋅養矽養二礦
,, sulphate,	硫酸白鉛	鋅養硫養三
,, sulphuret,	硫礦白鉛	鋅硫礦
Zincite, or Spartalite,	尋克愛脫	辛蓋得　鋅錳養
Zinkenite,	尋克奈脫	辛根愛得　鉛銅銻硫
Zirconia,	入爾果尼	鋯養
Zircon,	入爾康	素告納石　鋯鐵矽養二
Zirconite,		素告內得　鋯鐵矽養二
Zoisite,	坐愛雖脫	蘇以賽得　鋁鈣鐵鎂錸
Zygadite, (Albite),	才呆台脫	雙粒石　鋁鋰矽養二

江南製造局

科技譯著集成

礦學冶金卷

第壹分冊

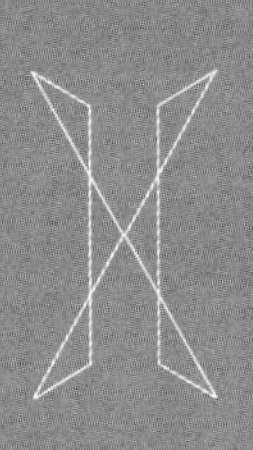

冶金錄

《冶金錄》提要

《冶金錄》三卷，附圖四十二幅，美國阿發滿（Frederick Overman）撰，英國傅蘭雅（John Fryer, 1839–1928）口譯，新陽趙元益筆述，陽湖趙宏繪圖，元和江衡校字，同治十二年（1873年）刊行。此書底本爲阿發滿之《The Moullder's and Founder's Pocket Guide: A Treatise on Moulding and Founding》，1851年版。

此書卷上主要論述關於範模製造之各事，首先介紹製模所需的砂、心砂、泥土、黏土、黑料、滑石粉等材料，以及磨粉筒、箱子、起重設備及泥刀、鏟子、刮刀、壓模等各種製模工具，進而介紹製造各種具體範模之用料、器具、方法、特性、注意事項等，涉及生砂模、乾砂模、泥模、空心模、不規則模、裝飾物體銅模、金屬模等模型，齒輪、水壺、氣筒、花紋、繁複形狀、人像、動物、火車車輪等數十種範模，以及蠟質、硫磺、玻璃、膠漆、石膏等物質壓鑄成型或製模等。卷中論述熔鑄各事，主要介紹各種鐵的物理屬性、試驗方法、用模方法，尤其介紹鼓風爐、坩堝爐、倒焰爐、衝天爐、烘房等熔煉器具之構造、原理、用法，以及鑄造器物之時間、費用等。卷下介紹各種合金，以及化學、電氣鍍金等方法，末附四表。此書亦可歸入工藝製造卷。

此書內容如下：

卷上　論範模造法

用諸物成模法，生砂模，作細巧花紋之模，作泥模餘論

卷中　論鎔鑄各事

鐵之性情不同，第一號鐵，第二號鐵，第三號鐵，深灰色鐵，黑色鐵，鐵有熱風冷風之別，調和各鐵試驗法，用模之法，鐵礦徑從冶爐鑄器法，礶中鎔鐵，倒焰爐鎔鐵，柱形爐鎔

鐵，柱形爐用法，鐵桶，輪扇，進熱風，烘模之爐，修理新鑄之器，鑄器之時，鎔鑄之費，雜論

卷下　論各金類之雜質

鐵之雜質，貴金類之雜質，銅之雜質，鉛之雜質，錫之雜質，鋅之雜質，新鑄之物有古銅色法，銅雜質鍍金，鐵鍍金，紅銅黃銅鍍錫，紅銅黃銅鍍鋅，金類之器上玻璃與磁油，生鐵器面上黑漆，磨平生鐵面，能打之生鐵，鐵鍍銀

附表

生鐵管每長一尺重之磅數表，鑄生鐵柱能任重力之表，各金類與雜金能受牽力擠力扭力之表，各金類與雜金與水較重以水爲一千之表

冶金錄卷上

美國阿發滿譔
英國 傅蘭雅 口譯
新陽 趙元益 筆述

此卷論範模造法

冶金之事創於古昔後人精益求精法既備而器亦愈多世間利用之器陳設之器工細之器大半皆由金類鎔鑄而成造範模者實爲工藝中巧妙之事而甚有益於民生日用者也西國有極大之器具重三十餘噸者又有古功臣之遺像及今名人之像以及最細最巧之銅鐵等器如鐘表中機件之類皆能顯出造範模者之心思與手法也

範模之事其要有二一爲作模二爲作樣模者所以受已鎔之金類而使成其形體者也樣者所以成模者也 凡鎔鑄金類無論何種所作之範模理法均屬相同卽如鑄鐵或紅銅黃銅錫鉛等金類所作之模其中所用之材料并鎔鑄之法不同之處甚少凡作範模所用之材料最要者爲各種砂子生泥熟泥石膏黑料并各種金類詳論如左

砂 範模所須之材料最適於用者砂也較別種材料用之甚廣因砂質各粒間有極細之孔可以通水與氣而其形不致改變又遇已化鎔之金類雖極熱而能不爲其所鎔亦不爲其所熱此砂之所以適於用也 砂之類作模最宜者有數種以化學之法化分之得其原質彼此相同惟顆粒之形與色或有不同耳每重一百分中有矽九十三分至九十六分泥三分至六分又鐵鏽少許 凡砂內含鈣養或鎂養者乃養氣與金類化合之料不合於作模之用若鑄銅鐵之器尤不可用也蓋砂內含鈣養鎂養等其質嫩密其形易改且不通空氣有化鎔之金類傾入其中則沸而噴出所以不合於用也總之用各種金類鑄成各種之器所用之砂又各不同有如鑄成此種物件所用之砂須鬆而有粘力者又鑄成他種物件所用之砂須極

細而有大粘力者作極細之範模所用之砂其中不可有粗大之顆粒若有之則所鑄之形不能清楚所以作各種範模以各種合用之砂爲定例

作範模所最合用之砂常在大河之邊得之高山之巔亦偶有之若從山內之河所得之砂其粒太粗其性甚軟爲不合用出最好砂子之處常在最古之火成石（卽鎔結石）之相近處因此種石之山有水從其中流出而經過其傍之熱變石或泥石等其水卽洗其石成沙而積於下流之河邊也如砂內所含之鐵不過多卽爲作範模之最好者 凡出煤之地常有好砂因其河邊之平地大半爲此砂積成

但用此種砂作模而鑄重大之器苟遇金類化鎔之大熱有時亦能自鎔必加以枯煤粉或硬煤粉調勻之則可用矣 第三層土石現出之處詳地學中或在海邊必出好砂惟灰石與火山之處好砂最爲難得 凡砂內所含之鐵或石灰或雲母石無粘合之性又能收水太多此種之砂用以作模鑄成之物其面必粗矣 試生砂可用之法必擇其暗黃色者以手搏之易於成形則爲可用若以手搏之而其質竟能不粘於掌中且有手紋印於其上則爲極細之砂矣如其色或爲白色或爲灰色其性必甚硬或甚軟爲不可用 作生砂範模尋常用有孔之鬆砂其與砂調

和之泥不可似乾模之多否則此種模不能鑄極細之件也 作乾模所用之砂必用最細而最結實者若鑄重大之器亦可用粗而有粘力之砂

作模心砂 此種之砂極不易得必擇其質粗而鬆而又有大粘力者常於火成石之山邊取之或於其頂上取之此等石初爛之時其中所含之泥可使之粘合而砂上從未生過花草所以無動物植物之形迹此爲石爛時所成之砂最合於用如不能得則取水中大石碎下之砂或取於大河之邊或取於海邊或以別種之粗砂與細而結實之砂和合之間有以泥調和者而所用之泥必不可多又

有取鎔鐵爐中所出之渣滓磨碎而添泥或酵或豆粉或馬糞調勻用之然用豆粉與馬糞切不可多因此物熱時能發多氣而氣可使傾入之金類噴出也 凡作模心之砂祇能用一次已用一次則爲舊砂不可用矣燒過之砂與煤粉調和之砂亦不可用

生泥 砂中之用泥使砂之性有粘力也無論何種之砂皆可用之常用者爲白色含鋁之泥或含鋁之土或最細之泥用法將此種泥置於水中化之將此水傾入砂中調和之或將此種泥曬乾磨粉用細絹篩篩之與砂調和最好之法將砂子與泥水調和溼而磨之 凡用泥砂之

和數依砂之性並泥之粘力及模心之大小粗細而定大約作模心之砂用砂九分泥一分若大而繁形之模心所用之砂較之小模心所用之砂應更堅固

熟泥 熟泥即生泥所作尋常爲做磚之泥其含鐵或含鈣養或鎂養或鹻類者不可用也因有此種質能令泥軟而瓷傾入化鎔之金類與之相遇易爲其所鎔而金類亦即時噴出也 如鑄重大之鐵器熱度過大尤易化鎔所以作模之人無上好熟泥祇可照前法用砂與生泥調和之 凡熟泥作模必以木屑或毛或切細之草磨成細粉調和之如此則有粘力而又能通氣也

黑料　煤粉硬煤粉筆鉛皆爲黑料與砂或泥調和塗於模面其色甚黑　常有數種砂遇已鎔之金類受其大熱而壞者若砂質甚粗已鎔之金類遇之能入砂粒間空隙之處鑄成之物其面必粗而不平加黑料一層於模之外面則遇已鎔之金類受其大熱不致燒鎔所成之器外面必平滑此黑料之所以有益也　最好之黑料爲筆鉛但用之太多則塡塞砂中之孔不能通氣所鑄之物必不佳其次則爲硬煤粉但用之太多則砂不堅固磨之太細則易塞砂中之孔而氣又不通　煙煤粉用之能令砂軟不過取其鬆而使氣易散耳且用之有數弊所成之物雖面

甚平滑而物之邊角花紋不能顯出一也用此粉於鑄鐵之模中能改變鐵之性情紋粗而質軟二也令鐵色變爲灰色三也如所鑄之鐵爲二號猪鐵尙爲合宜　大器之模或火爐板之模用枯煤粉與砂調和爲最好因枯煤粉能令砂鬆而不減其堅固也但用此粉作模之外層則所鑄之物面不能平滑耳　硬木燒炭磨成細粉亦可用之如用此粉一分砂九分調和之鋪於模面鑄小件甚佳若所鑄之物爲極細之件其內不可有煤粉或炭粉必用細而結實之砂否則所成之物其面不能淸楚最小之模用黑料之法或以燭火所發之煙或以油松木之煙

礬石粉　礬石粉亦爲有用之物砂面用之能令砂不燒壞如所鑄之件甚薄或火爐之板或空心之器用之最宜成器之面甚平滑而邊角花紋甚是淸楚然此種材料不可多用因令砂質之軟與煤粉用多之弊相同不過煤粉能從砂中燒出礬石粉內含鎂養竟不能燒如此分別耳要之用礬石粉與煤粉取其易於通氣若久用之砂必易軟也

磨筒　黑料磨爲細粉易於飛散必特設一種磨筒常用之磨筒以鐵爲之將黑料置於其中使其轉動筒中置生鐵球數箇能加多愈妙筒轉動時球在內大轉則黑料易

於成粉筒之形如第一圖徑二尺至三尺長一尺至五尺一分時動二十轉至三十轉重二十五磅至五十磅動之之法用皮帶與滑輪或用齒輪亦可　西國大城之內鎔鑄之廠甚多有人專以黑料磨成細粉發售爲業者鄉間僻地黑料隨作隨用不發售於人

第一圖

用諸物成模法

作模之人所用之物多而價昂或用生砂作模或用乾砂作模模成於箱內所用之箱或以木或以鐵爲之　作泥模用鐵板與心軸熟鐵桿熟鐵箍鐵絲等物

箱　作模而用箱者所以包已成之模於中不使散開也箱分上下兩爿如第二圖甲爲上箱乙爲下箱丙爲箱面箱內有隔板上箱之板常寬於下箱之板無論木箱與鐵

第二圖

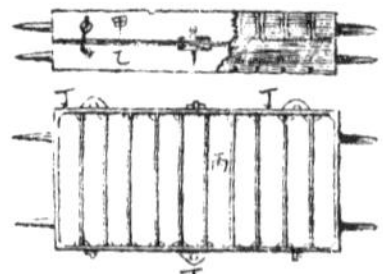

箱隔板總以木者爲佳且活動而可任意置之與所鑄之物相近丁丁爲三箇鐵釘一端尖而細一端圓而粗令箱之兩爿可使漸相切合如模有高突者釘之長與箱之高略等箱邊之兩鉤有相配之眼箱之上下兩爿可鉤之使相連此鉤須結實而不過重著鉤之眼通過木而轉脚使固如爲鐵箱則做成

第三圖

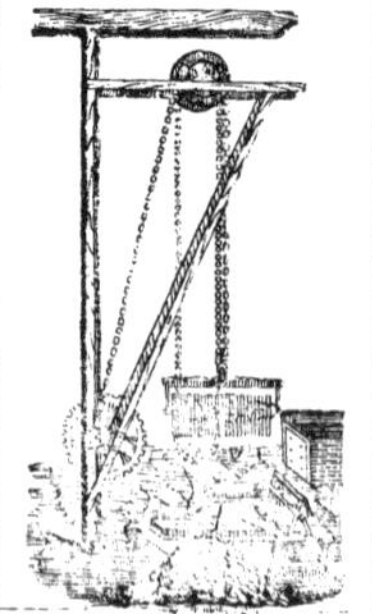

之時眼已在箱上矣箱必有四柄可令其移動極大之箱與極小之箱祇用兩柄在於箱之兩短邊最要之事柄必牢固砂裝滿於箱中以柄起箱可無斷裂之險箱柄必對準重心用起重器掛之可以轉動如第三圖爲起重車起箱之法所以試箱之堅固與否若不能任砂與鐵之重則箱易彎而模裂砂落爲不可用矣　凡大箱應以鐵爲之模圓而箱亦圓箱之形常合於模之形也然尋常諸箱皆欲其形合於所鑄之物則每換一新件須換一箱殊不費

事所以常用之箱皆作方形任作何件之模皆可便用也箱之四角常多空處塡滿砂則箱太重所以上下兩箱之四角或用木塊鋪滿或用鐵夾板分開令空然有時不必移動下箱則四角塡砂亦屬無妨若下箱必定移動或必須反轉則方箱之四角可任用上兩法爲之　方箱而容圓件必有過重之弊設有便用起重車則多起數磅亦不妨無論箱用何種箱面與模面之相距極近須二寸用木箱者相距之尺寸更大也設箱與模太近則砂薄而模易漏也

容模之箱內面切不可平滑砂在箱內不致分散者一因

砂有粘力一因箱之內面粗毛也然大箱之內面雖粗毛而砂之粘力不敷尙易分散可於箱之內面周圍通過數長釘有阻砂之力不使分散　生鐵箱鑄成時釘已預備在內因鑄箱時在砂模之面鑿成多孔如此則箱之內面可以托住　用釘之法砂仍不能緊密尙爲不便設砂之各處鬆緊不勻則太鬆之處不能當鎔料之大壓力而砂必分散所鑄之件不能合式所以又設一法能使砂之粘力甚大其法於箱之內面密置夾板先拭泥水於箱與夾板之內能使箱內之砂有粘力

容模之箱應以生鐵者爲佳如用木者雖稍便宜然久之

則須更換新箱其費亦大且木者易被鎔料燒壞致漏所鑄之件不能合式又上下之釘不能配而易彎凡空心器與各種花紋之器必用鐵箱否則不能成因鐵箱雖重而能有穩當之益也

小器具　作模所用之小器具其形各處不同此言其常

第四圖

用者如第四圖甲甲為砑鏟大小不同其最小者長一寸半寬半寸用此鏟能砑平砂面撤去餘砂又能砑平黑料補好模面受傷之處鏟與柄皆以金類為之乙乙為砑器

其面或如圓柱形或如球形丙為陰面鏟若模中有陰面不能用平面鏟者此鏟可及之以上各器常以黃銅為之不致生鏽器之面必須光滑而形亦須極準也

杵之形象各不同如第五圖用木與生鐵為之木杵上車

第五圖

牀令圓壓砂於箱內與箱之四角皆用之鐵杵頭徑二寸至四寸長二尺至四尺其末甚尖能刺入砂中

以上各器之外另有數種器具如鐵鏟可運砂子箱內使之調勻大小粗細之篩可以篩砂小風箱可噴出乾鬆之砂於模上又能吹去所餘之黑料鐵鍋為盛分砂之用噴壺為噴水之用細蔴布袋為裝黑料煤粉筆鉛豆粉之用大刷帚為刷物與上油之用鐵針紅銅針徑八分寸之一至四分寸之一長六寸至二尺或多尺自頭至末皆尖殺

分砂　上下兩箱分開處所用之砂為之分砂或用河砂或用海砂或用火爐所出之渣滓磨細之或用鑄成之器所刮下之砂所用之豆粉亦可用別種穀粉代之然用豆粉為最宜又有瑣屑之器如方圓橢圓長方等形之釘刺砂路使鎔料通氣又有大小螺絲鐵鎚木鎚鐵桿火鉗拔

釘之鉗等物皆須預備

生砂模

模有三種一為生砂模一為乾砂模一為泥模生砂模鑄輕鐵器者常用之如輪機內無甚要緊之小件火爐之板爐柵礮彈輪轂引水之鐵管引煤氣之管等　用生砂之法作小件之模或鐵輪之模法用極平之板置於兩箇櫈上或置於裝滿之箱上將木樣置於板上平面在下如木樣分兩爿則將一半置於板上而上下接住之處如第六圖為平視形板用松木大者厚二寸小者厚一寸木樣置于板上之後使之平穩與板不切合之處鋪砂于板將箱

第六圖

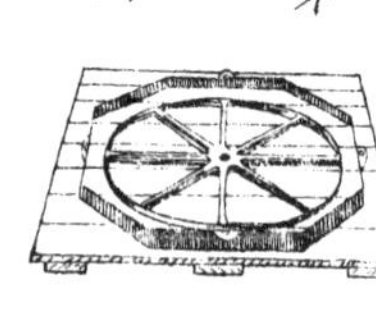

之下半升倒覆于木樣之上有入於倒覆之前鋪一寸厚之細砂于木樣之上而後倒覆之則箱與樣不甚震動而成模甚準此一寸厚之砂用細篩篩上必為新砂第一層厚八分寸之一至四分寸之一再加數層至有模面上之細砂共厚一寸或一寸有餘　凡砂有粗粒不可與木樣相切設木樣為甚繁之式切面之砂必用手壓緊模面已成之後用粗篩篩粗砂于箱內令與箱面平用木鎚將砂搗緊每搗緊一次再加砂而搗之如此箱內裝滿之砂各處鬆密甚勻其餘砂以木片刮去若

箱內有隔板則箱內之砂各處鬆密極難平勻所以平常之模下半箱不用隔板則箱與底板反轉之後前之為底者今變而為面矣木樣大而箱重者則必以箱之上下兩板用法緊連於箱之邊則箱反轉時板不移動箱內有隔板而箱無底者反轉之後必置於極平之地面上箱內無橫隔板者反轉之後必置於木板上底木板連於木樣者如輕而有花紋之模輕而有花紋之火爐等器則反轉之後用木鎚或鐵鎚打木板之背使砂與木樣相離不傷模之面　箱內有長釘與下半箱相連而直通至箱底則收拾箱內之模有此長釘咬緊木樣在砂內不致移動也平

常用釘不過在上半箱內有時木樣不置於極平木板上而將上半箱仰置裝砂搗緊而刮平之將木樣置於砂面嵌入於砂中再將下半箱覆於其上其餘各事如前然用此法作模極遲且木樣常壓壞而失其眞形所鑄之件不能合式也撤去底板之後分砂之上半面用刀壓平餘砂撤去木樣與砂與箱之面皆極平此面名曰分面分面之上用手布分砂一層愈薄愈佳令上下兩半砂模不相粘合為度布此分砂之後木樣之面亦必有之所以必用小風箱吹去木樣面之砂若不吹去所鑄之件面不平滑模之下半已成必將木樣之餘件置於上面上半箱覆於下

半箱之上鉤入於眼極為緊切先布一層細砂於模面再用粗砂木鎚打緊如下半箱之法遇木樣平面而式簡者上半箱內之隔板易於配成與木樣相距半寸為度如木樣之面不平而又凸入上半箱內則隔板與之相切處必鋸去而讓之所以前言隔板以木者為佳也　凡箱之小於二尺者可不用隔板矣

進鎔料路　上半箱面鋪平之後未去木樣之前預作鎔料之進路作路之法用木釘數個略如喇叭之形通入上箱之內排列此各釘最難合法若木樣甚薄而鎔料為鐵則作模之人必須留意鑄成器之好壞在此路之合法與

否若木樣爲厚重之形其厚或有半寸餘而面積不大則一路已足用矣反之則必再加多路平常作路在木樣之旁倚作此路而箱之大尙嫌不足則不用此法亦可鑄極薄之板其路徑至板者則路必極長而窄凡鑄圓器具如輪與滑車等物其路必在外凡作模無論各路在內在外必另備一氣路徑通至木樣如所鑄之物最輕最薄而有花紋者則定各路之方位爲最難必熟悉此事之人方能一見即定其方位也作路之公法令已鎔之金類行最近之路而滿於模中則金類雖行過模中窄路之後而稍變冷與寬處仍易相連如一路不敷則用兩路或多路皆依

模之形而定其數已鎔之金類行過各路必在同時如此模可速滿而各路所進之鎔料易於連合也

鑄鐵輪之模已成之後其外形如第七圖木樣與路皆顯見其方位上半箱裝滿砂而刮平之後則拔去其鈎用一人或兩人將上半箱取起或用起重車起之更好上半箱起時靠住一邊立直將作路之木釘取出路之內面必堅而平滑鎔料易進而砂不致帶入也

第七圖

上半箱已成後即預備取出下半箱之木樣未取之前用一小刷帶水中浸溼在木樣邊之砂面運之則水有少許至砂中然後用手指壓砂之邊而知砂漬水與否如覺太鬆則取出木樣之時或傾入鎔料之時砂必移動則必添砂壓緊用刀刮平至各處妥貼之後以刀砑平全砂之面始可取出木樣然其事甚難因常有砂粘在木樣之面而帶出也再簡之法用起重螺絲旋入木樣之面用木鎚輕敲木樣之上面待起至數分或敲木樣之邊或敲其角或敲起重之螺絲或特意預備數釘而敲之皆臨時之手法也

起重螺絲末尖而線粗爲起木樣而設若用金類爲樣則此樣預作螺絲孔與起重之螺絲相配凡花紋多之樣及

最繁形之樣起時難免不傷砂模補之之法將刷帶灑水于傷痕依傷痕之大小以定其所加砂之多少模內所有凸起之處亦須稍加以水將已取出之樣用乾刷拭淨輕置於前模內再用螺絲起之此爲第二次手法若非繁形之樣不必如此也

上黑料法　模面上黑料之法用細蔴布袋內盛黑料或木炭粉手持此袋向模上搖動之則模面得極薄而平之黑料一層設模之面爲新砂則黑料可粘於砂面即將木樣拭乾置於模中則模之內面極平滑再將此木樣外之砂用刀壓平一次若模面非新砂則黑料不粘此法爲不

便所以必加穀粉或豆粉一層然後上一層黑料將此木樣放入用黑料與豆粉不過太多如太多鑄成之件面不清楚若模面爲新砂而黑料爲極薄一層鑄成之件可以平滑好手作模卽不用豆粉黑料亦可將木樣置於模中分面內必劃出鎔料之進路前作路時所用木釘之形已在下半箱砂內此各路與木樣相遇處必有槽深或四分寸之一內窄而外寬件已鑄成易將此餘件斷去設一槽不足則一路可分兩槽而略寬之則已鎔之金類更易進也又可拭水使溼則已鎔金類更難衝壞以上工夫已成之後取出木樣將上半箱輕置於上連固有鈎可用金類

傾鑄成形矣

若木樣凸入上半箱內或木樣分上下兩爿則上半箱與下半箱同此一式而爲之取出路釘之後用板一塊置於箱上將此箱反之則樣可向上矣起樣之工夫略與下箱同更須謹愼耳補模之傷痕手法不到則反砸之時所補之砂必脫下也

設木樣釘於木板必先取起而後將上半箱裝砂則上半箱必安置平滑之板用刀砑之甚光滑如此徑置於上如用此法則用豬鐵壓緊上箱而不用鈎此種法極易而不費時不過極斜極低之樣更好用耳

生砂模應用之砂　用生砂模鑄器似易而實難作此種模必須極好方無差誤最要之事在乎用砂之得宜作極小極薄之模必用有大粘力之砂然不可太溼因此種砂質收水甚多外面不覺其溼俟鑄器時方知其弊也能於火中燒一次或多用之則亦可用矣或少加木炭粉枯煤粉或硬煤粉最妙　若作大模則不可用堅固之砂模愈大則所用之砂宜愈軟而愈粗卽木炭粉亦不可用矣若用溼砂則化鎔金類傾入模中必發水氣與炭氣此各氣必有能出之路用粗鬆之砂則此氣易出也　模心之砂宜更粗不可與作模之砂調和若廠中多作模心無論其

大小必另擇房外之空處取出模心留砂於此不致與屋內常用之砂混和也　凡鑄廠中應多預備舊砂每日加新砂於內因砂愈舊而愈軟也作模之砂每用一次後必加水令溼則有粘力所加之水無一定之數須隨時酌之

每過七日將所有之砂通篩一次棄去木屑鐵塊及成塊之砂則臨用之時可不必再篩矣　鑄重大之件用生砂而椎築太實氣不能通則模易碎若鑄小件砂內用釘刺孔可以通氣大約鑄重大之件此法又不能用也總之刺孔之法求砂之鬆耳若鬆之過甚則化鎔金類從模之凸處衝動而各處不平矣　各種之砂與各器之形其用

法不同如砂鬆而黑料用之甚多所鑄之器面粗而不清如砂細而結實則有氣入鎔料必致噴出或模散開雖能鑄成中必有多孔以上各事之弊不第在砂質與模形也即金類之性情天時之冷熱空氣之燥溼皆與鎔鑄之事有相關管理此事者經營盡善調劑有方可免去一切之弊而所鑄之器必能合式

作生砂模有專司　作生砂模之法極難講究應依所鑄之各器分門別類每人管理一門之事祗預備一種材料如此則因才而使各顯其能主人必獲利也　美國有一人在鑄廠中八年專鑄一種平底之鍋甚是合式人爭購之以饋遠以後獲利甚多令他人仿製萬不能及而利亦不能得其半也令此人鑄別種器具亦不能合式此即分門管理之實據也

不用箱作模法　用此法作模雖省去用箱之煩而所鑄之件外面甚粗然有時鑄粗鐵器不屑用箱作模而用此法如鑄廠內各模之鐵板並爐柵等是也其模作於屋中地下之砂內法從地面挖去泥深二尺寬廣合於所作極大之模或大於模形亦可挖成之後先鋪小礫石厚半寸上鋪一層粗木炭粉或枯煤粉或硬煤粉再用篩篩上一層極粗之土或河砂再篩一層平常做模之砂用直木條兩根一置此邊一置彼邊成平行線而用酒準置其上使之極平再用直木條靠兩木條攤去砂面之凸處補平其凹處使砂面極平尚未能光再用極細之砂篩於面上將直長之棍軸（此棍軸以木爲之圓徑六寸至八寸）在兩木條之內運轉數次來往極平木條上如有砂泥亦須撤去如此則砂之上面極光若嫌其鬆加極細之砂如前法運轉數次以砂之疎密能當鎔料之壓力爲度然後將兩邊之木條撤去以木樣置於平面上如木樣有凸形則以凸處向下然木樣大半置於砂面者居多設樣爲板形必須置於砂之外面用手法將四面之砂擁而圍之其厚與高以能當鎔料之壓力爲度取出木樣之後此模宛似矮牆之形作一路以引鎔料流入模中設所作之模有模心者必用鐵塊壓住否則遇已鎔之金類必致上浮傾入鎔料之後篩砂於上面成極薄一層則熱不傳散屋內不致甚熱也

用一箱作模法　凡照平滑之式鑄器而不必求其極準者將木樣壓於地面之砂內令平用箱蓋上凡鑄廠地面之砂應深二尺餘法在砂內劃一溝或挖一孔其大小與樣同如砂太乾少加以水如砂太溼則加乾砂少許於面上令所鑄之件不遇溼砂爲度再以前法使砂面極平將木樣置於砂之平面上而壓入砂中模之四邊用砂圍住

其厚與高以能當鎔料之壓力為度如此則不用下半箱而以上半箱置於上面四邊用桿靠箱打入地中不使移動上箱之做法與用兩箱之法同其稍異者箱必用重物之壓力方能當鎔料之壓力耳設木樣甚大或樣之上面甚平而鑄廠中無起重車則可用生鐵架代上箱作此生鐵架之法有對角縱橫條極多其形如網罩於平砂面之上而其面上蓋一層粗泥令乾用此法亦可鑄件但不及兩箱之妙也若所鑄之件不求其甚佳不得已而用此法亦可勉强成事耳　凡大鑄廠中必多預備木鐵箱合於各種之用其資本必大而房屋亦必寬如此可獲大利因各種工夫預備各種之箱則成事易而速鑄成之件可為上等之物故也

作齒輪模法　凡用生砂模鑄齒輪小者易而大者難今試言鑄大齒輪之法凡齒輪之樣分為輻與周二事此法勝於別法能甚準也若輪輻與輪周并而鑄之則冷時輻之尺寸能縮小所以周不能得正圓之象此書論鑄有輻之輪而輻之分處則成橫剖面形

如第八圖為鑄輪之模與箱預備起上半箱時之直剖面形圖內之砂上箱之色淡下箱之色深輪之面甚平輪之邊可斜輪輻不能從下箱取出所以分輻樣為上下兩片

第八圖

甲　甲

輻樣之上半用螺絲釘甲甲連於上箱之上而通過砂子連住箱上之板此兩箇螺絲必旋緊至不能移動起下半樣之法必各處同時向上而起如齒輪甚大必用十人或多人方能成事起時其人手持螺絲釘旋於木樣中一面起樣一面拍樣之面不令砂起然未起樣之前必用溼砂與刀補好起上半箱時所損傷之砂設砂不甚鬆恐不能通氣則必刺多孔放氣出去刺孔之法依砂之好壞鬆密而定密細之砂刺孔必多粗鬆之砂刺孔必少若下箱之樣甚平滑而面已上漆則可多澆水於模中設木樣鬆粗而未上漆則用水必少而木樣必速起之凡做模之工夫愈速愈佳因木樣必從砂中取出恐其得水而漲大也即金類之樣亦不可久留於砂中夜間更不可也

作齒輪之模難免模無傷痕且有齒之處最易傷損則必補之其法必另預備輪齒數齒相並模內傷痕易於補好且易於取出也補之之法用溼砂與刀及壓平器（作輪模此摩光之壓平器最為便用）補好後模面須壓平再篩黑料一薄層而壓平之。

下半箱已成之後則將上半箱反置而木樣向上或此箱

極重或以起重車起後而無法令其反置即以起重車懸之箱面向下用木柱墊穩因人在箱下作工恐猝然墜下而受傷也一人在底補其傷痕一人在上面旋開螺絲釘預備將木樣放下若轉鬆螺絲釘時砂有欲墜之勢即撥轉螺絲而於其所欲墜之處灑水壓緊然後木樣可以放下矣有人用細銅絲作鈎用泥水沾溼而圍住木樣之邊不使墜下砂內傷痕收拾之後模之各處壓平上半箱已成不可用碳粉與黑料加於上半箱模內所以鑄成之件上面必不能平滑凡木樣必分為上下兩爿則上半箱應反轉因從下面做上半箱之模極難而不甚準上半箱欲

反轉者箱之兩邊各鑄一柄對準重心而箱亦須結實也起箱時必留意各處平勻豎立如起時已歪則砂落而模壞箱料太薄則易彎而砂亦易漏上下兩箱之模已成必作進金類之路而上下兩箱可以相合大箱不必用鈎可置極重之物或用螺絲壓緊常法用木板置於箱上板上加豬鐵等重物有此壓力亦平勻矣凡齒輪模之進金類之路應在兩輻中徑與周應有二三槽從各路至輻與周如大輪應多設進金類之路此路闊二寸外口大而內口小從各路引金類進模之小槽應比路之內口更小傾入金類時路中必滿材料如有渣滓和於已鎔金類中則不能徑入模中矣

凡鑄大器往往有差即諳練此事者亦不能預保其不差也然有幾種要法可免之即如作生砂大模切不可用細而結實之砂因此砂不能通氣能使鎔金類內生多孔多加碳粉則太軟不能當金類之壓力又不能受取起木樣之工夫用粗重之砂做大器之模則鑄成之件外面必粗毛有數法能免此病不可用碳粉與粗砂調勻因太軟而發氣太多可用粗鬆之砂做模模面用細砂一層厚四分寸之一或其厚以能抵鎔料之壓力為度此細砂外上黑料一層而壓平之則所鑄之件面甚平滑加碳粉於砂內

必被已鎔金類燒壞而所鑄之面必甚粗總之大器之模加碳於砂中已鎔之金類仍要通過砂之粒間如模面無碳則面內更無用也

作模常用兩箱　凡作模所用之箱常以二層為則雖樣式甚繁而可另設變法祇用兩箱設木樣難於分開而竟無別法可以用模心之法如第九圖為鑄滑輪之模之箱圖內虛線即模之分處下半箱裝滿砂而反轉之後則砂為滑輪之周者必割去之上面壓平散分砂於面而吹去在模上之分砂然後置樣之上爿而用新砂壓進滑

第九圖

輪之槽即爲模心如圖此模心爲與樣同高而對箱之邊再以面壓平而散一層分砂然後置上半箱於上而加砂成模兩箱之砂已滿箱之上面置一板將板與全箱反轉而以下半箱取起撤去樣之下半再將兩層箱合之如前反轉則取起上半箱撤去餘半木樣當箱反轉之時而撤去木樣生砂模心雖無粘力因有外邊扶之不致斷裂依此法做繁式之模只須用模心之法即成矣若不能用生砂模心必用乾砂模心而樣內必留容模心之處此事在下數處詳言之

鑄小齒輪法　小鐵器結實爲上平滑次之此器之樣與模非巧手不能爲即如紡紗織布器內之各小件必平滑結實而能受鎚打之力方佳一物內得許多佳處最難所用之砂與添煤粉之數必須合於一定之法做樣之人亦須知各樣皆有巧法即如小齒輪之樣此各齒極難平行必用鉛鑄于樣齒輪之外成環形內面有齒與樣齒輪之空處相錯有此鉛環則作小齒輪模不甚難矣欲在砂中取出輪樣之時將鉛環置於輪周外之砂面以其內齒對準樣輪之齒凹則鉛之重能壓砂不上樣輪可自鉛環之內取出否則輪齒間之砂必隨齒輪而上矣

作花紋物件之模　作各種花紋物件之模欲其可觀而合用如花紋鐵闌干是也如闌干一面平一面有花紋能在鑄廠中作模而不必用箱此法雖可省工而不及用箱之結實也粗闌干之模常用鬆砂內添煤粉數分然必知凡用煤粉做模所鑄之件花紋不能清楚如樣有雕刻之紋非但砂內不可多添煤粉即做黑料亦不可多用煤粉也凡有花紋之器清楚爲上堅固次之所以砂內之煤粉愈少愈好而豆粉與穀粉切不可用也模之面用一層新細之砂厚約十二分寸之一外加硬木炭細粉極薄一層凡花紋之樣必常令花紋有斜面易與模相離如爲金類之樣而磨之光滑者可多次置於模內而補模之傷痕以

分毫不差爲度模之面加黑料一層爲最後之工夫平常之闌干一面有花紋可在木箱內爲之若兩面有花紋則必用鐵箱茲將作生砂花紋模之法詳述之如第十圖爲闌干各節之間所用花紋之空心柱如第十一圖爲橫剖面形樣分四面爲四塊作模之法將樣之一塊置於板上而下層之箱放在上面盛滿砂而反轉之鋪平砂面加上甲甲兩塊必用數塊小方板置於其間其尺寸等於

第十圖

第十一圖

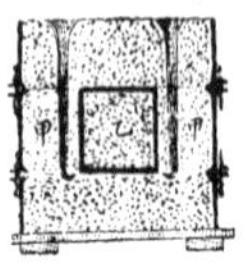

樣內面之乙方令不移動分砂已布之後中箱可置於上兩邊能分開而用鈎使相連每邊可獨自撤去甲甲與乙之間鋪滿砂而壓緊樣與箱面為極平再將樣之第四塊蓋於上面而布分砂將上層箱覆其上盛以砂而壓緊作進金類之路用木釘自上箱而通過中箱至下箱而止鐵柱厚半寸餘者必有四路更薄者必有六路柱之兩端在上半箱各作一門各箱裝滿用板蓋於上箱之面將全箱翻轉取起下層之箱依法去其木樣木樣之四塊皆必用螺絲通過砂模兩相連于箱模之下半必結實而不必再加修飾因模已合定不便再修飾也後來將模心乙間之

諸小方板取出加砂補其空下面工夫成功之後下層箱仍可合上反轉全箱取出作路之釘將上層箱取開并木樣撤去置於一處將中箱之兩邊取開亦各取去木樣其所連中箱與下箱之釘不可太緊因中箱之兩邊須斜而向內放下不可直放下也取去中箱與下箱內之木樣工夫甚易不必贅言此種模砂應用鬆細之砂用枯煤粉調和如砂密而實則模易裂開用此法能作許多花紋之樣必留意將樣依法分之得數塊欲其不錯最為難事

作空心器模法　空心器具雖形象不同而做模之法略同此種工夫為做模之最妙者也一人祗能講究一門之事如鍋水壺茶壺火爐爐柵鎖絞鏈等件為尋常日用之物工藝家謂之空心器此種器具花紋不可差應平之處須平厚薄亦不可差大約以輕者為妙所用之細砂可多加煤粉調和亦可用黑料與硬煤粉上一薄層於模面美國所鑄之火爐能省煤而好看此火爐之模甚簡便所以此書不必詳細言之　小空心器具極薄者多所以砂不能粘於金類之面祗須做合式之樣易於鑄成好件省費之法絞鏈鎖刀等小器可以十箇或二十箇置於一箱用一條通路引鐵汁從此路而分入模中一箱內能容幾模依模之大小而定又依一次能鎔之金類而定各模之

形相似者更便也

作水壺模法　常鑄之水壺如第十二圖亦空心器也其底略小便於入火爐之圓孔而與火切近也又有一種水壺其底不縮小而有三短足或多短足此種木樣與水壺之形相同不過嘴或為空心或為實心皆可箱必用三層中箱

第十二圖

分作兩爿而其分處適當口之中所以兩箱撤去之時嘴管可以取出依此法木樣之上半爿必在中箱分開之處而分之非第不好看木樣亦易受傷最妙之法將中箱整塊獨成在甲甲與乙乙分之嘴管之處上層箱之砂下入

中層箱內至嘴管之口爲止而順嘴管之彎處分砂中箱與下箱在壺口之邊而止而此處之模心亦分開觀圖中深淡之處甚明木樣祇能在甲甲線過嘴管分之做水壺下半之模將壺底半箇木樣合於板上再以本圖之上箱覆其上裝砂壓緊將箱反轉而加樣之餘半置中箱於上箱之上而相連兩箱若能相連後而併入砂壓緊亦甚便捷在木樣外中箱中鋪滿多砂最後壺中壓滿砂下箱與中箱分開之而依圖而爲之下箱砂已裝滿此時箱已倒置而壺底在下即將下層箱取開次將中箱取起而取去其木樣之上半再將中箱與下箱置上以全箱反轉則水

壺之方位如本圖然後取起上層箱撤去樣之下半而裝其嘴管此嘴管之模心另在一模心箱內爲之取出進金類之路釘此釘形甚扁一邊薄而斜一邊寬三四寸口闊四分寸之一再以上層箱置於上則模之各事已備

凡空心器之木樣必極準否則模之差更大於樣之差此樣或以木或以泥或以黃銅爲之而必用車牀等器令其無分毫之差再加磨工令平滑用法分爲若干塊如器之足與柄以及一切凸處皆另爲之不與此大樣相連尋常之空心器其口向下而鑄之若爲罩蓋等之用則口向上若模心有一甚窄之頸而懼鎔料令模心浮起用薄鐵作十字形之桿豎入模心中而連於箱底可也所用黑料筆鉛爲最佳若砑甚平滑則所鑄之物外面亦必平滑也

作空心器之模常用鐵箱如所用之鐵箱甚是講究所鑄之件合式而甚準久之所省實多如用木箱或用鐵箱而不佳則往往誤事此將鑄鐵箱之要事詳言之如做模之人要照此一式而作二十箇鐵箱之模設此一箱作之不差而可相配互換則第一箇箱之模做好之後不必再用板其第一箇成模之上箱即爲下箱而相配之上層箱之砂須搗之結實上層箱分而做好之後則做第二箇下層箱之模木樣必常留於下層箱內依此法第一箱之上層

做第二箱之下層其餘各箱依此類推各箱之兩層箱作模相連有時最後之數箱內有一箱與初起之箱內之一箱不相配然所鑄之件亦不見甚差也依此法做模必須巧手爲之否則難免無差

以上各件之外用生砂模之法尚有數件此書不必詳言即如鑄房屋內所用之生鐵物件與門戶之鍵門戶之架柱與闌干等其模作之亦甚易也

鞔砂之模　有一種模其外面用生砂內面用乾砂之模心作此種模者必熟悉此模心所用之材料與其作法前所言者祇講明何等之砂可用耳此須考求作模心之法

并何種模心當用何種之砂凡模心必謹慎為之如式樣不準則所鑄之件必不能成或成其形而中不結實也

模心　用模心之法所以鑄空心之器而木樣不能做成欲鑄之件之式模心之式各不相同尋常之模心如用鬆砂其中不含動物植物與碟砂內含泥又不過多成後依法令乾則其工亦無甚難然有一事必不可差凡生砂模必待臨傾鎔料之時安置模心所有鎔料盔住模心之處其砂必更堅固凡模心外多有鎔料盔住祇有一二箇小孔放出空氣如小管之模心是也故其砂必加新砂調和之砂內所含之泥或含有粘力之質必適足以成模心乾

時不致散開砂粒之角甚多者如磨粉之石則較之火砂或海砂更好因海砂與火砂之角常多磨沒也有時泥水之外亦用酵水或豆粉水加於模心之砂令其更堅固但此各種水應謹慎用之因其能發多氣則模內之孔為氣所塞也最好之模心砂不須另加材料所以凡作模之人必考求鄰近地方所出合用之砂也凡模心或為長或為薄則必用鐵絲或小鐵桿泥水溼之藏於模心內作骨令其堅固模心用完之後可將鐵骨拔出後仍可用設模心甚長或砂甚堅固則必另用長鐵絲刺通內面然必留意不可刺穿外面也設模心或為彎曲之形不便刺通可用

繩一二根順模心之鐵絲平排則模心乾時抽去此繩可留空於內如模心甚長不能受金類之壓力不能任自己之本重則必用鉤或釘托住之所用之釘其式平頭而稍寬凸處之分寸同於模與模心之相距即物之厚也所用之鉤為鐵皮摺轉如匚形或為兩塊鐵皮用帽釘釘於大釘之上其相距等於所鑄材料之厚凡模心外面上黑料一層此亦緊要之事因模心所成器具之空處極難著手故模心之砂易與鐵面相離亦是要事模心所加之黑料水與泥模所加之黑料水同閱後作泥模之法則知作黑料水之方矣模心做成之後取出即上黑料水而曬乾

作常式小模心所用模心之箱如第十三圖甲為兩塊板

第十三圖

甲

乙

其兩端有凸方形兩塊板可任便移動另置於一塊平板上用砂盛滿其中空處即成模心模心之橫剖面形不同者則箱亦必不同模心剖面形相同而長短不同則可在一箱內為之作圓模心所用之箱如本圖之乙是也作球之模心必在球心之空處作之各形之模心亦然然尋常鑄器模心非必不可少之物不過用模心能省作木樣與模之時又能令所鑄之件更無錯誤耳

作花紋鐵柱之模　作花紋鐵柱模之法必詳細言之用

第十四圖

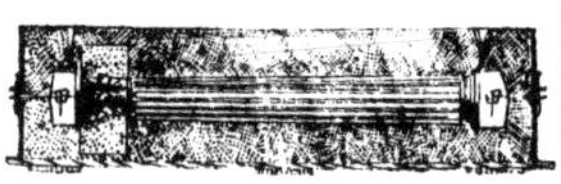

第十五圖

此法能鑄數種鐵柱亦能鑄數種鐵管如第十四圖爲柱之木樣已在砂中成模而預備取出木樣之式甲甲爲模心之外端取出木樣之後其內有空處再將模心之兩端拔出仍置於箱內可用通過模心之桿扶之然柱之上端花紋甚多則用生砂模難與柱相連鑄成若分鑄之恐不牢固所以本圖爲相連而鑄之之法柱之木樣之上其初不用上段花紋之木樣但用六邊形或八邊形之木塊代上段花紋之樣如第十五圖之虛線爲六邊形之塊之橫剖面式木樣從上至下有數凹處而平分兩爿分處遇對面兩凹之中設兩爿分處在凸處花紋之中則花紋不能清楚設凹處有傷痕不甚妨害木塊非但分兩爿各爿再分三分或多分而各分用木螺絲令木塊相連其螺絲與木塊一分取出之後則木塊可逐分取出然一塊之模必先補成然後可將第二分木塊取出上段花紋副模做法如下六塊之花紋或相同不過刻出一塊花紋木樣即可做成此木樣之外作一副模箱此箱內所作之副模必能恰滿模內六邊形之一分此種副模正與模相

配而此一分空處一面有上段作花紋之模一面切近本模之砂兩旁面又與兩分副模相連所屬於上半箱之副模可用鐵絲或鐵桿通過其中與箱相連各模安排之後則模心亦置好兩層箱可以相合其餘各事如前　置模心之時必留意不使有隙如有隙則鎔料能通至模心之底而噴出所以見有小裂紋必用生砂補好若恐模心不穩必用鐵絲箍之甚固箱之兩端必留一小孔能通模心放氣之孔此各孔與模之內面不相通所以不致有鎔料從此路而出也所進金類之路依常法而爲之設此路能斜立而鑄者必從箱之下段另用小箱其空之高等於大箱路口之高而箱上之孔應爲箱之最高點傾入金類之路必令材料充滿則各種異質不能隨鐵而至模內此柱鑄成之後或傾入熱金類之後必燃火於柱之兩端則柱心內所賸各種氣自能燒盡若不以火燃此氣則自能生火而撐裂其模

凡引水引碟氣等鐵管其法略與柱同所有分別不過在模形耳凡鐵管模心之形必同於管之內面如第十六圖爲作引水管與碟氣管模心箱之直剖面式此種箱亦有用木爲之然木者易彎所成之模心常不能直所以必用鐵者爲佳其模心之箱常爲圓形者厚約半寸底有兩方

第十六圖

足此足外有鐵彎條用時可進上下兩片緊合此模心箱之內膛必最準而圓箱兩半相連處不甚尖銳必作一鈍角之邊如此箱可平置而作模心然做模心之箱平置者必須大本領之人方能用之所以用此法者甚少尋常之法將箱豎立或斜之而裝滿砂此三法內斜之爲最便也將砂搗緊之法用極長之鐵桿如模心極薄其徑爲一寸半者此模心之心即爲鐵桿而桿之傍有鐵絲兩物在一處壓進模心未去箱之前其鐵絲抽去留下一孔可以放氣如更厚之模心徑三寸或多寸者

其中之桿或爲熟鐵管或爲生鐵管而管之內面作多孔不有此孔氣則無路可出矣凡重模心用泥爲者在後詳述之管之兩端較之模心長數寸則此模心曬乾之時可藉以轉動即上黑料之時將模心轉動亦必用此二三寸之長以爲樞也

用鐵板成模法　作模之法有時必先撤去模之一塊而後取出木樣則必用生鐵板板上有柄可以取出即如斜齒輪輻中之砂并齒輪面等物至一切木樣之形太深斷不能取出木樣而不傷此模如汽機之底架或車牀之架或頂住房屋之板并一切所有模砂三面遇鎔料者必用

此法爲之然此各種器所取出之砂模必曬乾而如作模心之法用鐵板之法作斜齒輪模其法如下如第十七圖

第十七圖

在鑄廠之地面內作斜齒輪模之剖面式砂面令平而所有與木樣相遇之砂必篩之令細模之分面在甲甲線輪輻之間置生鐵板乙乙板上有熟鐵柄此板非用箱所成厚半寸至四分寸之三各板之形必合於所置之處如斜齒輪必是三角形此所置之孔周圍小於二寸此板置於分模之處或壓入砂內深四分寸之一後用小鐵桿或鐵絲蓋於上面或用木

桿浸入泥水中然後置之桿之四面皆透出板外差與木樣相切板上高處之砂可壓住桿之不透出之一段桿已置之合式則各輻中間之空處將砂鋪滿與木樣相平此亦爲模之分面木樣蓋住之後撤去木樣上面之箱則以鐵板上之柄丙取起各輻間之砂如太重則必用兩柄所取起之各塊亦如安置模心之法上黑料而曬乾待木樣撤去之後而模之別處皆預備則用板所做之模心換進再以上箱蓋之可傾鎔料於模中依此法作模各處用之甚多因其便捷而省時也

乾砂模　作此模之工夫最有趣味大半鑄成銅器具或

花紋鐵器皆用此法因乾砂模鑄器質紋平勻而堅固幾與泥模同鑄成之件較之泥模所鑄者更屬合式因泥模常有縮小之弊所鑄之形往往不準也　作乾砂模之質有二種一爲輪機之軸或管子并一切堅固而美觀之器之模皆用新砂與用過之泥調勻作此模之手法同於生砂模而略易之總不用煤粉與砂調和所以砂模更覺堅固一用新砂爲模亦甚易易成後加黑料水置於乾爐內十二小時至二十四小時砂內一切之水化氣而乾加黑料之法亦用拭帚必留意不可傷損模之邊角花紋諳於此事者能以砂調勻堅固而鬆所鑄之件更能清楚　凡

作乾砂模必用堅固之鐵箱因木箱不可入於乾爐內恐爲火爇而壞也所用橫隔板亦以鐵爲之鑄長大之輪軸必有極堅固之箱因鑄時大半豎立或斜立箱內所受之壓力極大可用雙曲鐵桿鉤住而使不動鐵桿直時之長必長於箱之高六寸將其二端折成方角如匚形二曲之相距稍大於箱之高用此鉤於箱外可緊合箱之各層此壓緊之法用小桿插入箱上漸壓之甚緊可不傷模此事以下言之甚詳　凡乾砂模之箱兩端必有旋動之柄以箱挂起易於旋轉因上黑料水并曬乾之時必須轉動也

作各種堅固之模必用乾砂模之法而用極堅固之箱

鑄時必令模豎立或斜至三十度至四十度則各種氣易放出而模心不受傷凡管子等器平置鑄之一邊必壞所以管之上面常鬆而不堅上薄下厚也且有一病有鎔金類使模心浮起無論用何法治之亦難免此病

作大管之模　乾砂模與生砂模之別不過砂內所加之物與上黑料水及曬乾之三事耳所以生砂模法既已詳言之今亦不必詳解乾砂模之法而祇言夫引水管之模不第表明乾砂模之法又可引出作泥模之法矣凡引水之管徑大於十二寸者應用乾砂作模而以泥作模心引水管平常八尺至九尺長爲一節小管子長五尺至六尺

爲一節木樣做成管之外面兩端有包住模心塊長或六寸木樣可將一塊之實心木而爲之或可用木板釘合而爲之更清楚而邊角分兩爿用常法做模已成則上黑料水再用鐵路所行之小車或用起重車送入乾爐中設鑄廠內無乾爐或因箱太重無法移至乾爐內可將數箱聚置一處用磚圍如牆形上用鐵皮蓋之內面用枯煤或用木炭硬煤在牆內生火亦可烘乾然此法不甚便捷祇可暫爲之耳　泥模心易於作之只須模心內之管并泥板（上泥所用之板故謂之泥板）與泥皆準而無差即可成矣模心之管不可用木宜用生鐵面有多孔管小於模心三寸其外繞粗

草繩繩外加泥其厚以合於模心爲度用草之意令模心易通各氣此模心內管之兩端有生鐵樞外圓內方方孔之內可用方頭曲柄令其轉動用螺絲與管相連中空之處可容所放之氣愈多愈佳如第十八圖爲模心內管置

第十八圖

於鐵架上預備上草繩與泥所用之架長三尺至四尺面有缺口如數峯排立形可容大小之樞做草繩所用之稻草宜稍溼而軟易於繞住做繩之法如第十九圖甲爲小曲柄用鐵條徑四分寸之一者曲成之曲之前套小木管以便執持作草繩之事常令小童開

時爲之以備用上草繩之法令模心管之樞靠於鐵磴上如第十八圖以繩之端縛于管端甚緊以曲柄轉動繩緊

第十九圖

而密設繞之太鬆則鑄管之時被鎔鐵壓小而失其形則鑄成之管亦受傷而無用如第十九圖乙爲模心之橫剖面鐵管鐵樞草繩泥皆可顯見所加之泥極薄一層所以護蔽草繩面之粗毛泥乾之後再置於架上而用泥板上泥板之兩端必靠於二架而切近於模心距模心中心之尺寸等於模心之半徑此板之形甚直再連正交之板以作模

心之端本圖模心所用之板如丙寬八寸至十寸板邊之形必與模心爲平行直線略薄而凹能成管套徑大之處板壓定之後令模心轉動而加溼泥則泥必粘於模心因模心轉動板可刮去餘泥補其所缺則模心已成可以曬乾而置於一處做模之人以手醮水壓於模心之面並令轉動甚速如此則面甚平滑而置於火爐中烘乾再上黑料水而烘乾之以待用設模心甚長而易彎則必留意用托住之法此法前已言之甚詳

模心草繩外泥層之厚與泥質之鬆密金類之厚薄受金類壓力之大小時之長久有相關尋常引水之管如斜鑄

而用鬆泥應厚一寸如豎鑄草繩之外應厚一寸半若模心泥厚之數大於四分寸之三則泥必加二層或多層一層乾後再上一層做模心之泥以鬆者爲佳可將尋常之泥加舊砂或新河砂調和之泥板之面不爲正平其斜面與圓周之切線成四十五度之角否則泥不能平滑也

模心曬乾上黑料後可放於模中有法托住模心不使其離中心則模可合之但極大之箱必用堅固之板置於箱之上面則箱之上下兩片有板砂不能壓出有人作此模箱成六角形則不能用雙曲鐵桿祇可用重鐵鎚壓定上箱箱之兩端必有出氣孔免模心生許多易燒之氣而致

開裂也。

鑄廠內作此種鐵管工夫多，但鑄廠內在一時內做生砂模與乾砂模，則甚不便於鑄鐵管，再使之事，作泥模之廠為之。管之形有多種，設是直形，則做模甚易，無論乾砂模與生砂模皆可為之；設是彎形，則模心作之甚難，此甚難之理，在後言之甚詳。

不用模心鑄鐵管法　數年之前有人造一種輪機，可不用模心而鑄成管子，其法用內面極光滑之鐵管為模，平臥繞其軸而轉之，一端傾入鎔料，則必流動於模中而成管，各處平勻，但未知所成之管究可合用否，從未有人言及此事，設能想法見此種鐵管而比較其優劣，則凡鑄廠中皆有裨益也。

作細巧花紋之模

以上所論作模之法，大半為粗重鐵器之模，茲將最細花紋之器或佩帶之器之模詳論之。凡鑄鐵之模與鑄銅之模大致相同，其分別不過在器之厚薄耳。蓋有花紋之銅器須極薄者，方能清楚，鐵則無論厚薄皆能清楚也。鑄細巧之器，擇作模之砂為最要之事，所用之砂淨細為佳，其中另加泥類之物愈少愈妙，碟粉等物切不可加，此種砂加水雖少而有粘力，以手搏之則手紋印於砂上，將鋒利之刀可以切成極薄之片，如有異質，可用細篩篩之。若用極細之寶砂，較之別種砂更好。

鑄極細銅鐵器之模，其法將砂盛於小鐵箱內，打甚緊密，模已做好，砂已曬乾，如為鑄銅之用，則每作模一次，必用最細之絹篩篩一層極細之新砂，如砂之厚不過十二分寸之一或八分寸之一，不用黑料，則鑄成之件甚是清楚。如鑄鐵之模，模成之後，上以黑料，不用木炭與筆鉛，因太粗也，宜將箱覆轉，模面向下，薰以燭火之黑煙，或以松節燒煙，受極薄之黑煙一層為度，設受煙過厚，則鑄成之件必壞矣。如欲鑄成形式甚簡之物，工夫甚易，若形式甚繁，

不能用螺絲令其相連，各小塊必將全塊鑄成也。如為人像或柱等物，工夫最難，然此種工夫甚有趣味，只須說鑄幾種物件之法，表明其大略即可矣。

作鹿模法　作鹿模之法如第二十圖，一望而知鹿之身與其角不能用一模而鑄之，必另作一模，用螺絲連於其身與其頭，板與身可在一模中鑄之，設分開鑄之，然後用螺絲連之更便。作身模之法，必將木樣分為兩半，其分面順背脊至胸，木樣一半之模已成，所有不能取起之砂，圍住木樣之半，即割去之。

第二十圖

此為上下兩箱分做之法分面磨光加些分砂後來將木樣之半加於下半箱之上則上半箱不能取起之處必預備模心即如兩前足之間必依圖之虛線作一模心自鼻至耳亦須模心自耳至背亦必作模心各模心必用新砂為之因用舊砂極難移動搬運也有人作小模心之內骨用細生紙或極薄之油紙為之但此模如太大其中必裝鐵絲可以堅固上半箱鋪滿砂模心已成而分砂鋪好則上半箱取起撤去木樣之一半將箱關閉再將全箱反轉而取起下半箱撤去餘半之木樣如是則模已成如做槽面滑車之模手法無異用此法作模不撤去模心然此法

不過木樣是輕者故能分開用之設樣為金類所作則重而難分而取起上面之箱之後模心必移過其移動之數以能取起金類之樣為度大模心祇能用鐵絲於中而用分砂使其分開極小之模心可以靠紙而為之如拉紙模心可以隨之而出樣從砂中取出之後則模心置於一處箱移近火爐令乾模心置於應當之方位或用最細鐵絲鉤至穩便之處甚妙用釘將模心釘於模上甚為牢固箱移動之時模不致有受傷之患曬乾此模費一日之工即將上下兩半相連用雙曲鐵桿或用螺絲連得甚緊可傾鎔金類如所鑄之件用銅則模不上黑料水如用鐵則必

照前法上黑料水如鹿角之模與鹿所伏之板此工夫甚易精於此事者能做兩箇鬆模心一在上一在下平時將模之一分并相配之模心曬乾而後將別模心加上為最妙尋常細件之模內各小砂模心極細極脆厚或八分寸之一而面積不過半寸

作多花紋模法　凡欲鑄成多花紋之物或分做各件而用螺絲連之或為細巧玩弄之物用銲金連之或用帽釘連之如細而有鋼光之鐵器所用之銲金用銀與金相和為之而用吹火筒銲之凡銅件而外面欲鍍金者用同類之銲金尋常鑄件所用銲金或以銅或以錫為之

細巧之玩物以黃銅鑄者空心者較多不第能省料而花紋更能清楚又能省鑿去餘金類之工夫然此種模不能用礫粉砂易被金類燒壞能令金類速冷為最妙如能速冷而可平滑作此種模心工夫甚難如形式甚繁則必分多塊各塊相連即成模心如以鐵鑄成小件即如小於六寸或八寸者不用空心之法若大於六寸或八寸之小件可用空心之法因鎔流之鐵抵力稍大可以燒壞砂也

凡用鐵鑄極小之物件其模用最好之細砂所鑄之小件花紋最細而清楚如髮與細棉線亦可用鐵依其形式而鑄成極能清楚如蠅之翼其面上之毛與紋亦可用鐵鑄

成以顯微鏡看之歷歷可辨樹葉爲樣亦可成模所鑄成之鐵葉其形與原形不爽毫釐也

泥模　用泥成模最爲堅固做此種泥模之人自已作樣有時將木樣納入泥中而成模作泥模者易於作樣亦不能有他法可得便宜也任何形之樣皆可用泥模鑄之然用泥模其費大於用砂模不能用別法者始用泥模也器之形式簡便而其體重大者用泥模之費大約與砂模相等

凡泥模必分數塊而做成空架與造房屋之法無異所以凡要緊之泥模必先定其作法與各事前後之次序而畫

其大小尺寸之圖各事已定然後爲之不明此事者不知預定其做法率意動手及做至一半工程方知不能用此法而成則必毁之而重爲徒費工夫矣凡做泥模之泥質爲第一要事做模之人必須謹慎管理此事因泥質必與所鑄之件相配一種模合用之泥別種模不可用也無論做何種模其泥必細而鬆乾時縮小之度必爲極小者且模乾之時結力甚大否則熱金類之壓力必能壓壞此模也或成細膩之粉鑄成之物必壞如泥質緊密氣不得通則熱金類所生之各種氣能令金類中有泡而所鑄之件有許多空處或氣甚多則自能生火而轟裂令鎔金類四

面噴散必致傷人設泥模乾時縮小太甚則必有小裂紋或模面有數處不平正則傾入熱金類之時面上頗覺粗毛泥之性情最宜考究若能通氣而不通鎔金類則爲可用之泥也

尋常泥模所用之材料即爲做磚之泥而添成顆粒之砂或用過之粗砂或用過模心之砂亦可然若干泥添若干砂其數不能預定因各處之砂與各處之泥皆不同也即鑄各種之器具所應用之泥砂亦不相同必熟悉此事之人留心用之厚重之器并薄小之件其作模之泥必更堅固有人用熟皮廠內所刮去牛馬之毛與泥調和令能通

氣或用木屑馬糞稻草等切碎用之泥內無論加何種材料必調攪極勻爲度泥模各處所用之泥各處不同即如模面須用一種泥而模之內體更須一種極堅固之泥尋常之模更軟多加稻草或馬糞俱可凡模與木樣相切之處即是熱金類相切之處必於火內燒紅爲度非第燒去其中所含之水又減去所能生各種氣之異質又減去一切動物植物之質凡泥模內所生各種氣質爲水氣炭養氣炭養氣或淡輕氣用火燒之則得藍色而煙火之內能見綠黃色之細點

作簡式圓形之模　凡圓形之物件或全球形或截球形

或橢圓形或圓柱形等其作模之法用泥板與鐵軸相連令板繞軸轉動即能刮成模之圓形凡泥模欲分數塊而爲之者必在起重車之傍便於取起也或在地坑中做之亦可如第二十一圖爲地坑中鑄燒皮皂之大鍋之形此種之鍋旁作圓柱形底爲圓球形而邊甚寬邊上有竪圈爲托住所置之木板之用凡作鍋模並鑄鍋皆覆之設鍋能向上竪立而鑄之則緊要之處可甚堅固然欲依定法而做模心不得已必覆而鑄之如本圖之法不用起重車即在鑄廠中挖一深坑深以足容模體爲

第二十一圖

度寬以足容作模之人周圍行動爲度第一事做成圓鐵圈以爲基板厚四分寸之一至一寸其內徑小於樣之內徑十二寸大徑大於樣之大徑八寸至十二寸此板置於坑面以極平爲度用磚砌於其底其高六寸至八寸鐵圈之中立一圓生鐵柱或生鐵塊徑打至地坑中用砂包護不令於烘乾時燒壞此柱上有一圓孔可以接住方軸之下尖此熟鐵方軸徑一寸半至二寸上端爲圓樞下端爲圓錐形入於所打至地內之柱上段圓樞入於一塊木板木板二端以重物壓之不致移動此鐵軸必合於垂線不可稍斜其下端必在圓圈之心軸旁橫連一活桿此桿即

爲二根鐵條相夾而成又鑽多孔用螺絲連於軸上活桿與軸相連處接住方軸之兩面用螺絲相連桿不能鬆動泥板厚一寸用松木之無節者爲之以螺絲連於活桿上先用泥板作鍋內面之形并其口與邊之形令板靠住此軸而轉動則所成之形必與鍋內面尺寸相同起手作模之工夫在地下之鐵圈用磚砌四寸厚之圓牆牆與泥板相距二寸高六寸鋪一寸半厚之鐵板此板上又有各鐵板縱橫置之各鐵板之長必通於所作磚牆而爲模之頂各磚靠於各鐵條設鍋之底爲半球形則不用鐵條而用磚砌成一弧面形亦可尋常之磚足受熱金類之壓力但

鐵軸之周圍處必留小孔則其中所欲生之火可從孔而出氣此第一箇用磚砌牆在模之下用硬煤或木炭火烘乾砌牆所用之灰必用泥爲之必易於通各種氣質又必能堅固尋常加馬糞於內此泥大半用砂爲之每層厚半寸至一寸所用之磚爲燒成硬而青色者而未燒鎔至極硬也所用之磚祇用半塊磚牆尚未成而在烘乾之時可加泥一層於外面時値閒暇可先將磚烘乾而後加一層泥於外面後來加泥至離開泥板四分寸之一爲度其中火不可熄必令模心漸乾第一層泥將乾之時再上泥一層此末層泥必更細而更堅其中不可有馬糞或乾草等

物不過加牛毛少許外面加一層極細之溼泥而以泥板轉動可極平勻外面漸乾之時將木炭粉與泥水調和用毛刷上一層於其面此層爲模心與鎔金類材料之分面

換準板　以上工夫已成之後即取去所用之泥板而換一塊稍大之板此板與初用板之相較數即以定材料之厚薄故名曰準板此板之邊轉動時所成之面即爲鍋之外面此板與初用板之邊皆下至鍋邊之下模心之外加一層含砂甚多之鬆泥將準板繞軸轉動令其外面平滑則所得之一層泥其形與鍋之形甚準待乾時上黑料水一層烘至極乾爲度然後取出鐵軸不須再用在模心下

之圓圈上即基板　再置一塊圓圈板其內徑稍大於模心下之最寬處此板上加一層泥蓋住模心周圍厚二寸用手法拍平其面而不必磨平因泥甚軟必用鐵條彎如模之外形徑至底下之鐵板而兩端鉤住板邊此種鐵條必有二三條從此邊至彼邊包住模之外面其餘可用短者伸入模之一面此各鐵條置於泥之外面模子緩緩烘乾將乾之時用鐵箍套於模之外面用小釘以箍與鐵條相連模與鐵條鐵箍之外加泥一層此泥中可加切細之稻草與馬糞依此法用泥用鐵而作外模必能堅固模心內之火切不可熄以模全乾爲度模之外加火烘乾亦可模心

內空所以加熱不必如實模心須加甚多之熱若爲實模心則必加熱至紅然此空模心烘乾則鑄鍋亦甚穩當也烘至二十四小時可將模分開

分模之事應用起重車倘無起重車可用滑車令人將繩拉起第一事用一鋒利平口之鐵鏟將模之鐵底板離開模心之鐵底板稍鬆爲度後來可將模用起重車起於坑上令其靠住雨木樑或置於乾燥而穩便之處取起模之後模心外所加之一層泥即代材料之厚須刮去之而模心頂上之孔用磚一塊塞住外用泥補平後將外模之頂孔亦補好留孔徑二寸模上一切傷損之處亦須補好已

乾之後將模上黑料水一層而烘乾之

黑料　所用之黑料水大半爲木炭粉與泥在手中調和者分開模之時黑料已去其大半以後再上滑泥水一層則其餘黑料亦不可見矣　凡鑄廠之中常預備現成之黑料用此水有二事一能令模之各件易於分開一爲做成模之面能令平滑此第二事之做法用最細之筆鉛其中加木炭粉少許而添入漉過馬糞之水有人添豆粉或牛皮膠然用此二物不及用馬糞水之妙而此水不可太淡也

上黑料水之後所用之滑泥水必留意上之不可令模之

邊角受傷設能不用上滑泥水之法更妙即如用完泥板之後而不加別種手工下論作氣筒之事亦以此法作之若模之各件烘乾之後則於模邊作一二寸徑之孔為傾入金類之門後來模子加於模心之上模必準合前置之方位而其底與模心之底相切甚準再將一管斜入模心之底徑至模心之中能引模心中之氣向外而至地面此管或為鐵或為乾泥或為砂留一孔而為做管之用亦可第用砂中之孔不及用鐵管之穩也因砂中之孔易塞而氣不能通在其中可以轟散　坑內模外用砂鋪滿須用壓緊之法令三人用鐵杵齊搗之則不覺震動而模不受

傷但鋪滿砂時必留一進金類之門有人以此門作於模上第不如在模底之為穩也作路之法或用木樣或用木釘與作生砂模無異然此法亦不足恃因所作之路必甚長而拔出釘時砂易塞孔或鎔金類傾入時可以帶其餘砂徑入模內鑄成之件必不結實最好之法先用泥作長管用火燒硬則管之每塊小段可以接於別管之大段如此則路可任作若干長而模外鋪滿砂時用杵搗緊不致壓壞其管也模之頂上亦作一路或用燒硬之泥管為之或於砂中作之第用硬泥管為最穩固之法也模上之砂面必加多豬鐵塊或別種重物或將鐵桿用螺絲徑通至

模底板如此傾入金類時模不移動亦不傷損也傾入金類之前模以上之路必用一乾泥塞塞之而熱金類從下而至上已至路口則將泥塞拔去傾出熱金類之時通入模心內之管口上必用乾木花或乾草著火燒之

凡鑄成大件則模上必有出金類之門初傾入金類之時不可拔去此出金類之門在最高之點即金類中所有之異質必能浮至其處熱金類中既有異質浮出所鑄之器必合式而堅固因材料甚淨也所以出金類之口更寬大於進金類之口用泥塞住出金類之路必俟金類已出然後拔去亦為要事因出金類之門若不關住則模中所有

熱氣必上浮而至路口極為猛烈且模中容積愈大則傾入金類之體積亦愈大而所出之各種熱氣愈多愈猛易令模之泥或砂破裂設塞住此口則氣不能從路而出必通至模內從砂泥顆粒之空隙處而出能免裂開之病所鑄之件可以更佳設模祇有進金類之路而無出金類之路則必令鎔金類恆滿於進金類之路空氣不能通過若傾入金類之時忽然停止則空氣自此路而入模中令金類變冷令砂子鬆裂塞住此路或將模撐開凡鑄件之時往往誤事大半因此故也如用一箇進金類之路則路口必寬大若一小池然即從小池內鐵汁之面取起浮於面

上之異質凡作空心器之進金類之路必爲扁形一端甚細一可令鑄成之器與路之材料相連處易於截斷又可令傾入金類之時易於充滿也

作模心內通氣管　凡鑄重大之物件通至模心之管必以鐵爲之作此管之工夫亦爲要事設管子閉塞模必轟裂模心空處所包住之空氣并砂粒中之空氣并模中之動植物所生之炭養氣發出最爲危險無論何種模皆能毀壞也此通氣管之口可用木花著火燒於口上先將鐵絲布罩於其口則木花或泥不致落下而塞住但模中未傾入金類之前而管中有火則氣必轟裂也

撤去模心法　鎔金類傾入之後已結而未冷之時必挖去其模而撤去模心之一分凡內圓之物件如模心甚硬而堅固因金類冷時必縮小而有模心在內不能縮小則必裂開所以模心大半以砂爲之所用之泥不過令其有粘力不致散開耳用磚所作之模心較之專用泥作模心更好必用砂灰做節而每層之砂甚厚因磚本堅固則傾入金類之時可以阻住模心不致散開金類冷時縮小因磚相連極鬆可以讓之凡鐵管作模因冷時不肯讓其縮小則所鑄之件必致裂開所以用鐵模心外面必有草繩或砂一厚層則縮小之時能讓之凡鑄物之後撤去模心愈早愈妙如不能全去即撤去一分而讓其縮小亦可以免裂開之弊

內外模分做法　不論鑄成物件之厚薄而作泥模爲最便之法無論何種鐵筒或爲汽筩或爲空氣筩或爲尋常之筩工夫略同此將作汽筩之模詳論之因其工夫較之他種之模更煩也如鑄窄小汽筩作定模心而模能移動

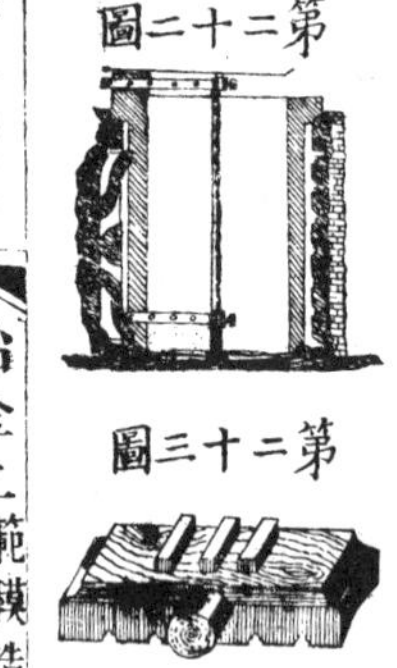
第二十二圖
第二十三圖

最妙設模欲分開則此法用之甚便然模本不應分開如欲分之則難準合如第二十二圖模心與模合於一處而做之模定而不能移動如移動之則有裂紋故必於地坑中爲之其法與前論作皮皂鍋之法無異如第二十二圖爲短汽筩之模近時螺輪船常用之其汽路與平面之木樣爲實心者如第二十三圖此圖爲上視與旁視之圖此木塊之長爲汽筩二箇折邊之長如折邊內有橫於汽孔之物件必在此木樣內做其式其三箇模心外端伸出而靠住于外模中模心之內端自出汽管之孔伸出靠住如第二十三圖木樣之內面與汽筩之外面相配合於泥板旋轉之軌作模之法先置鐵底板而豎立之鐵軸再以泥板用螺絲連於軸之桿上泥板略似折邊之板而上下有

二箇彎處中或有凸能成圍住汽筩之凸圈用磚砌外模必留二寸或二寸半之空可以加泥汽孔之木樣嵌於砌磚之內正與泥板旋動之時相切木樣與磚相切之間上一層泥磚砌之牆將乾之時上一層泥其泥與乾草調勻必作之甚堅固因所受之壓力甚大而泥不能抵住汽筩必壞也此一層泥外面已乾之後再上一層與牛馬毛調和之泥此層必遇著泥板則末層爲泥水極薄一層則此工夫已成依此法做之模之面甚平滑與已車平之汽筩無異如所用泥有縮小之弊或所加末層之泥太厚則模之面必極粗毛設上末層泥水之時模之面尚未乾亦有此病設所作之模甚好則面甚平滑邊線角皆能清楚已上工夫已成即上黑料水而上黑料水之工夫必更加謹慎乾之時用一大圓面之板與汽筩之外周相配而用此物磨平模面上黑料水之前必作進汽路與平面之模凡與木樣相切之面用和牛毛之泥塗之而模心之外端入於此模所留下之孔內而易入之其泥分二三層塗之約共厚二寸徑遇磚牆其木樣爲方而所連出汽管之樣爲圓圍在泥內可將模割成槽則木樣始可自模內取出此汽路與平面之模外面抱以彎鐵條汽筩模外面亦抱以彎鐵條此各鐵條之端在二模分節處相遇其端成鉤用鐵絲與泥收在應當之處設模作之甚堅則依此法用鐵條連之甚便設模欲靠住鐵條而作之太軟以上之連法不妙所鑄之件易壞也第用鐵條連模其費甚大能不用鐵更好即如本圖汽筩不必用鐵條相連其汽路之木樣撤去之後預備合模如用磚合之其磚從底下逐層砌成做磚工夫之間用鐵絲繞住汽筩而縛定汽孔之模則砌磚之工夫已成之後從外加火烘乾或內外並加火烘乾皆可

汽路模心

汽路之模心應堅固而鬆本長必等於汽路另加兩外端此種模心在尋常之模心箱內爲之然此法不佳因木能彎壞如過一邊結實一邊爲熱則更能彎壞作模心最好之法如用作模心箱之木樣徑在鑄廠地坑內作模而鑄成模心箱用此種鐵箱不必多費工夫可以成好而準之模心如汽路模心用結實之泥爲之其模心內有多鐵桿用四分寸之一或半寸方之鐵條而照此模心成彎形此模心內之鐵桿或鐵條先醮濃泥水然後置於模心中

模心鐵桿之外可用蔴繩或棉繩或稻草等物皆可置於模心中則烘乾模心之時可以燒盡留下空處能通風氣此種繩可多用之第必爲細者設有鐵漏至模心之內則

可以阻塞之作模心所用之泥其中可添牛毛然此事必依泥之好壞而定模心在箱內做成之後可用煤生火而模心置於火中加熱至紅且必四面能遇空氣騰上在模心中之動植物水炭等皆可燒盡燒完之後則上一層黑料此黑料爲筆鉛與泥調和者所用之泥以少爲貴此模心置於模中爲最後之一層工夫也

汽筩模心　作汽筩外模之時另有人在相近處作筩內之模心法與前同如第二十四圖作模心之處必用起重車能移模心而至模中模心靠一塊鐵板此板之徑比外模之內徑小六寸能靠住外模之底鐵板此模心用磚砌成外加泥一層再加黑料水磨光預備置於模中此模心有二箇切面一在上一在下皆成四十五度之角此兩切面之用令模心不離其方位設所用之鐵甚鬆如硬煤所鍊成之鐵或用木炭所鍊成之鐵則汽筩模內空處必引長至折邊之上如前第二十二圖使鐵中所有之異質浮於上面而汽筩鑄成之後可截去之設生鐵之質甚密其中不生多孔而無異質浮於上面者則不必用上法爲之出鎔金類之門必在引長之處作之設無引長之處則作於汽筩邊之上出金類之門至少必有二箇或三箇如汽筩之徑甚大而鐵疑其不合用則出金類之門必再加數箇模心置於其處之前挖成二箇容汽路模心之孔汽路模心僅以此兩端靠住而掛起則模心易於豎起所以模心所靠之孔必作之甚深必有鐵桿過其中而收牢於應當之處汽筩之模心置之甚準而相連甚牢靠住外模之板上而用鐵劈連於模心之鐵板上必鐵底板未相切而模之切面已能相切二板間之空處可用鐵劈或零碎鐵塊補滿之汽路之模心先置於汽路外模中相連甚牢後將此模置於應置之處將模心之外餘段入於所留下之空處而相連之用溼泥補平然後曬乾有時模心通過此模之外餘段用鐵板蓋住板外上泥一層模心內之鐵條連於此板上然平時不必用此法可用乾磚連於凸模心第相連之法大半依其尺寸與其形像并模心之形像也

第二十四圖

坑內作模搗緊泥砂法　此法與別模同第模底之空處必鋪滿砂甚屬堅固否則底下切面或不密合熱金類可從模心之底而進設疑模心不堅固則將模心之中將砂鋪滿然此法能不用最妙或模心之底稍加砂子亦可模心之上孔用一鐵板蓋之鐵板中作一小孔各種氣從此孔放出上用一塊鐵絲布蓋之再用木花或乾砂於其上面燒之全模與模心板上置許多鐵塊或用螺絲相連甚

緊則傾入金類之時模與模心皆不移動設模稍動汽筩必壞也進熱金類之路在汽筩底之旁已傾入之金類必從底而速上也

汽路之模心其形甚繁者不易相連於應置之方位其中之出氣孔極難爲之然如本圖所定作汽筩之法無甚大難因有二箇模心之外端甚屬堅固且因汽箱小則模心不能大若汽箱之兩邊能露模心之外端則亦無甚大難因模心能靠住三點而作之頗能穩當也若其餘兩箇模心其堅固祇能容二箇堅固模心鐵在內則爲尤便若無此種便法而恐模心向上離其方位則必用帽釘置於汽

路之模心與模子之間如此模心能相連結實如汽筩之模心則無別法與汽筩相連也

汽路內用帽釘之法不佳苟能不用最妙所用之帽釘必最堅固而爲上等熟鐵所作者用之否則熱金類能鎔之則較之無此釘之時更不妙也因作模之人以釘爲可恃之物而不知釘竟不足恃也且容鐵愈多則熱度愈大而帽釘愈易鎔設帽釘之鐵不甚淨中有渣滓則所含之養氣必與生鐵之炭化合成炭養氣此氣不能散開因在鑄成之器之中不能放進而此氣未升起之前遇模子之鐵已凝結矣

作泥模餘論

凡作泥模最宜謹愼者汽筩之模也因汽筩之外面必須平滑其中材料必須結實而無孔茲將作汽筩必當謹愼之事詳述之所用之泥必堅固而鬆所上之各層泥必烘之甚乾上黑料之前其泥面必已平滑汽路之模心必燒之極熱而硬模心之放氣孔必甚小置之之法能令熱鐵入於其內托住模心帽釘用之愈少愈妙苟能不用最妙模之各處必烘之甚乾以上皆爲緊要之事坑中砂已鋪滿用杵將砂搗緊此種工夫各種之模大致相同

設汽筩不合於尋常汽筩之形或有一箇折邊或有二箇

折邊而成方形或另加汽路或有花紋則必用木或金類作樣作模之時置於應置之處模未成之前必取出之

作無法之形模　設所作之模其中不能用一軸則必用手作一泥板或在木樣之上作泥板有幾種模心並用此二法如第二十五圖爲彎管其模心必以泥爲之一箇模心祇可用一次其外模或用砂或用泥皆可因管甚彎大約不能在砂中用木樣作模第一事將一塊板依所定管之尺寸而畫一圖又畫兩三箇剖面形而其長必足容模心外之兩端將此畫板付與鐵匠又付與鐵條二三

第二十五圖

根令鐵匠彎此鐵條如模心之形相連而作模心內鐵條設管之長過於八寸則各鐵條必以小鐵圈圍而連之即成模心之內鐵管此鐵條依常法用草繩圍之後來用手加泥一層必依所畫之圖不差爲要最後之一層泥必甚薄而磨甚平滑然後可上黑料水第管端之折邊必留意得其相距之角不可有差　此種管常爲兩管相連之用

第二十六圖ɑ

必兩端有折邊用二板爲其樣板與相配之管之折邊相同用木板作架先於所有接管之處取一板釘之如第二十六圖各板用木條與釘相連成架而靠其折邊之

外畫一線此架之外再用板作一架與管之向內之尺寸相同管每長一尺必加八分寸之一爲縮小之地步管之內徑在第二箇架先畫好而後相合將前所作之模心置於此架上其方位爲橫管與所連之兩管之方位相同則模心與架相連之後再加泥一層於模心之外其形必與所作之管形相同其折邊必連於其上此泥曬乾之後即從架取去烘乾上黑料水而後加泥成管之外形之模此模必用鐵連之尤必留意於模之分開處不可加鐵條如管甚細而輕者則可用鐵絲每根鐵絲相距若干而圍住此模此模之分開處依尋常之法作之即順此管作兩槽

其方向能令模分成兩分而各分必從模心易於取出如取去模之時其折邊之泥樣傷而落下模心不受傷亦無妨也模面必依尋常之法成之合模之兩半後周圍照常法加砂用手打緊但不用帽釘則無別法可托住管之模心所以模心與模之間必多置帽釘傾鑄金類之事其法與別種之模同

如所鑄之器其形更繁則作模之人必依其形而定作模之法常有甚繁之形尋常之人觀之必以爲無法可作模熟悉此事之人仔細觀其木樣思慮久之可得其便法而工夫易成設木樣分二塊尚不能作則必分三塊或四塊

或多塊爲之不過所分塊數愈少愈妙凡模必留意預備令各種氣有放出之路若鑄器之模必欲多用數箇鐵底板而模可更加堅固者多用亦無妨也

作橢圓形模法　凡作橢圓形或直線形或三角形體之模必先作配其形之底板因不能用立軸之法也如作橢圓形之浴盆而不用木樣則先作一橢圓形之板或圍其形必與浴盆之上邊相配如第二十七圖甲爲泥板與底鐵板相切甚準手持泥板圍住底鐵板而移動則模易準設有凸處或不合眞形之處必另用手工爲之凡直線形之體作模之法亦同如第二十八圖爲彎管之模心亦靠

第二十七圖

第二十八圖

任鐵底板而作之甲爲泥板祇能作模之平面處或鑪形之口亦可作之設有折邊必另作一木樣依此法作模心一次祇得其半以後可將模心之兩爿用溼泥與鐵絲相連此種物件尋常先作木樣而用砂爲模因不用砂作模心則必以泥爲之凡不用木樣而作方體之模與前言橢圓等形之法同然此種模比橢圓等形之模必更堅固因平面任鎔流之金類之壓力大於圓面所以不堅固之模則模與模心易於壓開作模之人必謹慎管理此事也

作繁形模法　凡作極繁形體之模最妙之法先作其木樣即使不用此木樣作模而有此實體之樣較之看平面圖易於明晰凡鑄繁形之器如大汽機之架座等物必用泥作其模則工夫易成即如大輪船之汽機之架座一物而用四十餘噸之鐵在一時內傾鑄若用砂作模即使極其謹慎必被鎔鐵壓壞也此種繁形之模幾分恃圖而爲之幾分恃金類與木樣而爲之茲將作螺輪模之法詳細言之如第二十九圖螺輪或用鐵或用紅銅黃銅礮

第二十九圖

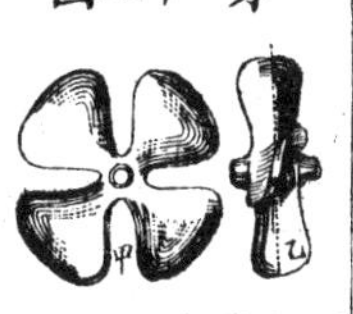

銅等鑄之無論何種金類其法皆同木樣有四翼而彎如乙此種螺輪翼先做其木樣爲最妙在乙圖虛線分成兩爿第作模之人大半不肯用木樣而喜自用手法作模尋常之法將木樣藏於泥內模已乾而取出用此法作模之工夫極易祇用一鐵板爲底而上面作其一爿之模翼中所有空處內用磚外用泥補滿其中空處四箇木樣之翼用木螺絲連於輪轂依此法木樣可分數塊而取出木樣上爿分面分象限形之板而作其分面向下則每四分之一靠象限之鐵板四塊皆置於模之下半但此四翼邊尋常作之甚銳而欲其厚薄不差亦非易事最妙之法用手

作其模分上下兩爿如前法則模之面更容易準而鬆密皆極平勻又有一法在輪轂處分開木樣之各翼另做一模轂亦另做一模則以各模相連而成然第一法比此更穩輪亦平滑而準也

作各種銅人物之模　太古時之人所作之銅人像甚佳近時所作之銅人像不能及也如希臘國在亞立山太之時所作銅像極大處處有之如羅馬國侵入希臘國之時在雅典城內得銅人像三千箇路德城內亦得銅人像三千箇路德城內又有銅人像高一百三十尺鑄成後五十六年因地震傾裂九百年之後有本處國王將剩下之銅

塊賣去共重三百六十噸數百年以前禮拜堂之大門并城門皆用銅爲之即如夫路倫次禮拜堂之門極細而佳後有名士見而美之曰仿彿闔闢洞開矣可見當時製造之精巧也

凡用金類鑄成名臣之像皆欲令後人不忘其平生之功業耳古人所鑄之各種銅像或於紅銅中添和他種金類其重若干無一定之數或有甚堅固者皆偶然而得之也

作像模法　作大銅像之模或爲全像或爲半像古人未列於大工藝之中亦未有人著書詳論此事希臘國滅後數百年泰西無人以此事爲業者然希臘國時所鑄之像

其形甚準而甚巧其作模之法用軟泥爲樣而此樣即爲模心乘泥溼時爲之與人形無異近今之人用泥爲樣而從樣作模模已成時燒乾將模分開模心與模燒紅則模心縮小若干所鑄之像亦縮小若干無妨也依此法作模必大本領之人方能爲之因此種模祇可用一次如或不成則前功盡棄矣

法國作像模法　西歷紀歲一千六百至一千八百年之間用一穩便之法作像之模不過費用甚大耳作大像之模用石膏代泥因成大塊之泥烘乾之後縮小太多此石膏加於鐵架之外而成像之樣或已有膏像則在像外加

一層石膏未上石膏之時必用法定石膏成若干塊後來可以分開灑油一層於石膏之面然後另將蜜蠟六分白色柏油一分加牛油或尋常之油少許調和而煖之用毛刷拭上第一層於各塊模之面其餘各層任意爲之而蠟厚若干即爲鑄成像之材料之厚若干再用大小鐵條并鐵絲鐵絲布作模心之架其形略同於鑄成之像再將所得蜜蠟之殼一層從各塊石膏模取出連於模心之架上仍將石膏模套於蠟面之外而預備作模心之材料用石膏二分細磚粉一分與水調勻成漿傾入模中所傾入之處在模中愈高愈好此材料凝結甚速撤去外石膏模蠟

之傷痕須補平之刺小孔數箇爲鎔流之銅放氣之用路以蠟爲之厚半寸至一寸著於樣上必爲不關緊要處用細鐵絲扶持路之應當處不令其動以上工夫已成則必作其眞模此模依尋常之法用泥與砂與牛毛或馬糞調勻於蠟面必先上膠一層此膠爲極細磚粉與雞卵白調勻或與牛皮膠調勻皆可用毛刷上膠於蠟面之各處再加一層與牛毛調和之泥外面再加一層與馬糞調和之泥泥外用鐵條帮起外面再加磚一層磚外亦加鐵條此模之底與四周預備火爐內外平勻加熱至紅爲度下置一器收其已鎔之蠟而知蠟有若干體積則所鎔之銅亦

須若干體積此種作模之法不可謂不繁不過最穩而不致有差耳石膏之模可任用多次而不壞其益處較之希臘國之法尤大也

設倣像之人爲巧手可想法省去前所言之工夫即如做石膏模之後其中置鐵架用模心之材料傾入模中令滿則石膏之模撤去從模心刮去一層其厚若干必爲所鑄之銅之厚再將模心置於石膏模中傾蠟令滿蠟之外面作泥模如前法

近時之人造銅像無一定之法各用其心思手法而奏其能有先作模心其外面之泥用手加之入爐燒紅外加蜜

蠟刻成樣蠟外加泥模加熱鎔去蜜蠟依常法將金類傾入模中第用此法其樣祇能用一次有以前法作模心後於石膏模中傾蠟成一蠟殼其餘各事如前者此法與前法之分別在乎作模心之工夫耳

鐵像　造鐵像所用之材料較之銅像更多其模必燒之甚硬其法先作模心模心上雕刻人物各有其樣樣外加一層泥代材料之厚模必分開如常法則撤去代材料之厚之泥極謹慎將模之各塊合好此種樣祇能用一次如不能合式必重作之設有現成之樣則可從其樣作模不過模心必用手法爲之凡模心與模必多預備鐵條與帽釘又必烘乾若謹慎爲之所鑄之像不致有損也

平面陽紋　平面之陽紋或爲人物或爲花草其法用鐵箱與乾新砂作其模設樣爲繁形而不能從模中取出則必多用副模而模面用極堅固之細砂而全用副模爲之聚爲一塊副模之上必加尋常作模之砂同時曬乾副模與砂之分處用尋常之分砂爲之第欲省去分模之工夫則於木樣上擇其最便當之方向割開而成容易取出之塊此種作模之法較之他法爲便宜凡尋常器具之模皆用此法爲之

作鐘模法　尋常用砂成模其樣或爲金類或爲木而砂

模用火爐烘乾如前法鑄小鐘重一百磅至二百磅之模其法甚易茲特將作大鐘之樣詳論之凡鑄鐘一事最緊要者定鐘之形并定銅之體用何原質而配成如第三十

第三十圖

圖爲鐘之模已置於地坑中預備傾入鎔流之銅作鐘模之法與前所言肥皂鍋模之法大略相同模心之底用鐵板加磚砌成模心之形外面加一層牛毛調和之泥厚四分寸之三至一寸外面再加一層泥與磚粉加馬糞水調和者其中另加硇砂少許模心上之一層泥砂與砂代鐘之材料之厚外面再用極細泥水令其面平滑凡鐘

外面所有之花紋或文字則用蠟或用木或用金類作其樣或用膠或用蠟或用灰令其相連若花紋或文字必隨模取出而後取去否則模不能分開花紋文字用牛油與蠟調和者可速於代材料一層厚之模上少加熱則油蠟鎔去而花紋文字印於模上做模之法將代材料厚之一層磨甚平滑因不可用碟粉則用木灰一薄層如模心與代材料厚之一層其分處亦加木灰先用毛刷上漿一層其漿爲泥與磚粉與馬糞水調和者此一層必極薄極細外面上泥一層此泥與牛毛調和者又於外面上一層泥此泥與切細乾草調和者

鐘頂用木樣成模在豎軸取出之後而爲之再作懸鐘之追其圈或鐵或鋼此圈之根必入鎔質之內則鐘鑄成之後其圈相連甚固取起模時其面已合式不必再費手工設有小疵不必理會鐘成之後而有凸處可鑿去之模面祇可上木灰一層模乾之時可置於模心上預備傾入鎔流之銅也模心之內或將砂鋪滿或空之亦可因鑄鐘之銅不生多氣無轟裂之危險模心外用鐵條包之但模之堅固在乎坑內之砂打壓甚緊也傾入材料之路在鐘之頂設鐘頂有花紋或文字則路設於其旁出材料之路鑄鐘一事不必用之因材料未至模中之時必已令其極淨

且銅之異質本不多不致浮於面上而閉塞此路也

用泥或砂并用鐵板作模　鐵路車之小鐵輪或馬車輪之轂或開金礦所用之車輪其輪轂處空心依鐵柱或鋼柱作一模心此柱少尖則輪成之後因其有小段則能取出取出此模心須乘其已凝結而極熱之時爲之但作模心之時不可令其鬆動也

作火輪車速冷輪模法　作此種輪亦用鐵爲模鐵路常用之火輪車之輪模用生砂與鐵爲之如第三十一圖爲作速冷之輪之模此模用三

第三十一圖

箱爲之下層箱爲尋常之箱祇能容砂而托住中模心與中箱上層箱亦然中層箱爲極堅固之生鐵圈或灰色鐵或雜色鐵皆可用之用車牀將內面車平爲輪邊之陰紋中層箱之重若干不可少於所鑄之輪之重若干設中層箱加重三倍亦可其各層箱依尋常之法而用耳與釘相連相連之件須配合不可太緊鑄此種輪之最難者令輪縮小之時各處牽力平勻設不平勻其輪易碎凡有輻之輪易犯此弊所以輪轂應分二塊或三塊未連至車軸時先用熟鐵圈套於上甚牢近時作此輪之常法不用輪輻第用摺紋之圓板以代輻則其輪轂可以一次爲之所以

鑄成之輪材料縮小之牽力較之用輻之輪更能平勻此種輪盤其轂與輪邊之中無空處其材料厚四分寸之三至一寸依此法而鑄此種輪其邊之外面必當硬如鋼然其輪邊之中應爲軟而灰色如令輪邊速冷則外面之硬極易得之然冷之太速則內面變爲甚硬此種輪成後之高下皆在乎材料之好壞耳此種輪已鑄之後少傾必當開其模而取出其中之砂令其速冷用此法所鑄之輪不致易壞不第車輪當如此也即別物亦然因冷時內外平勻爲鑄物中最要之事所鑄成之器其薄處之冷自速於厚處之冷則必斷裂設能用法令各處之冷甚屬平勻則無此病矣

作外面速冷軋輪模法　用鐵與砂并之而作模各種工夫內最緊要者作速冷之軋輪如美國之皮次白格地方有大鑄廠所鑄速冷之軋輪甚佳茲特言其作輪之公法

第三十二圖

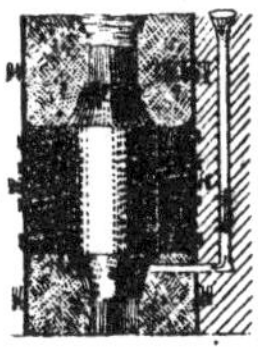

模分三塊而成如第三十二圖下層箱或用鐵或用木爲之其中滿盛新砂或泥與砂調勻此箱之內置一箇木樣爲輪之軸與頸模之中層箱爲速冷之軋輪用一箇極重空心鐵柱其內面用車牀車之甚平滑模之上半亦用一箱較之下層箱更高因欲能容

餘料凡鐵內所有之異質皆在此中上下兩層箱之砂必烘之甚乾鑄廠中有時以輪之兩端之模用泥爲之徑與軋輪相連如此則軋輪兩端之軸心必在一直線內設用前法而鑄之令箱之耳與釘相配甚準則亦可無差然軋輪壓面鐵模之重必多於輪重爲三倍而外面必加熟鐵圈不使散開因鐵模非堅固之生鐵爲之必有開裂之弊鑄此種輪模之鐵必最堅固而顆粒最細者而灰色之鐵亦不可用因傾入鎔鐵於其中亦與之同鎔也凡能鑄上好軋輪之鐵亦可鑄上好軋輪之模模之面上黑料一層與別模同不過上黑料必較之他模更須堅固則能受鎔鐵之磨力所用之黑料爲最細之筆鉛并最細之泥調和者所上之黑料一層必極薄如不薄自能成片落下反生諸弊也鑄軋輪最要之事有二鑄之之法與材料之好壞第軋輪或爲速冷之軋輪或爲別種軋輪總須令鐵從底入模若從上而入模者無用也各種鐵又各有其最好鑄法能得最好之軋輪如第三十三圖爲常用之法下層箱上邊之式甲爲進鐵之路與槽從上觀之而引至軋輪之下頸而其槽繞頸若干遠則與模相切而成切線之方向則鎔鐵進路之後必周繞軋輪之頸而轉動所有重而淨之鐵必向

第三十三圖

模之內面而成輪之外面所有壞鐵與異質聚於中間然鎔鐵不可徑衝鐵模設徑衝鐵模則鐵模必鎔成一孔與鑄鐵相連不能分開所以進鐵之路必在下層箱之砂模中或泥模中但進鐵之路之形必依鐵之性情而定因鐵汁甚濃或有速冷之性進模之時令其轉動甚速設鐵汁稀而熱則必動之甚緩否則必能令模亦鎔其軋輪留於模中以冷爲度若將模外之砂挖起則其冷甚速

鑄鋼鐵相連之器　近時各處鑄生鐵之器具與鋼相連如老虎鉗等物因能得便宜之法故不多用熟鐵鑄之如鋼之性非甚硬者則鋼與生鐵易於黏合然日耳曼國之

鋼與泡面鋼等類極難黏合有用生鐵屑與硼砂爲黏合之材料但生鐵與鋼黏合之件之鑄法余不知其詳祇能言其大略而已所有生鐵相連之鑄鋼板厚半寸至八分寸之五寬必合於所欲鑄成之面一面或磨或挫得白色之平面面上有一層燒過之硼砂加熱於其板至硼砂已鎔則鋼面上得硼砂一層明如玻璃乘板之熱時置於模中模用乾而堅固之砂爲之鐵從其中傾入因鋼板在模之底可以得極熱之鐵第傾入鐵汁之熱度與鋼之等次有相關如硬鋼所用生鐵之熱度必大於鑄鋼所用生鐵之熱度所用之生鐵必堅固而爲灰色者若用深灰色之

鐵則鐵與鋼不能黏合甚牢然白色之鐵又不可用因所鑄之器太軟且以鋼淬火時其鐵易於裂開耳淬火之工夫必加稍大之熱而所用之水必從四尺之高或多尺之高墜下也

鉛錫等器之模　用泥砂與鐵作模之外有全用鐵或紅銅或黃銅或礮銅爲模者此種模可鑄錫鉛白銅鋅印書之字鉛等黃銅模較之鐵模更佳因不易生鏽且磨之更能光亮不致粗糙做此種模之理與砂模無異如將金類之模分爲二箇或多箇則各分必加一柄其長以不令模之熱傳至人手爲度模之各分必配之極準或用耳與釘

連之或用勞連之未傾入金類之時模必加熱甚足加熱之故因有時用此種模鑄物少傳其熱於模則金類未成物形而已凝結也此種模每用一次必揩磨甚光用油布揩一次則模之面得極薄之油一層又有幾種金類可以用散達拉格粉（即芸香也詳論於化學中）與雞卵白調和以代油鑄攙金類之物皆用之如鑄純金類之物則用油爲妙也

銅器之模　作此種模不必詳論祇言其大略如欲作鑄紅銅片之模用生鐵之箱鐵厚半寸至二寸然此箱必易開若紅銅極熱能與鐵面黏合而難分模之面必極淨而有光否則紅銅必生許多小孔雖成片而不可用若鑄黃

銅片之法與紅銅無異不過黃銅片可以用兩塊平面石相合鑄之爲最便之法所用之石或爲花鋼石或爲細石英而用鐵條作箍包其邊石之兩面其相距等於頂住鐵柱之厚此種模必須起重車起其上面之石也

印書鉛字板　凡以易鎔之金類而鑄物件其模必皆用石膏爲之印書之字板常用此法鉛字之上傾入最細之石膏一層已有此一薄層再加粗石膏一厚層然後置於火爐內用微火烘乾爲度再置於鎔鉛鍋內模已冷則撤去石膏所得之板可謂印書之用用此法字板之好壞在乎做手之高下

又有一法將刻圖之木板或擺好之鉛字板待金類臨結之時壓於面上用此法者必須巧手方能爲之所得之字板比近時常用之法更能清楚用此法印圖極細而可觀即如法蘭西國京都之圖以及著名之圖其圖板皆依此法而作也做模所用之金類爲鉛中加錫少許預備硬紙之箱其尺寸合於所欲得鉛板尺寸則傾出之鉛厚不過八分寸之一而靠於平面桌上而冷時極爲平勻另有人預備木板之圖或擺好之鉛字待鉛凝結之時壓於面上如做此事之人果屬巧手則所得之板必較近時所用石膏之板更覺清楚第一次所得之板爲陰紋之模若欲得

陽紋之板所用之材料與鉛字之材料無異或用更易鎔之材料亦可其法仍用一紙箱將已鎔材料傾入其中待臨結之時全模壓於面上則所得之板爲陽紋之正板矣紙箱之外加一塊薄鐵板可免做模之熱金類四散而傷人板之外面因與養氣化合而成鏽一層故兩種金類不能相連曾有人設立器具而作此等字板工夫甚易即非大本領之人依法而做亦可成也所用之金類能鎔之熱度從全鎔之熱度起至能在熱水中鎔之熱度爲止（金類在熱水中化鎔之方詳於本書下卷）

壓成或鑄成各小件　凡陽紋或陰紋之小件可以就其

樣而作模而從此模鑄物其多少可任意爲之所用之材料或爲蠟或爲紙或爲鰾魚之鰓或爲牛角或爲玻璃或爲硫磺皆可用之而其工夫爲細而巧妙者即如鑄各種金銀銅之錢或鑄器皿或鑄金類之板第紅銅板黃銅板銀板所鑄之陽紋有用木做小盒用模壓花紋於面者如模之陽紋不同陰紋能同此種工夫必擇其幾種論之凡鑄小件易而大件難且愈大則愈難用此法能得壓而成模之法即如有軟物不能徑得其模必先壓得其形而從其形而爲模

壓蠟成形　蠟爲便用之材料而黃蠟爲尤佳未用之前

先令其煖然後用手摶之令其質平勻而堅固且遇他物不致相黏然用蠟之病因不甚堅固所以祇爲軟物花紋極細極清而不能受熱與水者則用蠟竟不傷損另用石膏得其模預備此石膏之樣可再用砂作其模

饅首碎屑成模　凡硫磺或石膏等物欲得其模可將饅頭碎屑用手摶之極勻壓於其面卽得其模雖乾而不裂也

火漆成模　物有因化汽之熱而受傷者可用火漆爲模所用之火漆必爲上等者而置於小金類鍋中下點一燈令其漸鎔已鎔之後其結甚速可以物壓於火漆中而成

火漆之模或用泥或用石膏做成物件若火漆在小金類之鍋中可以做一箇砂模然火漆不可有泡在內而所用之樣必爲最淨者

硫磺成物形　硫磺爲最好之材料不過成之甚難耳其法有二如硫磺加熱至將沸之熱度則成有黏力之膏速傾於熱水中仍有軟膏之性所傾出之大小各塊可相連而摶成一塊用此膏壓於物面上則有極細之花紋而得極清楚之形過數日後則復其硫磺之原性矣又有一法更覺便捷將硫磺加熱至能鎔後再加熱得清流質久之變櫻色而成韌性至末燒至有藍色之火速傾於板上漸冷而變爲流質再冷忽結臨結之時將樣壓於其面則所得之形甚是清楚

玻璃成物形　玻璃成形極能耐用不過作之甚難凡錢或牌等物欲以玻璃作其模用一箇鐵圈高半寸或四分寸之三其徑稍大於樣之徑置於樣上再將枯石粉（此粉出於考夫地方）加水令稍溼不用別種枯石粉者因其中所含之質不合用也模之面必爲此粉之最細者而用細篩篩於其上圈若粉已滿如作砂模法壓緊取去樣之後令模漸乾然後緩緩加熱至燒去一切水與溼氣爲止模上置一塊易鎔之玻璃稍大於其樣用爐火加熱則玻璃鎔而滿於

模中然枯石粉不能同鎔也如欲玻璃有各種顏色先鎔有色之玻璃至於所欲得樣之處然後再加別種玻璃融洽於其上然此法必用兩模而功夫亦分兩次第一箇模祇得一有色之玻璃必將其背面磨平則第二層可融洽於其上凡此種工夫所用之玻璃卽作假寶石之玻璃也

泥成物形　泥爲最易成形之材料不過易縮小而裂開此大病也如做陽紋花紋之瓷器可將白泥放入銅模用刀壓平背面如欲加各顏色其顏色必須耐火者則將未燒生瓷器壓於其背自能黏合然泥有縮小之病有一法可變爲益處設樣太大而欲變小則屢次做模得其新形

乾後再做一箇新形如此每次形變小其大略不差但不及原式之清楚耳

假木花紋　將膠五分魚膠一分以水消化之與細軟之木屑調和成膠則無論金類硫磺石膏木之模外面加油極薄一層將此膠用手壓入模中第所成之件不能清楚有時可以代木上所刻之花紋此種假木花紋外面可以加漆或金箔不過此種物件不可受熱膠內加火石細粉或枯石粉或細砂等少許則所成之件更能清楚膠內不可加泥因泥性必消化於水也

用別種材料於金類之外做成物件不過便於作模之樣耳

石膏　作模與樣之材料石膏為最要之物其法用石膏塊磨成細粉火爐加熱燒去其中所含之水設加熱太大則其質必壞設加熱太少則以後調成膏凝結慢而蝕水太少如石膏久遇空氣則加水之後不能凝結所以必再入鐵鍋燒之而後成膏能蝕水凝結凡用石膏之人必熟悉此事者方能無差以下將用石膏之法詳論之

用石膏之第一要事必周知其性即如所用石膏為新買者則置於鍋中加熱至紅屢次調之則以後用時無所疑慮如各種石膏變得極韌其用水之數各不相同必試後方知用水太少所成之物必硬如所得之膏為極濃用之最難清楚如用煖水則所成之物更韌石膏漿必時時調攪無片刻之停否則所成之物其內必有許多空處最妙之法先鋪一層極細石膏漿於模面乘其未乾之前用濃膏加之則所成之件清楚而堅固石膏中不可有異質因能減其堅固也如石膏祗為做樣之用可加熟石灰三分之一則石膏凝結甚慢如未結之前尚欲改形則甚便設有淨石膏其中加些石灰做模用之甚好即如鑄金類之模亦可用之以石膏作模而鑄金類最好加最細浮石粉三分之一又加泥少許凡用石膏所成之物最為堅固所燒新買之石膏不可過稀凡樣能不漏水則外面易做石膏之模所以有樣而欲做石膏之模者必先上不通水之漆可不通氣凡樣面上漆必薄而平勻則樣不致改變其形而細孔不致壅塞即如木上所刻之圖等物欲做石膏之模即於樣面上一層油或肥皂水置於一平板上或平面桌上外面用上過漆之厚紙或錫板等輕而能彎之物圍於樣外必甚緊切其高等於所欲做石膏模之厚設更高亦不妨再將石膏置於尋常之小缸內加多水調和停片時則石膏之粗者沉於水底細者浮於水中尚未沉下則將此水緩傾於樣上而屢次輕擊之則石膏可至樣之

最細之孔中而樣面所生之細泡可以浮上缸底之粗石膏可以棄去或留燒一次亦可過五分至十分時石膏已沉盡積於樣面成一薄層將清水傾出再將濃石膏置於此一薄層上第一次所加之石膏必極薄如太厚則軟而鬆易通水不可用也此兩層石膏相連甚屬堅固外面甚是清楚此種模烘乾而燒去一切水氣之後可用鑄易鎔之金類以成物件即蠟硫磺等皆可爲之如欲將此模即做石膏之物件必先上一層漆所用之漆名曰舍來克膠或將此模醮鎔蜜蠟亦可但上漆較好於上蠟也第一層石膏可用駱駝毛所作之軟筆拭上之第此法甚難從模

中取出無一定之時太早則所成之物甚軟而易碎太遲則黏合於模面而不能分開如做小物件而石膏極濃大約十分時至十五分時已足如做大物件必一刻時至四刻時可從模中取出其樣面必加油一層照前所言之法然上油工夫不可草率如最清之油亦可塡塞樣面最細花紋之處則石膏不能入其中又有一病所成之件油入於其中必常軟而不能乾硬所以已成之件雖清楚而一遇別物則有傷痕樣面加一層白肥皂水較好於油然爲木樣則不平滑或有漆則所成之件難與模面分開尋常之用可用最濃之肥皂水加油少許爲最妙之法如用油

則已成之件必有油色不能極白若用白肥皂水則所成之件其色甚白

石膏作模　此種工夫本無甚趣味若詳言之亦無益於製造之事然人苟能明其法則各種人像可知其造法故此書言其大略也繁式之像有三法第一法將模與所成之件先分多塊而爲之以後各塊用螺絲相連然此種法極笨而不足恃所成之物其形必不能甚準一人作模一人分做各塊一人相連各塊三人之工夫極難無差如金類之像各塊必用螺絲相連而石膏連接之處要磨平且此種像不甚堅固而相連之處亦必顯出也

第二法鋪石膏一薄層於樣上厚四分寸之一至半寸外面上黑料一薄層其黑料爲細木炭粉與膠水調和者外面再加石膏一層厚二三寸或多寸其厚必依樣之大小爲度此石膏用泥刀上勻待外層將乾用黑石粉作線而分外口爲若干塊其分處欲便於任取模之一塊也第樣不顯露於外作模之人必熟悉其中之樣之若何方可下手否則無從畫此黑線也有人於樣之不著緊要處露出一塊可容易畫分模之黑線所露出之處後來再以石膏補之而得其模分開之法或用鑿或用鋸徑分至黑料一層則知將及內樣此法極易而便捷模亦甚準然各塊相

切之面其邊易於磨去則造成之件面必粗毛如做石膏像此法尚不爲精妙用過數次後模已壞矣用此模鑄物之時用繩帶圍模之各塊而使之相連

第三法工夫甚遲而做法繁重不過最穩當而最準如用模謹愼用過六十餘次尚不失其形此種模之做法與鑄金類模之做法大略相同將其樣之外面用鉛筆畫線分其面得若干塊所畫之分線必爲便於取模之計必於樣之外面擇其最便之處用最細之泥圍住一塊若築小牆然其牆必少向外斜於此小圈之內鋪滿石膏漿待石膏凝結之後將所成一塊之模取出用刀切平外邊其外邊必向外斜可便於與別塊相合也各塊相連若橋面石塊相合然模之各塊相配中空而不致傾塌也各塊之二箇對邊彼此凹凸相配甚屬堅固第一塊做好之後置於一處再用泥圍住第二塊之三面或多面而第一塊模之邊爲第二塊之一面須有凹凸相切之形再傾入石膏漿而待其乾則爲模之第二塊已成依此法樣之各處做模之各塊如模大而繁者分至五十餘塊末塊自可不用泥圍住因周圍有各塊圍住又可不用凹凸面先取去此塊則別塊易於取出矣樣已蓋好則模之外面切平切平之後則外面又作第二層之模第二層之模不過分二分或三分第一層模之各塊必在第二層模之中配之甚準如防模側轉而第一層之各塊落下則塊上用鐵絲圈而用繩圍之極緊此繩徑通過第二層之模而在外面縛緊第二層之模亦可以做凹處與第一層模之凸處相配尋常之模不用此凹凸法亦可其全模仍用帶圍繞之而令其相連

石膏作大像　石膏可做空心之大像先作細石膏漿傾入模內將模搖動之則模之全面得一薄層石膏再加一層粗石膏漿亦可平勻於模面依材料厚若干而多加幾層如欲得更堅固之處或用手或用泥刀多上石膏尋常像模不必作進材料之路因像底空處甚大材料可從此進也

凡尋常做石膏像等物樣與模上一層油或上一層肥皂如有極貴重之像欲以此像爲樣而做其模而像面用油或肥皂則像已壞則必用錫箔貼於其面然錫箔之接處不可顯露必用一毛刷輕輕打入像面花紋或凹凸之彎面

如欲作人像則將石膏傅於其面因所欲得之模不過面上各部位之界限故將溼布周繞於面旁則石膏不致汙於別處鬚髮與眉必用漿貼錫箔於其上且用二管塞於

鼻孔中則石膏在面仍可通氣若為死尸而欲作其像更易為也石膏漿須厚薄適中取去之時用其外面作樣耳與頭髮等做像之人觀而為之

硫磺鑄成物件　用硫磺鑄成物件極能清楚不過其質甚脆僅可為小物以金類等材料作模者不必加油可以鑄之如將洋錢外面用紙圈圍住傾入已鎔硫磺硫磺不極熱紙不燒壞凡鎔硫磺鑄物其熱不可過大硫磺加熱之時變成明流質此為最好之時若再加熱則變為膏而不能傾出尤必留意不令硫磺焚燒如焚燒則變為昏暗之灰色硫磺又可與別物調和而加其堅固如石膏一分

硫磺兩分同鎔之可不甚脆而能鑄最細之花紋又西班牙國所出之棱色粉或火石粉或泥粉皆可與硫磺調和又銀一分硫磺三分同鎔調和可鑄成極精楚而堅固之物件

用蠟鑄物　用蠟與別物調和易鑄成物件然所成之物易於縮小且蠟鎔而鑄之時不可甚熱或甚冷如甚熱則面上細紋必壞甚冷則不清楚蠟可與筆鉛或銀硃或白鉛粉或石膏等物調和而用之如所用模之材料能收水則必須極冷或極溼時用之否則鑄物不能成也模之面已有蠟一薄層凝結其餘之蠟傾入鍋中鑄成之物蠟薄

則縮小甚少蠟厚則縮小甚多

火漆膠等鑄物　火漆魚膠牛皮膠亦可為鑄物之用常用做小件但有一種材料能作凹凸之模茲特詳細論之其法將牛皮膠八分糖漿（其色黑者）四分調勻令沸再緩緩添熱胡蔴油一分傾於樣上已結之時容易取起此種模可作石膏之物件因其有凹凸力可口甚小而內容甚大形之花紋此種模只能用六次至八次已壞但作模容易雖易壞亦不妨也石膏物件用此法殊便

白礬鑄物　白礬亦可以鑄成物件不過鎔時不可加甚大之熱而致燒成顆粒之水也傾入小模中可以成物之

形如白礬每三十分加硝一分更妙鑄成之件色白而不透明如礬石五分鹽一分并和鎔之則鑄成之物極能透明硝亦可用熱金類之模鑄成物件極細而色白如玉也

作動植物模法　萬物之內已成形者無不可以作其模如禽鳥蟲魚以及枝葉花果等是也茲將作蠅模之法論之其法用已死之蠅其足置於一蠟圈上則足與身之各件易置於所欲得之式此蠟圈又為入鎔金類之路再將此物用細而軟之毛刷用極薄之舍來克膠消化於醕灑於其上極薄一層曬乾之後置於小紙匣中用細金類絲扶持於便當之處模成之後取去金類絲處即為通空氣

之路再擇極好之處用尖木釘刺紙匣成進材料之孔將極細石膏三分極細磚粉一分調勻再將水若干添白礬少許并腦砂少許於水中調勻將此水與前料調勻成稀漿傾於紙匣內如樣不甚細微可將紙匣動搖如爲極細之樣可先用軟小之駱駝毛刷上稀漿一薄層然後將餘漿傾於其上凝結之後則撤去紙盒而漸加熱至極乾水乾之後仍漸加熱至紅如血色爲度則動物之質盡行燒滅如專用石膏而不加磚粉則不能當此大熱也添腦砂者可令動物植物之體燒滅甚速燒紅之模不可驟冷必須緩冷與前之緩熱無異否則自能裂開冷後傾入水銀

於模內以模搖動再加水銀至滿則物質之餘灰可以浮出如此屢次洗滌則各種異質皆能去之用此種模之時必先加熱但所加之熱依模之大小金類之性情而定如樣極細而極薄又用凝結甚速之金類則所用之模應更熱於用厚樣與緩凝結之金類此種模鑄成小物用銀最佳鑄字鉛或銲錫之銲金并易鎔之各金類皆可鑄成之後如模與金類能甚熱則所鑄之物能顯出樣之極細花紋收藏此物可作以後鑄物之樣如有大物件亦可照此法爲之然非巧手恐不能成也

陽湖趙宏繪圖

冶金錄卷中

美國阿發滿譔
英國 傅蘭雅 口譯
新陽 趙元益 筆述

此卷論鎔鑄各事

鐵之性情不同

各處出售之猪鐵其類不同所以鐵質之精粗不能以一處之名號而定之即所出之鐵爲同礦者亦不能屢次得之而無同異也同一鎔鐵爐所出之鐵第一次可謂第一號稍遲幾日所出之鐵即稍次可謂第二號或第三號但猪鐵之高下可以試驗而知或用何種鐵礦或用何種煤

炭或用何等煉法以比較而分其高下者以下姑不一一分言之先論用何種形性之鐵則有如何得益之處而分爲第一號第二號第三號等鐵以爲公論也

第一號鐵

第一號之猪鐵即是深灰色者凡鑄物用之最多此種鐵以硬煤或炭燒鎔之則凝結之後質紋甚粗人粗看之以爲斷處能見顆粒及折而細觀知其質紋如薄片聚成不能見其顆粒也鐵中所含之炭結成極細之顆粒其形亦難猝見大約質點緊密未易分別耳　枯煤所燒之猪鐵并第一號之硬煤鐵與熱風鐵其顆粒更細即如本司非

利阿所出第一號之硬煤猪鐵與皮次白格所出第一號鐵在外面觀之粗而色黑美國之東邊各部與美立蘭阿利減宜河阿稀阿河得納西乾都格等處所出第一號木炭燒成之熱風鐵比上所言之鐵更細又如蘇格蘭所出之猪鐵其斷處質紋極細

此種猪鐵尚嫌稍軟而美國所出之鐵堅固者多鎔時易於流動變冷又甚緩所以鎔鑄物件最爲省便灰色之鐵可化鎔一次或二次但質紋最細之鐵或炭火鎔煉之時遇空氣太多則變爲第二號鐵

第二號鐵

此種鐵內所含之炭較之第一號略少其灰色亦更深顆粒更細如其顏色與第一號之鐵無甚分別則比第一號鐵更爲堅固而鑄物最便用之若其色爲更深之灰色則不合於鑄小器之用而最合於乾模中鑄大器化鎔時易於流入模中而令模之曲折處皆滿也所有浮於鐵面之異質較之第一號更少而不致有燒壞範模之弊此號鐵牽力極大可銼可刨可車可磨質紋細密較之第一號鐵質更清

第三號鐵

第三號爲白色猪鐵如將第一號鐵或第二號鐵化鎔之時令其多遇空氣則變爲第三號鐵若斷之則其斷面頗明顯粒能辨此種鐵不合於鑄物之用也

美國東鄙所出之猪鐵其種類甚多大半合用所鑄之物任何式樣皆可以成以下特將最有用之猪鐵論其形性以便採擇

深灰色鐵

深灰色之猪鐵如見其中有筆鉛片者用以鑄大器則不能堅固祇可鑄各種小件與空心之器但鑄極細之物斷不可用粗而有顆粒之猪鐵因有粗顆粒則不能流入模之細微處已成之後必不清楚也猪鐵之中若含燐少許

則其色略爲白色其顆粒必不粗亦可以鑄物如空心器或火爐之類 灰色猪鐵鑄成鍋類之器而鐵中所含之炭或筆鉛太多則經火熱而黑質化出烹煮之物必受其黑色而不可食矣若用含燐之鐵斷無此弊

黑色鐵

此鐵不可鑄任大力之器因其質太鬆故也

鐵有熱風冷風之別

尋常鍊鐵之坊熱風鐵與冷風鐵出售時竟無分別即有記號亦不足爲憑彼此互名欺人圖利間有誠實之坊另刻記號於其上令購者一望可知但欲實知其熱風與冷

風亦無確據有人言得一分別之法熱風鐵之質紋較冷風鐵之質紋更細但此說爲二號鐵燒鎔時之手法同所用木炭若干同而礦亦相同若用鐵者必依此法試驗又極難而有差又有人言得一分別之法將二號鐵折之而看其顏色若礦同炭同煉法同熱風鐵之折面其色必更暗而舊冷風鐵之折面其色必更明而新且有時能看見熱風鐵之折面細顆粒之中而有暗色粗顆粒間之此看色之法較之看質紋之法有把握辨鐵者若將以上二法同試之必更無差誤也凡鐵以軟硬兩種煤燒鎔者祇有一號即爲熱風鐵若以木炭燒鎔者則有二號一爲熱

風鐵一爲冷風鐵鑄廠所用之鐵或爲熱風或爲冷風不甚分別不過熱風鐵之質紋細而勻密鎔時易流入模中耳若冷風鐵與熱風鐵其斷處顏色無異則冷風鐵所含之炭與異質更少若以此二號鐵相和鑄結實堅固之器最爲合宜則鑄器者究以能分別爲有益也

調和各鐵試驗法

調和各種鐵爲最要之事如有花紋之物與玩好之物美觀爲上堅固次之若任重之器利用之器堅固爲上美觀次之所以鑄廠中應細心試驗所用之材料何者最爲堅固試驗之法用木條長二尺厚一寸闊二寸爲樣作模而

鑄同式之鐵條以試驗各種鐵質所用之模與砂大小斜平乾溼粗細均要相等然後以各種欲試之鐵盛於罐內或在空氣冶爐燒鎔之傾入模中鑄成各鐵條待其冷後將板之一端用老虎鉗鉗之一端懸以重物漸加之以折斷爲度加重之時必量得其曲線若干度以之比較而得各種鐵之凹凸力則可知調和之鐵何種爲佳凡用鐵之廠各以此法試驗最穩當而大有裨益也

凡以多種鐵調和鎔化而比較之必屢次試驗而各得其任折力之中數方爲確據如熱風鐵之質紋比冷風鐵更屬平勻所含炭質亦更緊密所以能將熱風鐵數種調和

鎔化所得之鐵比冷風鐵更爲堅固但以上所言必須礦同料同煉法同所鑄之鐵方合比例否則總無一定之法可以知何種猪鐵調和而得最堅固之質也此事能顯管理鑄廠者本領之高下如煉鐵礦之爐其式已無一定即所得之礦與用各種之煤及燒煉之法亦未有一定猪鐵刻明何等字號亦不足信管理鑄廠者於其所不能預知之事而細心分別之方能用之各當而無棄材也

猪鐵之色爲極深之灰色或其質太鬆可以少加第三號之鐵或舊生鐵之碎塊若其色爲黑灰色則每百分中加第三號鐵三十分或加碎塊鐵三十分亦可若鐵中所含

之炭太少可以加第一號鐵至合用爲度凡鑄廠中所用之好鐵必從各處鐵礦所出之鐵并各式冶爐所燒鎔之鐵調和而得之卽如沙格喇硬煤所燒之猪鐵如少加蘇格蘭之猪鐵調和鑄物則甚堅固如少加牛雅格或巴題馬兒木炭所燒之鐵更能堅固總之將一類鐵之第一號與別類鐵之第二第三號或零碎塊調和必出好鐵。又冷風鐵當與熱風鐵調和此種鎔鐵法有藉此而得鐵之堅固者俟後詳論之。

鑄廠所用之鐵不但考驗其堅固必須考驗用何種鐵最能合式而省費所謂省費者謂常以此種鐵鑄物不致誤

事也又鑄成之後必無零碎小塊所以最好用之鐵必是軟窬之灰色鐵。

凡調和各種鐵以所鑄之器爲主如鑄鐵梁并鑄鐵軋軸所合用之鐵不能用以鑄空而有花紋之物又如鑄細小之器能得其最清之花紋則不可以鑄重大之件若用第二號之硬煤鐵或第一號之硬煤鐵與第三號之木炭鐵調和鎔鑄大件最爲合宜但所用之硬煤鐵必擇其佳者因其質頗有高下也。美國亨庚鹿刻所出之猪鐵爲泰西著名之鐵設有人以此種鐵試得其堅固之數而定其與他種鐵相較之比例豈非有利於製造之事乎。

有一種易鎔而速凝之灰色鐵可以鑄小而有花紋之器但其色之過深者鑄成之物不能清楚鐵內含燐少許者鑄此種物最爲合宜若鑄極小之物尚不可用必取水鐵礦煉出之鐵用之取其含燐多也。蘭千等有花紋之物不可用含燐之鐵必擇最細質紋之淨鐵而鑄之欲其能任猝加之重力也軋軸與車輪鑄成之時欲其速冷而凝結者必用最堅固之第二號鐵若用第二號鐵再加第一號鐵或第三號之木炭鐵或零碎鐵塊與之調鎔爲最宜。

鑄極硬之軋軸鐵內含燐少許亦無大害若鑄車輪切不可用水鐵礦煉出之鐵。

用模之法

凡欲器之堅固非第考究鐵之性情而已也卽所用之模亦必知其各有所宜如輪機之架及鐵梁軋軸并一切任重之器必在乾砂模或泥模鑄之用生砂模者速冷而凝鑄成之物必極硬而無韌性。所鑄之物面須平滑者則宜用生砂模而模面加黑料一層必甚平滑輕而薄者較之重而厚者其面更能平滑卽冷凝甚速之驗也凡所鑄之物欲其堅固結實者必直立其模而鑄之或斜其模而鑄之其進金類之路在下出金類之路在上。

鐵礦徑從冶爐鑄器法

鐵礦煉之即成生鐵若煉鐵礦之時乘其鎔化傾入模中亦可鑄物但此事不常爲之美國用此法者亦甚少大約從鐵礦煉出之鐵徑鑄物件不能定佳倘不合意必毀鎔之而與別種鐵調和方可再鑄豈不費事然得易鎔之鐵礦而用木炭從小冶鑪鎔之亦可鑄成物件也　凡水鐵礦煉成之鐵冷則易斷必須以礦徑從冶爐鎔鑄成器此種鐵其中含炭極微已煉之後不便再鎔所以一切製造之廠鑄堅固任重之器者皆不可用有人用此鐵礦以鑄空心器如火爐之類鑄成之後細而清楚又用此鑄炊飯之鍋不污不鏽爲別種鐵所不能及常見一種飯鍋燒成

磁油或薄錫一層以防鏽污得此鐵而鑄之功用略同矣

鐵礦徑從冶爐鎔鑄之常法用一鐵架做一泥塞與火爐之底孔相配能直通至鐵中則能去火爐中之渣滓并鐵汁面之渣滓但火爐所加之風必停止則鐵汁面之渣滓取去之後爲可鑄之鐵若泥塞甚厚而不拔去則燒鎔既久鐵亦可淨起鐵之器用鐵瓢盛之鐵已盡而物亦成將泥塞拔出而底板後之渣滓可以盡運於火爐之面再鼓風熾火鎔之最好之法在進風之兩口上弧形之處作一井此井不必極大祇須能容鐵瓢爲度所吹之風與井無關即管理火爐之人在其對面亦與井無涉井之用法

從後邊之石鑿成一孔火爐近底之邊亦鑿一孔兩孔相接之間用火磚作一圓圈而圍之外加鐵鏈條四面固固以防其裂此井與火爐相通之孔其高下之度必酌量井中常有鐵汁爲佳初用井之時必以燒紅之木炭置於其中以極熱爲度俟爐中之鐵已鎔則從底孔漸流至井至兩面相平則不流矣鑄物時可以任便取之如第三十四圖甲爲生鐵瓢乙爲熟鐵瓢熟鐵者最佳不易燒鎔也若用生鐵瓢外面加極薄泥一層用熟鐵瓢以泥摶之甚熟加於

第三十四圖

瓢之邊以鐵瓢爲其底其泥口之高低大小可以任意爲之熟泥必日換新者或每鑄一物即換新泥亦可泥鐵瓢必烘之甚乾然後加於化鎔之鐵井中否則轟裂而致傷人矣

罐中鎔鐵

罐中鎔鐵靜而不沸其熱亦不至燒壞砂模古時常用之近時因罐中鎔鐵人工煤罐費用已多不樂用之然亦有幾種特用者如工匠需用之小鐵器以及最細之玩物必在罐中鎔鑄之又鐵與別種金類調和爲他法所不能成者用此法則成者較多　造罐之法用上好筆鉛易得大

塊價亦不貴每鍋能用十次至十二次每次燒鐵二十餘磅所用之火爐與鎔礦銅紅銅之爐大致相同如第三十五圖觀圖即知其意火爐在地坑

第三十五圖

中煙通之內邊用火磚砌成爐內之周圍亦然爐之上面用生鐵板蓋之板上有重物壓定以鏈條與滑車掛起可任意上下或有別法令蓋上下亦可爐柵用一寸方之鐵條生熟皆可排之平勻活動可以取出爲盛煤收拾之便礶底墊火磚一塊置於爐柵之上若用破碎舊礶之底合墊之比火磚更妙礶底必高於爐柵三寸至

六寸依用何等燒料而定如用木炭礶底必極高若用枯煤可以稍低硬煤可更低矣爐內作方形爲便四角可以添煤如爲圓形必甚寬展能添煤也礶置於爐中必已極乾如少有水氣必壞所用之金類亦必先加熱而後入礶所用之燒料亦必乾而熱者可以圍於礶外而排列之用礶之法先置爐柵再以火磚或破碎之礶底置於爐柵上再將礶置於鐵板之上火力甚猛礶與金類皆得極熱待爐中紅熱之時燒料已及其墊物則將空礶先置爐中以金類漸加至滿待鎔幾分之後鍋面略空可再添金類而上面放碎玻璃數塊玻璃已鎔浮於金類之面可以遮

蔽空氣如用活動之泥蓋蓋於鐵面亦可以代玻璃然不及玻璃之便用也燒一刻之久可添金類燒至三刻之久金類皆鎔而添燒料之末一次設金類未盡欲作第二次化鎔者則亦必添滿燒料與礶同高則以後加煤可以接續也　金類已鎔而預備鑄物爐中之火不必過猛用結實鐵條製成一鉗長四尺至六尺鉗嘴方四分寸之三或八分寸之七用起重車與鐵鏈掛起或在屋梁上掛起起鍋之法即將此鉗夾緊鍋邊而扯起最要之事鍋從爐起裝一鐵柄以便傾倒鎔金類於模中鐵柄必先加熱否則礶熱而柄冷必致開裂以上之事派兩人爲之礶中金類

既已傾盡速置於爐中再加金類鎔鑄如前事畢後必將礶倒合於爐中令其漸冷若熱礶置於地上或置別處亦須倒合因礶底熱而遇冷物必致裂而無用也　凡數箇火爐可以排列一處共用一煙通所燒之料木炭稍次枯煤硬煤最佳但硬煤之火力甚猛往往損礶而誤事必留意防之

倒焰爐鎔鐵

鎔鑄多鐵之爐最好者爲倒焰爐凡鑄廠中常用者不過爲柱形爐有時鑄堅固之器則必用倒焰爐矣倒焰爐所鎔之鐵雖次於礶中所鎔之鐵而勝於柱形爐所鎔之鐵

所以鑄鐵之人皆言用同號之生鐵一分置於倒焰爐鎔之一分置於柱形爐鎔之以所鑄之物兩相比較則倒焰爐之鐵堅固也如第三十六圖爲倒焰爐之直剖面形內面皆以火磚砌成外面上河泥灰一層爐之全面必用生鐵板圍之亦有以常用之磚圍之而以鐵條橫箍者煙通之高四十尺或多尺有時高至八十尺但四十尺已得風力甚足爐柵面之長三尺有半寬五尺至六尺同於爐之內面爐之底長五尺至八尺寬亦如之向下稍斜與煙通相接爲爐底之最低

第三十六圖

處作一深窩以受鎔鐵傍有門通出火爐之一邊或在煙通之後可放鎔鐵以溼砂塞之或以泥與煤粉調和塞之阻截火爐之煤作一火壩從爐底起高十寸至十五寸依火爐之容積而定爐之一邊有大鐵閘門在爐底最高處與火壩相近爲添鐵與收拾爐底之用煙通之上口有一鐵蓋可自下啟閉管理火爐之風力此種爐之外牆須厚厚則不至傳熱於外鐵已盛滿塞門與火磚之接處不可有罅隙如有小孔速即塞住外以溼泥封之否則空氣直至火爐之底炭質由孔中散出鑄成之物必硬而脆爐柵亦必留意依時添煤不可太高太高則空氣難通又不可

多留空處使空氣未熱而直進爐中煤之渣滓亦宜取出不可令其塡滿爐柵　各國所用之倒焰爐式有多種本圖爲常用者有一種倒焰爐其內式爲雙弓形火壩處之鎔鐵依弓背流下聚於低處即爐底之心也又有一種倒焰爐深窩在爐底之中而冷豬鐵即在此中添進此二法均不及本圖之善也本圖之爐豬鐵在火壩後添進鎔後流入窩中而鐵內所有不淨之質如砂與煤皆留於火壩之後鐵鎔時無異質攙入之弊爐中之熱度近煙通處爲最大鐵得爐中極大之熱則易鎔未鑄之前五六小時爐中熾火加熱不熄過三四小時爐中極熱已變白色即開

大鐵閘門將豬鐵納進所進豬鐵必酌量一次需用若干磅數因爐鐵將鎔不可再添冷鐵也如欲添鐵必須深窩內放盡鐵汁而後可爐中之鐵盡鎔則用鐵椎打開塞門以鐵桶受之或以乾砂作槽直引鐵汁至模中亦可

倒焰爐不獨爲鎔鐵之用即多鎔紅銅礮銅錫鉛調和各種金類亦用之凡鑄重大之器如大鐘大像并輪機之架均用倒焰爐所出之金類鑄成　倒焰爐所用燒料最好爲軟煤設近處無産煤之地用木炭代之燒硬煤與枯煤其弊甚多最大之病生極細之灰自爐柵過火壩而至鐵汁之中浮於鐵汁之面而令鐵少受所傳之熱也用硬煤

者其弊尤大各種木柴亦不可燒於倒焰爐中也　近時製廠用倒焰爐者甚少因鎔鑄大器用柱形爐其費較省設一切建造橋梁房屋之人皆購買倒焰爐所鑄之器則用之大有裨益也

柱形爐鎔鐵

柱形爐再爲便用因一爐能鎔鐵自五十磅至五六噸費時少而用煤亦不多也凡鑄小件如空心之器農事之器房屋內花紋物件等不求其甚堅用柱形爐鎔鑄之甚妙爐之形有數種無甚奇異如第三十七圖爲常用之柱形爐甲爲爐中之剖面形其爐用生鐵板圍住徑三尺至六

尺爐靠於兩旁之磚牆乙乙外蓋方鐵板有一箇圓孔其形同於爐之內面丙爲鐵門用爐之時緊閉此門用鐵桿

第三十七圖

頂住不令動搖爐內之鐵汁放空而將停時開此門使其中所有之渣滓與餘燼從中落出以便將爐修整爐之內面以火磚砌成其厚極少九寸用河泥與河砂調和以有粘力爲度壓緊而漸令其乾或用馬路之泥亦可但含鐵之泥與夾雜之泥則不可用必爲火石與硬砂石所鋪之地可用之　柱形爐有高四尺者有高八尺至九尺者余以爲五尺太高因火力太猛亦無益

也如爐高不過三尺則所燒之煤較之更高之爐少柱形爐之容積各處不同有徑十八寸者有徑四尺者如燒木炭則爐徑爲十八寸有一箇進風口已足鎔鐵若燒枯煤爐徑必爲二十四寸并二箇進風口燒硬煤者爐徑須三十寸也平常柱形爐高頂作一煙通甚寬能引熱氣過房屋之上或用鐵皮管引之亦可　丁丁爲進風管其內口圓徑三寸至五寸通連於爐牆之內高於爐底十五寸如爐甚小用一進風管在爐之後邊已足敷用更大之火爐必有兩進風管極大之硬煤爐進風管儘可多添也爐徑愈大則進風管愈多令爐內之熱各處平勻若鎔鐵甚多

則作進風管數層如所鎔之鐵已高於第一層則用河泥塞第一層之管而從第二層之管進風所鎔之鐵高於第二層則塞住第二層之管而從第三層之管進風至爐中鎔鐵足用而止各層之管相距六寸而以鐵皮爲之　總進風管之埋於地內者其圓徑應大於內口爲一倍或其橫剖面積大於內口之橫剖面積爲四倍亦可爐之進風管甚多者可用一方管圍於爐外管內有孔緊接進風之口

柱形爐用法

燒鎔豬鐵第一要事緊閉鐵門多添砂於爐之底若鎔鐵

不多即用作模之砂若鎔鐵甚多則用能受大熱之砂生火之法在爐底置木柴數塊上置燒料或從塞門之孔而爇之孔徑六寸至八寸發火之後塞門之孔可以不關而進空氣火力更猛爐中燒料已足過二三小時燒料之上皆有火力爐內之熱度甚大開進風之管以輪扇轉動而進風力但未進風之時必先用砂塞住塞門之孔或用難鎔之砂與泥調和而塞之更妙底留一小孔以放鐵汁其徑一寸半至二寸作孔之法用一圓鐵桿置於孔之處而周圍以砂擣緊後以圓鐵桿拔出則進風時火從爐上透出又從此放鐵之小孔透出得此透出之火可以令泥與

砂燒之甚乾而化成玻璃形則更結實塞子進出之時不易壞也爐內之火亦能令爐之內面化鎔而生一層玻璃大約火爐每用一次必有傷損用火泥補好後當此火大之時又可結實也若鎔多鐵必用鐵板蓋住塞門孔之砂令其緊切祇露出小孔初次噴出之火爲淡藍色熱度漸大則爲白色可添豬鐵於爐中添鐵之後過十分時小孔中有鐵漏出用泥摶成柱形戴于木桿端圓鐵板外雙手執木桿用力對孔塞入則圓鐵板將泥塞入孔中而塞始堅固矣　鎔鐵一次極少須二百磅平常至四五百磅打斷豬鐵每塊長十寸至十五寸可以納入爐中合式之爐每鎔鐵百磅用燒料十二磅如爐小而進風緩者燒料尙多也　添鐵與煤在二十磅至百磅之間必另加灰石或蛤殼每鐵百分中加灰石與蛤殼二分至五分若過多或太少鐵色變白失去所含之炭幾分鐵質必硬而脆也爐內進風之時各料必添至滿先添鐵次添煤次灰石層層相間皆依次第不可錯亂也已經添足不可再加鼓風熾火至鐵盡放出爲止爐中之砂底有高低之斜度此斜度依爐之大小而定大徑之爐其斜度小於小徑之爐則一切之鎔鐵不致流入磚內皆能放出用此法造柱形爐每一小時能鎔鐵一噸大者可三噸小者可半噸也平常之爐底寬於頂則熱度大而

更能耐用　化鎔之鐵有數種則各層之中各要鋪一層燒料則最下之一層鐵可以全鎔而放出而第二層之鐵亦可全鎔而出最好之法先鎔灰色鐵而後鎔白色之鐵也　若鎔料已足可鑄數件則用鋼尖之桿刺通放鐵孔之泥塞令鐵汁流入鐵桶而傾於模中或於砂地內作斜溝徑引鐵汁至模中亦可每放鐵汁之後必塞住其孔俟鐵再鎔而放之　設鑄件一次所須之鐵甚多而爐不能容則先放鐵汁若干以鐵桶受之陸續添鐵隨鎔隨放用此法小冶鑪可鑄五十餘噸之器

鐵桶

第三十八圖

第三十九圖

爐鐵已鎔必用鐵桶盛之而傾入模中如第三十八圖能容鐵二百磅至三百磅或用兩人或用多人扛之桿之一端如义形者便於緩緩傾倒也如第三十九圖盛鐵之桶用起重車起之而傾於模中用此種桶火爐與範模應在起重車之旁桶有數種有能盛鐵五百磅者有能盛鐵至兩噸以外者桶外二邊各釘連半環環中有樞用鐵絆可

挂起樞中有一方孔可用丫叉入孔內而向一邊傾鐵也此種桶皆用煱爐板為之生鐵者危險不可用也每用一次上一層極濃之泥水在內面則遇熱鐵不致生鏽

輪扇

昔時柱形爐之進風器用箭與韛韛為之近時亦有用箭與韛韛之法因用此法者以為此器進風所鎔之鐵較之別種進風器所鎔之鐵更堅固但以余論之此種器所進之風固勝於水壓空氣之風而不能勝於輪扇所進之風已有多人試驗輪扇進風甚屬便宜可省燒料且風力足而火生大熱與鐵無害也如第四十第四十一兩圖為常

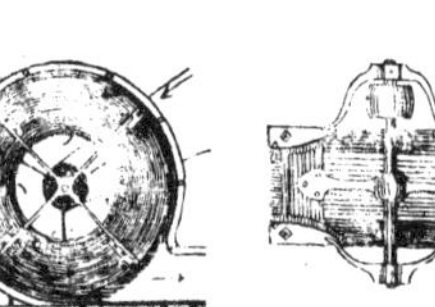

第四十圖　第四十一圖

用之輪扇形外有鐵箱生鐵為其兩邊其間有熟鐵圈連之中心有平軸軸上四箇扇翼轉動極速則軸心兩邊吸進空氣令空氣向外周而行此輪扇能令空氣之質點有離心之大力質點壓住內周外周有孔則氣必從孔中放出其放出之遲速與壓力有比例輪扇各種大小尺寸及各種之形不能預定蓋翼之闊以所須風力之數而定平常長十寸至二十四寸闊八寸大約三尺之徑為最宜有時徑斜之若干度有時作

一曲線形但各形之風力略同不過曲線形者發出之風聲稍低於直翼之聲也　輪扇能發極大之風力外殼必當堅固不可以木為之軸與扇以輕為佳扇用鐵片或銅片為之軸用鋼為之兩端必更硬軸枕或用黃銅或用鋼輻用生鐵各翼之相距尺寸須同各輻亦必等重否則轉動之時必震動而易壞不但軸與翼須配準即軸外之各件亦必配準也輪扇之圓徑為三尺吸風孔之圓徑須一尺如孔過大則空氣速進輪扇不能受其壓力也

輪扇極難造須令扇之外邊與殼之外邊處處切近而無不平之處極費工夫置軸於殼之心點亦非易事轉動極

速之時扇與殼不相切近易見所失之壓力在扇與殼之間近有人所作輪扇用兩箇同心圈（其形似拱壁）緊切於扇之兩邊扇輪心吸空氣之時此兩圈隨輪轉動與殼近切而平行如此則所失之壓力甚小而風力更大所用之動力亦可減少所以鑄廠中常樂用之　風力之大小不盡在乎扇形之廣狹而在於轉動之遲速與進風口之大小所以欲其風力極大不必用大扇也即如各扇之面積比進風口之面積大半倍風力已足設進風之口甚多則與各口面積之總數大半倍進風管內之各口必各設一門若緊閉此門則此口不能進風而與彼口無涉也輪扇轉動

之數每分時七百轉至一千二百轉動之之法用皮帶與滑輪加於軸之一邊一小時內化鐵一噸則每分時必吹空氣體積七百立方尺如有三尺徑之輪扇兩箇三寸徑之進風口每分時轉動之數必有一千八百而動此輪扇之力須六馬力也

進熱風

近有人試驗進熱風之法無甚益處廢而不用若用柱形爐鎔生鐵固可稍省燒料然出豬鐵之地方燒料甚賤而進熱風之器常須收拾所以仍廢而不用也

烘模之爐

此種爐形大約如磚砌之小屋空其一面用大鐵門兩扇以司啟閉而進範模其餘三面用磚砌牆厚九寸至十二寸如第四十二圖爲常用之爐形高七尺四邊各十二尺生火之處在其一邊可從外面加燒料而有一鐵門關爐甚緊煙通在爐之對面離地甚近與大煙通相連上面用

第四十二圖

磚砌成弧而牆內之上邊有鐵隔板小模心與箱可置於板上烘乾鐵路近於起重車之旁而直通至爐中如有極重之模用起重車起模置於四輪小鐵車上推入爐中而模不必從

車上取下關門生火以烘乾爲度

修理新鑄之器

鑄成小件過數分時已冷若重大之件或數時或數日方冷即如汽椎重五噸者在生砂模中必一晝夜方冷在乾模中必二晝夜方冷大輪船汽機架之底板重三十五噸者須七晝夜方冷也凡鑄成之件已冷可移動而拆模去砂如重大之件用鏈與起重車起之或極重之件則必多用起重車爲妥極小之器用鐵鉗從模中鉗出移於一處令冷所有分砂與模心接縫處恆有凸邊必乘未冷而扻之即如進金類之路亦在此時折斷但折斷而得平面此

事甚難如鑄廠之中不能折斷則移於外廠寬閒處鑿斷之如重模心與硬模心必須在鑄廠內乘其未冷時取出也

粗重之器下等工人皆可爲之第一要事須用椎鑿去其凸處其粗而不平之處必用舊銼銼平之　細而貴重之器如人像之面與有花紋之件必用好手爲之此種工大甚難少有傷損則全功廢棄矣此事另有專書詳之茲不具論

鑄器之時

範模已成而鎔鑄各物常在申時爲一日之末功蓋鑄器

以後砂甚熱而不便再作別模也鑄器之後各箱移於一處預備明日之用砂內稍加以水（此事須各人理會自己所用之砂做過幾次後易知此砂應添水若干）調和成一尖堆過一宿後砂已冷而所含之水勻淨得中適可用矣

鎔鑄之費

作各種模與鑄器之費用未可預定大約生砂模之費爲最廉乾砂模次之泥模又次之黃銅礮銅等金類鑄各種器具之費用亦難預定　每用一柱形爐必有二人管理一爲添煤與金類之人一爲出金類之人倒焰爐亦須二人管理每鐵百磅必用燒料七十五磅至百磅但此說爲

火爐之原熱在內若無原熱則另加燒料五十磅也礶中鎔鐵其價最貴每鐵百磅費煤一百五十至二百磅且必常買新礶上好之礶每箇銀錢兩枚即極謹慎而用之不過用十二次每次鎔鐵五十磅則一礶共鎔之鐵爲六百磅也常用之礶共鎔之鐵祇能得三百磅耳

鎔鐵無論何法必有耗折百分之五至百分之六用倒焰爐耗折更多所以每鑄一器預備之材料必多於原器之重否則不敷且又有進鐵之路與槽以及模內相連之縫亦須計及鑄成之小件所有必去之鐵屑依比例而算之多於大器所以鑄小件之零碎鐵更多而費更大有時鑄

極小之件其零碎鐵較之各種空心器更多若將此零碎鐵再鎔而鑄別物又須耗折若干分

別種金類鎔鑄之費較少於鐵因其易鎔耳如紅銅之料極淨則所虧耗甚少礮銅稍有耗折極易化散之金類如錫與鋅有一法能令其銷鎔極速而不致化散其法用鉀養鈉養等分與木炭粉調和蓋於上面則不能化散矣礮銅等之攙銅鎔於倒焰爐必先鎔紅銅然後有舊攙銅幷零碎塊可添入爐中後來添錫於爐底與銅相和若加鋅與銻則必於末次添入之末出金類之前必調攪極勻面上已生白皮必加鉀養與鈉養每金類一噸必共加二磅

雜論

鑄極堅結之銅器如大鐘之類則鎔後須加燒八小時至十小時質點更匀顆粒更小此種銅欲加鋅則可加黃銅爲最便即必推算其黃銅含若干鋅紅銅若干則可知應加若干

凡鎔雜質之銅鎔時極易改變往往不能堅固因鋅與錫易於化散所以臨鑄之時先取少許試其化散與否如已化散須再加之

看雜銅而知其一定之成色最難之事試之之法用一小鐵勺倒少許銅汁於內待冷結後折斷之而看其斷面顆

粒之形又試其能任之牽力則可略知其成色

黃銅必在礶中鎔之鉛錫與銻能用倒焰爐鎔之有人將紅銅先鎔而後加若干鋅則成黃銅又有更便之法將碎塊紅銅與鋅礦與木炭粉調和化鎔之但所成之黃銅必再鎔一次因第一次之黃銅有雜質而不堅結也

陽湖趙宏繪圖

元和江衡校字

冶金錄卷下

美國阿發滿譔　英國傅蘭雅口譯
新陽趙元益筆述

此卷論各金類之雜質

鐵之雜質

凡以金類加於鐵中令其易鎔所加之質或爲金類或爲非金類皆可用之昔時所鑄各物鐵與他質相合者不常用之近時又多變法能將鐵器鍍金銀并上玻璃磁油將來鐵器必多用雜質爲之故詳述如左

硫

鐵中含硫則易鎔較之淨鐵更易生鏽鐵含硫少許亦無妨但每鐵百分含硫多於一分則冷時鐵性甚脆即熱時亦能脆也

炭

生鐵所含之炭爲百分之二或至百分之六因能易鎔含炭過多則鐵變脆含炭太少則硬而脆凡極硬生鐵能磨光如硬鋼

燐

鐵含燐冷時性脆若鐵不和別質而含燐其色光而白且甚硬也但易生鏽耳凡鐵二百分之內含燐一分則鐵之

性情大改變矣

矽

矽為生鐵常含者熱風鐵含矽多於冷風鐵鎔鐵所燒之煤或鐵礦內有硫或燐則熱風鐵含此二物較之冷風鐵稍多凡鐵含矽則硬而脆其性情與含燐者同

鉀

鐵含鉀其色白而質亦脆

鉻

鐵含鉻則其質之硬幾似金剛石但令鐵與鉻相合非易事也

黃金

黃金與鐵化合最易可為玩弄小鐵器之銲金

銀

鐵含銀少許則硬而脆又易生鏽

銅

銅與鐵相合則熱時甚脆冷則更堅結但鐵含銅不可多於四百分之一多則冷時亦脆

錫

錫與鐵相合其質硬而最佳如錫與鐵相和各半其色最白堅光如鋼

鉛

鉛與鐵相合其數不能過多其質為軟而韌

貴金類之雜質

此種雜質祇可略言之　美國鑄金錢每百分重用黃金九十分銀二五分紅銅七五分玩好之物每百分重用黃金七十五分紅銅二十五分或用銀少許黃金與鐵相和之銲金每百分重用黃金六六六分銀一六七分紅銅一六七分最細之銀器用銀九十五分紅銅五分銀之銲金用銀六六六分紅銅三〇四分黃銅三四分

銅之雜質

凡金類雜質內紅銅之雜質最多用處亦甚廣茲擇其最要者述之如左

鐘銅 又名響銅

有人言最好之鐘銅用紅銅七十二分錫二十六分半鐵一分半但鐵與錫與銅分開而調和之則不易合若將零碎馬口鐵塊置於鍋中與錫同鎔則錫與馬口鐵已相合加於化鎔之銅內則三物易於相合

平常之鐘銅用紅銅一百分錫三十分至四十分但此方稍損於前又有一方用紅銅七十八分錫二十二分造此方者言甚妙也又有一方用紅銅八十分錫一〇一分鋅

五六分鉛四三分此方最佳鐘聲甚響模中潮溼亦無所害法國盧安地名所鑄鐘銅用紅銅八十分錫十分鋅六分鉛四分其響略如銀器之聲若用錫太多則鐘銅甚脆有人言鐘銅中加銀少許則更佳然余意度之亦無甚益處

韌銅能任大牽力故爲之韌銅

此種雜質用紅銅九分至十一分錫一分如鑄成大塊則二物自能分開雖少亦能分之質內有數處或含錫或含銅比他處更多錫多之處在上面錫少之處在下面此材料堅固而韌最難磨銼久在空氣中生鏽極細古人不知用鋼一切兵器皆用雜銅爲之另加燐少許如將雜銅焠火則更鬆而韌能以錐打薄之有幾種銅之雜質其性不同有大小之別鑄鐘之模須極乾而無溼氣否則聲音不能響亮如上所言有大牽力之銅退火後牽力愈大鐘銅退火減其堅固三分之一如用紅銅八十分錫二十分則最好退火最能加其堅固即如中國所鑄鑼鐃鈸之方用紅銅八十分錫二十分鑄成之後再加熱至極紅而焠火則竟無聲再退火數次而令其漸冷久之其聲甚大

造像之銅

造像之銅各人用料頗有分別亦有用鐘銅亦有用淨紅銅金類之像用紅銅八十分錫二十分爲之用金類鑄最好之像做法不佳所以不便立方如一千八百年以後數年法國所造之像甚不講究此時所造高柱形之銅牌有用紅銅九十四分錫六分所以柱形不佳生許多凸處鑿下此凸處有數十噸重也法國君第十四盧儀之像較前者清楚而講究此像之料用紅銅九十一·三分錫一分至二分鋅五分至六分鉛一分至一·五分如第十五盧儀之像用銅八十二·四分鋅一〇·三分錫四分鉛三·二分

古時希臘國鑄銅

平常用錫與銅鑄物有時另加金銀鉛鋅鈉且不第將此料鑄像又鑄鼎兵器錢釘鍋與外科刀針等器蓋古人能用各種銅之雜質或令其韌或令其堅變化從心雖不知用鋼而器用不乏設令今人代爲之謀舍用鋼之法將何以鑄成乎

古時墨西哥鑄銅

鑄銅之人名呵斯得刻能將各種銅鑄刀劍等器極爲精妙　凡鑄小件加碎塊馬口鐵少許甚佳若鑄大件而加馬口鐵最易成顆粒而不堅固也

鏡銅

鏡銅用紅銅六十六分又三分之一錫三十三分又三分之二色白而明磨之有光有人得古鏡而化分之得紅銅

六十二分錫三十二分鉛六分法國之鏡銅用紅銅二分錫一分二物分鎔鑄鏡時調和之此方如另加鉮百分之一或百分之二則質堅而密且更有光不過遇空氣易生鏽耳 西人鹿斯伯所鑄遠鏡之回光鏡用紅銅一百二十六四分用錫五十八九分此種雜質色白而有光與水較重八八一一硬如鋼而脆如廣漆鏡徑六尺厚五寸又四分寸之一重三噸鑄此鏡之工夫最難已試過多法而未成後用一筒熟鐵圈爲模之底其中裝滿鐵箍此鐵箍層層密排祇能通空氣而不能通金類將此底在車牀中車成凸形與鏡之凹形相配置於平地而用砂圍之而上

不用蓋此金類在生鐵罐中鎔之如用熟鐵罐與泥罐鎔之金類必壞傾入模時即乘其極熱而速置於退火之爐此爐本已燒紅鏡留在爐中一百十二日令其冷

牌銅

此銅含錫者少有人設一方用紅銅一百分錫四二七分成之但其性甚硬不能用鋼模打成牌形必鎔而鑄之若用紅銅九十二分錫八分加鋅少許即加黃銅少許可從鋼模打成牌形不必鎔鑄

假金銅

此銅顏色略如黃金故謂之假金銅用紅銅九十五分錫

六五分鋅三分

鍍金銅

此種銅必須易鎔而模必有極細之花紋最好之鍍金銅用紅銅錫鋅鉛其方與造像者同有人設立一方言鍍金最佳用紅銅八二二五分鋅一七四八分錫二三分鉛○二分凡鍍金銅其質點須淨而密否則黃金走入其中而費料必多

黃銅

平常之黃銅爲紅銅與鋅所合成其方用紅銅二分鋅一分或紅銅六十三分半鋅三十二三分其銲金用黃銅二

分鋅一分另加錫少許若欲令其韌如爲管與水壺後來須打薄者則用黃銅二分錫三分之二

鈕銅

鈕銅用黃銅八分鋅五分

赤銅

赤銅用紅銅八分至十分鋅一分日耳曼國之方用紅銅十一分鋅二分

白銅 又名日耳曼銀

此爲銅雜質之最佳者耐用如銀 日耳曼國白銅方用紅銅六十分鋅二十五分鎳十五分又方用紅銅五十分

鋅二十五分鎳二十五分此爲最好之方。中國之白銅，化分而得其方用紅銅五十五分鋅十七分鎳二十三分鐵三分。又有一種白銅其聲甚響牽力亦大能打能軋其色如銀其方用紅銅四〇·四分鋅二五·四分鎳三一·五分鐵二·六分。又有一種白銅最易用電氣鍍銀可鍍銀百分之一至百分之二其質密而堅價亦甚廉其方用紅銅六十二分鋅十九分鎳十三分鈷與鐵四分至五分又有一種能任極大牽力之白銅用紅銅五七·四分鋅二十五分鎳十三分鐵九分此物可以代鋼鋼易生鏽而此物不鏽也。最細之白銅用紅銅八分鎳四分鋅三·五分日耳曼國銀鉾金，將其本質一分加鋅四分而搗成粗粉。

雜質餘論

以上銅雜質外，又有數雜質亦詳述之。布令使（人名）銅細密陸銅，奴那八格銅，馬漢了銅，其方各不同，有用紅銅三分鋅一分至紅銅二分鋅一分，此各質分鎔而攪之，久之則勻。紅銅含鉛百分之一至百分之二，較之平常之紅銅更易車平，不過更脆耳。可打銅箔之雜銅用紅銅七十分鋅三十分。黃銅退火，質更韌而密，如令其忽然變冷則甚硬，如加鋅少許則銅微紅而如深黃金色，加鋅甚

多則變爲綠黃色，如加鋅大半則變爲藍灰色。造船用之銅釘用紅銅十分鋅八分鐵一分。輪機之軸與軸襯所含之鋅視尋常之黃銅少，黃銅內加鎳銅而鑄軸襯則更佳。有人言一方紅銅十六分鋅一分鉛七分則其各性與黃金竟難分別。亦銅鎔時用鐵桿或鋼桿調之則能得其鐵或得其鋼而銅質更韌。紅銅和銀無甚好方，不過加銻少許則色更白而如銀。銻少加紅銅則其色如玫瑰花，多加紅銅其色更深，銅與銻等重則爲茄花色，再加紅銅則其色爲深茄花色而質皆甚脆。將紅銅九十分銻五分鋅五分合鎔之可爲大軸枕，又可爲鐵軸兩邊之限。紅銅含燐則硬如鋼，可鑄兵器但易生鏽。淨紅銅新磨光之面頃刻生綠黑色之鏽，古人所用之兵器皆有綠黑色，意想其鑄兵器時加燐令硬也。銅與砷相合其色白而光，可以爲蠟臺或鈕扣或日晷面或鐘面等物，切不可以鑄炊飯之鍋，因其性甚毒也。鑄法將碎塊紅銅與砷養（即砒霜）置於鍋中鎔化而上加一層鹽蓋之，色如青銀但易生鏽。

鉛之雜質

鉛之雜質其用甚廣，因各雜質硬於鉛之本質也。鉛加砷少許則難鎔而甚硬，可爲鳥槍之細彈子，作細彈每鉛千

磅加鉮三磅粗彈加鉮八磅如此作之將鉛先鎔加以砒霜則砒霜之半化合於鉛內矣。鉛五分銻一分和鎔可爲印書鉛字之料有時少加鋅與鉍在內。法國印書鉛字方用鉛二分銻一分紅銅一分。平常印書鉛字方用鉛八十分銻二十分更易化鎔者用鉛七十七分銻十五分鉍八分。作鉛板之人另加錫如加之太多則其質甚軟而易鎔鑄成鉛板極細而清楚又有一方甚佳用鉛九分銻二分鉍一分其鎔鑄法先以鉛鎔之然後加其餘之金類。鉛之雜質易化鎔者有數種其化鎔之熱度有大小之別即如熱至二百〇三度能鎔者用鉛三十一分錫

十九分鉍五十分有熱至一百四十九度而鎔者用鉛二八五分鉍四五五分錫十七分汞九分此物常用之而塡滿牙齒蛀孔有一方加熱至二百十二度（即水沸之度）而鎔者用鉍八分鉛五分錫三分。如鉛加鉍而鉍之數未過於鉛之數則鉛爲之更硬又鉛三分加鉍二分則較之鉛之堅固勝十倍又因鉍與鉛耐用略同則用其雜質作各種管與絲爲最佳。

錫之雜質

錫之雜質其用亦廣如錫與鉛可任意配合鎔之無不相合平常所用錫器內必有鉛如軟銲金用錫三十三分鉛

六十七分起至錫六十七分鉛三十三分止兩類等重則爲尋常軟銲金。盛食物所用之錫器用錫八十九分鉍二分銻七分紅銅二分。又有一種器用錫七十五分鉛九分鉍八分銻八分又方用錫八十九分紅銅二分銻六分黃銅二分鐵一分。日耳曼國錫用錫四分鉛一分器皿之錫雜質用錫百分銻八分鉍二分紅銅二分此方最佳。樂器用錫八十分銻二十分。假銀箔用錫五十分鋅五十分汞留磨銼之錫用鉛銻錫紅銅其數未定。大風琴之管用錫九分鉛一分此爲略數非定方也。又用錫二十九分鉛十九分可爲假金剛石及光明之寶石其

法將玻璃條一端磨成寶石各面之形此兩金類鎔後用厚紙掩去上面結成之皮則將磨成之玻璃一端醮入金類中取起之時有一薄層金類粘於玻璃上取出之玻璃條之一端其光亮同於金剛石但必用玻璃罩覆之因遇空氣生鏽易暗此種金類又可爲鏡如將圓底玻璃瓶醮在鎔金類中取出剝去所粘之一層皮則成凹形之鏡又一方用錫一分鉛一分鉍二分汞十分同鎔調和用雙層玻璃管將此料傾入少許而搖動之待金類已遍於內面各處則其光彩如銀而其色恆不改變也。淨質錫箔作鏡所用尋常之錫箔爲鉛與錫或錫與鋅與鉛料合各八

用法不同無一定之方作錫箔之法或打或軋薄或鑄成其鑄法用一架架之面上糊棉布或麻布一層而成斜面傾錫於斜面自能流下而成錫箔但此法非巧手不能爲之

鋅之雜質

鋅之雜質大半在別種金類之雜質內言之用鋅之淨質所鑄之件花紋甚清但不甚堅固祇能作玩弄之物耳鉛與鋅調和可爲模樣然其質軟而易彎用之幾次樣已改變所以鑄廠中不恆用之

新鑄之物有古銅色法

黃銅等之雜質久遇空氣則外面變成深綠色可用法將新鑄之件亦得此種顏色其方用銅綠二分硇砂一分醋酸消化之令沸漏去其渣滓然後添水甚多令淡將新銅器置於其內或用刷帚醮水刷之亦可待其顏色已合意則可取出其色如古銅又有一法用硇砂一分鉀養二果酸三分鹽六分用熱水十二分調和化盡另將銅養淡養水八分調入其中將其水在溼處上之用此方能令銅之顏色綠色中少帶紅色　銅之雜質可以令其得各種深淺之古銅色從深紅色起至淡黃色止又從深綠色起至淡綠色止將銅器浸於鹽強水中一刻則變紅色浸在淡輕養內則所得之色比本色更白將硇砂與鉀養草酸等分在多水內消化而在暖室或太陽光內用刷帚上之則得最光明之淡綠色如上時用一毛刷擦之則其色更佳如欲其略深而爲黑色可以將上方之水上於器面必先預備鉀硫消化於水而放於大盆內則發輕硫氣此銅器遇所發之輕硫氣則得平勻之黑欖色此種顏色已合意則將銅器用清水洗之晒乾或烘乾而乘其未冷用毛刷擦蜜蠟一層於其面擦時必留意熱之多少不可燒壞蜜蠟爲要

又有一法能令各種鑄成之物有古銅色即如上古銅色

油生鐵可以浸於銅養硫養淡水中或浸於銅養綠養水中鐵從此水內得銅一薄層則洗之而上油漆一層依此法所有變爲古銅色之物可任意先上一顏色或爲淡綠或爲深綠或爲藍綠上油色之後即上最淨之漆一層將乾之時用金類之細粉包於布袋中撲於其面常用之金類粉即錫硫也其色深淡皆有頗能悅目或用紅銅之細粉或用金箔銀箔等或用乾油色此種器所上之金類粉必在陽紋之處并用時常磨擦之處不知造作之事者必爲眞骨董矣以上各物之外須上酒漆一層則工夫已成

銅雜質鍍金

其法有二一為用汞之法二為用電氣之法用汞之法先將器之面磨甚平滑不拘明暗將金葉一分放於罐中熱至將紅傾入汞八分則二物自能化合傾於冷水中將其餘汞壓出再將所得之稠質放於軟皮袋或布袋內再壓一次則其稠質所含金一分汞二分以之擦於所要鍍金之物件若先將其銅器上一層淡汞養淡養水并硝强水調和則其稠質易於粘合置於不發煙之爐平勻加熱水銀飛散所賸下之金在於器之面矣　電氣鍍金之法另有專書詳之故不贅焉

鐵鍍金

將鐵器磨甚光亮再將金粉浸於硫以脫內消化之用刷拭上又用砑光之法但用此法鍍金不能耐用

紅銅黃銅鍍錫

將銅器之外面用極淡之硫强水洗之而以清水洗之再以細砂擦之錫必先鎔又必將銅器加熱至錫鎔之熱度而再擦松香一層將布或蔴絲浸於水中令溼則以布蘸已鎔之錫擦於器面即成　生鐵亦可用此法鍍錫其面必須挫平而無鏽方可鍍之如未鍍錫之前將錫養綠養與硇砂等分與水調和而上於鐵之面則鍍錫更易又有更便之法將鐵器放入大熱度之錫與鉀養水中作此水

之法將錫養消化於鉀養水再添薄錫片於內如紅銅黃銅器數分時即成

紅銅黃銅鍍鋅

將鋅加熱至變霧質將銅器沾其霧質有時令其面之數處有黃金色其法可任意護其他處而露其數處沾此霧質即成黃金色又有鍍鋅法將其物磨之甚淨蘸鋅綠水此水內必另加幾塊鋅作此鋅綠水之法將鋅浸入鹽强水中消化漸加至不消化為度或將鋅用硇砂消化之亦可

金類之器上玻璃與磁油

鐵器之面上白磁油可為炊飯之鍋其法先用强水洗其面極淨而用細砂擦之再將白磁油與水調和鋪一層於其面後加熱與作磁器之法同此法美國不多用之因費大而器不能耐用也近來英國設立新法在鐵器之面上一層白玻璃或各種顏色之玻璃但此法恐不能耐用且不及磁器之便宜而觀美也

生鐵器面上黑漆

將筆鉛與醕或松香油調和用毛刷擦之以乾而有光為度如其器稍煖則工夫更易西國屋內火爐有黑色即用此法細花紋之生鐵器先加熱而待藍色上以哥招辣漆

一層其鐵須常有此熱至漆乾而後可冷至冷時漆光必已暗可將煙炱或印書之墨或燒骨成炭磨爲極細之粉擦之若粗大之件用平常之粗黑色漆　又有一法能得極好之鉛顏色將蜜陀僧之細粉置於鐵盆中而加熱熱時用硫磺粉少許散於其面而時時調和則蜜陀僧粉變爲鉛硫色如新鉛甚屬美觀在空氣中亦不改變此物與油漆調和可上於鐵器之面

磨平生鐵面

用大石令轉動極速此生鐵之外面常硬而有砂若挫平之多費時日壞銼亦不少凡鑄成機器之各件或刨平或用車牀車平

能打之生鐵

馬車與馬鞍馬蹬皆用能打之生鐵爲之此即爲第二號木炭燒之猪鐵或鑄廠中有零碎好鐵塊更屬可用如將第二號鐵與第三號鐵調和亦可用之凡能做好鐵條之猪鐵亦可爲能打之鐵此種大半從柱形爐中鑄之鑄成之後置於鐵箱退火其法加新而細之河砂或極細之鐵礦粉或黑錳養粉或用以上三物調和亦可鐵箱盛滿材料以物件插入其中將鐵箱加熱十二時至十八時如鐵質本是極硬亦能少受搥打也從鐵箱中取起置於能轉動之鐵箱內其中另加細砂旋轉久之則自相磨擦更覺光明而淨此種鐵最合於鍍錫與紅銅與銀

鐵鍍銀

此法必用電氣而成之鐵器須極淨而無油膩再將鉀衰與新成之銀綠加水搖動至消化爲度所用之銀綠應有餘若不能全消化加少許鉀衰必能消盡再將此水漏過得其明亮之水置於玻璃杯內以鐵器浸於水中用銅絲連於金類電氣箱之鋅板又有銀片亦用銅絲連於金類電氣之銅板二物相離稍遠過數分時雖面積極大之鐵器亦能鍍銀

元和江衡校字

生鐵管每長一尺重之磅數表

內徑寸數	鐵管厚之寸數							
	⅜	½	⅝	¾	⅞	一	一⅛	一¼
二	八·八	一二·三	一六·二	二〇·三				
二½	一〇·六	一四·七	一九·二	二三·九				
三	一二·四	一七·二	二二·二	二七·六	三三·三	三九·三	四五·六	
三½	一四·三	一九·六	二五·三	三一·三	三七·六	四四·二	五一·一	
四	一六·一	二二·一	二八·四	三五·〇	四一·九	四九·一	五六·六	六四·四
四½	一八·〇	二四·五	三一·四	三八·七	四六·二	五四·〇	六二·一	七〇·六
五	一九·八	二七·〇	三四·五	四二·三	五〇·五	五八·九	六七·六	七六·七
五½	二一·六	二九·五	三七·六	四六·〇	五四·八	六三·八	七三·二	八二·八
六	二三·五	三一·九	四〇·七	四九·七	五九·一	六八·七	七八·七	八八·八
六½	二五·三	三四·四	四三·七	五三·四	六三·四	七三·四	八四·二	九五·〇
七	二七·三	三六·八	四六·八	五六·八	六七·七	七八·五	八九·七	一〇一·二
七½	二九·〇	三九·一	四九·九	六〇·七	七二·〇	八三·五	九五·三	一〇七·四
八	三〇·八	四一·七	五二·九	六四·四	七六·三	八八·四	一〇〇·八	一一三·五
八½	三二·九	四四·四	五六·二	六六·三	八〇·八	九三·三	一〇六·五	一一九·九
九	三四·五	四六·六	五九·一	七一·八	八四·八	九八·二	一一一·八	一二五·八
九½	三六·三	四九·一	六二·一	七五·五	八九·一	一〇三·一	一一七·四	一三一·九
一〇	三八·二	五一·五	六五·二	七九·二	九三·四	一〇八·〇	一二二·九	一三八·一
一〇½		五四·〇	六八·二	八二·八	九七·七	一一二·九	一二八·四	一四四·二
一一		五六·四	七一·三	八六·五	一〇二·〇	一一七·八	一三三·九	一五〇·三
一一½		五八·九	七四·三	九〇·一	一〇六·三	一二二·七	一三九·四	一五六·四
一二		六一·三	七七·四	九三·六	一一〇·六	一二七·六	一四五·〇	一六二·六
一三			八二·七	一〇一·二	一一八·[illegible]	一三七·四	一五四·[illegible]	一七三·[illegible]
一四			八九·三	一〇八·二	一二六·[illegible]	一四六·[illegible]	一六五·[illegible]	一八五·[illegible]
一五			九五·二	一一五·七	一三五·[illegible]	一五六·[illegible]	一七六·[illegible]	一九八·[illegible]
一六				一二三·[illegible]	一四三·[illegible]	一六六·一	一八七·[illegible]	二一[illegible]
一七				一三〇·[illegible]	一五二·五	一七[illegible]	一九八·[illegible]	二二三·四
一八				一三七·〇	一六〇·[illegible]	一八五·三	二〇九·[illegible]	二三五·[illegible]
一九					一六九·二	一九五·[illegible]	二二〇·[illegible]	二四[illegible]
二〇					一七八·一	二〇五·[illegible]	二三二·[illegible]	二五九·[illegible]

凡一管之兩邊折之重等於長一尺之重

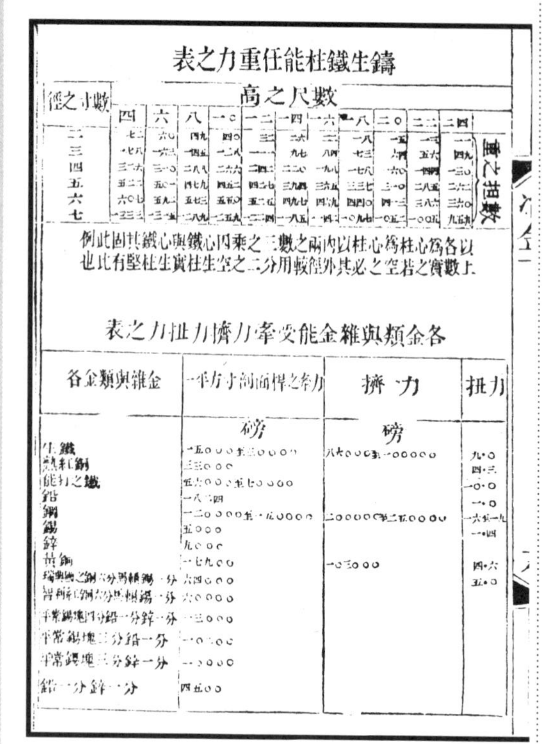

鑄生鐵柱能任重力之表

徑之寸數	高之尺數											
	四	六	八	一〇	一二	一四	一六	一八	二〇	二二	二四	
二	七二	六〇	四九	四〇	三三	二六	二二	一八	一五	一三	一一	担數之重
三	一七八	一六三	一四五	一二八	一一一	九七	八四	七三	六四	五六	四九	
四	三二六	三一〇	二八九	二六六	二四二	二二〇	一九八	一七八	一六〇	一四四	一三〇	
五	五二二	五〇一	四七九	四五二	四二七	三九四	三六五	三三七	三一〇	二八五	二六二	
六	六〇七	五九二	五七三	五五〇	五二五	四九七	四六九	四四〇	四一三	三八六	三六〇	
七	一二三三	一二一四	一二八九	一二五九	一二二四	一一八五	一一四三	一〇九七	一〇五二	一〇〇八	九五九	

以上各數為實心之柱若為空心之柱必以其內外兩徑之較數用三分之二乘之空心生鐵柱與實心生鐵柱其堅固有此比例也

各金類與雜金能受牽力擠力扭力之表

各金類與雜金	一平方寸剖面桿之牽力	擠力	扭力
	磅	磅	
生鐵	一五〇〇〇至三〇〇〇〇	八六〇〇〇至一〇〇〇〇〇	九·〇
熟紅銅	三三〇〇〇		四·三
能打之鐵	五六〇〇〇至七〇〇〇〇		一〇·〇
鉛	一八二四		一·〇
鋼	一二〇〇〇〇至一五〇〇〇〇	二〇〇〇〇〇至二五〇〇〇〇	一六至一九
錫	五〇〇〇		一·四
鋅	九〇〇〇		
黃銅	一七九〇〇	一〇三〇〇〇	四·六
瑞典國之銅六分與楨錫一分	六四〇〇〇		五·〇
智利紅銅六分與楨錫一分	六〇〇〇〇		
平常錫塊四分鉛一分鋅一分	一三〇〇〇		
平常錫塊三分鉛一分	一〇二〇〇		
平常錫塊三分鋅一分	一〇〇〇〇		
鉛一分鋅一分	四五〇〇		

各金類與雜金與水較重以水為一千之表

各金類與雜金	與水較重	一立方寸重之磅數	一磅重之立方寸數	一立方尺重之磅數	化鎔熱度
鉑	一九·五〇〇			一二〇八	
黃金	一九·二五八		·一四三五	一二〇三	二〇一六
汞	一三·五〇〇		二·〇三八	八四三	
鉛	一一·三五二	·四一〇三	二·四三五	七〇八	六一二
銀	一〇·四七四		二·六三八	六五五	一八七三
鉍	九·八二三		二·八一四	六一三	四七六
鑄銅	八·七八八	·三一八五	三·一四六	五五〇	一九六六
熟紅銅	八·九一〇	·三二二五	三·一〇三	五五五	
生鐵	七·二六四	·二六三〇	三·八〇六	四五〇	二七八六
鋼	七·八一六		三·五三〇	四八九	
鑄錫	七·二九一	·二六三六	三·七九〇	四五六	四四二
鑄鋅	七·一九〇	·二六〇〇	三·八四五	四四九	七七三
黃金九十分銀二·五分紅銅七·五分	一七·四〇				
黃金六十六·六分銀十六·七分紅銅十六·七分即黃金之銲金	一二·四〇				
鋅四分銀六十六·六分紅銅二十三·四分即銀之銲金	九·八四				
鑲銅	八·四八八至八·九四			五三七	
日耳曼銀	八·四八八至八·五七				
黃銅	八·四至八·五		三·五三三	五三七	一九〇〇
鉛字料	九·八五四			六一五	
軟銲金	九·五五				
樂銅	七·一一				
水	一·〇〇〇			六二·五	

江南製造局

科技譯著集成

礦學冶金卷

第壹分册

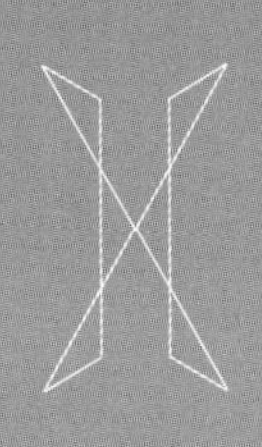

求礦指南

《求礦指南》提要

《求礦指南》十卷，附一卷，附圖五十二幅，英國礦師安德孫（John William Anderson）撰，英國傅蘭雅（John Fryer, 1839–1928）、烏程潘松同譯，光緒二十五年（1899年）刊行。底本爲《The Prospector's Handbook》，1897年版。

此書爲地礦勘查著作。卷一總論根據地表可見之處各種線索判斷礦物種類、成色、性情、礦脈之理；卷二先介紹岩漿岩、變質岩、沉積岩之成因、分類、特征、用處等知識，礦脈與地層之關係，礦脈之形成等，進而按照新生代、中生代、古生代等地質年代分別介紹各種岩層的岩顏色、所含生物體遺跡及礦物等；卷三論述吹管試金所涉及之器具、原料、類別、用法、火焰辨識，并列表以示使用硼砂、磷鹽作爲熔劑試驗各種金屬的特征，以及吹管試金的八條鑒別方法；卷四論述礦石之外形、顏色、劃痕、重率、硬度、晶體結構等物理性質；卷五介紹各種金屬礦物之物理化學性質、礦物種類、礦物産地、地層特征等；卷六論述其他有用的非金類礦石；卷七論述各種礦石的外形、顏色、硬度、化學成分、晶體結構等；卷八論述濕法試金所涉及之試劑、器具、方法、辨識等事，以及列表以示不同金類礦物在不同試劑中的顏色特征；卷九則進一步詳細介紹乾法、濕法辨驗礦物中金類含量所涉之器具、試劑、方法、辨識等各事；卷十論述礦區測量方法；附卷介紹雜務、八種實用礦表，以及試驗碲、鉬、鈾之方法。

此書內容如下：

序

卷一　論查地面形勢求礦

卷二　論各種土石層，新成各層，中時各層，原成各層

卷三　論吹火筒分別礦之法，甲表用硼砂試驗，乙表用溺中鹽試驗，丙表試驗金類質之總

法分爲八事

卷四　論礦石之性情，無金類光色之礦表

卷五　論含金類之礦，鋁，銻，鉍，鉻，鈷，銅，黃金，鐵礦，鉛礦，錳礦，汞，鎳各礦，鉑，銀各礦，錫，鋅

卷六　論別種有用之礦石，筆鉛，煤，必刁門，石膏，欺人石，白礬，硼砂，硝，鹽，鈉養淡養五，鈣養燐養五，鋇養硫養三，鈣弗石，鈣養炭養二，各種寶石，各寶石性情表

卷七　論各種土石之原質等事，數種石之性情，礦母之要者

卷八　論用溼法試驗礦石，原水內加試水表

卷九　論試驗礦含金類數目之法，驗礦求金類數總法，用乾法試驗礦內含金與銀之數目，用溼法試驗各礦

卷十　論測地求礦之法

附卷　論礦中之雜務，各種要石及要礦分量表，金類重率表，產金與銀脈內常遇之賤礦重率表，金類要緊各礦重率表，礦脈中常遇見石質重率表，常見之石重率表，平常金類鎔化熱度表，用骨灰鍋等法得金類粒求礦每噸含金類之兩數表，試驗碲與鉬與鈾之法

光緒己亥五月

求礦指南

儀徵諸炳星書

江南製造總局鋟板

求礦指南序

周禮攷工記卝人一職物產菁華所以賴天地之生成而備當途之採擇也後世惑於風鑑以爲土脈攸關不敢輕試積習相沿牢不可破卽有稍知礦之足貴而不探其本終歸無益猶人有痼疾醫者必按其三部參其九候求之既詳斯能對症發藥動中窾要否則昧乎虛實寒熱參朮紛投雖扁鵲復生迄未奏效此論礦脈者所以首重於求也英國礦師安德孫所著求礦指南一書尋源溯委殫見洽聞西人亦稱爲善本吾湖潘筱洲司馬夙諳西學從公於製造局知是編有裨礦務爰與傅君蘭雅互相繙譯竝繪圖式歷數寒暑告成余披閱一周簡潔詳明洵爲求礦者指迷之助方今

聖天子睿慮周詳講求礦政以起天下之瘡痍然則是書也其殆爲救時良策乎

光緒二十有二年歲在丙申如月上澣歸安趙炳黎識於鄂垣官舍

求礦指南卷一

英國礦師安德孫撰

英國傅蘭雅 烏程潘松 同譯

論查地面形勢求礦

凡遇新地面欲考其產礦與否則必恪遵成法詳細查河底之沙石並舊河所留之凹處或山谷之底面又在海邊等處推原其形狀及擺列之故因流水與流冰能消磨大小石塊衝至低窪之處又因海邊常遇潮水亦能消磨各種土石成屑成粉所有極重之礦即含金類者亦照一定之法而鋪列如舊金山阿里顏牛西蘭等處是也又求礦

之人亦應查山坡或石厓等處及相近地面之石塊如値河水漲大之時所有旋渦之處因水內所帶之重料必於此洑下洎水落之後所呈凹形處必留若干質內亦含礦粉又河水流過之石面如有凹處亦宜詳察因間有爲水衝來之礦粉又如積成之土質無論爲變化而成者或爲銷磨而後衝來者俱可顯出其各種土石之形所以求礦者即在各地面上先行諦視

以上爲求各種礦之總說如欲求重金類礦亦宜用斯法此書先將求黃金之法約畧言之以表明焉

凡河所衝下之沙或見有金細粉在內必循河而上到山邊之處見有金粉粒麤者再往山內能遇見小塊者然後到河更上之處能遇見大塊者蓋金粉愈細則河水之衝愈遠愈粗則所衝之路必不甚遠又如河有彎曲之處或遇石厓必變其方向則常見金粉或金塊較他處更多又如石崖以下有稍斜之長面則在此面上可得重金類塊者頗多又如河彎曲之處有多石崖令其河常變方向則平常所見之金類塊較直流之處更夥又如一帶山則山之兩端能見金類塊較他處更多可從山脚內挖取金粒又如河底最深之處兩邊有高崖而河底遇見金粒則上流之處有麤沙或礫石或大石塊畧與河底平行擺列此

種地方所聚土沙宜詳細考覈而其細者用顯微鏡窺之或在相近之水內用盌漂之即如下五卷詳言此法因帶黃金之沙土等質必爲從前流水與冰所運來而在相近處之原石有黃金者頗多亦未可知又如所聚之土與沙分爲數層則最低之層平常含黃金者甚多又如水內積成土沙質爲沙粒之鬆而麤者所成間有大小石塊則其黃金粒或別種重礦質必在其麤料以下或近於原石層或合於泥所以原石以上及最低之泥土應詳細查之較他處更爲要緊

如以上之泥疑含黃金則漂工宜格外謹愼凡查河底之

金因水流過有礙工作者必在河邊另開溝渠俾水由河底流出得以從事先將大石塊棄之旋將細沙漂於水內又如在水內積成之泥土遇見金粒則相近之山疑有金脈亟宜周圍詳細查閱如能得金脈其獲利較河底所得之金粒更爲源源不絕焉

如求金者不在水中所成之土石可向山中之原石求之近來所變成之石層或在火成之石內俱不必查考雖有近來變成之層內時或可以得金抑又新金山舊金山火成石內有查得黃金之處然地所產之寶金類俱在古時之石層內亦即在產煤之石層以下惟有數處產鐵礦與

銅礦能在新石層內得之則不在常法之內

如石層中有變成金類之脈其成法與夫根源礦師家之意見時有不同之處而闡發之理已多此書不必詳述因一處之脈未必與別處相同但不無相類之處如有地方產礦之各大脈其方向畧相似者即於平面以指南鍼試之其方向畧同者各脈亦必平行排列雖相距頗遠仍有平行之排列又有開礦數處其脈分爲原與次兩種而兩種彼此有正角之方向果遇此事則兩脈之礦或一爲上等礦一爲下等礦有不同類者又凡遇眞礦脈疑其非獨成者而在相近處或有更好或有更歹之礦設有礦脈俱

在一處者則謂之礦帶如在某處遇見礦脈報於本處之官準其一人開採則周圍各地方所有大小礦脈宜先行詳閱恐所查者非本處最好之脈即多費資本而開之其所得者亦屬有限而後人來此得其妙旨就相近處開礦反能大獲其利

凡查礦脈之人應詳度地面之形勢及熟悉各層土石之理如有露出數層土石之處或開路處或有高崖處或山邊有泥土落下處或山谷邊或沙河邊高岸或前有河而現涸之處或山峽等處或爲水流或爲大風雨所成者所以河底與山谷內遇見石塊如疑原處有礦則可以上河

或上山谷求之及未見此種石塊之處後來直上山查其石塊從何處石層內而出但常見山腳有泥土甚多爲山邊所衝下如查更高之處則有零星大小石塊在原石層面上蓋之其石層並不露出也

查礦之人詳揆地面之形勢所有高低之處如有零星石塊聚於此者可以棄之不問但如在山峽或在深河底或在山頂上見有露出之石層如不見此種憑據再向山之高巔而走如所見之石塊甚少則礦之有無易於查驗其身邊帶月牙鏟不必即刻動手開地面碎石之厚層假如厚十尺至二十尺之處但必詳查山邊所有之碎石因碎

石爲礦邊所出可爲憑據以顯明地內之有礦又在山邊所見之碎石塊散在地面爲風雨變化其大而少者爲近於礦脈小而少者離礦脈較遠又必查碎石在山邊到何處爲止則以上自然無此礦石所以已得憑據之後可開十尺深之井求其礦脈或在山邊平開一洞而求之

但開井或開洞以前必詳細考核所遇碎石塊擺列地面之斜度乃知原石或在脚下或在右邊或在左邊如此大可省力常有造次求礦不明此理以爲地面所有零碎石塊之處則礦脈必在其下其實必離此數十尺或在相近處之山峯

查地面所有零碎之石塊在熟手者必能揣測地下礦脈之性因礦石塊從原處落下之時其面上顯出金類色但久受風雨冷熱之變化遽改其形狀彼粗疏者決不能分析所以求礦之人上山時必周圍詳視如見憑據得知山中有含礦之石層則必詳細查礦脈之痕迹其常含礦脈之石爲石英與鈣弗石與鈣克司巴耳等石但最多者爲石英見第七卷

鈣弗石平常含鉛與銅脈鈣克司巴耳石含鉛與銀脈但石英爲產金類礦最多之石所以求礦之人遇見石英宜格外詳細查之因常見石英塊都從本脈碎下而有礦之

痕迹或石英塊之面有蜂窠形者因其金類散去之故如石塊在山邊久受空氣燥溼冷熱之變化則凹中之金類質銷化或化分而不見蓋礦脈近於地面之處常有此種變化之事而石英面之蜂窠各孔從前有金類現在僅留其痕迹此說不過爲能自化分之金類但如含金與銀則不易化分雖多年露出亦不辨其顏色其凹中有黃色斑點可知從前有鐵或鐵硫與黃金相合而已經銷去所存者爲黃金點又各金類與硫礦合成之脈露出地面歷久則變爲黑或紅或綠或椶色或灰色不等而精者能分別之即如地面見有蜂窠形之石其色如椶因有鐵鏽則疑

其下有礦可開藉得其利若法德英等國開礦地方俗語有鐵帽之礦脈爲最佳者也

所見之鐵鏽平常因鐵硫礦化分而成所以地面有鐵鏽則疑深邃之處必有鐵硫但查礦之人得蜂窠形之石英其塊亦距礦脈甚遠則其面愈平而其角愈鈍或遇常產礦之石就山邊查其根源爲地面所露出之石則查礦之人在地挖槽與礦脈成正角之方向如此能查考其性得知其脈之大小並包脈之石爲何類又可查其上下面爲何種石及產於何處再核其脈排列之方向然後開井較槽底更深數尺查其脈之正方向因近於地面之處其脈

常有變形易於謬誤倘查得礦脈之方向將來宜在他處開井或上山或下山或在谷之對面以此法定其脈通到何處爲止如各處所開之井遇見其脈並近於地面所開得之礦試驗之時果係金類則日後可從本處多備工貲以便開礦

凡開礦之處不可謂開愈深卽礦愈多因此事難測開有數處開鉛或開銅其脈愈深則愈佳又開金礦之處如舊金山所謂草面谷已經開深一千尺而所得之礦與地面略同但平常之礦開愈深則其礦愈賤又無論在何處見金類礦不可遽加珍貴宜先詳查周圍各地方始能知其

脈之大小與通若干遠故今之礦師多知各礦脈依其所通過土石層而改變其性情及成色

凡以開礦爲業者不可偏信一處之皆好亦不可偏信一處之盡惡因常有顯出礦最佳且多之憑據迨開礦之時則反缺焉或在硬石之中其脈收小而質甚薄開之亦不合算或遇見脈之端有礦一大塊而後來全無所獲或開若干礦俱爲上等者嗣後脈忽變爲最賤或歸無用所以礦師查得地面有礦脈詳細化分之知其所含金類之數能合算與否如先動資本以開礦洞其礦雖多而成色不佳鍊之不能得利則悔之已晚常有開礦家驟然得利則

其膽愈大猝在新地方開礦以爲能再獲大利稍不謹慎則所擇之方位其礦有限從前所得之利都歸烏有具見開礦家必先有若干利益可定卽日後經營亦不至大有損耗

礦脈內含金或銀或別種寶貝未可遽視爲寶貝之礦因常有黃金礦內其金散成極細之粉不能以目分別之而面上有皮一薄層或爲含硫礦或含鉮等質或爲銅養硫養合鐵養硫養卽如牛西蘭等處所得者是也因此故雖化分礦時得寶金類多但用水銀分出殊不合算因水銀應該成膠而反成粉所以其寶金類不能分出也如能分者

其難處亦夥又礦類雖含寶貝金類但因合於他質則其價值亦視其鍊礦之時分出異質易難卽如礦內含銻或含鉮則鍊其礦分出別種金類之工最難幾致不能得利所以開井取礦以前宜詳細化分所得之礦樣而成此事者係精明化學家必用鍋鍊之又必用骨灰杯之法分別每礦一噸含金或含銀若干而不必詳細化分各金類祇要看骨灰杯內所有之顏色或痕跡卽知含銅或鐵或鉛或銻或鋅等質之分數而動工之前託化學家詳細化分其礦爲最妥但空山曠野或無化學家可託卽送之遠處稍延時日亦不妨礙又因化分礦之事非專門人不可而

專門人必多年學其理法再操練數年始充此職所以僅閱化學書者以為即能做工必有大誤無論用鍋鎔化或用骨灰杯等法試驗銀礦或金礦或用藥水與分度杯化分銅鐵鋅等礦必預在化學家房內為學生考究其各工否則化分雖得數無差亦不能必其礦之合鍊與否但有數種簡便之法在洞達者可以閱書而知其礦中所含金類質之大畧並其分數之多寡亦能查而得之如開礦之處無論大小各事必徧訪遠處化學家商量其礦可開與否大為不便且常有化學家有名無實甚至向人索賄而貽誤不淺又如開礦工人常說此種礦從未見過必定不

含寶貝金類而無庸開等語但開礦工人在他處雖能分別若在新開礦之處未必遽能分之又如專門看礦人用顯微鏡等法畧窺之言定有否金類亦未必可靠因不但開礦工人易誤灰色銅礦或光色銀礦或粗細粒鉛硫礦等即最精明之礦師亦不能一望而決其含金銀若干因金銀兩種礦常遇見之地方難於揣測即如墨西哥等礦是也所以常有人將礦一看則去之不問後有人詳細化分得知含金銀甚夥反而言之有礦師甫視礦之外形遂定其內含金銀頗多迨化分之始見所含者極少鍊之亦不合算又如含矽養或含炭養或含綠氣之礦質內含別

種金類者則其價值易於誤估即如美國哥羅拉多邦產銀綠礦不少無人能識後有人試驗之大得其利又有一處產鉛養炭養礦甚多雖本處人亦未理會忽有人疑此礦含鉛化分之則知其實在即鉛內亦含銀若干所以此處開礦大有興旺凡山中之空地五年以內處此者有三十餘萬人名為鉛鎮又如新金山北面新加里度尼所開之鎳礦含鎳若干或鉛鎮礦含銀若干或銅硫礦或鐵硫礦含金若干何能一望而知務必詳細考究大半恃自己之意見而不可全憑眾說焉

如查地質之性情或易開或難開因有數處泥土軟者每

開深一度費英國金錢兩元若極硬之處每開深一度費金錢二十元或所開之礦難於鎔化則揀出其好質而歹者棄之後送至鍊金類廠或送至軋碎金類礦廠或用水銀法之廠又必先查鍊礦之費並各套人工與運礦配料之費等事并查需用之燒料與水離本處若干遠並其運費與所能得之數目若干為足用與否如阿里蘇那邦與新墨西哥數處開礦脈或泥土內散開之礦粒因為無水其事難成或者尚未起開又如礦脈每開一噸所能鍊出金類值洋二十元而數十里之遠有礦脈每噸鍊出金類值洋二百元但因運動之難處則所開之賤礦較開貴礦

更為合算，如一處產銀礦多，而價值賤，他處有礦脈，薄如刀刃，而為淨銀者，則賤礦頗能得利，而所開淨銀不免虧本。

總而言之，鳩集資本以前，必須先查礦之成色與性情，又查其礦脈能連開不缺，或暫時而無，並相近處燒料或木料有若干數目，並運來之費多寡，又相近處有水否，或水有多寡，又如運礦等料及鍊出金類之費，與金類之銷售或易或難，並一切與開礦有相關之利弊，必預行斟酌，方可開辦。常有人說開礦十處有九處虧本，而惟一處得利，所以凡要開礦，必先籌商各事，如難把握之處，不可徒費工本，又不可見礦脈零碎數塊，遽以為有寶貝之礦焉。

求礦指南卷二

英國礦師安德孫撰
英國　傅蘭雅
烏程　潘松　同譯

論各種土石層

地學家將各種土石分為三大門，一為火成者，二為變形者，三為水成者。

第一門

火成石，即成石時受過大熱，分兩大類如下。

第一類為火山類之石，在地面或近於地面變冷結成之石，開列如左。

粗毛面石，西名塔拉開得，此石面毛粗，其色灰，其分量輕。

巴所得石，其色黑或棱，其質重，而內孔較塔拉開得石更少。

火山玻璃石，平常能透光，其顏色如洋酒瓶。

度里來得石。按此石形色本文未詳。

第二類為深處變冷結成之石，即在地下極深之處漸漸凝結，開列如左。

非勒石，其色各不同，較塔拉開得石更密。

花剛石、拍弗里石、歲以內得石、綠石，俱屬於火成石內。

第二門

變形石。卽結成之後。因受壓力等故。則變其形。但其初或爲火成石。或爲水成石。不定。其要緊各類之石。均開列於左。

乃斯石。此石與花剛石原質相同。但其形狀有別。蓋排列之法成葉形焉。

雲母石類於葉形石。此石爲石英合於雲母石所成。

河拿布侖得石。及肥皁石。皆合於葉形石。又有別種分層石。盡屬於變形石內。

蛇色紋石。亦列在變形石內。

第三門

水成石。此門之石。爲水內所結成。而有多類。其要緊者開列於左。

礫石。此爲小石塊。其角已磨鈍。而不相黏連。

粗砂石。其砂粒平常爲石英黏連而成者。

砂石。此石爲石英極細之粒。相合而成。

砂。此物亦爲石英之小粒所成。但其粒不黏連。

泥。此物爲鋁養合矽養所成。而其性尙軟。能造器皿。或瓦磚等物。

韌泥。又名泥板石。此質爲平常之泥。因受大壓力。致成層形而變硬。

含灰之泥。此質爲泥合於白石粉。或石灰所成。

含沙泥。此質爲平常之泥。合於細沙者。

火石。此石爲矽養所成。幾乎爲淨者。

灰石。與白石粉與雲石等。俱爲石灰與炭養氣所成。

多路美得石。此石爲鈣養炭養與鎂養炭養相合而成。

以上三大門。包括一切地殼所有之土石。

如花剛石。昔人以爲最古之石。而變形石。爲後來所成者。卽爲從前之石。變形而成者。其新舊不等。近來格致家說花剛石不能耐極大之熱。但以上仍舊列在火成石內。因常見花剛石。從地內聳起。而周圍有更新之石。

如美國之西邊。考究地學開礦之人甚多。所以從舊金山起至寨拉尼法達山止。做其地殼剖面式。爲第一圖。

第一圖

東寨拉尼法達山

舊金山

西

查本圖內。一爲花剛石。與乃斯石。二爲端石與砂石並顆粒形石。變形石。乃斯石之類。間有類於石英。而產黃金者。三爲代芬灰石。與產煤之灰石。並泥板石。與砂石。產黃金與銀者。四爲煤層石。五爲脫里阿斯石。六爲魚子形石。七爲里阿昔石。八爲新成之土石。

凡水所結成之石。成爲層形。而其層之厚薄不等。間有極

第二圖

第三圖

薄者如第二圖間有斜擺列如第三圖

水內結成之石其初與地面平因後來受壓力則變成凹凸形其彎之大小不定如第四圖爲尋常看見之凹形成谷

第四圖

第五圖

又如第五圖爲平常看見之凸形或峯間有凹爲最長者成一長谷或其凹爲最長者成一帶山

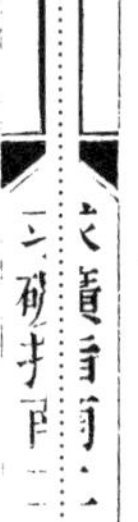

第六圖

如土石兩層其排列彼此平行者或不平行者即如第六圖上各層與下各層不平行而下各層斜成四十五度之角即下各層先變成斜擺列而後來其上各層在其面上凝結

各種露出地面之石層時常有銷磨而變爲粗細石塊或沙或泥等其成此變化者如風雨與河水海水與冰塊等是也如水能消化並令石塊腐爛如大雨與流水能當鋸工與挖工又海水做刨工而水凝結成冰時則其體漲劈開其石又如冰塊行過或冰河流過其面則如銼工所有各種石內砂石較他石更能耐天時之變化但如含鐵或含鈣養炭養則不能耐久所有各種灰石亦易爲水所化如第七第八兩圖顯明各種土石爲水所銷去或衝成凹形各事所以令下層土石能露出

第七圖

第八圖

有數種能劈開成層即原來結成之形但間有質如顆粒者最細者與端石彷彿不能照結成方向而劈之惟易於直劈又如成彎形之層所有能劈開之方向爲平行者其故大略因受過旁邊壓力見第九圖

第九圖

地殼內所有產金類之石其擺列法各不同但要緊者有四焉開列於左

一礦脈者平常之脈通過數層土石但有脈在地面其大者愈向下則愈收小至無

二礦層者平常之礦層夾在別種土石之中即如煤層與鐵層夾在別層土石之中如魚子形之石層此爲常見又在泥板石層之中亦有夾銅礦又如砂石之中夾銀礦或鉛礦等是也但此種夾層無一定之法而其礦靠兩層內最古者之上面

三亂列之礦，常有在凹內結成者，其地面之原形，凹如碗狀，而礦質漸漸凝結在下，因無路可以流出，間有成脈形者，逼入數層土石內，

四地面相近處擺列者，卽如泥土內挖金沙或金剛石或錫粒等是也。

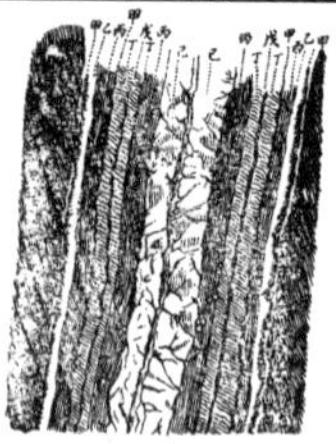

第十圖

如礦大脈，亦分爲細脈，而其含金類者，散在脈內或成條形，或成窠形，間有在礦脈內各層材料之中，齊集而擺列，亦間有亂列者，見第十圖，爲成顆粒形之金類礦，圖內各字號之意義，開列於左

甲甲在礦脈之兩邊，爲鐵硫礦一帶

乙乙爲鐵硫礦面上之石英板，

丙丙爲銅硫礦合於鐵硫礦，

丁丁爲石英與鈣弗石帶

戊戊爲石英帶內有銅礦小脈

己己爲石英成顆粒之層內有銅礦線

凡土石或礦層或脈與地平面所成之角度，謂之斜度，又礦層之面與平面相交所成之線，謂之斜線，凡考究地學家以上各名目，必要具悉，故將其大略論之

假如將紙一張對摺，令其一半與地面相平，又一半垂下，成若干度之角，則所成之角，謂之斜度，而兩半面相交之處，謂之斜線，假如垂下之半面，向東方而斜，與平擺之半面成四十五度之角，則謂之向東斜四十五度，而其斜線必與斜面有正角方向，則斜線必有南北之方向，又凡礦層或礦脈與地面相交之處，其線謂之露線，又如地面平，則其露線可與斜線相逼，

凡山邊或礦層或礦脈之斜度，大略以目力測之，然目力恐不得準，所以特設器具，有用指南鍼與三稜鏡與另加酒準，是無論用何器具，要之理有必同也，最簡便之器具如第十一圖，用木板或厚紙面上畫一半圈，以丙爲圈心，

第十一圖

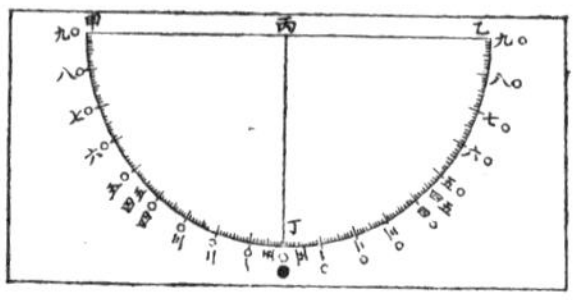

做丙丁線，與甲乙成正角，將甲丁平分九十度，又將丁乙平分九十度，以丁爲零度，其餘爲十度，二十度等到九十度止，每十度分半得五度，每五度平分五度，則每一分爲一度，再將線一條，連於小錘，用小釘在丙掛之，

將此器具上邊與地面平擺，則其錘線必對零度，又將板之上邊與礦層或礦脈或山邊做平行，則其錘線必與丙丁線成若

千度之角如看其線所對之分度則知其山邊或礦層礦脈與地面所成之角度即能得知其斜度又如在指南鍼之心下掛一小錘則同時而知其斜度與方向見第十二圖是顯明以上器具之用而指出斜度爲五十五度

第十二圖

用指南鍼之法平擺在目前而細看所對之方向與指南鍼南北線所成之角度平常之指南鍼面盤分爲三百六十度即自北至東有九十度自東至南有九十度自南至西有九十度自西至北有九十度

假如用此器具之人看見礦層與地面之交線其方向從北面偏東三十度則謂之北偏東三十度而測地之人平常以指南鍼所指南北方向爲準但此方向往往有差而各處之差亦有不同如要得眞南北方向可在正午時看錘線爲憑或立木桿以日影爲憑則南北方向可得其眞不致有差誤矣

茲將各種成層之土石依次排列言明其顏色與所含生物跡並所產礦等料

新成各層

近時各層顏色不定所有海殼類俱爲現在所活者又有現在之獸骨如熊骨等是也

波里哇辛層其色白或綠或紅或黃等色如英國所得生物跡大畧一半爲現在所有之活殼類又獸骨最多

米哇辛層顏色與前同生物跡內每十分畧有八分爲現在所未有之殼類又有獸骨與植物之跡等

伊哇辛層顏色與前同其質爲泥沙等內有含淡水海水所成之土石其殼類與獸骨均爲現在所未有

以上所有新成各層土石產各種泥與石膏與沙與鈣養燐養五等質又有數處在此各層內遇見煤即如印度及南

洋列島日本國新西蘭萬古福海島歐羅巴數處所俱有

中時各層

白石粉層其白色者爲最多分爲上下兩種但下層內無火石又白石粉合泥土其上層綠砂石內含海殼類與海絨海蟲等

高德層其色深藍或綠

下綠砂層其色或綠或帶綠色或別色內有沙或泥或含灰之土內有海中生物數種之跡又有泥與做玻璃之沙但無海內生物之跡惟有植物跡極多俱爲溫和之地所產者

魚子形石層其顏色或黃或綠或白或灰或古銅色藍色等內有泥與灰石各層

里阿斯層其色與前同內有泥與沙或灰石或泥板石又有螺類之殼甚多以上兩層俱產造房屋及鋪路之石類數種

脫里阿斯層其色紅或綠或白內有紅色泥及含灰之泥與泥板石砂石等內亦含魚類蟲類之跡及獸之足跡又數處有產石鹽之層

原成各層

剖密安層其色紅或黃或白或古銅如英國在此層內得紅色砂石與含鎂之灰石其砂石所含生物之跡少惟灰石內有魚跡其尾與平常之魚不同又有動物之足跡

產煤各層其色深灰者居多或帶藍色帶灰色此各層內每層有各種煤夾在灰石或砂石或泥板石之中又有鐵礦其生物跡爲淡水海水殼又有植物跡甚多如背陰草類木類青苔類等又有磨石各種如粗細砂石與合子石與泥板石內生物跡甚少又山灰石內有珊瑚與海蓮及殼類等跡

代芬層其色大半紅帶灰色或黃色內有灰石與砂石端石其中兼有海殼花草樹木及動物之跡

老紅砂石其色與上相同惟紅色最多亦間有紫色或綠色之泥板石又灰石與合子石內有淡水魚之跡此層並以上之層俱產造房屋及鋪路之石並屋背當瓦用之端石塊板

希路里恩層其色灰或紅色紫色綠色或稍帶綠色內有泥層與端石泥板石砂石磨石灰石合子石等其生物跡內有脫里路拼得與珊瑚等類此層亦有魚跡惟以下無之

幹波里恩層其顏色不定內有土性之端石或砂石或石板或合子石其生物跡內有脫里路拼得等此層內能得屋背當瓦之端石與磨刀之細石與石板且有金類礦數種

羅倫細恩層其色各不同內有顆粒形之乃斯石與灰石層與花剛石脈如加拿大地方此層畧有二十萬平方英里內能得建造房屋等石料

以上所有成層之石較產煤層更古者亦含金類礦之脈所有變形石與花剛石各層內亦有之

求礦指南卷三

英國礦師安德孫撰

英國 傅蘭雅
烏程 潘松 同譯

論吹火筒分別礦之法

各法所需之器具材料以能帶在身邊取攜簡便者最爲合用。

其器具須用吹火筒與蠟燭或油燈與小鉗一把其鉗之頭以鉑爲之又木炭一塊與鋼鉗一把與鉑絲與鉑片與小吸鐵器或指南鍼或有吸鐵性之刀一把及平常小刀一把瑪瑙杵杯一个所需用之材料要硼砂若干與溺中鹽若干與鈉養炭養若干將此三者藏於小木盒內可另預備鹽强水一小瓶鉛養淡養水一小瓶又小玻璨管數條有封一口者若干並不封口者若干以外另有數物可用可不用者如鋁板一小塊硝强水與硫强水一小瓶鋅數條鈉養硫養稍些等料是也。

凡遇見礦而用吹火筒試驗之必分出一小片如芥子大亦足用矣。

吹火筒法必先習鍊其筒不可與口相離而氣力不可輕重又不可斷續法當先自吸氣令口內氣滿然後閉口輕吹而其氣息惟在鼻孔呼吸耳。

如平常蠟燭之中其心有格外大者可以用之但用大燈心之燈須菜油或鎔化牛羊油等俱可得所需之火焰而所吹火焰之色分爲兩層一爲藍色者由所燒之氣質而成一則爲黃色其藍色火謂之收養氣火而最熱者在其尖處如欲得收養氣之尖則吹火筒之口必準在燭心或燈心之上如第十三圖之未字又黃火層尖係放養氣之處因是處各氣燒盡欲得此層火之法須將吹火筒口通入火焰之深際如第十四圖而人吹之力必加大如圖內之辰字爲放養氣之點。

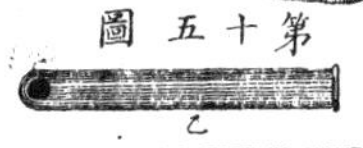

第十三圖

未

第十四圖

辰

第十五圖

乙

設用玻璨試管如第十五圖應預備酒燈但須試管兩端開通如第十六圖令其管成彎形則空氣易於行過凡玻璨管成彎形之法將直管放入酒燈內待若干時其玻璨自輭兩手稍稍用力則管隨手而彎若於木炭面上吹火宜用輕木爲之如松木等其炭加熱而煙與灰亦愈少愈佳。

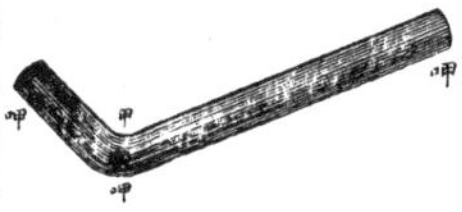

第十六圖

呷 呷 呷

用木炭之法先在炭塊之端用刀挖一小凹將試驗之礦片放在凹中用吹火筒吹火於上其炭塊必斜抉之則冷

處所結之皮其顏色與形狀亦易於分別

如用鋁片長畧四寸闊畧二寸厚畧三十二分寸之一其一端長畧半寸彎成正角之摺邊可將試驗之物置於彎處亦為最便之法但吹火時其鋁片易於過熱須用鉗取之而鉗之柄亦須包以棉花不致炙手如所試之礦一小片先放在木炭一薄片上然後放在鋁片上則吹火更為便當而鋁片面上結成之皮較厚於木炭塊所成者亦極易分別事成之後用極細之骨灰與麂皮擦光以備後用

吹火筒試驗之法化學書內已詳言之不必再論但平常驗礦先在木炭面試之看收養氣與放養氣兩種火內之變化然後用鈉養炭養之法如未定準則再用硼砂與溺中鹽等法

間有吹火筒試礦用木炭塊加熱之法不足分出金類必用鈉養炭養之法將其礦質磨成極細之粉合於稍溼之鈉養炭養放於木炭面之凹內先加輕熱令潮氣全消再加更大之熱須看木炭面所成之皮色然後從木面刮去其皮並木炭稍些放在瑪瑙或瓷杵杯內和水稍些磨成漿後再加水調勻待其稍清則倒出水與輕質將杵杯底所遺下之重質詳細審視如有金類或小光點則用顯微鏡窺之當可分別苟無光點亦可分別為金類之粉

如用吹火筒之法而不成皮但成光亮小粒則為金或銀或銅又如為灰色之粉而為吸鐵所能引者則為鐵或鎳或鈷

如有成皮須閱以下之丙表但如有銀或錫或鉛或銻則能在杵杯內之餘質情形而分別之然不可全恃鈉養炭養之法應另用硼砂及溺中鹽為憑據

所用之硼砂與溺中鹽容易消化金類合養氣之質但必得大熱度方可試驗又須謹慎防其為含養氣之質所以先輕加熱而煅之如含硫或鉮則必盡行散去而餘質為含養氣者無疑

用硼砂或溺中鹽之法將白金絲一條繞鉛筆尖成一圈如第十七圖將此圈通入水內令溼後插入硼砂或溺中鹽中而入吹火筒之火內待其鎔化但溺中鹽容易發泡而從白金絲落下所取者必最少如所成之珠為輭或溼之時必令遇見所試驗之礦細粉而取其稍些後通入吹火筒之外層火再取出看其熱時顏色並冷時之顏色最後通入火之內層再視其冷熱時之色而記之

第十七圖

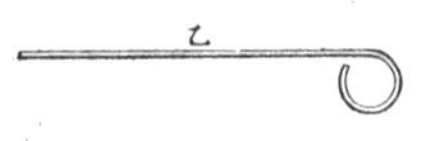

乙

如所試之材料先加熱嗣用鈷養淡養水調溼然後再加大熱待冷時看其顏色亦或能知其性見下丙表如用鈷

養淡養水亦能分別鎂養得淡紅色或分別鋁養得暗藍色

今將吹火筒分別各礦之法所顯之色與情形等分爲三表俾試驗者一閱而知

甲表用硼砂試驗

外層火熱時黃色冷時無色內層火熱時灰色冷時灰色則爲銻合養氣質

外層火熱時藍色冷時藍色內層火熱時藍色冷時藍色則含鈷合養氣質

外層火熱時綠色冷時藍綠色內層火熱時無色冷時櫻

色則含銅合養氣質

外層火熱時黃色或紅色冷時無色或黃色內層火熱時綠色冷時深綠色則含鐵合養氣質

外層火熱時黃色冷時綠色內層火熱時灰色冷時灰色則含鉛合養氣質

外層火熱時茄花色冷時紅櫻色內層火熱時灰色冷時灰色則含鎳合養氣質

外層火熱時無色冷時無色內層火熱時灰色冷時灰色則含銀合養氣質

外層火熱時無色冷時無色內層火熱時無色冷時無色則含錫合養氣質

外層火熱時黃色冷時無色內層火熱時灰色冷時灰色則含鋅合養氣質

乙表用溺中鹽試驗

外層火熱時無色冷時無色內層火熱時灰色冷時灰色則含銻合養氣質

外層火熱時藍色冷時藍色內層火熱時藍色冷時藍色則含鈷合養氣質

外層火熱時綠色冷時藍色內層火熱時深綠色冷時櫻紅色則含銅合養氣質

外層火熱時黃色或紅色冷時無色或黃色或櫻色內層火熱時黃色或紅色冷時無色或紅色則含鐵合養氣質

外層火熱時無色冷時無色內層火熱時灰色冷時灰色則含鉛合養氣質

外層火熱時紅色或櫻紅色冷時黃色或紅黃色內層火熱時紅色冷時黃色則含鎳合養氣質

外層火熱時黃色冷時黃色內層火熱時灰色冷時灰色則含銀合養氣質

外層火熱時無色冷時無色內層火熱時無色冷時無色則含錫合養氣質

外層火熱時無色冷時無色內層火熱時灰色冷時灰色
則含鋅合養氣質

丙表試驗金類質之總法分爲八事

第一事將所試之質放在玻璨試筒內即玻璨管一條將一端封密加熱之後如有蒸出之質積在玻璨管內面視其顏色白色則爲汞綠或銻養等質灰黑色則爲汞等質如黑色而磨擦後變爲紅色則爲汞硫等質

第二事玻璨管加熱將其管之兩端開通如有管內結成小圓粒有銀色者則爲汞如發白色之霧則爲銻

第三事如在木炭面加熱視外層火之顏色如爲綠色則含銅等質如爲藍色則含鉛或銅綠等質

甲如金類放養氣而炭面不成皮必觀其顏色如白色而光亮能打薄之小球則爲銀如黃色而能打薄之小球則含金如紅色之金類則爲銅如灰色之粉則爲鐵或鈷或鎳或鉑

乙如金類放養氣而炭面成皮必察其皮之顏色如藍白色則爲銻如熱時爲檸檬黃色冷時爲硫礦黃色則爲鉛又熱時帶黃色冷時帶白色則爲錫如炭面成皮而無金類分出者熱時黃色冷時白色則爲鋅

第四事合於鈉養炭養在炭面加熱則各變化與第三事同

第五事用鉑絲與硼砂見上甲表

第六事用溺中鹽與鉑絲之法見上乙表

第七事用鉑絲與輕綠水做溼之後加熱視其火之顏色如藍則爲銅如先藍後綠則爲鉛或銻等

第八事浸在鈷養淡養水內後在木炭加熱得綠色之質則爲鋅養或爲銻養或爲錫養等

以上所用木炭面加熱或合於鈉養炭養在木炭面加熱則另有試驗之法得確據分爲三要事

甲如所存之質爲金類小粒或小光點或爲金或爲銀或爲銅分別之法有三一以硝强水消化之後加輕綠或食鹽水則結成銀綠爲白色之質二將其質在合强水消化之即輕綠四分硝强水一分再添錫綠如有結成紫色之質則爲黃金三如照以上甲表之法用鉑絲與硼砂則所得變化照甲表即外層火熱時綠色冷時藍綠色內層火熱時無色冷時櫻色則爲紅銅

乙如餘質爲灰色或黑色其法將餘質合於硼砂在白金絲上加熱看所成珠之顏色再閱甲表則能定含鉛或銅或鐵或鎳

丙如所試之金類在木炭面上加熱時成皮則分別含

銻或鉛或錫或鋅之法如下將所成之皮刮去合於鹽强水與鋅在鉑片上成黑色之皮一層則爲銻如在硝强水內消化之將其餘硝强水加熱化去再將硫强水稍些添入其內結成白色粉則含鉛如將其皮在鹽强水消化再將鋅一塊放於水內結成灰色質則含錫如將其皮合於鈷養淡養五水加熱變綠色則含鋅

如欲分別金類所常含之別質則試驗之法各有不同茲將常見之質八種言之

鋁養〇如含鋁養之質以舌舐之而黏在舌上或合於鈷養淡養五用吹火筒試之而變藍色則爲鋁養之憑據

石灰〇如吹火筒加熱發大光亮或合於鈉養炭養而不鎔化則知爲石灰因矽養與火石類照此法試之則其變化不同

鈣養炭養〇如將鹽强水稍些或檸檬水稍些點其面上則發氣泡爲憑據

鎂養〇如合於鈷養淡養五水加熱則變紅色如肉

鈉養〇如加大熱則外層火變爲紅黃色

鉀養〇如加大熱則外層火變爲茄花色

硫磺〇如加熱煅其質發硫磺臭氣則易分別又如加熱放淫之銀片上而發黑色之痕則爲硫磺之憑據

鉮〇如含鉮則加熱時發臭如蒜則爲含鉮之憑據

凡含炭養氣之鹽類遇見强水或酸質則發氣泡即如灰石爲鈣養合炭養所成可以此法分別之因矽石等石無此變化如入山求礦强水不便攜帶可以檸檬酸代之此爲最便凡含炭養氣之質在冷酸水內能消化發氣泡惟鐵養炭養須用沸水方能發氣泡

有數種含矽養之質遇見强水類加熱則變爲膠形之質

如有玻瓈管而無吹火筒則有簡便之法能爲之其玻瓈管徑畧三分寸之一平置於酒燈之火上待管中熱時變輭將兩端彎開稍些則管引長收小至與平常吹火筒觜

等徑用銼劃之可以折斷又在此處相離畧一寸置於酒燈火上加熱待輭時彎之成正角即不用吹火筒亦可成功

求礦指南卷四

英國礦師安德孫撰

英國 傅蘭雅
烏程 潘松 同譯

論礦石之性情

凡考究礦石之性情，必詳察其外形及所顯之本性，即如成顆粒之狀歸何種類，其硬輭如何，其重率之大小，并顏色如何，或在瓷面或石面所劃之痕迹如何，或加熱後或用各種藥試驗之時，看其變化如何，以諸法求之，自能詳知其性情焉。

山中查礦之人，必先考其顏色與光色，并劃在白瓷面之痕迹，不盡可恃，即如錫礦，平常爲樱色或黑色，亦間有灰色者，又劃在白瓷面之痕迹，平常爲樱色，間有得灰色等色，又汞硫礦，即硃砂，平常爲紅色，然間有樱色或樱黑色者。

兹將金類化成之痕迹與其顏色成表開列如左。

金類畫成痕迹表

金類	本色	劃成
黃金	本色黃	劃成色黃
銀	本色白易生鏽	劃成色白
銅	本色紅	劃成色紅
鉛	本色灰	劃成色灰
鉍	本色白如銀色稍帶紅易鏽	劃成銀白色

如汞鈀�鈦鉛銻碲等礦，俱爲畧白色，與銀畧同。

筆鉛有深灰光鋼色，而劃成痕迹爲黑光色。

今將各礦與金類料，照其顏色開列成表。

顏色	礦	本色	劃成
黃色	銅硫礦	本色黃間有生鏽者	劃成色綠黑
黃色	鐵硫礦	本色黃	劃成色樱黑
黃色	吸鐵鐵硫礦	本色紅銅色黃色之間	劃成色灰黑
白色	含鉀鐵硫礦	本色銀白	劃成色灰黑
白色	鏡色鎳礦	本色銀白或鋼灰	劃成色灰黑有金類光
紅色	銅鎳礦	本色紅銅鏽則變爲黑色或灰色	劃成色淡紅

顏色	礦	本色	劃成
紅色	含鉀鎳礦	本色淡紅銅	劃成色淡樱紅
樱色	樱鐵礦	本色樱	劃成色樱或黃
樱色	含鉻鐵礦	本色樱黑	劃成色深樱
灰黑色	鏡光鐵礦	本色深鋼灰	劃成色深樱桃紅
灰黑色	吸鐵礦	本色深鐵灰	劃成色黑
灰黑色	鉛硫礦	本色鉛灰	劃成色鉛灰有金類光色
灰黑色	銻硫礦	本色鉛灰	劃成色鉛灰或黑
灰黑色	灰銅礦	本色灰色與黑	劃成色鋼灰或黑或樱有金類光色
灰黑色	鐘銅礦	本色鋼灰	劃成色帶黑
灰黑色	鏡色銅礦	本色黑灰	劃成色黑鉛灰有金類光色

灰黑色	鈷錫白礦	本色錫白灰	劃成色灰黑
灰黑色	蘭格林礦	本色深黑	劃成色深棧
灰黑色	含土鈷礦	本色黑或藍黑	劃成無色
灰黑色	脆銀礦	本色黑或鐵灰	劃成色黑或鐵灰有金類光色
灰黑色	鏡色銀礦	本色黑或灰	劃成色黑或鐵灰有金類光色
灰黑色	錳養礦	本色鐵黑	劃成色黑

無金類光色之礦表

黃棧色	棧色鐵礦	本色黃	劃成色帶黃
白色	鋅養矽養礦	本色白兼有別色	劃成色帶白
白色	鉛養炭養礦	本色白或帶藍	劃成無色
白色	蜀形銀礦	本色綠白或珍珠灰	劃成灰色而有光
白色	汞綠礦	本色暗白或灰	劃成色帶黃
白色	鉛養硫養礦	本色有以上各色者	
紅色	硫礦節鑠	本色紅	劃成色紅
紅色	紅色銀礦	本色呀囒米紅	劃成色大紅
紅色	紅鋅礦	本色明紅	劃成橘皮黃色
紅色	紅鈷礦	本色桃花紅	劃成色帶藍淡紅
紅色	紅銅礦	本色紅間有面上帶鐵灰色	劃成色棧紅
棧色	鋅養炭養礦	本色棧	劃成色畧白
棧色	錫礦	本色棧	劃成色畧棧
棧色	鋅礦	本色棧紅或黑或畧黑	劃成色畧黑或紅棧
棧色	鐵養炭養	本色棧紅	劃成無色
棧色	棧色鐵礦數種	本色畧棧色	劃成色畧黃
棧色	光點鐵礦數種	本色畧棧色	劃成色畧紅
黑色	銅養黑礦	本色黑	劃成色黑
黑色	錳養黑礦有錳養數種	本色黑	劃成色黑
黑色	紅色銀礦	本色紅黑	劃成色大紅
黑色	錫礦	本色黑	劃成棧色
黑色	鋅硫礦	本色黑或畧墨	劃成各色
綠色	銅養炭養礦	本色明綠	劃成色帶綠
綠色	火變形石	本色畧綠	劃成色白或黃
綠色	鎳與銅與鎂等合矽養礦亦有帶綠色者		
藍色	銅養炭養礦	本色藍	劃成色畧藍

凡石之重率，可以簡法求之，如一手取若干大之塊，而一手取同體積平常所識之石，則兩物重輕大畧能分，但欲求礦之重率細數，必將一塊先在空氣內細秤之，後在水內秤之，又在天平盆底下挂之，而浸入水內，再將空氣內之重數與水內之重數相較，則得其本重率，其式為重率

$$\frac{空氣內重}{空氣內重 - 水內重}$$

如礦之面用刀或銼挖之，則所挖之痕迹顯出一定之色

礦學家觀其色卽可分其種類但如礦質輭可用毛面之瓷板而劃在板上惟礦面見有空氣之處不可在此劃之因其久已變化也

查礦之輭硬亦爲要事礦學家將各種礦與石分爲十等第一等爲最輭者第十等爲最硬者所以從最硬之物起一一試之得知其屬於何等須預備材料十種各種配硬輭之一等其各等開列如左

一等易爲指甲所劃如肥皁石以石脂爲模樣

二等不易爲指甲所劃而不能劃銅錢如石膏與鋅等以石鹽爲模樣

三等能劃銅錢而能爲銅錢所劃以透光之丐克司巴耳爲模樣

四等不能爲銅錢所劃但不能劃玻璨以鈣弗石爲模樣

五等難於劃玻璨但易爲刀所劃以欺八石爲模樣

六等能劃玻璨而不易爲刀所劃以非勒司巴耳爲模樣

七等不能爲刀所劃而容易劃玻璨以石英爲模樣

八等較火石更硬以吐巴司石爲模樣

九等如明綠寶石等以寶砂石爲模樣

十等金剛石能劃各種礦料故以此爲模樣

凡指甲所能劃之礦其輭硬之等數爲兩个半或更少又如能爲銅錢所劃則必小於第四等

又有一法爲礦學家所用以成顆粒之形狀而分其種類所以顆粒學亦爲礦學內要緊之門

第十八圖　第十九圖　第二十圖　第二十一圖

各種顆粒原形狀有六種開列如左

第一種顆粒爲正法卽如第十八圖爲立方第十九圖爲八面形第二十圖爲四面形第二十一圖爲十二面形以上所言之形其各面相等凡正形顆粒有三个等軸俱有同交點而彼此成正角

第二種顆粒爲方柱形法此法有三个軸彼此

第二十二圖　第二十三圖　第二十四圖　第二十五圖

成正角內有兩軸等長如第二十二圖爲正方底柱形又正方底之八面形如二十三圖

第三種顆粒爲斜方底或長方底之柱形其三个軸長短不等

第四種顆粒爲斜柱形其底或爲正方或爲斜方其三个軸各不相等但內必有兩个成正角如第二十四圖

第五種顆粒爲雙斜柱形其三个軸各不相等第六種之顆粒爲六等邊形底之柱形其軸有四个內有三个在同平面中彼此成六十

度之角如第二十五圖

凡礦類所成顆粒形，雖能分其礦歸何種，但不足爲確證，因數種礦之顆粒形或爲相同，或似不同，又有數種礦所成顆粒之形常有不同，或有改變者。

即如鈣養炭養與鈣養合鎂養炭養與鋅養炭養與鐵養炭養俱爲不同礦，而顆粒畧有同式，其斜方面之角，在一百零五度與一百零八度之間。

如同礦而顆粒不同者，亦有多種，如硫礦與鐵硫礦與光點鐵礦與炭等質是也。

如上所論依性情而分各礦之外，另有數種性情屬於數種金類，考究礦學者不可不知。

如有數種鐵礦與鈷礦與鎳礦，能爲吸鐵所引者，又有數種礦，如鈣弗礦，及吐巴司石及鉛養炭養及石英及鈣克司巴耳等，如磨之則能生電氣，又有數種，如鋅養炭養礦加熱則能生電氣，又有數種礦磨擦之則發奇臭，又有數種加熱時發光亮，如鈣弗礦，又有數種礦以舌舐之而有奇味。

求礦指南卷五

英國礦師安德孫撰
英國 傅蘭雅
烏程 潘松 同譯

論含金類之礦

前卷說求礦之人半係觀其顏色光色或劃成之痕迹，幾分能定礦之性情，分其種類，然猶有疑惑之處，必再考究。如試驗輭硬之等次，或求其重率，亦可當爲憑據，但粒小之礦則難於求重率，所以最美善之法用吹火筒，或用化學材料，今將要緊之礦開列如左，內言明用吹火筒並數種藥料試驗所顯出之性情與變化，又指明此種礦在何地方，於何種石層內能得之。

平時言求礦之人重在求寶貝金類，如能遇見金或銀礦則獲利最大，但求鉛礦及銅礦不必常在河底或在山中，求錫礦間有遇見金類合砂養及含炭養與含綠氣等礦，或因分量輕，或因分量重，或因不似含金類者，一看即棄之，或因內有鐵養致成鐵礦之形狀，亦一看即棄之，以爲甚麤之鐵礦，其實含金銀等寶，可見所遇之金類俱欲詳細考驗，不致有誤。

此卷曾言明各種金類與含金類礦之質，但求礦者應分別各種金類含養氣之質爲要，又畧知含炭養氣並含綠氣各種質因礦脈或礦層之下常有含硫礦在上面已竟放硫礦而收養氣即如深數丈之處有銅養硫養與鐵養硫養則地面所露出者有鐵鏽之色因成鐵養又變黑色或紅色因爲銅養如變綠色或藍色之痕迹因成銅養炭養故求礦之人無論所見之礦爲金合養氣質或炭養氣質或含硫礦質或含金類用以下之法分別則能定何礦可作何用

鋁

此金類天生者無有而僅有他質化合者如矽養或養氣或弗氣等是也

寶砂石與撒非耳與明紅寶石俱爲鋁養質所成而幾爲精質如寶砂粉含異質更多又鋁養合矽養爲常遇見之質凡古石並所有各種泥質中俱含鋁養矽養如將所試之礦在吹火筒火內加熱後浸在鈷養淡養水內再加熱而變暗藍色則爲含鋁養之憑據以此法能分別礦內之鋁養與鎂養見第三卷吹火筒各法內

鋁養之要緊礦有兩種一爲波格歲得一爲雪形石又名格來哇來得此兩種礦畧而言之

波格歲得○此質有各種色不定間爲小粒相合而成又有泥之形如含鐵養則泥有鐵鏽之顏色其重率爲二·五五此質每一百分含鋁養間有五十分者即三分內一分爲鋁其餘爲鐵養或矽養稍些與水此質能在礦強水內消化產在法國南邊阿爾勒近處又於阿爾蘭地方有一種泥畧爲相似

格來哇來得○此質爲半透光其性脆色爲白黃或紅或黑硬率爲二·五重率爲三其質爲鋁與鈉兩質各於弗氣相合而成每一百分含鋁十三分在燭火內容易鎔化產在哥連蘭之乃斯石內又阿墨利加亦有之

鋁爲白色之金類較銀更白容易磨光亦易鎔化倒入模內成各器而爲金類最輕者在空氣內不生鏽所以功用

綦宏近來各西國謂鋁年盛一年今復價廉而合於銅或鋼等甚有益處

銻

平時所見之銻合於硫或鉀或鉛等類如遇礦質疑其含銻必用吹火筒之法試之即置在木炭面上合鈉養炭養如含銻則在吹火筒之內層火必成藍白色之皮將此皮置於外層火常散去不見祇有內層火而火變綠色所成之珠爲白色其性脆如欲得其憑據須刮棄其皮置於白金片上用輕綠水化之再用鋅一片浸於水內與白金片相切如白金片上成皮一薄層則爲銻又如含銻之礦以

小片放於鐵匙內加熱必發白色之霧即在匙邊凝結又用吹火筒在白金絲上以硼砂成珠浸於銻粉內再加熱則在外層火無色在內層火或無色或帶灰色又如所試之銻礦含鉛或鉍或銅必用他法試之

凡礦脈內遇見金類合於銻之質則有不便之處因所含之銻有大礙於平常鍊礦之功

銻硫礦又名灰色銻礦○平常出售之銻爲灰色銻礦所鍊出其顆粒爲正斜方底直柱形其色爲鉛灰其劃色爲鉛灰畧帶黑色其光色亮而有金類色其質脃而爲薄層相合而成其薄層稍能彎而不斷其硬率爲二重率四五

至四七每一百分含銻七十三分硫礦二十七分能在燭火內鎔化用吹火筒在木炭面加熱發白色之霧而有硫礦之臭其精質能在鹽强水內消化其形狀與錳礦相似而分別之法因容易鎔化而劈開之面爲斜形灰色銻礦畧有十種所劃之痕迹不同色其各礦之質輭能爲指甲所劃如灰色之銻礦常遇見在產銀或鉛或鋅或鐵等礦之處又常合於石英與鋇礦常遇在變形石與火成石內

鉍

平常所得之鉍爲天然而生者亦間有合於硫礦或養氣或碲或炭養等質如在吹火筒外層火加熱則成黃色之皮如鉍合於養氣或硫礦或鉮或銅或鉛等質其色與硬率與重率各不同如光色鉍礦每一百分含鉍八十一分其色爲鉛灰如在玻瓈試筒內加熱則發出而凝結之質爲硫礦又如木炭面上用吹火筒加熱則爆開成黃色之皮而當中餘鉍一粒

鉻

鉻合養氣之質平常合鐵而爲鉻鐵礦其色櫻黑光色畧帶金類色其硬率五·五重率四·五吹火筒加熱用硼砂之法則得綠色之珠又有鉛合鉻之礦即鉛養鉻養礦但此礦罕見

鈷

凡含鈷之礦用吹火筒在木炭面加熱成白色之光點有金類光色能爲吸鐵所引又將其光點在紙面上加硝强水以溼之則水變紅色再加以輕綠則乾而變綠色之痕迹如用硼砂在吹火筒內外兩層火加熱則成深藍鉛色但試驗之前須煆其礦以去夫含而能散之質

錫白鈷礦○此礦之顆粒爲八面形或立方形或十二面形等折斷之剖面不平而顯顆粒形其色錫白或灰其劃色灰黑硬率五·五重率六·四至七·二其原質爲鈷合鉮以吹火筒試之用硼砂或用他料則變藍色用硝强水則成

桃紅色

含土鈷養礦○此礦平常成大塊或成層其色藍黑或黑硬率一至一·五重率二·二至二·六其原質爲鈷與錳各含養氣質

紅鈷礦○此礦光色如珍珠其顏色爲桃紅或大紅或灰色或帶綠色其劃色更淡其粉爲最淡之藍紅色每一百分含鈷養三七·六分其餘爲鉮與水如加熱則發鉮之臭用吹火筒加熱以硼砂等配質其變色與別種鈷礦相同英國所得之鈷礦在成煤同時所成灰石層之凹內如那威等國在乃斯石與各原石內亦得一種錫白色鈷礦如德國含銅之端石層上所有之灰石內亦有得鈷礦者

銅

如有礦脈疑含銅者宜用吹火筒之法或用化學材料之法試驗之如將平常銅礦合於鈉養炭養在木炭面上加熱則放出其養氣變成銅一小粒又合於硼砂或溺中鹽在外層火加熱則熱時成綠色珠冷時變爲藍色又含銅質之大半在內層火加熱則外層火得綠色又含銅質之大半能在硝強水內消化若在消化之水內將磨光之鐵片或小刀之尖浸之則礦內如有銅質其鐵面亦必有鍍銅薄層又如含銅之酸性水稍加以淡輕養則成綠色如多加則變藍色設在山中不帶吹火筒又不帶化學器具倘見礦脈欲查得其含銅與否則便法有三第一法將礦在火內煅之再預備牛油羊油等以此熱礦落到油內後放於火焰中如其含銅則火變綠色第二法將礦磨成細粉合於油與鹽放在火內燒之則火變爲藍色或綠色亦知其爲銅第三法將礦脈磨成細粉合木炭稍些而煅之畧有一點鐘時將醋潑在其上待一二日變藍色後變綠色亦爲含銅之憑據凡含銅之礦脈其面上石英之凹內有黑色之銅養或紅色之銅養或綠色之銅養炭養易以目分辨之

天然銅○此銅之形狀或如樹枝排列或如青苔形或成線形或八面顆粒形或亂形顆粒等形是也其色爲紅引之能長亦易打薄其硬率二·五至三重率八·五至八·九可用吹火筒或化學藥料分別之與別種銅礦相同此銅平常含銀若干所產之處如南北阿墨利加及日本國又中國之雲南英國之哥奴瓦與威勒士是也

光色銅礦又名玻璨色銅礦○此礦之顆粒爲斜柱形稍能分層其色爲黑灰生鏽則變藍色或綠色劃成之痕迹爲黑灰間有光亮其硬率二·五至三重率五·五至五·八每一百分含硫二○·六分含銅七七·二分含鐵一·五分用吹

火筒試之則發硫臭之霧在外層火內易於鎔化而沸餘有銅粒在燭火內能鎔化初看之如銀硫但用吹火筒試驗所得之粒顯出其非銀硫如礦在硝强水消化之將小刀尖浸入其內如含銅則刀之面鍍銅薄層又將光面之紅銅浸入其水內而鍍成銀薄層則知其礦又含銀也

銅硫礦〇此礦所成之顆粒爲四面形亦有成大塊者此中之顆粒不能分別其色如黃銅間有生鏽而發文彩其所劃之痕迹爲綠黑而不顯金類光色其硬率三·五至四重率四·一五每百分內含硫礦三十四·九分銅三十四·六分鐵三十五分

用吹火筒試驗之後則鎔成之圓粒其性能吸鐵如合硼砂而鎔化之則成紅銅若試以强水則其變化與別種銅礦相同常有淺見者誤爲黃金或鐵硫礦或錫硫礦以刀割之脃而成粉若黃金則以刀割之能成薄片其顏色較鐵硫礦更深又更易爲刀所割又以火石擊之不能如鐵硫礦而成火星者又可用吹火筒法與錫硫礦等法分別之如礦硬而帶黃色則知其含銅甚少

如花點銅硫礦每百分含銅六十分而帶淡紅黃色

灰色銅礦〇此礦似含銀者則名爲發勒士礦其所成顆粒爲四面形其質脃其色並所劃之痕迹在鋼灰色與鐵灰色之間或亦帶櫻色其硬率在三與四之中其重率四·七五至五·一每百分含銅三十八·六分硫二十六·三分另含銻與鉮與鋅與鐵與銀等質

此礦中含銀代銅若干分間有每百分含銀三十分者如將灰色銅礦先煅之後用吹火筒成小球粒則爲紅銅或將礦磨成細粉而以硝强水化之則其水爲櫻綠色此礦與各種銀礦分別之法用吹火筒與藥水其礦顏色愈深則所含之鉮愈少

紅色銅礦〇此礦常遇見成塊或含銅或成小粒等形所成之顆粒或八面形或十二面形其質脃其光色畧如金剛石或畧帶金類色或能半透光或幾不通光其顆粒從礦內分出則如明紅司批內勒石其色爲深紅或有明紅寶石色但間有面上帶鐵灰色所劃之痕迹爲櫻紅色其硬率三·五至四重率爲六每百分含銅八十八·七八分其餘爲養氣

如放在玻璨試管內加熱則色變深如用吹火筒則成紅銅圓粒又在硝强水內能使之消化也

黑色之銅養〇此礦近於地面常遇之因有銅硫礦或別種銅礦化分而成者如在礦脈頂上遇見黑色銅養礦則其下疑有別種銅礦如將此礦粉以手指捻之落在火內

則其火變成綠色
銅養矽養礦○此礦平常在別種礦外成霜形又有成塊
者其色光綠或藍綠其硬率二三重率二至二三每百分
含銅養四十分至五十分其色略如銅養炭養礦但在硝
强水化之則有結成之質非若銅養炭養礦爲全消者也
瑪拉開得又名銅養炭養礦○此礦所成之塊或爲葡萄
串形或爲石鍾乳形塊間有成霜形其質內有絲紋幾不
通光其色爲明綠其劃痕迹較礦之原綠色更淡其硬率
三五至四其重率三六至四每百分含紅銅五十七分
用吹火筒試之則變黑色用吹火筒合於硼砂則成綠色

之圓粒久之則變成紅銅珠若用硝强水則全能消化如
此可與同形狀之礦分別之
有一種爲藍色其性與綠色者大同小異但顆粒爲斜方
柱形所劃痕迹帶藍色
產銅礦之處甚多而其排列法各有不同所以此書不必
詳細言之無論何時所成之土石亦無論成脈或成層俱
有之但平時成脈之銅礦爲銅硫礦而近於地面之處業
巳化分成黑色之銅養如英國哥奴瓦地方所開之銅脈
平常有東西排列又在端石層內較在花剛石層內者更
多如英國支斯德與舍勒蒲兩處新紅砂石層內有銅礦

成層者大半爲銅養炭養礦又如舍勒蒲所有產煤之灰
石層內曾見此礦並銅硫礦復于英國之北所有綠色端
石層與拍弗里石層內皆含銅硫礦之脈又在北阿墨利
加數層土石內亦有含銅礦之脈卽如美國東邊新紅砂
石內並產煤之灰石層內並西魯理恩層內俱有銅礦又
於美國大湖相近處不但有產銅礦之砂石與泥板石與
綠色石等層另有產天然銅之處又各種土石盡有產銅
之脈又美國西邊阿里蘇那邦在石英與河拏布侖得石
與灰石之中間常遇見紅色銅礦又若智利國之河拏布
侖得與非勒斯巴爾與石英各石內嘗有成層或成脈者

更如新金山勃拉辣地方產銅礦之洞夙有聲名而所出
之銅養炭養之大塊送到各國博物院內均推爲最此洞
內所有之灰石與更硬之石內有亂形銅礦極大之塊或
於泥土內亦能常見之又在中國與日本國等處所有頁
形石與河拏布侖得石與石英各石內亦有銅礦成脈或
成層者

黃金

如石塊或麤細砂內欲分別天然之黃金先用目看之如
目不能分別則窺以顯微鏡如精明於看者無論爲溼爲
乾俱能分別其天生黃金之微點而不至誤以千層紙石

或鐵硫礦或銅硫礦爲黃金又眞金無論從何方看之其色相同而查礦者以此爲可靠之憑據又如從石塊或從麤細砂子中分出金粒可用錘打薄或用刀切成薄片但易誤爲金礦以錘打之則成粉又如鐵硫礦硬不能割之以刀若銅硫礦研之則成綠色粉又含硫之礦加熱時則發硫礦臭若干層紙石未變顏色時易誤爲黃金但不能割成薄片而所劃之痕迹無色又將黃金一小點合於鹽强水一小滴則其色與形不變但石內所含之黃金甚少然雖少亦能分出大可得利所以定其數目祇有一法爲最準即在鍋內鎔化之後用骨灰杯分出黃金惟在山中或鄉間等處不便用此細法故查金礦者必用更簡之法又因所得之金類與他物不相合而爲天然之黃金故用此法亦不至有大差但常獲之黃金亦有極細之粉者非惟目所難分即用顯微鏡亦不甚明又黃金之粒因遇硫礦或鉀其面必生皮一層則更難於分別亦不能爲水銀所收必預先煆之或用刖種工夫然後方能合於水銀

凡含黃金之麤細砂或磨碎成粉之石洗去金之法將其料放在平底盆內而盆之徑畧爲一尺其口較底寬二三寸將礦倒入盆內至滿四分之三斜放入水中或將水倒在其內時常搖動則料之輕者必流出盆口之外而重者如金或鐵或砂等質沈於盆底如有鐵砂可用吸鐵器分之或待乾時可用風吹開如巴西國常用之木器土人名爲扒帝阿者亦可作盆之用

如黃金爲極細之粉則能浮在水面所以分出金之人必在所浮之細粉上倒水令其上面溼亦有幾分可沈至盆底

又有一法可以分出礦內之金亦可以驗地面相近處之石英或鐵或硫等質含金與否其法將礦若干合於水內磨成細粉之後每礦八磅再合水銀一兩如能得鉀衰稍些合在其內更佳將此全料磨兩三點鐘時候至黃金與水銀全行調勻再添水若干則金合水銀所成之膠沈於盆底其輕者可以倒之其盆內之膠在鹿皮袋內加壓力將水銀幾分壓出其餘者必用熱趕去如另加鈉稍些則令金與水銀容易合勻又免其成粉之糜費假如應得金一百分之礦因此祇能得七十分則有三十分糜費

如泥土內分出金沙其法之大者則做槽通水而其斜度每長十二尺畧高八寸其槽之做法用木板釘連其木板各長十尺至十二尺高八寸至二尺闊一尺至四尺而各槽之底板前後宜有寬窄之分如每槽之底前段比較後段窄四寸則每節能套連似此能合成最長之槽其底板

裏面亦釘木條厚二寸闊畧三寸橫擺列間有與槽邊成四十五度之角而各相離不遠將泥土倒入槽內使所逼之水衝其料向下則黃金在橫條前面齊集如泥土之輕者自衝下去間有用水銀在槽內能在槽底橫木條齊聚與黃金相合用此法則黃金更易得之

天然金○平時見有顆粒或分層形間有成線形及成塊者惟是天然金每百分含銀若干分卽如舊金山每百分含銀畧十分間有含別種金類

天然金色黃其硬率二五至三其重率十二至二十如將天然金合於鈉養炭養在木炭上用吹火筒之火則成黃

色圓粒容易打薄或以刀切成片如礦粉以合强水化之卽用鹽强水四分硝强水一分後添錫綠水則結成紫色之質頗覺悅目或加以鐵養硫養水卽皂礬則結成深樱色之粉爲精金粉

如第二十六圖爲平時查得金礦各種土石排列之要法圖內一號爲花剛石與乃斯石內常有極細點之金二號爲千層紙石或肥皁石或含泥石或端石卽羅俞紫石層與客薄利阿石層以上兩層中間有含黃金之石英脈三號爲西魯利恩與代芬各層四號爲產煤灰石與磨石五號爲煤層六號爲拍密恩等新石層如七七七七各號爲

第二十六圖

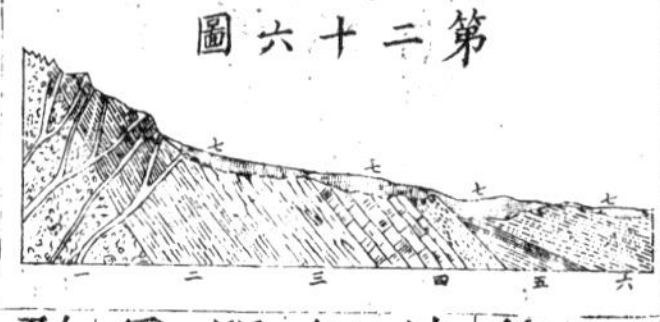

一 二 三 四 五 六 七 七 七 七

石層面成凹形其凹中齊聚泥土與麤細沙等常遇見黃金粒子而最多者在其凹底

地球中之陸地其產黃金者甚多大半從麤細沙或泥或所聚各材料俱爲產黃金各層所衝下者間有含金最多之料內有樱色質爲鐵鏽等類又在最古石層內如端石與變形石中間之石英脈而得之又花剛石內或有之然亦甚少大凡有顆粒形之石則其中間可有此黃金如第二十六圖爲烏拉山之剖面式而產黃金處之形狀往往如此又產金之脈內常有別種金類與之相合如

鐵硫銅硫吸鐵礦鋅硫礦鉛硫礦等凡產黃金之處常見鐵硫礦內含黃金若干分此等礦脈或目能分別之金類小點或窺以顯微鏡在石英之樱色凹內較他處更多但在鐵硫礦最深之脈若無空氣變化之則其金之小點亦不顯出祇能鍊其礦而得之耳

雖黃金礦脈照上所說之石層與形狀可以得之然常有意想不到竟忽然而得者卽如水中結含鐵之石並在麤毛面石又在數種合子石等是也平常在地面遇見金粒疑其近處亦有金脈但不能因不見金礦遽以爲此地不產金者又不能因礦脈露出之處不得黃金遂以爲此脈

不含黃金者

此書不必論脈內黃金從何處而來以何法而成但泥土內所見之金粒雖不顯出利角要俱有磨鈍之形狀又在數種合子石內所見之金成薄片以平常而言產金粒之地其泥土層之底近於石層者必較他處更多而粒子更大又有數處產合子石者其黃金並不在石子中卻在聯石子之灰內如南阿非利加新開金礦等處是也

歐羅巴各國俱能產黃金但所得者甚少或在泥土內所聚之粒子或在產煤層以下各石層內成脈或在變形石內等

歐羅巴有數處河底或河邊之泥與沙亦能得黃金如多惱河及愛勒罷河哇達河威塞河來那河等然則其河所經過之山知必有含黃金之石如奧國有數處含黃金之脈甚多間有得黃金與碲相合者又如烏拉山所有產黃金之泥土其地面甚大見二十六圖

如英國蘇格蘭阿爾蘭與威勒士俱有產黃金之處但威勒士更多蓋其北境不僅在河底及海邊之沙子中能得之又另有礦脈可開復有一脈爲古時羅馬人所開又數種古石層內含動物植物之迹者如端石等亦有石英層內含黃金者另有鐵硫與鉛硫等礦又產黃金及產銅或銀之礦其脈相交之處亦常有黃金頗多者

北阿墨利加各邦如加利福尼並南阿墨利加與加拏大與新蘇格蘭與英國屬地可侖比亞與中阿墨利加與智利國與委內瑞拉與巴西國等處亦有開黃金之脈間有開而得利數百年者又如新金山各地方開金礦者亦不少又如牛西蘭與阿非利加西與南等處及印度國與婆羅洲與呂宋各海島與錫蘭與馬達加斯加與波斯國等處亦有產黃金者其多寡不等

今將以上各地之產黃金者要緊情形開列如左

新金山又名奧地利亞邦

維克多利亞○此處產黃金之脈在石英內大半在下希魯利層內小半在上希魯利層內而下希魯利層排列之方向爲北偏西又上希魯利層者爲北偏東之方向而產金脈內之金粉有爲水所衝下者在相近之河底或齊集泥土沙之處頗多又在古時所露出之河底泥土內已竟有水成之別質蓋在其上間有火山所噴出之汁亦流在其上此等地方亦在舊金山有之其凹形或槽形之處可聚黃金者亦多倘開通其上所蓋之各層料方能得其黃金如第二十七圖

第二十七圖

此圖爲新金山勃拉辣地方相近處各層泥土之排列法其法從西北偏北之方向在左邊起到東南偏南在右邊止其比例每平方寸當十牽而其每立方寸當三百二十尺圖內甲號爲地面齊聚泥土等料乙爲巴所得石丙爲墨色與藍色之泥丁爲巴所得石戊爲淡色之泥己爲巴所得石而一一一爲齊聚土沙等質內含黃金而己層以下有泥板石

新南威勒士○此處之黃金大半從綠色石層內取出在希羅利亞與代芬各層石內遇見之

昆斯蘭○此處產黃金在石英脈內通過變形石層間有通過花剛石與歲以內得各層石內或在此各層石先巳腐爛嗣爲水所衝去而成層者有一地方爲磨爾根山所產金之土沙層疑其爲噴沸水源所成因黃金爲合矽之新塔石所包又有數處包黃金之石含鋁養石間有鐵石爲最多者

牛西蘭○此處遇見黃金在河底或在谷底或在平地上齊聚間有在合子石層內或在海邊或與吸鐵或在冰河所齊聚之料內得之又在變形石層之石英脈內如最佳之脈其方向從北至東北排列又在藍色都法石內亦有所成之脈

巴布亞○此處礦脈在黑色沙內得之又在化分端石及石英合子石所成之層內其上有含植物葉迹之泥

亞細亞

印度國○此國產黃金甚多有礦脈並泥土及沙所聚之金粉如韋那脫有產黃金之層通過花剛石與變形石

錫蘭○此處產金之脈通過格羅來得石與雲母石之間

阿非利加之南

蘭滕勃搿○此處礦脈在別種石層裂縫內又在石英與合子石各層中亦間有在端石及砂石頁形石層之間

低加伯谷○此處之金礦亦在別種石層裂縫內得之又在幾乎直立之石英層內亦間有含硫礦之礦又有得諸頁形石泥板石層中者

韋得瓦得斯蘭德○此處之金礦產於石英及合子石內者居多

其石英合子石爲灰色或白色之石英小塊其相連之料爲含鐵與石英者又有別處石英塊其色不同儘有開愈深而未曾見金類合養氣但見金類合硫礦質其金粒幾分成顆粒形者又有別處在花剛石及乃斯石端石各層中能得產黃金之礦

阿墨利加

加拏大○此處遇見之黃金在土沙齊聚之處在肥皂石與別種頁形石上又在歲以內得花剛石中間之脈內

新蘇格蘭○此處黃金脈合於石英而通過蛇色紋石

第二十八圖

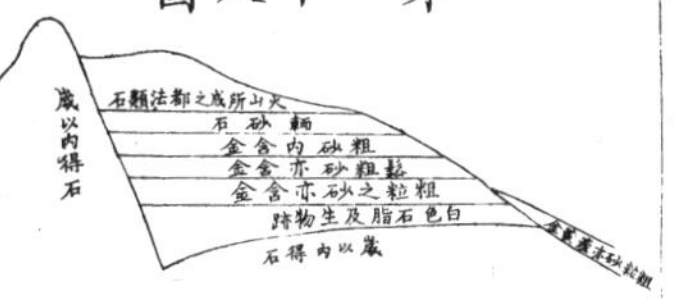

加利福尼○此處產黃金甚多即如塞拉尼法達山足所有齊聚土沙之內又在古時與今之河底又在吸鐵石之沙內又在花剛石或乃斯石或別種變形石內成脈而顯出又在數種分散石內或在亂形石英裂縫之中見第一圖為加利福尼邦西班牙山峯剖面式此圖內其原石為歲以內得而上層為火山所成之都法類之石第二層為輭砂石第三層為鬆砂內含金第四層為鬆麤砂亦含金第五層為麤粒之砂亦含金第六層為白色石脂內有生物迹而圖之右邊另有一層產黃金之麤粒砂又在加利福尼邦婆來殺府內其礦脈向東西或南北排列而橫過歲以內得石及端石又在尼法達府內有數處礦脈向西北並向東北排列本處之石或為花剛石或為綠色石或為泥板石而其礦脈平常通過變形頁形石或綠色石而間有歲以內得石夾在其中

如第二十九圖為加利福尼邦檯山一分之剖面式其上層為火山所噴出之汁變為巴所得石第二層為砂石與泥板石平排列成層此各層之下有凹兩處其凹中所聚之質內含黃金而下層為端石內亦有產金者

第二十九圖

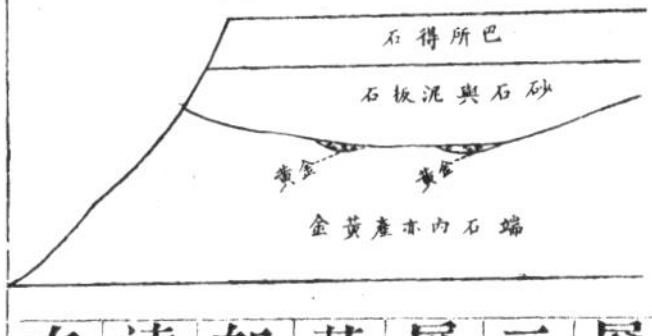

如洛幾山相近之各邦如哥羅拉多與門達那與代科塔與新墨西哥等邦產黃金之脈頗多其脈大半通過花剛石與變形石頁形石端石等其黃金合於鐵硫礦鉛硫礦鋅礦銀礦等又在北阿墨利加別處亦有之又在哥羅拉多邦有黃金合於碲質見下附卷內所論金礦含碲之款

鐵礦

凡鐵礦用吹火筒加熱則其大半不能消化若本非吸鐵所能引者其熱後亦有此性如鐵礦內不含別種金類改變其性可用鉑絲合於硼砂在吹火筒內層火加熱則成深綠色之玻璨珠又在外層火加熱則成深紅色之珠待冷時則變淡紅色

鐵硫礦又名們的礦○此礦平常成顆粒為立方形間有成八面形者其光色平常有發亮之金類色與黃金相似昔人誤認為黃金所以名之曰欺人金其色黃或深或淡不定其劃痕迹櫻黑色其硬率六至六.五其重率四.五至

五每百分大畧五十分爲鐵五十分爲硫如用鋼刀擊之則能打火又折斷之則發奇臭如用吹火筒加熱則發硫礦霧久之則得金類珠爲吸鐵所能引凡鐵硫礦粉漸漸在硝强水內消化此礦常含黃金多寡不等而屢在產黃金等礦脈內遇之蓋近於地面所有礦脈內之石英變爲櫻色則其鐵硫可於礦脈之深處顯出矣

如疑此礦爲銅硫礦或爲黃金可以刀割之如刀不能割則知非黃金如鐵硫礦雖不合鍊鐵所用而爲做硫强水頗屬相宜如西班牙國產此礦甚多其色亦最佳常運至英國銷售但英國煤層含此礦亦不少

爲吸鐵所引之鐵硫礦〇此礦成顆粒爲六面柱等形其色爲紅銅與黃之中亦有稍似櫻色銅者其劃痕迹爲灰黑色其硬率三·五其重率四·四至四·六每百分含鐵畧六十分其餘爲硫

吹火筒外層火在木炭面加熱則成紅色之珠爲鐵養如內層火鎔化成黑色之粒珠打碎之則其剖面爲黃色此礦與前所說鐵硫礦其質更輭稍能爲吸鐵所引

含鉀之鐵硫礦又名迷斯必格勒礦〇此礦成顆粒爲斜方柱形而在各角上改變其形等法其色白似銀其劃痕迹爲灰黑色其光色發亮其硬率五·五至六其重率六·二

每百分含鐵畧三十五分其餘爲鉀與硫此礦間有含鈷如用吹火筒加熱則成珠有爲吸鐵所引之性此礦產在英國哥奴瓦及德國波希米兩處地方又合於紅銅鐵等質

鏡光面鐵礦又名喜瑪台得礦〇其顆粒爲斜方柱形但間有所成顆粒爲薄而六邊形之片其邊之口爲斜形其色爲深鋼灰但間有含土之礦帶紅色其劃痕迹與其粉爲深櫻桃紅其硬率五·五其重率四·五至五·三每百分含鐵七十分其餘各質爲養氣用吹火筒加熱則不鎔化如合於硼砂在外層火內加熱則成黃色之玻瓈如在內層

火加熱則成綠色之玻瓈此礦亦分數種卽如鏡光面者其光色亮似鏡又有紅喜瑪台得不透光無金類色其色或櫻或紅其質紋如輪輻排列又有一種爲紅土或紅石粉此質輭內含泥或土若干又有青碧形鐵礦間有含泥者又有雲母石鐵礦其質分成小片如魚鱗形此種礦磨碎成光點之油色

吸鐵礦又名磁石〇此礦色爲深鐵灰色而有金類光其劃痕迹爲黑色其質脆其硬率五·五至六·五其重率五至五·一每百分含鐵養六十九分鐵養三十一分

以吹火筒加熱則不鎔化但合於硼砂在內層火加熱則

成深綠色之玻璨又如磨成粉用吸鐵器則能吸出其鐵質而留其異質又合於硝强水則不變化但磨成粉則能在鹽强水內消化如鏡光面鐵礦與吸鐵礦容易相誤但看所劃之痕迹則不難分別此為歐羅巴北邊最要緊之鐵礦

櫻色鐵礦又名來脈奈脫礦○此礦間有含土者平常成塊形其面平滑或有葡萄串形其質紋如絲其色櫻黃或淡櫻其劃痕迹黃色其光色或暗或幾分有金類光其硬率五至五·五其重率三·三至四每百分含鐵養八十五分此八十五分內每十分有七分為精鐵如用吹火筒加熱則發黑色而變為吸鐵所能引者如內層火合於硼砂加熱則成深藍色之玻璨

此類鐵礦分為數種如櫻色喜瑪台得成葡萄串形或上成石鍾乳形等又有黃土或櫻土內常含土甚多又有卑溼地鐵養礦別名曰無名異此礦質鬆而脆常在卑溼之地遇見之為黑色或櫻色之土又有櫻色或黃色之鐵石其質硬而密

福蘭格林愛得○此礦為美國所產其色甚黑其劃痕迹為深櫻色其質脆每百分含鐵養六十六分另含錳與鋅此礦之形狀與吸鐵礦相似但其金類顏色更暗

鐵養硫養礦又名皂礬○此礦之色為綠白其光色略發亮而一半透光其質脆每百分含鐵養二十五分又含礦與水此礦由鐵養化分而成

非非阿內得又名藍色礦○此礦成顆粒為斜柱形其光色有眞珠色或發亮其色深藍至綠其劃痕迹藍色其硬率一·五至二其重率二·六每百分含鐵養四十二分另含燐養與水用吹火筒加熱則變為不透明之質

鐵養炭養又名司巴的格鐵礦○此礦常遇見成大塊者其質紋如顆粒所成之顆粒為六面柱形或為斜方面形等其光色如玻璨或如眞珠色其色在黃灰及鐵鏽之間久後如遇空氣則變櫻紅色至黑色其劃痕迹無色其硬率三至四·五其重率三·七每百分含鐵養六十二分另含炭養氣等質

此礦用吹火筒加熱則發黑色而變為吸鐵所能引如合於硼砂加熱則變為綠色如合於硝强水則消化雖含炭養氣亦不多發氣泡如磨成粉則發黑泡更多如在試管內加熱則常爆裂發小聲而成細片又發黑色變為吸鐵所能引者

英國煤層內有一層曰黑帶層亦類乎以上之礦又名為泥鐵石

以上為鐵礦內之要緊者而鐵合養氣並鐵合炭養三為首而包諸礦之質或為灰石或為泥或為沙或為必刁門煤即油類也其價值大半恃所含別種金類即如司巴的格礦內泥鐵石等種每百分含錳或含炭質五分至十五分則為有益之事又如數種鐵礦含鐵硫則有弊其價值亦因此更廉

吸鐵礦者

花剛石與乃斯石與頁形石與泥端石與灰石內俱有產如煤層或乾波利阿層與希魯利阿並代芬各層石內亦有得紅色喜瑪台得礦又如岡比爾蘭與北蘭加斯德與威勒士等處在山中灰石內有南北排列之紅色喜瑪台得礦又在英吉利與威勒士數處產煤灰石與下煤層內有櫻色鐵礦又產於利阿斯石並魚子石與下綠砂石之中如西班牙國在白石粉層內亦得之又在產煤石層內並在代芬及更古之石層內能得鐵養炭養礦又在煤層內泥板石與泥內能得泥鐵石而利阿斯層內亦有之

含鐠之鐵礦閒有成大塊者但平常成黑色之沙從周圍石內衝下又數處如北阿墨利加與牛西蘭等處有產黃金者但此種礦因不易鎔化頗難成鐵其劃痕迹為墨色所以與鏡光面鐵礦容易分別之

鉛礦

凡含鉛之質在木炭面合於鈉養炭養用吹火筒加熱則所成之質能打得薄而炭之面成紅色皮一層為鉛養如在硝強水內消化之再添硫強水則含鉛之質能結成白色之鉛養硫養或加鹽強水則成鉛綠因同時可有別種含綠氣之質沈下所以必另加淡輕四養水如為鉛綠則不變

鉛硫礦○此為產鉛礦內之最要緊者其成顆粒為立方形亦可劈開之成立方粒閒有得八面形者其光色發亮如金類但其外面閒有暗者其剖面為光亮其色為灰如鉛其劃痕迹亦為灰色如鉛其硬率二·五重率七·五每百分含鉛八十六·六分此為精礦之數餘質為硫如用吹火筒加熱則其熱必漸漸加增否則容易爆開久之成鉛一圓粒此礦能為硝強水所化分又能與銀礦等礦分別之或看其顆粒成立方形宜以吹火筒法或用化學別法俱可此礦平常含銀稍些而分別銀之法將其礦在硝強水消化之再將光亮紅銅一條放在水內則紅銅面成薄皮一層為銀凡得鉛硫礦應詳細化分查其含銀與否閒有含銀不多而煉出之銀較煉出之鉛價更貴又礦師云鉛礦之細粒較麤粒者含銀更多但此說甚謬雖一處之礦

如此然他處則否。

鉛養炭養礦又名白色鉛礦○此礦常成大塊其質密內含土或絲紋塊其顆粒爲柱等形其質脃其光色亮如玻璨或如金剛石其精質能透光其色爲白或灰閒有帶藍色其劃痕迹無色其硬率三至三五重率六五每百分含鉛七十五分其餘爲炭養氣等質如用吹火筒試之得鉛珠如以硝强水消化之再將乾淨鋅片放於水內則鋅面結成鉛粒頗佳凡鉛養炭養礦浸在强水或酸質內則發氣泡甚多

燐鉛礦又名火變形石○此礦之色稍帶綠色閒有明綠色如靑草其顆粒爲六面柱形其面上與擦油顏色相似閒有帶黃色或櫻色或暗茄花色其劃痕迹爲白色或帶黃色其光色如松香平常爲能透光硬率三五至四重率六五至七每百分含鉛七十八分另含燐若干等質如用吹火筒在木炭上加熱則成鉛珠待冷時此珠成顆粒形而炭面生黃色皮一層爲鉛養

如合於鈉養炭養在吹火筒內層火加熱則成鉛珠此礦能在硝强水內消化

鉛養鉻養礦○此礦帶黃色內含鉛養鉻養吹火筒加熱則發黑色而渣內有光亮之鉛珠如在硝强水內消化則其水變爲黃色

鉛養硫養○此礦或白色或灰色或藍色或透光或不透光而其光色如金剛石內含鉛養與硫强水此礦之形與鉛養炭養礦相似但其質更輭在各强水或酸水不發氣泡

以上各種鉛礦鍊成鉛最多者爲鉛硫礦亦爲常見者又常含别種金類有數處得礦含銀者多而不含銀者僅見如各層土石內或成脈或在凹內齊聚或成平層等俱有英國産鉛礦大半在產煤灰石或在山灰石內又在哥奴瓦地方代芬石層內有一種石名曰開拉斯亦產鉛礦英國等國在下希魯利阿層之石並花剛石與乃斯石等石內亦有之

如美國哥魯拉多邦有一處名雷特非勒郎鉛城之意義也按此處所産鉛養炭養礦含銀甚多而夾在藍色灰石與拍弗里石之中見第三十圖

第三十圖

如鉛硫礦平常合於石英或鉛養炭養或鈣弗石閒有合於銀養或銅硫礦或鐵硫礦

如將鉛硫礦磨成細粉放在鐵匙內則能鍊成鉛先漸漸加熱至其礦不爆裂後加熱至紅

如查礦人在山中鍊鉛礦欲用簡便之法將石塊成方形之爐在爐底擺大木塊其上用劈開木塊再加敲碎之鉛礦再上加木料在爐之口點火用鐵盆或瓷盆以收所流出之鉛

錳礦

常見之錳礦爲錳養二其色黑或灰色又名火洗礦此礦或成大塊或成顆粒形而面上之凹形所有黑色之粉能染指爲黑色間有成小光亮之顆粒如磨光之鋼色或得葡萄串形之塊其質有絲紋排列其光色幾分似金類其色與所劃痕迹俱爲黑色其硬率二至二·五重率四·八至五

其原質每百分含錳六三·三分其餘爲養氣如合於硼砂再用吹火筒加熱則多發氣泡又在白金絲上合硼砂加熱則成茄花色之珠熱時變黑色冷時變紅茄花色此爲外層火內之變化如在內層火加熱則熱時無色冷時玫瑰花色

有一種錳養礦另含水若干即每一百分含水十分又名華得亦曰筆鉛形錳養礦又有西路密尼錳養礦間有一種另含鋇養等質又名光滑黑錳礦此礦合於硼砂加熱則猛發氣泡再有一種紅色之錳礦內含矽養三礦等

地球有數處產錳養二礦似乎爲最古時之石層內所含之

錳與養氣化合而變成者

汞即水銀也

將含汞之礦等質合於鈉養炭養在玻璨試管內加熱如在試管內稍冷之處必有凝結之質爲水銀之小粒

天生水銀○有數處產天生水銀爲錫白色之微球形粒重率一三·六而爲流質用吹火筒加熱則能自散又在硝強水內容易消化

銀硃即汞硫○平常所買之水銀爲此礦所出間有得大塊者其質紋如顆粒形或如大顆粒形而顆粒爲最佳之紅色能透光而發亮此礦之顏色平常爲紅間有光紅又

有櫻色或櫻黑色其劃痕迹爲紅色其光色無金類光其質紋平行排列所以能劈開又能成片其硬率二至二·五其重率六至八每百分含汞八十六分其餘爲硫磺

此礦在吹火筒之火內自散又能在合強水內消化即輕綠水四分硝強水一分爲合宜者如僅用硝強水或僅用鹽強水則不能消化又如將此礦磨成細粉合於石灰在鐵盆內輕加熱則在鍋底內必見圓粒又如將磨粉之礦放在能耐火之玻璨瓶內加熱則其水銀在玻璨瓶口未受熱之處能凝結成汞之粒子又如泥等煙管鍋內裝此礦之細粉將鍋口用泥封密之再入火加熱在鍋口安擺

冷體則在體上見鍋所發霧之處必有水銀凝結如用金錢一枚或乾淨紅銅一片放在霧內不久即有水銀在其面上凝結

汞綠又名明角形水銀礦○此礦或成整顆粒者或小顆粒而合成大塊者其色帶暗白色或灰色其劃痕迹畧爲黃色硬率一至二重率六·四八

汞硒礦○此礦之色爲灰如鋼與鉛在墨西哥國內常遇之

產銀硃之處甚多將其地名及石層之大畧開列如左

舊金山即加利福尼在產白色粉之石層內能得之

奧國伊利里亞邦之伊得里阿地方所產頁形石或灰石或磨石各層內能得之

西班牙國在含雲母石之頁形石層內有產銀硃小脈者

意大利國在含雲母端石層內有銀硃小脈

墨西哥國柏油色石及拍弗里層內有產銀硃之脈一條

南阿墨利加泥板石與砂石各層內有產銀硃礦之處

總而言之無論古今各種土石層內俱能遇見產汞之礦所以無一定產汞之石層

鎳各礦

凡金類礦疑含鎳者欲用火筒分別之最宜謹慎因極易誤也如在木炭面加熱合於鈉養炭養在內層火加熱則成灰色之粉能爲吸鐵所引又如用鉑絲合於硼砂在外層火加熱則成玻璃珠熱時爲紅或帶茄花色或櫻色冷時變黃色或黃紅色如在內層火加熱則成灰色之珠

鎳鉮礦○此礦平常或成大塊或爲腰形或爲柱形或樹木等形所成之顆粒爲六面柱形其色如紅銅但生鏽時變灰色或黑色其劃痕迹爲淡紅色其光色如金類其質脃其硬率五至五·五重率七·三至七·七每百分含鎳三十五至四十五分其餘大半爲鉮此礦平常與天生紅銅相似但其質更硬能在合强水內消化成綠色水如水內添淡輕四養水則變茄花藍色

白色鎳礦又名光色鎳礦○此礦所成之顆粒爲立方形其色或白如銀或灰如鋼其劃痕迹爲灰黑其光色如金類其質脃其硬率五·五至六重率六·四至六·七其原質每百分含鎳二十五分至三十分其餘爲鉮質

綠色鎳礦即鎳養炭養礦○此礦爲明綠色每百分含水二十八·六分

鎳養矽養礦○此礦含水若干分在新加利多尼所產不少其色綠或深或淡不等如合於硼砂用吹火筒加熱則鎔化成鎳珠此質爲鎳養矽養並鎂養與鐵養等質其最

佳之礦每百分能含鎳十二分此礦在蛇色紋石內遇之而成脈或在石凹中齊聚而包此礦之石爲矽養三閒在脈內遇見之礦有鈷代鎳者

除以上所說之新加利多尼礦之外其要緊者爲鎳鉮礦在歐羅巴數國內得之或在變形石內或在歲以內得石等又平常得此礦之處亦產鈷礦銅礦與銀鉛等礦如加拏大常有鎳礦在鎂灰石下或在蛇色紋石上或夾在兩石之間

鉑

鉑不成礦常遇見者爲天生之形狀或得其粒子或得其塊其色爲白灰或深灰其劃痕迹亦爲白灰或深灰其光色如金類硬率四至四五重率十六至二十一

常見之鉑含銥或鋨等金類而鉑與銥鋨俱不能爲吹火筒所鎔化祗能在合強水內消之每鹽強水四分配硝強水一分成此合強水消化之後則成黃色水內添錫綠則發明紅色

因鉑重率大則產鉑麤細沙或泥土宜放於盆內以水漂之而鉑沈於盆底可以分出與分金沙法同如將鉑在合強水內加熱而消化之若水內添硇砂則成光黃色或紅黃色之顆粒質此質加熱則得鉑粉鬆如海絨所以謂之鉑絨有數處產金類之脈內能得鉑稍些但平常所得之鉑成扁形小粒或在產黃金泥土內疑其從石英等石內所出而爲水衝下者

銀各礦

凡含銀之礦易在吹火筒內鎔化或先合於鈉養炭養二或不合於鈉養炭養俱可所成之小珠其色白用刀割之可以成片用錘能打薄

如有疑含銀之礦先磨成細粉後在強水內消化而濾之再於水內添食鹽水或輕綠水則結成白色之質但因含鉛或汞之礦亦能結成白質所以另加淡輕四養如消化則知爲銀綠如不變則知爲鉛綠如發黑則知爲汞綠又在其原水內將光亮紅銅一條插入水內如含銀則其銀必鍍在紅銅面又如疑水含銅可將磨光之刀刃插入水內如有銅亦必鍍在刀刃之上

有數種含銀之礦放於最熱之火內則礦之外面生白色小點爲銀質如精銀遇見硫霧極易生鏽又合於含硫之質如雞蛋黃則其銀發黑

天然銀○此種銀其平時形狀或成薄皮或成細絲或成樹木形之脈或成八面形之顆粒等其色與劃迹俱爲銀白如成脈形則面上平常生鏽其體易爲刀所割或爲錘

所打薄其硬率二五至三重率十·二至十一·二

平常銀礦含黃金紅銅稍些可用以前所說吹火筒與礦强水之法分別之亦有在產鐵礦之石內及天生銅等礦內見之

脃性銀礦又名銀硫合銻硫礦○此礦常遇見大塊其質密成斜方柱之顆粒等形其光色如金類其色與劃痕迹爲黑或鐵灰色硬率二至二·五重率六·二九其精質每一百分含銀七十一分其餘爲銻等質如合於鈉養炭養在吹火筒內加熱則爆開但易成銀珠如在硝强水內消化之將光紅銅片置於水內則銅必結成銀皮一層此礦之性甚脃易與銀硫礦分別蓋銀硫礦其質輭韌卽割之劈之而亦不碎

光面銀礦又名銀硫○此爲要緊之銀硫常遇見成大塊等形狀其顆粒爲立方形或八面形等其質剖面或成彎凹形或亂凹形其色或黑或鉛灰色如新開未遇日光者則有光金類色其痕迹與本色相同而發亮其質輭亦易劈開其硬率二至二·五重率七·二至七·四每百分含銀七十八分其餘爲硫平常合於銅硫或鉛硫或鐵硫或鋅硫或銻硫或鉮硫等礦又合於鎳與鈷各礦如合於鈉養炭養在吹火筒內加熱則成銀珠可用平常之法以强水試之其形狀與數種銅礦鉛礦相似但用吹火筒能分辨之用錘打薄亦能分別如平常火焰之熱度足令其鎔化

明角形銀礦又名銀綠礦○此礦常遇見者或大塊或顆粒多不透光惟邊際稍能透光其質之外形如蜜蠟其折剖面爲彎凹形其色爲綠白或珠灰等其劃痕迹爲光亮灰色用刀割之亦如蜜蠟其精質每百分含銀七十五分能在蠟燭火內鎔化如用吹火筒加熱則易化出銀質倘將此礦置於乾淨鐵板面上加水稍些磨擦之則鐵面鍍銀一層如南阿墨利加所產之銀大半由此種礦所得者土名爲擺哥司又北阿墨利加哥魯拉多所產之銀礦亦屬此類

明紅色銀礦又名火色銀礦○此礦成大塊或成小顆粒形或成柱形之顆粒其光色如金剛石幾分有金類光色其色間有黑色或紅黑色或明紅色如呀囒米其劃痕迹爲佳大紅色硬率二至二·五重率五·四至五·六每百分含銀畧六十分其餘爲鉮等質此礦常合於丐勒賽得並加里邪等礦又有一種深紅色之銀礦爲銀硫合銻硫其淡紅色銀礦含鉮代銻

凡銀礦平常在花剛石與乃斯石或泥板石或雲母頁形石或灰石等成脈形又每合於鐵礦或紅銅礦或鉛礦或

鋅礦或鉛硫礦常含銀若干其多寡不定

如美國哥魯拉多邦之雷特非勒地方遇見銀礦之處其礦合於鉛養炭養下有藍色灰石上有白色之拍弗里石見第三十圖此圖內各層上爲白色拍弗里石再有鉛養炭養含銀礦其次有藍色灰石及拍弗里石與白色之灰石最下有石英類及花剛石與乃斯石

如美國尼法達邦有一處產銀礦甚多即乾斯篤克地方其礦內有石英間有丐勒賽得又有數種金類合於硫礦復有數種銀礦與天然銀與黃金等此礦脈上有歲以內得石下有變形之端石又如墨西哥國所產銀礦合於灰石內又在端石與拍弗里石之中間又於火成石與變形石各層內如智利國有銀絲與天生銀在花剛石以上成層而產銀最多者疑其爲成白石粉時所結如秘魯國產銀礦之層下有拍弗里石而兩邊有灰石如美國哥魯拉多等邦在國之西邊有產銀絲之地所成銀脈能於多處得之如新金山排里亞山開銀礦之處在變形石內大半爲雲母頁形石又近於地面其礦含鉛養炭養並銅養炭養與銀絲等但在更低之處含銀硫等含硫礦之礦亦間有含錳者

錫

凡含錫之礦合於鈉養炭養在吹火筒內加熱則成白色之錫將此錫在鹽强水內消化另加鋅則其錫凝結成海絨形如用吹火筒試之其錫有餘下白色之皮質無論內外層火不能吹散如合於鈷養淡養水令溼則其質變爲藍綠色以此法能與別種金類分別之

錫礦之最要緊者有四種開列如左

揩細德來得又名錫礦又名錫養礦又名錫石○此礦有成大塊者亦有成粒者其顆粒之形狀爲方柱形或爲八面形其精質無色或有明光但平常帶櫻色或黑色或灰色其顆粒有光色平常之礦塊幾不透光而其光色如松香稍帶金類色其劃痕迹爲櫻色其硬率六至七重率六五至七一此礦之硬與石英相似能劃玻瓈其精質每百分含錫七十八分僅用吹火筒法則不鎔化如合於鈉養炭養試之則分出錫如强水類不能消化

河底錫礦○如河底或在低處麤沙內遇見此礦或小塊或小片其各角已磨鈍

木紋錫礦○此礦不成顆粒形而其質紋如乾木形平常爲淡櫻色內有帶黃色或黑色之同心圈紋間有得錫礦其色如紅寶石即加尼得石又有如黑色鋅硫礦等

鐘銅形錫礦又名錫硫礦○此礦能得其大塊又能得立

方顆粒者，但爲罕見之礦，其色灰如鋼，其劃痕迹爲黑色，其質脆，硬率四，重率四.三至四.六，每百分含錫二十七分，又含銅與鐵與硫，此礦可以合强水消化之。

如花剛石、乃斯石、雲母石、端石等層內，常遇錫礦之脈，如英國哥奴瓦地方，其脈有東西之排列，而其斜度中數爲七十度，間有橫脈，又數處有脆性之花剛石，內有錫之小脈，亦有遇見大塊者，又或爲河底所得者，復於數種石層中間有錫礦之脈，與石層平行排列，又花剛石與開拉斯石內能得其眞脈，如新金山崑斯蘭地方，其錫在凹處齊聚，亦能開採，又如達斯馬尼地方，亦有凹處齊聚之錫，並拍弗里石層內成脈，俱能得之，又如新南威勒士有含石英之錫脈，通過花剛石，又如巫來由列海島所有泥土中齊聚之錫，大畧必爲花剛石化分而從脈處衝下，又如緬甸所得泥土內之錫，亦必挨次齊聚，又於美國代科塔邦纍花剛石內，有石英之脈，又在雲母頁形石中，亦有產錫者。

鋅

凡欲試驗含鋅之礦，先合於鈉養炭養，在木炭上用吹火筒加熱，如木炭面生皮一層，加大熱發光亮，熱時帶黃色，冷時帶白色，則爲含鋅之憑據，如炭面所成之皮，用鈷養淡養$_5$水做溼，再加熱，則發最佳之綠色。

卡拉迷尼礦，又名鋅養炭養$_3$○此爲鋅礦內之最要緊者，其質成大塊，間有成石鍾乳形，稍能透光，其淸者色白如眞珠，但平常含鐵養等質，則爲櫻色，間有帶綠色，劃痕迹帶白色，其光色如眞珠或如玻璃，其質脆，硬率五，重率三.三至三.五，其精質每百分含鋅五十二分，其餘爲鐵養或鈣養炭養或鎂養炭養等質，如用吹火筒獨試之，則不能鎔化，如合於强水或酸類質，則發氣泡，亦有得此礦之形狀與丙克司巴耳相似。

鋅布侖得礦，又名鋅硫礦○此礦成大塊者成絲紋形，其顆粒爲八面形與十二面形，其色淸者黃而透光，但平常帶櫻紅色或加尼得紅色或黑色而半透光，其劃痕迹爲白色或紅櫻色，其光色畧似蜜蠟，硬率三.五至四，重率爲四，有數種能收發電氣，每百分含鋅六十七分，其餘爲硫礦等質，如用吹火筒加熱，則在邊上能鎔化，此礦可於硝强水內消化，如放於玻璃管內加熱，則有硫幾分放出，其餘爲鋅養硫養$_3$，此礦常與鐵硫銅硫或與銀礦相合，能在鹽强水或檸檬酸水內消化之。

鋅養矽養礦，又名光面鋅礦○此礦之色或白或藍或櫻或綠，稍能透光，其劃迹帶白色，其光色如眞珠或如玻璃其硬率四·五至五重率三·三至三·五每百分含鋅五十三分其餘爲矽養質如用吹火筒試之則發泡又發光亮如燐用吹火筒獨試之則不鎔化如合於硼砂則成明珠如在硫强水加熱則消化而其水冷時有膠之形狀又在橣檬酸水內加熱亦能將此形狀顯出也

紅色鋅礦○此礦或成大塊或成顆粒容易劈開分層其質脃署如雲母石其色光紅其劃痕迹爲橘皮黃其光色明亮幾能全透光硬率四至四·五重率五·四至五·六每百分含鋅八十分用吹火筒獨試則不鎔化合硼砂試之則成明黃色之玻璨如在硝强水或橣檬水內沸之則能消化

凡鋅礦最要緊者爲卡拉米尼在代芬或在產煤或在魚子形各層石內成脈或成層或在凹中齊聚如鋅布侖得常在英國等處之灰石層內遇之又常在礦之一脈內有鋅與別種金類礦並見如哥奴瓦地方有俗語云紅鋅礦騎好馬其意義蓋謂礦脈上有紅鋅礦則下疑有紅銅等礦也

求礦指南卷六

英國礦師安德孫著
英國 傅蘭雅
烏程 潘松 同譯

論別種有用之礦石

筆鉛又名黑色鉛

此礦之光色如金類其顏色如深鋼灰其劃痕迹黑而亮硬率一·二重率二·一此質用手磨之則滑劃在紙上有痕迹每百分含炭九十分其餘爲鐵與灰等質倘用吹火筒試之則不能鎔化又用强水類亦不能消化如英國岡比爾蘭地方端石內產有筆鉛之層成鱗形片如錫蘭之代芬石其上層內亦有之又產於美國之乃斯石內因此質能劃迹如墨可爲寫字所用故謂之筆鉛又可作鎔化金類鍋之用

煤

如木煤與椶色煤爲未變成之煤質不能目爲眞煤但眞煤平常成層而各層隔開有泥板石或砂石或磨石或泥而各層煤與其相隔之各石俱謂之產煤層凡煤之種類甚多其尤要者有三如白煤煙煤椶色煤是也

白煤即硬煤也○此煤發光亮而邊甚快利其剖面爲彎凹形其劃痕迹爲黑色磨之並不染指亦不易生火但已

經燃著則發熱大而煙少每百分含炭質九十分至九十五分

煙煤即輭煤也○此煤之外形較硬煤更暗其色黑所劃痕迹帶黑色重率不外一·五可分為多種如化成柏油形之煤或燒時成餅形煤或櫻桃色煤或干尼里煤即燭煤 此煤之質密而剖面有彎凹形磨之發亮擊之有聲又有借得即墨珀 此種較燭煤尤黑而磨之更得光亮以上各種煤每百分含炭質七十三分至九十分

櫻色煤即木煤也○此類顏色或帶黑或櫻而其光如松香間有更暗者每百分含炭五十分至九十分

如英國等國產煤石層內含煤頗多但別種石層內亦有產煤者即如牛西蘭數處之木煤在胙拉石及白石粉層內曾得之又如北阿墨利加之木煤亦產於白石粉等層內屬於第三時

必刁門又名地柏油

此質有定質流質兩種如遇火即能點著又有奇臭平常分為三種一名阿司弗辣得一名那普塔一名火油

阿司弗辣得○此為黑色或櫻色之定質其剖面為彎凹形而光色如玻瓈硬率為二其清質能浮在水面如特里尼答島內有流質阿司弗辣得成一大湖徑一英里半近於湖邊凝結成定質但湖中恆沸不息又於英國特而皮並舍勒蒲兩處山灰石內可得之又於哥奴瓦之花剛石內亦可得之合於石英與鈣弗石

那普塔又名地油○此為黃色之流質其臭甚奇能浮在水面

火油○此油較那普塔之色更深而為流質間有畧黑色者如那普塔與火油每百分含炭八十四至八十八分其餘為輕氣如阿司弗辣得含炭與輕氣之外另含養氣與淡氣稍些如美國加利福尼邦遇見阿司弗辣得在第三時之石層內又如哥魯拉多邦與美國西邊別邦內在白

石粉各層內遇之又如北喀爾勒那邦在脫里阿細層內遇之又得於西勿爾吉尼阿邦之產煤層內又在根特機邦之產煤灰石層內見之又在賓夕瓦尼邦西邊之代芬石層內得火油甚多

石膏又名阿拉巴司得

此礦之顆粒為斜方底斜柱形其色或白或灰或黑不等其清質幾能光明而光色如眞珠大半為指甲所能劃成痕迹其重率二·三其原質為石灰合硫強水用吹火筒之火試之則變白而不透光容易磨碎各種石膏如加熱後磨成粉合於水則乾時變硬而結實如西國所用之石膏

大半爲第三時各層土石層所成俗名爲巴黎膏另有別種更古之石層內可得之又數處有得於石鹽層中者如英國支斯德省內是也

欺八石又名鈣養燐養五石

此種礦石內含鈣養燐養五甚多其生質不合用但變熟後則爲農家肥田所用之料此礦石劈開無一定之方向其色或白或灰或帶綠其劃痕迹爲綠色有透光者有不能透光者其硬率四五至五重率二九至三二有數種加熱則發燐火光如用吹火筒加熱祗能在其塊之邊上鎔化如加拏大地方在羅棱士石層之灰石內常遇見之

白礬即鋁養三並鉀養與水並硫強水相合而成之質白礬之味濇稍有甜硬率二至二五重率一八如白礬重一分能在沸水一分內消化此物爲天生質在泥板石內得之

硼砂又名鈉養硼養三

此礦顏色白而不透光其色如玻璨其折剖面有彎凹形其味畧甜而似鹼類如用吹火筒試之則先發腫後來不透光但鎔化久之成明光球有數處之湖水含鈉養硼養三甚多而凝結或在湖邊或在湖底如意大利國多斯加納邦及印度國之北泥泊爾地方並西藏北阿墨利加等處是也

硝即鉀養淡養五

此質天生者在地面成霜形能於水內消化抛在紅熱木炭上則著火燒得最猛其原質爲鉀養與硝強水

鹽又名鈉綠

鹽之色或白或灰間有玫瑰花紅色如加熱則爆裂其味鹹而地內所開之鹽必先提清方可合用如各層土石內能遇見之又有數處合於石膏或鎂養等質

鈉養淡養五

此質天生者其色各不同有數處在地面遇見之成霜形

又有成皮形能在水內消化又加熱則鎔化燒成黃色之火焰此質與硝分別之法因能自鎔化在空氣內而硝不能自鎔化有數處在地內能開之即如舍非勒司巴耳或含燐養五等質合于石以下又在地面能得若干厚之層得此質之處常遇見鹽與石膏等質產最多之處爲智利國

鈣養燐養五

前所說欺八石之外另有數種石含燐養五即如英國法國俄國等處在綠砂或在高勒得石內所得之塊平常含動物迹如殼類與骨頭等質又在第三時之土石內並在灰石內之凹中亦得之

銀養硫養又名重光石

此石顏色白而其質密有顆粒形其硬較石鹽更大但比鈣克司巴耳則小其重率四·三至四·八其原質爲銀養合於硫强水在揩薄利阿與西魯利等石層內或產煤之灰石層內得之如磨成細粉合於油則爲合用之油色

鈣弗石見礦母一款

此石爲礦脈之母常遇於乃斯石與泥板石與產煤之灰石等石中其質在鍊數種礦之工內常用之

鈣養炭養見礦母一款

此石雖常爲礦母但有產處甚多而地內各層最厚分爲多種如白石粉或魚子石或密灰石或顆粒灰石等是也

如鈣養炭養各種石在强水並酸水內能消化發氣泡故易與含矽養之石分別此石塊亦在鍊礦工內甚爲合用

如礦內含矽養則用處尤大

各種寶石

各種寶石屬於花剛石及乃斯石拍弗里石等石層平時在各層石爛餘之料內得之雖有數種泥土產金剛石而爲近來所成者其泥土爲古時之石腐爛而變成者也

如寶砂石及撒非耳石紅寶石俱在乃斯石花剛石雲母端石格羅來得端石多羅美得石顆粒形之灰石內得之

如錫蘭地方查寶石之處恆在古時河底並麤沙層內者居多其麤沙層在地面以下十尺至二十尺其閒之寶石最盛此層土名內蘭大半爲小礫石被水所銷磨者閒有花剛石粒與乃斯石粒等料其凹內亦可以多得寶石嘗有寶石齊聚於中而周圍不見又如多羅美得石內亦得紅寶石

如緬甸等處所產之紅寶石有得於灰石洞底內者又在水成之層內爲爛壞乃斯石等料又於河底及灰石內得之

有數處雲母頁形石並泥端石與黑灰石各脈內得綠寶石而花剛石內得之又如凹處亦有得者又如拍弗里石內已得哇巴勒石而砂石內亦有產此寶石之處

如波斯國所產之藍寶石西名土而古哇斯從泥端石內得之

如吐巴司石平常在肥皂石或乃斯石或花剛石等石內得之

如金剛石平常產於水成之泥土層內又在開黃金之處亦能得之如印度國有數處合子層內其石子爲圓形而有灰料相聯之分爲上下兩層上層有麤沙與細沙與含灰之土下層爲黑色韌泥與爛泥此層內亦產金剛石

如巴西國有白色石英合於礫石與淡色沙結而成合子石間有黃色與藍色之石英合於鐵沙成合子石內產金剛石頗多又如南阿非利加產金剛石之泥土層其原料爲花剛石或巴所得或砂石或綠色石等所成而內有加尼得石與靑碧石瑪瑙石與同心圈紋之礫石等寶石其重率畧與金剛石相等

如南阿非利加之耕不里地方產金剛石之洞與相近處之別洞大同小異其洞內產金剛石之泥土如柱形或煙囪形周圍包住大半在近於地面處者爲紅沙土下有含灰之都法石再下有黃色之泥板石又下有黑色之泥板石最底下有硬火成石產金剛石之土俗名爲黃土其實爲藍土腐爛而變成者其藍土爲含鎂合子石之類而用爆藥轟開之其藍土或爲深藍色或爲淡綠灰色以手指磨之覺其滑如油此土內間有大石塊者如蛇色紋石或像石或石英或雲母頁形石或格羅來得石頁形石或乃斯石或花剛石等以上所言之藍色土知其已受過大熱但寶石不在其本石中而在相聯石塊之灰料內又如俄國阿墨利加與大利亞牛西蘭婆羅等處亦有產金剛石者而分出金剛石之法各處皆同即將麤沙及小礫石篩之將礫石從沙內分出詳細查驗見有寶石收之餘料則棄之可也

如金剛石及明紅司批內勒石加尼得石終不能見其六面柱形者故與他種石之顆粒易於分別又如明綠寶石與撒非耳與素告納石終不能見有立方形或八面形或斜方十二面形如金剛石其質爲淨炭其餘各寶石可分爲大類第一類以鋁養爲本第二類以矽養爲本如撒非耳與明紅寶石與明綠寶石等俱歸第一類又如阿迷替斯得與哇巴勒與貓眼石瑪瑙等屬於第二類

推算金剛石價値因時有軒輊殊無一定之法總而言之凡大小金剛石之價値畧與其重之平方數有比例而稱金剛石之碼子以指辣爲主每英釐三釐〇五分之一爲一指辣

試驗金剛石極妥之法必視其硬與光色除硃之外則金剛石無所不能劃但試驗金剛石必謹愼其利角因質雖堅硬然性甚脆故易斷折

第三十一至三十五圖

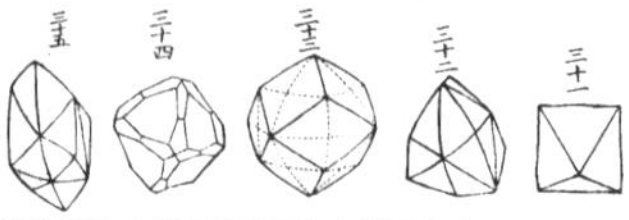

如吐巴司石易於劈開成平滑之面故易與相似之寶石分別之

所有明綠寶石與淡藍寶石西名伯而以勒石淡綠寶石俗名海水色石其原質相同所有之分別則視乎顏色又

如藍色撒非耳與東方明紅寶石與東方阿迷替斯得與東方明綠寶石俱爲淨鋁養，內含金類合養氣質成此顏色。如水晶爲淨而明之石英。又如茄花色與紫色阿迷替斯得與墨晶與嵌納各末石與玫瑰花色之石英，俱爲明光之石英而帶各種顏色。又如貓眼石原爲水晶內含不灰木，能發回光，同於貓眼。又如卡耳尼里恩石與卡勒西度尼石與苔紋瑪瑙與椶紅瑪瑙，祇能透光而不能明光。又如青碧石與血點石，亦以矽養爲本，但其色各不同。

各寶石性情表

寶石名	顏色等	重率	硬率	顆粒形	折光	電性	鎔化	遇強水
金剛石	白色或無色或滯黃色等色能發回光而有金光色	三·五	十	八面形或十二面形體其面間有彎形如三十二至三十五圖如印度所產者常爲八面形	單	正	不能鎔化	不變
明紅寶石	紅	三九至四〇	九	斜方面形	雙	久存電氣	不能鎔化	不能消化
吐巴司	各色	又	又	又	又	又	又	又
撒非耳	淡藍	又	又	又	又	又	又	又
明綠寶石	佳綠	又	又	又	又	又	又	又
阿迷替斯得	茄花藍色	又	又	又	又	又	又	又
明紅司批納勒石	明紅或大紅	三八	八	八面或十二面形	單	無	不能鎔化用吹火筒變色	鹽強水不消化礦強水幾分消化
貓眼	藍灰色明光而磨光時內發回光如貓眼	二六至二七	八五		雙	能存電氣	不能鎔化	
哇巴司	白色如乳或眞珠灰色等如移動則射佳色	二至二三	五五至六	不成顆粒	雙	正	不能鎔化用吹火筒放水變暗	幾分能消化
加尼得石	深紅色	三五至四三	六五至七五	十二面形等	單	磨則發電氣	能鎔化	難消化
土而古哇斯	藍綠	二六至三	六	腰形或成皮或成石鍾乳	雙	無	不能鎔化在玻璃燒瓶內爆裂變黑	能消化
石英	白色等色間有明光	二六五	七	六面柱形等	雙	正	不能鎔化但吹火筒合鈉養炭養鎔化發氣泡	不能消化
青碧	或紅或黃或紫	又	又	又	又	又	又	又
卡耳尼里恩石	光紅	又	又	又	又	又	又	又
帶形瑪瑙	各色排列成平帶形	又	又	又	又	又	又	又
寶砂	藍或灰或椶	四	九	顆粒形或六面柱形等	雙		用吹火筒不變合鈷試水變藍色合硼砂難于鎔化	不能消化

查寶石折光之法，將寶石置於目前，以小物在石外移動看物之形爲雙者，則知爲雙折光之石。

求礦指南卷七

英國礦師安德孫著
英國 傅蘭雅 同譯
烏程 潘 松

論各種土石之原質等事

花剛石○此石原爲石英合雲母與非勒司巴耳三種材料相合而成夫石英或爲白色或爲黑色或爲灰色等其粒子大小不定而爲亂形若雲母石或爲白色如銀或爲黑色有金類光間有河拏布侖得代雲母石如非勒司巴耳以鉀養爲本其色或淡紅或白或黃成顆粒形平常花剛石每百分含矽養七十分另含鋁養與鈣養鎂養與各

鹻類與鐵養等又每百分含非勒司巴耳四十分石英三十分至四十分雲母石十分至二十分

花剛石間有成頁形者分薄層排列有一種花剛石其非勒司巴耳在石英內排列法或其石英在非勒司巴耳排列法如字樣所以謂之文紋花剛石又有數種花剛石含雲母石過常者或含石英過常者或含非勒司巴耳過常者所以有雲母花剛石等名又有一種花剛石內不含石英而其質之大半爲河拏布侖得與鉀養非勒司巴耳此種名爲嶲以內得

又有一種石與花剛石相類者含非勒司巴耳顆粒與雲母石與石英與格羅來得等埋在其內成花點形此種石名爲拍弗里石

頁形石○此石分爲數種如雲母頁形石爲石英合於雲母石以成薄層又有肥皂石合於石英成肥皂頁形石又有格羅來得合於石英成薄層而爲格羅來得石又有河拏布侖得合石英而成薄層謂之河拏布侖得頁形石

凡所謂火成石間有內質成顆粒者易於分別其最密者如瓷

乃斯石○此石之原質與花剛石相同但其排列法則異平常有平行層排列者

蛇色紋石○此石爲綠色或灰色或櫻色或能透光或不能透光折破處有凹凸形如蚌殼其硬率二·二五至四重率二·五至二·六其質密而成大塊或成頁形或成絲紋形其面或似眞珠或類松香或若蜜蠟如用吹火筒試之則變白色而放水每百分含鎂養四十分至四十四分矽養四十分

巴所得○如巴所得折破面爲黑或爲藍或爲綠或爲灰櫻等顏色但平常似淡古銅色每百分含矽養四十分至六十分鋁養十一分至二十八分另含鐵合養氣各質與錳鈣養鎂養等

柏油色石○此石從火山得之與黑玻瓈石（即火山玻瓈）相似但其顏色如柏油而無玻瓈光其質分層如端石或爲密質或成魚鱗形等而折破處成凹凸如蚌殼其硬率五·五重率二·二至二·三用吹火筒加熱鎔化成灰色玻瓈或爲密質或如蜂窠形

火山玻瓈○此石原爲火山所出其剖面有凹凸形如蚌殼其色平常或黑灰而間有別種顏色其硬率六至七重率二·二至二·六每百分含矽養七十分至八十分另含鋁養與鹻類等如用吹火筒加熱則鎔化發滾成玻瓈類之料

浮石○此石亦爲火山所出其質鬆如海絨其色灰白或別種淡顏色能浮在水面如磨成粉則其粉之重率爲二其質甚脆用吹火筒加熱鎔化則成白色玻瓈料其原質與火山玻瓈大同小異遇見各種强水似不變化

砂石○此各種石容易分別因其質爲沙粒相合而成其沙粒中間有灰類之質黏連其粒子大半爲矽養最爲堅硬遇見强水不發滾

灰石○此質大半爲鈣養炭養相合而成所以加輕綠水於上則發滾遇見吹火筒之熱則不鎔化如加大熱則發光甚亮此石分數類一如白石粉其質輭而有土性其色白而無光二如密質灰石或成顆粒灰石三如魚子形石此石爲圓形粒子所成蓋其形似魚子故取此名焉又有雲石與鈣克司巴耳等

多路美得○此石爲無色或白色者間有黃色或綠色或淡紅色其面如眞珠或似松香或若玻瓈而爲鈣養炭養與鎂養炭養相合而成遇見吹火筒則不鎔化但發大光亮雖含炭養氣然遇見强水不甚發滾

泥類○各種泥類平常每百分含矽養四十分至五十分鋁養至三十分另含水若干間有含鐵養或鈣養或鉀養等如合於水可用手研之成各種形狀蓋其乾質最能受

水再乾時變韌遇見舌則黏在其上有數種泥以氣呵之則發惡臭氣平常在爐子內不能鎔化分五類爲常見者第一爲端石形泥此泥色灰或黃折破面如端石若磨碎合於水成漿再燒之則成火磚第二爲平常之泥可造磚瓦及粗器皿又有鬆質合土若干分第三爲白石脂其色白或灰白其面滑如油第四爲成器皿之泥較前說者更易鎔化其色各不同平常爲紅色或黃色或綠色或藍色等待燒後變紅或黃第五爲高陵泥此爲各種泥之淨者每百分含鋁養四十分矽養四十六分至四十八分另含水若干此種泥爲非勒司巴耳之石腐爛而成高陵泥以

手磨之則滑如油以手指研之則脆而成粉難合於水成漿但加熱時則變硬而成白色

數種石之性情 此各石在火成石與變形石內得之

石英○此石之細說見下礦母之欵內

非勒司巴耳○此質之色平常為白或紅間有灰色或黑色或綠色凡非勒司巴耳類能劃玻璃又為石英所劃但以刀劃之雖利不能其重率為二·五至二·七其光色平常如玻璃或眞珠在其劈成之面更能顯明又數種能發彩色或奶色而除拉巴拉多來得之外非勒司巴耳遇強水則不變化即變化亦甚少內含鋁養矽養合於鈉養或鉀養鈣養間有合此質兩三種

雲母石又名千層紙○此石成極細之片層光色如眞珠顏色白或灰或黑而露出之處間有黃色其易於劈開者亦止有一方向所成之薄層其性至韌其形如魚鱗亦有成大板形者此石較石膏更硬但不及鈣克司巴耳其重率二·五至三遇見吹火筒之火則易鎔化如遇輕綠則不易變化所含之質為鋁養矽養合鉀養與鎂養與鈣養與鐵錳等質

石脂○此石為淡綠或黃白色間有無色其光色如眞珠或似松香磨之則滑如油其質輭而指甲能劃之又可劃成薄層能彎但不能復原硬率為一重率二·六至二·八用吹火筒加熱則不鎔化祇能變白色如用鈷養淡養試水則變紅不能在輕綠或硫養內消化每百分含矽養六十二分鎂養二十七分另含鋁養與水與鐵質若干

克羅來得○此石深綠色平常成頁形外面有魚鱗形劃痕迹為綠灰色硬率一至一·五重率二·七至二·九六能在熱礦強水內消化中含鋁養矽養與鎂養矽養與水

河拏布侖得○此石有數種大半有綠黑色或白色所含鋁養與鎂養而不含鐵質其色淡其劃痕迹或白或稍帶別種顏色其光色如玻璃硬率四·六重率二·九至四遇見輕綠或硝強水幾不變化如在試管內加熱則不變惟用吹火筒試之則能鎔化多寡不等此石含鈣養矽養與鎂養與鐵與鋁養等

哇蓋得○此石深綠色或黑色其原質與河拏布侖得相類其光色如眞珠或玻璃如火山石內能得之

金色石○此石綠色或櫻色或金色其光色如玻璃能透光在火山各種石內得之較非勒司巴耳更硬而與石英畧同重率三·三至五能在礦强水內消化若在輕綠水內則難消其矽養質變成膠形其原質為矽養與鎂養與鐵與養氣等

礦母之要者

石英○所得之石英各色俱有惟常得者爲白色或櫻色間有帶藍色者即如昆斯蘭於產黃金之處所得者亦爲藍色而其光色如暗玻瓈石英平常能劃玻瓈但不能爲鉎或爲刀所劃如吹火筒加熱不能鎔化若合於鈉養炭養則能鎔化成玻瓈石英但不能消以各强水祇能在輕弗內化之耳如將石英兩塊在黑暗處相磨則成光若燐如成顆粒平常爲六邊柱形其硬率爲七重率二·六至二·七近

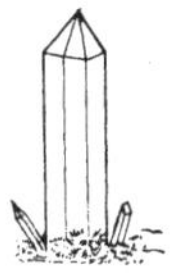

第三十六圖 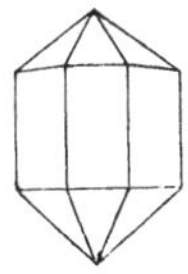　第三十七圖 　第三十八圖

於礦脈之面見有石英如蜂窠形而帶櫻色或黃色或紫色或別種顏色俱因有鐵硫或銅硫等礦化分而在更低之處能得各礦其石英幾乎俱爲淨矽養質

鈣弗石○此石爲礦母但不及石英之多間有合於銅礦鉛礦或銀礦之脈平常爲紫色亦有黃色或白色或藍色如將鈣弗礦一塊在黑暗處加熱能自發光如燐人幾誤以鈣弗石爲寶石但其質輭猶易分別所成之顆粒平常爲立方形或爲八面形其光或爲明光或爲透光其硬率爲四重率三·一四至三·一八其質脆如在試管內加熱則爆裂而發燐光如用吹火筒合於硼砂及溺中鹽則成暗

珠形如在管內合於溺中鹽加熱鎔化則放鈣弗霧能喫玻瓈如將鈣弗石之粉合於硫强水消化則其氣能爛壞玻瓈又能爛壞矽養之石如英國特而皮地方所產鈣弗礦其顏色藍凡鈣弗石每百分含石灰五十一分合弗氣四十八分

鈣克司巴耳○此礦爲鈣養炭養已成顆粒之石平常能明光能透光所成之顆粒爲斜方面形等如三十九四十四十一圖俱爲常式其面間有最光滑者其硬率爲三重率二·五至二·八或無色或淡黃或蜜餹黃或灰玫瑰或茄花色等此石在

第三十九圖　第四十圖　第四十一圖

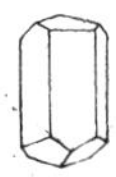

吹火筒內加熱不鎔化但發最大之光亮久之則變爲灰如遇見强水或酸質則發氣泡

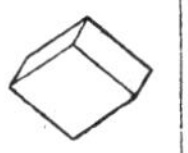

求礦指南卷八

英國礦師安德孫著
英國　傅蘭雅
烏程　潘　松　同譯

論用溼法試驗礦石

凡用溼法試驗礦石先磨成細粉後用流質消化之其流質平常用一種強水或數種強水消化之後另加一種試藥看其如何變化從此可知其含一種抑含數種金類設疑其礦含硫或鉮或容易化散之質即如鐵硫二礦銅硫二礦鉛硫礦等最好之法將其料先磨成細粉後來煅之燒去其硫礦等質則所餘下之金類合養氣質更易查驗但有

數種礦不能在強水內消化者如筆鉛或銀珠或含養氣或綠色或磺強水或矽養二之質皆是可於每一分中配鈉養炭養二四分放在鍋等器具內消化之則所餘下之質為金類能為鹽強水所消化但以上所說之法惟考究詳細者能用之

礦師大半以吹火筒之法分別金類礦此法已於第三卷內詳細言之但另欲考究用藥水等溼法分辨其礦所含之質如化分金類平常之礦所需之器具無多大畧預備鹽強水硝強水磺強水三種並鉀養與淡輕四養與錫綠試驗黄金所用與紅銅與鋅與玻璨試管與瓷鍋等間有預備榴檬

酸並鐵養硫養三但用溼法試驗頗多不便之處因各種強水難於運動如必欲運之則可預備堅固玻璨瓶而瓶口又須用最準之玻璨塞將其瓶裝在堅固木箱內則可以運諸遠處不致損壞

其礦先磨成細粉用鹽強水消化之如含硫礦或鉮或產金類則用硝強水消化之可免煅工其粉已消化之後則應加相宜之試水

其法將此細粉稍些放在試管內或別種器具如瓷盆等先加水稍些後倒硝強水於上用酒燈火加熱片刻

其明水謂之原水如試管底有未消化之質須濾出其定

質或將其明水倒入別種試管內

試驗明水之法先加鹽強水稍些如有質結成則必為鉛綠或銀綠或汞綠必將其流質倒出又於定質上倒以淡輕四養水而搖動其試管平時變化之法有三第一如全消化則疑為銀綠另用法作為憑據其法在原水內加以鉀養則結成棕色質為憑據第二如變黑色則疑為汞綠可另用法作為憑據其法在原水內加以鉀養則結成黑色質為憑據又如將乾淨紅銅放在水內則變為白色如銀第三如不改變疑為鉛綠可另用法為憑據其法在原水內加以硫養三水調之如結成白色之質則為鉛養硫養三沈

於管底爲憑據
假如原水內添以鹽强水而無結成則必另用他法即如通以輕硫氣苟有結成質者必細觀其顏色如爲黑色則疑含汞或鉛或鉍或鉑或錫或黃金或紅銅如爲黃色則疑含錫或銻或鉀或鎘設無結成質者則必加以他種試藥分別其含鐵或鋅或錳或紅銅或鎳或鈷等又有法將其礦粉合於鈉養硫養而鎔化之後其質變黑色則知其含鉍或鈷或紅銅或金或鐵或鉛或汞或鎳或鉑或銀或鈾又如變白色則含鋅如變紅色則含銻如變綠色則含鎘或錳又如變樱色則含錫或鉬

凡礦師最簡便之法以其原水分若干分將各分逐一試之如下
將原水各分合於下表內所定之試藥但如含銻則原水內加輕綠稍些再將鋅一條放在其內則結成黑色之質如是爲含銻之證
如欲試驗礦內含黃金與否其礦粉必先用合强水消化之而配合强水之法用鹽强水四分硝强水一分再加錫綠水即如含黃金微迹必結成紫色之質爲憑據如其水變爲光紅色則含鉑又在原水內添以鐵養硫養代錫綠則其黃金結成樱色之粉

以常法而言則試驗礦內所含之金類用吹火筒爲最簡便之法間有用之而不便者即如含數種金類則吹火筒難以分別所以用溼法添各種試水爲最便當
常有礦類遇見强水則其變化顯出含矽養或炭養等質如或含矽養則發膠形之稠質如含炭養則成氣泡發滚如放淡養等霧則疑含紅銅或銅硫或別種金類質而不含合養氣質

原水內加試水表

第一加以淡磺强水如結成白色質則爲含鉛之憑據
第二加以淡輕養至有餘如顯出藍色則知其含銅或鎳

將磨光之刀刃放入水內而水已加以輕綠至有餘則刀刃面鍍銅一層爲含銅之憑據
如結成白色質則知其含鉍或汞如加以淡輕綠令其結成質消化再將磨光紅銅一塊放入其內加熱令沸在紅銅面鍍成一層白色之質如銀則爲含汞之憑據
如結成紅樱色質則知其含鐵養
第三加以鉀養水至有餘如結成藍色質則爲含鈷之憑據
如結成淡綠色質則爲含鎳之證
如結成白色質在空氣內搖動之即變爲樱色則必含錳

如結成櫻色或綠色質而綠色質遇見空氣卽變櫻色則含鐵又如結成白色質則爲含鋅之證又如結成黃色質則爲含汞之證

求礦指南卷九

英國礦師安德孫著

英國 傅蘭雅
烏程 潘松 同譯

論試驗礦含金類數目之法

凡欲求礦含金類之數其法有二

其一謂之乾法將其磨粉之礦或合於配料鎔化之或亦可獨自鎔化也

其二謂之溼法卽用流質消化其礦

所有溼法中要緊者將其礦在强水內消化再加以試藥令其結而成質可從所結成之質能辨其含何種金類

用溼法試驗銅鐵鋅銀等於原水內所添之試藥其濃淡有一定者又從量杯倒出看其顏色已竟變成則量杯中倒出試水若干能推算其礦含金類若干此謂細法如礦師不便用細法可擇其簡者用之雖所得之數或未能全然作爲平常化分礦求數之用

又有簡法如分黃金所用者卽將含黃金之土或磨碎之石放用大盆內久冲水洗去其泥土等質如有黃金必沈至盆底可用目分別其黃色之光點此爲開黃金處常用之麤法見第五卷內詳細言之

凡用乾法必預備瓷鍋或瓦鍋能耐大熱者不至有壞其

礦磨成粉合於配料或不合於配料置於鍋內放在爐中加熱其熱度必配礦之性情

所有常用之配料各種開列如左

鈉養炭養或鉀養炭養此質可與矽養等質相合能成鎔化之質

硼砂與石灰或鐵養等質相合能成鎔化之質

玻璃與矽養與鈣弗石與蜜陀僧等

收養氣之質如木炭粉與鉀衰等

放養氣之質如空氣在煅工內能去硫礦等質又硝能多放養氣又蜜陀僧與食鹽等

去硫黃之料如空氣在煅礦工內能去硫礦又鐵釘或鈉養炭養等質亦能去之

去鉮之料即如煅工內用空氣或硝等質

收金類之料即如用鉛與汞等質收銀或金等

驗礦求金類數總法

所取之礦必宜謹慎取其中等者不可過於挑剔因欲多得金類之故將所取之礦用杵鉢磨成細粉如無杵鉢用錘敲成小塊後用布或用硬紙包之再用平面硬石兩塊在其中間敲碎成粉如用杵鉢常有礦片飛散應用紙一張蓋在鉢口旋於中間作一孔能通杵柄但有數種礦先

加熱後抛在冷水內則其質即變爲脆容易軋碎如礦內不含金類之小粒則磨成粉而碎之其功更易如礦內有金類小粒者以錘敲之祇薄而不能碎迨篩時其金類片不肯漏下因不顯出金類之光色則求礦者往往誤以爲無用之質即棄之不顧安知其爲礦內最要緊之物故查驗者應細詳焉

凡遇見礦粉於杵鉢面上黏連則杵鉢內散枯煤粉或木炭粉而搖動其杵數次

如欲用乾化分法則最好篩子每一寸長有六十孔頗爲便當或欲用溼法則其篩子每長一寸須八十孔如重金類及黃金錫等從更輕之料用水漂之則不必磨成極細之粉如無篩子可用平常之細羅將磨粉之礦放在羅面弔其四角輕輕搖動待細粉過羅之後仍放在杵鉢內調數次令其輕重各點調勻後將其鉢忽然顛倒在光滑紙面用鋼刀或象牙刀輕調之如料太多可分爲若干份取一份或數份作化分求數之用再將其礦用細天平稱其分量一一記錄以便預備煅鍊如欲分出金或銀則所得金銀之粒最小者必用極細天平稱之宜先子細推算應用礦若干照此數預備其礦粉迨分出金類小粒之後詳細權其分量則能推算其礦每一噸能出金類若干如平

常之金類或鉛等將所得小粒之重以礦之重約之再以一百乘之則得其礦每百分含金類之數

如英國稱金銀鉑等則用特設之寶物權至若賤金類則用平常市權如法國所用之碼子最爲便當因以十進位此法見於附卷各表中

凡稱寶貝金類小粒尤宜謹慎斷不可用此細天平稱其麤料及配料與礦等因各麤料應用更麤之天平而細天平必先學其法方可用之此細天平存在玻璨箱內不用之時其玻璨門必關閉斷不可有强水等霧通入其內否則易壞最好之法用噸之小分數稱礦嗣用法國稱法容易知每礦一噸所含寶貝金類之兩數

如試驗金類所用之噸小分數不過重二九·一六六格即二九一六六千分格

如試驗礦之一噸得寶貝金類一千分格則每礦一噸含寶物稱之重一兩又試驗寶礦所用之噸數十分之一爲最便當之數目因所得之寶金類一粒重得天千分格則每礦一噸含寶金粒重十天兩

假如礦師無合式之天平則有簡法代之如第四十二圖以松木條長一尺至十五寸寬三分寸之一用火漆在木條之中間橫連細鍼如天平之刀再用馬口鐵或銅皮一

第四十二圖

條長一寸寬半寸兩端爲摺邊各高四分寸之一如本圖再將其木條置在摺邊上如本圖倘兩邊不平則從重邊以刀刮去木料稍些至兩邊相平爲止再將木條面分爲二十等分即左右各十分而以一二三等數目記之令其兩箇一近於當中兩箇十近於兩端

用此簡便天平之法其碼有三開列如下

第一碼爲一釐重創此碼之法可先將一細天平用小銅絲割去一小塊而稱之得一釐正爲將來作木條簡便天平之用有此一小碼則其餘兩小碼可任意爲之

第二碼爲十分釐之一其法將一釐之碼放在木條天平之第一分上再將更小之銅絲一小塊兩端彎之置於木條對邊之十分數處而漸漸割去若干至天平兩邊相平爲止則所餘銅絲條爲重十分釐之一

第三碼爲一百分釐之一其法將以上所成十分釐之一碼子放於木條之一分上再將細棉線等最輕之物置諸相對之十分數處將其棉線等料漸漸收小至兩邊相平爲止則所餘棉線爲重一百分釐之一

用以上木條天平稱寶金類一小粒其法將小粒放在十分數處以一粒之碼子放在相對十分數處如兩邊相平

則其粒重一釐但如銅絲碼子太重必移動向桿之中一分或若干分至少輕於寶金類之粒爲止再將十分釐之一碼子置在桿之端漸漸向中而移動之至少輕於寶金類之粒爲止再用百分釐之一碼子以同法爲之

假如一釐碼子在八分處而十分釐之碼在七分處而百分釐之碼在三分處則知寶金類粒重八七三釐卽十分釐之八而有餘所以用比例之法容易推算其礦每重一噸含寶金類若干

假如礦若干重產黃金十分釐之八欲求其礦一噸含金若干釐必以前法推算然後知其礦重一噸所有寶貝稱

之得三萬二千六百六十六兩凡測礦者從此可以推類

用乾法試驗礦內含金與銀之數目

凡用乾法試驗金銀則必先用煅法或在鍋內鎔化之後令其與鉛相合再將所成之鉛塊在燒殼內分出其金與銀其燒殼內所用之鍋以骨灰爲之則其鉛必變爲鉛養卽行散開而鍋內所成之金銀爲光亮球形之粒

如乾法煉金類之全具可向專售化學器店內購之故此書不必詳述惟移動之鍋爐用燒殼與骨灰鍋有特設之法便於山中查金類礦之用最要緊之器具材料開列如左

天平 碼子（全副係稱礦與金類之小粒） 燒殼（兩三箇） 瓷鍋 瓦鍋 骨灰鍋 模子（係瓷瓦骨灰三鍋所用者） 鉗子（亦係瓷瓦骨灰等鍋需用） 鐵桿（係挑火所用者） 刮器 鐵杵鉢（或用鐵板與研器代之） 篩子（每長一寸有八十孔） 鋼刀 錘 骨灰（係用以成鍋者） 密陀僧 硼砂 鈉養炭養 鐵釘 硝 枯煤 木炭 玻璃試管 各種强水 毛刷（用以拭光金銀之小粒者）

爐子生火之法先將乾小樹枝與紙或木花及小木柴置於爐內其上放最大之木塊圍住燒殼之外面再放木炭或枯煤或白煤塊子大如雞蛋關閉燒殼門與爐子門如用瓦鍋法待若干時得極大之熱度

如金銀各礦含金銀少者用瓷鍋甚便因其所能裝之礦較瓦鍋更多然平常之礦常用瓦鍋之法

用瓦鍋試驗金銀之礦○將礦之細粉五十釐成粒之鉛五百釐至一千釐硼砂五釐爲一服先將鉛粒之一半合於礦粉放在瓦鍋內再將其餘一半勻鋪於上再鋪硼砂在外面放在燒殼內關閉其門待全鎔化後開門幾分而加熱至面上有密陀僧顯出約費時刻半點鐘後用鉗子取出其鍋將鍋內之料倒入鐵杯或模子中待冷時將其鉛粒從渣滓分出再用錘敲去其異質後打成立方形則預備用骨灰鍋之法

用瓷鍋鎔化之法○如用瓷鍋之法則配料之方最便當者如下

如其礦大半爲石質將一百釐至五百釐磨成細粉再加紅鉛粉五百釐木炭粉二十釐至二十五釐鈉養炭養合硼砂五百釐各料合勻如礦含石英甚旺則配鈉養炭養愈多又如含鐵等金類多者則配硼砂亦重其合料先放在鍋內將硼砂稍些放於面上其鍋必在爐內漸漸加大熱至其料全鎔化共費二十分時刻後用鉗子取出倒入鐵模內待冷時將鉛粒與渣滓分出敲去其異質打成立方形則預備用骨灰鍋之法

如礦內含銅或含硫磺多者必將礦若干分詳細稱其分量而煅之再配礦一百釐至五百釐紅鉛粉一千釐木炭粉三十五釐鈉養炭養二百釐至三千釐硼砂一百五十釐至三百釐各料合勻照前法爲之

以上瓦鍋之法所用之鉛料宜先試驗含銀與否因平常之鉛含銀若干分其多寡不等所用鉛粒之分數必依礦性配之如欲得畧淨之鉛將密陀僧或紅鉛粉二十分合於木炭一分加熱但此法所得之淨鉛亦應試驗其含銀與否其平常配鉛粒如下

含石英之礦配鉛粒八分硼砂四分分之一至一分

含鉛硫之礦配鉛粒六分硼砂七分分之一

含鉀或銻或鐵或銅合硫之礦配鉛粒十分至十六分硼砂十分分之一至五分分之一

用骨灰鍋之法○其燒殼加熱時將空骨灰鍋放在其內此鍋之做法下有一款特言之至於爐子所需之熱度待顯櫻桃紅色則用鉗子輕將所成之鉛粒放在骨灰鍋之凹內以燒殼門關閉至鎔化鉛料之熱度與燒殼之熱度相同燒殼門邊或有裂縫便於看見燒殼內之鍋與料如熱度太小則所發之霧起至燒殼之頂上如過於熱則其霧幾不上升而鍋之形難於分辨如見燒殼內之熱度太

小必將木炭一塊放在燒殼內加其熱度而爐火應挑之至鍋得所需之熱度則骨灰鍋所發之霧應高至燒殼之半而骨灰鍋應爲紅色卽鍋內之金類亦發大亮鎔化之質應有四面運動之形又看鎔化金類之面漸漸變爲凸形至末不過有金類一小點發光如鏡或爲金或爲銀或爲金銀兩者相合嗣後用鉗子將骨灰鍋輕移至燒殼之門以免金類自行噴出如骨灰鍋忽然遇見冷氣則往往有此弊病所得之小粒應爲圓形其下稍有成顆粒之狀容易從骨灰鍋分出其小粒先用刷子擦淨後用硝强水試之如含銀必爲硝强水消化所餘之黑色粉卽黃金粉

再稱其黃金粉與金粒之重數相較所得之餘數爲銀數

分出銀之法將所得金類小粒置於玻璨試管內每重一分配淡硝强水十分加熱令沸畧一刻之久則銀全行消化而所餘者爲黃金將其流質倒出再以淨硝强水稍些倒在金粉上如有未消化之餘銀必全行消化此流質亦倒出之後將黃金洗淨烘乾看其粒子成色如含黃金甚多則先加銀稍些與其本質相合後用硝强水可全消化其銀因銀數不到金數三倍之重則其分銀之功不全

如骨灰鍋有染各顏色之痕迹必詳細分驗之能知爲何種金類之憑據

如含鎢則骨灰之顏色淡黃或椶紅間有令骨灰鍋破裂

如含鉮則得白色或淡黃色之痕迹

如含鈷則骨灰之顏色甚綠而染綠色之痕迹

如含紅銅得顏色或綠或灰或深紅或椶

如含鐵得顏色爲深紅椶

如含鉛得顏色如稻草色或橘皮色

如含錳則染痕迹爲深藍黑

如含鎳則痕迹帶綠色或深綠色

如含鈀與鉑則染綠色痕迹所得之粒子多顯出顆粒形

如含錫則得灰色而燒殼內得霧上升至燒殼之頂上

如含鋅則骨灰鍋變黃色而爲鋅所鏽

做骨灰鍋之法○所用骨灰如能得羊骨或馬骨最佳不可磨過細之粉又不可成過麤之屑每骨灰一磅合於水一兩調和成膠則壓之能黏連但以手磨之不可黏於手指上將金類圓板如錢枚等物放在模底再加以骨灰鋪滿模子後將其特設之凸面錘子放在其上另用木錘或別種錘重擊一次後將手指逼入模底空處舉起則其鍋能推出模外

試驗別種金類在金銀之外○平常鉛礦爲鉛硫如欲求鉛數其法將礦磨成細粉每礦一分配鈉養炭養重兩三

倍放於鍋內再將中等鐵釘三條置於料之面上或欲收硫磺再用鹽或硼砂一層蓋在其上

可用燒鍋或用燒殼爐或用別種爐燒之

其鍋盛礦與配料畧滿三分之二先加熱至紅後漸漸加熱畧二十分至二十五分即至燒成爲度

將鍋內之料倒入模內待冷時將鉛粒與渣滓分出

再將鉛粒之重與所試礦之重約之將約得數以一百乘之則所得者爲礦一百分所含金類之分數

鉛硫礦常含銀稍些其多寡不等故所得之鉛粒應用骨灰鍋試其含銀若干但骨灰鍋所能收之鉛與其鍋之本

重畧相等所以鉛粒欲分兩分或多分而各分另配骨灰
鍋試之
試驗鉛硫含鉛之麤法將其礦磨成粉不合配料置於鐵
盆內用鐵匠之爐加熱則鉛能化出
試驗銅礦○用鍋試驗銅礦提淨在後必操練已久方能
得法所以銅礦用溼法試其所含之紅銅爲最佳
試驗錫礦○如錫礦含錫少者須用法令其爲濃即礦內
必分出所含之土石等異質內含鐵硫或銅硫礦則必煆
之或用强水分出之如英國哥奴瓦地方所用之法將礦
五分合於白煤或木炭一分在鍋內加大熱畧二十分時

候再將其鍋內鎔化之質倒入鐵模子內敲碎去其渣滓
試其含錫粒與否將所得之錫粒與化成之錫塊相合而
稱之
又法將礦一百釐合於鉀衰六百釐加大熱畧二十分時
候待至冷時敲碎去其渣滓而取其各錫粒權之
試驗汞礦○見第五卷所載鍊汞礦各法
試驗銻礦○凡礦含銻硫並礦脈各種異質其法將礦重
畧二千釐放在鍋內將鍋底鑽孔其孔大半用木炭小塊
塞之將此鍋之底通入第二鍋口內畧有二分之一用泥
封其兩鍋相接之處又鍋之蓋子用火泥與沙封密或用

磨碎火甎合於新鮮火泥封之亦可將下鍋置於爐柵之
下而上鍋必出在爐柵之上則加熱若干時其銻硫熱至
紅必鎔化而在下鍋齊聚其石英等土石質必存在上鍋
以上全功不過費時刻約一點鐘半之久
凡淨銻硫每百分含銻七十分稍有餘

用溼法試驗各礦

試驗黃金礦○將礦半兩磨成細粉鹽强水四分硝强水
一分共二兩倒入化盆等器內消化之後倒出清水而熬
乾之當熬之時屢次添鹽强水稍些再將鐵養硫養水添
入前金水兩種水必先加熱而後相合則黃金成椶色之

粉令其水濾清即將其定質烘乾而稱之
以上之法不及乾法之簡便穩當
試驗銀礦○將銀礦磨成細粉在硝强水內消化之再加
以食鹽或鹽强水令其銀變爲銀綠而積成沈下如積成
者合於淡輕養則令銀綠消化令汞綠發黑但鉛綠不改
變如不合鉛綠與汞綠可倒出其淨水或濾之將所得之
銀綠細稱之得若干數畧四分之三是爲淨銀又法將銀
綠鎔化之後分出其銀而權之
試驗鉛礦○將礦磨成細粉放在瓷鍋或別種簡便器具
內用濃硝强水加熱消化至所得餘質幾爲白色如紅霧

不發出再添礦强水數滴而熬乾再加以水濾之又因餘質內或含矽養三或數種硫養三鹽類必合於鈉養炭養二加熱沸之畧四十分時爲限再濾之將其所濾得之質即鉛養炭養二等以醋酸消化後再加礦强水稍些而濾之或倒出其淨水所得之餘質爲鉛養硫養三每百分含鉛畧六十八分

試驗紅銅礦○試驗紅銅礦內所含之紅銅數將其礦先用强水消化嗣加淡輕四養水至始見藍色爲止後用分度量杯或量管倒進鉀二衰鐵試水至其本水變顏色爲度再設比例將量杯全分度數與所餘之試水分度數之比若試水之濃數與天之比則所得之天數爲所試之銅礦含紅銅之釐數再將天以所試礦之重約之將約得數以一百乘之得礦每百分所含紅銅之分數

以上用量杯或量管之法最宜謹慎否則易誤與乾法同倘未考究其理而妄於用法則易致別種金類雜在其內爲銅所成之變化所以其法不必詳細言之但如查礦者欲從簡便可用下法爲妥

將銅礦畧二十五釐磨成細粉在瓷鍋內加熱煆之趕去硫礦等質

煆後用硝强水加熱而化之再添礦强水稍些而熬乾再加水消化之復將此水倒入瓷鍋內再將磨光鐵皮或別種鐵料放在其內待一點鐘之久則紅銅在其面上凝結可用雞毛埽去其銅而稱之

如欲免煆工之法先將礦强水合於礦粉令溼後加以硝强水加熱約一點鐘或更多時屢次添硝强水補其所化去者再加以鹽强水趕去硝强水而不聞綠氣之臭知已去盡再以水冲淡之而用鐵皮等鐵料收其紅銅與前法同如欲試其水內有無餘銅可將刀刃放在水內倘水尚有銅必在刀面齊聚

再將所得紅銅數以礦數約之再以一百乘之則得礦每百分內含紅銅之數

試驗鐵礦○用溼法試驗鐵礦先將礦磨成粉在輕綠水內消化之後用分度管滿以鉀養二鉻養三試水浸入其內此法雖靈但必久試方能得其實數所以此書不必細述凡平常至山求礦之人無庸詳查鐵礦內所含鐵之細數如熟諳鐵礦則易知其能鍊出鐵若干及得利若干可以先行推算

煆礦之法○如所試之礦粉含硫礦最宜謹慎煆之方能使硫礦散去其法將礦粉放在淺鍋內可不必蓋之待若干時漸漸加熱度必常進空氣吹去硫氣又必用鐵絲一

條將一端彎成角形時常調其礦粉或用他法調之免其凝結成塊而煅之用大熱畧一刻之久則霧不發而礦已煅成矣

用機器試驗礦法○其法先將礦軋碎再用水沖之所有沖法令其水在斜擺之大木槽內流下而礦粉放在槽之上端隨水流下遇見槽底所釘之小橫板一副則礦粉之重粒落在橫板上可以取出又可用牛馬等毛皮釘在槽之上端收其礦粉最重之礦點近來用此法試驗其鐵礦另有更妙之法令其礦粉行過大吸鐵器之面則礦粉內之鐵質爲吸鐵器所收而其泥土與磨粉之石散去如黃

求礦指南九 二六

金礦用水盆分出其黃金之法已於第五卷內詳細言之

求礦指南卷十

英國礦師安德孫著
英國 傅蘭雅
烏程 潘松 同譯

論測地求礦之法

平常測地所用之量器西名爲牽係耕達所設立長六十六尺分爲一百分每分西名爲令克每十令克有特設之記號易於分別按此器或爲帶一條或爲鐵練每一節長一令克如測地一區知其所有平方令克之數目將此數以十萬約之卽得地基面積英國之愛克數蓋英國一愛克畧等於中國六畝

求礦指南十 一

如有矩形地一塊欲求其愛克數將其縱橫之令克數相乘將所乘得之數以十萬約之卽得愛克數

設題○有矩形地一塊長一千二百二十五令克卽十二牽○二十五令克闊一百五十令克卽一牽半

第四十三圖

如第四十三圖法將愛克數卽一千二百二十五乘一百五十再以十萬約之得一·八三七五○愛克

如將·八三七五○以四乘之再以十萬約之得三·三五○○○爲路得數再將三五○○○以四十乘之以十萬約之得一四爲桿數故全面

積爲一愛克三路得十四桿
又三角形地一區欲求其面積法先求其平方令克數再以十萬約之則得愛克等數面積
求三角形面積之令克數將底之長以對角之垂線長乘之將乘得之數以二約之則爲面積
設題○如第四十四圖甲乙丙丁爲三角形地一塊欲求其面積
法在甲乙丙各立木桿一根先量乙丙之長再從乙桿在乙丙線上直行至得丁點令甲乙線與乙丙線有正角再量甲丁線之長假如乙丙

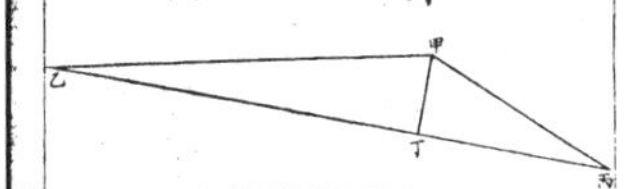

第四十四圖

等於一千二百令克而甲丁等於一百六十一令克則將一千二百以一百六十一乘之再以二約之後以十萬約之照前題法推算之得三角形面積爲一愛克三路得二十九桿有零
又題○如第四十五圖甲丁丙乙欲求其面積法先量乙丁後照前題推算甲丁乙與乙丁丙兩箇三角形之面積再將兩箇三角形甲丁乙與乙丁丙之面積相加則得全形之面積
又題○有亂形地一塊如第四十六圖甲乙丙丁戊欲求其面積法將本形分爲三箇三角形如本圖

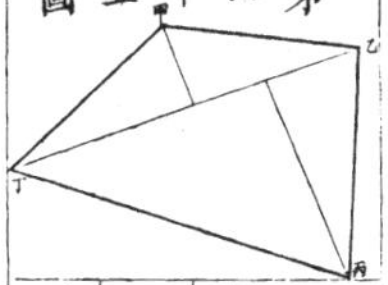

第四十五圖

第四十六圖

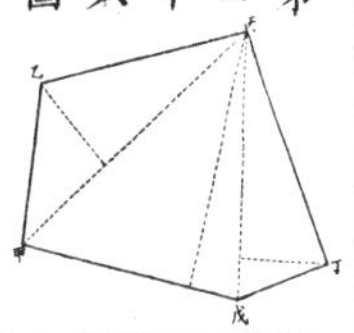

丙丁戊與甲丙戊與甲乙丙再將三箇三角形面積相加則得全形之面積
以上各題如用碼與尺測量將所得地面之平方碼數以四千八百四十約之則得愛克之數
設題○如有甲乙兩處在河之對岸不能過河或有別種不能到之處而欲求甲乙之相距
法如第四十七圖從乙點行若干步與乙甲有正角方向到任便當之處如戊又從戊前

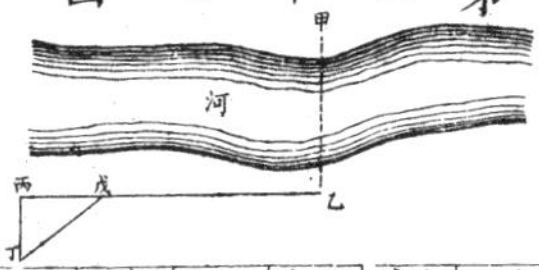

第四十七圖

行至丙令戊丙爲乙戊之任便當之分數如四分之一或八分之一等再從丙點向丁方向而行令丙丁與丙乙爲正角而令丁戊甲在一條直線內則所求甲乙線之長等於丙丁乘戊乙再以戊丙約之
凡地面業已開井取礦而欲查得從井底築平路通到山邊或已有平路通至山中在路之內段欲開直井通至地面等事測地開礦者常有此種推算之功如畧知正角三角形之理並預備正弦表則推算之功亦不難也
如第四十八圖令甲乙丙爲正角三角形

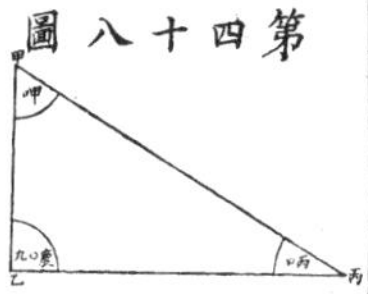

第四十八圖

甲乙垂線之長等於甲丙之長乘正弦丙
乙丙底線之長等於甲丙之長乘正弦呷
如四十八圖令甲丙為山邊兩點從甲點欲開井如甲乙
而從乙點欲開平路如丙乙而井與平路相遇於乙點再
量甲丙線之長假如得二百尺再量呷角即得九十度減
去山邊之斜度或量丙角即礦之斜度令呷等於五十度
三十分丙等於三十九度三十分
照前說甲乙垂線等於二百尺乘正弦三十九度三十分
又乙丙垂線等於二百尺者乘正弦五十度三十分
但照正弦表正弦三十九度三十分為六三六一又正弦

五十度三十分為七七一六
故垂線甲乙等於二百尺乘六三六一
又乙丙底線等於二百尺乘七七一六
即垂線甲乙長一百二十七·二二尺又乙丙底線長一百
五十四·三二七故所求開井之深為一百二十七·二二尺
所開之平路長一百五十四·三二尺

第四十九圖

假如山邊為亂形如第四十九圖甲丙戊
庚
法從簡便之點如甲丙戊庚測量甲丙與
丙戊與戊庚各線則如欲求井甲辰之深

必先照前題查甲乙與丙丁與戊己各長後將甲乙與丙
丁戊己各相加則其合數甲辰為所求井之深
又以同法求乙丙與丁戊與己庚各線之長而各長相加
則得平路辰庚之長
如有礦脈在山內而脈之斜度與山邊之斜度審察已詳
設欲求開井應該若干深或開平路應該若
干長必照三角法用正弦表則易於推算
如第五十圖甲乙丙為三角形甲丙為山邊
甲乙為礦脈丙乙為平路先量甲丙而記其
數復量呷丙兩角又將甲丙相加而取其合

第五十圖

數以一百八十度相減則餘數為吃角假如欲開平路至
遇見礦脈求其平路之長與礦脈之深將何測算
法依三角形之理乙丙線之長等於甲丙乘正弦呷以正
弦吃約之又甲乙線之長等於甲丙乘正弦丙以正弦吃
約之
開礦以前其開井應在何處必早預定故開井之處亦考
其地面之形及土石之性但有數公法隨處可用者開列
如左
如礦脈之方向與山邊方向相同則開井之處應如第五
十一圖甲

第五十一圖

甲 乙 吅 呷 哂 叮 吃 吰

如礦脈逆山邊之方向則其開井應在礦脈露處之上或在其下便於開平洞如五十一圖乙

如礦脈在甲圖內如吃線而呷線為井又如乙圖呷哂為礦脈吃叮為井哂為井與礦脈相交之處吰吰為平路

如礦脈斜度極大則所開之井可以順其礦脈而不可為垂線形

如開平路不但便於開礦各工尤能放出洞內之水故開平路在山谷面愈低愈妙其斜度亦小而洞內之水亦漸漸可以流洩矣

如礦井與平路之尺寸各處不同小者縱長六尺橫闊五尺又大者縱長八尺橫闊六尺又如用汽機起礦則縱長十一尺至十三尺橫闊八尺又所築平路高六尺至七尺闊四尺至六尺

如第五十二圖為直井開礦法之大略圖內一為礦脈二為井十五至一百二十為各井深處開平路之數三為產礦之土石層四為不產礦之土石層五為平路通至山邊六為聚礦棧房並敲去礦面異質之房屋凡斜井較直井更難起礦

第五十二圖

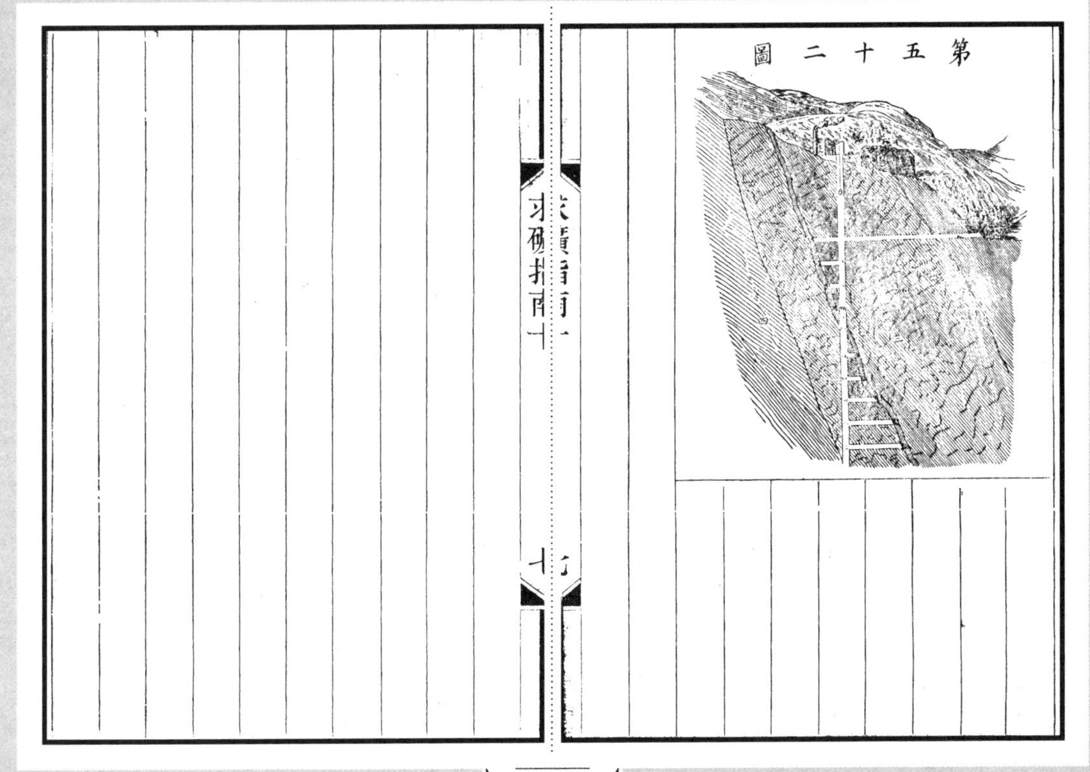

求礦指南附卷

英國礦師安德孫著
英國 傅蘭雅
烏程 潘松 同譯

論礦中之雜務

各種要石及要礦分量表

鍗硫礦每立方尺重	又	二八一·二五磅
巴所得石	又	一八二
白石粉石	又	一二五
平常泥	又	一二〇
白煤	又	五八·二五
煙煤	又	五三
鈷礦俗名錫白	又	四〇〇
銅硫礦	又	二五九·三七
灰色銅礦	又	二九六·八七
紅色銅礦	又	三七五
藍色銅礦	又	二五〇
火石	又	一六二
鈣弗石	又	一九六·二五
花剛石阿勃田地方產灰色者	又	一六七
花剛石紅色者	又	一六五
地產石膏	又	一四〇
鐵硫礦	又	三〇〇
磁鐵礦	又	三一二·五
光點鐵礦	又	二八一·二
椶色鐵礦	又	二二五
鉛硫礦	又	四六八·七五
鉛養炭養五礦	又	四〇三·七五
里阿司層灰石	又	一五六
鎂灰石	又	一四五
山密質灰石	又	一七〇
錳養二	又	三〇〇
雲石	又	一七〇
含灰泥土	又	一二〇
光面鎳礦	又	三八一·二五
拍弗里石	又	一七五至一八五
浮石	又	五七
石英	又	一六六
河沙	又	一一八
細粒河沙	又	九五
明角形銀礦	又	二八七五

端石 又 一六〇至一八一
歲以內得 又 一六四
錫養 又 四〇六·二五
錫硫 又 二六八·七五
鋅硫礦 又 二五〇
鋅養炭養礦 又 二六八·七五

金類重率表

鉑 重率 一六·〇至二一
黃金 又 一五〇至一九·五
汞 又 一三·五
鉛 又 一一·三五至一一·五
銀 又 一〇·一至一一·一
紅銅 又 八·〇五至八·九
鐵 又 七·三至七·七八

產金與銀脈內常遇之賤礦重率表

鉛硫 重率 七·二至七·七
鐵硫礦 又 四·八至五·二
銅硫礦 又 四·〇至四·三
鋅硫礦 又 三·七至四·二

金類要緊各礦重率表

光色銀礦 重率 七·二至七·四
深紅色銀礦 又 五·七至五·九
淡紅色銀礦 又 五·五至五·六
脆性銀礦（卽銀硫） 又 五·二至六·三
明角銀礦 又 五·五至五·六
汞硫礦（卽銀硃） 又 八·〇至八·九九
錫礦 又 六·四至七·六
錫硫礦 又 四·三至四·五
紅色銅礦 又 五·七至六·一五
灰色銅礦 又 五·五至五·八
黑色銅養礦 又 五·二至六·三
馬肉色銅礦 又 四·四至五·五
銅硫礦 又 四·一至四·三
銅養炭養礦（卽綠色銅礦） 又 三·五至四·一
鉛硫礦 又 七·二至七·七
鉛養炭養礦 又 六·四至六·六
鋅養炭養礦 又 四·〇至四·五
鋅硫礦 又 三·七至四·二
紅色鐵礦 又 四·五至五·三
磁鐵礦 又 四·九至五·九

棱色鐵礦　又　三·六至四·〇
鐵養炭養二礦　又　三·七至三·九
鐵硫二礦　又　四·八至五·二
灰色銻礦即銻硫礦　又　四·五至四·七
銅鎳礦　又　七·三至一·五
奴米愛得礦　又　二·二七
鈷礦俗名錫白　又　六·五至七·二
光色鈷礦　又　六·〇
鈷硫二礦　又　四·八至五·〇
紅色鈷礦　又　二·九一至二·九五
土形鈷礦　又　三·一五至三·二九
錳養二礦　又　四·七至五·〇
溼地錳礦　又　二·〇至四·六
鉍硫礦　又　六·四至六·六
鉍養礦　又　四·三

礦脈中常遇見石質重率表

石英　重率　二·五至二·八
鈣弗石　又　三·〇至三·三
丙克司巴耳　又　二·五至二·八
鋇養礦　又　四·三至四·八

常見之石重率表

花剛石與乃斯石　重率　二·四至二·七
雲母端石　又　二·六至二·九
歲以內得　又　二·七至三·〇
綠色級形石　又　二·七至三·〇
巴所得石　又　二·六至三·一
拍弗里石　又　二·三至二·七
似肥皂端石　又　二·六至二·八
泥端石又名開拉斯　又　二·五至二·八
格羅來得端石　又　二·七至二·八
蛇色紋石　又　二·五至二·七
灰石與鎂灰石　又　二·五至二·九
砂石　又　一·九至二·七
泥板石　又　二·八

平常金類鎔化熱度表

銻　一一五〇度
紅銅　一九九〇度
黃金　二〇〇〇度
生鐵　二七八〇度
鉛　六一七度

汞 負三十九度
銀 一八〇〇度
錫 四四二度
鋅 七七三度

表

用骨灰鍋等法得金類粒求礦每噸含金類之兩數

礦一百釐得金類·〇〇一釐則每噸得六錢十二釐
礦一百釐得金類·〇一〇釐則每噸得三兩五錢八分
礦一百釐得金類·一釐則每噸得三十二兩十三錢八釐
礦一百釐得金類一釐則每噸得三百二十六兩十三錢八釐

從以上四數易於推算各種別數

設題〇如數二百釐得銀二·七釐求此礦每噸應得銀若干

從以上表可知礦一百釐得銀一·三五釐所以一噸應得之兩數爲三百二十六兩十三錢八釐加三乘三十二兩十三錢八釐加五乘三兩五錢八釐如照法推算共得四百四十一兩

又題〇礦五十釐得金類·〇二釐求一噸應得金類若干可知礦一百釐必得·〇四釐所以每噸之兩數爲四乘三兩五錢八釐卽共十三兩一錢八釐

試驗碲與鉬與鈾之法

試碲法〇如將礦磨成細粉置於試管內合於木炭與鈉養炭養加熱之後添沸水消化之如水變成紫紅色則知其礦內含碲又將含碲之礦在磺强水內沸之成紅色之水如用吹火筒試之成樱黄色之皮置於收養氣之內層火內則變淡綠色又如碲礦含黄金置於木炭上加熱則成黄金之珠

試鉬法〇如礦內疑含鉬可用吹火筒與木炭之法加熱則發黄白色之霜近於礦塊處成顆粒熱時爲黄色冷時

爲白色而其火焰爲藍綠色又所發之霜置於吹火筒收養氣之處則變爲天藍色

鉬礦之最要緊者爲鉬硫其形如筆鉛用吹火筒法易於試驗

其硬率一·二重率四至五其原質每百分畧五十九分爲鉬其餘爲硫磺此質常有外面生皮一層其色如黄土此皮每百分含鉬六十六分爲鉛養鉬養其色黄用吹火筒試之能得鉛

試鈾法〇凡金類含鈾可用溺中鹽與吹火筒試驗之如收養氣火層內所成之珠冷時爲極佳之綠色放養氣火

層內則其珠爲黃綠色其要緊之礦爲鈾養顏色黑如柏油西名必治布侖得閉有帶櫻色者其劃痕迹爲黑色稍有金類光色其硬率五·五其重率六·四每百分含鈾養八十分常有黃土與此礦相連又有鈾養燐養爲黃色或綠色

試驗鈾與鉬用吹火筒之法已詳於第三卷表內但另有一法合於硼砂入外層火如熱時黃色冷時無色則爲鈊或鉬如熱時茄花色冷時墨晶色則爲錳如入內層火其珠冷時爲綠色則爲鈾如不透光而櫻色則爲鉬如內層火併外層火所成之珠冷時綠色則爲鉻

江南製造局

科技譯著集成

礦學冶金卷

第壹分冊

探礦取金

《探礦取金》提要

《探礦取金》六卷，續一卷，附一卷，附圖三十四幅，英國礦工密拉著，慈谿舒高第譯，六合汪振聲述，上海曹永清繪圖，光緒三十年（1904年）刊行。底本不詳。

此書卷一首先介紹劈克、錘、鑽頭、戳特等四種探礦器具，以及相關的敲擊、斯包爾法、鑿洞等器具使用方法，進而論述炸藥開礦所涉及之炸藥種類、用法、注意事項等，機器做功涉及之熱功轉換、熱功當量計算，以及人馬、水力、風力、汽機等做功能力的計算與比較等；卷二論述開礦中礦井、通道等處木架之用料、尺寸、選址、式樣、結構等架設方法與注意事項等；卷三論述與開礦相關之地學知識，如地勢地形、地層結構、地質年代、岩石分類、金石類礦物及礦產地形、礦脈形狀、礦脈形成原因等；卷四主要論述地形勘查，包括各種挖掘、試金器具，勘探斜礦地之方法，勘查礦脈之方法，江河水道礦金之成因與測算；卷五論述開金類礦之方法，涉及礦井開鑿方法、礦金測量、礦物冶煉等；卷六論述礦地測量方法，如指南針、平三角法兩種地下測量方法；續編論述開礦之利弊各事；附編補充論述開礦中的危險、淘金沙法、拆木料、開平路、司妥勃法等。此書是礦業工程必備之要書。

此書內容如下：

序

卷一　論工作，器具，器具之用法

卷二　論木工

卷三　論地學，金石類，斜礦地之緣起，金類如何到斜礦地，論石與金類相關

卷四　論相地，查礦脈，查驗漲地內澄定之重質，水勻散金之法

卷五　開金類礦

卷六　測量礦地

續編　開礦利弊，第一章論經手人之弊，第二章論礦務章程，第三章論會辦不得人之弊，第四章論股友與總辦隔膜之弊，第五章論定礦之成數以杜欺弊，第六章論股友自探礦地，第七章論國家宜整頓礦務，第八章論入股不可不慎

附編　第一章論礦工危險，第二章論淘金沙法，第三章論拆礦內木料，第四章論開平路，第五章論司妥勃法

探礦取金

江南製造局譯
書館甲辰秋刊

序

開礦一書已汗牛充棟其論格致不厭精詳而於礦內工作之事多未發明雖礦學與地學金石學化學三者有相關格致誠爲開礦所最要然求其精而遺其粗則格致與工作截然分爲兩事往往各處開礦其總辦由礦務學堂出身自詡格致精通而於礦工切要之處未嘗體驗祇憑一已之意見役使礦丁其所用礦丁又非由有本領之礦師考取給憑但憑事外人一紙薦書卽信爲從前作工之實據不躬親入礦目覩工作何以別其優劣故遇有佳礦開不得利不久卽停近來各國俱知開礦爲富國之基不獨通商惠工且使僻野之民漸化其樸陋再越十年礦必大興人以礦工爲賤役多不屑爲不知果有本領何難頓增身價余曾於礦務閱歷四十餘年往往得地下變化之石或礦層斷折以及各種情形皆前人所未記載者筆之於書俾礦工閱之知有許多新法可增其識見於礦工大有裨益是書首論探查礦地凡礦內要工如鑽洞搭架及各層危險處開通等法俱由親歷而得次論集股開礦應如何妥定章程杜絕欺弊總之事必求其實踐勿徒托之空言是則余作書之本意焉

探礦取金卷一

英國礦工密拉著
慈谿　舒高第譯
六合　汪振聲述

論工作

礦務之興廢全在人爲不論採求何項金礦首以工作合法爲貴是編論礦專將礦內工作切實發明

礦務工作祇照尋常工夫能耐久皆可爲之非有大費精力之事有獨自開挖者所得足敷開銷故一人生計綽有餘裕焉

器具

器具不可過重務須便用凡一切工夫皆由人力非全恃器具也器具過重則不合用力亦枉費器具亦易壞惟熟諳作工者所用器具必相配方收得心應手之效

劈克（築路所用丁字式築具）礦內工作所用其式不一有作開石用者有用以裂開者有用以鑿平者蓋定劈克（鋤頭撬具）等是也熟練之工人祇用二具一爲兩端尖者（錨式劈克）一爲一端尖彼端似錘形錘形者用以開路並在隧道內作工最合用者五磅重至七磅重爲開石用並低窄處用之不及五磅者在寬空處起石最輕者不可少於四磅此新器除柄之重用久則消蝕變輕耳須多備數副銳利劈克較鈍劈克工夫加倍而傷料則一也

錨式兩端尖劈克在露天空闊處作工更妙以能出力作環形旋運也劈克一端尖者可略加重在石間作撬具用隧道內開挖石塊則用兩端尖者一端尖之柄孔處不牢兩端尖作撬具其頭不可過細恐易斷也

錘　礦工最合用者爲兩頭平錘重八磅能擊鬆石塊並礫石下藥助鑽洞之用其重數照鑽頭直徑數定之如一寸闊鑽頭則鑽須重八磅鑽闊四分寸之三則錘須重六磅鑽如半寸闊則用四磅重錘可也因下炸藥打洞須察石之堅韌如何以酌量錘之輕重（視石面之紋理橫紋內鑽較易對直下鑽最難斜紋亦不易）鑽石之錘不可作別用礦內另有打石之錘有以撬鬆用者有以敲鬆用者若作他用則錘易損反不能作正用也

鑽頭如鑿形兩邊挺直而有稜角若磨圓則鈍矣礦內銳鋒鑽應多備因炸石打洞用處甚多

蓋特（即撬鬆具）在大石內作工必不可少須用劈華式其劈面削令薄（角度低小）多備數把由銳薄漸至厚者

以上器具四件缺一不可他如簡便器具如撬桿刮爬爲撤清炸藥洞之用其推送藥包則用木桿取其不迸出石火而價亦廉

器具之用法

工作要例礦內工夫祇在一橢圓環圈內以兩肩兩臂角（兩手撐腰則臂成角）兩膝運其力用劈克等器作工若出此橢圓圈外徒費力而無用

在隧道或石洞內用鑽鑿之工人手欲提高須所立處襯墊合度隧道內推送筿車兩手不可垂過膝洞須加高俾工人身體平直而行乃能得力

用錘敲擊如鐵匠作工兩手擎錘運成環形其用力仍在橢圓圈內越近橢圓圈中心則敲擊之力越大若出中心過遠則擊不整飭愈偏愈吃力人直立向前作工祇在一

平圈內（即身體四圍圈經過劈角）外為合度

用劈克與用錘法 一手執柄一手隨柄上下如以右手舉起柄趁勢落下左手仍執不動若雙手執柄則不得力其理仍不出橢圓圈之內如是一日做工較多不傷器具

礦工之能者作工不分左右手因有不能不用左手之處故平時須練習耳

用鑽或戥特敲擊者全憑巧力錘之擊勢必成一環圈或半環形用劈克亦然雙手同執柄端擊勢成全環形若由肩向擊上手在柄上下者則成半環錘與戥特位置須常留意以本身為橢圓圈之中心人立所擊物前戥特柄須與物作正交成直角若隧道地位局促則須相機設法令器具擎擊成環勢乃為合度

用錘非徒仗力須令錘居中敲物之頂擊勢整飭錘端中心適對磚石中心否則徒震撼戥特擊勢或偏致物之中點不得其力其工夫尚不及擊整中點之半

人言器具須用熟而後得力余以為戥特劈克新鋒銳利可以一擊入裏如敲不合法鋒入裏即歪斜欲提出時略一搖撼其鋒必傷器具用久鋒芒略鈍難以迎鋒而解

鏟法 礦內鏟器有短柄有長柄近時用短柄漸少因柄短人必俯身向下柄低於膝即有一手近地鏟甚費力不

得已在窄處或仍用之柄長者工人可適意無庸低腰曲背終日將鏟具抛送磚石全身之筋絡及胸背腿腳無一不用力最要工人踏步堅實擇寬展處用鏟運成環形一手隨柄上下一手托在柄端鏟起得勢抛送倍覺有力

抛送料物法 料物所在之處與應送到之處並工人之立處成直三角形人即立於直角處如第一圖工人立於甲處物在乙處抛送到丙處如須過於丙而至丁處則稍加力可矣若送至戊處則抛勢不順欲送至戊與丁兩處本人須移換方位而成直角方合

鏟送料物距腳下三英尺許抛送約

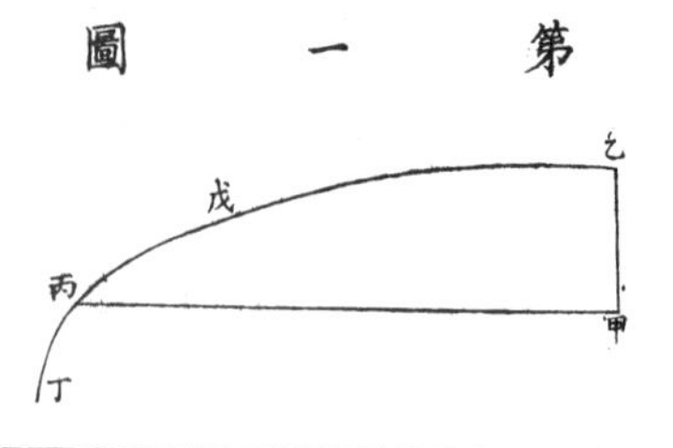

十二英尺或十五英尺此指平地乾燥處而言倘料物成堆或叠成牆則視堆與牆之高低以定距度如欲上嶄絶直壁極爲費事照尋常氣力每日作八小時叠至八尺高尚可爲耳料物欲移過十二尺遠者應用手車移之遠過二三百尺者則用鐵軌車送最便

第一圖

戳特用斯包爾法斯包爾挑鬆之謂　戳特爲礦工所常用其工夫在鑿與轟之間斯包爾亦然石所顯層數或亂紋用錘擊鬆非熟練不可須於其層數原縫中用一排戳特沿層數敲之

轟法　礦内工作莫妙用火藥炸轟以助人力數年前礦工用草管通藥引今用引藥可無慮着潮應手而發雖常人亦能爲之礦内小轟件地面安放機器其工不大無須測算洞穴深淺亦無庸量度何等禦敵力配用若干炸藥轟炸石法略贅數言如下

鑿洞　石面應在何處鑿洞測算家相定何等石用何等算格地中石性不一間有異樣之石算無可施且易致不測況石如壁立對人面層數紋理非直上直下不能如窗

帘紋理整齊故初下炸藥去其淺層第二次炸藥即不能依舊轟擊也

礦工歴試之轟法其例如下

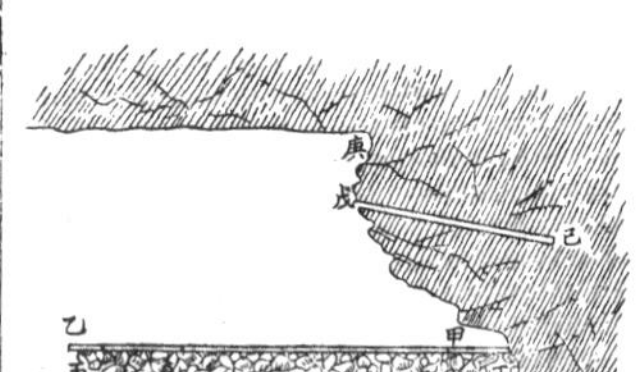

一鑽石洞須於石面無裂縫處攻之不可切近紋路碎層

二轟石須於石之旁下鑿成空處如第二圖甲則戊已藥洞轟之即得力

三各種炸法在所欲轟之物下鑿空較之在上挖洞轟炸更爲得力且炸向下用藥較省

第二圖

四藥洞方向須與石之紋理正交如圖戊已有紋理處無須做工夫且正交紋理打洞亦便

五石如不甚堅硬有多層接碎隙處則置炸藥勿驚動地道之頂與兩旁面恐有碎石落下旁層坍卸欲保全環洞形則石下面須挖空而轟地之平面也

六隧道内大石下面挖空較已成隧道地面約低尺許或半尺許由是石脚轟去隨後進築平路只須鋪碎石與舊隧道面相平較更便易否則此洞不低深設有石骨稜起

則築道須先鑿石更費周折矣。

第三圖

圖內甲乙線爲此隧道久延之平線，其下丙丁線係炸後之彎曲線，以碎石鋪平。圖內大石層數紋理方向甚合於鑿炸轟之洞。倘其層數紋理方向平行，或與第二圖石反行，如第三圖，則炸轟更難。礦內工人須設法開路。如石內薄層側視成線縫，西名西姆。一經地震，石層即斷，而層數相接不對，彼此相錯，西名福爾脫。則挖洞總覺費事，祇可於對面設法開洞

也。

炸藥　藥分二類，一爲轟石藥，一爲新製化合炸藥。化合炸藥爲結實塊，須以擊震法炸之，所以汞震爆藥與大號銅帽爆藥最合用。

轟石法近時最便，以新出幾種化合炸藥名目甚多，歲有新製成合於礦工用者如下。

炸藥重性數以火藥重數爲一	以火藥爲一炸藥之力
一•○○	一•○○
一•六八	二•三一
一•七○	二•○二
一•五○	二•三九
一•○六	二•八四
一•六五	二•八八
一•六五	二•九四
一•六○	三•三七
一•六○	四•○九

炸藥名
火藥
烈托勿拉脫 一號 即炸石藥
又 二號
嚼引抛特 硝格里式令製成
棉花火藥
但捺抹脫
質烈捺脫
能炸之質烈聽
能轟之質烈聽

以上炸藥，各國多有售者。化合轟藥塊較散末轟藥更妙。

一　轟藥化合他質，不受潮濕，並不慮侵水。

二　轟藥化合他質，勝於散末轟藥，以其結成塊，易於裝運，且無拋散。

三　此轟藥裝於銅藥管，須一直常連厚紙套同送至石洞底，非若火藥末有散失也。

四　化和轟藥炸時，由石洞底發火。若火藥末，火由引藥通入藥裹，僅於洞口先炸，而洞底藥仍有不及炸也。

五　以上表出各化和轟藥，雖與火藥同分兩，而炸力勝數倍。

六　因化和轟藥炸力極大，所鑿石洞可以略小。

七　化和轟藥用桿送到洞底，無須似火藥在洞內用桿搗緊也。

和藥固便益，然亦有弊。轟藥所成之氣甚毒，洞內如不通空氣，則害人必多。轟後過十五分時，其毒氣已散，入洞可

以無害礦工云此炸藥不向下轟轟力只由洞之平底起不復下轟

市肆所售化合轟藥中莫妙質烈聽一類現購即可用以其常柔輭無須化烊也但捺抹脫烈托勿拉脫並各種用含微細蟲之泥土（吳淞泥最黏韌水作常用之）與硝格里式令化和冷則變硬臨用須先融烊也融炸時硝格里式令或從罐內溢出甚爲危險當溢出時獨立無和往往易於炸發礦中傷害人命多由於此

烈托勿拉脫或但捺抹脫須隔水融烊但融烊時必小心或一跌或猝然激動最有危險質烈聽一類柔輭藥臨用

無須燉烊可免以上之險

敵力最少方向 炸藥不拘何等必向禦敵力最短處冲出禦敵力短即火藥與空氣相隔最近之處不論洞之深淺也假如洞鑿極深而炸藥仍從禦敵力短處冲出惟陸續冲出而洞之四圍堅實不能橫炸第二圖戊己洞下面妙在挖空即其禦敵力短處炸力即向下而轟倘其下面堅實則藥無異在大礮膛中四圍收緊不能崩裂仍由膛口冲出多藥何濟

炸藥與化和轟藥彼此相較難定其力量何若化和轟藥各力量製造家雖曾明言然究未試驗尚難盡信 前次

礦工論火藥多寡照洞深淺約三分之一爲火藥體積然洞徑未曾限定其深淺數亦未定用何等炸藥應若干礦工先測度火藥與空氣相隔最近尺寸又視所轟料質堅鬆何若以此二者酌定置藥之數如用化和轟藥須測最短禦敵力方向並量洞之一統長短轟炸力即由洞底算起若用火藥祇於引藥與火藥相接處起算至洞口一段因引藥相接處至洞底一段不全著力也打洞不可向最少禦敵力打之若向禦敵力短處打洞炸藥即向洞沖出石不受其擊力矣所以鑽洞須與禦敵力短處作正交則轟有力也

孛狂論礫石開山法如下

欲轟之物四面如一律堅實則算藥力須照禦敵力最少方向用三乘方法即立方數而倍用之非照洞之深淺也

如

轟藥合十三兩半 石之敵力少處三尺即立方數作二十七

猶之

轟藥兩數四 石之敵力少處二尺即立方數作八

然則敵力少處立方數之一半即爲所用藥數

此不過指此種石與此種藥而言

即

所用藥	敵力少處尺數
四兩	二
十三兩半	三
二磅〇	四
三磅十四兩半	五

打洞在石之弱處，即禦敵力少處，大都轟例，在淺洞噴出。不論轟炸方向，礦工每忽略，不察所塞之物沖向何方。由洞噴出轟力最淺，若四面轟則力大，至塞物不知沖向，則力更大。轟果得力，其塞物沖出之遠近，即表明藥力多寡，過遠則藥費。

炸藥　現有新製化和轟藥，以代火藥，不知火藥有時較他和藥更有用，凡石有節骱隙縫，用火藥為最宜，有木管通氣等物，猛藥炸散木屑，不如火藥為佳。化和轟藥炸轟立時燒盡，而火藥則近藥線處顆粒爆炸，其勢較緩，在石上爆炸亦緩，礦工宜擇何等石，用何等藥。有人以化和轟藥與炸藥相和，置石洞令其同炸，不知其

炸性不同，殊不妥當，石洞內切不可置散火藥，最好用一洋鐵管，或於量洞木桿外包以厚紙，作成紙套，以裝火藥，接以引藥線，於其頸處紮線，以成藥裹，置石洞底。散藥置石洞，洞有潮溼，難免沾連，且有危險，況地土內掘石洞，難得有直下者，大都橫行平線居多，用藥裹送入為妥。

裝藥發火　石洞得相合深淺，須乾燥清潔，藥引剪得合度，將齊燥藥（西名提通內式）或炸藥銅帽裝配扣住，即以此二物裝入炸藥裹（西名拍拉麥），乃以火藥裹置入石洞底，然後將炸藥裹裝入，令與火藥裹相遇，炸藥裹有引藥線拖下，如用

化和轟藥，洞或溼或深，則加水令藥與空氣隔遠，水上空氣壓力已足為搗緊之用，倘石洞方向不便加水，則用常法送緊，然極危險，須小心為之，藥與引藥送入後，則用草或青苔成團塞入洞內，約厚一二寸許，乃緩緩搗之，樁用乾泥為佳，惟洞內不可有細石硬片，恐其傷藥引而斷其發火之路，樁桿以木為之，可不損藥引，亦不至發火，照法備齊，乃可燃藥，每因藥引裹（西人總稱為飛乎斯）面平，引火甚慢，須將藥引裹頭破分兩片，以自來火柴爆藥頭嵌入，以火燃之可也，但此法生手為之亦不妥，須有熟諳者在旁指點，可免貽誤。

石洞火藥裹上下有幾多空氣，或草團青苔含有空氣，反足助爆炸之力，更有藥裹安置洞口，以溼泥糊滿，則洞內空氣與洞外空氣隔絕，炸轟更得力，可無庸用木桿搗緊也。

初習轟法，將引藥切成尺許，以表測幾分時始燒盡。

藥引　近時藥引製法漸精，頗有一種急燃引藥，較尋常藥引更勝，最好兩種兼用，以一條急燃藥引較石洞更長數寸，接以尋常穩當緩燃藥引，測工人出洞有數分時，定其長若干尺寸，俾工人出險，而後炸轟。

先將緩燃藥引解開一二寸許，令露出中心白線，將其線

嵌入急燃藥引端內用棉紗帶繞裹以線紮縛外敷柏油不任侵潮如是緩急兼用深洞內煙氣卽少且省時候並不慮其不燃而生不測急燃藥引用數條接連多洞再接以緩性藥引燃之則各洞接連炸轟較逐洞燃炸更烈用藥引法應在做工處學習但看書不詳盡藥引中心白線手指不可多捏以免潮濕油膩

藥引齊備後燒時不能轟炸弊在裝配藥引送入洞時封泥內有碎石片或銅鐵片割斷藥引

石洞裝火藥舂甚緊而不燃炸則更難設法祇可於其洞之近處再開一洞燒令並炸若欲將不燃之藥取出須多

備水但用鋼鐵器更要小心有水亦能發火

欲免不測作事須有次序不可稍涉鹵莽當提挈炸藥時須專心一志不可有他務紛擾危險卽在銅帽發藥慎勿跌落往往熟練之人偶不經意卽誤事

論機器與人馬之工力　礦務一如他項工藝全恃能算工作之費故經理礦務要明人馬與機器所作之工何者能得利玆將梅立阜爾礦務雜記摘錄數則

機器用法　機器之用為傳動力其行動有三種一從力之發源傳力到機器第一發動處（西名拍拉繆明）二分其動力到作工器具其一路傳來雖曲折改變方向莫不有限定以合於作工之用三作工器具受其運動之力以成有用之工（按其大意由燒火生熱成汽力傳到飛輪以轉各軸逐層改變為用）力生於兩軸間可動可靜英人謂力之尤納子卽起碼數能抵當一磅重數力與動作相兼卽成工夫一尤納數卽一磅力移一尺許又視其力之權限數（權限指作工快慢）卽一磅力在一分時內移一尺許

一匹馬力等於三萬三千尤納數做工之力一尤納數時候或一秒或一小時一匹英馬力作秒派等於每秒五百五十磅移一尺許此為一馬力等於每分時移三萬三千尺卽等於每小時移一百九十八萬尺磅觀下表便明

工之尤納數等於磅力乘尺數　力之尤納數等於磅力以尺乘之以分時約之　匹馬力數等於磅力移尺約以分時以三萬三千乘之　出力者作工之勢熱卽其出力之效一熱之尤納數猶之一磅水燒高法倫表一度之熱用若干熱燒高一度則此若干熱數卽為尤納熱數要各物質升高一熱度所需熱數本不同一磅物燒高一度所需熱數卽為此物本熱性（物內自有熱性加多少熱卽燒高一度卽見其本熱數）

熱之尤納數，（俗所謂起碼數是也）升高一物熱度應需若干尤納熱數等於物之重數乘以升高熱數又以物之本熱數乘之。

第一表　各物本熱數

水	一・○○○○
生鐵	○・一二九八三
熟鐵	○・一一三七九
銅	○・○九五一五
銀	○・○五七○一
錫	○・○五六九五
金	○・○三二四四
鉛	○・○三一四
煤	○・二七七七
焦煤	○・二○○八五
鈣	○・一六七○
熟石灰	○・二二三

一立方卽格蘭姆重卽桑副生特立方

	時變不積體方立一	時變不力壓氣大
空氣熱	○・一六八六	○・二三七九
炭養二氣	○・一七一一	○・二一六四
炭養氣	○・一七六三	○・二四七九
水氣	○・三六四○	○・四七五○
淡氣	○・一七二七	○・二四四○
鹽輕氣	○・一八三三	○・二四二三
輕氣	二・四○四六	三・四○四六
礦轟後穢氣	○・一九六	○・二六八
養氣	○・一五五五	○・二一八二

戊等於熱之尤納數。

丁等於物之升高熱度（法侖海表）則戊等於天乘丁乘申。

申等於物之本熱數。

天等於物之重數。

所以丁等於$\frac{戊}{天\times申}$

熱之一尤納等於工之七百七十二尤納，燒一磅煤能得熱一萬四千尤納數，所以燒一磅煤在一小時之久可得五匹半馬力，以一萬四千熱氣尤納數與七百七十二工作尤納數相乘，卽得一磅煤所發出通共之工作尤納數卽一千零八十萬八千工作尤納數，惟一馬力在一分時有三萬三千工作尤納數，一小時以六十乘之，卽一百九十八萬工作尤納數，以此馬力尤納數而約煤之熱力尤納數，卽得此煤內能發出若干馬力，照上數計之，約有五馬力半，其算式如下。

$$\frac{一四○○○\times七七二}{三三○○○\times六○}$$

炭$_{二}$輕$_{四}$氣一磅發出熱二萬三千五百五十尤納數，輕氣一磅發出熱六萬二千尤納數，煤氣燈氣一磅發出熱二萬二千尤納數，電氣一種勢力又可令變熱，如電光是也，或令作工，如電機在電具內一磅鋅加以硫强酸，則發出工一千零十八尤納數。

天生之力永無斷絕，然由此傳彼中間不免耗費，卽如一磅煤發熱雖有一萬四千尤納數，約五匹半馬力，而在極好汽機內得實用者不過半匹馬力耳。考力之所由生，如人馬則因食而生力，機器因燒料而生汽，並有天然之水力與風力以轉動飛輪，因之牽連機捩，其牽動或用輪，或用攪桿，或用繩索，或用電氣等類，是皆天造地設以供人用也。

工作尤納數問答

一問桶有六十磅重之煤，欲提高五十尺，需用幾多工作尤納數。答曰，提一磅重至五十尺高等於工作五十尤

納則以六十乘五十等於三千工作尤納

二問地窟三百拓深處有水二萬立方尺需用若干工作尤納可得轆轆吸上來　答曰一立方尺水之重數等於六十二磅半若二萬立方尺之水乘以六十二磅半等於一百二十五萬磅則一拓等六尺三百拓以六乘之等於一千八百尺所以欲提起一百二十五萬磅以一千八百乘之需用二十二萬五千萬萬工作尤納數即可撤空礦底水也

三問從六百六十尺深礦內起三担煤每担一百十二磅三担合三百三十六磅每分時派需用幾多馬力　答曰

六百六十乘三百三十六等於二十二萬一千七百六十工作尤納每分時得三萬三千工作尤納一馬力數

等於$\frac{二二一七六〇}{三三〇〇〇}$＝六·七二馬力一分時

四問從三百七十八尺深礦提起二千二百立方尺水在一小時內需用幾多馬力　答曰一立方水體積等於六十二磅半所以二千二百立方尺以六十二磅半乘之等於十三萬七千五百磅

以$\frac{一三七五〇〇×三七八}{六〇}$＝八六六二五〇舉高一尺一分時所以$\frac{八六六二五〇}{約以三三〇〇〇}$＝二六·二五馬力

即二十六倍又四分之一之三萬三千磅每分時可舉高一尺

五問一繞繩盤車用四匹馬在二百尺深礦下每小時可起若干煤　答曰一小時四匹馬工作等於以四乘三萬三千又乘以六十共等於七百九十二萬工作尤納舉起一磅煤二百尺高等於二百工作尤納

所以$\frac{七九二〇〇〇〇}{約以二〇〇}$＝三九六〇〇磅是四匹馬力在一小時起三萬九千六百磅重物至二百尺高

六問一具十馬力汽機可在何時將五噸重物由一百三十二尺深處起上　答曰五噸合一萬一千二百磅汽機每分時工作合三十三萬尤納等於三萬三千乘十欲舉起五噸物至一百三十二尺高等於一萬一千二百乘一

百三十二等一百四十七萬八千四百工作尤納數　汽機在每分時可作三十三萬工作

所以$\frac{一四七八四〇〇}{三三〇〇〇〇}$＝四·四八分時

七問三十六匹馬力汽機一小時在二百四十尺深礦內提起幾多立方尺水　答曰每小時工作合三十六馬力乘以三萬三千又以六十乘之等於七千一百二十八萬尤納數欲提起一立方水至二百四十尺高等於二百四十乘六十二五尺磅等於一萬五千尺磅工作尤納

所以$\frac{七一二八〇〇〇〇}{一五〇〇〇}$＝四七五二立方尺水每小時提二百四十尺高

八問用何等汽機能於地窟三層起水第一層深四十拓

每拓六尺，合二百四十尺。第二層深七十拓，第三層深九十拓，第一層每分時可起水二十立方尺，第二層每分時可起水十立方尺，第三層每分時可起水三十五立方尺，加以汽機三分之一工作以抵阻力之耗費。答曰：一馬力等三萬三千工作尤納。三萬三千內之三分之二等於二萬二千工作尤納，此實用之數。

第一層 $六二.五 \times 二〇 \times 二四〇 = 三〇〇〇〇〇$

第二層 $六二.五 \times 一〇 \times 四二〇 = 二六二五〇〇$

第三層 $六二.五 \times 三五 \times 五四〇 = 一一八一二五〇$

共結工作尤納 $一七四三七五〇$

所以 $\frac{一七四三七五〇}{二二〇〇〇} = 七九.二六$ 馬力。

九問六十托深礦下，有六千立方尺水，以五十四馬力汽機起之，作工五小時之久，水盡吸去，每小時有幾多立方尺水流入汽機，耗費力有四分之一。則三萬三千馬力以四約之，即八千二百五十四，以三乘之，每匹馬僅得二萬四千七百五十，此汽機每分時得力尤納數。此二萬四千七百五十乘五十，又乘五，又乘六十，等於三萬七千一百二十五萬工作尤納，此即汽機五小時着力實數。所以六十二五磅力，乘以六十，又乘於六，等於二萬二千五百工作尤納，將一立方尺水在六十拓深處起上。

所以 $\frac{三七一二五〇〇〇〇}{二二五〇〇} = 一六五〇〇$ 立方尺水五小時吸起。

$\frac{六〇〇〇}{一六五〇〇} =$ 礦內立方尺水五小時流入水之尺數。

$\frac{一六五〇〇}{五} = 二一〇〇$ 一小時流進水立方尺數。

梅立皐爾論初起動力。

甲　人馬。　食物爲人馬生力之源，人馬力較汽機力更勝，以無耗費也。如馬食物生熱，每一百分內二十七分熱尤納，即變爲作工之力，而汽機每百分祇得十分力實到機器。

狠聽在英國北地飼馬試驗，得明黃荳、小豌荳，含淡氣質料甚多，大麥、珍珠米、薏苡米亦有此利益。約飼一次重十四磅，黃荳、小豌荳食之，每大便秘結，以西國大珍珠米與麩皮攙和飼之，大便不致秘結。食物多寡，視作工多寡而定，約百磅雜珍珠米軋碎攙和於五十六磅馬料草，可作一馬七日食之中數。　梅立皐爾以爲黃荳、小豌荳與馬料草，再加大麥或麩皮攙和爲一種，次則加薏苡米、麩皮，其三加大麥並珍珠米，其四加珍珠米，皆爲相宜之和料。余擇價廉者用之，特列表如左。

第二表 馬食料比較功效

食物	水	木本料	小粉糖膠油膩	淡氣料	灰土質或鹽類	總數	雜註
黃荳或小豌荳	一四·五	一〇·〇	四六·〇	二六·〇	三·五	一〇〇·〇〇	大便秘結
薏苡米	一三·二	一三·七	五六·八	一三·〇	三·三	一〇〇·〇〇	與珍珠米較不多加四分之一
大麥	一一·八	二〇·八	五五二·〇	一二·五	三·〇	一〇〇·〇〇	與馬料草合爲准料惟價貴耳
珍珠米	一三·五	五·〇	六七·八	一二·二九	一·二四	九九·六三	有瀉性
馬料草	一四·〇	三四·〇	四三·〇	五·〇	五·〇	一〇一·〇九	荒田五十磅等於熟田六十磅
紅菜頭	八五·七	三·〇	九·〇	一·五	〇·八	一〇〇·〇〇	有瀉性 堆垛大無力
麩皮							又 同上
胡麻子							又

馬入礦作工、約產五六年正壯時、每日行十四至十六英里、礦底路與常路同平、行步照常緩行、約七年之久、卽令出礦、小種馬產未及三年、不可入礦作工、 飼養費各不等、英北地每馬每歲須費四十金磅十三喜林、

第三表 人工抵當明顯敵力

	各等阻力	阻力磅數	每秒時速率尺數	每日三千六百秒幾小時	速率阻力每秒尺磅數	小時速率阻力每日尺磅數	速率阻力每日尺磅數
一	在梯上舉若干重數	一四三	〇·五	八	七二·五	二〇八八〇〇〇	六四四四〇〇〇
二	以繩索吊重數並空繩放下	四〇	〇·七五	六	三〇	六四八〇〇〇	
三	手舉重數	四四	〇·五五	六	二四·二	五二二七二〇	一二四四一六〇〇
四	帶重數上樓又空下	一四三	〇·一三	六	一八·五	三九九六〇〇	
五	抄重物至五尺三寸高處	六	一·三	一〇	七·八	二八〇八〇〇	八六四〇〇〇〇
六	手上十高速尺即之過回 車料二有率秒十九一空 運坡尺一照〇分時尺 泥每許尺每九秒經又	一三·二	〇·〇七五	一〇	九·九	三五六四〇〇	六九五〇〇〇〇
七	平行推送或拉拖如平旋盤	二六·五	二·〇	八	五三	一五二六四〇〇	
八	旋曲拐柄	一二·五 一八 二〇	五·〇 二·五 一四·四	七 八 至少二小時	六二·五 四五 二八八	一二九六〇〇〇	
九	轆轤	一三·二	二·五	一〇	三三	一一八八〇〇〇	

第四表　馬工作抵明顯阻力

工作	速率阻力每秒尺磅數	每日（每時三千六百秒）幾小時	每秒時速率尺數	阻力磅數
拖鐵路輕車　拖纜車　馬緩跑　馴馬	四四七·五	四	一四又三分二	至少二二·五 中數三○·五 至多五○
二　馬拖重車或船走狀　拖大車馬	四三二	八	三·六	一二○
三　緩行　拖小器架或小汽機	三○○	八	三·○	一○○
四　傾卸礦料架　礦質搗碎椿並器打用機　馬跳行	四二九	四·五	六·五	六六

英尺四尺八寸高小馬三匹等於大馬二匹兩匹甚小馬等一匹大馬觀第三表略可測算人馬工作分量

人力與汽機不同汽機之力量能一律均勻汽愈加則力愈大人工不在力量加大而在靈巧能知阻力之中心即在此處加工物即迎刃而解無須徒費力也

人之作工每不想如何做法但依舊而已有能別出心裁以其身體運用功力即與平常工人不同

用轆轤起物與用小車運物逐日逐時與每七日計算其工作各不相同由下表試驗得之

每日每人作八小時每分時工夫如下甲表

工作	尤納
一人自舉本身重數如上樓梯	四二五○
一苦工踏輪	三九○○
一平行或推或拖如磨盤並礦車	三一二○
一照垂線方向或拖或送	二三八○
一用曲拐柄旋轉	二六○○
一臂脚出力如划槳等事	四○○○

每日作六小時每分時工夫如下乙表

工作	尤納
一起物用轆轤	一五六○
一舉起物件	一四七○
一以肩背馱物與空回	一一二六

每日作十小時每分時工夫如下丙表

工作	尤納
一用小車在板條提起物件	七二○
一送泥土至五尺高處	四七○

每日作八小時每分時工夫如下丁表

工作	尤納
一用機器起水或從深井起水用曲拐柄盤車	二五六○

一用豎裝鐵鍊耩耩起水　一七三〇
一苦工踏車　三一七六
一用中國水車　二一六七
一用阿扣米提斯螺絲管起水　一五〇五
一用繩拖弔桶由井起水　一〇五四
測算人馬及汽機力量皆以馬力爲比例雖以三萬三千工作尤納爲一馬力而執中計算一整飭苦工拖馬力每分時二萬二千工作尤納舉起一尺高爲一馬力磨擦耗費不計有同一機器而快慢逈別難測其耗費數
抽水汽機用一平常之馬每分時只做一萬七千五百五十得用工作尤納
　二二〇〇〇工作尤納
扣一七五五〇得用工作尤納
　四四五〇爲磨擦及多費之阻力
十問每日十小時工作派十五人將每立方尺八十磅重泥土舉高五尺應有幾多立方尺泥土　答曰照丙表派十小時舉高泥土五尺每分時每人可作四百七十工作尤納所以
　四七〇乂六〇乂一〇乂一五 ═ 四二三〇〇〇〇工作
　舉起八十磅五尺高＝八〇乂五 ═ 四〇〇工作尤納
則是 四二三〇〇〇〇/四〇〇 ═ 一〇五七五立方尺即十五人每十小時舉起之數
十一問每日八小時一人用繩與吊桶從二十尺井內取幾多立方尺水　答曰照丁表派每分時可得一〇五四工作尤納
　一〇五四乂六〇乂八 ═ 五〇五九二〇工作尤納八小時所得
欲舉一立方尺水二十尺高 ═ 六二·五磅乂二十尺 ═ 一二五〇尤納所以
五〇五九二〇/一二五〇 ═ 四〇四又五分之四則每日八小時可舉四百零四有奇立方尺水
十二問在四十尺深礦內一人每日八小時能起若干噸煤　答曰照丁表用曲拐盤車每日可做二千五百六十工作尤納
　二五六〇乂六〇乂八 ═ 一二二八八〇〇工作尤納
欲舉起一噸煤四十尺高
一噸二千二百四十磅乂四〇尺 ═ 八九六〇〇工作尤納所以
一二二八八〇〇/八九六〇〇 ═ 一三噸五担八十磅此每小時所起數
凡馬匹工作因速率加增而重勢遞減因拖力與速率相消息其式如下
　酉 ═ 二五〇丅四一乂二/三未
此酉等拖物磅數未等每小時行里數速率所以
每小時行三里其拖物磅數變爲一二五磅
因二五〇丅四一二/三乂三 ═ 一二五磅
如每小時所行速率只一里則拖勢重數將爲二〇八一/三磅

因二五〇丁四一$\frac{二}{三}$×一＝二〇八$\frac{一}{三}$磅

按二百五十磅重數因每小時只行一里而減四十一磅三分之二重數然則二百五十減四十一則剩二百零九又減其零數三分之二則於此〇九抽一等於二百零八每一全數爲三分三旣抽去三分二則餘三分一卽爲二百零八又三分之一

由是觀之每小時馬行三里速率

如二五〇丁四一$\frac{二}{三}$未×未卽爲最大如未＝三

任一體質在平地面緩行其阻力卽爲磨擦力格物家早經試驗表明地面阻力卽其物之重數有幾分抵力又物質如何行動其磨擦之阻力不改而磨擦相遇之面積雖有多寡而其力仍不異假如百觔重物置二尺方箱底拖之其磨擦力與百觔重物在一尺方箱底拖之無不同

一車在平路拖行其磨擦阻力約有全車三十分之一重數然則欲一馬拖三千一百二十磅重物於此路則必以一百〇四磅拖力拖之

因$\frac{三一二〇}{三〇}$＝一〇四磅

一馬有此拖力照以上表每小時行約三里半

而＝二五〇丁四一$\frac{二}{三}$未。所以一〇四＝二五〇丁四一$\frac{二}{三}$未。

所以未＝三半

車在鐵路動力祇三百分重數之一可令行動卽每噸重物祇四磅至八磅力卽可動矣在尋常路須三十分之一在鐵路祇三百分之一磨擦面越光滑則所乘之倍數越小

乙　水動力　水之衝力由水機承之以發動每百分中有八十分得用較之馬力百分只二十七分得用汽機百分只十分得用其餘力皆糜費相去懸殊水力用法如下

一取其重力如水激上半輪其力卽由上衝下以激動輪軸

二取其壓力如壓水櫃

三取其衝力激動下半輪葉俾軸旋轉

四上法兼用

水之衝力最大每分時滴下立方尺水接連成水柱以一方尺磅數壓力乘之此與大概水力相同如水如汽如空氣以下簡明言之

亥等於衝出流質立方尺數

巳等於流出之流質尺磅工作尤納數

戌等於巳乘以亥

論水之最便如下

天等於每分時水垂下之重磅數

辛等於水衡下尺數、
戌等每分時尺磅工作尢納數、
戌等於天乘辛、
雨水多少與一處地方測算水力大有關係每一英畝一寸深之雨重一百零一噸英畝西名愛克合中國六畝有奇
丙 風磨、風磨全以風爲動力其得用在百分之二十分風磨之力照上式戌等於巳乘亥即戌等每分時尺磅工作尢納數巳等於每方尺風之壓力磅數亥等於每分時風吹篷之風柱體積立方數風柱直徑等篷之直徑然篷在動時巳之實數難測如篷定而不動則風之壓力可測如下、

$$即巳＝\frac{亥^2}{二○○}$$

此一爲一尢納即二百分之一

此二爲自乘方即一方尺風力

即亥等於每小時風行速率里數巳等於每方尺壓力磅數、
風篷動時測算須照下式、
戌等於每秒時尺磅工作尢納數、
天等於每秒時風柱吹篷重力磅數風柱直徑等於篷直徑、
亥等於每秒時風行速率尺數、

以馬力論之即 $戌＝\frac{天×亥^2}{六○}$ $馬力＝\frac{天×亥^2}{六○×五五○}$ $得用馬力＝\frac{○·二九×天×亥^2}{六○×五五○}$
丁 汽機、汽機之力因火生之一磅佳煤可發出一萬四千熱尢納等於一萬四千乘七百七十二等於一千零八十萬零八千工作尢納最好汽機每一小時燒煤兩磅爲一匹得用馬力等於一萬四千乘二乘七百七十二等於二千一百六十一萬六千工作尢納然尋常馬力每小時有三萬三千乘六十等於一百九十八萬工作尢納所以頂好汽機得力等於

$$\frac{一九八○○○○×一○○}{二一六一六○○○}＝九一五$$

此爲煤內得用之力

汽機耗失熱氣何如是之多因燒熱爐與汽管鞲鞴筒並空氣相遇又機器之重與磨擦力受熱氣俱有耗費如第五表雖指明汽機改好能省熱氣猶不免有幾多耗費、

第五表

熱氣一百尢納

汽機等類	機器作工熱傳	鍋爐傳到熱氣
無壳汽機	五·九	四五
有壳汽機以不灰木包裹外周	六·六	四五
加重熱汽	八·七	六○
西們斯回熱鍋爐	一○·一一	六○
英國水師船孛壓吞之汽機	一一·一	

曾經測算煤內所藏之力每百分得二十分其煙通耗費百分之十機器傳散百分之十其餘六十分均消歸於無有矣

如酉一 等於放進汽之確實熱度卽法侖海表四百五十九正熱度

如酉二 等於用過之汽確實熱度卽法侖海表四百五十九正熱度

如戊 等於最大力汽機

$$戊＝\frac{酉一丅酉二}{酉一}　假如\frac{一〇〇丅六〇}{一〇〇}＝\frac{四〇}{一〇〇}＝\frac{四}{一〇}＝·四$$

一實馬力卽汽機能作工定限之數若

甲等於抽氣筩淨面積方寸數除厚薄不著力之面積

巳等於每方寸之得用壓力汽之磅數

申等於韝韝每分時行速率中數

$$所以馬力＝\frac{甲巳申}{三三〇〇〇}。　所以甲＝\frac{三三〇〇〇馬力}{巳申}$$

大抵力不凝水之汽機內巳等於爐內汽之壓力而無空氣壓力者此巳卽爲汽漲力表

小抵力凝水之汽機實馬力之式上巳著明此汽機巳等於爐內汽之壓力而除凝水櫃汽之壓力者此巳卽等於汽漲力表磅數加縮表眞空寸數

汽機與自漲力數　實馬力前巳載明無凝水櫃而有自漲力巳壓力如下式

寅巳等於中等壓力巳乙爲汽爐壓力等於汽漲力表加每方寸空氣壓力十五磅丑等於推機路通長數午爲進汽未經送盡時之推機路長數

$$寅＝\frac{巳乙午}{丑}\times\left(一丄雙曲綫對數\frac{四}{午}\right)。$$

巳等於寅巳除十五磅數　凝水汽機與漲力法巳等於上所得寅巳除凝水櫃壓力數

合抵力汽機卽康胖汽機不令凝水欲測康胖汽機馬力只須算一箇大抽氣筩力量而用以上格式並不計汽之在路耗失數

由上格式言之一副汽機能發若干工作可以測算但須明汽之壓力並韝韝進退緩急次數便知尺寸長數　論康胖汽機先查獨一抽氣筩能作工數再加小抽氣筩如下數

呷＝大抽氣筩韝韝面積，甲＝小抽氣筩韝韝面積，末＝汽漲比例。

$$甲\ \frac{呷}{末}$$

統共汽機漲力取其一半歸各氣筩

自記汽漲力表要尋確實馬力數又令司機人測查汽機何處有疵病

號馬力只記汽機大小

丁＝抽氣筒直徑寸數.

號馬力＝$\frac{丁}{二〇}$（各壓力或無凝水汽機 巳＝二十，甲＝二〇〇.

號馬力＝$\frac{丁}{三〇}$（低壓力或凝水汽機 巳＝七，甲＝二〇〇.

其得用馬力即其作有用之工爲數不等視汽機得力並視其如何與工作相連貫及工作物件性情總之汽機在礦內得用馬力實得尋常實馬力一半數.汽機件相稱數.

甲＝抽氣筒横截面積 丁＝抽氣筒直徑 亥＝抽氣筒容積.

丙＝抽氣筒周圍 丑＝推機路長數.

甲＝·七八五四丁^{二}. 所以丁＝$\sqrt{\frac{甲}{·七八五四}}$.

丙＝三·一四一六丁. 所以丁＝$\frac{丙}{三·一四一六}$.

亥＝·七八五四丁^{二}丑.

上海曹永清繪圖

探礦取金卷二

英國礦工密拉著

慈谿 舒高第 譯

六合 汪振聲 述

論木工

礦內以木工爲最要凡開礦井與山邊進路並礦內平路均須用木撐抵以便礦下安穩作工並通空氣所以木工與深井短井皆相連開井等工作皆於木工論及之.

礦內通路全恃木植搘柱不能常修理初立支架務期堅固或遇一處有壓力須加幫木勿致斷損凡物料損斷必係料輕而任重應擇木植堅實者作方柱以頂横樑每柱相距四尺由木之中心起算架之横木擱於柱頂不宜用公母筍以螺釘螺套連之.

總路要支撐數年則每柱相距不可過四尺每架裝配須整飭其柱頂與地平確是一垂線而成正交如是方能任重耐久各架面一律齊整無高低闊狹人立在內望去如同光滑之大管兩邊皆匀稱也木工關係最重切不可草率從事.

礦路木架必須整飭輕重相稱木植宜一律堅結如有一副架較低則所抵分量加重又裝搭不合法易於欹斜斷折雖修葺終不合用總不免有高低闊狹之弊且陸續修

補路必變窄勢非重開另搭不可所支木架務須十分堅固

木架固要整齊尤在柱之上下四旁土石堅實或有鬆漏脫落地基不堅或路頂有空洞難免重物墜下須設法塞滿四面結實庶免危險

木柱各有牽條相連柱頂橫木之牽條即抵於擱木下往往礦路不堅修葺費事致礦即廢所以用堅固牽條為費無幾不但可免不測且能耐久其益甚大

礦內木工每搭一架極少兩人如山路崎嶇或添幼童幫取物料及隨時通信並將路面各雜質撤空架之柱頭宜

平以便上擱橫木橫木彼端用木槌敲送裝上與柱頂鑲牢

木架每副用堅木四條一橫樑（西人謂為帽蓋木以兩端扣緊柱端也）一墊木（柱腳墊長木與地面平）兩立柱並有鑲配之木板橋板牽條尾板及木劈塊等零件皆不可少

木柱與樑之直徑約九寸至十八寸視其所開之泥土與礦路大小式樣而定柱與樑圓形固佳然裝配較難尋常多用十寸徑至十四寸徑木有節者不可用

礦內平路木架闊六尺高六尺六寸可容雙條軌路為來往運車之用並可用馬拖之如不用馬亦不可低於六尺

第四圖

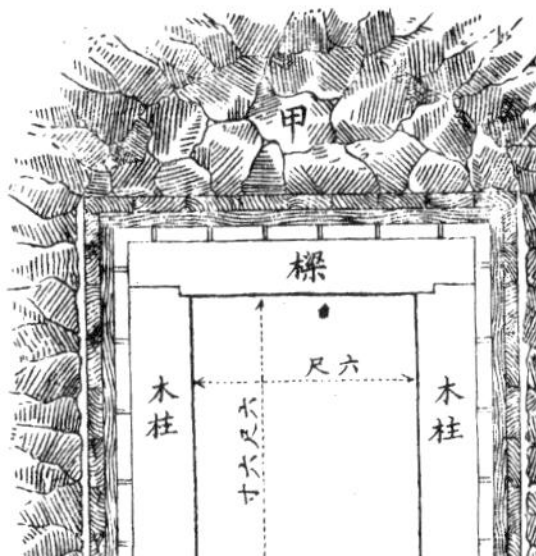

六寸因支路之樑裝配總在平路樑下面高闊尺寸不連外框併計如第四第五圖

木架有兩式如四五兩圖裝柱或成垂線形或下腳略開必須審察地勢土性而酌用如兩旁土石擠緊用垂線形最佳否則下腳略開俾支撐得力也其樑稍短則頂較小而架更牢凡礦路有險每在頂之壓力重觀四

第五圖

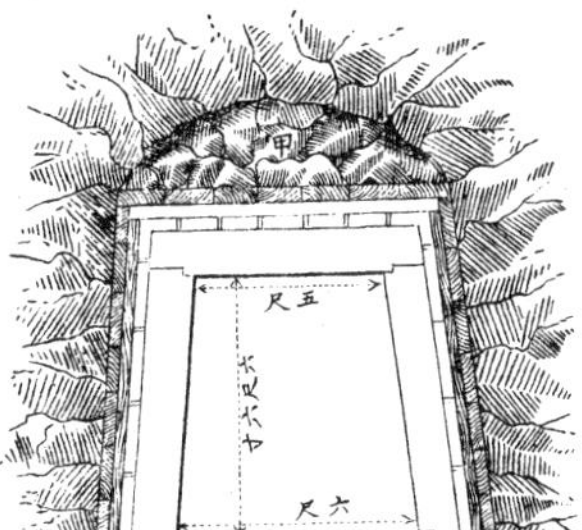

五圖內甲甲即知所抵之重下腳開者須留心兩旁之擠力柱須堅牢

礦內所用木料宜就地取材為便如何築成礦路匠工須自出心裁不必循照定法地土堅實者應用丁字式劈克開之地土鬆散者須設法令泥土堅結不可任其坍卸

開山先於山腳邊鑿洞挖至合度地位然後在上面逐層

鑿下。

泥沙鬆散之處最易坍卸，亦有石層鬆輭，兼有水，須慎防其衝漏，應用夾層板，其縫以布條細蔴嵌滿，將板用木鎚敲緊，不可用鐵鎚重擊也。

建木架法，此事關繫極重，工人之性命攸關，與用費之能省，全在乎此。前人多不經意，故此書特詳言之。

礦內平路所需之木料，應歸一律。其已裝入之木架鑲頭是否細腰式，有無欠缺處。橫樑鑲於柱端，須彼此均合中心，樑柱既合中心，每架一律合式。倘地不堅實，則鑲合處加用角鐵，令樑與柱格外牽牢。下面墊木亦然。

架頂推送襯板，如叠瓦然。如有參差，須敲令整齊，則續推之板可無阻礙，免令板端有凸出撳動立柱也。

架已如法裝配，應查橫樑壓力之鬆緊，須用鎚將樑頂所襯木劈敲之，不搖動，則知其壓緊。倘越數時，所襯木劈或有走動，再加令堅實可也。

凡築路兩旁置托板處，泥土不可挖去過多，庶襯墊合度不致搖撼。

架頂襯托板條，約闊九寸，長四尺六寸，另備有狹板條，以便補墊。板一端略闊，將闊之一端先送進擇兩薄板裝其端於橫樑，而去樑端土石，薄板通至第二架之橫樑，出橫樑數寸，令板條同路平直。礦路一直則薄板與橫樑正交。如路欲轉彎，則薄板依路之彎度而轉方向。樑端板條既推送合式，彼端亦如法推送，均令闊一端先行送進，則隨後續送較易，條條可以擠緊。如是架頂與邊旁均擠緊，則不致有泥土漏下也。然又不可過緊，致板凸處碎裂。又敲緊橫樑端與板條端，同在中心，易爲移動，故架之上面與旁邊皆有榫閘住，裝板條時，陸續將榫拔去。

橫樑上之板條宜先裝兩端，若從中間裝起，則環動中心泥土震動，每易卸下，且中間空不能抵禦，兩旁土卸，必忙裝板條至樑端，反覺難裝，以裏邊立柱有礙，再將柱旁泥

土挖空，而路又加闊。如是樑端兩角挖與路脚同闊，或更加寬，則洞失環形，而第二架板條端塞於第一架板端下面，則第二橫樑不免爲所撳動，恐日後坍卸不免也。

礦有危險不測之禍，皆由裝架不如法，監督者任聽工人圖便偷安，謂其地土結實，可恃草率完工，以致害事傷人，遂多虧折，欲再改作，事俱不順，惟有另開礦路，不從樑之中間先裝板條，則庶免斯告矣。

橫樑兩端板條裝成，可將橫櫬木條約三四寸方，裝在前架與後架頂板端之間。裝法將前架板條擡高，後架板條由橫木下空處插入橫木條，由橫樑上面插進至中腰，即

旋與橫樑平行，板條稍闊於架，須與平路頂底成直角，不任高低參差，橫木條裝就，板條依次裝配，將前裝橫樑盡行蓋沒。

橫樑已裝成，然後將兩邊板條由上角裝入，送到裏面架上板條間裝一豎襯木，距立柱數寸，與頂上橫襯木大小相同，從地脚通至架頂，以便板條層叠裝入，兩邊裝法相同。

架頂板既裝就，板條由兩邊角裝進，續裝第二副架，備有暫用之架支撑，此架較尋常之架略輕，所以攔住板條，令逐層整飭，用鐵搭牽連之。

平路有水，用木墊平，或立柱脚依水準令平，柱脚入地數寸，地面以堅平爲度，立柱外邊之暫用架以木楔閘住，礦工行進四五架，平路既視各架是否一律平勻，如無參差，則用一窄板條作爲橫樑上之橋板，令小工在橫樑中間將橋板舉起，各板條以木楔塞入，務合尺寸，以便後來推送板條，楔定後，架無偏斜最妙，若敲楔時或有移動，則架不整，或立柱不穩，或橋板不整，須查其病而改正，如橫樑整立柱穩，邊旁板條有移動者，以板條扣住，如四五圖式，架之外邊空隙，以楔拓開，庶便新板條裝入，於是兩旁有板頂上有橋，外有前架板端。

地土如鬆，路旁須用板襯托，俾工人立在三面板之間（兩旁板與架頂板謂之三面板）每板長數，須與兩立板條相距數同，此旁面板，又名胸前板，板分兩橛，兩橛中間爲槽，有旋螺釘，可令寬緊，兩板相叠能移進則短，移開則長，中間相叠則厚，兩端必薄，此欲板條裝卸便當，所以裝在兩立板外旁（西人謂之前面）如地甚鬆，此板條不可卸去，祇將木板推前，嵌入爛泥二寸許，並將立板條擠緊，若面板移去，泥卽卸下，此工夫從架頂做下，頂板既推入泥內二寸，以後續裝之板，亦照式推入二寸，不如是做，每有不測之患，慎毋忽之。

礦地內有水，必照上法爲之，各木架須堅實無病，板條交互牽住，沿路多備板條，遇有衝卸，立板用牽條以禦之，如板條無濟，則用韛鞴起水，水內不致有多沙泥，若早知有此種危險，莫妙在近礦路多開溝，俾水由遠處流去，不任漏入礦路爲佳。

地面輭爛，須鋪木板條，用極堅之木，襯在架之墊木下，成排並將爛泥掃去，地土受濕而漲，在堅固之石地或碎石地，有似地層卸亂之後情形，其壓碎之力，甚於尋常地道壓力，凡在此等地方，板條宜鬆排，勿緊，架頂板條相距六寸或九寸，旁邊更可稀，若地土濕漲，恐壞板條，卽將近處之土挖去若干，再漲再挖，去其亂石數次，如是可經二三月之久不致再漲也泥土地亦有濕漲者可用小圓木以代板條相距照圓木直徑中間有泥土擠出用鋤爬去則地土堅實若粗砂地不過多加壓力即漲亦有限如木料上已嫌過重可裝雙架以支抵其法在平路舊有架相距之中加裝一副架以分任壓力之重

開斜礦取金砂法　在平路旁面薄層挖空搭木架以抵之從井底橫挖一洞將開礦所過土石等廢料塡於脚下再向內開步步升高如階級斜礦地高低不平每向上斜所用木架與總路架同立柱須與上重數正交成直角斜礦地西名羅特與潮漲之金砂地不同漲地照平線而行

斜礦地依垂線而上斜故架柱隨搭隨上總平路與礦井礦工造法相同

礦井各種造法　地勢淺而乾者井開可小祇容一人旋轉然不可小於三尺六寸長二尺闊挖出之物須由曲拐盤車以手工提之礦井如深過八十尺者用馬一匹爲合宜有水者更宜在礦井上裝轆轤其繩由井下穿過架上第一箇轆轤之面再過近地面第二轆轤之下後通至馬背牽之行走此法在一百六十尺礦或一百八十尺者皆可用非若手工盤車也若過此深數則礦井下之繩穿過架上轆轤繞於磨盤上其下有橫桿用馬牽之旋轉則繩繞盤而上升若反行則繩自落下在深二百五十尺之井水不過多則可用若深過二百五十尺有水者則用汽機水力或電力可也

礦井三尺六寸長二尺寬者合用曲拐柄或用轆轤法盤旋或平拖轆轤用轆轤平旋法礦井容積在架內不可少於六尺長三尺闊中以板間隔俾一面鐵桶升一面鐵桶降井底潮濕以木料襯之

礦井過二百五十尺深者須用汽機惟經費較大

漲灘之地西名阿路肥爾礦井須鑽及底石能採取礦質井之大小如用抽水鞲鞴必以八尺方爲度或更開一井或一潭

俾水流入便於取出此井西名升潑即礦井下之受水潭也

開羅特礦即斜形礦礦井開不到底因開下更有一層羅特不能預定有深千尺者所用木架不可小於十二尺方此井分四槅兩槅方各四尺爲桶升降之用又一隔四尺方爲工人升降之梯用餘八尺闊十二尺長爲足容抽水鞲鞴之用

用木料鑲襯之井深五六尺用襯架木板四條分置四平之底其垂線懸於四角各架須照垂線令直襯架板與井牆間有空隙者須塞緊底板不任移動莫妙用定角鑲鑲連再以堅木板條釘連於井口上之木架木板條下脚用

螺釘旋定四角襯板礦井已掘深五六尺將一副木架裝就再掘等深次第裝架

開井比礦底開平路爲難須依四角垂線不可稍有偏差木板卽靠垂線裝配其木架逐層下接難免爲土傾壓則須將板背之土挖去少許另用直木一條襯於上下兩板之背以螺絲旋緊則中木架可直立不致傾側

井中木架須看地土如何擇用何種木料如井牆之泥要發漲恐將木架凸出則須將板背之泥挖去少許但挖時須四邊勻稱否則土漲滿時或有鬆緊則木架受其抵力必有凸凹不能依垂線之平直矣

第六圖　直剖面

礦井

如在礦井安置車水鞲鞴則須用方整木樑其端與井牆之板相平不可凸出木樑之大小與相距視鞲鞴之大小爲準

開礦井遇有濕沙泥必須設法以免水浸溢其法在濕沙泥層就井之四圍挖空至堅實處爲止如第六圖爲直井剖面形指明兩邊牆挖空地步將木板平井牆裝上內面再加襯板中用泥或西們町卽水泥築實如所用之泥內有細石粒或泥經潮易散俱不可用須先將泥含於口內覺滑如硬牛油毫無碎粒不易鬆散方合用否則不如用怕得蘭上等西們町此法務期堅實使水不能侵入礦井內故不惜工費因井內漏水必須由礦底起上況安置鞲鞴又須在中間先挖一聚水膛復行起水上至地面多費工夫所以做井能隔水乃一勞永逸之計

漲出之地泥細而含水須在礦井四周用堅固木板如箱

式箱之四圍鑲鐵板較襯板闊數寸箱有鐵板可以抵住砂泥箱邊襯板其下可續置一箱先在井四邊挖去泥土安設齒柱配以齒輪輪左旋則柱右降使箱之鐵板逐漸落下

礦井四角懸置木條必須確依垂線不能稍偏因礦底起料桶每分時升降最速若井牆不平直則桶過必震動不久又須修理勢必停工

開井遇淤泥須用鋼頭木桿測至堅硬土石有若干深乃可照上法預備如鋼頭桿不合用則用鑽地器具

礦井大者不用木箱而用生鐵箱以齒輪令其落下如濕

而深之砂泥地則用極大生鐵管以壓水櫃大力壓下開井所挖之土以恰能安置木架爲合宜若去土太多則架外之泥土過空井不能用須依垂線挖之只求能容汽機不礙工作所以礦井堅實而平整是爲開礦頭等工夫開井更有一法與開礦內平路相同其法先開方井深六尺在上邊四圍襯以方木框其背面插板在其下再開深六尺於第一層板脚下四周再裝方木框背面再插板如上法此法雖穩當而便捷如將來欲用大力起水韝鞴必致移動

上海曹永清繪圖

探礦取金卷三

英國礦工密拉著
慈谿 舒高第 譯
六合 汪振聲 述

論地學

礦務宜先講求地學卽地球所以造成之理定質與石料如何更番變化而成地球中心之大熱力迭次行動改變地面高下形勢以成山川之形更有天氣之冷熱並風之行速將地球外面山水改變其地球硬殼之層數內有各種地質經雨水感動變化而成新料此變化之功常行不息特人不覺耳

各種礦石其顏色與其質之堅鬆各不同並石層之排列與其形狀亦各異俱可隨在考究如何結成之法凡石層之有凸凹皆由地心之熱蘊積無從發洩遂將平層凸起成高下角度甚至礦層斷而離開一高一下中間相隔數層以致錯亂能洞明以上情形則胸有成竹可以役使礦丁相度辨理勞心之人勝於勞力此礦師之所以可貴也礦師見地面露出石層順其紋理而察看至地下礦苗顯露卽可相度開採雖隨帶有地學書以資考證但書中只能言其大槪至變化情形仍在親歷縱石不能言而顯呈之象不啻卽我之師資也

石層年代之久遠與礦內各質之分劑乃化學深奧之理有專書詳論暇時可悉心考究此書但言其大要以表明與礦務工作有關者爲入手之始基以後可循序漸臻

凡有金類之地較之無金類者尤多變動所以見有改變之處卽可決其有金類蓋礦在地內其先本均勻因地心之熱鎔化礦質從低處流注而凝結故礦苗旺處多在斜下之層此其明徵也

地球內之土石等層原歷多年變化其石之情形各異有高起成山者地學師卽可於高下顯露之處逐層考究猶之讀史者攷證歷朝之事實亦有古今之別如先在地面

察看此層爲最近再由此深入至結成之石質中有獸骨魚鱗及敗葉等尚未全變者卽係遠年之物變化成石之確據以下年代愈遠幾無可以測度矣

又如史書中字跡不清間有缺略之處或可以意補之至於地學若無可考證不得但憑臆斷只可暫置俟隨後得有實據再從而補之

地學師查得最古之石變成之法與近今所成者略同因最古之石內有植物動物變化之痕跡此種石西名福息耳古時動植物之生長與今亦相同所以有福息耳之石卽可比較而稽其年代否則難於考究凡地內最下之層

其石最古西名堪不令從此石層至地面中隔砂石泥端石灰石含鐵石等層其結成法由此可類推常有石層中隱約有動植物形象非本處所有者必係當日未成陸地之先或爲江口或爲海面一經山水暴發將遠處之動植物沖下停積於此有此憑證可以考辨石層始於何時及其料來自何處與夫經過之地面一切均有確據

細考石內之福息耳卽知其石成於何年屬地層之何等學者留心詳辨有屬於堪不令地層者有屬於勞倫丁地層者西名勞倫丁卽無生物之層斯爲最古但能分別年代之遠近不能確知其幾何年也

地學師辨別石層先考年代次論質性卽如泥端石在各層內俱有之不能統歸一類必查其內之福息耳以定其屬於何層之端石所以地層內有泥端石砂石大理石結成之年代不同看本層內有何等石卽可測其何時變成

考地層年代之先後有甚難者如人居之地面爲地球之第四層此層初成時卽史書所謂盤古以前混沌未開之世可見地球之久遠不知歷幾千萬年史之編年有上古中古與近代之分地學亦分三類但其歷年更古不能如史書之可分年月也

英屬之紐西蘭中島爲天下最古之處觀其島之外形有

許多憑證以顯其島之久遠如歐亞兩洲極高之山其始由積累而成迄今高出海面二三萬尺不知歷幾億萬年當此山初露出時紐西蘭之島已成可見此島爲最古每一處之石內掘出有福息耳再看該處之地形卽可考察其年代凡水所經之地如無高下俱係平流則歷久無改變或有水道淤墊江流改徙遇有阻隔之山沖開成峽內藏之石顯露爲風雨所剝蝕其質卽鬆散紐西蘭中島有此情形可爲地學家考察之一證

醫家查人身體每六七年必除舊更新地球亦常有改變非徒地面情形地層下亦有改變如輭而濕之泥歷時忽

變爲大理石花剛石此石復又改變與前之顆粒排列大不相同

最古之石鬆爛隨水沖入湖底海底變爲新石層逐漸加高卽成島成洲而他處之陸地爲水衝激又變而爲湖海此消彼長終古不息也

地學之變化多端不能悉詳總其大綱一爲星隕石一爲風雨霜雪之剝蝕一爲流水之激動一爲動物植物朽爛變成石一爲地層下化分化合之工一爲火山噴出之火令地形改變

隕星乃各行星外有極微之星亦隨地球繞太陽而行有時其石落在地球上是爲星隕石

天氣有改變如風雨霜與熱氣皆與地面有相關觀英國等古時石牆礟臺每爲大雨與霜所壞埃及等國以前本膏腴之地後有大風揚沙壅蔽地面積高數百尺卽成棄地不生五穀亞非利加洲之乃耳江英國之密悉悉批江此兩處江口漲出之地甚廣皆遠處流來之泥土淤積足見其流入海內者不知凡幾

水之功力最大在堅石內結爲冰能將石漲裂或遇奔流激湍石爲之沖碎隨水而流入湖海之底逐漸能塡高又能從鬆石內透入將金類微細顆粒帶入地下其金類各

有愛力遇相合之質卽與合併故地層下各金類之聚積不能相離凡開礦掘井無論如何深淺下面俱有水在地下其功運行不息至於化氣其力尤猛蓋水透入地之下層爲地心之火蒸而爲氣從地層薄處噴出卽爲火山遂有地震之事

動物植物之變化奇妙不可思議植物腐爛多年經重物積壓初變爲輭煤久則變爲硬煤動物腐爛有變爲鉛粉或灰石大理石珊瑚礁石等類俱係極微細之物變化積累漸爲山邱若極大動物如鯨魚與象等類變爲地質甚少如珊瑚乃微蟲所積用顯微鏡窺之卽能洞見所以上

古之動物植物有埋藏於石層內者一經掘出即可爲地學之證據

化合化分之工多在地層內變化即如空氣內之炭養氣能將含鈣之石漸漸消磨水含有此氣並大熱度所蒸之氣與霧透入地下堅石層消化其質而流出所以泉水有含鐵者有含鈣養鈔養與鹽及硫者此等泉徧地俱有最多在火山地震之處有兩事可證一地之硬殼料逐漸爲其銷磨二地面有石灰砂鹽硫等料除流去外其停留之質彼此化合而感動火山噴起後其金石類等料經冷復凝結堅硬但其在地下化合成功則不能計其時也

火由地心之熱噴出即成火山如地震湯泉及地面騰出氣霧皆足爲證此熱由化合而成或由壓力而得故火山之力發之最猛地面有凸凹及平行之金石類層忽而中斷有高下參差皆火力爲之其發之急者頃刻間平地可陸沈而他處忽湧起小島緩者運行不覺能令山巒長增高雖天下無處無火山而最多者在有金石類處中亞美利加及南亞美利加火山所凸起之石與海底結成之石不同其石有顆粒而無成層之形或似玻璃或如火石或有蛀眼與脈紋蓋火山噴出鎔料落入水內凝結即成蛀眼故與水中沈積之料逈別也

地層內之石類甚多依礦學家考之分兩類第一成層之石如端石砂石泥板石等類乃沈下之泥土結成而上有重物壓之經地內之熱烘乾變爲堅硬而平勻後爲火山噴出將下層老石崩裂而上面之石層因之分碎一爲不成層之石如前所論係由火山噴出者

石分三項　一火成之石　二變形之石　三水成之石

火成之石分兩種一種爲火山噴出之料落在地面冷而凝結西名特嬾克特即黑綠色之大理石又有如柱形及玻璃形等石一種西名勃虜湯逆石在地下極深處爲火所鎔冷而結成即花綱石五色雲石又有名西愛乃特者

即埃及石青石等類

變形之石因遇壓力火力及化合化分之工遂將原石之樣改變此種石西名尼司即有光點之成層石又一種西名買克歇司脫即千層明光石又有其石黑而帶綠及有蛇皮紋者均合於雕琢之用

水成之石如粗砂細砂石火石灰石泥端石等類及鎂養炭養鈣養炭養所結成之石

考石層之年代分爲三大類第一爲最古名初生石蓋初有生物之時也此石內之生物痕迹始於海濱濕草所生如美洲坎拿大之勞倫丁石是也由初層至潘明（俄地名）石

層止第二爲中生石蓋動物植物最多時水族與禽獸俱有極大者今之犀牛與象皆當日遺種由初層至蚌殼類石層止第三爲新生石此時之生物種類較前愈繁由初層西名伊惡星石至地面露出之石爲止列次如左

第一類

起首時無生物爲地下初生之一層

勞倫丁層美洲坎拿大江名 此層生命初蘇 有錫

堪不令層古時英之西省 有金銅錫

夕魯林層 有變形石產金銀間有銅愛爾蘭哪威等處均產白煤其性硬煙色白

第鳳林層即英西南省 此層爲老紅砂石煤漸斷絕五金漸產有銅錫鉛鐵礦地不平

煤層石 此時世界之煤層結成想植物極盛

初有生物層 石內嵌石卵並嵌碎石有暗紅之砂石並含鎂養之灰石及灰泥石

第二類

特里愛夕克層瑞士國東南雷的格山石 產銅與煤

舊臘夕克層法國東邊之山 此時煤與鐵方澄定

蚌類石層 此時英國南省塞色克司之鐵礦非洲北疆法愛爾際耶及南美西疆智利國之銅紐西蘭之煙煤俱生

第三類

伊惡星層相近地面 英國汗母西耳及倫敦法之巴黎等處與紐西蘭島俱現出並產石膏及成片砂石

奧力高星層漸近 地產木煤更硬

買惡星層又近 木煤愈多並有棕色煤

勃來惡星層更近 灘地嵌有石卵地下有魚骨魚糞掘起爲肥田之料並木煤亦多

勃來司妥星層最近 江河下流有淤積漲灘 英國西省康華產錫 五洲之地多有澄定之金 山洞內有埋藏之物 其時初有人物形迹

地面一層從古至今其年已不可考 江湖海俱有淤積之料地中坍陷隱見湖內有古時亭屋 並有垃圾成堆

以上分三大類每類各分層次每層均有先後地學師依此考驗即得入地之階級從地面下至最古之層其中分爲三類猶之作史者之編年有上古中古及近代之分但史書之編年在洪荒以前爲最古即不能考而地學在此時猶以爲近可見地之久遠難以年代計也

以上之石層最古者爲最下一層即第一類之初層以次推之上至地面爲最近之新層在第三類之末然地球各處之地層非一律均勻間有缺層之處而新層總在老層之上即如歇司脫石在夕魯林堪不令勞倫丁各層內皆有之雖石類相同而新舊不同

地學家所藉以考證者乃地面上露出之石或開礦鑽井取出之土石等料但井深未有過五千尺礦深未有過一千尺者人力不到之處不能深悉以下光景至火山噴出將地下石層凸露由此更增識見如第七圖乃紐西蘭島

第七圖

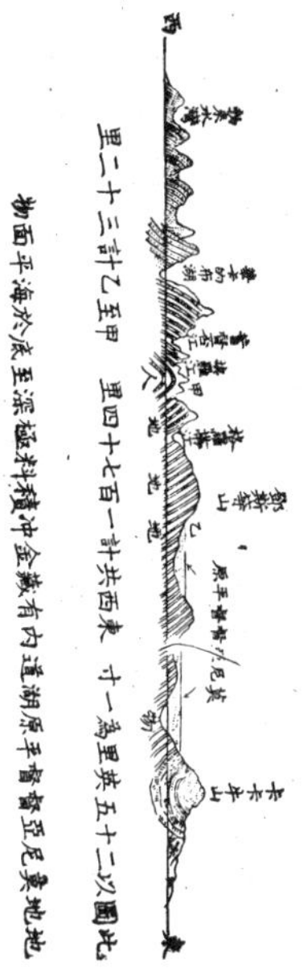

此圖以二十五英里爲一寸　東西共計一百七十四里　甲至乙計三十二里

火山凸起處圖內地地地爲露出之石層從甲至乙相距三十二英里當未凸露時各層俱平叠依垂線測之可見入地有三十二里之深後於其島之南北一帶凸出高山在東西斷露之石層人字處相交而過查勘斷露之石層非一律堅硬初以爲愈下愈堅者其實不然

有云地球愈下愈熱至最下之處雖堅石能鎔又云地之中心其熱愈大竟至全鎔此皆臆度而無實據前以爲火力所致實由化分化合之工以生熱也

現探試地下八十尺至九十尺之深處其熱度在夏令比地面更熱冬令更冷再下每深六十尺加法倫表熱度一度其熱有因空氣壓力加重而增非全在地深之故也

此圖顯明紐西蘭島之東西截斷形東西線乃海面平線每寸合二十五英里計長一百七十四里甲至乙三十二里地地地處並河底均有金沙其深淺難測因物處湖底在海面下尚有金沙也

金石類

金類有貴賤之分如金銀鉑三種爲貴金類錫銅鉛銻鋅鐵鎳等爲賤金類

金類有淨與不淨之分其淨者不與別金類相雜從地內掘出即可用不須再加提煉其不淨者謂之礦子與別金

類或氣質相雜人不識其爲金類此種礦與養氣化合西名惡克賽兹卽含養氣之料如與硫化合卽爲鐵養硫養

金類之淨者無過黃金各處所產純金大半在石英礦內銅與銀往往亦有淨者

礦石卽金類與金石類或金類與氣質化合而成不能確知其有金類因其色混雜以分別卽如鐵與養氣化合成鐵鏽觀其色不知有鐵

從礦內提淨金類另有專門錬礦法或用化學法非精於提煉兼明格致者不能

金石類之名包括極廣除動物植物兩種外凡一切之物

皆可歸入金石類卽如山與地殼爲土石所成各種石料或係二三種金石類或一種金石類合成

金類所產之地一在斜礦二在平礦三在散亂處四在貼地處斜礦平礦皆包在石中散亂之金有在石內有在土內貼地者則在近地之土內

斜礦地其形如帶通長若干里其深淺難測斜礦地有平行之處西名司特來克卽伸出之意有直下者譯音的波卽沈下之意四面所包之石宛若圍牆界劃分明有如刀截在礦之上面爲上牆礦之下面爲下牆

斜礦地之闊狹不一狹僅一線闊則十丈有奇間有無用

第八圖

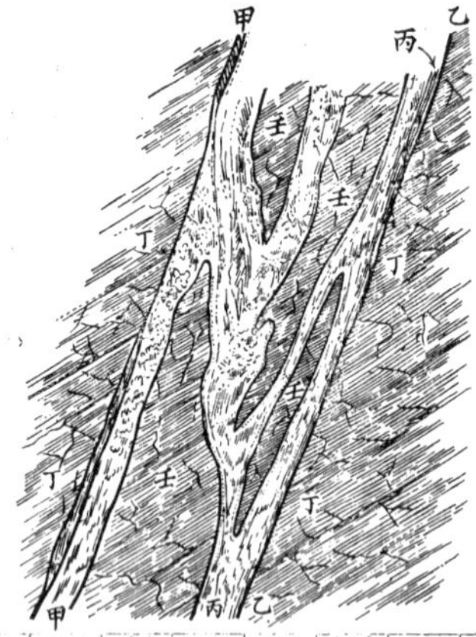

廢石夾雜其間見第八圖之壬壬壬其底層乃沙合石英中有淨金不少如第九圖二二顯明底層界限

各種金類多在初層石內惟鐵在地面有之有一種泉水內含鐵及濕草地之水中亦含鐵貴金類總在最老石內取出錫亦在此等石內最多金錫漸少之處則有銻與鉛

第九圖

澳大利亞之堅司蘭省并紐西蘭之北島此兩處所產非淨金因有銀與銅及別金石類相雜名爲倔强礦子須另用化學法提煉所以淨金只在最老石內有生成者若銀銅鉛雖間有淨者但市面所銷售皆由礦內提出

斜礦地之緣起

凡五金類在最老之勞倫丁堪不令石層內其初入地甚

深至凸起成高山則包在中央成山之脊與山之基山脊逐漸凸起將面上之新石層分卸於兩旁而此層露出蓋凸起之山分向背有東北西南兩方向其面上歇司脫新石層亦照此方向分卸於兩旁如第七圖

地學家論及地殼經冷則縮縮則有裂紋又地殼凸起成高山則兩邊之地因之收束過緊而裂開凡宇內高山初時爲平地後從地下三十英里之深處陡然凸出地面至一英里之高此非常之震動故地面裂紋不知幾許

斜礦之方向與山之方向成正交如山係南北向其斜礦路必在東西兩邊礦內之料與兩旁石料不同想其初爲

裂縫經山水沖下帶矽養等料逐漸沈下以塡實因矽養等料俱如水晶顆粒形故沈下時依次排列而結成所以兩邊齊整平勻現山仍逐漸增高斜礦地亦逐漸引長尙無停止

金類如何到斜礦地

地球初爲氣質後變爲流質漸冷漸硬外面結成地殼非一律厚薄即有鎔化之料由薄處噴出堆積地殼之外面現仍有噴出者特較前少耳火山凸起之石其質鬆如浮石之類經雨水漏入吸去其熱故石冷愈速水入地漸深與下面之料相遇如强水鹼類鹽類並別種化學類與金

石類料各有愛力敵力並吸力仍有許多未經考出之力有水相濟遂成化分化合等工其成此工有四法

一流動法水入地下帶金石類料流至山之裂縫內沈下逐漸塡滿成金銀並石英斜礦及許多銅錫等平礦地學變化惟此法最多

二結成法水漏入地下將其鎔化之料調和於水內流至冷處水化汽散去沈下之料即黏貼兩旁石上猶之行海輪船其汽鍋用久海水內所含之鹽即貼在鍋內成皮亦同此理

三蒸法地內鎔化之料變汽噴出黏貼裂縫兩旁猶之化

學廠蒸提化學料之法此法全賴雨水爲之

四沸法水入地下熱極而沸將金石類鎔化成浠質其上浮之沫與下沈之滓待冷水化汽散去即凝結成礦料如新金山堅士蘭省之莫根山礦即如是結成

平礦結成之法與斜礦同俱由水從鬆石漏下帶出石內之料流至低凹之處沈積成礦層或水至此澄定尤易沈積

有種礦方向參差探測不易往往無意得之專求難遇不必詳論

淺地金類凡河道漲出之地下有金錫鐵歸於此類

論石與金類相關

砂中金類與砂中之石同類如錫祇在最老之花剛石內俗稱蘇州石斷無在歇司脫石內銅在英國西邊康華省之端石內他項金類亦各有相配之石因各金類初生時卽與同類之石料相感而合卽如斜礦地有三層上下兩層皆石英中層爲花剛石金在上下兩層而中層只有錫觀其爲何類石卽知有何金類

產金之斜礦皆在初生石層內爲最老之石若上面有新嫩之石蓋之斷非原來石層斜礦路卽在此截斷見第十圖

第十圖

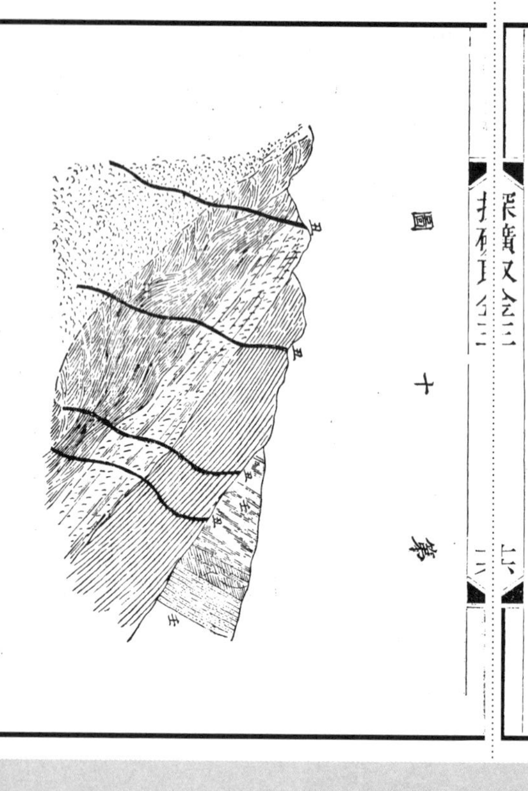

採礦取金卷四

英國礦工密拉著
慈谿 舒高第 譯
六合 汪振聲 述

論相地

相地最要有恆心作事有次序其次卽在眼力能測地下實在情形眼力由閱歷而得

礦已掘下一半未得礦苗盡處其工夫猶未畢假如掘得礦子內有金若干須測其四周之礦地深淺闊狹不可遺漏一處往往有金沙地前人開採不如法以致廢棄後有人接辦獲利反厚其故或因運道艱難糧價昂貴或因路不平坦機器難以運到有此各種難處全在辦理之人籌慮得到故能有條不紊耳

凡漲地未經查驗者欲知有無金類但看江口湖口與就近海灘卽有一定證據蓋長江一帶山嶺如有金類經山水漲發有石塊隨流沖下磨碎地面之料帶入江湖重料就近沈下輕料流至海邊依此查驗非比掘地求礦之難只須在江口或海邊取石一方研碎或泥沙一撮在水面漂之卽得

漂金之法極其簡便用一圓木桶如尋常之洗脚桶兩邊有耳置金沙於其內用手搖播傾去浮上之泥土如此數

次餘下淨料可取出試驗又有將金沙盛桶內約及一半浸入清水內用手淘去沾連泥土如淘米然又用手更番旋動再左右傾側提其桶傾出泥漿料已堆至桶邊即轉正復浸水內仍如前法叠次漂之至桶內之料只餘一二羹匙用顯微鏡窺之看其內有金與否如果有金不過為第一步得利之先兆尤須察其地內產金多寡費用人工能否合算

前已論及金類產於最老石內故凡有金類之國其境內大山嶺俱有最老之石憑此求之不啻有先路之導

凡相度可以開礦必擇一下手處其石不可過硬亦不可

過輭尤須有參差非一律勻淨者其地有數條平行之深溝並懸崖深谷近江水發源之處其金必多因是處含金類之質鬆浮水流迅急將輕浮之泥土沖去重金沈下故顯而易見

大江發源之處往往有金礦其遠近水道必有金沙然有金沙處而近處或無金礦因金沙流來甚遠也

江之分派或一支或兩三支從其發源處流向左者則為左支流向右者則為右支其金總在右邊一支此理殊不可解然往往歷驗不爽

礦學家又云凡在午前先得日光之地必多金類推原其

故朝東之山多得日光其地常改變或坍陷或增高故金類易於露出

觀地面石子之顏色即知地脈如何凡石有淡桃紅色間以青藍與淡灰色者即知內有金類山崖直面擠出錳之黑跡一條內必有金所以未經考驗之地觀其石之顏色可以辨別如其石為青藍或紅色者礦內有銅暗黑色者有錫與錳有桃紅色之線者內亦有錳石面有紅黃棕色者金與銅同產有灰色與青灰色者鉛與銀同產有鋅者其石為帶黃之棕色有鐵者其石為紅黃與棕色並黑暗色

江水內有泥土含金之微跡須細察之上言石之顏色可以分別金類茲言水中亦可辨別如水中有紅色或錳之暗黑色或水內有堅硬青石光滑而重內俱有金此種石名為引路石含金之水內必有許多石英如石英鬆散其金更多

石與金類相關何種石有何種金類人皆知之然亦有數種石內無金類者一里愛司石即夾泥土之薄片灰石二烏賴特石即細卵石三蚌類石並新生石即第三類地層之石

新紅砂石在次層之頂上者其石內難得銅惟煤層以下

有種石西國取作石礳用者此石層下或有銅金類多在老石內欲知其地有無老石有一定憑據蓋老石其質堅硬不受風雨之磨滅故地層折斷後石鋒仍尖露參差不齊

山之方向大半多在東北因地球轉動常向東北故也

煤層入地雖深但別金類俱在煤層下惟鐵有在煤層上者又有精於礦學之人查出某種金類在某石層內若有限定者但此層內亦非全有或有處有之有處則無如錫在最下之堪不令層花剛石內卽英國右邊康華省含錫之花剛石是也如下層有錫上層石內卽有銅英之西島安格些地方產銅他如康華省及亞美利加洲與其等高之處亦俱產銅較上畧高之石層內有金少許卽在堪不令層上下相交之處最多者在上層之底如英之西邊章爾司省地下石層內並北亞美利加西邊之砂石中皆有金

銀與金銅並產往往無淨銀凡鉛礦內俱有銀

鉛在老石內雖有無多老石內產銀之處在南北亞美利加之西邊產銀最多

以上石層總稱煤石層中有灰石層其內有鉛

鋅與銅與銀與金往往同類英國安格些地方產鋅與綠

礬卽鋼養硫養產鋅最多之地在比利時國並韋爾司地方兩處煤石層與灰石層之間德國西利夏省之地下灰石層內亦有之

以上皆由礦學家查得各石層內所有之金類一一詳記若遠此各等石層卽難求金類卽如逐漸離開花剛石則錫漸無而銅於是現若過堪不令石層則銅又漸盡以上將見鉛

凡地無含金類之石是處必無金類有數種石有金類在其內有數種石無之觀其石卽可分別以上各要訣凡相新地者最不可忽

相地礦師所用器具○如相地遠在二三十里者須帶掘礦器具全套鐵匠器具與零件全套應用格物器具全備

掘礦器具

兩頭尖劈克卽丁字式鋤三把輕與重及中號者各一

一頭尖劈克三把輕與重及中號各一

啟閉水門所用鐵夾叉一把

長柄鐵鍬數把

大小鐵錘兩三箇

曲頭撬桿長短數根

鑿定撬桿數根

打洞鑽頭數具。

刮器數具。

搆桿數根。

淘沙扁桶數箇

桶底存積金沙所用椶墊一塊。

白布一大方。襯椶墊下以便提起。

鋸一把。

斧兩柄。

備用劈克及鐵錘柄數根。

手車一具。

應用炸藥備足。

鐵匠器具。

兩磅並四磅重鐵錘數箇。

火鉗數把。

硬鋼鏨數把

鋼鏨數把。

粗銼刀數把。

小風箱兩副。

十二寸徑風箱一副。以備劈克尖頭損斷用猛火接連

格物器具。

顯微鏡一具。能放大三四倍者。

帶尺一條。

準時辰鐘一具

準指南針一具。至小徑三寸。

酒平器一箇。

鐵擂盆一箇並錘。至少重二十七磅。

吹火管

秤金用天平法碼與吸鐵。

另一切零件

以上各件便於三四人查礦所用。

相斜礦地法。斜礦地不論有何金類俱在石英內間有鈣弗石內有鉛與銅。又有鈣養炭養變成之水晶石內有鉛與銀總之礦內之料名爲礦層。又稱爲母料。與地面尋常之石易於分辨凡有五金之礦地其母料必係石英見有石英即須加意考求。如遇有獨成之大塊石英或石英礦尤必詳細察之。

如查至一地其中之石不過硬亦不過輭有淡紅與青石或相混或相間其山崖石峯如削崖面石層顯露此處應有礦即用指南針測其分層之方向與山之方向合否平常山向俱順南北兩極由北而南凸處如人之脊骨故地

層分披於東西兩邊成斜礦地如地層之方向改變因火山冲動致將其層數翻亂此處雖有斜礦地其路不長必有阻隔而中斷

前論有五金類之山嶺其方向大率與斜礦地之方向成正交然斜礦之方向往往有偏至四十五度者礦師採查新地最宜留心不能因未得礦苗遽止假如有數處礦苗甚旺其方向在東北偏東西南偏西之交在此同方向內必有旺苗離此方向愈遠礦苗愈少或另有別種金類可見前定之方向亦不必拘定也

以上論方向相交之理查驗水道亦須留心凡江河順南

北流者必經過斜礦其石層易於斷折露出往往河道兩旁有相同之石英可見同在一層內兩旁俱有斜礦可採山坡凹處往往有石英斜礦地或在山脊或近山脊露出凡山坡內有泉脈其內必有斜礦泉水不竭之處草木獨茂如有含金類之水常流過石上其石色與尋常不同如無以上之證據可驗卽就山坡掘取小塊石英以顯微鏡視之有金知坡上必有石英礦若顯微鏡不能見將其小塊研碎以水漂之仍不見金跡則掘取坡面之土漂之果無卽不必枉費工夫但微有金跡未便舍棄

含金之石英尤須辨別往往有千層鏡石及別金類石看似有金易於混淆須將石英塊用水洗淨絕無泥土膠黏趁濕時用顯微鏡視之如其面上微有金質顯深黃之色任憑正視側視俱不能隱非比千層鏡等石乍見有光射目略在手內轉動卽失其光或用小刀尖鋒連劃之如係金質但刮之有痕無粉屑落下又置齒間咬之其純金之質輭而不脆其咬之立碎者卽非金

有人在山坡下取土內石英淘之忽得純金顆粒疑卽此處所產礦師察之知由上流沖下者因其粒被水磨洗故光滑堅結而無稜角若係石英內之金其斷處必毛糙有粗紋

如查得有金之石英須看其處是否結成之石層抑係漲出之地如有石層則可沿山坡而上勘至石英斷處卽知產金之界限

查礦脈

開礦先查礦脈之方向在其來脈中間橫開深溝至見石再下一二尺先在石英斷處相距約二十尺開一溝掘起土與碎石漂之果無金再節節向上開之如漂得石英內有金沙則接連跟蹤上尋如礦苗中斷須詳記其處將所開之溝加深必得旺苗因相近處已有含金之石英並純金顯露如所開之溝尚未見礦則於溝之左右兩邊相距

五六十尺再開一溝

新金山與舊金山有最堅之石英石凸露地面高二三十尺長約數里此石內並無金類其有金類之石英不若是之堅硬易於剝落隨水沖去故現在外包之鬆石英俱磨滅不見

查得有旺苗之斜礦地如開闊三四尺其金已顯露尤須查其來脈之方向及有無斷續之處如其地面高下不平其礦層必有參差

斜礦地在山頂露出之處如掘下二十尺已漸向山坡而斜可見非依山頂垂線直下者逐漸偏西與地平線成六

十度之角欲測其內之斜礦在坡面從山頂至山脚每相距若干尺節節掘洞及礦而止其在山頂近坡面者掘之不深即見礦每下則掘洞漸深觀其洞之深淺次第可得斜礦地之彎形

如第十一圖甲乙指明斜礦地在山頂露出處乙丙爲斜礦地在山崖剖面形乙丁爲垂線丙丁爲斜礦地與垂線相距數

測量斜礦地之角度有量偏度之器西名克里奴買特先以酒平器較準地平線酒平兩端有望表看其所測高處恰在一線內即得三角式之弦線其勾線爲地平線易於測之其

第十一圖

股線即所欲得之高數再依此三角式繪同式之小圖已得小圖之勾股兩數然後測得大圖之地平線長若干有此三數可得第四數即大圖股線之高數

依此例法小圖勾與股相比即知大圖股與勾之比假如

其式 爲四∶二∷二十∶天 四與二之比猶二十與天之比天爲未知之數兩端相乘等於中段相乘四天等於二乘二十所以四天等於二十即天等於十由此測之得其高數爲十

如查得相連之斜礦地則擇其合宜之處或從山坡下橫穿一洞開平道通之或由坡面開直下之井開成後必將其靠底之礦料取出驗之果有礦苗方可得利然僅依此法或恐取出之料有多寡不勻難得確實之數則有求中數之法爲最便

其法在礦路開闊處順其對徑勻取面上之石英或十提桶或八提桶併在一處敲碎如鷄蛋大攪亂合成圓堆從中縱橫分剖作四分取其一分再敲碎如核桃大依前法成堆復取其一分再敲之得碎石英一小盆用擂盆研成細粉秤得重若干記其數另用一鐵盆內面須極光滑而無蜂窩最忌鍍別金類將石英粉傾入多加水銀調和攪之至半點鐘之久水銀能蝕其金用水漂盡石英粉再以淨布包含金之水銀擠出其流質留下之少許置鐵皮上以火漸熇至鐵紅則水銀化氣散去所存者爲淨金秤其重合前記石英之數推算之應知每噸石英內得金若干但作此工時須愼防發出毒氣工人嗅之有害

用此法在所開礦路內逐段取石英查驗可得產金確數其他試驗之法甚多有用吹火管有用化學乾濕兩法及別法者俱不及此法之簡便

觀石英之形質可定礦地之貴賤凡石英堅硬其色暗稍有鐵硫（即鐵一分硫二分）棕色斑點其內少金如鬆輭之石英裂紋內有似粗冰糖之形並有鐵硫及千層鏡石之稜角者其礦苗必旺而長

斜礦地之旺與不旺看其兩邊有無分界之牆如其兩邊界牆平直而光亮無忽然彎曲者其苗必旺若界限不分淸或僅一邊有牆其礦之多寡不能定

斜礦地之斜度愈近垂線愈佳但斜度逐段改變有忽然反折向上與上面斜下之方向相反者

如查得斜礦地有用考司替尼之法先在山坡面開一小井至石下二三十尺或四五十尺深不等由此井底橫開一平路與斜礦地對直穿過其路之長與井深尺數相等在此端從地面上再開一井以相通如所開之橫路不見礦復由第二井下再開一橫路在地面上開第三井直下通之如此節節查驗仍未得礦至待礦師束手無策然後停止

查驗漲地內澄定之重質

此法與查驗斜礦地迥不相同斜礦地須測準斜度之大小方可開採即得有母石及有礦脈之石必須壓碎需用各種機器所費甚鉅漲地澄定之質俱在平層內以金與錫爲最多掘取其沙淘之有金可以立見查驗時須用擂盆擂錘至淘沙求金只須用淘洗之器其價甚賤所以淘金沙之易不比掘金礦之難但金沙淘之易盡若開金礦其脈不斷則取之不竭

漲地總在水道經過之處地面之有水道其先乃山谿之水或冬令冰雪凝結成大塊合山崖之積石順流沖下開

第十二圖

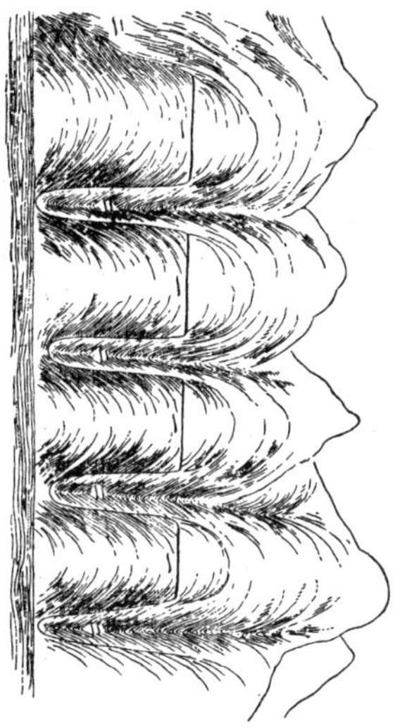

成水道，日久愈深，變爲江河，故金質之龜於土石內者，每爲山水沖激磨洗成碎粉，隨流而下，重質先沈，逐漸澄定，所以漲地有金沙也。

河道兩岸有逐層坍陷如階級之形，又有平原低窪處積水成湖，日久乾涸變爲陸地，四面高而中間低凹，亦成階級，往往有水道改流，其舊日之水道較之地面有高下數百尺者，雖日久莫辨爲水之故道，試取其近邊之土石，內有含金者與現在水邊之土石相同，足爲一定之憑據。

凡水道漲出之地，當日在下流低處所沈積之金多於上流高處，又有同在一處漲地同時所淘得之金，不過地之深淺不同，有爲淨金，有雜銅錫與銀者，估其成色竟貴賤懸殊，推原其故，深處澄定在先，淺處澄定在後，先沖下者

第十三圖

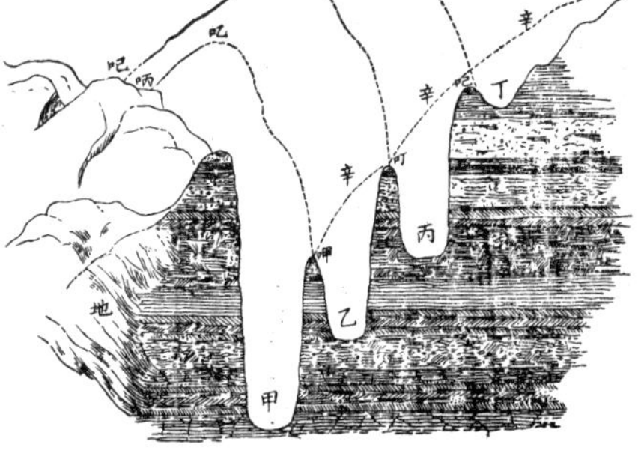

爲在上之石層，後沖下者爲在下之石層，原處之石層已各不同，故其金不能無異。

水道改流之處，往往磨去其石，如第十三圖爲紐西蘭安羅江近金峯處之截斷形，指明江流改徙四次，甲爲現在之江底，乙丙丁爲從前江流之故道，俱爲坍岸所塡滿，內有澄定之金料，有辛辛辛虛線，卽逐次所塡之界，中江底所澄定者有粗細金沙相雜，爲數不多，乙江現經塡滿，當日在上流多細金沙，下流多粗金沙，丙江塡塞後，其土內祗多粗金沙，丁江所塡之泥土，雖無金沙而與附近之泥土迥別。

甲乙丙丁四條江道俱係平行，中間相隔處宛若短牆，在甲與乙之間，其牆畧低，長約一千尺，高僅二百尺，由乙江之底穿過甲江，厚不逾百尺，乙與丙中間隔牆長約三百八十尺，高二百尺，惟牆脚畧厚，此兩垛牆仍係原來之石

未經震動，極其堅固，與紐西蘭島露出之石相同。其下石層不亂，兩邊俱整齊光滑，足見係由水帶石沖下，日久磨削而成。若係地震所成之凸凹，則有參差折斷之形，而石層亦必翻亂也。且水道寬闊相等，可知係一處發源。但起初地形本高，徧地皆石，自有遠來之水先從丁處沖成水道，日久兩岸之石崩卸塡塞，改流至丙至乙，逐漸坍卸至甲處，江岸愈低，故江底愈見其下。觀圖內呷叱哂之虛綫，卽表明江流乙處之岸；吖哎吧之虛綫，卽江流丙處之岸。推之江流在丁處，其岸必更高矣。

水勻散金之法

水如何將金勻散？有云在發源處金順流沖下，果如是，則大塊之金與最重之金沙應沈在近處，何以有距發源數里亦得最大之金塊？可見非盡由水沖下。卽如瑞士國有終年不消之雪，凝結石與別物，一經稍融，卽向下趨，相續不斷，成爲冰河。所過之處，石爲之摧，彼此磨激，內有含金之石碎裂，卽有金沈下，所以有大塊之金能移至遠處。

水所經過之處，愈沖愈深，有深至數百尺者，其懸崖如壁立，亦有金嵌在石內，日爲水沖激，岸崩石碎，其大塊卽沈下，細碎者磨成金沙，隨水沖去，或沈在下流，或遠出江口入海。

含金之沙最難分別，有此處金沙與彼處金沙形色不同，凡有精明之礦師或礦工，欲在漲地淘金，一見其沙，卽知能得利與否。

含金之沙，其沙則較重，因金質重於石質，雖雜在沙內，不能掩其重，此一憑據。

含金之石，其稜角磨去，光滑如卵，大半扁圓形，徑約八九寸，亦有長圓形者，其質韌而脆，韌則能經磨擦，脆則一擊便碎，磨力與擊力不同，石有此兩樣性質，礦工尤須識之。觀其石之顏色，又有明證，含金之石英大半白色或桃紅色，又有紅色綠色者，大小不論，有一種石英內多蛀眼如浮石者，更有一種帶錳之黑色者，其含金尤多。

有數種石並石子與沙泥，往往距產金處不遠有之，求金者每藉爲引路之資，卽如有吸鐵性者，名爲鐵石，其色黑，有黑而帶青者尤佳，又剖視石內有圓顆花紋，其色或淡桃紅帶紫色或灰色，石質最重，較金略輕，其類不一，但在一處不能有兩種。

金沙質鬆易淘，捻之有鋒稜刺手，間有沙內淘見扁石塊，面上有垢膩一層，洗淨不易，凡雜鐵與錳在內，其紋理或紅黃或黑色，含鐵之黑料如爐內燒過之渣滓，稍帶明亮，凡在水盆內漂散易盡，其質輕浮固不佳，而沈下板重者

亦非好料其最佳者既欲其重待沈下數分時又鬆而不板

港內之沙土與江底之沙土不同因水流甚緩不能磨去其鋒稜卽扁圓石塊亦不及江底之多港底含金之沙其面上常有混濁沙泥不能洗淨江底所有之料從未見倒流入港而江底往往有港底流出之料所以港口及近港邊有含金之沙泥知由上流所沖下者

由此觀之淘金之工甚不易但有一定之理凡有識之礦師不輕信人言必須親自試驗方可不誤卽如有含金之沙初見不美而近處亦無產金之形跡及取其沙淘之而後知有金可見事非親歷但考之於書猶不能確有把握也

探查礦地有數事須知第一在江河底擇起手動工之處最爲要緊凡一處土內有純金其近處必有斜礦地亦有近斜礦之水道無金者由於礦未發露此不常見大凡有金之處必有斜礦地與含金沙之漲地

在水之發源處探查有金無金比在下流較易但有正流無金而支流從別處來者至彙流處往往有金或錫澄定其間況兩水彙流相激成旋渦其重料卽在此沈下故衆水彙流之處積金最多莫如在此探之尤妙

凡水道一直流下兩岸皆堅石無階級形此處必有金沈下如尙有水則設法引水旁流使水底乾涸可以查驗

漲灘之金往往在江岸衝闊處水勢稍緩澄定較多又有攔江沙在江道寬淺處漲出或江中有沈下之物日久淤積阻隔金沙順流而下從淺灘經過復向深處下趨

江底有金如何查驗須引水旁流築壩堵截其下流車去積水便見底石或在低處開溝令水自行洩去務令積水全乾否則帶水取沙必有金隨水流去所得無幾如查得有金卽連淘之至金盡而止又有在江底橫開深溝取出泥土以驗之

水道兩岸有成階級之形在中泓流急其金往往沈在級層上遇水道彎處岸角伸出有泥土卸下沒其級層經泉水沿岸流下沖露級層上含金碎石如下層有金上層亦有勘定何層先從下流低處開起遇礦內有水可順勢流去

水道之底有在原石層上逐漸加高名爲假底因先後流來之土石不同故沈定之各層亦有別往往金在中層內則引水沖去上層之土以淘之此以前所用之法尙非盡善近來其法更精卽如美國舊金山與俄國尤臘耳山西比里亞及紐西蘭等處之漲地皆有金沙以上第七圖所

指紐西蘭島莫尼亞督督平原處乃古時之湖淤墊掘深逾四百尺尚未及原地層地面甚廣其下皆金沙多至不可思議近三十年來取金之法最巧先就地掘深坑陡如壁立在其對面置水管一排以抽水機激水射至壁上則金沙隨水卸落下有長木盤接之其泥土順水流去金沙沈於盤底此較淘洗法尤爲靈便

小港與水道及大江窄處常有漲出平灘是處有金沙粗粒沈在水底石上若兩層漲沙中有一薄層相間此薄層內有極細金沙成色最低然猶不得謂之底層大凡假底之土堅硬膠黏厚不及一寸而水不能透下如十四圖之

第十四圖

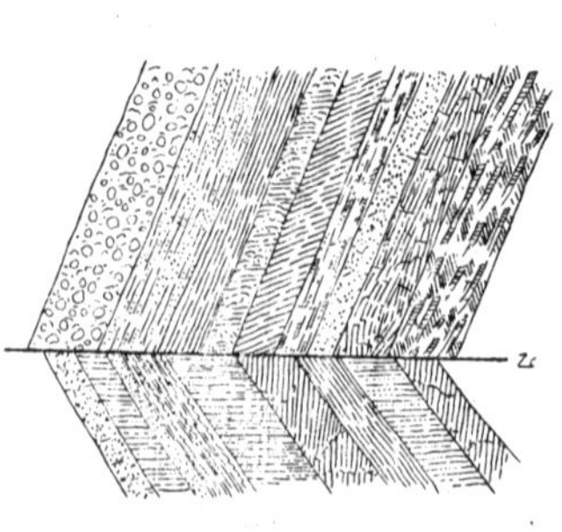

甲　乙

甲乙即假底此下不能有金沙又如十五圖之甲乙假底下爲碎石與本處土石不同乃由別處湖底所沖來此碎石內並無石英而在此層之上即有含金之沙雜石英與產金處之老石在其內可見流來有先後次第至於兩水彙流處往往有各種石子相雜間有金在其內則非依尋常次序可比

第十五圖

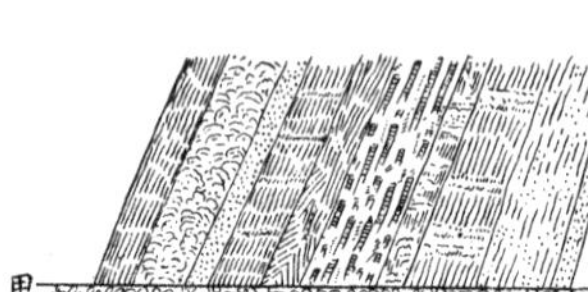

甲　乙

水從山澗內流至澗口寬處其漲沙爲平層而在山澗內有壅積沙石等料成斜層者與地平線成四十至五十度之角如十四十五兩圖之地平線爲假底與上斜層平切在其底之下又有下斜層爲上古之漲地其斜下之方向與上相反其斜度較小底下之料由別處湖底沖來凡有煤處其煤內亦雜金沙

凡山澗窄處兩岸成斜坡中間爲尖底故水過漲沙傍岸逐漸成斜層若在寬處其底有平者所以湖內皆平底至於小港及大江寬處水流有緩急其底之形不能一定

紐西蘭一帶產金之地最廣且皆顯露有一處山谷漲出之金沙多至數百萬噸凡水流過之山澗或爲斜坡或成層級俱有漲沙填滿該處有平原在昔爲湖底寬闊數百里皆此沙所淤積近江口處往往有漲沙成墩最多者如紐西蘭奧他哥省夏妥否江上之司開播司板得地方有六英畝之地每一英畝能取得金十萬英磅沿江一帶皆細粒金沙雖俱有旺處尚不能指定耳

以上產金之地不一但識得其處取之甚便非比在斜礦

地開採多費資本需用機器久之方能得大利近五十年內俱用便法取之然尚有許多未盡恐以後卽須用相地求金之法必先預爲講求如前云天下產金之處多在山間如澳大利亞有一處地形微分凸凹如海浪形石未破露有叢樹茂草掩映是處金苗甚旺可見識礦甚難不比在漲地求金取法皆同也

上海曹永清繪圖

探礦取金卷五

英國礦工密拉著
慈谿 舒高第 譯
六合 汪振聲 述

開金類礦

開礦之法甚多須一一論之如查得有金之處已經坍卸露出金沙與錫是處山勢有高下泉流甚急則最省便者用閘蓄水沖洗之法

其法在上流沿山邊開一溝引水流至取金之處在此處接水管套以皮管或篷布管上裝龍頭能彎轉持向有金沙坍露之陡壁如救火法令水噴射卽有金沙許多卸下

在是處建一水閘下流用石鑿槽或掘長溝鋪以石板將閘門啟之則水沖卸下之金沙入槽旋以椎搗碎攪之有夾雜之泥沙順流沖去卽關其閘門便有金沙留於槽底此法雖簡便或恐沙卸過多又其金粒微細而輕設有不愼則金易隨流耗去不能合算必須設法以免其弊下流水道直而漸低每相距二十尺下端較上端低一尺

分取微細之金沙其法有三一落下法二篩分法三下流水槽之寬窄

一在水槽之下端掘坎深二三尺令流出廢料落入坎內如有金卽沈坎底廢料浮在水面溢去此法極簡便免致

有遺棄金沙。又水從上槽沖入下槽，成彎環之形，最輕之泥土隨水沖去較遠，重者次之，至重者惟金質，一出槽口即下墜，如第十六圖，顯明此理。底槽與上槽較寬，足容沖落多料而不溢。又於槽之兩旁用法遮護，免流出之水內微細金沙被風吹散槽外。

一篩分之法，用有眼鐵板鑲在石槽內，距槽底高三四寸，槽底鋪棕墊，不可逼近鐵板，恐阻金沙落下。棕墊隨時取出，將落下金沙抖盡墊之下，並襯布一層，有從墊透過之金，即在布上收拾，後仍將墊鋪進。

一下流水槽之寬窄，以合宜為度。過窄則水流太急，微細之金沙不及沈下，蓋水道由漸而低，水有多寡，槽有寬窄，不能一定，因沖下之料有清潔者，有混濁者，混濁之料沖去較多，又有夾

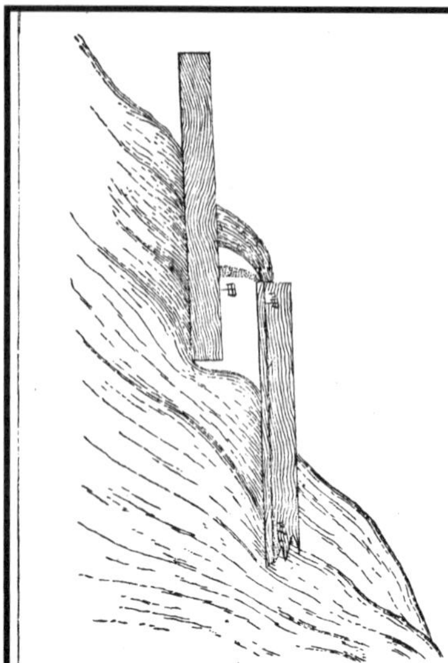

第十六圖

雜大小扁石，或為核桃大之小圓石子，故料之輕重不等，總在礦師自行酌度，如何能沖料多而得金多。

如近處無水源，不能用上法建閘蓄水，只可多開井，用抽水機器激水噴沙，並配以水槽而沖洗之。

山坡開平井道。○山坡有級層者，可開平井，從井口一直開進，至金盡而止，為總道，再於總道兩旁開數條支路，掘得金礦，由支路運至總道而出。平井之益處，遇水可以自流，如地土堅實，不必用木架，鬆濕之土，則須用木料撐抵。如山坡之級層甚長，須造軌路通至井內，較之手車運料便捷。

鑿平礦路開石英斜礦地法。○如斜礦地與山坡之面相近，即從坡面開通平路，其益處遇水可以流出，若深礦只得開井直下，用機器吸水。

乾地。○地係平坦，近處無水，如地內金沙僅深六七尺，則剷去浮面無水之土，將含金沙之料掘起，運至有水處淘之。

開深礦。○凡掘至最深處，金沙愈多，乃舊日之江底，後因兩岸坍卸填平，如新金山維多尼亞省，此等礦地深至五六百尺，皆逐漸填平，其中貴料與廢料相雜，若掘下過深則積水必多，須將井開大，用抽水機器，未免費鉅。

鑿井取金法雖不及就地淘金之簡便然礦深不得不開井猶之屋內不能無煙囱開井所最要者在擇合宜之處如地乾而井不深尙易料理若井深地濕須如前論襯木之法礦地深淺及礦之方向先用鑽周圍探驗旣明擇高處開下則吸起之水可向低處流去開井須離礦地三十尺有奇俾掘礦不致凝井否則震動坍陷井便廢而無用不獨枉費工夫且逼近礦尤有一弊設遇礦內有不測之事難有安穩出路而救援亦不易

平常井式爲方形亦有長方形中作隔間以便起礦可一升一降井底先開總路一條與礦平行直開至公司畫定

界限爲止然後由總路再開支路以通礦但礦路多彎形有近在總路邊已掘得金有相距數尺或數十尺者有此總路則工人往來俱便惟礦內應用木料器具等件與起上礦料俱由井上下井底地位有限無處騰挪必在對總路之井牆開洞雖洞口限於井牆不能加闊而洞內之高深寬闊應配其用以備工人能在此會集運礦料之車可以停頓平常洞之大小約長十五尺寬十尺高七尺或七尺六寸有疑其過高者因留備上架橫樑爲將來開橫路之用凡地土鬆濕須於未開洞之先將井挖深洞內有水可以流下無礙做工須用熟手爲之

總路與礦相距可一面開路一面開礦兩不相擾由總路開支路通礦須先穿過無金之廢料地支路之長短配礦地之寬窄並稍過之使兩邊之水可以暢流逐段分開支路必使地段內之水能洩盡無餘以便工作

從各段支路挖出礦料分別查驗每段得金若干可定全礦地含金之準則

礦洞墊料撐木法○鑿下之礦料將有用者由支路運出其無用之廢料塡於脚下如此便築便塡則步步升高可取頂上之礦且使下面塡實能保護礦洞不嫌過空如洞開愈大防其坍卸每相距若干尺用木一根撐抵更加穩

固但泥土鬆濕須於撐木上加以襯板待工竣後仍可將木料移向別處再用惟拆出時間有被土石壓損或深埋不能抽出因此廢棄甚多

含泥金沙淘法○如沙內無泥在水內漂之易淨若含膠黏之泥土則須用平底直桶桶之中間有立軸用橫木架之不使欹側軸下有輪頁與船尾之暗輪相似軸頂配以皮帶用汽機牽動旋轉甚速頻頻攪之則膠黏之泥土分開浮於水面可傾去其淨沙與金沈於桶底

開石英礦法○石英礦非依垂線直下亦非平行線大半成斜形故包在礦之兩邊石層謂之夾牆因此有上牆下

牆若礦係直下,則兩牆無分上下,所以斜礦開井,須在下牆一邊,擇泥土堅硬處開之,因礦係斜形,在井口處離礦

第十七圖

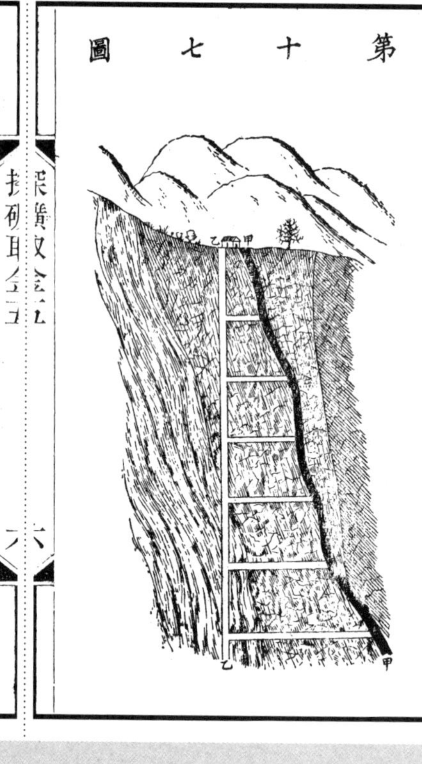

甚近,愈下則相離愈遠,雖開橫路較長,而與礦相距若干,不致有震動坍陷之虞,見第十七圖便明其式。如從上牆邊開井直下,必與礦路相交,在其相交處,徑將礦鑿空,井易坍卸,勢難再向下開,欲免此獘,須將井之四圍一百尺礦料暫留勿取,用以保固井牆,待下面之井開成,礦已取盡,然後將此處所留之料取之,因礦工已竣,井廢無妨。

如在上牆一邊開井,其井口應與斜礦地上端相距若干,須依井之直下垂線至與礦相交之處,適在上下段之中間,由此處穿過至底,爲下段,則在下牆一邊上段與下段橫開平路以通礦,一由左至右,一由右至左,路之長短均相等,較之在下牆一邊開井,愈下至底,與斜礦路相距愈遠,不免費工,且金沙多從上首漸集,故由上段井內開平路,起手稍有廢料,漸進則漸多金料,其工猶非枉費。

礦井開平路法○礦井已掘下一百五十尺,即須開平路以通礦,各平路之相距雖有高下不等,然不可不及一百尺,亦不得過二百尺,如第十八圖之一二三號爲礦井向下之平路,開平路時,仍可向下開井,但挖出土料,必由井起上,須慎防墜落,致傷井下做工之人。

礦井自上至下,每段開平路以通礦路之長短不一,每一段開路之費,即在此一段內所得之礦利計算,故公司甚

第十八圖

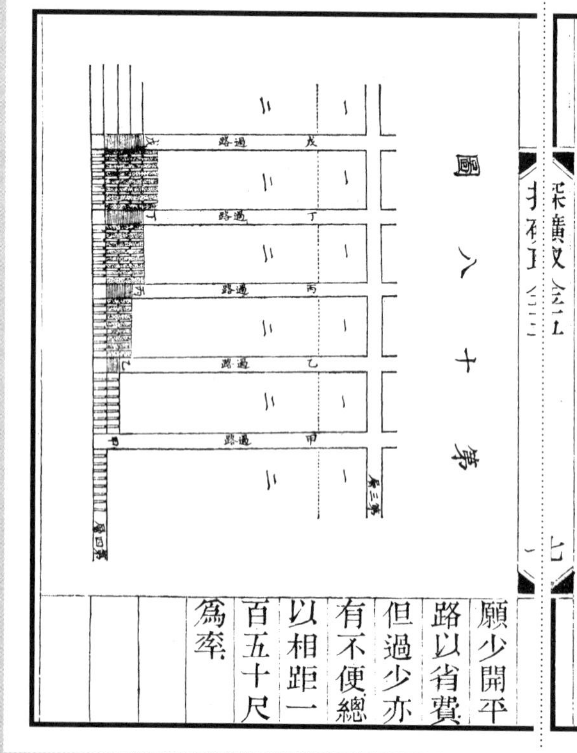

願少開平路以省費,但過少亦有不便,總以相距一百五十尺爲率。

平路中間另開小井相通法○如上下兩條平路已開長至一百尺則於其中間每相距五六十尺開通一井掘法自下而上此井西名派司傳送之意又名厄不來司經過之意爲便礦工上下並起落木料器具與傾倒礦石等用井之下口裝有漏斗旁有門可啟閉下有空車以受載有時上層廢料亦由此井落至下層用以塡築挖空之處井膛用堅固木料撑抵四角有凸凹筍相配因井高一百五十尺非此不足抵禦礦子傾卸之力間有於此井外另穿一更小之井西名呃允司爲探查礦之深淺並通氣與傳話之用

開井見礦○礦內已開平路數條上下平路俱有井相通所有之石英礦地不出井路之界限如每條平地各相距一百五十尺每條路計長若干尺由此推算礦路之縱橫約略可計再從開平路與小井所掘出之礦料每噸內可得淨金若干又可推算全礦地共能得金若干即數處礦料有金多寡不一合而計之可得其中數

司孖勃法○譯即逐步升高之意與開漲沙地略同平路與小井開通後即從平路之頂板上如第十八圖之甲井底挖起依次開過乙丙丁戊各井下由乙井挖至丙井則將乙井下端四圍襯板在井口處裝以漏斗以便掘得之礦由此落卸至平路運料車上第一層之礦挖空即撑木柱上搭橫樑鋪以頂板便挖第二之人字層可將下層頂板抽去以上層之廢料塡實下層挖空之處其第二層之木柱立在第一層橫樑兩端亦如前法架樑鋪板如從人字層挖至丁井則丙井下口又須加高襯板再向上挖第三之物字層其礦料即由丙井落下但平路所支架木料仍照舊不能抽動以此法逐層開至圖內虛線爲止虛線上之一一各號即上平路之底若接連挖空如泥土鬆濕必坍卸須留二三十尺厚以保護路基待礦工已畢井路可廢再將所留礦料掘出無妨

以上之法因斜礦地鬆濕須用木料撑架若地土堅實則無須撑木有簡便之法如第十九圖爲其剖面形二十與二十一圖爲截斷形

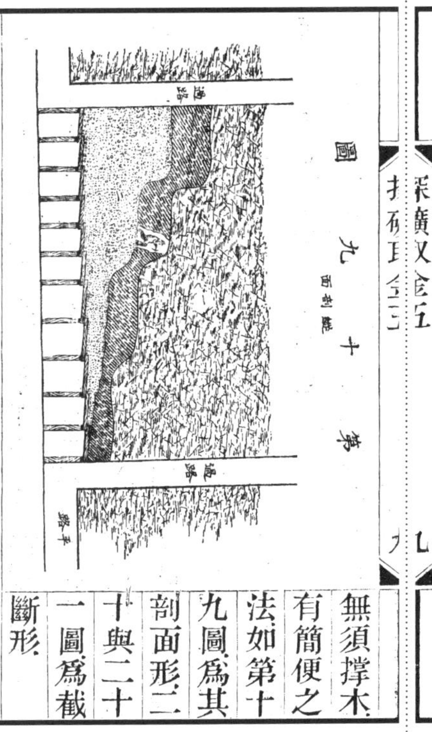

第十九圖 剖面形

塡廢料爲開礦最要之事一面挖空須一面塡實如廢料不足用在相近處開支路取料塡之並可從支路探查礦

第二十圖

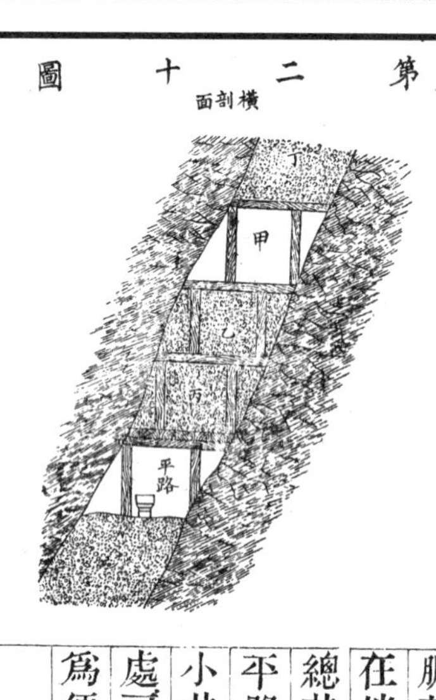

脈若仍不足用則在地面取土石由總井落至第幾條平路上由此路之小井卸至需用之處可見小井多開爲便

礦有平抬側墜各形爲礦師意料所不及者卽如平礦有中間折斷一邊抬高一邊卸下又有直下之礦從中斷而分開或在一邊高起而相離或在一邊稍下而彼此參錯平抬之礦較多開至斷處他端必相去不遠易於查尋

第二十一圖

如第二十二圖爲平抬礦斷裂之形其裂縫後來塡滿成横脈一條依圖內之箭指向前開至甲處遇横脈隔斷開通不見礦沿脈上尋卽得他端斷處英國西邊康華省之大礦師採礦二百七十二處均有横脈隔斷內五十七處斷處兩端相平無高下參差中開横脈與礦成正交兩線十字相交成正角每角九十度有一百八十一處斷處兩端相離中間横脈斜交測其角過於九十度又有三十四處不及九十度者

第二十二圖

礦
礦
甲
横脈

平抬礦形其斷處相距之高下不等中間横脈愈厚相距愈遠往往有數層礦同時併裂中隔一横脈分礦爲兩邊如在此邊高起則以下各層俱抬高彼邊之礦層必落下看横脈有水道並石英與碎礦料跟蹤尋之卽得他端斷處見第二十三圖

第二十三圖

礦
礦

凡地經震動後或凸起成高山久則坍卸露出兩邊斷層因原來相連故其方向必遙對卽如平礦中斷兩邊之方向亦相對惟抬高愈平兩端相距愈遠

凡查斷折之礦以英國康華省所用之法爲最論列如下
查斜礦地綿長之方向並其礦之寬厚先向下開上下橫

第二十四圖

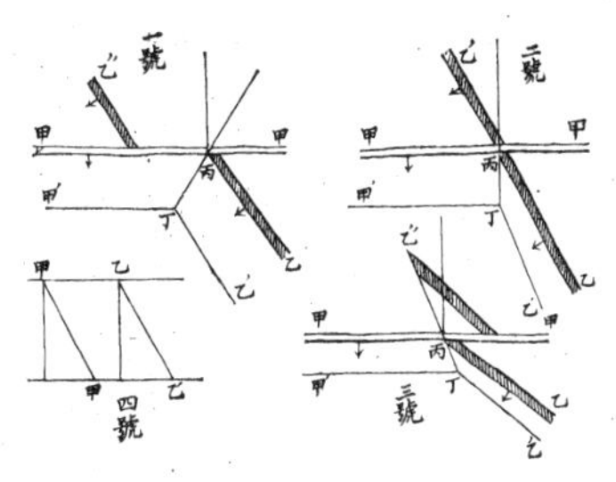

路兩條在兩路中間開小井數條以相通井依垂線直下必與斜礦相遇間有礦路中間忽稍彎者則從彎出之角度折中定其中線可仍歸原方向

斜礦地與橫脈有兩層如第二十四圖之一號甲甲爲橫脈乙乙爲斜礦其相交處在丙開井過丙處而至丁即下層斜礦與橫脈相交處

側隊之礦形探查不易其法未備如第二十五圖兩端相

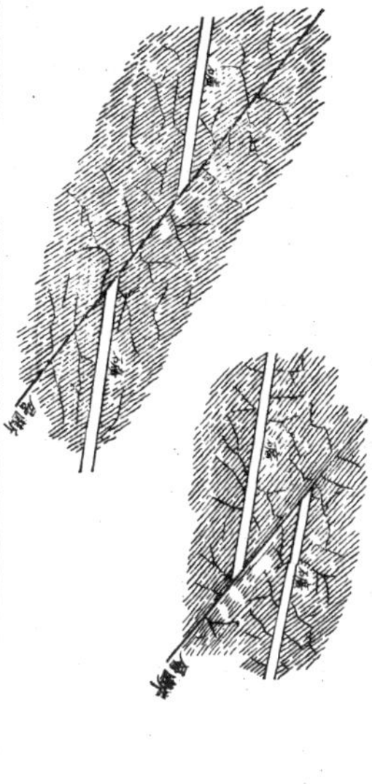

第二十五圖

第二十六圖

離而彼此參錯二十六圖兩端分開而彼此偏離往往有遠距數百尺或出所定之礦界外者須察看橫脈層內如硬料多而鬆軟之土少其斷礦相距不遠如橫脈寬而多泥沙則相距必遠而難尋因此棄之

礦地忽斷○斜礦地有由闊而狹漸成尖形而盡又有由厚而薄漸至盡頭處則外包之底面兩層上下合併凡遇有廢料中隔不成大片變爲數條分支如手指者即知礦脈將盡

斜礦地有忽然開盡看其外包之底面兩層並未合連且底層尚有許多金料必係從中隔斷若底面層已合連此外之石又絕不相同其爲礦盡無疑

礦有斷碎錯亂之形其先礦脈本相連因地震之變乃碎裂分開顛倒錯落失其原來之方向測此種礦最難能知其所以然之故雖在一處紊亂必能尋得正脈

測礦內之金○礦內不全有金或在一處有之餘皆廢料其礦質漸變堅硬乾燥即知無金如其質鬆而易鑿可以有望

石英之好壞可定產金之多寡最好之石英其質鬆脆與鐵硫礦夾雜此種內多金如色暗而堅硬者金必無多

斜礦地有其形如帶者寬有數百尺其厚薄不等斜度有

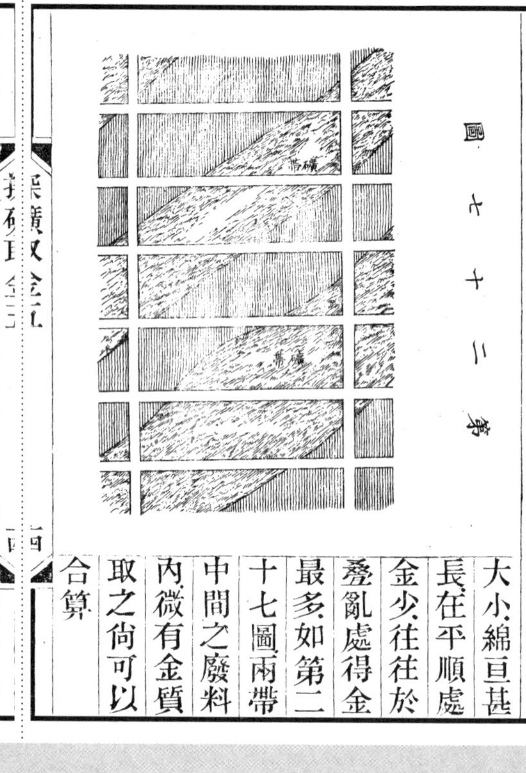

大小綿亘甚長在平順處金少往往於叠亂處得金最多如第二十七圖兩帶中間之廢料內微有金質取之尚可以合算

鍊礦之法○先將礦石軋碎或擣碎再入擂盆擂細有乾擂有帶水擂者其法不一在四十年前鍊礦之法尚未精細但將礦擣碎漂淨畢事所以遺棄之金甚多嘗有人於廢料內每七日可提出金十五磅現在鍊法愈精為專門之學須深明化學格致然此種工夫是書不能詳載

擣碎礦子本為古法但現在不用手工用輪機撥動擣桿每副有錘迭更上下擣之次數與起落之高低俱有定準下有鐵箱以裝料有罩蓋其上擣細後用篩過之篩之疏密每方有三百眼至三千眼有一定號數

鍊礦有逐層工夫先用大篩去其廢料次將礦置軋輪軋碎落入漏斗能自行逐漸添入擣箱內舂細過篩然後傾入汞衰水內金即離去雜質與汞衰化合在水內待雜質漸漸沈底將汞衰金水另用鍋熬乾成定質再加熱則汞與衰化成氣以別器收之餘下成淨金

上海曹永清繪圖

探礦取金卷六

英國礦工密拉著

慈谿　舒高第　譯

六合　汪振聲　述

測量礦地

礦師測量礦地不須用甚深之算學只須明白平三角及平線彼此相距數並繪地之圖式

總論○測量礦地無論如何高低不能照斜面量其廣闊必依垂線直下至地之平面線爲準測得在地面之平線可定礦之四周方向而知礦地之大小如在地面下掘礦甚深應比在地面上所定界線略收小不致越出界限因

地如球形愈近中心則愈縮也

地下測量礦地其法有二一用指南針一用平三角法雖用法不同而其理則一總之測量礦地先測其角度以指南針（西國以正北爲針定向）定其所欲測之向如非正南北向則針必移動看所測之線在羅經偏何向若干度即爲測得之度數

用平三角法先以指南針定準南北向畫一線爲起點從此線之端對所測之方向畫一線爲第一條界線兩線相連所成角度記明再從第一條線之端隨其方向畫第二條界線所成之角度亦記明由此法順方向彎轉畫成界線多條至末線與起首一條相連則所有礦地俱圈在各界線之內

羅經之度數即按周天三百六十度用以定四周之方向惟定針在正北微有偏差因每八年或漸偏東至二十五度止即回轉偏西二十五度所以定針難得有正北向須於圖上記明測量之年月以備隨後可加減其偏差之數

測量地面下之礦必首先開井由井口用繩一條在中間下垂至井底爲起首開挖處而在地面上測量礦界亦依井線爲起點如此上下之方向無差

地下量法從井線下垂之端開長若干尺於相當之處插一已燃之燭以指南針測準燭與井線恰對看羅經所指之方向度數以筆記之再量其相距尺數已得第一條界線如礦非直形有多彎曲處則前插之燭不動從彎處更插一燭如前法測其兩燭準對再記其方向度數與相距尺寸爲第二條線由此任換方向畫線多條俱不外此法測量時人自對準望表由南向北不可將望表側置欲查看望表準否再立在彼端由北向南而望切不可移動羅盤

地面測量法○在井口用木橫交中間釘一樁與下垂線準對即以此樁作起點對其所欲測之方向並記明相距

尺數與量地下同法則地面所測之處與地下所測之處恰相對不差

測量繪圖法○用半規測其角度依何比例縮小平常以一寸作爲二十尺西法用鐵鍊圈當尺較之用皮帶無伸縮先從井口畫起再依所測方向次第畫線不可逼近紙邊須留有餘以備將來推廣礦地可以接連繪圖故須先畫一草圖酌定部位然後再畫正圖

繪圖必先定向每一圖須先定經綫即正南北綫畫箭形指明其橫交之綫爲東西圖上須註明每寸當若干尺又須註明測量之年分以防日後有越界相爭之事可查考

指南針偏差之數

圖內畫第一綫先用半規較準其角度以半規之中心對井口之中心其半規之直徑與經綫相平測得第一綫之方向照比例算其綫之長短在其端作點即爲第一綫再將半規之中心對準第一點其半規之直徑仍與經綫相合測得第二綫之方向再作點兩點之相距即第二綫觀第二十八圖即知繪綫之法圖內之地號指明所測之角度甲乙丙之虛綫即角度引長之綫從第一條虛綫用雙股平尺推移至井口中心畫一平行綫再從第二條虛綫如前法移至第一條平行綫之端接畫第二條平行線其

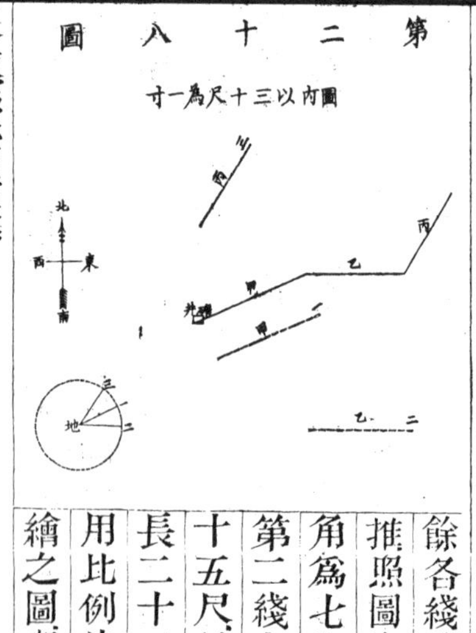

餘各綫之畫法俱可類推照圖內之第一綫其角爲七十度長三十尺第二綫九十五度長二十五尺第三綫四十度長二十三尺依其尺數用比例法縮小之則所繪之圖與測量之方向尺數絲毫無差

繪礦圖○每礦必繪四圖分平面測面等各式便可一目瞭然

一平圖爲礦之界址有與別公司礦地或民地連界者須繪明又地面蓋有水道及水流方向並地面高低與別種顯露情形須一一繪明其斜礦地與別種不同之礦地須定準方向其餘出在界外者亦必繪明有此圖則全礦情形已瞭如指掌便可相度從何處動工井開成後應建廠房及安置機器等項必載明圖上

二爲工程平圖爲全地平面俯視之情形平面工程比在剖面工程尤多地下之平路及支路俱繪在圖上如在平面繪斜礦圖猶之俯視屋背看其礦斜至平地與垂線相

距若干,卽爲俯視之礦圖

畫工程圖之法,先將紙一幅,用淺色或紅或黃,畫橫直線成方格,每格見方二寸,直爲南北之經線,橫爲東西之緯線紙上已畫有逐條經線,則用半規任切何一線,卽得正南北向,由此可畫出角度,並有縱橫方格,尤可定準礦地之界限,自某格起至某格止,如礦地爲東西向,繪圖時須量紙幅之長短以配之,地下平路,畫雙線爲識,中間所著之色分別路之寬狹,其尺寸依比例縮小,每一寸當英尺五托(每托合中國六尺。)

三長剖面圖,如將礦剖分,而見其中之層數,卽如斜礦地爲東西,人立在南面觀之,圖內繪直下之井,與逐步升高挖礦法,此剖面最明,惟平路與小井不能清晰,平路有彎曲之處,此圖只能畫直線爲記,其兩條直線爲平路之頂與底,圖之小井與大井同,惟橫路相接之直路在圖上只能見其口面,如第十八十九並二十七圖,爲礦之橫剖面式,觀此圖卽知礦內有石多寡及已挖未挖者,俾附股之人一目瞭然,總辦礦工者有此圖樣,卽胸有成竹,應於某處動工,每日能出礦若干,以考其勤惰等事

四截斷形圖〇此圖內之斜礦地,與礦內所支木架及所開平路,俱爲截斷形,斜礦地之斜度,與其闊狹,並兩邊之凸凹及斷裂,礦之相距,與礦之來脈,均須繪明,又如開直下之總井,其礦之斜度,逐漸與井相離,由井開平路通礦穿過廢料地,路之長短,並須註明,如有斜礦地數條相平行者,應多繪數圖,如第二十與二十一圖,卽斜礦地截斷之形

上海曹永清繪圖

探礦取金續編

英國礦工密拉著
慈谿　舒高第　譯
六合　汪振聲　述

開礦利弊

凡附股開礦之人應將此編詳閱庶有把握或云照書中所言開礦甚爲利便何以各處辦無成效答曰不能歸咎於礦其弊在代公司招股之人先存自私自利之心卽如有礦一處前辦之人因限於資本不能支持彼多方謀得之如原礦主已用過資本一萬磅者與之議定先酬以五千磅其餘五千磅卽作爲二萬磅之新股原礦主自必樂

從一入其手遂將該處礦苗極旺穩可獲利現須籌備資本以擴充應集若干股登之新報極意誇張眾股友信之彼如集得英金十萬磅以四分之三卽七萬五千磅充其私橐酬給原礦主五千磅只餘二萬磅爲開礦實本欲以此二萬磅生十萬股本利息其可得乎彼方謂自此擴充得利可期無負股友眞所謂掩耳盜鈴之事不知眾股友何以不察甘受其欺若果股友與礦主彼此商量無居間之人從中侵蝕則事歸核實奚不足取信於人何至任若輩插身其間弄權舞弊致將大局敗壞此公司之大蠹也

第一章論經手人之弊

凡代公司經手之人稔知原礦主資本不足多方抑勒其賤售彼乃增十倍或二十倍之數以廣招股分其居心非實欲擴充但藉此爲牟利之計故首先擬一精詳妥善章程令人歆動並將礦地之房屋與一切規模鋪排極好掩飾人之耳目使人不疑及招集股分取四分之三肥已餘剩一分交與公司開礦用盈虧不問而中飽之資已先到手然其伎倆猶不止此股票售出後其中情弊外人無從得悉而仍有手段使票價隨時漲落如市面作空盤交易往往在銀根寬鬆時有錢無處存放趁此極意招徠抬高股價有時每股漲至百倍或百數十倍者彼又得從中漁

利在有股之人無不歡欣鼓舞究其實皆虛而無薄盡成騙局天下最富者莫如新金山堅司蘭省毛根山之金礦開辦十二年共得英金五百萬磅而股分票價亦未有如是增漲凡驟漲必然驟跌不獨股友受虧而礦務公司卽爲牽累有不能久支之勢因此眾心惶惶不至停歇不止此弊以英國倫敦爲最多如公司一百家有九十九家停歇者大半在起初議辦時已預存壞事之心若英之新疆奧大利亞合股開礦之資本不下有二萬萬金磅皆股友與開礦公司自行商量辦理不用居間之人故無是弊而能得利也

凡富商欲集資辦礦莫如自立公司以資本先彙存銀行按股分之多寡擇股友中誠實諳練之人派爲各執事仍酬給辛金以專責成設一某公司帳房將告白登諸新聞紙凡有已開之礦無資接辦者或轉售於本公司或將已用之資本作爲若干股附入公司合辦彼此面議派熟悉礦務之人前往查勘議定後妥立章程其權皆在於各股友無居間之人年終將進出各款及應分利息列冊分送於各股友閱看如是辦法事有不舉乎

第二章論礦務章程

章程之虛實務須詳辦凡有心欺騙者必先擬極妥善之

章程爲招徠入股之計不問隨後有無成效但期能聳動衆人受其愚而不覺即使日後敗露亦無人追究原擬章程之虛實所以在初議時必請大衆會同簽名其所立條款亦井井有條不獨外人深信不疑即會同簽名者亦無能駁議在明眼人或能辨其虛實若愚而無識胸無定見者鮮有不受其欺焉

其在實心辦事之人必將礦內實在情形及礦之圖樣指示詳明使衆共知不敢稍有欺飾

凡章程須請著名礦師議定簽名有未妥善者以便責成該礦師又有該處地方官畫押以證該處之礦實係該公

司管業章程內必載明以下各款

一公司股本載明如何撥用應辦工程必逐項開列每項用款若干均在礦圖內詳細註明以便衆股友共覽

二股友公舉會辦按圖內所指應辦工程會同總辦查勘如有意見不合之處須齊集衆股友公同妥議總辦不能擅專

三章程內必將礦脈情形一切註明因石英礦有平行地層相連不斷有經火山噴發致原層折斷翻亂或互相參錯或中間相離亦有同在一處有整齊有錯亂者礦地不同視其用費之多寡方能定獲利之厚薄雖見鄰礦出產

甚富以爲兩礦必相同然有從中隔斷者須派諳練之礦師從鄰礦地下察其礦脈是否相通不致漫無把握衆股友可以見信

四圖內指明應辦工程須估計用款並何時竣工以免衆心懸望至試驗礦子或取礦樣比較或用噴火法試煉或用化學料化分得其準數核計一年礦產所入並開採之費分晰開列方爲實在辦法如不照上定章則其中必有弊端股友不能見信事必無成

第三章論會辦不得人之弊

會辦之人爲衆股友所信託並給以酬勞應於礦務悉心

考究會同總辦商酌辦理以期有益於股友乃有名爲會辦者不過其股本較多礦務全不諳練事事聽命於會辦而礦產究竟如何彼亦不能深悉即使有利可分衆心已不平服況乎失利能無怨讟之言如照前議章程此等會辦竟可不用即總辦指明有應辦工程須待斟酌者亦不難另請熟諳之工程家與之妥商何庸外行之人攙越其間徒足敗壞大局惟望股友能細心考察勿遽貿然附股也

第四章論股友與總辦隔膜之弊

股友將本求利全仰賴於總辦之人雖其權重而分尊過

採礦取金續編

事有會辦通知衆人難與親近然凡有股之人俱是營東亦不能禁其查問若果實心辦事何庸欺隱況礦之出產與一切用款正欲使大衆周知庶將來分利時可釋羣疑如必始終隱瞞則事經敗露更無以對人若謂先時不得不慎密恐一經洩漏衆心搖動猶是掩耳盜鈴非正辦也

礦地下面之圖樣不諳工程者同難一目了然要知開礦與造屋無異房內有走廊即礦下有通路樓之有梯即礦之有井以便上下礦挖空之處西名司妥勃亦猶房之每間相隔也

繪畫礦圖不但指明礦內之路井應從何處起止并須註明已挖空之處所得礦子若干噸每噸有金幾成未掘之地何處有旺苗何處爲礦盡之界有此明晰之礦圖可杜絕一切之弊或一年或數月礦內逐日工作改變則須另繪新圖以相比較

第五章論定礦之成數以杜欺弊

凡有藉開礦以誑騙人者往往虛立公司名目偏登告白謂某處礦苗甚旺或取出礦石化分全無所用乃以爲貴重之品誘人入股衆股友惑之遂受其欺茲將各種礦石所有之分劑約數列表如左

採礦取金續編

銅礦	每百分金類數
紅銅養	八十九分
灰色銅礦	八十分
黑銅養	七十九分
綠銅礦	五十七分
藍銅礦	五十五分
青蓮色銅礦	五十五分
黃銅礦	三十四分
銀礦	
灰色銀礦	八十七分
銀綠礦	七十五分

脆銀礦　七十分
淡紅色銀礦　六十五分
暗紅色銀礦　五十九分
水銀礦
汞硫礦即硃砂　八十分
錫礦
錫礦　八十分
鉛礦
鉛硫礦　八十七分
鉛養燐養五　七十六分

鉛養炭養二　七十一分
鉛養硫養三　七十分
銻礦
灰色銻即銻硫三　七十一分
錳礦
錳養二　六十三分
鎢礦
鐵養鎢養三　六十分
鋅礦
鋅硫礦　六十七分

鋅養炭養二　五十二分

照上表之數最爲確實，即如灰色銀礦依表內之分劑爲最多之數，乃云一百分內能得九十分，則顯係礦主欺飾之詞，不足憑信。

含金之石英，不在以上表內，有每噸石英含金一兩或過之，然此數不常有，大率每噸石英含金十箇或十五箇派逆威司（每兩分二十箇派逆威司），長年通計，有五箇至十箇者，此等石英礦已爲最好，則看斜礦地之寬狹，計其開採提鍊之工費，除去各項外，可淨餘若干。

漲地內所產之金，細粒多而粗粒少，以爲粗粒勝於細粒，

不知粗粒但浮在外面，不及細粒身骨之重，然近時南亞非利加并西澳大利亞兩處所產之粗粒金身骨獨重，蓋其石層之結法不同，與通地球迥異也。

第六章論股友自探礦地

礦師雖專工探礦，但不能保無私弊，與總辦礦務之人通同一氣，難免股友受虧，然股友非盡諳悉，則須約同明於格致化學者偕往詳細查探，不可因產金無多，遽行中止。嘗有前人所遺棄之地，後人踵事開採，轉得其利，亦有偶得旺苗，不善於辦理，卒無成效。

相地之法，一查新斜礦地并金沙漲地，已在第一卷內載

明二著名之老礦忽掘之已盡後有人在其相近處復得旺苗是礦層中斷而復續者三金藏礦內難於取出或得之不能辨識在昔火山崩裂處徧地皆金惜無人識如澳大利亞堅司蘭省卯庚山之礦其金皆浮在地面有地學師並估金之人備一切應用器具就地開採大能得利現各國俱設有礦政於各處地方詳細繪圖果有人查得礦地國家卽劃與該公司開採因辦成國家亦有利也

余初在紐西蘭時曾請礦政局示諭各處將礦圖送局以憑衆覽如該公司停辦卽將礦地充公以便後人接辦較之查探新地爲省便且知前辦者如何難處可以爲鑑惜

此議不行故往往有專售股票之人棄老礦而開新礦或擇礦苗最旺之處掘之以期聳動股友及開礦不能如前遂舍而之他此非認眞開礦專以售股票爲事實足以敗壞礦務

第七章論國家宜整頓礦務

開金礦與各處商務有關向只無業流民聚集淘金所得有限現金沙地已逐漸取盡將來應有公司設法開採國家須保護股友勿使經手股票之人將票價任意漲落致股友受累

貿易以金磅爲準近來各處所產之金較往年加增茲將近五年出數如左

一千八百九十一年 產金六百二十八萬五千三百二十六兩
九十二年 七百零一萬一千八百二十二兩
九十三年 七百六十七萬五千二百二十六兩
九十四年 八百六十五萬五千二百二十二兩
九十五年 九百六十五萬三千二百零三兩

此五年內產金之數逐年加增將來仍有增無減但計開採之費每得金一兩須費本五磅或更過之照市價每兩金只值四磅則不敷甚多且礦愈深而金色愈低尤難合算

開礦之費大多由於公司之浪用或經辦之人不能精細或有私弊甚至有結訟等事種種糜費耗去資本四分之三僅有一分爲開礦實用焉能得利如新金山之新疆自有礦務公司計共集股本英金二萬萬磅實在付出者僅八千萬磅實用不過二百萬磅其餘七千八百萬磅或購機器而不適用以及別項之糜費由此觀之非僅新金山一處也

凡國家整頓礦務必設地學部欲立公司開礦者先繪圖呈報地學部由部監察照核定圖樣依次開採不得專取佳苗以欺衆得任意增漲股分票其圖樣須懸掛本公司

帳房以供眾覽如有虛僞不實者卽應科罰
地學部應查考地下之石層詳細繪圖註明某處經火發折斷某處石層平列向未經震動或別有關係之處均須詳載
倫敦礦務公司與礦地遠隔股友不能自行經理必仰賴於代辦之人因之百弊叢生欲掃除積弊須得立法妥善卽如公司所定章程必須由著名礦師擬議簽字以便責成又須由該管地方官蓋印以昭憑信
英國有監察大員凡公司出進帳目先由官派員查察如起首創辦人之股分與股友附入之股已繳若干未繳若

干須查明照現有之股分給花紅所採之礦每噸照中數應得金幾成採金之費用若干詳晰開列又將逐日所做礦工隨時繪圖以供眾覽如公司停辦必須查明實係出於不得已眾股友俱甘願並非有心作弊以防將來之查究如是方可核準有此防弊之法不致如以前之慢無覺察從此礦務大興於工商多有裨益惟願國家實力保護無所阻難則幸甚焉

第八章論入股不可不慎

茲擇其最要者七事重言以申明之

一凡設公司招股之人居心誑騙人財甚至並無礦地虛登告白極力鋪張冀將股分票價高抬得易售去

二凡入股之人須先查其章程內所載地址是否確實礦地如何情形地下石層是否折斷抑仍舊平列相近別家之礦其苗旺否地脈是否通連章程內曾否有著名礦師與該處地方官簽押蓋印如未逐款聲敘並未載明應用股本若干不可輕信入股

三公司會辦之人多有招搖不能實心辦事勿徒觀其外場致受其欺

四總辦礦務者須將地面以下之礦並每七日所做之工繪圖標明以供眾覽

五股票驟漲不可輕信凡平穩之礦從無忽起忽落莫妙待其停辦後乘其做而興復之或易爲功

六股友須公議整頓重立新法

七資本無多不禁虧折者不能入股開礦

上海曹永清繪圖

探礦取金附編

英國礦工密拉著

慈谿　舒高第　譯
六合　汪振聲　述

第一章論礦工危險

礦工與別業不同常有危險並傷害人命與身體故人家子弟不肯就礦內營業又以事甚卑賤甯就別業與文雅之事不知今昔情形逈異今之總辦礦務者皆自幼由大書院讀書出身其次如監工班長司機俱係高等執事如年輕有志之人能在此中學習較之他業易有出路

有云礦內常遇不測之事傷害人命見之電報者但在煤

礦內因有煤氣轟發偶不留心勢所難免若五金礦內傷人之事極少現有數國特設礦務章程令礦工安穩無害間有因此傷身者國家責成公司撫卹並按時派人稽查以免不測又創造新法工人在礦井上下有保險鐵籠需用繩索務極堅固木料與別項之料必量其任重之力所以近來危險之事較前已少間或有之爲害甚輕況現在精益求精仍無止境

有時用炸藥轟礦未得通氣之法工人感受此氣往往肺內生病近來通氣之法甚精空氣常流通礦內做工之人不獨無害而有益嘗見開礦地方有年老工人其身體强

健尤勝於別處做工者

第二章淘金沙法

微細之金不可有遺棄初開金地聞風而來者甚眾彼時道路未通糧食昂貴重大機器不能運往又地價甚賤故淘金之人不及取盡又另換一處即如北亞美利加並澳大利亞之金地前人取之未盡者合而計之其遺棄之金尚有一半前之淘法亦未精僅能得其粗粒而微細之金含於水內隨廢料沖去者不少現在淘漲地金沙雖不能如開石英礦用機器及化學等法毫無遺棄然所用器具比前更精每一點鐘所淘含金之料覺事半而功倍所以

前人遺棄之金地後人用精細淘法獲利尤厚

微細之金約分兩種一爲細粒一爲薄片淘法不同

淘細粒之金○相水之來源有五六十尺高沖下有力在地面開溝成水道引水沖洗廢料由下流低處流去水不在多寡水道宜長至少以三十尺爲度欲水流之緩急合宜在斟酌斜面之高低溝底鋪以大塊硬石石露隙縫勿使流過廢料塡塞須令微細之金沈積縫內逾半年或一年掘起石塊將沈積之料取而淘之成粒之金雖極微細其面光滑易沈若石縫塡平則從上面流過不能沈下

水槽之斜面不宜過高恐水流太急金料易於沖去平常

每二十尺低一尺似嫌過平最好十二尺低一尺縱有淤塞水自能疏通金過石縫留住不虞沖去

水槽之寬窄須以來水之多寡配之有云槽面嫌平則多引水以助其力此論不然如是沖失之金反多但地勢不甚斜開溝最難宜分數段在上段稍斜至中段斜度大在下段又稍斜如此水流有緩急金能留聚或云水槽之斜面宜勻而直似乎近理殊不知天然之水道有高下湍激之勢並有在上流奔騰甚急至下流水勢平緩漸漸遠流出海又有水道迴環灣之大者水勢緩灣之小者水流急此天然留積金沙之法淘金宜仿此意

槽之寬窄配容水之多寡在各適其用如料內夾石片者則須水多流急方能推動圓碎石子無須多用水力潔淨之粗石子沖動較難含帶泥沙者沖之極易大率水宜僅蓋石塊面上不可過高若用水過多則反減其沖力

第二十九圖

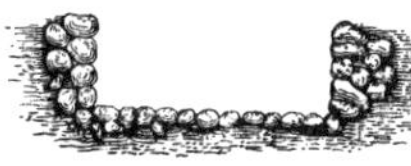

水槽不可過窄必看水之來源若因限於地勢不能放寬必設法加闊庶可盡得水之用

水槽之式如第二十九圖邊直底平各礦地所用幾乎同式以余觀之天然水道斷無平方之底皆從兩邊漸斜至底

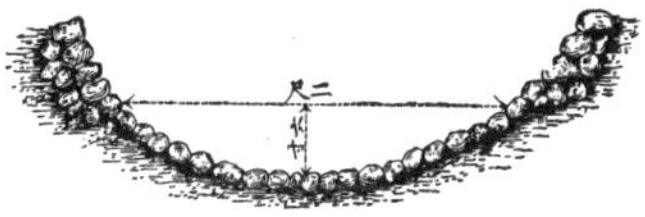

成半圓形如第三十圖之式其口面寬二十四寸者其凹之深應爲三分之一則深八寸爲最宜如是中洪流急有沖動之力兩旁漸彎槽底鋪石塊微有凸凹水貼底流紆迴縈繞故沈下之金沙多聚於石縫內若用平底水槽試看水流過兩邊必逐漸塡淤而仍成凹底反將槽底石塊蓋沒

第三十圖

即有下沈之金沙亦隨流沖去此平底之弊不如用凹底槽也

淘取薄片金之法○此種金最難淘取須常察看水槽勿令阻塞又須用水多寡合宜欲將碎石泥沙分開最簡便有兩法一如十六圖之式槽有分隔碎料可漏下前已詳言之二用泿形式之隔槽以二寸闊之扁鐵條橫裝於水槽內鋪滿從下流裝起每條俱側裝迎向上流故有一邊高一邊低裝成如百頁之形但每條俱稍離開不致蓋密則有石塊隨水沖下經過橫隔之鐵條必跳動而能分開泥土與微細金質從隔縫中漏下落在相距九寸之有眼鐵板上帶水沖之細沙又從眼漏過此鐵板相距七寸許爲水槽底先鋪細布一方上置棕墊俾微細金質落下嵌

在墊上逐日連布將墊提起抖之在水內漂淨其泥沙卽得淨金質此法最簡便甚有效

取微細之金欲無糜費有數法爲最要一水槽須通暢二水槽不可過窄須依水之多寡而定其尺寸三水槽須用凹底槽深較槽面之寬爲三分之一四將粗砂泥篩至極細爲止五如能用十六圖之沖法爲最妙

第三章論拆礦內木料

凡廢礦內撐抵木料在鬆濕之地拆之固難其地土堅結者一聞有聲或頂上有碎塊落下不數秒時卽全行坍壓拆料之法先從礦底在柱腳下挖空令其落下與頂上抵處離開不受壓力則相連之橫樑等件亦俱鬆動每拆一根旋卽運出如抽時上面之土隨之壓下卽萬不可動或僅抽出襯板然費工亦不合算不若棄之以免危險

礦底做工如遇危險須耳靈眼快不可慌亂如礦頂有土塊墜落須立時向外飛奔不可延誤

第四章論開平路

在山坡內開通平路與礦井下所開平路俱有定式與尺寸前論礦井下之平路至少須英尺六尺六寸高工人方能直立惟需用撐抵木料設近處不能購覓則須察看地土之堅鬆試先掘一洞用亂石壘砌如能堅固免用木料則所開之路應有合宜樣式如第三十一圖之彎弓形近

第三十一圖

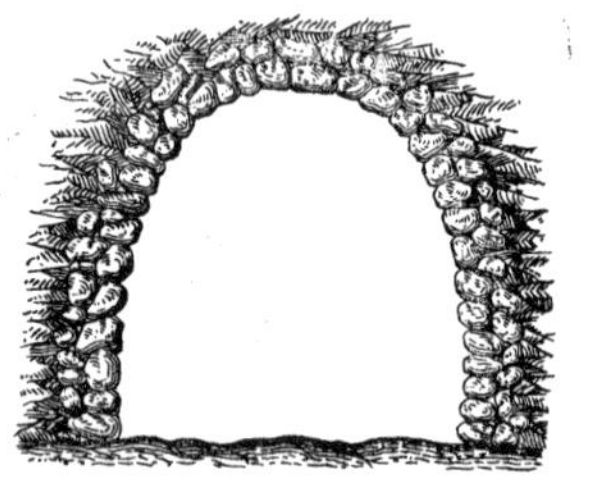

底兩邊開寬因掘開之土石內有金料故不惜多費工夫否則宜用第三十二圖之橢圓式蓋山坡內之通路與礦井下之平路只須能通行不宜過寬以兩式相比較橢圓形不獨省工且能堅固

凡地之兩岸皆高山中間平曠處成逐層漲灘其漲沙流來之方向俱順兩岸山勢而行看似山形成斜坡其實由

第三十二圖

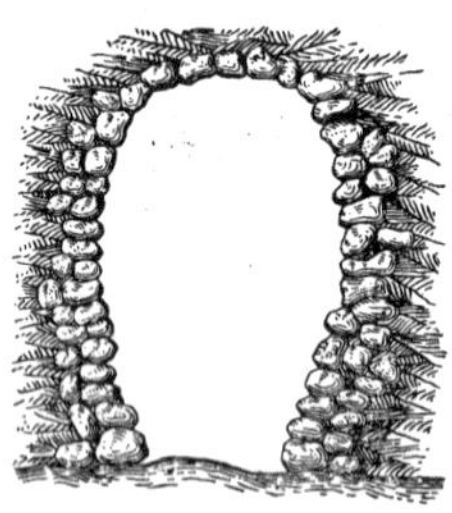

地凸起仍爲地層之平面但有時地經震動地層斷折在側面坍卸成斜坡若誤在此開通路一經坍卸前工盡廢故須相度從地層之平面開路直穿通地之各層不獨各層之礦質可以查驗卽其中有一層礙於路工不能堅固亦僅在此一段可以設法補救

第五章論司妥勃法

司孖勃之法前已於十八十九兩圖詳論之爲開石英礦各處所通用但開法有向上向下之分向下者由地面掘下成井以便出料故須直通地面不若向上之法由礦底逐漸開上另用小井通至礦中平路較由總井上下爲便

第三十三圖

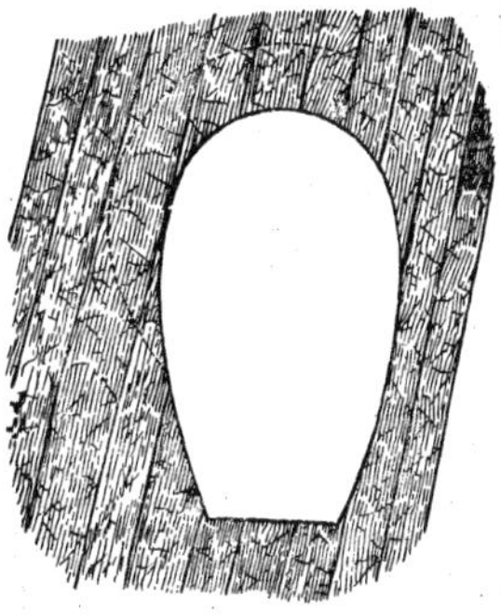

觀十八十九兩圖卽明挖礦之法向上鑿空以其廢料塡築脚下其鑿下之料順勢墜落不費人力故用此法爲最便

塡空之法甚多以最簡便爲妙如礦井相近之地面上安置軋礦石之機器將軋碎之石分出其金料卽以廢料用

第三十四圖

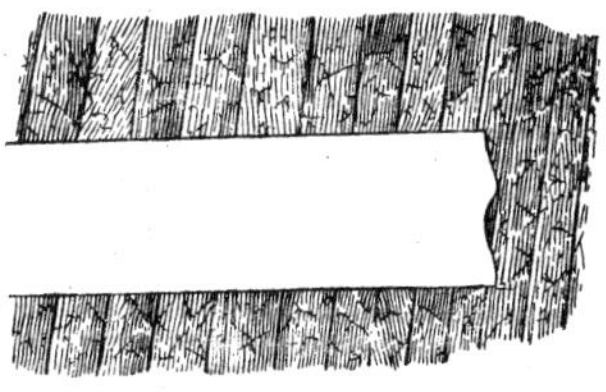

水槽由礦井沖下至所挖空之處堆積其廢料含帶之水從旁開一小井令其流聚通以水管用鞲鞴抽水吸上鞲鞴之力足能吸盡其水廢料內無水自乾塡築更堅結但須各件全備不致缺用斯爲最便之法